Lehrbuch zur Experimentalphysik
Band 5: Quantenphysik

Joachim Heintze
Peter Bock (Hrsg.)

Lehrbuch zur Experimentalphysik Band 5: Quantenphysik

Wellen, Teilchen und Atome

Springer Spektrum

Joachim Heintze
Fakultät Physik und Astronomie
Universität Heidelberg
Heidelberg, Deutschland

Herausgeber
Peter Bock
Physikalisches Institut
Universität Heidelberg
Heidelberg, Deutschland
E-mail: bock@physi.uni-heidelberg.de

ISBN 978-3-662-58625-9 ISBN 978-3-662-58626-6 (eBook)
https://doi.org/10.1007/978-3-662-58626-6

Die Deutsche Nationalbibliothek verzeichnet diese Publikation in der Deutschen Nationalbibliografie; detaillierte bibliografische Daten sind im Internet über http://dnb.d-nb.de abrufbar.

Springer Spektrum

Planung: Margit Maly
Illustrationen: Dr. J. Pyrlik, scientific design, Hamburg

Springer Spektrum ist ein Imprint der eingetragenen Gesellschaft Springer-Verlag GmbH, DE und ist ein Teil von Springer Nature.
Die Anschrift der Gesellschaft ist: Heidelberger Platz 3, 14197 Berlin, Germany

Vorwort

Über viele Jahrzehnte wurde im großen Hörsaal im Physikalischen Institut der Universität Heidelberg, am Philosophenweg 12, eine große Physikvorlesung veranstaltet.

Haupt- und Nebenfach-Studenten hörten gemeinsam diese Vorlesung. In den 1970er Jahren platzte dann jedoch der Hörsaal aus allen Nähten. Die Vorlesungen waren total überfüllt. Herr Heintze erkannte, dass dies geändert werden muss. Als Dekan sorgte er für den Neubau des neuen Hörsaalgebäudes INF 308. 1979 wurde hier schließlich die erste Vorlesung gehalten.

Herrn Heintze war, wie man daran sehen kann, die Lehre sehr wichtig, besonders die Vorlesung. Bisher hatte ich ihn als Institutsdirektor oder großen Wissenschaftler erlebt. Von 1981 an lernte ich ihn auch als Vorlesungsdozent kennen.

Anders als manche anderen Dozenten hat Herr Heintze über die Zeit hinweg alle Kapitel der Experimentalphysik behandelt, so dass ich das gesamte Programm der Vorlesung kennen lernen durfte. Neue Methoden wurden geprüft, traditionelle Erkenntnisse erhalten, historische Experimente restauriert. Herr Heintze stellte sich mir dabei nicht nur als Professor dar, sondern er war auch Ingenieur. So bauten wir gemeinsam über die Jahre hinweg viele Experimente für unsere Studenten. Auch der berühmte Heidelberger Löwenschuss ist so entstanden, mit dem die Superposition von Bewegungen veranschaulicht wird.

In dieser Vorlesungsphase habe ich viel gelernt und den Sinn und Lerneffekt der Experimente verstanden. Für mich ist Herr Heintze der Vater dieser Vorlesung und ein väterlicher Freund geworden.

Auch die Idee zu diesem Buch entstand hier in dieser Vorlesung. Ich erinnere mich, dass Herr Heintze einmal am Dozentenschreibtisch saß, unweit meines Schreibtisches. Und er nahm aus unserer kleinen Bibliothek ein Buch nach dem andern, fand aber nicht das, was er suchte und war recht unzufrieden dabei. Nach einiger Zeit machte ich Herrn Heintze klar, dass nur er in der Lage sei, dies zu ändern. Er hatte in genau dieser Vorlesung große Erfahrung und er kannte die Vorlesung von Otto Haxel, den er auch manchmal hatte vertreten müssen. Zunächst stieß die Idee eines eigenen Buches nicht auf Zustimmung – Herr Heintze verneinte, so einfach sei dies nicht und überhaupt … Kurze Zeit später jedoch stand er auf und verließ das Gebäude, um nach 15 Minuten zurück zu kehren. Er sagte: „Ich habe mir das überlegt, ich werde ein Buch schreiben."

Auch nach seiner Emeritierung 1991 haben wir zusammen Experimente aufgebaut und ausgewertet, um einiges näher zu untersuchen, was in vielen Physikbüchern nicht richtig dargestellt ist. Bei der Weihnachtsfeier 2011 sagte er mir: „Wir müssen uns nochmal mit der anomalen Dispersion beschäftigen." Leider kam es nicht mehr dazu.

30 Jahre hat es gedauert, bis die Physikbücher zur Experimentalphysik entstanden sind. Herrn Heintze war es nicht mehr vergönnt sein Werk zu vollenden. So fühlen wir uns verpflichtet, dies zu tun. Möge es dazu dienen unseren Studenten die Schönheit der Physik aufzuzeigen, Zusammenhänge zu sehen, das Studium zu erleichtern und damit dieses Vermächtnis zu erkennen und weiter zu tragen.

Hans-Georg Siebig, Vorlesungsassistent

Vorwort

Dies ist der fünfte Band des Physikbuchs unseres Vaters. Er war Physiker mit Leib und Seele. Gelang die Vorlesung oder das Experiment, kam er gut gelaunt nach Hause. Dahinter steckte seine tiefe Liebe zur Physik und das Bedürfnis diese Erkenntnis zu verbreiten.

In der Forschung hatte er das Glück in einer überaus spannenden Zeit bei der Entwicklung der Elementarteilchenphysik durch „elegante" Lösungen und „schöne" Experimente an CERN und DESY mitzuwirken. Dabei wurden nicht nur Erfolge gefeiert. Auch wenn es mal nicht so recht voranging, setzte man sich mit den Kollegen erst mal bei gutem Essen zusammen.

Nachdenken konnte unser Vater am besten bei körperlicher Arbeit und zwar an der frischen Luft. Manche Steinplatte in unserem Garten lässt sich wohl so der Lösung eines physikalischen Problems zuordnen. Detektoren aus Heidelberg wiederum hießen Tulpe und Margerite.

Vielerlei Pläne für die Zeit nach seiner Emeritierung gab er auf, um dieses Buch zu schreiben. Dies führte ihn zu einem immer tieferen Verständnis der klassischen Physik und zu intensiver Auseinandersetzung mit der modernen Forschung. Sein Anspruch war es, vorgefertigte Denkwege nur zu beschreiten, wenn sie auch seiner strengen Überprüfung standhielten. War das nicht der Fall, mussten neue Wege gefunden werden, um Zusammenhänge darzustellen.

Prof. Dr. Peter Bock hat es übernommen, das Buch im Sinne unseres Vaters nach dessen Tod zu vervollständigen. Ihm gilt unser besonderer Dank.

Geschwister Heintze

Vorwort

Dieses Buch ist der fünfte und letzte Band der Lehrbuchreihe von Joachim Heintze (1926–2012), die im Zusammenhang mit seinen Vorlesungen über Experimentalphysik an der Universität Heidelberg entstanden ist. Es ist der Quantenphysik gewidmet, die, von den in Band IV behandelten Wellenerscheinungen ausgehend, sukzessive entwickelt wird. Es ist eine Besonderheit des vorliegenden Buches, dass der Übergang von der klassischen zur quantenmechanischen Beschreibung der Bewegung von Körpern sehr ausführlich dargestellt wird. Als Beispiele hierfür wurden der harmonische Oszillator und die Erzeugung von Spuren durch geladene Teilchen in Materie ausgewählt.

Seiner Devise, neben den Grundlagen eines Gebietes auch ausgewählte moderne Anwendungen zu behandeln, ist J. Heintze auch in diesem Band treu geblieben. Zu den Grundlagen gehört hier selbstverständlich eine Einführung in die Atomphysik inklusive der Physik der Röntgenstrahlen. Daneben findet man Detail-Informationen zum Raster-Tunnelmikroskop, zum Josephson-Effekt, zum SQUID, zum zerstörungsfreien Nachweis von Photonen, zur Verschränkung zweier Photonen, zur Laser-Kühlung von Atomstrahlen und zur in der Medizin heute unverzichtbaren MR-Tomographie.

An dem von J. Heintze verfassten Text wurden, von wenigen Umstellungen, Korrekturen und Ergänzungen abgesehen, keine Änderungen vorgenommen. Im Gegensatz zu den früheren Bänden lagen für die Quantenphysik viele Vorschläge für Übungsaufgaben von J. Heintze vor, die fast vollständig eingearbeitet wurden.

Bei der Bearbeitung des vorliegenden Bandes habe ich vielerlei Unterstützung erfahren. So hat sich Herr M. Heintze um die Probleme des Copyrights bei den Abbildungen gekümmert. Herr R. Weis hat die Rechner-Infrastruktur bereitgestellt und alle software installiert und gewartet, die zur Bearbeitung und Sicherung des Textes notwendig ist. Frühere LateX-Versionen des Buches wurden von Herrn J. Kessler erzeugt, dessen Daten ich übernehmen konnte. Die Zeichnungen wurden von Herrn J. Pyrlik angefertigt, der auch alle anderen Abbildungen für den Druck aufbereitet hat. Dieses Buch wäre in der vorliegenden Form nicht entstanden ohne die vielen kritischen Anmerkungen von J. Heintzes damaligem Mitarbeiter B. Schmidt. Daneben hat J. Heintze etliche Kollegen und Fachleute konsultiert, die ich mangels Kenntnis namentlich gar nicht nennen kann. Auch Ihnen gebührt großer Dank für ihre Mithilfe.

Die Entstehung des Gesamt-Werkes hat H. G. Siebig in seinem Vorwort eingehend geschildert und seinen Schlusssätzen kann ich mich voll anschließen.

P. Bock

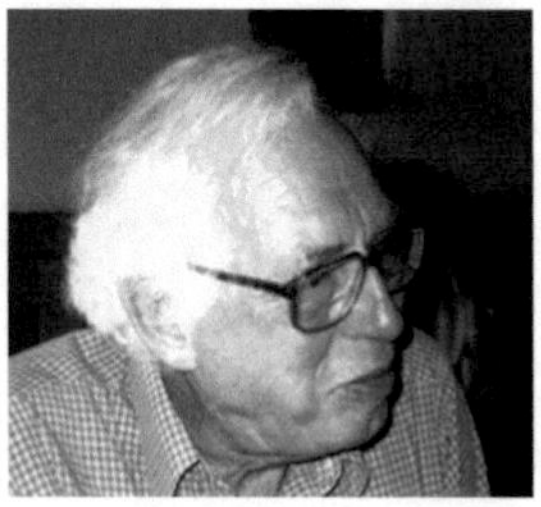

Joachim Heintze (1926–2012) studierte nach dem Ende des Zweiten Weltkrieges in Berlin und Göttingen Physik und wurde in Göttingen Schüler von Otto Haxel, dem er nach Heidelberg folgte, wo er seine Promotion abschloss und sich auch habilitierte. Anschließend arbeitete er mehrere Jahre am CERN in Genf. Von 1963 an bis zu seiner Emeritierung 1991 war er Ordinarius für Physik am I. Physikalischen Institut der Universität Heidelberg, wo er zeitweilig auch als Dekan wirkte.

Als Forscher ist sein Name untrennbar mit der Entwicklung von Spurendetektoren für hochenergetisch geladene Teilchen verbunden. Durch seine Arbeiten über schwache Wechselwirkung und Elektron-Positron-Vernichtung hat er die Teilchenphysik über viele Jahre hinweg wesentlich mitgeprägt.

Für seine Arbeiten über seltene Pionen-Zerfälle erhielt er 1963 den Physikpreis der DPG; 1992 wurde ihm der Max Born-Preis verliehen. J. Heintze war auch ein engagierter Lehrer; dieses Buch ist aus seinen Vorlesungen über Experimentalphysik für Studenten der ersten Semester hervorgegangen.

Inhaltsverzeichnis

Teil I
Quantenphysik: Wellen, Teilchen und Atome

Licht als elektromagnetische Welle

1

J. Heintze / P. Bock (Hrsg.), *Lehrbuch zur Experimentalphysik Band 5: Quantenphysik*, https://doi.org/10.1007/978-3-662-58626-6_1

Im Band IV über Optik (Bd. IV/1–IV/9) haben wir das Konzept der Wellen eingeführt, verschiedene Wellenphänomene diskutiert und die Ausbreitung von Wellen studiert. Insbesondere haben wir uns mit elektromagnetischen Wellen sehr hoher Frequenz, mit „Licht", befasst; die Gesetze der Wellenausbreitung wurden vorzugsweise an diesem Beispiel erläutert. Andererseits hatten wir schon in der relativistischen Mechanik (Bd. I/15) das Licht auch als Strahlung von masselosen Teilchen („Photonen") betrachtet. Im letzten Teil dieses Buches wollen wir versuchen, die Doppelnatur Welle–Teilchen zu verstehen. Zunächst wollen wir in Kap. 1 die klassische Wellentheorie des Lichts noch weiter treiben, indem wir sie auf die Emission, Absorption und Streuung von Licht durch Atome anwenden. Auch die Erzeugung von Röntgenstrahlen in der Röntgenröhre, ihre Spektroskopie und ihre Anwendung in der Kristallographie werden mit der klassischen Wellentheorie behandelt. Das wird bis zu einem gewissen Grade zum Erfolg führen, wir werden aber auch an die Grenzen dieses Konzepts stoßen. Endgültig scheitert die klassische Wellentheorie des Lichts bei dem Versuch, die Wärmestrahlung zu erklären. Das wird in Abschn. 1.4 gezeigt.

Der Inhalt dieses Kapitels ist keineswegs nur von historischem Interesse. Bei der Wechselwirkung von Licht mit Atomen gibt es Phänomene, bei denen man auch heute noch die Auffassungen der klassischen Physik als bequeme Denk- und Redeweise verwendet. Das trifft besonders auf die Streuung von Licht und Röntgenstrahlen an Atomen zu.

1.1 Emission und Absorption von Licht durch Atome

Empirische Grundlagen

Es ist von Alters her bekannt, dass manche Metallsalze Flammenfärbungen hervorrufen, die als Hilfsmittel für chemische Analysen verwendet werden können. Dass in Flammen auf dem Untergrund des kontinuierlichen Spektrums auch helle Spektrallinien auftreten können, wurde bald nach der Entwicklung der ersten Spektralapparate beobachtet. Auch hatte Fraunhofer schon 1814 dunkle Linien im Spektrum der Sonne entdeckt. Es gab verschiedene Vermutungen darüber, wie diese Phänomene zustande kommen könnten; gründlich untersucht und eindeutig geklärt wurden sie erst 1860 durch Kirchhoff und Bunsen. Sie stellten fest, dass die Lage der Spektrallinien unabhängig von der Art und Temperatur der Flamme ist und nur von den chemischen Elementen abhängt, die in die Flamme gebracht werden. Außerdem machte Kirchhoff das folgende Experiment: In eine Spiritusflamme, also eine Flamme relativ niedriger Temperatur, wird ein Metallsalz gebracht. Man beobachtet die charakteristischen Spektrallinien. Nun wird hinter die metalldampf-haltige Spiritusflamme eine Bogenlampe, also eine sehr heiße helle Lichtquelle gestellt, die ein kontinuierliches Spektrum emittiert. Wo vorher im Spektrum der Spirituslampe die hellen Linien lagen, sieht man nun ebenso scharfe dunkle Linien. Offenbar wird in der Spirituslampe bei den Wellenlängen der Spektrallinien das Licht der Bogenlampe vollständig absorbiert. Das Gas der Spirituslampe ist bei diesen Wellenlängen „optisch dick". Bei größeren oder kleineren Wellenlängen wird das Licht ungeschwächt hindurchgelassen, das Gas in der Spiritusflamme ist dort „optisch dünn". Da das Licht der Bogenlampe bei jeder Wellenlänge viel heller ist als das der Spiritusflamme, erscheinen die Spektrallinien als dunkle Linien auf hellem Grund.

Kirchhoff und Bunsen[1] schlossen aus diesen Beobachtungen, dass ein chemisches Element im gasförmigen Zustand nur Licht bei bestimmten Wellenlängen zu emittieren und zu absorbieren vermag. Die **Absorptionslinien** liegen bei genau den gleichen Wellenlängen, bei denen die betreffende Substanz **Emissionslinien** aufweist. Die Lage der Spektrallinien ist ein Kennzeichen der chemischen Elemente, „so unwandelbarer und fundamentaler Natur, wie das Atomgewicht der Stoffe". Kirchhoff und Bunsen erkannten die Möglichkeit der **Spektralanalyse** und nutzten die neue Methode sogleich zur Entdeckung und Reindarstellung von zwei neuen chemischen Elementen: Caesium und Rubidium. Mit diesen Arbeiten war der Grundstein zu einem riesigen Bereich der experimentellen Forschung und zu ihrer Anwendung in Naturwissenschaft und Technik gelegt.

Kirchhoff erkannte, dass es sich bei den Fraunhofer-Linien (Abb. 1.1a) um Absorptionslinien handeln musste. Licht von der heißen Sonnenoberfläche wird in der etwas kühleren Sonnenatmosphäre absorbiert, und zwar selektiv von den dort vorhandenen chemischen Elementen. Die Fraunhofer-Linien bieten daher die Möglichkeit, eine chemische Analyse der Sonnenatmosphäre durchzuführen! Abb. 1.1b zeigt einen Ausschnitt aus Kirchhoffs Messergebnissen. Wer je mit einem Prismen-Spektrometer gearbeitet hat, wird sich über die von Kirchhoff erreich-

[1] Der Chemiker Robert Bunsen (1811–1899) und der Physiker Gustav Kirchhoff (1824–1887) wirkten als Professoren an der Universität Heidelberg. Für die gemeinsame große Entdeckung (1860) waren Kirchhoffs Arbeiten zur Theorie der Wärmestrahlung und Bunsens Genie in der analytischen und präparativen Chemie ebenso Voraussetzung wie der von Kirchhoff gebaute Spektralapparat und der von Bunsen erfundene Gasbrenner, mit dem nahezu farblose Flammen hoher Temperatur hergestellt werden konnten.

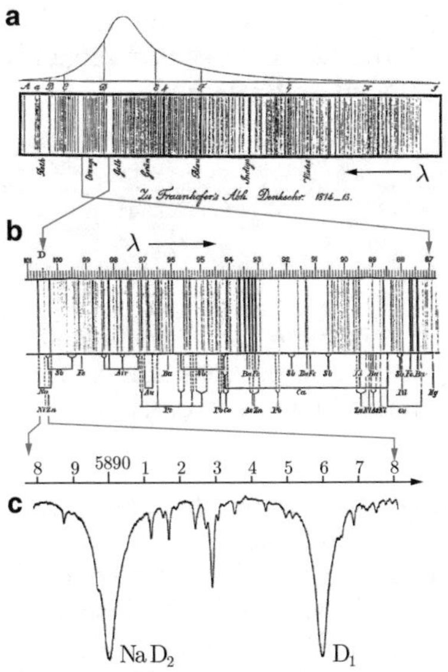

Abbildung 1.1 Sonnenspektrum mit Fraunhofer-Linien. **a** Fraunhofers Zeichnung. **b** Ausschnitt aus Kirchhoffs Messungen mit den von ihm getroffenen Zuordnungen. Aus G. Kirchhoff (1861). Die Linien sind auch im Original vielfach nicht mehr zu erkennen, da sie zur Kodierung der Schwärze lithographisch in sechs Farben gedruckt wurden, von denen einige ausgeblichen sind. **c** Die Region der Na-D-Linien aus dem Utrechter Sonnenatlas (1980)

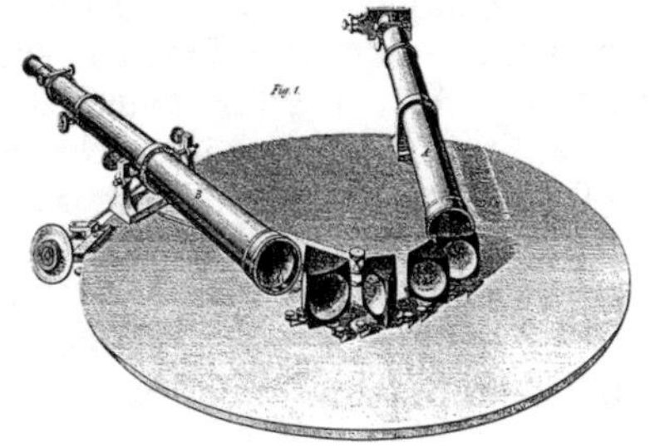

Abbildung 1.2 Kirchhoffs Instrument zur Untersuchung des Sonnenspektrums

te hohe Auflösung wundern. Abb. 1.2 zeigt Kirchhoffs Instrument mit vier hintereinander gestellten Prismen. Das Licht von der Vergleichsprobe fällt auf den oberen Teil des Eintrittsspalts, das Sonnenlicht auf den unteren. So wurden Element nach Element die Emissionsspektren der Proben mit den Fraunhofer-Linien verglichen, im ganzen sichtbaren Spektralbereich. Das Ergebnis: 32 Elemente wurden von Kirchhoff in der Sonnenatmosphäre nachgewiesen. – Man kann sich kaum vorstellen, welches Aufsehen damals Kirchhoffs Behauptung erregte, er könne eine chemische Analyse der Sonnenoberfläche durchführen.

Auf der Grundlage von Kirchhoffs Messungen entstand der erste Katalog der Spektrallinien der chemischen Elemente. Er wurde in der Folgezeit rasch vervollständigt. Die Emissionsspektren der Atome zeigen eine verwirren-

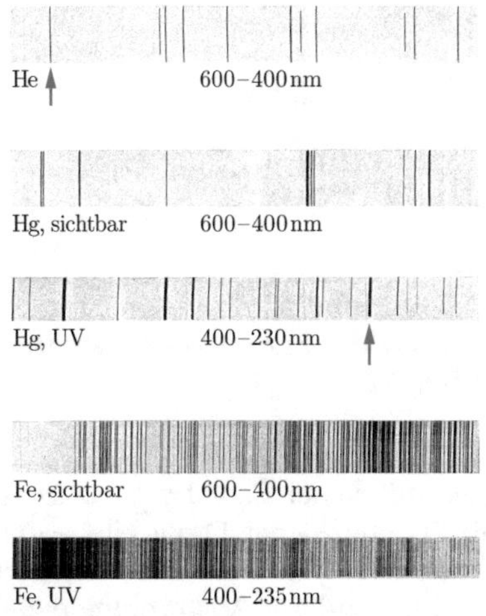

Abbildung 1.3 Ausschnitte aus den Spektren des Heliums, des Quecksilbers und des Eisens. Die Wellenlängen sind in Ångström-Einheiten angegeben (1 Å = 0,1 nm). Die Pfeile zeigen auf die in der Fußnote erwähnten Spektrallinien

de Vielfalt. Abb. 1.3 zeigt einige Beispiele.[2] Es dauerte noch 50 Jahre, bis man mit Hilfe der Quantenmechanik herausgefunden hatte, wie diese Spektren zustande kommen. Dennoch bietet auch die klassische Physik Möglichkeiten, die Emission und Absorption von Licht durch Atome zu beschreiben.

Das klassische Modell der Lichtemission

In Bd. IV/5 haben wir gesehen, dass die Dispersion von Licht im Rahmen der Lorentzschen Elektronentheorie qualitativ erklärt werden kann. Dabei geht man von der Modellvorstellung aus, dass das Atom elastisch gebundene Elektronen enthält, die mit Eigenfrequenzen ω_i schwingen können. Mit dieser Vorstellung lässt sich auch die Emission von Licht durch Atome beschreiben.

Nehmen wir an, ein Atom wird angeregt, z. B. durch einen Stoß. Ein elastisch gebundenes Elektron führt dann

[2] Einige Bemerkungen zu den Spektren in Abb. 1.3: Die gelbe Linie des Heliums bei 5875 Å wurde 1865 bei einer Sonnenfinsternis als Emissionslinie im Spektrum der Sonnenkorona entdeckt, und einem hypothetischen neuen Element „Helium" (von griechisch Helios = Sonne) zugeordnet, da sie in keinem der damals bekannten Spektren zu finden war. Erst 30 Jahre später wurde das Element von Ramsey auf der Erde nachgewiesen und als Edelgas identifiziert. – Die ultraviolette Hg-Linie bei 2537 Å ist die intensivste Linie im Quecksilberspektrum. Sie ist für das Funktionieren der Leuchtstofflampen verantwortlich und wird uns im Folgenden noch öfters begegnen. – Das Fe-Spektrum ist ein Beispiel für ein linienreiches Spektrum. Im UV-Bereich setzt es sich noch mit Hunderten von Linien fort. Derart linienreiche Spektren findet man vor allem bei den Elementen der Nebengruppen des Periodensystems. Warum, werden wir in Kap. 8 sehen.

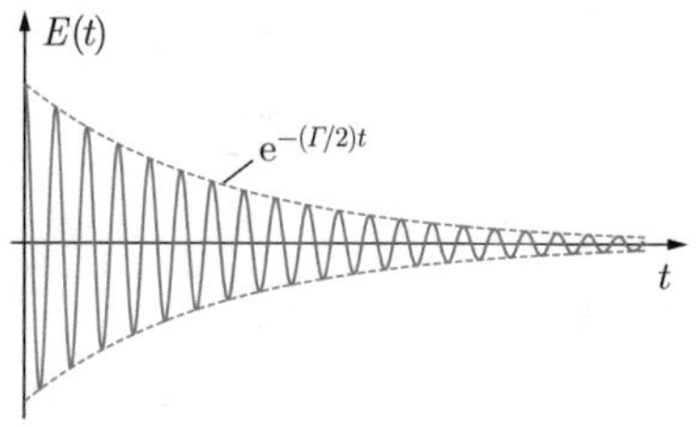

Abbildung 1.4 Elektrische Feldstärke in der von einem Atom emittierten Welle, mit Strahlungsdämpfung

Schwingungen mit seiner Eigenfrequenz ω aus, und das Atom strahlt als Hertzscher Dipol eine elektromagnetische Welle dieser Frequenz ab. Die Schwingung ist gedämpft, eben aufgrund der Abstrahlung elektromagnetischer Energie. Die Amplitude der Welle ist nach (IV/2.63) proportional zur jeweiligen Amplitude der Dipolschwingung. In Abb. 1.4 ist die elektrische Feldstärke der Welle als Funktion der Zeit aufgetragen:

$$E(t) = E_0\, \mathrm{e}^{-(\Gamma/2)t} \cos \omega t\,. \tag{1.1}$$

Strahlungsdämpfung. Die Dämpfung der Dipolschwingung durch Strahlung können wir berechnen. W sei die Energie des schwingenden Elektrons. Wir setzen schwache Dämpfung voraus. Dann ist nach (I/12.7)

$$W = \frac{m_\mathrm{e}}{2} A^2 \omega^2\,,$$

wobei A die Amplitude des mit der Frequenz ω schwingenden Elektrons ist. Mit $A(t) = A(0)\,\mathrm{e}^{-(\Gamma/2)t}$ folgt

$$\frac{\mathrm{d}W}{\mathrm{d}t} = m_\mathrm{e} A \frac{\mathrm{d}A}{\mathrm{d}t} \omega^2 = -\frac{\Gamma}{2} m_\mathrm{e} A^2 \omega^2 = -\Gamma W\,.$$

Die Abnahme der Schwingungsenergie pro Zeiteinheit muss sich im Strahlungsfluss Φ_e der abgestrahlten elektromagnetischen Welle wiederfinden. Φ_e wurde in Gl. (IV/3.34) angegeben. Mit $p_0 = eA(t)$ erhalten wir

$$\frac{\Gamma}{2} m_\mathrm{e} A^2 \omega^2 = \frac{e^2 A^2 \omega^4}{12\pi\epsilon_0 c^3}\,, \tag{1.2}$$

$$\Gamma = \frac{2e^2\omega^2}{12\pi\epsilon_0 m_\mathrm{e} c^3} = \frac{2r_\mathrm{e}\omega^2}{3c}\,, \tag{1.3}$$

wobei wir als Abkürzung für die diversen Naturkonstanten den „klassischen Elektronenradius" (III/5.12)

$$r_\mathrm{e} = \frac{e^2}{4\pi\epsilon_0 m_\mathrm{e} c^2} = 2{,}82 \cdot 10^{-15}\,\mathrm{m}$$

eingeführt haben.[3] Als Zahlenbeispiel berechnen wir die Strahlungsdämpfung für die Wellenlänge $\lambda = 600\,\mathrm{nm}$: Mit $\omega = 2\pi c/\lambda$ erhält man $\Gamma = 6 \cdot 10^7\,\mathrm{s}^{-1}$. Die Zeit, die verstreicht, bis die Energie des schwingenden Elektrons auf $1/\mathrm{e}$ abgesunken ist, ist dann

$$\tau_E = \frac{1}{\Gamma} = \frac{3c}{2r_\mathrm{e}\omega^2} \approx 10^{-8}\,\mathrm{s}\,. \tag{1.4}$$

Man kann auf verschiedenen Wegen eine experimentelle Bestätigung dafür erhalten, dass dies die richtige Größenordnung für die Zeitdauer des Emissionsvorgangs ist.

Kohärenzlänge. Man kann die Länge des von einem Atom emittierten Wellenzuges mit einem Michelson-Interferometer ausmessen. Ein Interferenzbild ist nur beobachtbar, wenn die Differenz der Lichtwege kleiner als diese Länge, also $\lesssim c\,\tau_E$ ist. In grober Übereinstimmung mit (1.4) findet man bei Spektrallinien typische Kohärenzlängen von einigen Dezimetern, entsprechend einer Abklingzeit $\tau_E \approx 10^{-9}\,\mathrm{s}$.

Natürliche Linienbreite. Man kann auch die Linienbreite einer Spektrallinie untersuchen. Nach (IV/4.60) erwartet man bei einem exponentiell abklingenden Wellenzug keine feste Frequenz, sondern ein Frequenzspektrum mit der Halbwertsbreite $\Delta\nu = 1/2\pi\tau_E$. Durch Messung der Linienbreite von Spektrallinien wird nicht nur die Abschätzung (1.4) bestätigt; sogar die Form einer Spektrallinie entspricht genau dem, was man bei einem exponentiell abfallenden Wellenzug nach (IV/4.55)–(IV/4.60) erwartet. Abb. 1.5 zeigt ein Beispiel. Man findet eine **Lorentzkurve** mit dem Maximum bei der Frequenz $\omega_0 = 2\pi\nu_0$:

$$I(\omega) = I(\omega_0)\, \frac{\Gamma^2/4}{(\omega_0-\omega)^2 + \Gamma^2/4} = \epsilon_0\, c\, \big|\check{E}(\omega)\big|^2\,. \tag{1.5}$$

Die komplexe Amplitude der elektrischen Feldstärke $\check{E}(\omega)$ ist die Fourier-Transformierte von (1.1). Der gemessenen Halbwertsbreite $\Delta\nu = 1{,}03\,\mathrm{MHz}$ entspricht nach (IV/4.60) eine Abklingzeit $\tau_E = 1{,}6 \cdot 10^{-7}\,\mathrm{s}$.

Die Messung der **natürlichen Linienbreite** einer Spektrallinie ist allerdings ein überaus schwieriges Unterfangen. Dazu genügt es nicht, ein Spektrometer sehr hoher Auflösung zu verwenden: Man muss auch zwei Störeffekte ausschalten, die unter normalen Versuchsbedingungen die Spektrallinien erheblich verbreitern. Die **Doppler-Verbreiterung**, die durch die thermische Bewegung der Atome in der Spektrallampe verursacht wird, und die **Stoßverbreiterung**. Letztere entsteht infolge der

[3] Diese Abkürzung einzuführen ist nicht nur praktisch, um die Formeln übersichtlich schreiben und bequem numerisch auswerten zu können. Man hat auch den großen Vorteil, dass nun die Formel unabhängig vom Maßsystem ist (vgl. Bd. 3/11.4)!

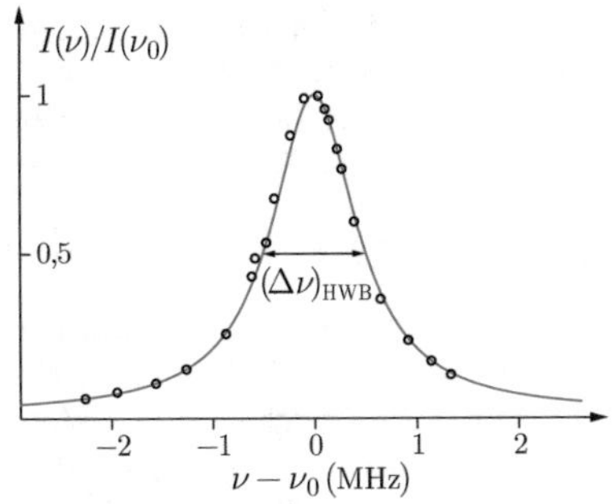

Abbildung 1.5 Linienform einer Spektrallinie des Quecksilbers ($\lambda = 253{,}7$ nm, $\nu = 1{,}18 \cdot 10^{15}$ Hz), nach J. Brossel und F. Bitter (1952). Die *ausgezogene Kurve* ist eine Lorentzkurve. Natürliche Linienbreite: $\Delta\nu = 1{,}03$ MHz

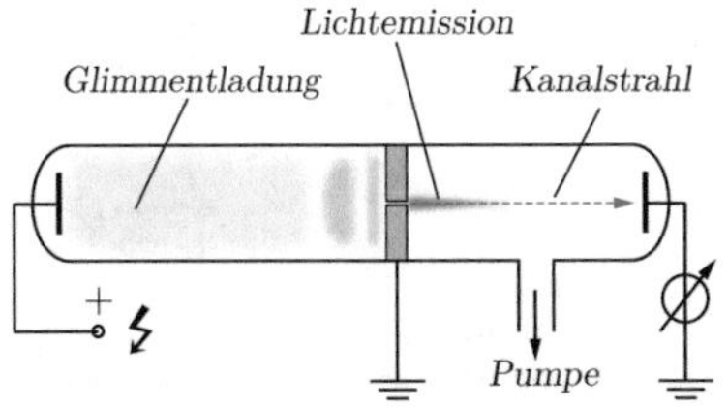

Abbildung 1.6 Kanalstrahlrohr. Die Lichtemission des „Kanalstrahls" ist viel schwächer als die Glimmentladung (Abb. III/8.21)

Stöße der Gasatome untereinander: Wird das lichtemittierende Atom durch einen solchen Stoß gestört, kommt die Schwingung außer Phase. Dem verkürzten kohärenten Wellenzug entspricht eine vergrößerte Bandbreite. Je dichter das Gas ist, desto mehr werden die Linien „stoßverbreitert". Bei kondensierter Materie beeinflussen sich die Atome gegenseitig so stark, dass es zu kontinuierlichen Spektren kommt.

Eine Spektrallampe kann man bei so niedrigem Druck betreiben, dass die Stoßverbreiterung vernachlässigbar wird. Die Doppler-Verbreiterung ist dagegen schwerer zu bekämpfen. Eine Möglichkeit bietet die Hochfrequenzspektroskopie. Die Kurve in Abb. 1.5 wurde auf diese Weise, genauer gesagt mit der „Doppelresonanz-Methode" gemessen. Wir werden darauf in Abschn. 6.6 zurückkommen. Seit der Erfindung des durchstimmbaren Farbstoff-Lasers, der in Abschn. 2.5 beschrieben wird, gibt es noch andere und bessere Verfahren, die natürliche Linienbreite zu bestimmen. Auf eines dieser Verfahren werden wir sogleich zurückkommen.

Abklingzeit. Das Abklingen der Lichtemission von Atomen wurde zuerst an „Kanalstrahlen" direkt gemessen. In der Kathode eines Gasentladungsrohrs befindet sich eine dünne Bohrung, der „Kanal". Durch dieses Loch treten positive Ionen, die im Kathodenfall beschleunigt wurden, in den dahinterliegenden evakuierten Raum (Abb. 1.6). Ein Teil der Ionen befindet sich im angeregten Zustand und emittiert Licht. Aus der Geschwindigkeit der Ionen und der räumlichen Abnahme der Lichtintensität berechnet man, dass das Leuchten der Ionen ca. 10^{-8} s andauert, in Übereinstimmung mit (1.4).

Absorption von Licht, Resonanzfluoreszenz

Aus einem kontinuierlichen Spektrum werden beim Durchgang des Lichts durch ein verdünntes Gas die für das Gas charakteristischen Frequenzen ν_i selektiv herausgefiltert. Im Modell der elastisch gebundenen Elektronen führt die durch Absorption angeregte Elektronenschwingung zur Abstrahlung einer Welle der gleichen Frequenz. Man kann das sehr gut mit einer Na-Dampflampe und einem mit Na-Dampf gefüllten Glaskolben demonstrieren (Abb. 1.7). Dort, wo das Licht den Natriumdampf durchsetzt, entsteht ein helles Leuchten mit dem charakteristischen Gelb der Na-D-Linien. Man nennt das **Resonanzfluoreszenz**. Setzt man hinter die Lampe einen Polarisationsfilter, so beobachtet man im Streulicht der Resonanzfluoreszenz die charakteristische Winkelverteilung der Dipolstrahlung: In der Schwingungsrichtung des Elektrons, die mit der Polarisationsrichtung des einfallenden Lichts zusammenfällt, wird kein Licht abgestrahlt. Man kann das mit der in Abb. 1.7 gezeigten Apparatur sehr leicht demonstrieren, indem man das Polarisationsfilter verdreht: Wenn die Durchlassrichtung des Filters auf den Beobachter zeigt, verschwindet die Leuchterscheinung.

Wenn es gelingt, die Doppler-Verbreiterung zu eliminieren, haben auch die Absorptionslinien die Form einer Lorentzkurve. Genau das ist im Modell der elastisch gebundenen Elektronen zu erwarten: Bei der erzwungenen Schwingung ist nach (I/12.45) die Leistungsaufnahme des Oszillators als Funktion der Erregerfrequenz durch die Lorentzkurve (1.5) gegeben. Mit einem Farbstoff-Laser kann man dies direkt nachweisen, wenn die Frequenzbreite des Lasers klein gegen die natürliche Linienbreite

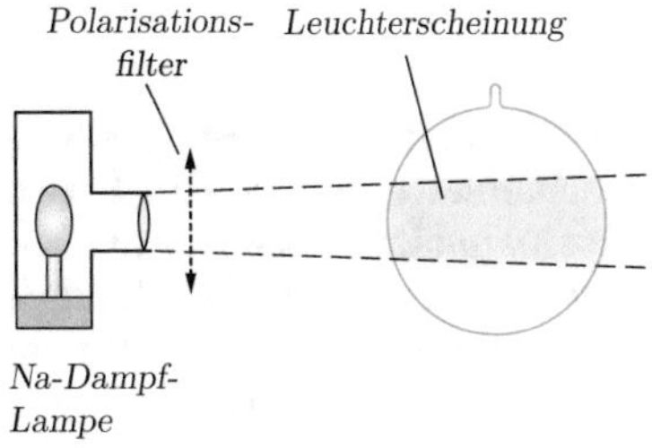

Abbildung 1.7 Resonanzfluoreszenz im Na-Dampf. Der evakuierte Glaskolben enthält etwas Na-Metall. Er wurde mit einem Brenner allseitig erhitzt, so dass das Natrium verdampfte

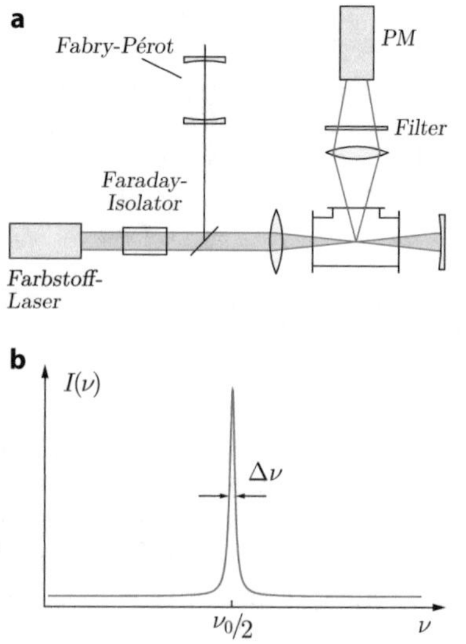

Abbildung 1.8 Messung der natürlichen Linienbreite mit einem Farbstofflaser (Zwei-Photonen-Spektroskopie). **a** Versuchsanordnung, **b** Zwei-Photonen-Absorption, $\nu \approx \nu_0/2$

ist. Bei einem Farbstofflaser kann die Laserfrequenz über einen weiten Bereich kontinuierlich verändert werden.

Abb. 1.8a zeigt den Versuchsaufbau. Der Laserstrahl wird in die Absorptionszelle mit dem zu untersuchenden Gas fokussiert. Er fällt dann auf einen Hohlspiegel, der ihn in sich zurückwirft. Bei Absorption des Laserlichts im Gas entsteht Resonanzfluoreszenz, die mit einem Photomultiplier nachgewiesen wird. Die genaue Frequenz des Laserlichts wird mit einem Fabry-Pérot-Interferometer (vgl. Abb. IV/7.33) gemessen. Der Faraday-Isolator schützt den Laser vor dem zurücklaufenden Licht.

Die Gasatome bewegen sich in der Absorptionszelle mit einer Maxwellschen Geschwindigkeitsverteilung. Für ein Atom mit der Geschwindigkeit v sind die Frequenzen der nach rechts und nach links laufenden Wellen Doppler-verschoben: Es ist $\nu_R = \nu(1 - v_x/c)$ und $\nu_L = \nu(1 + v_x/c)$, wenn ν die Frequenz des Laserlichts ist. Wird der Laser im Bereich der Resonanzfrequenz ν_0 durchgestimmt, beobachtet man deshalb eine Doppler-verbreiterte Absorptionslinie, die wie die Maxwell-Verteilung von v_x gaußförmig ist.

Wie kann man hier den Doppler-Effekt ausschalten? In der Quantenmechanik werden die Vorgänge bei der Resonanzfluoreszenz folgendermaßen beschrieben: Das Atom hat einen Anregungszustand mit der Energie E. Es wird durch Absorption eines Photons mit der Energie $h\nu_0 = E$ angeregt und kehrt dann unter Emission eines Photons der Energie $h\nu_0$ in den Grundzustand zurück. Die Anregung kann (mit viel geringerer Wahrscheinlichkeit) aber auch durch Absorption von zwei Photonen erfolgen, wenn $h\nu_1 + h\nu_2 = h\nu_0$ ist.

Dieser seltene Prozess bildet die Grundlage der **Zwei-Photonen-Spektroskopie**. In Abb. 1.8a befindet sich das mit der Geschwindigkeit v fliegende Gasatom im Strahlungsfeld zweier Wellen. Die Summe der Frequenzen ist

$$\nu_L + \nu_R = \nu\big[(1 + v_x/c) + (1 - v_x/c)\big] = 2\nu\,,$$

und das ist unabhängig von v. Stellt man die Frequenz des Farbstofflasers auf $\nu = \nu_0/2$, dann ist $h\nu_L + h\nu_R = h\nu_0$, und man kann mit dem Durchstimmen des Lasers eine dopplerfreie Absorptionskurve messen. Wegen der hohen Energieschärfe des Laserlichts erhält man direkt das Lorentz-Profil der Spektrallinie (Abb. 1.8b). Daneben gibt es auch eine Doppler-verbreiterte Linie, die durch Absorption zweier Photonen, $2h\nu_L = h\nu_0$ bzw. $2h\nu_R = h\nu_0$, entsteht. Ihre Breite ist typisch 100 mal größer als die natürliche Linienbreite. Sie bildet deshalb in Abb. 1.8b nur einen flachen Untergrund.

Eine Schlussbemerkung: Die Lorentzkurve ist eine Glockenkurve wie die Gaußkurve (Abb. 1.9). Sie unterscheidet sich jedoch in einem Punkt radikal von der Gaußkurve: In einiger Entfernung vom Maximum fällt die Gaußkurve ab wie e^{-x^2}, die Lorentzkurve wie $1/(x^2 + 1) \approx 1/x^2$, also viel langsamer. Das hat zur Folge, dass ein Atom auch noch weitab von der Resonanzfrequenz durch Lichtabsorption angeregt werden kann (Aufgabe 1.5).

Zusammenfassend stellt man fest, dass die Lorentzsche Modellvorstellung eine eindrucksvolle Reihe von Naturphänomenen erklären kann: Die Existenz der „Spektrallinien" mit bestimmten Lichtfrequenzen ω_i, die in Emission und in Absorption beobachtet werden können, die Resonanzfluoreszenz, die Kohärenzlänge des spektral emittierten Lichts, die natürliche Linienbreite der Spektrallinie, den Verlauf des Brechungsindex mit „normaler" und „anomaler" Dispersion (Bd. IV/5.3). Es ergeben sich jedoch einige Fragen, die nicht beantwortet werden können: Wie berechnet man die Schwingungsfrequenzen ω_i? Wie erklärt man die Tatsache, dass die Spektren vieler Elemente hunderte von Spektrallinien aufweisen? Enthalten diese Atome etwa hunderte von unterschiedlich gebundenen Elektronen? Warum werden viele Spektrallinien nur

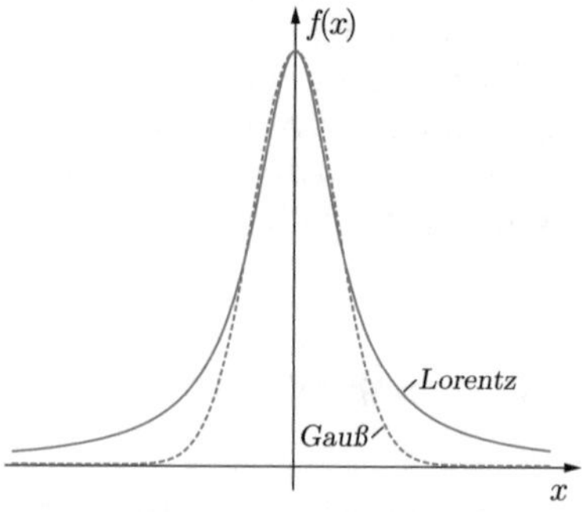

Abbildung 1.9 Gaußkurve und Lorentzkurve gleicher Halbwertsbreite

in Emission, nicht aber in Absorption beobachtet? Was bedeuten die in (IV/5.24) eingeführten Oszillatorenstärken f_i, und wie erklärt man die Tatsache, dass die natürlichen Linienbreiten von Spektrallinien bei annähernd gleicher Lichtfrequenz sehr unterschiedlich sein können?

Immerhin hat die Lorentzsche Elektronentheorie noch weitere (partielle) Erfolge aufzuweisen: Eine Erklärung für die Beeinflussung von Spektrallinien durch Magnetfelder, d. h. für den sogenannten „normalen" Zeeman-Effekt (Abschn. 6.1), und eine Erklärung für die Streuung von Licht durch Atome, die wir im nächsten Abschnitt behandeln werden.

1.2 Streuung von Licht

Mit der Hypothese, dass Atome elastisch gebundene Elektronen enthalten, kann man versuchen, die Streuung von Licht durch Materie zu erklären. Wir leiten zunächst Formeln ab, die für alle Wellenlängen Gültigkeit besitzen, und zwar für den einfachsten Fall, dass nur ***ein*** Atom vorhanden ist, und dass dieses nur ***ein*** elastisch gebundenes Elektron enthält. Später werden wir uns auf bestimmte Wellenlängenbereiche beschränken und untersuchen, wie sich das Vorhandensein mehrerer Elektronen im Atom oder mehrerer Atome auswirkt.

Lichtstreuung an einem elastisch gebundenen Elektron

In einer linear polarisierten ebenen Lichtwelle befinde sich ein Atom mit einem elastisch gebundenen Elektron (Abb. 1.10). Die Frequenz ω der einfallenden Welle soll nicht in der Nähe der Resonanzfrequenz ω_0 des Elektrons liegen.

Das Elektron wird in z-Richtung eine erzwungene Schwingung ausführen, wie in Bd. IV/5.3 berechnet. Für die Amplitude der Dipolschwingung erhalten wir mit

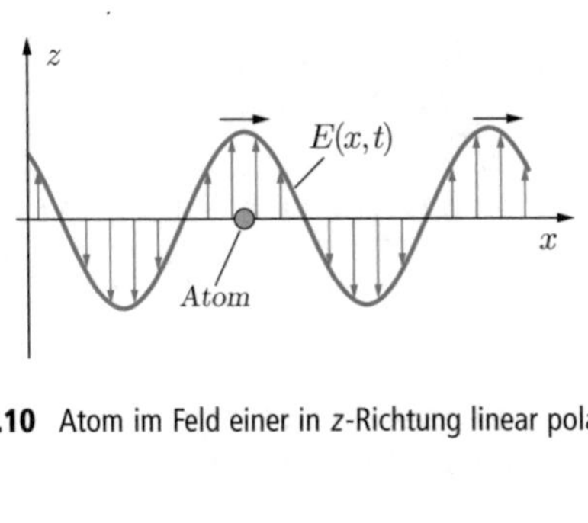

Abbildung 1.10 Atom im Feld einer in z-Richtung linear polarisierten Lichtwelle

(III/4.17) und (IV/5.20):

$$\check{p}_0 = \check{\alpha}(\omega)\check{E}_0 = \frac{e^2 \check{E}_0}{m_e(\omega_0^2 - \omega^2 + \mathrm{i}\omega\Gamma)} = \frac{4\pi\epsilon_0 c^2 r_e}{\omega_0^2 - \omega^2 + \mathrm{i}\omega\Gamma}\check{E}_0 \,, \tag{1.6}$$

wobei $\check{\alpha}(\omega)$ die komplexe atomare Polarisierbarkeit und $\check{E}_0$ die komplexe Amplitude der Feldstärke in der einfallenden Welle ist; r_e ist der klassische Elektronenradius (III/5.12). Der schwingende Dipol strahlt nach (IV/3.33) eine elektromagnetische Kugelwelle ab. Deren Intensität, gemessen unter dem Winkel ϑ_z gegen die z-Achse, ist im Abstand r

$$I(r,\vartheta_z) = \frac{|\check{\alpha}(\omega)|^2 |\check{E}_0|^2 \omega^4}{32\pi^2 \epsilon_0 c^3} \frac{\sin^2\vartheta_z}{r^2} = \frac{r_e^2 \epsilon_0 c E_0^2}{2} \frac{\omega^4}{\left(\omega_0^2 - \omega^2\right)^2 + \Gamma^2\omega^2} \frac{\sin^2\vartheta_z}{r^2} \,. \tag{1.7}$$

Durch die Strahlung des schwingenden Dipols wird der in x-Richtung laufenden ebenen Welle Energie entzogen, die in andere Richtungen wieder ausgestrahlt wird: die Welle wird gestreut. Wie das bei Wasserwellen aussieht, zeigt Abb. 1.11: Man erkennt deutlich die Kreiswellen[4], die von dem „Streuzentrum", einem Stift mit einem Durchmesser $d \ll \lambda$, ausgehen, während die einfallende ebene Welle sonst kaum beeinflusst wird. Man charakterisiert die Streuung von Wellen ähnlich wie die Streuung von Teilchen durch die Angabe eines **differentiellen Wirkungsquerschnitts**, den man für Wellen wie folgt definiert: Im Abstand r von der Quelle befinde sich eine Fläche $\mathrm{d}A$, durch die Energie hindurchströmt. Das Raumwinkelelement ist $\mathrm{d}\Omega = \mathrm{d}A/r^2$. Dann ist

$$\mathrm{d}\sigma = \frac{\text{abgestrahlte Leistung in } \mathrm{d}\Omega}{\text{Intensität der einfallenden Welle}} \,. \tag{1.8}$$

Die Dimension der Intensität ist Energie/(Fläche · Zeit) = Leistung/Fläche, also hat $\mathrm{d}\sigma$ die Dimension einer Fläche. Mit (IV/3.32) folgt

$$\mathrm{d}\sigma = \frac{I(r,\vartheta_z)\,\mathrm{d}A}{\frac{1}{2}\epsilon_0 c E_0^2} \,. \tag{1.9}$$

Damit ist für ein elastisch gebundenes Elektron der differentielle Streuwirkungsquerschnitt pro Raumwinkelelement gegeben durch

$$\frac{\mathrm{d}\sigma}{\mathrm{d}\Omega} = r_e^2 \frac{\omega^4}{\left(\omega_0^2 - \omega^2\right)^2 + \Gamma^2\omega^2} \sin^2\vartheta_z \,. \tag{1.10}$$

[4] Dass die Wellenzüge so viel deutlicher zu erkennen sind als in Abb. IV/7.1 b, liegt daran, dass eine kürzere Wellenlänge verwendet wurde.

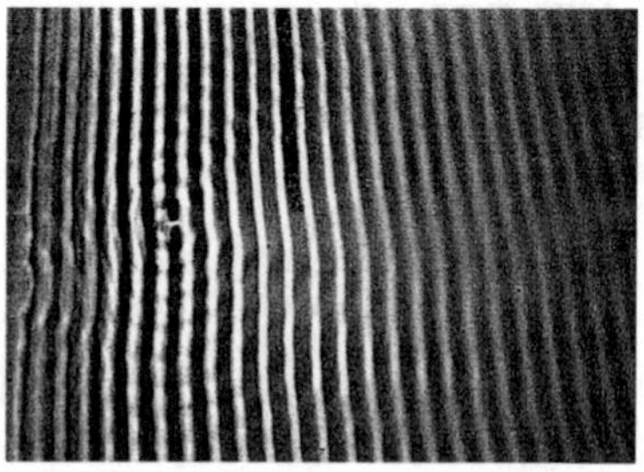

Abbildung 1.11 Streuung von Wasserwellen an einem Hindernis

Die Winkelverteilung der Streuwelle entspricht der Strahlungscharakteristik eines schwingenden Dipols (IV/3.33): In der Schwingungsrichtung des Elektrons ($\vartheta_z = 0$) wird nichts abgestrahlt, in der Ebene senkrecht dazu erfolgt gleichmäßige Abstrahlung in alle Richtungen. Räumlich gesehen ist das Polardiagramm der Intensitätsverteilung durch einen Torus gegeben (Abb. 1.12).

Streuung von unpolarisiertem Licht. Eine unpolarisierte Welle kann dargestellt werden als Überlagerung zweier linear polarisierter Wellen ohne feste Phasenbeziehung, deren Polarisationsrichtungen aufeinander senkrecht stehen (z. B. in z- und y-Richtung). Fällt eine solche Welle auf ein streuendes Atom, so ergeben die beiden Anteile zwei Streuwellen von der soeben berechneten Art, die ***inkohärent*** zu überlagern sind, d. h. es müssen die ***Intensitäten***, nicht etwa die Amplituden addiert werden.

Die Intensität der Streuwelle haben wir für die in z-Richtung polarisierte Teilwelle bereits berechnet ((1.7)

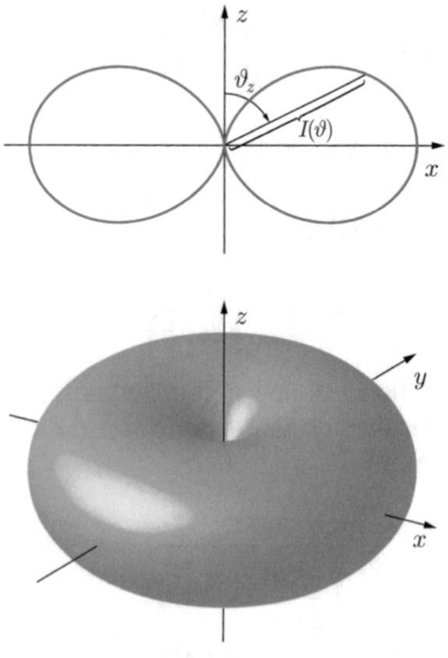

Abbildung 1.12 Polardiagramm der Intensitätsverteilung des Streulichts (in z-Richtung polarisierte Welle)

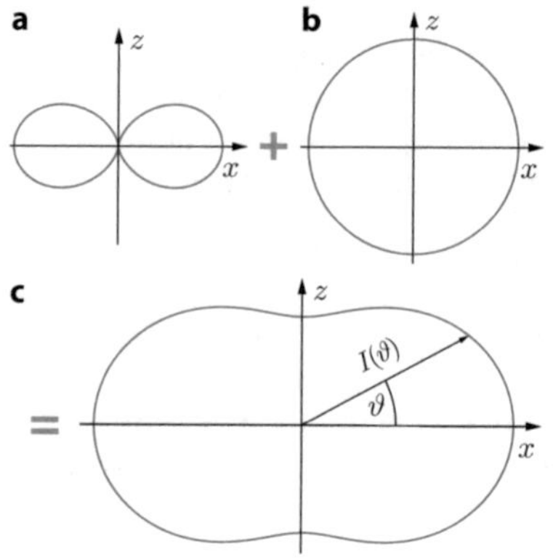

Abbildung 1.13 Zur Berechnung der Intensitätsverteilung des Streulichts einer unpolarisierten Welle

und Abb. 1.12). Die Streuwelle des in y-Richtung polarisierten Anteils kann ganz entsprechend durch einen Torus dargestellt werden, dessen Achse in die y-Richtung weist. Die Addition der beiden Intensitätsverteilungen, jeweils mit einem Faktor $\frac{1}{2}$ gewichtet, ergibt als Polardiagramm eine Fläche, die rotationssymmetrisch um die x-Achse sein muss, denn bei einer in x-Richtung unpolarisiert einfallenden Welle ist in der z,y-Ebene keine Richtung ausgezeichnet.

Um die genaue Form der resultierenden Intensitätsverteilung zu berechnen, genügt es, die x,z-Ebene zu betrachten. In dieser Ebene haben wir die in Abb. 1.13 gezeigten Polardiagramme (a) und (b) zu addieren. Man erhält als Winkelverteilung in der (x,z)-Ebene

$$I(\vartheta_z) \propto \left(1 + \sin^2 \vartheta_z\right) .$$

Um eine Formel zu erhalten, die nicht nur in der (x,z)-Ebene gilt, führen wir den Winkel $\vartheta = \vartheta_x$ ein, d. h. den Streuwinkel bezüglich der Richtung der einfallenden Welle. In der (x,z)-Ebene ist $\sin \vartheta_z = \cos \vartheta$. Also ist die gesuchte Winkelverteilung

$$I(\vartheta) \propto \left(1 + \cos^2 \vartheta\right) ,$$

und der differentielle Streuquerschnitt ist

$$\begin{aligned} \frac{\mathrm{d}\sigma}{\mathrm{d}\Omega} &= \frac{|\breve{\alpha}(\omega)|^2\,\omega^4}{(4\pi\epsilon_0)^2 c^4}\,\frac{1+\cos^2\vartheta}{2} \\ &= \frac{r_\mathrm{e}^2\,\omega^4}{\left(\omega_0^2-\omega^2\right)^2+\Gamma^2\omega^2}\,\frac{1+\cos^2\vartheta}{2} . \end{aligned} \tag{1.11}$$

Polarisationsgrad des Streulichts. Ist die einfallende Welle in z-Richtung linear polarisiert, so ist auch das

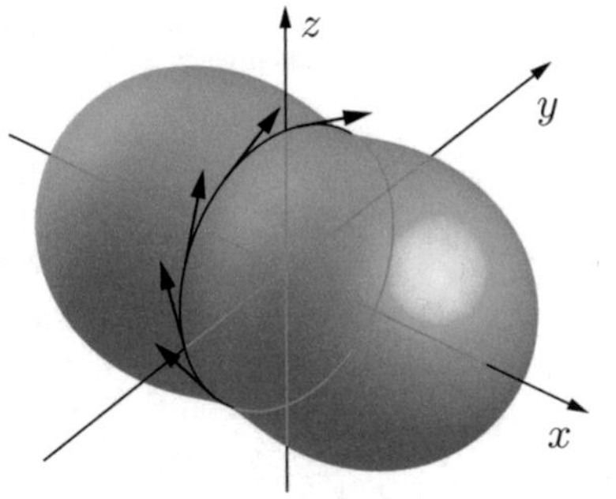

Abbildung 1.14 Räumliches Polardiagramm zu Abb. 1.13c und Polarisation des Streulichts in der (y, z)-Ebene

Streulicht linear polarisiert, da ja der Dipol in Abb. 1.12 nur in der z-Richtung schwingt. Ist die einfallende Welle unpolarisiert, so ist auch das nach vorn und hinten gestreute Licht unpolarisiert; das unter 90° gestreute Licht ist dagegen vollständig linear polarisiert. Wie in Abb. 1.14 gezeigt ist, schwingt der ***E***-Vektor senkrecht zur Streuebene, das ist die Ebene, die den einfallenden und den gestreuten Strahl enthält. Zwischen $\vartheta = 90°$ und $\vartheta = 0°$ bzw. 180° nimmt der Polarisationsgrad kontinuierlich ab.

Totaler Streuquerschnitt. Um den totalen Streuquerschnitt zu berechnen, muss man den differentiellen Wirkungsquerschnitt über den Raumwinkel 4π integrieren:

$$\sigma = \int_{4\pi} \frac{d\sigma}{d\Omega}\, d\Omega\,. \tag{1.12}$$

Das Raumwinkelelement ist $d\Omega = 2\pi \sin\vartheta\, d\vartheta$. Damit erhält man

$$\sigma = \frac{r_e^2\,\omega^4}{\left(\omega_0^2 - \omega^2\right)^2 + \Gamma^2\omega^2}\,\pi \int_0^{\pi} (1 + \cos^2\vartheta)\sin\vartheta\, d\vartheta\,.$$

Das Integral hat den Wert $8/3$. Der totale Streuquerschnitt ist also

$$\begin{aligned}\sigma_{\text{tot}} &= \frac{8\pi}{3}\frac{|\check{\alpha}(\omega)|^2\,\omega^4}{(4\pi\epsilon_0)^2 c^4}\\ &= \frac{8\pi}{3} r_e^2 \frac{\omega^4}{\left(\omega_0^2-\omega^2\right)^2+\Gamma^2\omega^2}\,.\end{aligned} \tag{1.13}$$

Mit diesen Überlegungen haben wir den Zugang zu einer Fülle von interessanten Naturerscheinungen erschlossen. Zur weiteren Diskussion betrachtet man vorzugsweise zwei Sonderfälle von (1.10)–(1.13), die „Rayleigh-Streuung" ($\omega^2 \ll \omega_0^2$) und die „Thomson-Streuung" ($\omega^2 \gg \omega_0^2$).

Rayleigh-Streuung von sichtbarem Licht

Als Rayleigh-Streuung bezeichnet man die kohärente Streuung von Licht an Atomen. Wegen $\omega^2 \ll \omega_0^2$ wird zunächst der Dämpfungsterm vernachlässigt. Der Übergang vom Modell-Atom mit ***einem*** elastisch gebundenen Elektron zum realen Atom wird bewerkstelligt, indem man in den Streuformeln für $\check{\alpha}(\omega)$ (IV/5.24) an Stelle von (IV/5.23) einsetzt, sodass über alle Resonanzfrequenzen ω_k summiert wird. Wie schon im Zusammenhang mit der „normalen" Dispersion hervorgehoben wurde, liegen die Resonanzfrequenzen ω_k der an Atome gebundenen Elektronen gewöhnlich im Ultravioletten. Im sichtbaren Spektralbereich ist dann $\omega^2 \ll \omega_k^2$. An den Formeln (1.10)–(1.13) kann man ablesen, dass in diesem Fall die Streuquerschnitte proportional zur 4. Potenz der Lichtfrequenz ansteigen. Je nach dem Aggregatzustand des streuenden Mediums führt die Rayleigh-Streuung zu unterschiedlichen Phänomenen.

Rayleigh-Streuung in Gasen. Um nicht mit den in (IV/5.24) eingeführten Frequenzen ω_k und Oszillatorenstärken f_k rechnen zu müssen, drücken wir $\check{\alpha}(\omega)$ mit Hilfe von (IV/5.31) durch den Brechungsindex n aus. Bei vernachlässigbarer Absorption ist

$$\check{\alpha}(\omega) = \alpha_{\text{disp}}(\omega) = \frac{2\epsilon_0}{N}(n-1)\,.$$

N ist die Zahl der Atome (Moleküle) in der Volumeneinheit. Wir haben nun den großen Vorteil, die weiteren Rechnungen auf die direkt gemessene Größe n stützen zu können. Mit $\omega = 2\pi c/\lambda$ ergibt (1.13):

$$\begin{aligned}\sigma_R &= \frac{8\pi}{3}\frac{4\epsilon_0^2(n-1)^2}{(4\pi\epsilon_0)^2N^2}\frac{(2\pi)^4}{\lambda^4}\\ &= \frac{32\pi^3}{3}\frac{(n-1)^2}{N^2}\frac{1}{\lambda^4}\,.\end{aligned} \tag{1.14}$$

σ_R ist der totale Wirkungsquerschnitt für Rayleigh-Streuung. Er ist proportional zu $1/\lambda^4$: Halbe Wellenlänge, 16-fache Streuung!

Wegen der Rayleigh-Streuung ist auch vollkommen staub- und dunstfreie Luft nicht vollkommen durchsichtig. Das Licht wird auf einer Strecke x durch Streuung nach einem Exponentialgesetz geschwächt:

$$I(x) = I_0 e^{-\mu x}\,. \tag{1.15}$$

Zur Berechnung des **Extinktionskoeffizienten** μ betrachten wir im Gas senkrecht zur x-Achse eine Schicht mit der Fläche A und der Dicke dx, auf die eine in x-Richtung laufende ebene Welle fällt. Nach (1.8) und (1.12) strahlt ein einzelnes Atom infolge der Rayleigh-Streuung den Energiefluss $\Phi_e^{(1)} = \sigma_R I(x)$ ab. Von der Schicht wird insgesamt der Energiefluss

$$d\Phi_e = NA\, dx\, \sigma_R\, I(x) \quad (1.16)$$

abgestrahlt. Die Energieflussdichte der einfallenden Welle, also ihre Intensität, nimmt infolgedessen ab:

$$dI = -N\sigma_R\, dx\, I(x)\,.$$

Das ist die wohlbekannte Differentialgleichung, deren Lösung auf die Exponentialfunktion (1.15) führt. Der Extinktionskoeffizient ist also

$$\mu = N\sigma_R = \frac{32\pi^3}{3}\frac{(n-1)^2}{N}\frac{1}{\lambda^4}\,. \quad (1.17)$$

Diese Formel wurde zuerst von Lord Rayleigh[5] abgeleitet. Er erklärte damit das Blau des Himmels und die Tatsache, dass die untergehende Sonne rot erscheint: Der kurzwellige blaue Teil des Sonnenlichts wird in der Atmosphäre viel stärker gestreut als der langwellige rote. Am blauen Himmel sehen wir das gestreute Sonnenlicht, und die Luftschicht, durch die wir die Abendsonne betrachten, ist so dick, dass das blaue und grüne Licht fast vollständig herausgestreut wird.

In Tab. 1.1 sind einige mit (1.17) berechnete Zahlen zusammengestellt. Die Extinktionslänge $L = 1/N\sigma$ ist die Länge der Strecke, auf der das Licht in trockener und staubfreier Luft unter Normalbedingungen durch Rayleigh-Streuung auf 1/e geschwächt wird ($N = 2{,}69 \cdot 10^{19}\,\mathrm{cm}^{-3}$ und $(n-1) = 2{,}78 \cdot 10^{-4}$). $I(\vartheta)/I_0$ ist die Schwächung des Lichts beim Durchgang durch die Atmosphäre, wenn die Sonne im Zenit steht, und wenn sie auf- oder untergeht. Diese Zahlen sind besonders beachtenswert für Leute, die sich in der Sonne braten lassen wollen, und auch für solche, die sich vor Hautkrebs fürchten.

Das einfallende Sonnenlicht ist unpolarisiert. Wie in Abb. 1.14 muss jedoch das Streulicht, also das Himmelsblau, linear polarisiert sein, und zwar maximal, wenn man in einer Richtung senkrecht zum einfallenden Sonnenlicht schaut. Mit einer Polarisationsfolie kann man sich davon leicht überzeugen.

[5] John William Strutt, Baron Rayleigh, später Lord Rayleigh (1842–1919), englischer Physiker, wurde 1879 als Maxwells Nachfolger an das Cavendish-Laboratorium (Universität Cambridge) berufen. Er legte dieses Amt jedoch schon nach 5 Jahren nieder, um sich weiterhin auf dem Schloss seiner Väter (Terling Place, Witham, Essex) als Privatgelehrter zu betätigen. Seine Hauptarbeitsgebiete waren Akustik und Optik. Das berühmte Buch „Theory of Sound" schrieb er während einer Schiffsreise auf dem Nil. – Als Rayleighs Nachfolger wurde übrigens J. J. Thomson (1856–1940), der Entdecker des Elektrons und der Isotope berufen, dem dann 1919 E. Rutherford als Cavendish-Professor folgte.

Tabelle 1.1 Schwächung von Licht durch Rayleigh-Streuung in der Atmosphäre bei vollständig klarer Luft. L: Extinktionslänge auf Seehöhe, ϑ: Zenitwinkel der Sonne

λ	L	$I(\vartheta)/I_0^1$	
(nm)	(km)	$\vartheta = 0°$	$\vartheta = 90°$
650 (rot)	188	0,96	0,21
520 (grün)	77	0,90	$2{,}4 \cdot 10^{-2}$
410 (violett)	30	0,76	$6{,}5 \cdot 10^{-5}$

[a] berechnet für eine isotherme Atmosphäre. Aus Jackson, „Classical Electrodynamics"

Es ist höchst interessant, dass in (1.14) und (1.17) die Molekülzahldichte N direkt, d. h. nicht mit k_B oder e multipliziert auftritt. Man kann daher durch Messung des Extinktionskoeffizienten μ oder der Intensität des Streulichts die Loschmidtzahl N_A bestimmen. Beides wurde gemacht. Man hat die scheinbare Helligkeit der Sonne bei staub- und dunstfreier Luft als Funktion des Zenitwinkels ϑ gemessen (auf dem Pico Teide (Teneriffa)) und man hat die Intensität des Himmelsblaus bestimmt. Beide Messungen ergaben gute Übereinstimmung mit den auf andere Weise bestimmten Werten von N_A – eine großartige Konsistenzprüfung für die Physik!

Rayleigh-Streuung in kristallinen Festkörpern. Die Interferenz der Streuwellen, die von den einzelnen Atomen des Kristallgitters ausgehen, führt dazu, dass bei durchsichtigen Kristallen das Streulicht in seitlicher Richtung vollständig unterdrückt wird: Zu jedem streuenden Atom findet sich ein anderes, dessen Streuwelle gerade um 180° phasenverschoben ist. Nur in Vorwärtsrichtung kommt es zu konstruktiver Interferenz. Wir werden dies etwas später noch genauer untersuchen. Seitliches Streulicht entsteht nur, wenn der Kristall unregelmäßig verteilte Fremdatome oder Gitterfehler enthält.

Rayleigh-Streuung in Flüssigkeiten. In Flüssigkeiten sind die Moleküle fast so dicht gepackt wie in Festkörpern. Infolge der unvollkommenen Nahordnung und der fehlenden Fernordnung treten aber Dichteschwankungen auf, die Anlass zur Rayleigh-Streuung geben. Auf diese Weise erklärt sich das intensive, geradezu leuchtende Blau von südlichen Meeren bei hoch stehender Sonne.[6] Für den Extinktionskoeffizienten gilt die **Einstein-**

[6] Dennoch erscheint unter Wasser die Sonnenscheibe und das von hellen Steinen reflektierte Licht nicht rötlich, wie jeder Taucher weiß. Das liegt daran, dass Wasser im Infraroten absorbiert (Abb. IV/5.19). Die Ausläufer der Absorption reichen bis ins Sichtbare. Das Maximum der Transparenz liegt im grünen Spektralbereich.

Smoluchowski-Formel

$$\mu = \frac{8\pi^3}{3N}\frac{1}{\lambda^4}\left|\frac{(\epsilon-1)(\epsilon+2)}{3}\right|^2 \kappa_T N k_B T\,. \qquad (1.18)$$

$\kappa_T = (1/V)(\partial V/\partial p)_T$ ist die isotherme Kompressibilität, ϵ die Dielektrizitätskonstante. Bei idealen Gasen ist $\kappa_T = 1/p$ und $\kappa_T N k_B T = 1$. Mit $\epsilon = n^2$ und $n = 1 + \delta$ geht dann (1.18) in (1.17) über. Das ist höchst befriedigend, denn in (1.16) hatten wir skrupellos die Intensitäten der von den einzelnen Atomen ausgehenden Streuwellen addiert, obgleich bei NTP der mittlere Abstand zwischen den Gasmolekülen nur einige nm beträgt, also sehr klein gegen die Lichtwellenlänge ist.

Deutlich sichtbar wird die Rayleighstreuung, wenn die Flüssigkeit fein verteilte Partikel enthält, z. B. in kolloidalen Lösungen. Sofern die Partikelgröße klein gegen die Wellenlänge des Lichts ist, beobachtet man sogar sehr intensives Streulicht; es ist $I \sim N^2$, wenn N die Zahl der Atome pro Partikel ist. Dieser Effekt, nach seinem Entdecker auch **Tyndall-Streuung** genannt, war es übrigens, der Rayleigh dazu veranlasste, sich mit dem Problem zu befassen.

Die Streuung von Licht an Flüssigkeitströpfchen, deren Radius vergleichbar mit der Lichtwellenlänge ist, führt zu einem komplizierten Interferenzproblem: die Amplituden der von den einzelnen Teilen des Tröpfchens gestreuten Wellen müssen unter Berücksichtigung ihrer Phasen korrekt aufsummiert werden. Das Problem wurde von G. Mie[7] gelöst. Die **Mie-Streuung** von weißem Licht an Tröpfchen einheitlicher Größe führt zu wunderschönen Farberscheinungen im Streulicht; ihre Untersuchung wird in der Aerosolphysik zur Analyse von Tröpfchengrößen verwendet (Aerosol: siehe Fußnote in Bd. III/8.5). Im Allgemeinen ist das Streulicht bei Mie-Streuung stark nach vorne gebündelt. Man kann das Phänomen z. B. beobachten, wenn der Mond einen „Hof" hat.

Thomson-Streuung und Rayleigh-Streuung von Röntgenstrahlung

Ein anderer wichtiger Grenzfall der allgemeinen Streuformeln entsteht, wenn $\omega \gg \omega_0$ ist. Man kann dann setzen:

$$\frac{\omega^4}{(\omega_0^2 - \omega^2)^2} \approx \frac{\omega^4}{\omega^4} = 1\,.$$

[7] Bei dieser Gelegenheit entwickelte Mie die Methode der **Multipol-Entwicklung** von Strahlungsfeldern. Er leistete damit einen wichtigen Beitrag zur Mathematischen Physik, der später besonders in der Kernphysik große Bedeutung erlangte. Wir werden darauf in Kap. 6 zurückkommen, Gustav Mie (1868–1957) wirkte als Professor für Physik an den Universitäten Greifswald, Halle und Freiburg.

Dieser Fall ist für Röntgenstrahlung realisiert, man spricht von **Thomson-Streuung**. Für den differentiellen und den totalen Streuwirkungsquerschnitt an einem einzelnen sehr schwach gebundenen Elektron erhält man aus (1.11) und (1.13) die Formeln:

$$\left(\frac{d\sigma}{d\Omega}\right)_{\text{Thomson}} = r_e^2\frac{1+\cos^2\vartheta}{2}\,,$$
$$\sigma_{\text{Thomson}} = \frac{8\pi}{3}r_e^2 = 0{,}665 \times 10^{-24}\,\text{cm}^2\,. \qquad (1.19)$$

Die Frage ist nun, wie man diese Formeln auf die Streuung an einem Atom mit Z Elektronen überträgt. Wenn $\omega \gg \omega_k$ ist, spielen die individuellen Werte von ω_k keine Rolle mehr. Im Folgenden wird der Spezialfall behandelt, dass das Atom beim Streuprozess vollständig intakt bleibt. Dann werden seine Elektronen zu erzwungenen Schwingungen mit der Frequenz ω der einfallenden Welle angeregt. Diese Schwingungen sind gegenüber der einfallenden Welle einheitlich um 180° phasenverschoben, wie aus der Schwingungslehre bekannt ist. Die von den einzelnen Elektronen ausgehenden Streuwellen sind kohärent. Man nennt diese Streuung von Röntgenstrahlen am Atom deshalb **kohärente Streuung** oder, weil sie am ganzen Atom erfolgt, wie im optischen Bereich Rayleigh-Streuung.

Anders als man meinen könnte, ist die kohärente Streuung an einem Atom mit Z Elektronen nicht einfach Z^2 mal so stark wie die am einzelnen Elektron; sie ist auch nicht frequenzunabhängig, wie nach (1.19) zu erwarten wäre. Im Röntgenbereich ist die Wellenlänge nicht mehr groß gegen den Atomradius, und es treten Interferenzeffekte auf, die zu einer starken Abnahme des differentiellen Wirkungsquerschnitts mit zunehmendem Streuwinkel und mit abnehmender Wellenlänge führen. Wie Tab. 1.2 zeigt, nimmt daher auch der totale Wirkungsquerschnitt für kohärente Streuung mit abnehmender Wellenlänge drastisch ab. Zum Vergleich die Atomradien: Pb ≈ 0,17 nm, Al ≈ 0,13 nm.

Tabelle 1.2 Kohärenter Streuquerschnitt von Aluminium und Blei für Röntgenstrahlen

λ	$h\nu$	$\sigma_{\text{koh.}}^{(\text{Al})}$	$\sigma_{\text{koh.}}^{(\text{Pb})}$
(nm)	(keV)	($10^{-23}\,\text{cm}^2$)	
1,0	1,2	10,0	420
0,3	4,1	6,3	300
0,1	12,4	1,5	130
0,03	41,3	0,35	24
0,01	123,9	0,03	3,9
$Z^2\sigma_{\text{Thomson}}$		11,2	447

Quantitativ werden die Interferenzeffekte mit dem sogenannten **Atom-Formfaktor** beschrieben. Wir können ihn mit einer Erweiterung des Beugungsintegrals (IV/8.48) leicht berechnen. Statt von dem ebenen Objekt in Abb. IV/8.29 gehen wir von der dreidimensionalen Ladungsverteilung der Elektronen im Atom aus (Abb. 1.15a). (Der Atomkern trägt wegen seiner großen Masse zur Streuung praktisch nichts bei). Wir ersetzen also in (IV/8.48) den Transmissionskoeffizienten $\tau(x,y)$ durch die Ladungsdichte $\rho_q(x,y,z)$ und das Flächenelement $dxdy$ durch das Volumenelement $dxdydz = dV$. Dabei wird $\rho_q(x,y,z)$ so normiert, dass $\int_V \rho_q(x,y,z)dV = Z$, der Ordnungszahl des Atoms ist. Außerdem bedenken wir, dass die einfallende ebene Welle in Abb. IV/8.29 alle Punkte des Objekts mit gleicher Phase erreicht, in Abb. 1.15a jedoch mit der Phase $k_0 x = \boldsymbol{k}_0 \cdot \boldsymbol{r}$, wenn $\boldsymbol{k}_0$ der Wellenvektor der einfallenden Welle ist. Das berücksichtigt man, indem man in das Beugungsintegral einen Faktor $e^{i\boldsymbol{k}_0\cdot\boldsymbol{r}}$ einführt. Die Feldstärke in der gestreuten Welle ist dann

$$\check{E}(\boldsymbol{k}) \propto \int_V e^{i\boldsymbol{k}_0\cdot\boldsymbol{r}} \rho_q(x,y,z) e^{-i(k_x x + k_y y + k_z z)}\, dV \, .$$

Dieses Integral ist der Atom-Formfaktor. Man schreibt es wie folgt:

$$F_{At}(\boldsymbol{K}) = \int_V \rho_q(\boldsymbol{r}) e^{-i\boldsymbol{K}\cdot\boldsymbol{r}}\, dV \, , \quad \text{mit} \qquad (1.20)$$
$$\boldsymbol{K} = \boldsymbol{k} - \boldsymbol{k}_0 \, , \quad |\boldsymbol{K}| = 2k_0 \sin\frac{\vartheta}{2} \, .$$

Der Zusammenhang zwischen dem Streuwinkel ϑ und dem Streuvektor $\boldsymbol{K}$ ist in Abb. 1.15b illustriert. ***Der Atom-Formfaktor ist eine Funktion des Streuvektors K. Diese Funktion ist die Fourier-Transformierte der Ladungsdichte in der Atomhülle.***

Wir nehmen an, dass in jedem Volumenelement dV des Atoms die einfallende Welle wie in (1.19) mit der Winkelverteilung $(1+\cos^2\vartheta)/2$ gestreut wird. Diese Winkelverteilung wird durch die Interferenzeffekte modifiziert. Der differentielle Wirkungsquerschnitt ist dann mit (IV/4.16)

$$\left(\frac{d\sigma}{d\Omega}\right)_{koh.} = \left(\frac{d\sigma}{d\Omega}\right)_{Thomson} \cdot |F_{At}(\boldsymbol{K})|^2 \, . \qquad (1.21)$$

Bei der Messung und bei der Berechnung von $F_{At}(\boldsymbol{K})$ geht man davon aus, dass das Atom in guter Näherung kugelsymmetrisch ist. Dann hängt F_{At} nicht von der Richtung von $\boldsymbol{K}$ ab. Man kann durch Messung von $d\sigma/d\Omega$ als

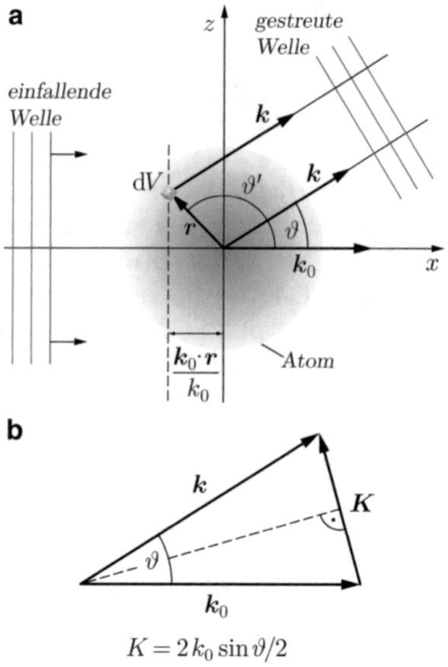

Abbildung 1.15 **a** Zur Berechnung des Atom-Formfaktors. **b** Zusammenhang zwischen Streuvektor $\boldsymbol{K}$ und Streuwinkel ϑ

Funktion von $K = 4\pi \sin\frac{\vartheta}{2}/\lambda$ den Atom-Formfaktor experimentell bestimmen, oder auch mit (1.20) berechnen. Mit $dV = 2\pi r^2 \sin\vartheta'\, d\vartheta' dr$ erhält man nach kurzer Rechnung (Aufgabe 1.3)

$$F_{At}(K) = \int_0^{R_{At}} 4\pi r^2 \rho_q(r) \frac{\sin Kr}{Kr}\, dr \, . \qquad (1.22)$$

R_{At} ist der Atomradius. $\rho_q(r)$ kann man mit einem Atommodell erraten, (1.22) numerisch integrieren und evtl. nach Vergleich mit den gemessenen Daten den Ansatz für $\rho_q(r)$ korrigieren. Für $\vartheta = 0$ ist $\boldsymbol{K} = 0$ und $|F_{At}|^2 = Z^2$: In Vorwärtsrichtung wird die Streuung durch die Interferenzeffekte nicht beeinflusst, da alle Teilwellen in Phase sind.

Zur Bedeutung der kohärenten Streuung: Sie trägt neben Photo- und Comptoneffekt zur Schwächung eines parallelen Röntgenstrahlbündels in Materie bei. Vor allem aber beruhen auf ihr die Spektroskopie von Röntgenstrahlung und die Strukturuntersuchungen an Festkörpern. Beides wird im nächsten Abschnitt behandelt werden.

Lichtstreuung und Brechungsindex

Nach (IV/2.71) und (IV/5.3) ist in einem Medium mit dem Brechungsindex n die Lichtgeschwindigkeit $c_{med} = c/n$. Wie wir wissen, bestehen die Atome weitgehend aus leerem Raum. Wie kommt es, dass dennoch die Lichtgeschwindigkeit in Materie von der im Vakuum abweicht?

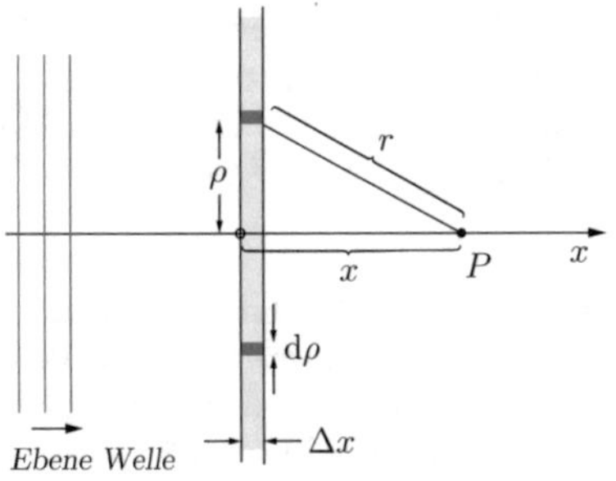

Abbildung 1.16 Lichtstreuung in einer dünnen Platte

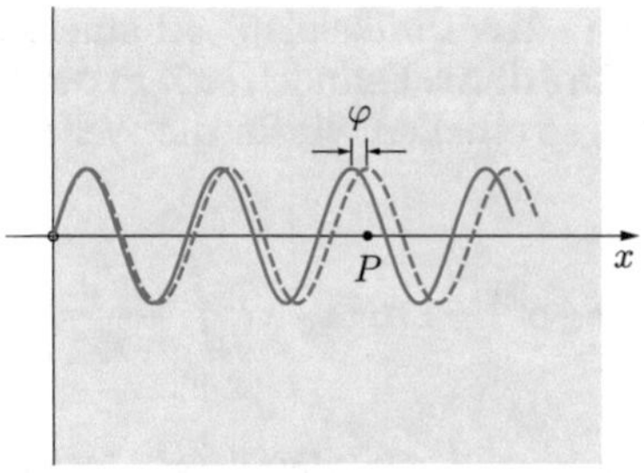

Abbildung 1.17 Zum Zustandekommen der Wellenlängenverkürzung in einem Medium: *gestrichelt*: einfallende Welle, *ausgezogen*: Überlagerung der einlaufenden Welle mit den Streuwellen

Die Antwort ist verblüffend: Die einfallende elektromagnetische Welle breitet sich auch im Medium mit der Vakuum-Lichtgeschwindigkeit c aus. Sie wird jedoch überlagert von Streuwellen, die von jedem einzelnen Atom ausgehen und die ebenfalls mit der Geschwindigkeit c durch das Medium laufen. Die Überlagerung der einfallenden Welle mit der Summe aller Streuwellen führt bei sichtbarem Licht in einem transparenten Medium zu einer Verkürzung der Wellenlänge und damit im Endeffekt zu einer Verringerung der Phasengeschwindigkeit des Lichts. Bei Licht, dessen Frequenz oberhalb der elektronischen Resonanzfrequenzen liegt, also z. B. bei Röntgenstrahlen, führt der gleiche Effekt zu einer Vergrößerung der Wellenlänge und damit zu einer Erhöhung der Phasengeschwindigkeit gegenüber der Vakuum-Lichtgeschwindigkeit c.

Um zu sehen, wie das zustande kommt, betrachten wir bei $x = 0$ in Abb. 1.16 eine Platte der Dicke Δx, die ein durchsichtiges Medium sehr geringer Dichte enthält. Die Voraussetzung sehr geringer Dichte ist wichtig, damit wir nur die Streuung der ***einfallenden*** Welle zu betrachten haben, nicht aber die Streuung der Streuwellen. Andernfalls kommt man zu einem äußerst komplizierten mathematischen Problem; die wesentlichen Ergebnisse erhält man auch in der Näherung geringer Dichte. Von links fällt in Abb. 1.16 eine ebene Welle ein. Sie erzeugt am Punkt P die elektrische Feldstärke

$$E_e(x,t) = E_{e0}\cos(kx - \omega t)\,, \tag{1.23}$$

wobei $\omega/k = c$ ist. Von jedem Atom in der Platte geht infolge der Lichtstreuung eine Kugelwelle aus. Die Resultierende dieser Streuwellen bildet eine nach rechts in x-Richtung fortschreitende ebene Welle.[8] Diese Welle ist nun gegenüber der einfallenden Welle um 90° phasenverschoben, wie wir weiter unten nachrechnen werden:

$$E_s(x,t) = E_{s0}\sin(kx - \omega t)\,. \tag{1.24}$$

[8] Es gibt in Abb. 1.16 auch eine nach links laufende Streuwelle: Sie bildet die reflektierte Welle.

Die Summe beider Wellen ergibt eine Welle der Amplitude E_0, die gegenüber der einfallenden Welle um einen kleinen Winkel $\delta\varphi$ phasenverschoben ist. Setzt man

$$\begin{aligned} E(x,t) &= E_e(x,t) + E_s(x,t) \\ &= E_0\cos(kx - \omega t - \delta\varphi)\,, \end{aligned} \tag{1.25}$$

so folgt mit $\cos(\alpha - \beta) = \cos\alpha\cos\beta + \sin\alpha\sin\beta$ und $\alpha = kx - \omega t$, $\beta = \delta\varphi$

$$\begin{aligned} E_0 &= \sqrt{E_{e0}^2 + E_{s0}^2}\,, \\ \delta\varphi &= \arctan(E_{s0}/E_{e0}) \approx E_{s0}/E_{e0}\,. \end{aligned} \tag{1.26}$$

Nun denken wir uns den Raum zwischen $x = 0$ und P mit vielen Platten der Dicke Δx angefüllt. Die Streuwellen jeder Platte ergeben eine zusätzliche Phasenverschiebung am Punkt P. Es baut sich eine entlang der x-Achse kontinuierlich zunehmende Phasenverschiebung auf, die am Punkt P den Wert φ erreicht. Das bedeutet, dass sich im Medium die ***Wellenlänge*** ändert, wie in Abb. 1.17 gezeigt ist. Entsprechend ändert sich auch die Phasengeschwindigkeit der Welle, die durch die Überlagerung der einfallenden Welle mit den Streuwellen entsteht, obwohl die einfallende Welle wie auch die Streuwellen für sich genommen mit der Vakuum-Lichtgeschwindigkeit durch das Medium laufen.

Wir wollen nun die Berechnung der resultierenden Streuwelle (1.24) nachtragen. Von jedem streuenden Atom geht eine Kugelwelle aus. Zur Vereinfachung nehmen wir an, dass die Wellenfunktion eine skalare Größe ist und dass die Streuung an den einzelnen Atomen isotrop erfolgt. Da wir über viele Wellen gleicher Frequenz summieren müssen, ist es zweckmäßig, zur komplexen Schreibweise überzugehen. Zur Streuwelle am Punkt P in Abb. 1.16 liefert ein in der dunkelblau schattierten Zone befindliches Atom nach (IV/4.10) den Beitrag $(\mathcal{E}_0/r)e^{i(kr-\omega t)}$. $\mathcal{E}_0$ ist der Amplitudenfaktor der auslaufenden Kugelwelle (SI-Einheit: Volt). Den überall auftretenden Faktor $e^{-i\omega t}$ lassen wir im folgenden weg.

Das Volumen der dunkelblau schattierten Zone in Abb. 1.16 ist $2\pi\rho\,\mathrm{d}\rho\Delta x$. Befinden sich in der Volumeneinheit N Atome, so erhalten wir für die Wellenfunktion am Punkt P:

$$\check{E}(x) = E_{e0}\mathrm{e}^{ikx} + 2\pi N\,\mathcal{E}_0\,\Delta x \int\limits_{\rho=0}^{\infty} \frac{\mathrm{e}^{ikr}\rho}{r}\,\mathrm{d}\rho\,. \tag{1.27}$$

Der erste Term stellt die einfallende Welle dar, etwas geschwächt durch die Erzeugung der Streuwellen. Der zweite Term ist die Summe aller Streuwellen. Nun ist $x^2 + \rho^2 = r^2$. Da x konstant ist, ist $\rho\,\mathrm{d}\rho = r\,\mathrm{d}r$. Wir erhalten:

$$\check{E}(x) = E_{e0}\mathrm{e}^{ikx} + 2\pi N\,\mathcal{E}_0\,\Delta x \int\limits_{r=x}^{\infty} \mathrm{e}^{ikr}\mathrm{d}r\,.$$

Die Integration lässt sich im Prinzip leicht ausführen:

$$\int\limits_{x}^{\infty} \mathrm{e}^{ikr}\mathrm{d}r = \frac{1}{\mathrm{i}k}\mathrm{e}^{ikr}\Big|_{x}^{\infty}\,. \tag{1.28}$$

Das Problem ist aber, dass $\mathrm{e}^{\mathrm{i}\infty}$ keinen bestimmten Wert annimmt. Man kann sich überlegen, dass physikalisch der Beitrag der Streuwellen, die aus dem Unendlichen kommen, verschwinden muss, z. B. aufgrund einer kleinen Absorption der Streustrahlung. Man kann dies mathematisch beschreiben, indem man im Integranden noch einen Faktor $\mathrm{e}^{-\mu r}$ einführt, wobei der Absorptionskoeffizient μ beliebig klein sein kann. Dann verschwindet der Beitrag der oberen Grenze und wir erhalten für das Integral

$$\int\limits_{x}^{\infty} \mathrm{e}^{ikr}\mathrm{d}r = -\frac{1}{\mathrm{i}k}\mathrm{e}^{ikx} = \frac{\mathrm{i}\mathrm{e}^{ikx}}{k}\,.$$

Damit ergibt (1.27):

$$\begin{aligned}\check{E}(x) &= E_{e0}\mathrm{e}^{ikx} + \mathrm{i}\frac{2\pi N\mathcal{E}_0\,\Delta x}{k}\mathrm{e}^{ikx}\\ &= E_{e0}\mathrm{e}^{ikx} + \mathrm{i}\,\lambda N\mathcal{E}_0\,\Delta x\mathrm{e}^{ikx}\,.\end{aligned} \tag{1.29}$$

Wir gehen zum Realteil über und erhalten in Übereinstimmung mit (1.23) für den Anteil der einfallenden Welle einen Cosinusterm, für die resultierende Streuwelle, wie in (1.24) behauptet, einen Sinusterm. Dabei berücksichtigen wir wieder den weggelassenen Faktor $\mathrm{e}^{-\mathrm{i}\omega t}$:

$$\begin{aligned}E(x,t) &= \mathrm{Re}\;\check{E}(x,t)\\ &= E_{e0}\cos(kx-\omega t) - \lambda N\mathcal{E}_0\,\Delta x\sin(kx-\omega t)\,.\end{aligned}$$

Mit (1.25) und (1.26) folgt daraus

$$E(x,t) = E_0\cos\left(kx - \omega t + \lambda N\frac{\mathcal{E}_0}{E_{e0}}\Delta x\right)\,. \tag{1.30}$$

Am Ort x ist das Maximum der Cosinusfunktion ein wenig in $(-x)$-Richtung verschoben, wenn $\mathcal{E}_0 > 0$ ist. Füllt man den Raum zwischen $x = 0$ und P mit Materie, erhält man für $\mathcal{E}_0 > 0$ die in Abb. 1.17 gezeigte Verkürzung der Wellenlänge.

An diesem Ergebnis ändert sich nichts, wenn man berücksichtigt, dass bei der Lichtstreuung die Wellenfunktion eine vektorielle Größe ist und dass nach (1.11) der differentielle Wirkungsquerschnitt vom Streuwinkel abhängt: Die vektorielle Addition der Streuwellen und die Winkelabhängigkeit des Wirkungsquerschnitts bewirken sogar noch zusätzlich, dass das Integral (1.28) an der oberen Grenze verschwindet; an der unteren Grenze bleibt der Wert unverändert.

Man kann mit Hilfe von (1.29) eine Formel ableiten, die einen Zusammenhang zwischen der Lichtstreuung und dem Brechungsindex herstellt. Beschreiben wir die Wellenausbreitung in der dünnen Platte mit Hilfe des Brechungsindex n, so ist innerhalb der Platte die Wellenzahl nk und wir erhalten:

$$\check{E}(x) = E_{e0}\mathrm{e}^{\mathrm{i}(nk\,\Delta x + k(x-\Delta x))} = E_{e0}\mathrm{e}^{ikx}\mathrm{e}^{\mathrm{i}(n-1)k\,\Delta x}\,.$$

Die zweite Exponentialfunktion können wir für $(n-1)k\,\Delta x \ll 1$ entwickeln:

$$\check{E}(x) = E_{e0}\mathrm{e}^{ikx}(1 + \mathrm{i}(n-1)k\,\Delta x)\,.$$

Durch Vergleich mit (1.29) erhalten wir $(n-1)kE_{e0} = 2\pi N\mathcal{E}_0/k$, oder

$$n = 1 + \frac{2\pi N\mathcal{E}_0/E_{e0}}{k^2} = 1 + \frac{\lambda^2}{2\pi}N\mathcal{E}_0/E_{e0}\,. \tag{1.31}$$

Je nach dem Vorzeichen von $\mathcal{E}_0$ ist $n > 1$ oder $n < 1$. Wir erinnern uns an das Verhalten erzwungener Schwingungen: Wenn die Erregerfrequenz unterhalb der Resonanzfrequenz des Oszillators liegt, erfolgt die erzwungene Schwingung gleichphasig, es ist $\mathcal{E}_0 > 0$ und $n > 1$ (sichtbarer Spektralbereich). Ist die Erregerfrequenz größer als die Resonanzfrequenz, ist die Schwingung gegenphasig, es ist $\mathcal{E}_0 < 0$ und $n < 1$ (Röntgenstrahlung).

Eine wichtige Folgerung aus dieser Überlegung ist, dass mit (1.31) ein Brechungsindex bei Wellen aller Art berechnet werden kann, wenn die Wellen an Atomen oder Atomkernen kohärent gestreut werden, und dass dann auch die in Bd. IV/5 beschriebenen Phänomene (Brechung, Totalreflexion usw.) auftreten. Wir werden darauf in Abschn. 3.4 im Zusammenhang mit Neutronenstrahlen zurückkommen.

1.3 Erzeugung und Spektroskopie von Röntgenstrahlen

Die Röntgenröhre

Das Prinzip einer Röntgenröhre[9] ist in Abb. 1.18 gezeigt. In einem evakuierten Glaskolben befinden sich eine Glühkathode und eine Anode. Die Anode, bei der Röntgenröhre mitunter auch „Antikathode“ genannt, liegt gegenüber der Kathode auf einer positiven Hochspannung, die mit einem Transformator erzeugt wird (typisch 10–100 kV). Den in Abb. 1.18 gezeigten Gleichrichter und den Kondensator kann man auch weglassen; sie sind jedoch nützlich, wenn man die Röhre mit einer annähernd konstanten Spannung U betreiben will. Man muss dafür sorgen, dass die Elektronen auf einen möglichst kleinen Fleck fokussiert auf die Anode treffen. Bereits bei mittleren Leistungen ist eine Kühlung der Anode erforderlich.

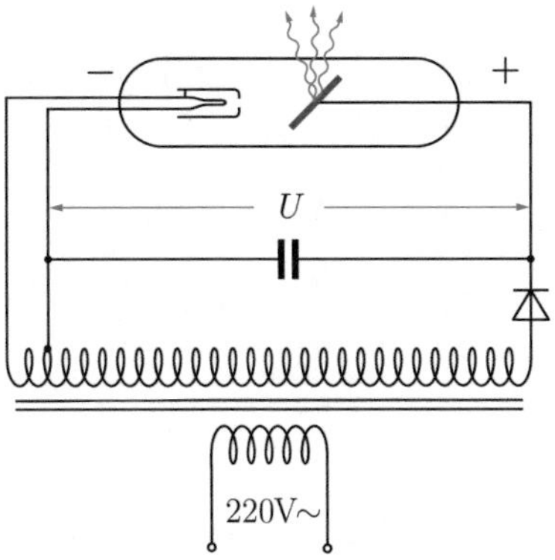

Abbildung 1.18 Prinzip einer Röntgenröhre

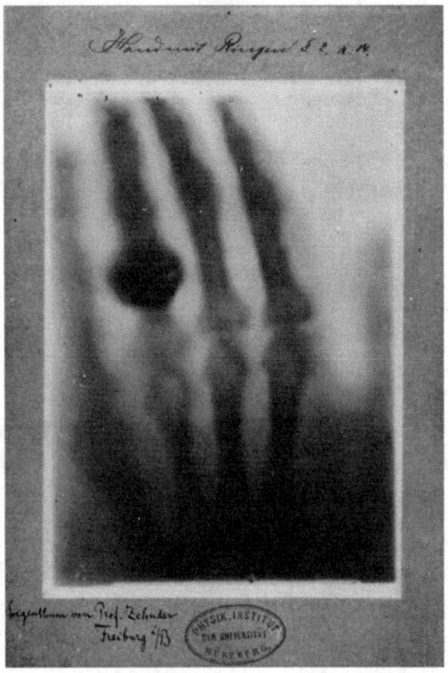

Abbildung 1.19 Hand von Frau Röntgen. Freundlicherweise zur Verfügung gestellt vom Röntgenmuseum Remscheid

Die Elektronen treffen auf die Anode mit der Energie

$$E_{\text{kin}} = eU \tag{1.32}$$

auf. Sie werden im Anodenmaterial durch ionisierende Stöße abgebremst, genau wie z. B. α- und β-Teilchen in Materie abgebremst werden, was in Bd. I/17.2 ausführlich beschrieben wird. Die Energie der Elektronen wird dabei im wesentlichen in Wärme umgesetzt. Nur ein kleiner Bruchteil der Energie (einige 10^{-3}) wird auf die Röntgenstrahlung übertragen, die dann entsteht, wenn ein Elektron nahe an einem Atomkern vorbeifliegt. Wir werden diesen Prozess sogleich noch genauer diskutieren. Auf die Absorption von Röntgenstrahlen, die in Abb. 1.19 dokumentiert ist, werden wir erst in Kap. 9 zurückkommen.

Die Natur der Röntgenstrahlen war anfänglich ein großes Rätsel. Dass es sich um elektromagnetische Wellen mit Wellenlängen im Bereich von $\lambda \approx 10^{-9}$–10^{-11} m handelt, wurde durch Interferenzerscheinungen bewiesen, die beim Durchgang von Röntgenstrahlen durch Kristalle auftreten. Die Idee, nach solchen Erscheinungen zu suchen, hatte Max v. Laue[10]; das Experiment wurde alsbald in München von W. Friedrich und P. Knipping durchgeführt. Es eröffnete, wie die Auswertung des Versuches durch v. Laue zeigte, gleichzeitig einen Zugang zur Spektroskopie der Röntgenstrahlen und zum Studium von Kristallstrukturen.

[9] Wilhelm Conrad Röntgen (1845–1923) war Physik-Professor in Würzburg, als er 1896 seine große Entdeckung machte. Zur Erzeugung der Röntgenstrahlen benutzte er eine von Philipp Lenard gebaute Kathodenstrahlröhre, d. h. ein bei sehr niedrigem Gasdruck betriebenes Glimmentladungsrohr (Bd. III/8.4). Lenard war damals Assistent bei Heinrich Hertz in Bonn und als Experte für Kathodenstrahlen bekannt. Die „neue Art von Strahlen“ nannte Röntgen *X-Strahlen*. So werden sie auch heute in vielen Sprachen bezeichnet, z. B. (engl.) *X-rays*. – Röntgen hatte ursprünglich nur Experimente mit Kathodenstrahlen vor. Er entdeckte die Röntgenstrahlen dank eines Fluoreszenzschirms, der in seinem Labor von früheren Experimenten her zufällig ein paar Meter hinter der Kathodenstrahlröhre stand, und der ganz unerwartet aufleuchtete. Von da bis zu Abb. 1.19 war es nur noch ein Schritt.

[10] Max von Laue (1879–1960) war damals (1912) als Privatdozent bei Sommerfeld in München tätig. Die von ihm geschaffene Theorie der Röntgeninterferenzen bildet einen wichtigen Baustein der Festkörperphysik. Max v. Laue trat auch durch Arbeiten zur Relativitätstheorie und zur Theorie der Supraleitung hervor sowie durch seinen Einsatz für Menschlichkeit, Wissenschaft und Geistesfreiheit in den Jahren 1933–1945. Zu dieser Zeit arbeitete er in Berlin an der Universität und am Kaiser Wilhelm-Institut für Physik.

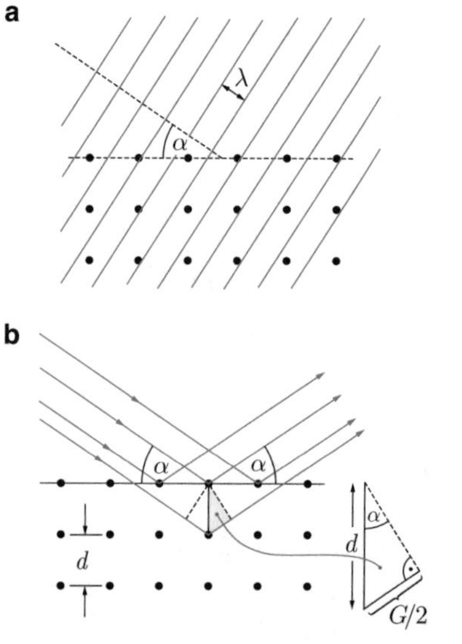

Abbildung 1.20 Bragg-Reflexion. **a** Einfallende Röntgenstrahlung. **b** Zur Ableitung der Bragg-Bedingung (1.33)

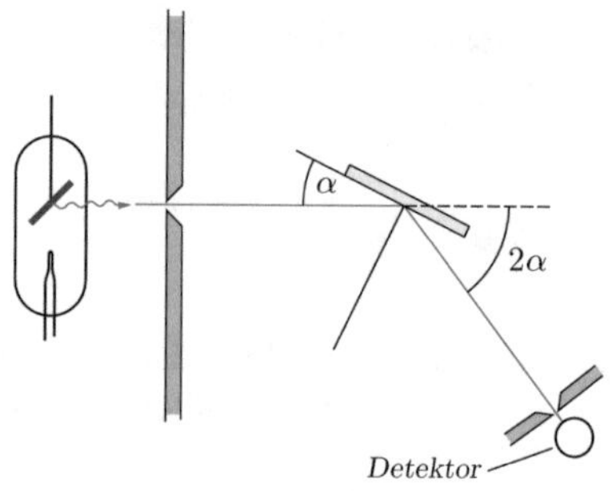

Abbildung 1.21 Drehkristall-Spektrometer

Spektroskopie von Röntgenstrahlen

Die üblichen Methoden der Spektroskopie versagen im Wellenlängenbereich der Röntgenstrahlen: Ein Prismenspektrometer lässt sich nicht realisieren, weil der Brechungsindex nur minimal von 1 abweicht, der Gitterspektrograph scheitert daran, dass man kein Beugungsgitter mit genügend feinen und undurchlässigen Strichen herstellen kann.[11] Die Natur hat uns jedoch **räumliche Beugungsgitter** zur Verfügung gestellt, die für die Röntgenspektroskopie hervorragend geeignet sind: die Kristalle.

Nehmen wir an, Röntgenstrahlung der Wellenlänge λ fällt als ebene Welle unter dem sogenannten **Glanzwinkel** α auf den Kristall; die Gitterebenen sollen parallel zur Oberfläche liegen (Abb. 1.20a). Aufgrund der Thomson-Streuung (1.19) und (1.21) wird die Welle an allen Kristallatomen kohärent gestreut. Die Streuwelle eines einzelnen Atoms hat sehr geringe Intensität. Die Streuung ist jedoch leicht beobachtbar, wenn die von den einzelnen Atomen ausgehenden Streuwellen in Phase sind. Um die Bedingungen für diese konstruktive Interferenz herauszufinden, betrachten wir Abb. 1.20b. Bei Reflexion ($\alpha_1 = \alpha_2$) sind zunächst einmal die Streuwellen ***einer*** Gitterebene automatisch in Phase. Nun fragen wir danach, bei welchem Winkel α die an ***verschiedenen*** Gitterebenen gestreuten Wellen ebenfalls in Phase sind. Wie man in Abb. 1.20b erkennt, ist dies der Fall, wenn der Gangunterschied $G = 2d \sin\alpha$ ein Vielfaches von λ ist, d. h. wenn die **Bragg-Bedingung** erfüllt ist:

$$2d \sin\alpha = m\lambda\,, \quad m = 1, 2, \ldots \qquad (1.33)$$

d ist der Abstand zwischen benachbarten Netzebenen und m eine ganze Zahl. (Den Einfluss des Brechungsindex vernachlässigt man bei dieser Betrachtung gewöhnlich. Er ist natürlich vorhanden, aber klein.) Diesen Streuprozess nennt man **Bragg-Reflexion**[12]. Da die Röntgenstrahlen tief in den Kristall eindringen, tragen viele Gitterebenen zur Interferenz bei und es handelt sich um ein Vielstrahl-Interferenzphänomen. Die Reflexe sind daher sehr scharf auf einen engen Winkelbereich um den durch (1.33) gegebenen Winkel begrenzt (vgl. auch die Formel (IV/8.27) für das Auflösungsvermögen eines Beugungsgitters).

Man kann mit Hilfe eines drehbar montierten Einkristalls ein Spektrometer für Röntgenstrahlen bauen (Abb. 1.21). Der einfallende und der austretende Strahl werden durch spaltförmige Blenden definiert; ein Mechanismus sorgt dafür, dass sich bei Variation des Winkels 2α das Lot auf der Kristalloberfläche stets auf der Winkelhalbierenden zwischen beiden Strahlen befindet. Als Detektor dient ein Zählrohr oder ein Halbleiterzähler.

Mit einem solchen **Drehkristall-Spektrometer** kann man das Spektrum einer Röntgenröhre ausmessen. Im Allgemeinen arbeitet man in „1. Ordnung" ($m = 1$ in (1.33)). Um aus dem Reflexionswinkel die Röntgen-Wellenlänge berechnen zu können, muss man nur die Gitterkonstante g kennen. Diese kann man mit Hilfe der Loschmidt-Zahl

[11] Das stimmt nicht ganz: Bei streifendem Einfall auf eine mit feinen Strichen versehene Glasplatte erhält man wegen der Totalreflexion von Röntgenstrahlen an Glas ($n < 1$!) ein Reflexionsgitter, das zur Wellenlängenmessung verwendet werden kann. Das wurde 1925 von Compton und Doan demonstriert. Dabei ging es mehr um das Prinzip; praktische Bedeutung hat diese Methode nur einmal erlangt: Sie ermöglichte es, die Röntgen-Wellenlängen mit höherer Genauigkeit in metrischen Einheiten anzugeben, als es vorher möglich war.

[12] William H. (1862–1942) und William L. Bragg (1890–1971), Vater und Sohn, englische Physiker, Pioniere der Röntgen-Physik und ihrer Anwendungen in der Kristallographie. Das im Folgenden beschriebene Drehkristall-Spektrometer wurde von W. Bragg jun. erfunden.

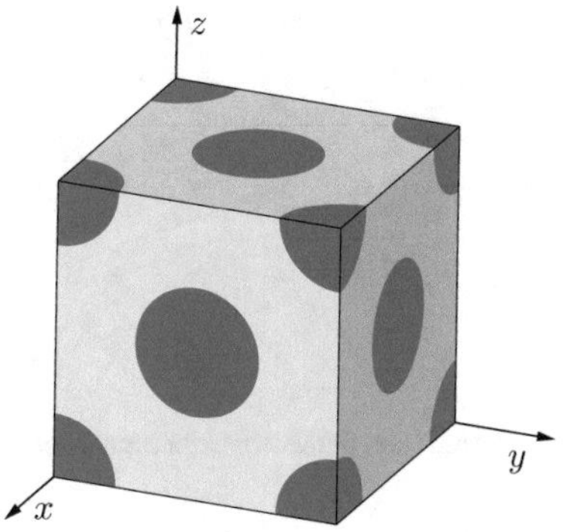

Abbildung 1.22 Kubisch flächenzentrierte Gitterzelle der Na^+-Ionen. Die Cl^--Ionen bilden ein kubisch flächenzentriertes Gitter, das um den Vektor $(g/2)(\hat{x}+\hat{y}+\hat{z})$ gegen das Na^+-Gitter verschoben ist

N_A berechnen, wenn die chemische Zusammensetzung und die geometrische Struktur des Kristalls bekannt sind. Zum Beispiel erhält man die Gitterkonstante eines NaCl-Kristalls auf folgende Weise: Denken wir uns einen würfelförmigen Kristall von 1 cm Kantenlänge. Die Dichte ist $2{,}16\,\mathrm{g/cm^3}$, das Molgewicht des NaCl ist 58,5. Also enthält der NaCl-Kristall

$$N = 6{,}02 \cdot 10^{23} \cdot \frac{2{,}16}{58{,}5} = 2{,}23 \cdot 10^{22}\ \text{Moleküle/cm}^3 .$$

Jede Gitterzelle enthält 8 achtel und 6 halbe Na-Atome, und ebenso viele Cl-Atome (Abb. 1.22). Also hat man insgesamt 4 NaCl-Moleküle pro Gitterzelle. Die Gitterkonstante g ist die Kantenlänge des in Abb. 1.22 gezeigten Würfels. Also ist $N = 4/g^3$, und

$$g = 1/\sqrt[3]{N/4} = 5{,}64 \times 10^{-8}\,\mathrm{cm} = 0{,}564\,\mathrm{nm} . \quad (1.34)$$

Wenn man die aus einer Röntgenröhre austretende Strahlung spektroskopiert, erhält man die in Abb. 1.23 schematisch dargestellten Kurven. Sie sind durch folgende Merkmale gekennzeichnet:

1. Es gibt ein kontinuierliches Spektrum, das bei einer bestimmten Wellenlänge $\lambda_{\min}$ beginnt, zunächst rasch ansteigt und dann zu langen Wellen hin allmählich abfällt. Der spektrale Verlauf ist im wesentlichen unabhängig vom Material der Anode. $\lambda_{\min}$ hängt jedoch von der Röhrenspannung U ab:

$$\lambda_{\min} \propto 1/U \quad (1.35)$$

Es existiert also eine untere Grenze für die Wellenlänge bzw. eine obere Grenzfrequenz $\nu_{\max} = c/\lambda_{\min}$. Dieser Teil des Spektrums wird **Bremsstrahlung** genannt.

2. Der Bremsstrahlung sind einige Spektrallinien überlagert, deren Wellenlängen unabhängig von U sind, aber in charakteristischer Weise vom Material der Anode abhängen. Dieser Teil des Spektrums wird die **charakteristische Röntgenstrahlung** genannt.

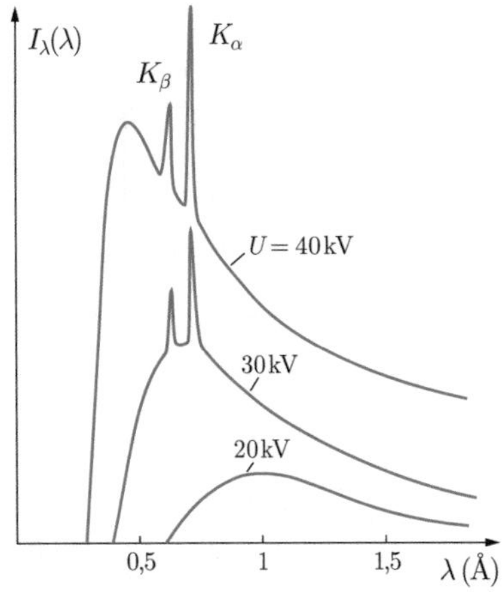

Abbildung 1.23 Röntgenspektren bei verschiedenen Anodenspannungen U, gemessen mit einem Spektrometer geringer Auflösung. Anodenmaterial: Molybdän. K_α und K_β sind Linien des charakteristischen Spektrums

Die Linien des charakteristischen Spektrums sind in Wirklichkeit viel schmäler als in Abb. 1.23 und entsprechend viel höher, so dass sie im Bereich ihrer Wellenlänge die Strahlung vollständig dominieren.

Röntgenstrahlung als Strahlung beschleunigter Ladungen

Die Entstehung der Bremsstrahlung kann man auf die in Bd. IV/3.3 diskutierte Strahlung beschleunigter Ladungen zurückführen: Wenn ein Elektron dicht an einem Atomkern vorbeifliegt, wird es durch die Coulombsche Anziehung erst beschleunigt und dann wieder abgebremst, es wird am Kern gestreut (vgl. auch Bd. I/18.4), wobei es zunächst einmal, bis auf einen winzigen Energieübertrag auf den Atomkern, keine Energie verliert. Die longitudinale und transversale Beschleunigung muss aber nach (IV/3.35) zur Abstrahlung elektromagnetischer Wellen führen. Man kann das Frequenzspektrum der abgestrahlten Wellen berechnen. Das Ergebnis ist in Abb. 1.24a gezeigt. Es ergibt sich ein ***konstantes Frequenzspektrum***, das wir jedoch künstlich bei $\nu_{\max} = c/\lambda_{\min}$ abgebrochen haben, um den experimentellen Befund wiederzugeben. $I_\nu(\nu)\mathrm{d}\nu$ ist die Intensität der Strahlung im Frequenzintervall von ν bis $\nu + \mathrm{d}\nu$, und $I_\lambda(\lambda)\mathrm{d}\lambda$ ist die Intensität im Wellenlängenintervall von λ bis $\lambda + \mathrm{d}\lambda$. Die Umrechnung des Frequenzspektrums auf Wellenlängen ergibt einen $1/\lambda^2$-Abfall (Abb. 1.24b): Mit $\nu = c/\lambda$ erhält man

$$I_\lambda(\lambda) = I_\nu(\nu)\frac{\mathrm{d}\nu}{\mathrm{d}\lambda} \propto \frac{1}{\lambda^2} . \quad (1.36)$$

Die Spektren in Abb. 1.24 gelten für eine einheitliche Energie der Elektronen. Das ist experimentell nur mit

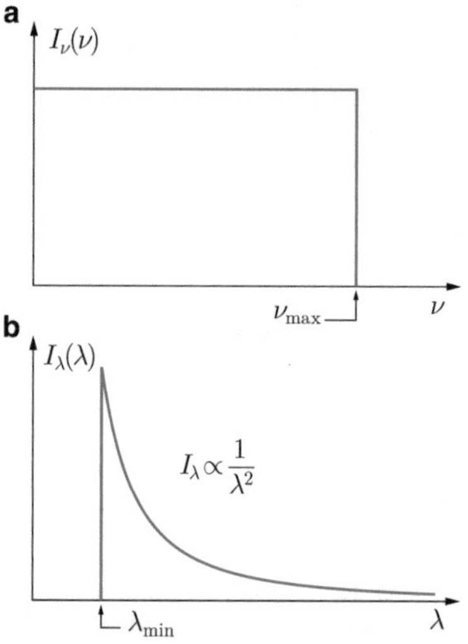

Abbildung 1.24 Spektrum der Bremsstrahlung, monoenergetische Elektronen und dünne Anode (Theorie)

einer sehr dünnen Anode zu realisieren. Um das Spektrum einer dicken Anode zu berechnen, muss man den Energieverlust der Elektronen vor der Emission sowie die Absorption der Röntgenstrahlen im Anodenmaterial berücksichtigen. Man erhält dann ein Bremsstrahlungsspektrum wie das in Abb. 1.23 gezeigte.

Die charakteristische Röntgenstrahlung lässt sich nicht wie die Spektrallinien der Atome als Dipolstrahlung elastisch gebundener Elektronen deuten. Es werden nur Emissionslinien, aber keine Absorptionslinien beobachtet. Wir werden in Kap. 9 auf diesen Teil des Spektrums zurückkommen. Die Linien des charakteristischen Spektrums sind für das Folgende von Bedeutung, wenn ***monochromatische*** Röntgenstrahlung benötigt wird. Man kann eine einzelne Linie mit geeigneten Absorbern oder mit einem Drehkristall-Spektrometer selektieren.

Analyse von Kristallstrukturen mit Röntgenstrahlen

Für die Röntgen-Analyse von Kristallstrukturen werden hauptsächlich drei Methoden eingesetzt: Das ursprünglich von v. Laue vorgeschlagene Verfahren, das etwas übersichtlichere Debye–Scherrer-Verfahren, und die Drehkristall-Methode. Alle diese Verfahren beruhen auf der Bragg-Reflexion. Zunächst muss man sich klar machen, dass es in einem Kristall nicht nur die in Abb. 1.20 betrachteten Gitterebenen gibt, sondern noch viele andere. Einige sind in Abb. 1.25 durch Linien hervorgehoben. Jede Ebene durch drei nicht kollineare Gitterpunkte bildet eine **Netzebene**. Wegen der Translationsinvarianz des Punktgitters gehört jede Netzebene zu einer Schar von

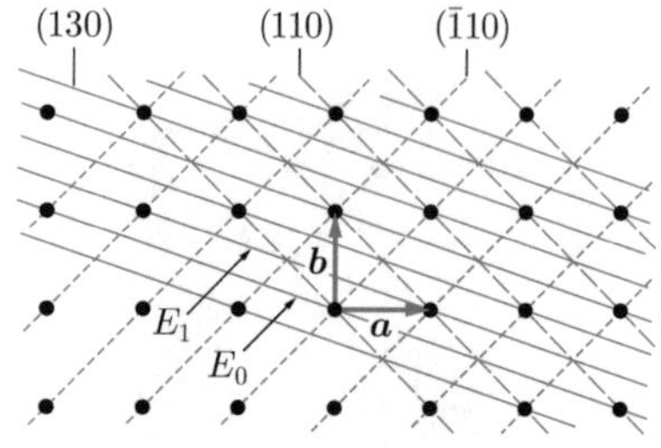

Abbildung 1.25 Netzebenen. Der Gittervektor $\boldsymbol{c}$ steht senkrecht auf der Zeichenebene

parallelen, äquidistanten Ebenen. Die Netzebenenscharen unterscheiden sich voneinander durch den Abstand zwischen benachbarten Ebenen und sehr wesentlich auch durch die Zahl der Atome, die auf ihnen sitzen. Deshalb kann man an einem Kristall eine große Anzahl von Bragg-Reflexionen unterschiedlicher Intensität erzeugen. Ob die Netzebene parallel zur Oberfläche liegt oder nicht, ist unerheblich. Durch Auswertung der Reflexionswinkel α_i und der Intensitäten kann man die geometrische Struktur des Kristalls ermitteln. Dabei ist zu berücksichtigen, dass die Intensitäten auch von den Atom-Formfaktoren (1.20) abhängen.

Die einzelnen Reflexe müssen den Netzebenen zugeordnet werden, an denen die Reflexion stattgefunden hat. Dafür gibt es ausgearbeitete Verfahren („Indizierung"). Die Netzebenen werden hier und ganz allgemein in der Kristallographie durch die **Millerschen Indizes** *(hkl)* charakterisiert. h, k und l sind ganze Zahlen, die keinen gemeinsamen Teiler haben. Sie geben die Lage der Netzebenen relativ zu den primitiven Gittervektoren $\boldsymbol{a}$, $\boldsymbol{b}$ und $\boldsymbol{c}$ an.[13] Alle zueinander parallelen Netzebenen haben die gleichen Indizes. Um zu verstehen, wie die Miller-Indizes bestimmt werden, greifen wir einen Gitterpunkt heraus und betrachten eine durch diesen Punkt führende Netzebene E_0. Trägt man von diesem Gitterpunkt aus die Gittervektoren $\boldsymbol{a}, \boldsymbol{b}, \boldsymbol{c}$ ab, so schneidet die nächstliegende, zu E_0 parallele Netzebene E_1 die durch $\boldsymbol{a}$, $\boldsymbol{b}$ und $\boldsymbol{c}$ gegebenen Koordinatenachsen in den Punkten $x_a = a/h$, $x_b = b/k$ und $x_c = c/l$. Beispiele sind in Abb. 1.25 gezeigt. Wenn die Netzebenen senkrecht auf der Zeichenebene stehen, haben die Millerschen Indizes der durch die ausgezogenen Linien dargestellten Schar die Werte (130), denn die Ebene E_1 schneidet die Koordinatenachsen in den Punkten $x_a = a$, $x_b = b/3$ und $x_c = \infty = c/0$. Ist einer der Indizes negativ, wird das Minuszeichen über den Index gesetzt wie bei der $(\bar{1}10)$-Ebene in Abb. 1.25. Man sieht, dass die Miller-Indizes $(\bar{1}10)$ und $(1\bar{1}0)$ dieselbe Netzebenenschar bezeichnen. Die Richtung senkrecht zur Netzebenenschar *(hkl)* bezeichnet man mit *[hkl]*. In Abb. 1.26 sind in räumlicher Darstellung einige Netzebenen in einer kubischen

[13] Näheres zur Kristallstruktur und zur Definition der primitiven Gittervektoren findet man in Bd. II/1.3.

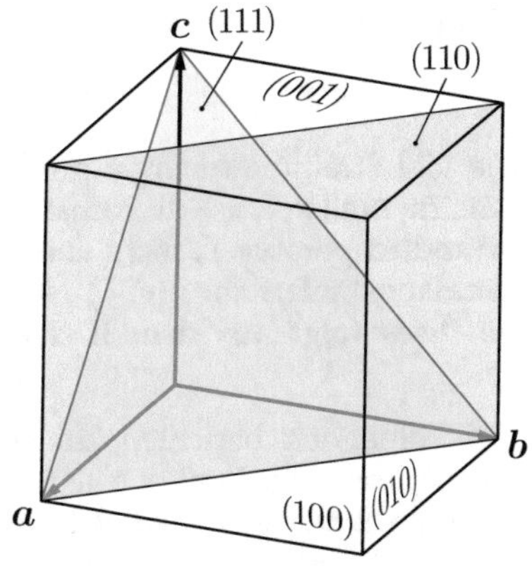

Abbildung 1.26 Netzebenen in einer kubischen Gitterzelle

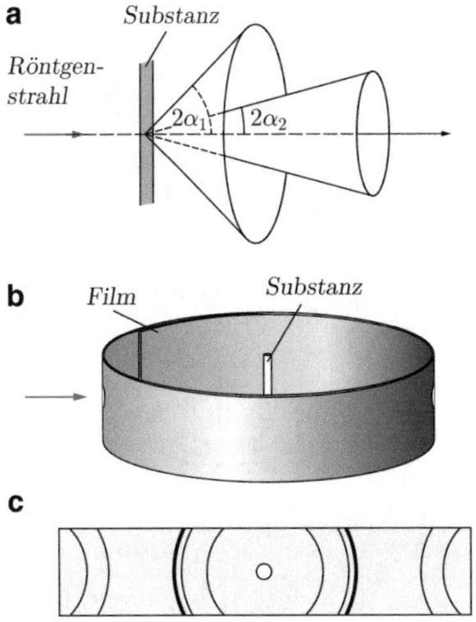

Abbildung 1.27 Zum Debye–Scherrer-Verfahren

Gitterzelle eingezeichnet. Die Miller-Indizes (111), (110) und (100) werden auch zur Bezeichnung von Kristalloberflächen häufig benutzt. Viele Kristalle bilden dort beim Kristallwachstum eine Oberfläche oder sind entlang dieser Netzebenen relativ leicht spaltbar. Für die zahlreichen Reflexe, die an einem Kristall zu beobachten sind, gilt das Braggsche Gesetz in der Form

$$2\,d_{hkl}\,\sin\alpha = m\,\lambda\,. \tag{1.37}$$

d_{hkl} ist der Abstand zwischen benachbarten Netzebenen mit den Miller-Indices (hkl).

Beim **Debye–Scherrer-Verfahren** wird eine polykristalline Substanz (z. B. eine kristalline Substanz in Pulverform) in einen gut kollimierten monochromatischen Röntgenstrahl gestellt. Jede Netzebene wird hier dem einfallenden Strahl in allen möglichen Orientierungen dargeboten; die Bragg-Reflexe an den einzelnen Kristalliten ergeben aufsummiert eine Streustrahlung auf Kegelmänteln mit den Öffnungswinkeln 2α (Abb. 1.27a). Für die praktische Verwirklichung der Methode legt man einen Film in eine flache Kassette (Abb. 1.27b). Nach der Entwicklung erhält man einen Filmstreifen wie in Abb. 1.27c gezeigt, der photometrisch ausgewertet werden kann. Das Verfahren eignet sich besonders dazu, Gitterkonstanten mit hoher Genauigkeit zu bestimmen.

Beim **Laue-Verfahren** lässt man einen kollimierten „polychromatischen" Röntgenstrahl auf einen Einkristall fallen, d. h. man bedient sich des kontinuierlichen Bremsstrahlungsspektrums. Mit den jeweils passenden Wellenlängen ergeben die verschiedenen Netzebenenscharen eine Vielzahl von Reflexen. Sie werden hinter dem Kristall auf einem ebenen Film registriert (Abb. 1.28). Wenn der Röntgenstrahl in Richtung einer Symmetrieachse läuft, zeigt sich diese Symmetrie auch im Punktmuster des Laue-Diagramms. Das Verfahren eignet sich daher sehr gut dazu, Kristallsymmetrien zu erkennen und Kristalle exakt zu justieren. Man erkennt in Abb. 1.28 deutlich die vierzählige Symmetrie des NaCl-Gitters. Eine Strukturanalyse gelingt nur in einfachen Fällen, da sich wegen des polychromatischen Strahls mehrere Reflexe überlagern können.

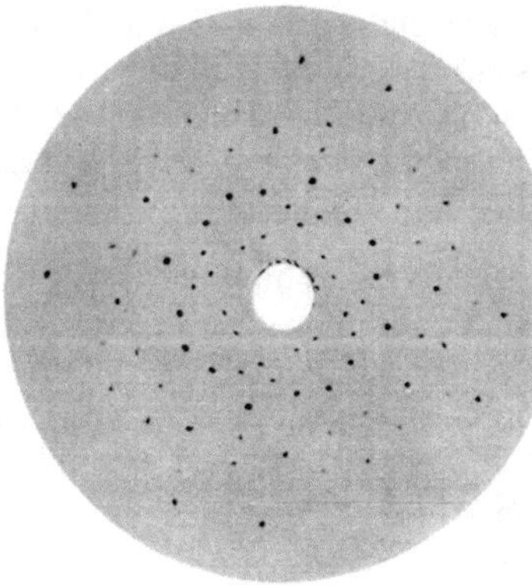

Abbildung 1.28 Laue-Diagramm des NaCl. Röntgenstrahl senkrecht zur (100)-Ebene. Aus Weißmantel und Haman (1979)

Um die Lage jedes einzelnen Atoms auch bei komplizierten Kristallen zu ermitteln, verwendet man die **Drehkristall-Methode**. Ein Einkristall wird in einem monochromatischen Röntgenstrahl gedreht, möglichst um eine Symmetrieachse des Kristalls. Immer wenn eine Gitterebene die Bragg-Bedingung erfüllt, entsteht ein Reflex. Er kann mit der in Abb. 1.29 gezeigten Anordnung registriert werden. Wenn der Kristall aus komplizierten Molekülen aufgebaut ist, wird die Auswertung schwierig, vor allem wegen des sogenannten **Phasenproblems**. Es entsteht dadurch, dass auf dem Film nur ***Intensitäten*** registriert werden. Man muss jedoch die ***Feldstärken*** einschließlich der bei der Fotografie verloren gegangenen Phasen kennen, um wie in (IV/8.54) und (IV/8.55) mittels Fourier-Transformation aus dem Beugungsbild das Ob-

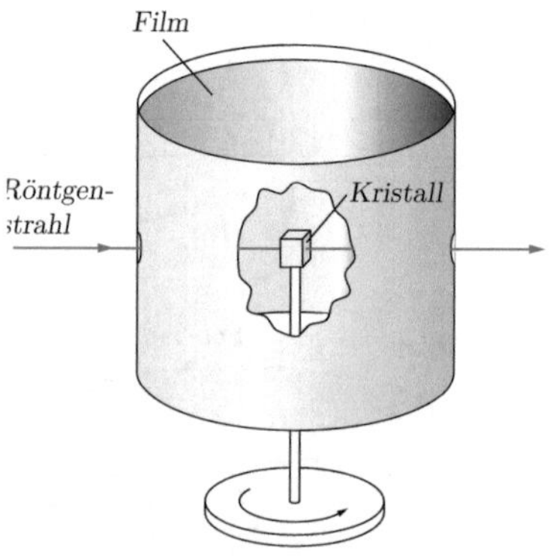

Abbildung 1.29 Zur Drehkristall-Methode

jekt zu rekonstruieren. Bei zweidimensionalen Objekten (Abb. IV/8.29) besteht das Problem nicht, da die Phase allein vom Beugungswinkel abhängt, wohl aber bei drei Dimensionen. Man hat Verfahren entwickelt, mit denen man das Phasenproblem lösen kann. Damit kann sogar die Struktur von riesigen Biomolekülen ermittelt werden – immer vorausgesetzt, dass es gelingt, geeignete Einkristalle der betreffenden Substanz herzustellen.[14]

Wir stellen fest, dass man einige wesentliche Punkte der Röntgenphysik im Rahmen der Maxwellschen Theorie durchaus verstehen kann: die Bragg-Reflexion, bis zu einem gewissen Grad sogar die Erzeugung der Röntgenstrahlen; andere bleiben unerklärt, vor allem die obere Grenzfrequenz im Spektrum.

1.4 Klassische Theorie der Wärmestrahlung

Die Phänomenologie der Wärmestrahlung wurde bereits in Bd. II/7 besprochen. Dort wurden einige Gesetzmäßigkeiten diskutiert: Das Stefan–Boltzmannsche Gesetz, das Wiensche Verschiebungsgesetz, das Kirchhoffsche Strahlungsgesetz sowie der Kirchhoffsche Satz II/7.1. Die wichtigste Aussage über die Wärmestrahlung ist dieser Kirchhoffsche Satz. Er besagt, dass im thermischen Gleichgewicht die Energiedichte, die in einem Hohlraum durch die Wärmestrahlung der Wände entsteht, ***unabhängig von der Größe des Hohlraums und von der Beschaffenheit seiner Wände*** ist. Die Funktion

$$u(\nu, T)\, \mathrm{d}\nu\,,$$

die angibt, wie viel Strahlungsenergie pro Volumeneinheit im Frequenzintervall $\nu \ldots \nu + \mathrm{d}\nu$ vorhanden ist, hängt nur von der Wandtemperatur T, nicht aber von irgendwelchen Materialkonstanten ab: $u(\nu, T)$ ist eine ***universelle Funktion***. Dies folgt aus dem II. Hauptsatz der Wärmelehre.

Wir wollen im Folgenden berichten, zu welchem Ergebnis Versuche führen, die Funktion $u(\nu, T)$ mit Hilfe der klassischen Physik zu berechnen, d. h. mit Hilfe der Maxwell-Gleichungen und der auf der Newtonschen Mechanik aufgebauten Theorie der Wärme. Man geht dabei in der Weise vor, dass man zunächst für das Frequenzintervall von ν bis $\nu + \mathrm{d}\nu$ die Zahl der Schwingungsmoden des elektromagnetischen Feldes in einem Hohlraum berechnet. Wir führen das Schritt für Schritt vor, denn das Ergebnis dieser nicht ganz einfachen Überlegung wird auch später in der Quantenphysik gebraucht.

Da Form und Material des Hohlraums beliebig sind, machen wir uns das Leben leicht und berechnen die Zahl der Schwingungsmoden in einem quaderförmigen Hohlraum mit elektrisch leitenden Wänden. Das Problem ist dann nicht viel komplizierter als die Berechnung der Schwingungsmoden einer Saite. Wenn die Saite an den Punkten $x = 0$ und $x = L$ fest eingespannt ist, sind sie nach (IV/2.10), (IV/2.11) und (IV/1.26) gegeben durch

$$\begin{aligned} y(x,t) &= y_0 \sin kx \cos \omega t \quad \text{mit} \\ k &= \frac{n\pi}{L} \;\text{ und }\; \omega = vk\,. \end{aligned} \tag{1.38}$$

n ist eine ganze Zahl ≥ 1 und v die Phasengeschwindigkeit der Wellen auf der Saite. In Abb. 1.30 sind die erlaubten Werte von k auf einer k-Achse durch Punkte gekennzeichnet. Der Abstand zwischen zwei benachbarten Punkten ist π/L. Wenn L sehr groß ist, rücken die Punkte dicht zusammen. Um die Zahl der Schwingungsmoden mit Wellenzahlen $\leq k_0$ zu ermitteln, d. h. um auf der k-Achse die Zahl der Punkte zwischen 0 und k_0 zu zählen, teilt man den Wellenzahlbereich von 0 bis k_0 durch π/L:

$$\mathcal{N}(\leq k_0) = \frac{k_0}{\pi/L} \tag{1.39}$$

Dieses Verfahren lässt sich auf drei Dimensionen übertragen.

Für elektromagnetische Wellen in einem Hohlraum mit ideal leitenden Wänden ist die Randbedingung, dass an den Wänden das $\boldsymbol{E}$-Feld keine Komponente parallel zur Wandfläche hat und die Normalkomponente des $\boldsymbol{B}$-Feldes Null ist. Die Wände müssen jedoch normalleitend, d. h. schwach absorbierend sein, damit sich das Strahlungsgleichgewicht einstellen kann. Die eben genannten Randbedingungen gelten auch dann in guter Näherung. In einem quaderförmigen Hohlraum mit den Kantenlängen

[14] Die bedeutendste Leistung auf diesem Gebiet ist wohl die Strukturanalyse der DNA (Desoxyribonukleinsäure), des Trägers der Erbinformation. 1953 postulierten Francis Crick und James Watson (University of Cambridge, UK) die Doppelhelix-Struktur der DNA, gestützt auf Röntgen-Strukturuntersuchungen, die Rosalind Franklin († 1958 im Alter von 37 Jahren an durch Röntgenstrahlen ausgelöstem Krebs) und Maurice Wilkins am King's College, London, durchgeführt hatten. – Zur Lösung des Phasenproblems siehe z. B. S. Hunklinger, „Festkörperphysik", Oldenbourg-Verlag (2007).

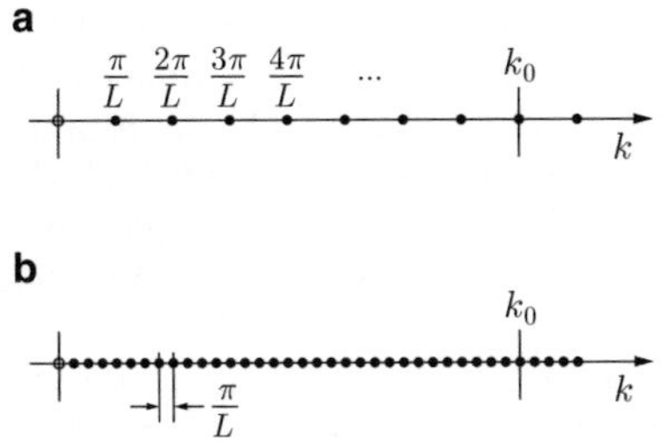

Abbildung 1.30 Darstellung der Schwingungsmoden einer Saite auf der k-Achse. **a** kleine und **b** große Saitenlänge L

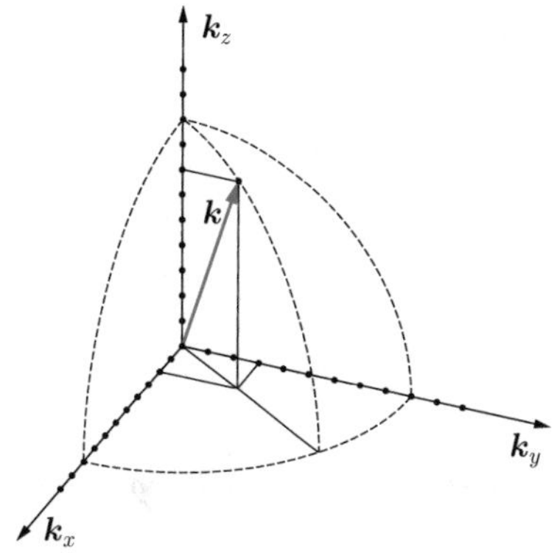

Abbildung 1.31 Darstellung einer Schwingungsmode des elektromagnetischen Feldes im $\boldsymbol{k}$-Raum

a, b und c werden sie von folgenden Feldern erfüllt:

$$\left.\begin{aligned} E_x(\boldsymbol{r},t) &= E_{x0}\cos k_x x\,\sin k_y y\,\sin k_z z\,\sin\omega t \\ E_y(\boldsymbol{r},t) &= E_{y0}\sin k_x x\,\cos k_y y\,\sin k_z z\,\sin\omega t \\ E_z(\boldsymbol{r},t) &= E_{z0}\sin k_x x\,\sin k_y y\,\cos k_z z\,\sin\omega t \\ B_x(\boldsymbol{r},t) &= B_{x0}\sin k_x x\,\cos k_y y\,\cos k_z z\,\cos\omega t \\ B_y(\boldsymbol{r},t) &= B_{y0}\cos k_x x\,\sin k_y y\,\cos k_z z\,\cos\omega t \\ B_z(\boldsymbol{r},t) &= B_{z0}\cos k_x x\,\cos k_y y\,\sin k_z z\,\cos\omega t \end{aligned}\right\} \quad (1.40)$$

$$k_x = \frac{n_x \pi}{a}, \qquad k_y = \frac{n_y \pi}{b}, \qquad k_z = \frac{n_z \pi}{c}, \qquad (1.41)$$

wobei n_x, n_y und n_z positive ganze Zahlen sind. Die Sinus-Faktoren sorgen dafür, dass die Randbedingungen erfüllt werden. In der Tat ist z. B. auf der (x,y)-Ebene, also bei $z = 0$, und auf der im Abstand c gegenüberliegenden Fläche $E_x = E_y = 0$, $E_z \neq 0$. Die zeitabhängigen Faktoren ergeben sich zwangsläufig, wenn man (1.40) in die Maxwell-Gleichungen einsetzt. Die $\boldsymbol{k}$-Vektoren der einzelnen Schwingungsmoden sind

$$\boldsymbol{k} = (k_x, k_y, k_z) = \pi\left(\frac{n_x}{a}, \frac{n_y}{b}, \frac{n_z}{c}\right), \qquad (1.42)$$

$$|\boldsymbol{k}| = k = \pi\sqrt{\frac{n_x^2}{a^2} + \frac{n_y^2}{b^2} + \frac{n_z^2}{c^2}} = \frac{2\pi}{\lambda} = \frac{2\pi\nu}{c}. \qquad (1.43)$$

Das dreidimensionale Analogon zur k-Achse in Abb. 1.30 ist der ***k*-Raum** in Abb. 1.31. Die durch (1.41) erlaubten $\boldsymbol{k}$-Vektoren definieren in diesem Raum ein Punktgitter, von dem nur ein Gitterpunkt in Abb. 1.31 eingezeichnet ist. Die Gitterkonstanten sind π/a, π/b und π/c, und das Volumen der Gitterzelle ist $\pi^3/a\cdot b\cdot c$. Um die Anzahl der Schwingungsmoden mit Wellenzahlen $\leq k$ zu ermitteln, berechnen wir das Volumen der in Abb. 1.31 gestrichelt eingezeichneten Achtelkugel und teilen es durch das Volumen einer Gitterzelle:

$$\mathcal{N}(\leq k) = \frac{1}{8}\frac{(4\pi/3)k^3}{\pi^3/abc} = \frac{k^3 V}{6\pi^2}. \qquad (1.44)$$

V ist das Volumen des quaderförmigen Hohlraums.

Wenn die Abmessungen von V sehr groß gegen die relevanten Wellenlängen sind, wird k eine kontinuierlich veränderliche Größe. Die Zahl der Schwingungsmoden mit unterschiedlichen $\boldsymbol{k}$-Vektoren im Wellenzahlintervall von $k \ldots k + \mathrm{d}k$ ist dann

$$\mathcal{D}_k(k)\,\mathrm{d}k = \frac{\mathrm{d}\mathcal{N}(\leq k)}{\mathrm{d}k}\,\mathrm{d}k = \frac{k^2 V}{2\pi^2}\,\mathrm{d}k. \qquad (1.45)$$

Dies ist eine sehr nützliche Formel von allgemeiner Gültigkeit, auf die wir mehrfach zurückkommen werden.

Da bei elektromagnetischen Wellen zu jedem $\boldsymbol{k}$-Vektor eine TE-Mode und eine TM-Mode gehört (vgl. Abb. IV/2.31), multiplizieren wir (1.45) mit 2:

$$\mathcal{D}_k(k)\,\mathrm{d}k = \frac{k^2 V}{\pi^2}\,\mathrm{d}k. \qquad (1.46)$$

Für die Zahl der Schwingungsmoden im Frequenzintervall $\nu \ldots \nu + \mathrm{d}\nu$ erhalten wir mit $k = \omega/c = 2\pi\nu/c$

$$\mathcal{D}_\nu(\nu)\,\mathrm{d}\nu = \mathcal{D}_k(k)\,\mathrm{d}k = \frac{8\pi\nu^2 V}{c^3}\,\mathrm{d}\nu. \qquad (1.47)$$

Nehmen wir nun an, dass im thermischen Gleichgewicht bei der Temperatur T in ***einer*** Schwingungsmode der Frequenz ν im Mittel die Energie $U_1(\nu,T)$ steckt, dann ist die gesamte Energie U der elektromagnetischen Strahlung im Hohlraum gegeben durch

$$U = \int_0^\infty U_1(\nu,T)\,\mathcal{D}_\nu(\nu)\,\mathrm{d}\nu \qquad (1.48)$$

und die Energiedichte ist mit (1.47)

$$\frac{U}{V} = \int U_1(\nu,T)\cdot\frac{8\pi\nu^2}{c^3}\,\mathrm{d}\nu. \qquad (1.49)$$

Der Integrand ist die gesuchte Energiedichte im Frequenzintervall $\nu \ldots \nu + \mathrm{d}\nu$:

$$u(\nu,T)\,\mathrm{d}\nu = \frac{8\pi\nu^2}{c^3}\,U_1(\nu,T)\,\mathrm{d}\nu. \qquad (1.50)$$

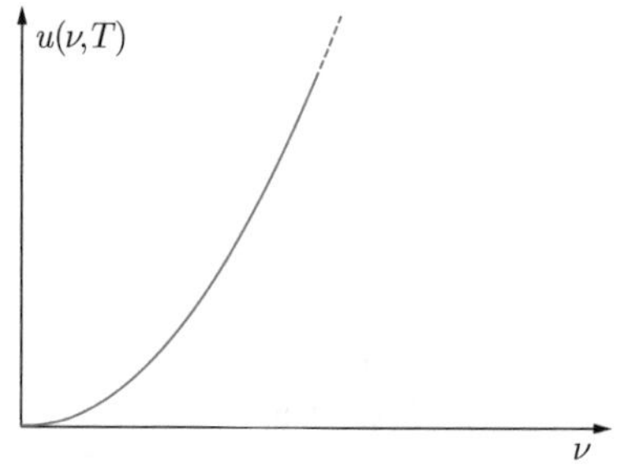

Abbildung 1.32 Spektrum der Hohlraumstrahlung nach der Rayleigh–Jeans-Formel

Wie groß ist $U_1(\nu,T)$? Bei einem mechanischen Oszillator, der mit seiner Umgebung im thermischen Gleichgewicht steht, entfällt im zeitlichen Mittel nach dem Gleichverteilungssatz auf jeden Schwingungsfreiheitsgrad die Energie $\overline{E} = k_B T$ (siehe (II/5.26). Der mechanische Oszillator hat drei Schwingungsfreiheitsgrade, entsprechend den drei Raumrichtungen. Beim Strahlungsfeld im Hohlraum sind die Freiheitsgrade durch die berechneten Schwingungsmoden gegeben. Das thermische Gleichgewicht im Hohlraum wird durch Emission und Absorption von Strahlung durch die Wände hergestellt. Nach dem Gleichverteilungssatz sollte daher gelten

$$U_1(\nu,T) = k_B\,T \tag{1.51}$$

$$u(\nu,T) = \frac{8\pi\nu^2}{c^3}\,k_B\,T\,. \tag{1.52}$$

Dies ist die **Rayleigh–Jeans'sche Strahlungsformel** (Abb. 1.32). Sie zeichnet sich dadurch aus, dass sie ***offensichtlich falsch*** ist. Es ist unsinnig, dass die Energiedichte bei hohen Frequenzen bis ins Ungemessene ansteigt („UV-Katastrophe"). Mathematisch fällt auf, dass überdies die Integration (1.49) mit (1.51) eine unendlich große Energiedichte ergibt:

$$\int_0^\infty \nu^2\,\mathrm{d}\nu = \infty$$

Wir können also mit (1.52) das Stefan–Boltzmannsche Gesetz (II/7.15) in keiner Weise reproduzieren. Das ist erstaunlich, denn wir hatten in (II/9.4) das Stefan–Boltzmannsche Gesetz mit Hilfe des klassisch berechneten Strahlungsdrucks (IV/3.69) aus dem II. Hauptsatz der Wärmelehre hergeleitet. Auch zeigt die Funktion (1.52) kein Maximum, das sich nach dem Wienschen Verschiebungsgesetz (II/7.17) mit der Temperatur verschieben könnte. Die von (1.52) vorhergesagte UV-Katastrophe findet nicht statt, ein Eisblock emittiert kein ultraviolettes Licht.

Was stimmt nicht bei Ableitung des Rayleigh–Jeans'schen Strahlungsgesetzes? Vielleicht die Anwendung des Gleichverteilungssatzes auf die elektromagnetischen Schwingungen? Man kann $u(\nu,T)$ auch auf andere Weise berechnen. Man geht von einem Hohlraum mit ideal spiegelnden Wänden aus, in dem sich ein stark verdünntes Gas und ein Oszillator befinden. Im thermischen Gleichgewicht mit dem Gas schwingt der Oszillator mit der Frequenz ν_0 und der Energie $3k_BT$. Wenn der Oszillator elektrisch geladen ist, wird das Gleichgewicht durch die Emission elektromagnetischer Wellen gestört. Es wird erst dann wieder hergestellt, wenn die Energiedichte im Hohlraum so weit angewachsen ist, dass der Oszillator ebenso viel Energie absorbiert, wie er emittiert. Die Berechnung dieses Gleichgewichts mit (1.3) und (1.13) führt wieder auf (1.52).[15] Das Rayleigh–Jeans'sche Strahlungsgesetz ist die ***definitive Antwort*** der klassischen Physik. Verblüffenderweise kann man dies bereits aus einer Dimensionsbetrachtung schließen. Es ist

$$[u(\nu,T)] = \frac{\text{Energie}}{\text{Frequenz}\cdot\text{Volumen}}\,. \tag{1.53}$$

Die einzigen Parameter, die zur Bildung des Ausdrucks für $u(\nu,T)$ zur Verfügung stehen, sind die Frequenz ν, die Temperatur T sowie die Naturkonstanten k_B und c. Andere Größen dürfen wir nicht einführen, denn die Hohlraumstrahlung soll ja unabhängig vom Material des Hohlraums sein. Man kann ausprobieren, dass sich aus den Größen ν, T, k_B und c aber nur die Funktion

$$\frac{\nu^2 k_B\,T}{c^3}$$

mit der Dimension (1.53) aufbauen lässt; das ist aber wiederum bis auf Zahlenfaktoren identisch mit (1.52). Die Schlussfolgerung ist, dass die klassische Physik unvollständig sein muss, und es muss noch mindestens eine weitere Naturkonstante geben, die hier eine Rolle spielt.

Ganz so dramatisch stellte sich die Situation der Physik zu Ende des 19. Jahrhunderts zunächst noch nicht dar. Es war klar, dass es einen Mechanismus geben musste, der die Strahlung bei hohen Frequenzen (kurzen Wellenlängen) unterdrückt. Hierzu gab es auch einen Vorschlag von W. Wien, nach dem das Strahlungsgesetz einen Exponentialfaktor $\mathrm{e}^{-a\nu/T}$ enthält:

$$u(\nu,T) = a_1\,\nu^3\mathrm{e}^{-a_2\nu/T}\,. \tag{1.54}$$

a_1 und a_2 sind experimentell durch Anpassung an die gemessenen Werte zu bestimmende Konstanten. Dass hier eine neue Naturkonstante versteckt sein muss, hat man sich erst später klar gemacht. Das **Wiensche Strahlungsgesetz** ließ sich jedoch nicht stichhaltig physikalisch begründen. Außerdem hält es auch einer genauen experimentellen Nachprüfung nicht stand (Abschn. 2.1).

[15] Zur quantitativen Durchführung dieses Programms siehe Feynman, Leighton u. Sands: „The Feynman Lectures on Physics I", S. 41-3, Addison-Wesley (1965).

Übungsaufgaben

1.1. Rayleigh-Streuung. Der Brechungsindex $n = 1 + 2{,}78 \cdot 10^{-4}$ von Luft bei Atmosphärendruck ist im sichtbaren Wellenlängenbereich fast konstant. Reproduzieren Sie die Daten in Tab. 1.1. Nehmen Sie an, dass die Dichte der Luft mit der Höhe z über dem Erdboden exponentiell abnimmt und in der Höhe $z_0 = 8\,\mathrm{km}$ auf $1/\mathrm{e}$-tel abgefallen ist. Die Molekülzahldichte am Erdboden ist $N = 2{,}69 \cdot 10^{19}\,\mathrm{cm}^{-3}$. Hinweis: Bei horizontalem Lichteinfall führt eine Reihenentwicklung auf das Integral

$$\int_0^\infty \mathrm{e}^{-C\zeta^2}\mathrm{d}\zeta = \sqrt{\frac{\pi}{4C}}\,.$$

1.2. Natürliche Linienbreite und Dopplerbreite. Bei den Natrium D-Linien ($\lambda_\mathrm{D} = 589\,\mathrm{nm}$) ist die Abklingzeit der Energieabstrahlung $\tau_\mathrm{E} = 1{,}6 \cdot 10^{-8}\,\mathrm{s}$. Wie groß ist die natürliche Linienbreite? Berechnen Sie zum Vergleich Form und Halbwertsbreite der Doppler-verbreiterten Linien bei $T = 1000\,\mathrm{K}$. Was kann man bei tieferen Temperaturen erreichen? (Daten: Atommasse des Na $A = 23$, atomare Masseneinheit $m_u = 1{,}66 \cdot 10^{-27}\,\mathrm{kg}$, Boltzmann-Konstante $k_\mathrm{B} = 1{,}38 \cdot 10^{-23}\,\mathrm{J/K}$.)

1.3. Amplitude und Polarisation von Streulicht. a) Zeigen Sie, dass das Streulicht in Abb. 1.14 wie im Text angegeben rotationssymmetrisch um die x-Achse verteilt ist. Hierzu ist die Lichtabstrahlung in eine beliebige, durch einen Einheitsvektor $\hat{\boldsymbol{n}}$ beschriebene Richtung zu berechnen, wobei die Intensitätsverteilungen aus Abb. 1.13a und Abb. 1.13b zu addieren sind.

b) Wie hängt die Polarisation des Streulichts vom Streuwinkel ϑ ab? Beschränken Sie sich hier auf die Betrachtung der (x, z)-Ebene. Wie groß ist die Polarisation beim Streuwinkel $\vartheta = 45°$?

1.4. Formfaktor. a) Berechnen Sie aus (1.20) den Formfaktor (1.22).

b) Zeigen Sie: Der Formfaktor (1.22) lässt sich nach Potenzen von $|\boldsymbol{K}|^2$ entwickeln:

$$F_\mathrm{At}(\boldsymbol{K}) \approx Z\left(1 - \rho_2^2|\boldsymbol{K}|^2R_\mathrm{At}^2 + \rho_4^2|\boldsymbol{K}|^4R_\mathrm{At}^4 \pm \ldots\right).$$

Bei welchen Streuwinkeln konvergiert die Reihe am schlechtesten? Erfüllen die Daten in Tab. 1.2 die Bedingung für eine rasche Konvergenz der Reihe?

1.5. Lorentzkurve. Die Messwerte einer physikalischen Größe seien gemäß einer Lorentzkurve verteilt.

a) Überzeugen Sie sich davon, dass die Lorentzkurve so breit ist, dass die mittlere quadratische Schwankung der Messwerte um die Resonanzstelle unendlich groß ist!

b) Mit welcher Wahrscheinlichkeit liegt ein Messwert innerhalb der Halbwertsbreite um die Resonanzstelle?

Licht als Teilchenstrahlung 2

J. Heintze / P. Bock (Hrsg.), *Lehrbuch zur Experimentalphysik Band 5: Quantenphysik*, https://doi.org/10.1007/978-3-662-58626-6_2

In Kap. 1 haben wir gesehen, dass man viele Einzelheiten der Wechselwirkung von Licht mit Atomen zumindest ***qualitativ*** sehr gut mit der Maxwellschen Theorie und mit der Annahme elastisch im Atom gebundener Elektronen beschreiben kann. Mit dem quantitativen Verständnis hapert es jedoch an vielen Stellen, und es gibt einige Phänomene, die total unverständlich bleiben, z. B. die obere Grenzfrequenz im Röntgenspektrum und die spektrale Verteilung der thermischen Hohlraumstrahlung. Gerade diese Phänomene lassen sich zwanglos und quantitativ erklären, wenn man in die Physik neue Konzepte einführt: die Quantelung der Schwingungsenergie und die Beschreibung von Licht als eine Strahlung bestehend aus masselosen Teilchen, die man **Photonen** oder **Lichtquanten** nennt.

Im ersten Abschnitt behandeln wir die Wärmestrahlung und die spezifische Wärme von Festkörpern. Im zweiten geht es um das Konzept der Photonen und um die Phänomene, die damit erklärt werden können, aber auch um weitere Konsequenzen, die die Quantelung der Schwingungsenergie in Festkörpern hat (**Phononen**). In Abschn. 1.3 wird gezeigt, dass die Emission und Absorption von Licht durch Atome mit Übergängen zwischen Energiestufen im Atom verbunden ist, und dass die Lichtfrequenzen durch die Energiedifferenzen zwischen zwei Energiestufen gegeben sind: $\Delta E = E_{\text{photon}} = h\nu$. In Abschn. 2.4 findet man Einsteins Überlegungen zur Emission und Absorption von Lichtquanten durch Atome. Sie bilden die Grundlage der Lichtverstärkung im Laser. Im letzten Abschnitt wird gezeigt, wie das in vielfältiger Weise nutzbar gemacht werden kann.

2.1 Wärmestrahlung und gequantelte Schwingungsenergie

Das Plancksche Strahlungsgesetz

In den Jahren 1898–1900 gelang es Lummer und Pringsheim, das Spektrum der Hohlraumstrahlung mit großer Präzision zu vermessen, und zwar dank der Zusammenarbeit mit Rubens und Kurlbaum bis ins ferne Infrarot hinein. Im sichtbaren Spektralbereich und im nahen Infrarot stimmten die Messungen bei geeigneter Wahl der Konstanten a_1 und a_2 sehr gut mit dem Wienschen Strahlungsgesetz (1.54) überein. Bei hohen Temperaturen des Hohlraums gab es jedoch im Infrarot kleine, aber signifikante Abweichungen, und im fernen Infrarot schien das Spektrum der Vorhersage des Rayleigh–Jeans-Gesetzes (1.52) zu folgen.

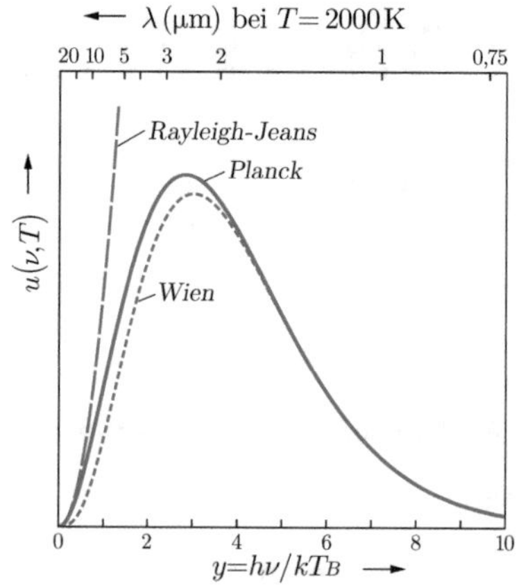

Abbildung 2.1 Energiedichte der Hohlraumstrahlung als Funktion von $y = h\nu / k_B T$. Die Wellenlängenskala am oberen Rand gilt für $T = 2000$ K. Der sichtbare Spektralbereich reicht bei dieser Temperatur von $y = 9{,}6$ bis $y = 18$

Lummer berichtete Max Planck von diesen Ergebnissen.[1] Planck versuchte daraufhin zunächst eine Formel zu finden, die bei hohen Frequenzen in das Wiensche, bei tiefen Frequenzen in das Rayleigh–Jeans'sche Strahlungsgesetz übergeht. Sein Ergebnis war

$$u(\nu, T) = \frac{a_1 \nu^3}{e^{a_2 \nu / T} - 1}\,, \quad \text{mit} \quad \frac{a_1}{a_2} = \frac{8\pi k_B}{c^3}\,. \tag{2.1}$$

a_1 und a_2 sind die beiden experimentell bestimmten Konstanten des Wienschen Strahlungsgesetzes (1.54). Abb. 2.1 zeigt die von den drei Strahlungsgesetzen vorhergesagten Spektren der Hohlraumstrahlung. Es zeigte sich, dass die von Planck aufgestellte Formel die Messungen im ganzen Spektralbereich hervorragend reproduziert.

Nach diesem Erfolg auf der praktischen Ebene suchte Planck nach einer theoretischen Begründung für (2.1). Er ging von der Annahme aus, dass auf den Wänden des Hohlraums elektrisch geladene Oszillatoren sitzen, die mit der Hohlraumstrahlung im thermischen Gleichgewicht stehen, und fand die Lösung des Problems „in einem Akt der Verzweiflung" mit der Hypothese, dass

[1] Die genannten Physiker wirkten damals sämtlich in Berlin: Lummer und Pringsheim an der Physikalisch-Technischen Reichsanstalt, Rubens und Kurlbaum an der Technischen Hochschule, und Max Planck (1858–1947) an der Universität. Planck ist nicht nur durch seine Beiträge zur Thermodynamik und als Begründer der Quantenphysik bekannt geworden, sondern auch als integre Persönlichkeit und als eine Leitfigur der Physik in Deutschland, in guten wie in schlechten Zeiten. – Es ist durchaus lohnend, sich auch mit dem experimentellen Hintergrund des Planckschen Strahlungsgesetzes zu befassen: Siehe D. Hoffmann, Physikal. Blätter **56**, Nr. 12, S. 43 (2000).

diese Oszillatoren nicht beliebig schwingen können, sondern nur mit solchen Amplituden, dass die Schwingungsenergie bestimmte Werte hat:

$$E_n = n h\nu \qquad (n = 0, 1, 2, \ldots) \,. \tag{2.2}$$

h ist eine Konstante, die Planck hier ***ad hoc*** einführt, und die wir sogleich genauer diskutieren werden. Er erhielt damit das **Plancksche Strahlungsgesetz**:

$$u(\nu, T) = \frac{8\pi\nu^2}{c^3} \frac{h\nu}{e^{h\nu/k_B T} - 1} \,. \tag{2.3}$$

Die Konstanten in (2.1) haben in Plancks Theorie die Werte $a_1 = 8\pi h/c^3$ und $a_2 = h/k_B$. Bei der Konstanten h muss es sich, wie wir am Ende von Kap. 1 diskutiert haben, um eine neue ***Naturkonstante*** handeln. Man nennt sie das **Plancksche Wirkungsquantum**. Sie hat die Dimension[2]

$$[h] = \text{Energie} \cdot \text{Zeit} \,.$$

Aus der Anpassung an die Messungen von Lummer und Pringsheim erhielt Planck den Zahlenwert $h = 6{,}55 \cdot 10^{-34}$ Js. Der heutige Wert ist

$$h = 6{,}626 \cdot 10^{-34}\,\text{Js} = 4{,}136 \cdot 10^{-15}\,\text{eVs} \,. \tag{2.4}$$

Plancks Begründung für sein Strahlungsgesetz ist nicht leicht nachzuvollziehen. Sehr viel einfacher und durchsichtiger ist die folgende Betrachtung, die davon Gebrauch macht, dass heute der Boltzmann-Faktor ein fester Bestandteil der Physik ist. Wir gehen davon aus, dass im thermischen Gleichgewicht die Hohlraumstrahlung in keiner Weise von der Beschaffenheit der Wände abhängt. Daher muss (2.3) allein mit den Eigenschaften des Strahlungsfeldes zu erklären sein, und mit der Tatsache, dass sich das Strahlungsfeld im thermischen Gleichgewicht mit den Wänden befindet. Wir nehmen deshalb an, dass bei der Hohlraumstrahlung jede der in (1.40)–(1.43) berechneten Schwingungsmoden nur mit den in (2.2) angegebenen Energien E_n angeregt sein kann. Die Schwingungen in einer einzelnen Schwingungsmode mit der Frequenz ν bilden ein thermodynamisches System, das mit einem Wärmereservoir (den Wänden des Hohlraums) im thermischen Kontakt steht. Die Wahrscheinlichkeit, dass die Schwingungsenergie in dieser Mode $E_n = nh\nu$ ist, ist durch einen Boltzmann-Faktor gegeben (vgl. (II/5.55)):

$$W_n = \frac{e^{-E_n/k_B T}}{\sum_{n=0}^{\infty} e^{-E_n/k_B T}} = \frac{e^{-nh\nu/k_B T}}{\sum_{n=0}^{\infty} e^{-nh\nu/k_B T}} \,. \tag{2.5}$$

Die Summe im Nenner sorgt für die Normierung der Wahrscheinlichkeit. Die mittlere Schwingungsenergie in der Mode ist dann

$$\overline{E}_n = \sum_{n=0}^{\infty} E_n W_n = h\nu \frac{\sum n\, x^n}{\sum x^n} \qquad \text{mit} \quad x = e^{-h\nu/k_B T} \,. \tag{2.6}$$

Die unendlichen Reihen im Zähler und Nenner kann man aufsummieren:

$$\sum_0^{\infty} n\, x^n = \frac{x}{(1-x)^2} \,, \quad \sum_0^{\infty} x^n = \frac{1}{1-x} \,,$$
$$\frac{\sum_0^{\infty} n\, x^n}{\sum_0^{\infty} x^n} = \frac{x}{1-x} = \frac{1}{1/x - 1} = \frac{1}{e^{h\nu/k_B T} - 1} \,.$$

$\overline{E}_n$ ist identisch mit der in (1.48) eingeführten Größe $U_1(\nu, T)$. Wir erhalten also für die mittlere Energie, mit der im thermischen Gleichgewicht eine Schwingungsmode angeregt ist:

$$U_1(\nu, T) = \overline{E} = k_B\, T \frac{y}{e^y - 1} \qquad \text{mit} \quad y = h\nu/k_B\, T \,, \tag{2.7}$$

ein Ergebnis, das in der Tat von (1.51) verschieden ist. Dieser Ausdruck ergibt mit (1.50) ohne Weiteres das Plancksche Strahlungsgesetz (2.3).

Der Verlauf der Funktion $U_1(\nu, T)$ in (2.7) ist in Abb. 2.2 dargestellt. Für $h\nu \ll k_B T$ ist $e^y \approx 1 + y$, und $U_1(\nu, T)$ geht in den „klassischen" Grenzwert $k_B T$ über, das Plancksche Strahlungsgesetz also in das Rayleigh–Jeans-Gesetz (1.52). Für $h\nu \gg k_B T$ erhält man

$$y \gg 1: \qquad U_1(\nu, T) \approx h\nu e^{-h\nu/k_B T} \,,$$

(2.3) geht in das Wiensche Strahlungsgesetz über. Die „UV-Katastrophe" tritt nicht ein, weil die thermische Energie $k_B\, T$ nicht ausreicht, die hochfrequenten Oszillatoren anzuregen!

Mit dem Planckschen Strahlungsgesetz kann man das Stefan–Boltzmann-Gesetz $M_e(T) = \sigma T^4$ ableiten. Man erhält nicht nur die Proportionalität der spezifischen Ausstrahlung M_e zu T^4, sondern auch einen theoretischen Wert für den Vorfaktor σ. Die nicht ganz einfache Integration von (2.3) führt auf die Energiedichte im Hohlraum.

[2] In der Mechanik werden Größen mit der Dimension Energie · Zeit als „Wirkung" bezeichnet, wie man auch Energie/Zeit „Leistung" nennt.

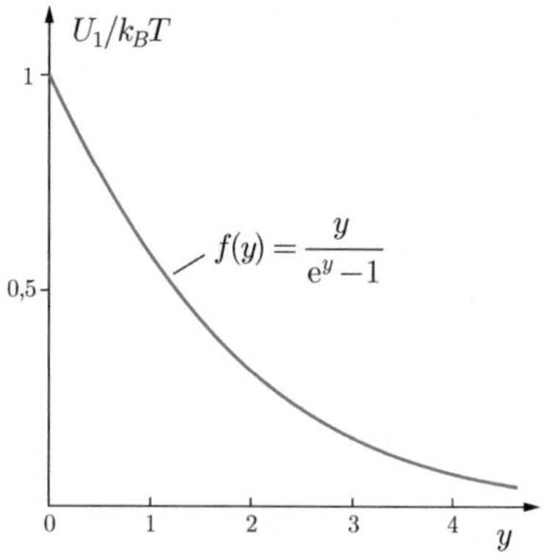

Abbildung 2.2 Zu (2.7). $y = h\nu/k_BT$

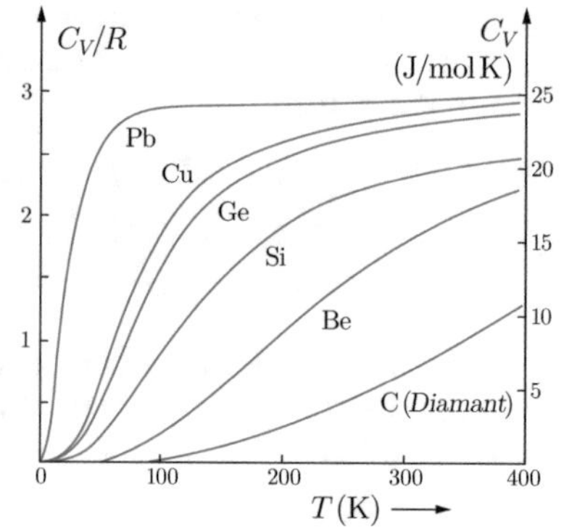

Abbildung 2.3 Spezifische Molwärmen von Festkörpern als Funktion der Temperatur T. R ist die universelle Gaskonstante

Mit $y = h\nu/k_BT$ erhält man

$$u(T) = \int u(\nu, T)\,d\nu = \frac{8\pi}{c^3}\frac{k_B^4 T^4}{h^3}\int_0^\infty \frac{y^3\,dy}{e^y - 1} = \frac{8\pi^5 k_B^4}{15 c^3 h^3} T^4 .$$

Die spezifische Ausstrahlung ist nach (IV/3.55) $M_e = u(T)c/4$. Für die Stefan-Boltzmann-Konstante folgt damit

$$\sigma = \frac{2\pi^5 k_B^4}{15 c^2 h^3} = 5{,}67051 \cdot 10^{-8} \frac{W}{m^2 K^4} . \quad (2.8)$$

Das stimmt sehr gut mit dem experimentell bestimmten Wert überein. Rechnet man das Plancksche Strahlungsgesetz auf Wellenlängen um, erhält man

$$u(\lambda, T) = \frac{8\pi hc}{\lambda^5 \left(e^{hc/\lambda k_B T} - 1\right)} . \quad (2.9)$$

Durch Differenzieren dieser Formel erhält man für das Maximum der Planckkurve das Wiensche Verschiebungsgesetz:

$$\lambda_{max} T = 2{,}898 \times 10^{-3}\,m \cdot K , \quad (2.10)$$

ebenfalls in Übereinstimmung mit dem Experiment.

Gequantelte Schwingungsenergie und spezifische Wärme

Max Planck nahm zunächst an, dass die Quantelung der Schwingungsenergie eine spezielle Eigenschaft der fiktiven Oszillatoren ist, die er zur Berechnung der Wärmestrahlung einführte. Dass es sich hier um eine allgemeine Eigenschaft von Oszillatoren im atomaren Bereich handelt, und dass auch das „Einfrieren" der Schwingungsfreiheitsgrade bei den spezifischen Wärmen fester Stoffe eine Folge dieser Quantelung ist, erkannte Einstein. Für die spezifische Molwärme von Festkörpern gilt bei hinreichend hoher Temperatur die Dulong-Petitsche Regel (II/5.30) $C_V \approx 3R$, wobei $R = k_B N_A$ die universelle Gaskonstante ist. Das wird damit erklärt, dass in jedem Schwingungsfreiheitsgrad im Mittel die Energie k_BT steckt. Die spezifische Molwärme $C_V = (\partial U/\partial T)_V$ ist dann unabhängig von T. Bei tieferen Temperaturen sinken jedoch die spezifischen Wärmen drastisch ab (Abb. 2.3), was in der Sprache der klassischen Physik als ein nicht weiter erklärbares „Einfrieren der Freiheitsgrade" bezeichnet wird. Einstein schlug vor, dies mit (2.7) zu erklären. Er ging davon aus, dass die Atome im Festkörper mit einer einheitlichen Frequenz ν schwingen. Die innere Energie eines Mols wird damit

$$U = 3N_A U_1(\nu, T) = 3N_A \frac{h\nu}{e^{h\nu/k_BT} - 1} ,$$

und für die spezifische Molwärme bei konstantem Volumen erhält man

$$C_V = \left(\frac{\partial U}{\partial T}\right)_{V=\mathrm{const}} = 3R\left(\frac{h\nu}{k_B T}\right)^2 \frac{e^{h\nu/k_BT}}{\left(e^{h\nu/k_BT} - 1\right)^2} . \quad (2.11)$$

Damit kann man das experimentell beobachtete Einfrieren der Freiheitsgrade qualitativ erklären. Allerdings stimmt die Theorie nicht bei sehr tiefen Temperaturen. Für $k_BT \ll h\nu$ ergibt (2.11):

$$C_V \propto T^{-2} e^{-h\nu/k_BT} ,$$

während tatsächlich gemessen wird (siehe Abb. 2.4)

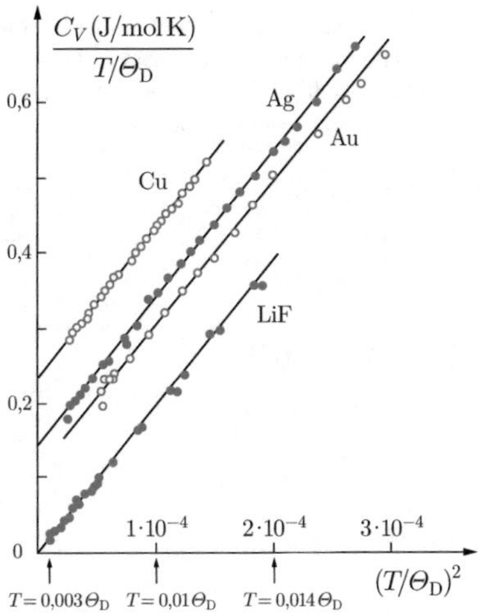

Abbildung 2.4 Zum T^3-Gesetz (2.12), nach G. A. Alers u. J. R. Neighbours (1959). Θ_D ist die Debye-Temperatur, siehe Tab. 2.1. Bei den Metallen erkennt man die Beiträge des Elektronengases zu $C_V(T)$, die proportional zu T sind, vgl. (II/12.38) und Abb. II/12.6. Die Geraden ergeben sich mit der Debyeschen Theorie

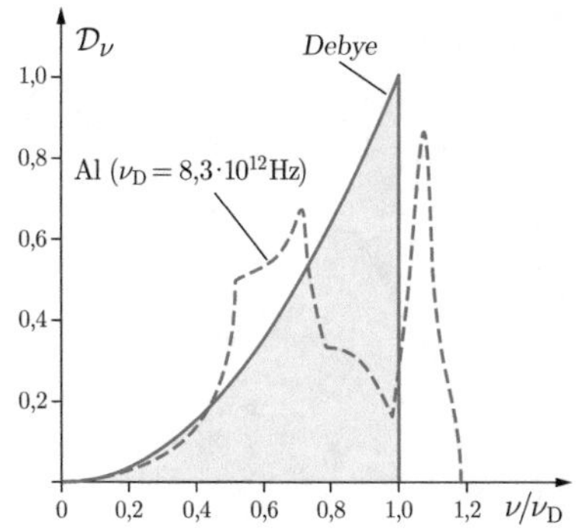

Abbildung 2.5 Spektrum der Schwingungsmoden im Festkörper. *Ausgezogene Kurve*: theoretisch, nach Debye (1912). *Gestrichelt*: experimentell für Aluminium, nach Stedman et al. (1967). $\mathcal{D}_\nu$ in Einheiten von $9N_A/\nu_D = 5{,}4 \cdot 10^{24}\,\text{mol}^{-1}/\nu_D$

$$T \approx 0: \quad C_V \propto T^3 . \tag{2.12}$$

Die von Debye[3] verbesserte Theorie behebt diesen Mangel: Debye ging davon aus, dass in einem isotropen und homogenen Festkörper eine Vielzahl von Schwingungsmoden möglich ist. Er berechnete die Zahl dieser Schwingungsmoden im Frequenzintervall $\nu \ldots \nu + \mathrm{d}\nu$, also die Funktion $\mathcal{D}_\nu(\nu)\mathrm{d}\nu$, mit der in Abschn. 1.4 auf die elektromagnetischen Wellen in einem Hohlraum angewandten Methode. Debye überlegte sich, dass das Spektrum bei einer bestimmten Maximalfrequenz abgebrochen sein muss: Wenn der Festkörper N Atome enthält, sind insgesamt nur $3N$ Freiheitsgrade vorhanden, und die Gesamtzahl der möglichen Schwingungsmoden muss gerade gleich dieser Zahl sein, d. h. es muss gelten:

$$\int_0^{\nu_D} \mathcal{D}_\nu(\nu)\,\mathrm{d}\nu = 3N . \tag{2.13}$$

Die **Debye-Frequenz** ν_D liegt im Bereich von 10^{12} – 10^{13} Hz. – Zur Berechnung der **Zustandsdichte** D_ν in einem Festkörper mit dem Volumen V ersetzen wir in (1.47) c durch die Schallgeschwindigkeiten (siehe Tab. IV/2.1):

$$\mathcal{D}_\nu(\nu) = \left(\frac{8\pi\nu^2}{v_t^3} + \frac{4\pi\nu^2}{v_l^3}\right) V = aV\nu^2 . \tag{2.14}$$

v_t ist die Geschwindigkeit der beiden transversalen, v_l die der longitudinalen Schallwellen im Festkörper; die Konstante a wird hier zur Abkürzung eingeführt. Das Spektrum der Schwingungsmoden ist in Abb. 2.5 dargestellt. Wir berechnen mit (2.14) und (2.13) den Zusammenhang zwischen a und ν_D:

$$\begin{aligned} \int_0^{\nu_D} \mathcal{D}_\nu(\nu)\,\mathrm{d}\nu &= aV\frac{\nu_D^3}{3} = 3N \\ a = \frac{9N}{\nu_D^3 V}, &\quad \nu_D = \sqrt[3]{\frac{9N/V}{a}} . \end{aligned} \tag{2.15}$$

Mit (2.7), (2.14) und (2.15) kann man nun die innere Energie berechnen, die in Form von Gitterschwingungen in einem Mol gespeichert ist:

$$\begin{aligned} U &= \int_0^{\nu_D} U_1(\nu, T)\,\mathcal{D}_\nu(\nu)\,\mathrm{d}\nu \\ &= \frac{9N_A h}{\nu_D^3} \int_0^{\nu_D} \frac{\nu^3}{e^{h\nu/k_BT} - 1}\,\mathrm{d}\nu . \end{aligned} \tag{2.16}$$

Durch Differenzieren erhält man schließlich für die spezifische Molwärme:

[3] Peter Debye (1884–1966), holländischer Physiker, war einer der großen Wegbereiter der Quantentheorie und ihrer Anwendung auf die Physik der Festkörper, der Flüssigkeiten und der Moleküle. Debye arbeitete 1911–1939 als Physik-Professor in der Schweiz, in den Niederlanden und vor allem in Deutschland, zuletzt als Direktor des Kaiser Wilhelm-Instituts für Physik in Berlin. Nach Ausbruch des zweiten Weltkriegs ging er an die Cornell-Universität, Ithaka (USA). Seine Theorie der spezifischen Wärmen entwickelte Debye in den Jahren 1910–1912, also noch in der Frühzeit der Quantenphysik.

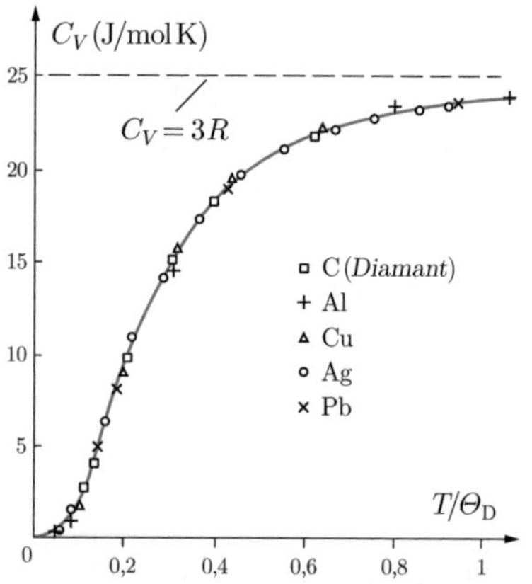

Abbildung 2.6 Spezifische Wärme von kristallinen Stoffen als Funktion von T/Θ_D. Nach Ch. Weißmantel und C. Haman (1979)

$$\begin{aligned} C_V &= \left(\frac{\partial U}{\partial T}\right)_V \\ &= 9 k_B N_A \left(\frac{T}{\Theta_D}\right)^3 \int_0^{\Theta_D/T} \frac{y^4 e^y}{(e^y - 1)^2} \, dy \, . \end{aligned} \tag{2.17}$$

Θ_D ist die **Debye-Temperatur**, definiert durch

$$k_B \Theta_D = h \nu_D \, . \tag{2.18}$$

Das Integral muss numerisch ausgewertet werden. Die mit (2.17) berechnete Kurve enthält Θ_D als einzigen Parameter. Man kann ihn experimentell bestimmen, indem man die Kurve an die gemessenen Werte $C_V(T)$ anpasst. Wie die Beispiele in Abb. 2.6 zeigen, gibt Debyes Theorie die Funktion $C_V(T)$ sehr gut wieder. Für $T \to 0$ ist das Integral in (2.17) analytisch lösbar. Man erhält $C_V = (12R\pi^4/5)(T/\Theta_D)^3$, in voller Übereinstimmung mit (2.12). – Auch mit diesem **Debyeschen T^3-Gesetz** kann man Θ_D bestimmen. Tab. 2.1 zeigt Ergebnisse der verschiedenen Methoden zur Θ_D-Bestimmung.

Man sollte das Debyesche Modell der Gitterschwingungen nicht überschätzen: Es stellt nur eine grobe Näherung dar, da der Festkörper als isotropes Kontinuum behandelt wird. Die diskrete Struktur und die Anisotropie des Kristallgitters bewirken eine erhebliche Modifikation des Schwingungsspektrums (siehe Abb. 2.5). Die in Abb. 2.6 gezeigte gute Übereinstimmung der Debyeschen Theorie mit dem Experiment ist geradezu erstaunlich. Lediglich die hervorragende Übereinstimmung von Theorie und Experiment bei $T \approx 0$ (Abb. 2.4, Tab. 2.1) ist kein Wunder: Dort werden nur niederfrequente Schwingungsmoden

Tabelle 2.1 Debye-Temperaturen kristalliner Stoffe. Θ_A: aus der Anpassung an den gesamten Temperaturbereich, Θ_0: aus dem T^3-Gesetz ($T \approx 0$), Θ_S: Θ_0 mit den Schallgeschwindigkeiten bei $T \approx 0$ berechnet. Alle Angaben in K

Material	Θ_A	Θ_0	Θ_S
C*	1860	2230	
Al	398	426	428
Cu	315	343	344
Ag	220	226	226
Au	165	162	165
Pb	88	105	
LiF		737	734
NaCl		320	322
KBr		174	173

* für Diamant
Bei den Verbindungen ist C_V, die Molwärme, geteilt durch die Anzahl der Atome pro Molekül. Die Schallgeschwindigkeiten wurden aus den bei $T \approx 0$ gemessenen elastischen Konstanten berechnet. Θ_A aus E. Schrödinger (1925), Θ_0 und Θ_S aus G. A. Alers u. J. R. Neighbours (1959)

thermisch angeregt. Sie verhalten sich wie Schallwellen im Kontinuum, weil λ groß gegen den Atomabstand ist.

Auch das Einfrieren des Schwingungsfreiheitsgrades bei Molekülgasen, das in Bd. II/5 bei Abb. II/5.4 diskutiert wurde, lässt sich mit (2.7) quantitativ erklären. Die Schlussfolgerung ist, dass die Quantelung der Schwingungsenergie (2.2) eine ***allgemeine Eigenschaft*** atomarer Oszillatoren ist.

2.2 Lichtquanten

Eine weitere und noch viel kühnere Folgerung zog Einstein aus der Theorie der Hohlraumstrahlung: Die elektromagnetische Strahlung selbst existiert nicht nur als Welle, sondern auch in Form von einzelnen Energiequanten. Ist ν die Frequenz der Welle, so ist die Größe eines Energiequantums gegeben durch die Formel

$$E = h\nu = \hbar\omega \, , \tag{2.19}$$

mit $\hbar = h/2\pi$ (gesprochen h quer). Einstein begründete seine Hypothese damit, dass sich die Entropie der Hohlraumstrahlung bei hohen Frequenzen wie die Entropie eines idealen Gases von **Lichtquanten** der Energie $h\nu$ verhält und dass sich mit der Lichtquanten-Hypothese einige sonst unverständliche Phänomene deuten lassen, insbesondere beim **Photoeffekt** und bei der **Photolumineszenz**. Einstein nahm an, dass „die Energie des Lichts diskontinuierlich im Raume verteilt sei, und dass sie aus einer endlichen Zahl von in Raumpunkten lokalisierten Energiequanten besteht, welche sich bewegen, ohne sich zu teilen und nur als Ganzes absorbiert und erzeugt werden können."[4]

Eine wahrhaft revolutionäre Behauptung, die sogleich zu scheinbar unüberwindlichen Schwierigkeiten führt: Wie kann man logisch mit dem „Dualismus" von Teilchen und Welle fertig werden? Dieses Problem ist inzwischen gelöst: Mit der **Quantenelektrodynamik** lassen sich die Wechselwirkung von Licht mit Materie und alle Phänomene des Elektromagnetismus im Rahmen einer einheitlichen Theorie widerspruchsfrei beschreiben. Allerdings sind die Begriffsbildungen dieser Theorie und ihre mathematische Handhabung recht kompliziert. Deshalb ist es allgemein üblich, bei Problemen der Lichtausbreitung, z. B. auch bei der im vorigen Kapitel behandelten Rayleigh- und Thomson-Streuung, von den elektromagnetischen Wellen der klassischen Physik auszugehen, und bei der im Folgenden behandelten Compton-Streuung von Photonen, die man als masselose Teilchen mit der relativistischen Mechanik behandelt (vgl. Bd. I/15.8). Man bekommt schnell heraus, wann für eine einfache Beschreibung der Phänomene das „Wellenbild", und wann das „Teilchenbild" tauglich ist.

In der Praxis benötigt man oft den Zusammenhang zwischen Quantenenergie und Wellenlänge. Mit $\lambda = c\nu$ und $E = h\nu$ erhält man

$$\lambda = \frac{hc}{E} \quad \text{mit} \quad hc = 1{,}23984\,\text{eV}\,\mu\text{m}\,. \tag{2.20}$$

Die Faustformeln „$\lambda = 1\,\mu$m entspricht $h\nu = 1{,}24\,$eV" oder auch „$h\nu = 1\,$eV entspricht $\lambda = 1{,}24\,\mu$m" kann man sich leicht merken.

Der Photoeffekt

Den **Photoeffekt**, auch **lichtelektrischer Effekt** genannt, entdeckte Heinrich Hertz bei seinen Experimenten mit Funkenstrecken, die zur Erzeugung elektromagnetischer Wellen dienen sollten (Abb. IV/2.21). Der Effekt besteht darin, dass aus einem freien Atom, einem Molekül oder

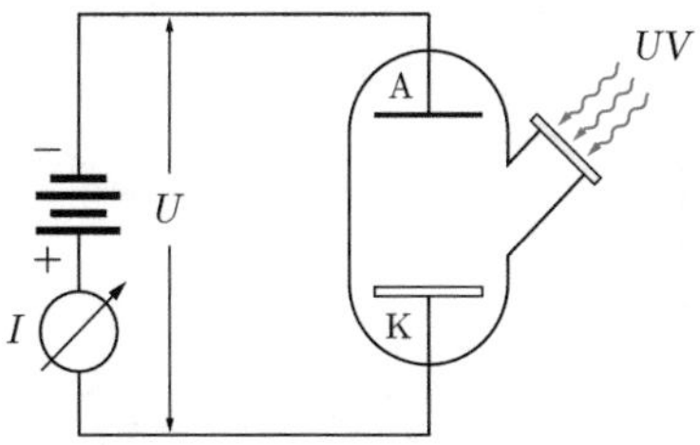

Abbildung 2.7 Prinzip einer Messanordnung zur Untersuchung des Photoeffekts

aus einer Metalloberfläche unter Lichteinwirkung ein Elektron herausgelöst wird. Dieses Phänomen ist auch im Rahmen der klassischen Physik nicht überraschend: Wenn das Licht eine elektromagnetische Welle ist, bewirkt die elektrische Feldstärke der Welle eine Kraft auf die Elektronen, die zur Abtrennung eines Elektrons aus dem Atomverband führen kann. Eine quantitative Untersuchung zeigt jedoch, dass der Photoeffekt nicht ohne weiteres auf diese Weise zu erklären ist. Philipp Lenard, damals Physik-Professor in Kiel, hatte herausgefunden, dass die Elektronen die Metalloberfläche mit einer Geschwindigkeit verlassen, die ***nicht von der Intensität*** der Welle, also nicht von der elektrischen Feldstärke abhängt. Es gibt einen wohldefinierten Maximalwert v_0 für diese Geschwindigkeit, der mit der sogenannten **Gegenfeldmethode** bestimmt werden kann, z. B. in der in Abb. 2.7 gezeigten Anordnung. Ultraviolettes Licht fällt durch ein Quarzfenster auf die Photokathode K, die sich in einem evakuierten Glasgefäß befindet. Die Auffangelektrode A ist negativ gepolt, so dass nur Elektronen, die mit der Energie

$$\frac{m_\text{e}}{2} v^2 \geq e\,U$$

die Kathode verlassen, zum Strom I beitragen. v_0 wird experimentell dadurch bestimmt, dass für die Spannungen $U \geq U_0$ mit

$$U_0 = \frac{m_\text{e}}{2e} v_0^2 \tag{2.21}$$

die Stromstärke Null wird. Es zeigt sich, dass zwar für $U < U_0$ die Stromstärke I proportional zur Intensität der einfallenden Strahlung ansteigt, dass aber v_0 von der Intensität unabhängig ist. Dieses Ergebnis ist überaus merkwürdig, denn die auf das Elektron einwirkende Kraft ist die elektrische Feldstärke der einfallenden Welle, und die wächst bekanntlich mit steigender Intensität.

Mit der Lichtquantenhypothese (2.19) ist leicht zu erklären, warum v_0 nicht von der Intensität des Lichts abhängt. Die Energie $h\nu$ des Photons wird als Ganzes auf das Elektron übertragen. Die Bindungsenergie E_B der Elektronen ist bei Metallen mindestens gleich der Austrittsarbeit W_a

[4] A. Einstein: „Über einen die Erzeugung und Verwandlung des Lichtes betreffenden heuristischen Gesichtspunkt", Annalen der Physik **17** S. 132 (1905). – Da die Entropie der Hohlraumstrahlung nur am oberen Ende des Spektrums mit der eines idealen Gases übereinstimmt, vermutete Einstein zunächst, dass nur Licht hoher Frequenz Teilcheneigenschaften aufweist. Er konnte damals noch nicht wissen, dass sich die Photonen nicht nach der Maxwell–Boltzmann-Verteilung (II/12.50) sondern nach der Bose–Einstein-Verteilung (II/12.30) auf die verfügbaren Zustände verteilen. Wir werden diesen Gesichtspunkt am Ende dieses Abschnitts diskutieren. – „Lokalisiert" sind die Quanten nur bei ihrer „Erzeugung und Verwandlung" am Ort des emittierenden oder absorbierenden Atoms. Wir werden in Abschn. 3.6 darauf zurückkommen.

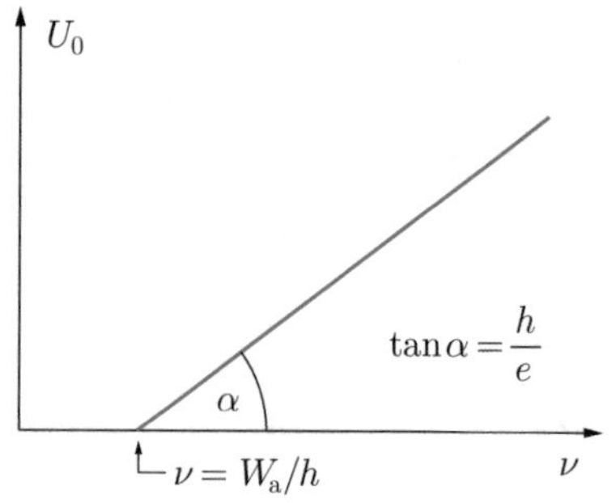

Abbildung 2.8 Abhängigkeit der Spannung U_0 in (2.21) von der Lichtfrequenz

(Abb. III/9.16). Somit gilt für die maximale kinetische Energie der freigesetzten Elektronen:

$$\frac{m_e}{2} v_0^2 = h\nu - W_a \,. \tag{2.22}$$

Die Intensität kommt in dieser Gleichung nicht vor. Sie ist durch die Zahl der pro Sekunde auftreffenden Photonen gegeben und beeinflusst deshalb nur die Stromstärke. Man erwartet jedoch eine lineare Abhängigkeit der Spannung U_0 von der ***Frequenz*** des eingestrahlten Lichts (Abb. 2.8). Die Steigung der Geraden muss einen Zahlenwert für die Plancksche Konstante h ergeben, der mit dem aus der Hohlraumstrahlung abgeleiteten Wert übereinstimmt. Bis dieser wichtige, von Einstein schon 1905 vorgeschlagene Test durchgeführt war, vergingen fast 10 Jahre. Dies lag einmal an der Schwierigkeit solcher Experimente, zum anderen daran, dass Einsteins Arbeit zunächst wenig Beachtung fand, sie galt einfach als absurd.[5]

Man kann den Photoeffekt auch am freien Atom studieren. Zum Beispiel kann man untersuchen, ab welcher Frequenz ν in einem Gas mit bekannter Ionisierungsspannung Atome durch Lichteinstrahlung ionisiert werden können. Dass solche Messungen ungefähr den richtigen Wert für h liefern, konnte Einstein schon 1905 mit den damals noch sehr ungenauen Daten vorrechnen.

Heute ist der Photoeffekt die Grundlage vieler Messgeräte für Licht: Photomultiplier, Photozelle, Photodiode, deren Prinzip bereits in Bd. III/9 und III/10 beschrieben wurde. Auf die Photovoltaik wurde in Bd. III/10.3 ausführlich eingegangen. Die **Photoelektronen-Spektroskopie** ist in der Festkörperphysik eine wichtige Methode zur Untersuchung von Bandstrukturen und von Oberflächen. Die kinetische Energie der Photoelektronen ist bei vorgegebener Quantenenergie $h\nu$ ein Maß für die Bindungsenergie: $E_{kin} = h\nu - E_B$. Abb. 2.9 zeigt das Spektrum der Photoelektronen, das man erwartet, wenn man die Leitungselektronen als freies Elektronengas betrachtet. Die Energieverteilung der Elektronen aus dem Leitungsband entspricht Abb. III/9.4: $N_e(\epsilon)$ = Zustandsdichte $\mathcal{D}(\epsilon)$ × Besetzungswahrscheinlichkeit $f(\epsilon)$. Darunter erscheinen im Spektrum der Photoelektronen Elektronen aus den obersten Niveaus der Rumpfelektronen. Es zeigte sich, dass die Lage dieser Niveaus vom chemischen Bindungszustand der Atome abhängt. Darauf beruht die „ESCA" genannte Methode (Electron Spectroscopy for Chemical Analysis). Für die Festkörperphysik wichtig sind vor allem die Abweichungen des Spektrums der Leitungselektronen von dem einfachen, in Abb. 2.9 gezeigten Verlauf, sowie die Winkelabhängigkeit dieser Spektren.[6]

Die Energieauflösung der Photoelektronen-Spektroskopie wurde im Laufe der Jahre bis auf einige meV gesteigert. Abb. 2.10 zeigt als Beispiel hierzu Messungen an einem supraleitenden Material. Beim Phasenübergang in den supraleitenden Zustand entsteht nach der BCS-Theorie (Bd. III/9.3) im Zusammenhang mit der Bildung von Cooper-Paaren an der Fermikante eine Energielücke (Abb. III/9.15). Die Breite der Lücke entspricht der Bindungsenergie der Cooper-Paare. An den Rändern der Energielücke strebt nach der BCS-Theorie die Zustandsdichte $\mathcal{D}(\epsilon) \to \infty$. Durch Spektroskopie der Photoelektronen konnte die Energielücke direkt nachgewiesen werden: Die in Abb. 2.10 eingezeichneten Kurven sind mit der BCS-Theorie unter Berücksichtigung der Energieauflösung des Spektrometers (3 meV) berechnet. Sie stimmen perfekt mit den Messpunkten überein.

Photolumineszenz

Materie kann durch Einstrahlung von Licht zur Lichtemission veranlasst werden. Wenn die Emission praktisch gleichzeitig mit der Einstrahlung erfolgt, spricht man von **Fluoreszenz**, wenn sie merklich verzögert ist von **Phosphoreszenz**. Der Unterschied zwischen Fluoreszenz und Phosphoreszenz ist nur messtechnisch bedingt; man fasst deshalb beide Prozesse unter dem Begriff **Photolumines-**

[5] In einer 1914 (9 Jahre nach Einsteins Veröffentlichung) erschienenen Monographie von Pringsheim und Pohl „Lichtelektrische Erscheinungen" wird Einstein nicht einmal erwähnt, und 1913 schrieb Max Planck in seinem Antrag, Einstein in die preußische Akademie der Wissenschaften aufzunehmen: „Dass er in seinen Spekulationen gelegentlich auch einmal über das Ziel hinausgeschossen haben mag, wie z. B. in seiner Hypothese der Lichtquanten, wird man ihm nicht zu sehr anrechnen dürfen. Denn ohne einmal ein Risiko zu wagen, lässt sich auch in der exaktesten Wissenschaft keine wirkliche Neuerung einführen".

[6] Siehe z. B. H. Ibach u. H. Lüth, „Festkörperphysik", Springer Verlag, unter dem Stichwort Photoemissions-Spektroskopie.

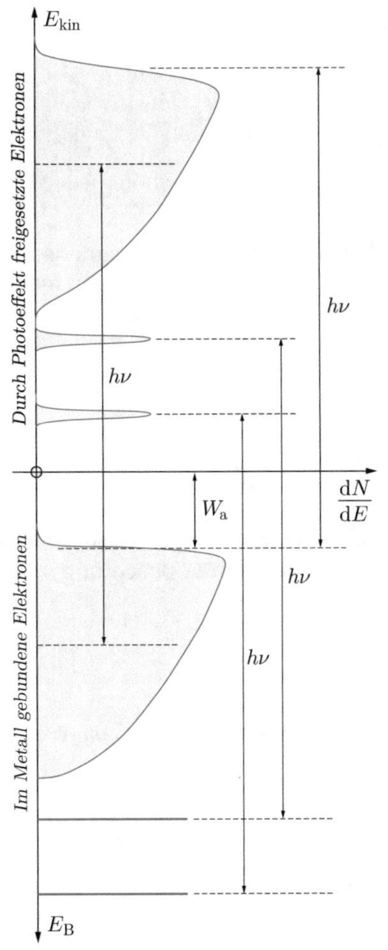

Abbildung 2.9 Bindungsenergie der Elektronen im Metall und Spektrum der Photoelektronen, schematisch. dN/dE ist im oberen Teil des Diagramms das gemessene Spektrum, im unteren Teil ist dN die Zahl der Elektronen mit einer Bindungsenergie zwischen E und $E + dE$

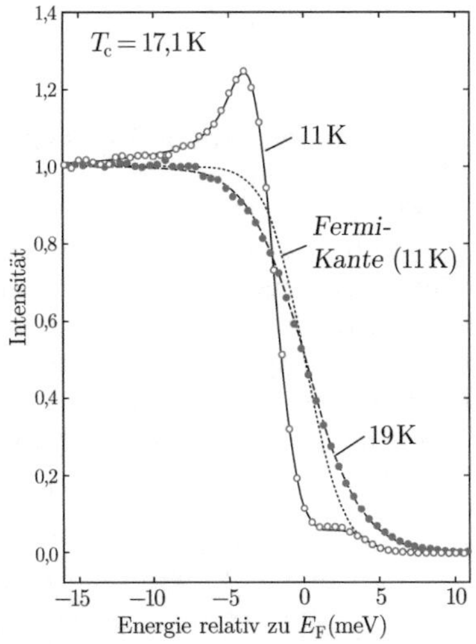

Abbildung 2.10 Spektrum der Photoelektronen in der Umgebung der Fermikante eines Supraleiters, oberhalb und unterhalb der Sprungtemperatur. Nach F. Reinert et al. (2000)

zenz[7] zusammen. Bei der Resonanzfluoreszenz des Natriumdampfs (Abb. 1.7) hat das durch Lumineszenz erzeugte Licht die gleiche Wellenlänge wie das eingestrahlte. Gewöhnlich beobachtet man jedoch, dass bei der Photolumineszenz Licht mit einer anderen Wellenlänge entsteht. Der englische Physiker George Stokes, von dem auch das Stokessche Gesetz in der Strömungslehre (II/3.24) und die Stokes-Parameter (IV/9.7)–(IV/9.10) stammen, bemerkte, dass das Lumineszenzlicht stets ***langwelliger*** ist als das eingestrahlte. Bezeichnet man das eingestrahlte Licht mit dem Index 1, das Lumineszenzlicht mit dem Index 2, lautet die **Stokessche Regel**

$$\lambda_2 \geq \lambda_1 \qquad \nu_2 \leq \nu_1 \,. \tag{2.23}$$

Dies führte Einstein als zweiten von der Hohlraumstrahlung ganz unabhängigen Hinweis auf die Existenz von Lichtquanten an: Die Bedingung $h\nu_2 \leq h\nu_1$ enthält nichts als den Energiesatz und erklärt die Stokessche Regel ganz unabhängig vom Mechanismus, der hinter der Photolumineszenz steckt. Wenn $\nu_2 < \nu_1$ ist, wird die Energiedifferenz $h\nu_1 - h\nu_2$ als thermische Energie dissipiert, oder sie bleibt als Anregungsenergie im Atom oder im Molekül zurück.

Es gibt auch Ausnahmen von der Regel (2.23). Man beobachtet sie bei der inelastischen Streuung von Licht an Molekülen: Bei der Streuung des Quants können Molekülrotationen oder Schwingungen angeregt werden, dann ist das Streulicht gemäß der Stokesschen Regel zu tieferen Frequenzen hin verschoben. Es kann aber auch Rotationsenergie auf das gestreute Quant übertragen werden: Dann gibt es eine „antistokessche" Frequenzverschiebung. Die inelastische Streuung von Licht an Materie bezeichnet man als **Raman-Streuung**, so benannt nach dem indischen Physiker Chandrasekhara Venkata Raman, der 1928 den Effekt bei der Streuung von Licht in Flüssigkeiten entdeckte. Die **Raman-Spektroskopie** spielt auch in der Festkörperphysik eine große Rolle. Näheres dazu findet man in dem eben erwähnten Buch von Ibach und Lüth.

[7] Ganz allgemein bezeichnet man als Lumineszenz die Emission von Licht nach vorhergegangener Anregung. Durch Vorsilben kann man die Art der Anregung kennzeichnen: Photolumineszenz, Chemolumineszenz, Biolumineszenz (Glühwürmchen, Meeresleuchten), Triboluminesenz (durch Reibung), Elektrolumineszenz (z. B. Leuchtdiode), Thermolumineszenz usw.

Lichtquanten und Röntgenstrahlung

Die obere Grenzfrequenz im Röntgenspektrum. Wie Abb. 1.23 und Abb. 1.24 zeigen, brechen die Röntgenspektren bei einer von der Anodenspannung abhängigen Wellenlänge λ_{min} bzw. bei der entsprechenden Frequenz ν_{max} ab. Dieses Phänomen findet durch (2.19) eine einfache Erklärung: Die Elektronen erreichen in der Röntgenröhre die Anode mit einer Energie eU, wenn U die Röhrenspannung ist. Daher können sie nur Röntgenstrahlung mit Quantenenergien $h\nu \leq eU$ erzeugen. Die Grenzfrequenz ist

$$\nu_{\text{max}} = \frac{eU}{h} . \tag{2.24}$$

Durch Messung von ν_{max} bzw. von λ_{min} und U kann man auf sehr einfache Weise einen Zahlenwert von h bestimmen: Er stimmt mit den Werten aus Photoeffekt und Wärmestrahlung überein.

Der Compton-Effekt. Es ist klar, wie eine elektromagnetische Welle mit elektrischen Ladungen in Wechselwirkung tritt. Das wurde in Abschn. 1.2 ausführlich diskutiert. Betrachtet man die Welle als einen Strom von Photonen, kann man fragen: Was geschieht bei der Wechselwirkung eines Photons mit einem Elektron? Compton vermutete, dass dann ein Photon an einem Elektron elastisch gestreut wird, wie Abb. 2.11 zeigt. Dabei wird Energie auf das Elektron übertragen, und dem gestreuten Photon entspricht eine Welle mit kleinerer Frequenz und größerer Wellenlänge. Diese Verschiebung der Wellenlänge kann man mit Energie- und Impulssatz berechnen.

In der relativistischen Mechanik besteht zwischen Energie und Impuls die Relation (I/15.36):

$$E^2 = p^2c^2 + m^2c^4 . \tag{2.25}$$

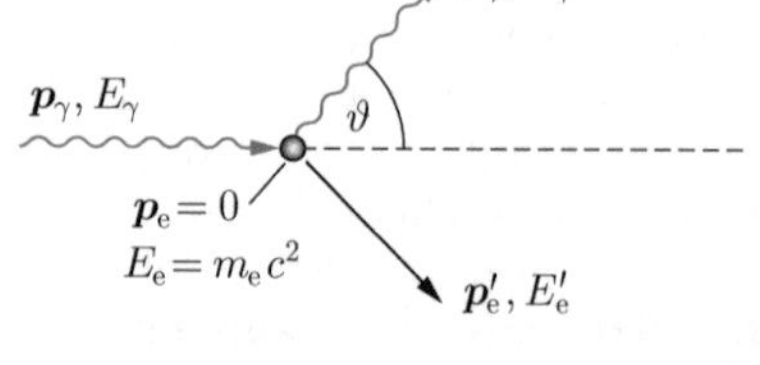

Abbildung 2.11 Zum Compton-Effekt: Stoß eines Photons mit dem Impuls $p_\gamma = h/\lambda$ gegen ein ruhendes Elektron

Für das masselose Photon gilt also

$$E_\gamma = p_\gamma c \quad \rightarrow \quad p_\gamma = \frac{h\nu}{c} = \frac{h}{\lambda} , \quad \boldsymbol{p}_\gamma = \hbar \boldsymbol{k} . \tag{2.26}$$

$\boldsymbol{k}$ ist der Wellenvektor der elektromagnetischen Welle. Mit den Bezeichnungen von Abb. 2.11 erhält man für den Fall, dass das Elektron anfänglich ruht:

$$E_\gamma + m_\text{e}c^2 = E'_\gamma + E'_\text{e}$$

$$\frac{E'_\text{e}}{c} = p_\gamma - p'_\gamma + m_\text{e}c , \tag{2.27}$$

$$\boldsymbol{p}'_\text{e} = \boldsymbol{p}_\gamma - \boldsymbol{p}'_\gamma . \tag{2.28}$$

Um E'_e und $\boldsymbol{p}'_\text{e}$ zu eliminieren, werden die beiden letzten Gleichungen quadriert. Unter Beachtung von (2.25) erhält man:

$$\begin{aligned}
\frac{E'^2_\text{e}}{c^2} &= p'^2_\text{e} + m_\text{e}^2c^2 \\
&= (p_\gamma - p'_\gamma)^2 + 2(p_\gamma - p'_\gamma)m_\text{e}c + m_\text{e}^2c^2 , \\
p'^2_\text{e} &= p_\gamma^2 - 2p_\gamma p'_\gamma + p'^2_\gamma + 2(p_\gamma - p'_\gamma)m_\text{e}c , \\
p'^2_\text{e} &= (\boldsymbol{p}_\gamma - \boldsymbol{p}'_\gamma)^2 = p_\gamma^2 - 2p_\gamma p'_\gamma \cos\vartheta + p'^2_\gamma .
\end{aligned}$$

Aus diesen beiden Gleichungen folgt

$$-2p_\gamma p'_\gamma + 2(p_\gamma - p'_\gamma)m_\text{e}c = -2p_\gamma p'_\gamma \cos\vartheta , \tag{2.29}$$

$$\begin{aligned}
\left(p_\gamma - p'_\gamma\right) m_\text{e}c &= p_\gamma p'_\gamma (1 - \cos\vartheta) \\
\frac{\lambda' - \lambda}{\lambda\lambda'} h\, m_\text{e}c &= \frac{h^2(1 - \cos\vartheta)}{\lambda\lambda'} ,
\end{aligned}$$

$$\Delta\lambda = \lambda' - \lambda = \frac{h}{m_\text{e}c}(1 - \cos\vartheta) . \tag{2.30}$$

Vor der Winkelfunktion $1 - \cos\vartheta$ steht ein Faktor, der nur von Naturkonstanten abhängt. Er wird die **Compton-Wellenlänge des Elektrons** λ_C genannt:

$$\lambda_\text{C} = \frac{h}{m_\text{e}c} = 2{,}426 \cdot 10^{-12}\,\text{m} . \tag{2.31}$$

Indem man (2.29) nach p'_γ auflöst und mit c multipliziert, erhält man die Energie des gestreuten Quants:

$$E'_\gamma = \frac{E_\gamma m_\text{e}c^2}{m_\text{e}c^2 + E_\gamma(1 - \cos\vartheta)} . \tag{2.32}$$

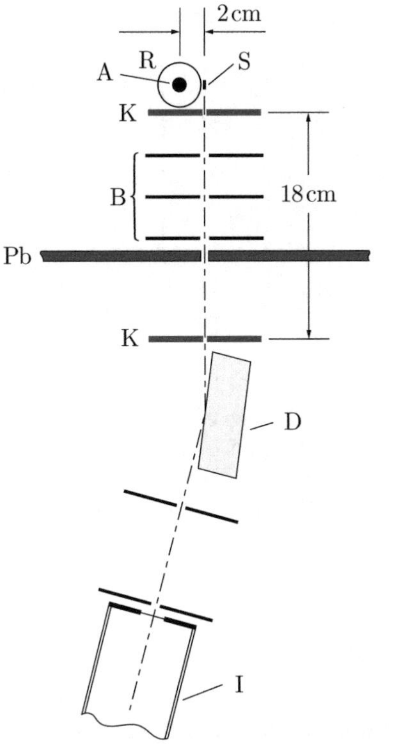

Abbildung 2.12 Comptons Apparatur. *R*: Röntgenröhre, *A*: Antikathode. Die Achse der Röhre steht senkrecht auf der Zeichenebene (Spezialkonstruktion von A. H. Compton, 3,6 cm Ø, 1,5 kW, Wasserkühlung der Antikathode). *S*: Streukörper (Graphit), *K*: Kollimatoren (0,1 mm Breite), *B*: Blenden zur Eliminierung von Streustrahlung aus dem oberen Halbraum, *Pb*: Bleiabschirmung. *D*: Drehkristall, *I*: Ionisationskammer

Zum Nachweis des Effekts untersuchte Compton die Streuung von monochromatischen Röntgenstrahlen an Graphit (Abb. 2.12). Er verwendete die in Abb. 1.23 gezeigte Molybdän K_α-Linie ($\lambda = 0{,}0709\,\mathrm{nm}$, $E_\gamma = 17{,}4\,\mathrm{keV}$). Die Elektronen sind im Kohlenstoff-Atom zwar nicht frei und ruhend, aber ihre Bindungsenergie, ihre kinetische Energie und ihr Impuls kann in der Energie- und Impulsbilanz (2.27) und (2.28) vernachlässigt werden.[8] In der gestreuten Röntgenstrahlung wurden mit einem Drehkristallspektrometer zwei Linien nachgewiesen, wie Abb. 2.13 zeigt: Eine Linie mit der Wellenlänge λ des einfallenden Lichts (kohärente Streuung, (1.21)) und eine zweite, die zu längeren Wellen hin um einen vom Streuwinkel ϑ abhängigen Betrag verschoben ist. Die mit M bezeichneten vertikalen Geraden sind mit (2.30) berechnet, die daneben eingezeichneten kurzen Striche entsprechen der Winkeldivergenz des auf das Graphit-Target fallenden primären Röntgenstrahls. Die glänzende Übereinstimmung zwischen Experiment und Theorie sind der direkte Beweis für die Existenz des Photons.[9]

Bei Comptons Experiment tritt der Dualismus von Welle und Teilchen besonders krass in Erscheinung: Man beobachtet in ein und demselben Experiment die „kohärente" Streuung der einfallenden Welle und die „inkohärente" Streuung durch Compton-Effekt; der Nachweis des Compton-Effekts erfolgt mit der Braggreflexion (1.33), einem typischen Wellenphänomen. Ob „die Welle" am Atom kohärent gestreut, oder „das Photon" an einem Elektron Compton-gestreut wird, ist eine Frage der Wahrscheinlichkeiten zweier konkurrierender Prozesse, die man jeweils durch einen Wirkungsquerschnitt ausdrücken kann. Die Struktur (1.21) des Wirkungsquerschnitts für kohärente Rayleigh-Streuung lässt sich noch klassisch ermitteln. Für die Berechnung des darin enthaltenen Formfaktors benötigt man bei schweren Atomen schon die relativistische Quantenmechanik. Der Wirkungsquerschnitt für Compton-Streuung lässt sich erst quantenelektrodynamisch berechnen. Das Ergebnis ist die **Klein-Nishina-Formel**:

$$\left(\frac{\mathrm{d}\sigma}{\mathrm{d}\Omega}\right)_{\mathrm{Compton}} = \frac{r_\mathrm{e}^2}{2}\left(\frac{E'_\gamma}{E_\gamma}\right)^2\left(\frac{E'_\gamma}{E_\gamma} + \frac{E_\gamma}{E'_\gamma} - \sin^2\vartheta\right), \tag{2.33}$$

mit $r_\mathrm{e} = e^2/(4\pi\epsilon_0\, m_\mathrm{e}c^2)$.

Das Elektron, an dem die Compton-Streuung erfolgt, wird im Allgemeinen in einem Atom gebunden sein, und das Atom wird beim Stoß fast immer ionisiert. Vom Standpunkt des ***Atoms*** aus betrachtet, ist die Streuung inelastisch. Ferner streuen alle Elektronen unabhängig

[8] Vier der sechs Elektronen im C-Atom sind mit einer Bindungsenergie $E_\mathrm{B} \approx 10\,\mathrm{eV}$ gebunden. Ihre kinetische Energie ist von gleicher Größenordnung. Für den Impuls erhält man mit $m_\mathrm{e}c^2 = 511\,\mathrm{keV}$

$$p_\mathrm{e} = \sqrt{2m_\mathrm{e}\,E_\mathrm{kin}} \approx \frac{1}{c}\sqrt{10^7\,(\mathrm{eV})^2} = 3\,\frac{\mathrm{keV}}{c}\,.$$

Der Impuls des Photons ist dagegen $p_\gamma = E_\gamma/c = 17{,}4\,\mathrm{keV}/c$. (Es ist zweckmäßig, den Impuls atomarer Teilchen in der Einheit eV/c anzugeben).

[9] Arthur Holly Compton (1892–1962) entdeckte diesen Effekt 1923 als Physik-Professor in St. Louis (USA); bald danach wechselte er an die Universität Chicago, wo er vor allem an der Erforschung der kosmischen Strahlung arbeitete. Während des Krieges baute er dort mit E. Fermi den ersten Kernreaktor; später leitete er die Plutonium-Arbeitsgruppe im Manhattan Projekt. Zu den in (2.25)–(2.32) wiedergegebenen Überlegungen wurde er durch Absorptionsmessungen am Streulicht von γ-Strahlen angeregt. Auch nach Comptons Veröffentlichung (A. H. Compton: „The Spectrum of scattered X-Rays", Phys. Rev. **22**, 409 (1923)) erschien vielen Physikern das Photon noch als so ungeheuerlich, dass versucht wurde, den Compton-Effekt auf andere Weise – ohne Lichtquanten – zu erklären (N. Bohr, H. A. Kramers u. J. C. Slater: „Über die Quantentheorie der Strahlung", Zeitschr. f. Physik **24**, 69 (1924)). Erst nachdem Bothe und Geiger das gestreute Photon und ***gleichzeitig*** damit das angestoßene Elektron nachwiesen, wurde Einsteins Lichtquantenhypothese endgültig akzeptiert (W. Bothe u. H. Geiger: „Über das Wesen des Compton-Effekts; ein experimenteller Beitrag zur Theorie der Strahlung", Zeitschr. f. Physik **32**, 639 (1925)).

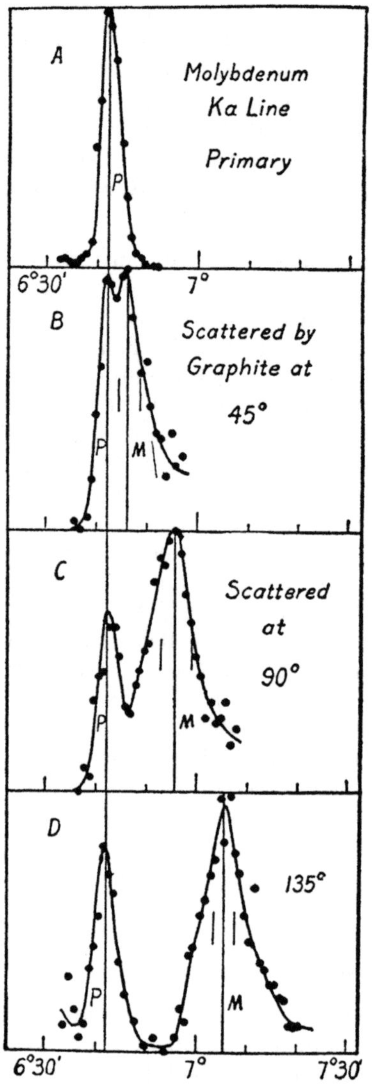

Abbildung 2.13 Messkurven von A. H. Compton. Aufgetragen ist die Intensität der Röntgenstrahlung als Funktion der Winkelstellung des Drehkristallspektrometers. Die senkrechten Linien geben die erwartete Lage der unverschobenen und der mit (2.30) und (2.31) berechneten Linie an. Aus A. H. Compton (1923)

voneinander, die Streuung ist daher, wie bereits gesagt, ***inkohärent***.

Im Grenzfall $E_\gamma \ll m_e c^2$ strebt $E'_\gamma \to E_\gamma$, und (2.33) geht in den Thomson-Querschnitt (1.19) über. Deshalb sollte der Wirkungsquerschnitt für Compton-Streuung an einem Atom das Z-fache des Thomson-Wirkungsquerschnitts sein, sofern die Quantenenergie $h\nu$ klein gegenüber der Elektronen-Ruheenergie $m_e c^2$ und groß gegenüber der Elektronenbindungsenergie ist. Wie man an den Beispielen in Tab. 2.2 erkennt, weichen die Wirkungsquerschnitte um einiges von dieser Erwartung ab, sie erreichen aber durchaus diese Größenordnung. Bei niedrigen Photonenenergien macht sich die Elektronen-Bindungsenergie bemerkbar: Die Ablösung eines Elektrons vom Atom ist erschwert. Bei Energien oberhalb des Röntgen-Bereichs führen die in der Klein-Nishina-Formel enthaltenen relativistischen Korrekturen zu einer Abnahme des Wirkungsquerschnitts.

Tabelle 2.2 Inkohärenter Streuquerschnitt von Aluminium und Blei für Röntgenstrahlen

λ (nm)	$h\nu$ (keV)	$\sigma^{(Al)}_{inel.}$ (10^{-24} cm^2)	$\sigma^{(Pb)}_{inel.}$
1,0	1,2	0,9	1,8
0,3	4,1	2,7	7,2
0,1	12,4	5,3	18,3
0,03	41,3	6,7	31,6
0,01	123,9	6,0	33,8
$Z\sigma_{Thomson}$		8,6	54,5

Photonen als Bosegas

Die Hohlraumstrahlung haben wir bisher als ein elektromagnetisches Wellenphänomen behandelt, bei dem sich die Energiedichte der Wellen gemäß dem Planckschen Strahlungsgesetz auf die verschiedenen Frequenzbereiche verteilt. Wenn man von den Photonen ausgeht, betrachtet man die Hohlraumstrahlung als ein **Photonengas**, in dem sich pro Volumeneinheit eine bestimmte Anzahl von Photonen im Energieintervall $\epsilon \ldots \epsilon + d\epsilon$ befinden.

In Bd. III/9 haben wir die Leitungselektronen in einem Metall als ein Elektronengas beschrieben; wir gehen nun ähnlich vor. Zunächst müssen wir feststellen, wie viele Quantenzustände im Energieintervall $\epsilon \ldots \epsilon + d\epsilon$ für die Photonen zur Verfügung stehen, und dann müssen wir angeben, wie viele Photonen sich in einem Quantenzustand der Energie ϵ befinden, wenn das Gas im thermischen Gleichgewicht mit seiner Umgebung steht.

In Abschn. 1.4 hatten wir für eine elektromagnetische Welle die Zahl der Schwingungsmoden im Frequenzintervall $\nu \ldots \nu + d\nu$ berechnet. Nach (1.47) ist

$$\mathcal{D}_\nu(\nu)\, d\nu = \frac{8\pi V}{c^3}\nu^2\, d\nu\,. \tag{2.34}$$

V ist das Volumen des Hohlraums. Den diskreten Schwingungsmoden der Welle entsprechen diskrete Quantenzustände der Photonen mit der Energie $\epsilon = h\nu$. Die Zahl der Zustände mit Energien zwischen ϵ und $\epsilon + d\epsilon$ erhält man, wenn man in (2.34) Zähler und Nenner mit h^3 multipliziert:

$$\mathcal{D}_\epsilon(\epsilon)\, d\epsilon = \frac{8\pi V}{c^3}\frac{\epsilon^2\, d\epsilon}{h^3}\,. \tag{2.35}$$

Wie verteilen sich die Photonen auf die verfügbaren Zustände? In Abschn. 6.4 werden wir sehen, dass Photonen nicht wie die Elektronen den Spin $\frac{1}{2}$, sondern den Spin 1 haben. Wie in Bd. II/12.3 dargelegt wurde, bilden die Photonen deshalb ein **Bose-Gas** und nicht ein Fermi-Gas, wie die Leitungselektronen im Metall. Da die Wechselwirkung der Photonen untereinander vernachlässigbar ist, bilden sie sogar ein ideales Bose-Gas. Die mittlere Zahl der Photonen in einem Zustand der Energie ϵ ist durch die **Bose–Einstein-Verteilungsfunktion** (II/12.30) gegeben:

$$f(\epsilon) = \frac{1}{e^{(\epsilon-\mu)/k_B T} - 1} \,. \qquad (2.36)$$

Sie unterscheidet sich von der Fermi-Verteilung (III/9.9) nur durch ein Minuszeichen, das hat aber zur Folge, dass $f(\epsilon) > 1$ werden kann: Das Pauli-Verbot gilt nicht für Photonen.

Wie groß ist das chemische Potential μ des Photonengases? Die Thermodynamik gibt auf diese Frage eine eindeutige Antwort. Wir haben ein System mit veränderlicher Teilchenzahl N vor uns, da die Photonen von den auf der Temperatur T befindlichen Wänden absorbiert und emittiert werden können. Da bei der Hohlraumstrahlung das Volumen und die Temperatur als unabhängige Variable vorgegeben sind, gehen wir von der freien Energie F des Systems und der Bedingung (II/8.60) aus. Ihr Differential ist nach (II/12.4)

$$dF = -p\,dV - S\,dT + \mu\,dN \,. \qquad (2.37)$$

Dies ist ein vollständiges Differential. Daher ist

$$\mu = \left(\frac{\partial F}{\partial N}\right)_{V,T} .$$

Bei einem gewöhnlichen, aus Atomen bestehenden Gas kann N unabhängig von V und T gewählt werden; nicht so beim Photonengas der Hohlraumstrahlung: Von den auf der Temperatur T befindlichen Wänden des Hohlraums werden Photonen solange emittiert oder absorbiert, bis die Strahlung mit den Wänden im thermischen Gleichgewicht steht. Der Gleichgewichtswert von N ist also eine Funktion von V und T. Er ist dadurch gegeben, dass nach (II/8.60) die freie Energie bezüglich N minimal sein muss. Sie darf sich bei einer kleinen Variation von N nicht ändern, d. h. im thermischen Gleichgewicht ist bei der Hohlraumstrahlung $(\partial F/\partial N)_{V,T} = 0$, und das bedeutet $\mu = 0$. Ein Zustand mit der Energie ϵ enthält also im Mittel

$$\overline{n}(\epsilon) = f(\epsilon) = \frac{1}{e^{\epsilon/k_B T} - 1} \qquad (2.38)$$

Photonen. Die Energie eines Photons ist $\epsilon = h\nu$. Daher steckt in dem Zustand, der $f(\epsilon)$ Photonen enthält, die Energie $\epsilon f(\epsilon)$. Die Energie im Intervall $\epsilon \ldots \epsilon + d\epsilon$ ist

$$U(\epsilon, T)\,d\epsilon = \mathcal{D}_\epsilon(\epsilon)\,d\epsilon \cdot \epsilon\,\overline{n}(\epsilon) = \frac{8\pi V}{c^3}\frac{\epsilon^3}{h^3}\,d\epsilon \cdot \frac{1}{e^{\epsilon/k_B T} - 1} \,.$$

$U(\epsilon, T)/V = u(\epsilon, T)$ ist die Energiedichte im Photonengas; mit $\epsilon = h\nu$ erhält man genau das Plancksche Strahlungsgesetz (2.3)! Man kann diese Formel also auch aus der Tatsache herleiten, dass die Photonen der Hohlraumstrahlung ein ideales Bose-Gas bilden.

Phononen

Als Analogie zum Photon wird in der Festkörperphysik das Phonon eingeführt. Wie kommt man darauf, und was ist ein Phonon? In seiner Theorie der spezifischen Wärmen ging Debye davon aus, dass (2.2) bis (2.7) auch für Schwingungsmoden in einem Festkörper gelten. Eine Schwingungsmode der Frequenz ν mit dem Wellenvektor $\boldsymbol{k}$ und der Energie E_n enthält demnach n Energiequanten $\epsilon = h\nu$; man nennt sie **Phononen**, denn auch eine Schallwelle im Festkörper wird durch die gequantelten Gitterschwingungen gebildet. Man kann bei der Wechselwirkung von Photonen oder massiver Teilchen mit dem Kristallgitter Schwingungen anregen oder Schwingungsenergie auf die wechselwirkenden Teilchen übertragen, mit anderen Worten: Phononen erzeugen oder vernichten. Bei diesen Prozessen verhalten sich die Phononen wie Teilchen, deren Energie und Impuls gegeben sind durch

$$\epsilon = h\nu = \hbar\omega \,, \quad p = \frac{h}{\lambda} \,, \quad \boldsymbol{p} = \hbar\boldsymbol{k} \,. \qquad (2.39)$$

$\boldsymbol{k}$ ist der Wellenvektor der dazugehörigen elastischen Welle. Da die Phononen nicht im Vakuum, sondern nur im Kristallgitter existieren, bezeichnet man sie als **Quasiteilchen** und ihren Impuls als **Quasiimpuls**.

In Debyes Theorie wird der Festkörper als isotropes Kontinuum behandelt. Die elastischen Wellen sind dann dispersionsfrei, es gilt $\omega \propto k$ und die Phasengeschwindigkeit v_{ph} ist konstant und isotrop (siehe Bd. IV/1.4 und IV/2.2). Bei einem diskreten Gitter erwartet man dagegen, dass v_{ph} von der Richtung von $\boldsymbol{k}$ abhängt und dass ω eine nichtlineare Funktion von k ist, wie bei der „linearen Kette" in Bd. IV/4.2. Wie dort, genügt es, nur Wellenzahlen $k \leq k_{max}$ zu betrachten. Wenn einer primitiven Elementarzelle zwei oder mehr Atome zugeordnet sind[10], gibt es außer den **akustischen Phononen** ($\omega \to 0$ für $k \to 0$) auch „optische". Für diese gilt $\omega \neq 0$ für $k \to 0$. Wie das zustande kommt, zeigt Abb. 2.14. Offensichtlich ist bei den optischen Phononen auch für $k \to 0$ ($\lambda \to \infty$) die Rückstellkraft und damit die Frequenz ω groß.

Die Funktion $\omega = f(\boldsymbol{k})$ ist die **Dispersionsrelation der Phononen**. Einige Beispiele zeigt Abb. 2.15. Bei akustischen Zweigen ist $\omega \propto k$ für $k \ll k_{max}$, denn die Phononen

[10] Wie in Bd. II/1.3 gezeigt wurde, lassen sich kubisch flächenzentrierte Gitter aus trigonalen Basisgittern aufbauen, die nur ein Atom pro Elementarzelle enthalten. Das ist bei der Zählung zu berücksichtigen.

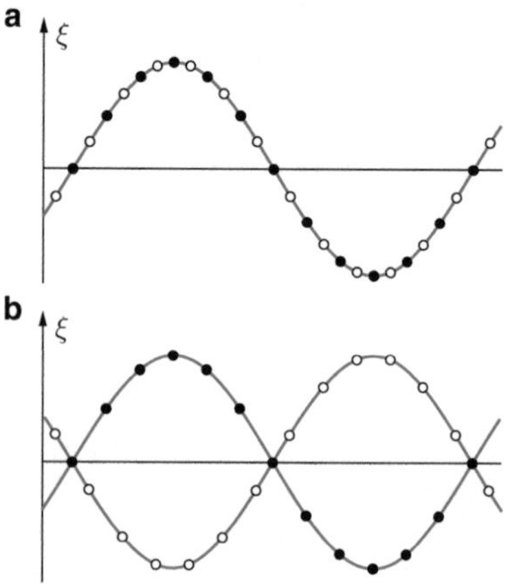

Abbildung 2.14 Akustische und optische Phononen bei zweiatomigen Gittern. Beispiele sind das NaCl-Gitter (Abb. 1.22) und das Diamantgitter (Abb. III/10.5 c, d), die aus zwei ineinander geschachtelten kubisch flächenzentrierten Gittern bestehen. ξ ist die Auslenkung der Atome aus der Ruhelage, longitudinal oder transversal. • Atome des ersten, ∘ Atome des zweiten Gitters. **a** Gitterschwingungen im „akustischen Zweig" (sie können mit Schallwellen angeregt werden), **b** im „optischen Zweig" (sie können bei Kristallen mit Ionenbindung mit Infrarotlicht angeregt werden)

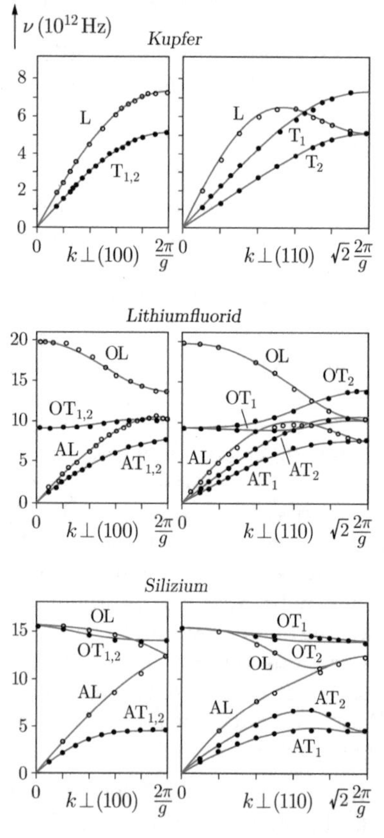

Abbildung 2.15 Phonon-Dispersionskurven in Cu (kubisch flächenzentriertes Gitter, nach E. C. Svensson et al. (1967)), LiF (NaCl-Gitter, nach G. Dolling et al. (1968)) und Si (Diamant-Gitter, nach P. Giannozzi et al. (1991)). L: longitudinale, T: transversale Schwingungsmoden. A: akustische Zweige, O: optische Zweige. g ist die Gitterkonstante. k_{max} ist bei $k \perp$ zu den (100)-Ebenen $2\pi/g$ und nicht π/g wie in Abb. IV/4.5. Der Grund: Wegen der flächenzentrierten Atome ist $d = g/2$

sind die den ***Schallwellen*** zugeordneten Quanten. Diese Zweige verhalten sich ähnlich wie die lineare Kette in Abb. IV/4.5, aber nicht genau so: Es spielen auch Kräfte zwischen weiter entfernten Nachbarn eine Rolle. Wie man diese Kurven misst, wird in Abschn. 3.4 beschrieben. Man kann mit ihnen die Zustandsdichte der Gitterschwingungen, Abb. 2.5, berechnen und die Kräfte zwischen den Gitterbausteinen nach Größe und Richtung ermitteln.

2.3 Energiestufen des Atoms

Am Ende von Abschn. 1.1 hatten wir festgestellt, dass sich mit dem Modell des elastisch gebundenen Elektrons zwar einige Aspekte der Lichtemission von Atomen beschreiben lassen, dass aber viele Fragen offen bleiben, so z. B. die Frage nach einem Ordnungsprinzip in den Emissions- und Absorptionsspektren. Den ersten Schritt zum Verständnis der Atomspektren und der Atomstruktur stellt das **Ritzsche Kombinationsprinzip** dar. Der Schweizer Physiker Walther Ritz (1878–1909) hatte 1908 herausgefunden, dass sich die Lichtfrequenz einer Spektrallinie stets als Differenz oder als Summe von Lichtfrequenzen anderer Spektrallinien des gleichen Elements darstellen lassen, und dass daher zu jedem Atom ein **Termschema** gehört, mit dem sich die Frequenzen der Spektrallinien als Differenzen von zwei **Spektraltermen** ergeben:

$$\nu_{nm} = \nu_n - \nu_m \,. \tag{2.40}$$

In Abb. 2.16 ist das Prinzip dargestellt. Die physikalische Deutung dieser Formel gelang Niels Bohr[11]. Ausgehend von Einsteins Lichtquantenhypothese erkannte er, dass die Spektralterme ν_i nichts anderes sind als Energiestufen E_i im Atom: Mit $E = h\nu$ wird aus (2.40) die **Bohrsche Frequenzbedingung**:

$$h\nu_{nm} = E_n - E_m \,. \tag{2.41}$$

Den untersten Term E_0 nennt man den **Grundzustand**, die übrigen Terme sind die **angeregten Zustände** des Atoms. Im Absorptionsspektrum werden vorzugsweise Linien beobachtet, die den Term E_0 enthalten. Die Ursache ist mit Abb. 2.16 klar: Die Atome befinden sich gewöhnlich im Grundzustand.

[11] Niels Bohr (1885–1962), dänischer Physiker. Bohr kam 1912 nach England zu Rutherford, kurz nach der Entdeckung des Atomkerns. Nach Kopenhagen zurückgekehrt, formulierte er 1913 das Bohrsche Atommodell, das wir in Kap. 7 besprechen werden; in diesem Zusammenhang entstand auch (2.41). – Von 1916 an wirkte Bohr als Professor für Theoretische Physik in Kopenhagen. Er machte Kopenhagen zu einem Zentrum der Theoretischen Physik und beeinflusste nachhaltig die Entwicklung der Quantentheorie und der Kernphysik („Kopenhagener Schule").

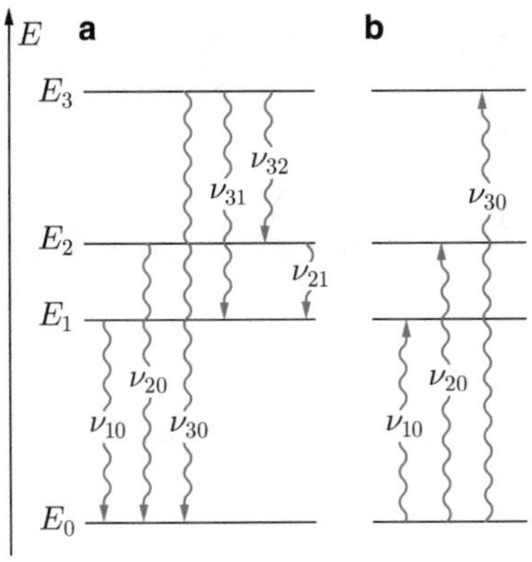

Abbildung 2.16 Termschema eines Atoms. **a** Emissionslinien, **b** Absorptionslinien

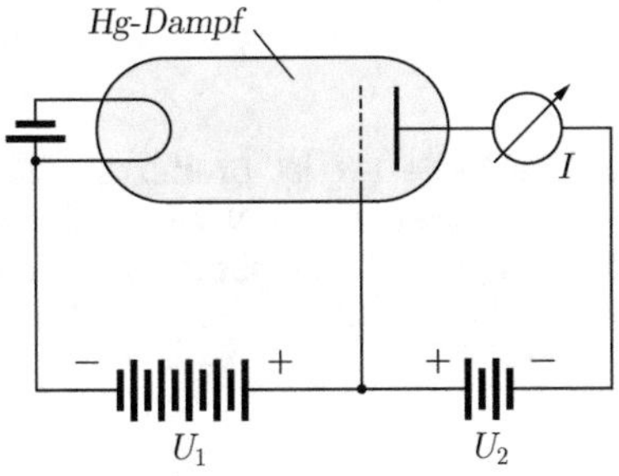

Abbildung 2.17 Franck–Hertz-Versuch, Prinzip

Der Franck–Hertz-Versuch

Dass die Energiestufen im Atom tatsächlich existieren, und dass Übergänge zwischen den Energiestufen mit Lichtemission verbunden sind, wurde 1914 durch James Franck und Gustav Hertz nachgewiesen. Die Versuchsanordnung ist in Abb. 2.17 dargestellt. In der mit Hg-Dampf gefüllten Röhre werden Elektronen durch die Spannung U_1 beschleunigt; wenn sie das Gitter mit hinreichender Energie durchsetzen, können sie das „Gegenfeld" ($U_2 \approx -0{,}5\,\mathrm{V}$) durchlaufen und zum Strom I beitragen. Wenn man von $U_1 = 0$ ausgehend die Spannung U_1 allmählich erhöht (Abb. 2.18), nimmt die Stromstärke zunächst wie in einer Vakuumröhre zu. Die Stöße der Elektronen mit den Hg-Atomen sind elastisch. Wegen der großen Masse der Hg-Atome können dabei die Elektronen nur sehr wenig Energie auf die Hg-Atome übertragen. Der erste Einbruch der Stromstärke zeigt an, dass nun die Elektronen kurz vor dem Gitter unelastische Stöße ausführen, wobei ein angeregtes Atom Hg* gebildet wird. Dabei geben die Elektronen praktisch ihre gesamte Energie an die Hg-Atome ab. Sie können das Gegenfeld nicht mehr durchlaufen. Dann nimmt bei Erhöhung von U_1 die Stromstärke wieder zu, weil die Elektronen nach dem ersten unelastischen Stoß aufs neue Energie gewonnen

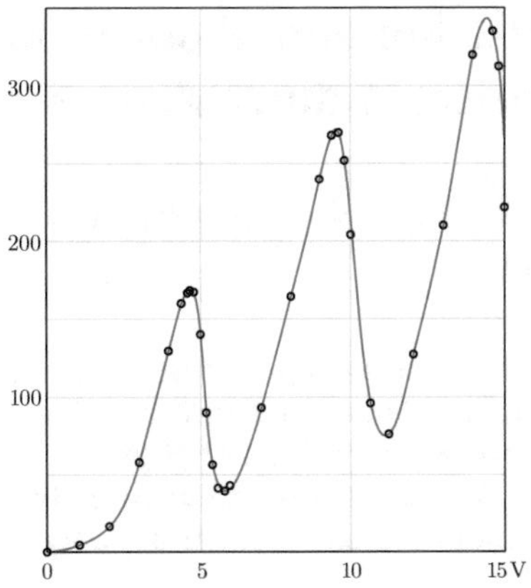

Abbildung 2.18 Messergebnisse, aus J. Franck und G. Hertz (1914): Strom $I = f(U_1 - U_2)$

haben. Bei Erhöhung der Spannung um $\Delta U = 4{,}9\,\mathrm{V}$ reicht die Elektronenenergie kurz vor dem Gitter abermals für einen unelastischen Stoß aus, und so fort: beim n-ten Einbruch haben die am Gitter ankommenden Elektronen gerade n unelastische Stöße hinter sich. Die Struktur der Kurve Abb. 2.18 zeigt, dass es im Hg-Atom ein Energieniveau mit der Anregungsenergie von 4,9 eV geben muss. Was wird aus den angeregten Atomen? Nach Abb. 2.16 erwartet man, dass sie ihre Anregungsenergie unter Lichtemission abgeben. Mit $\Delta E = h\nu = hc/\lambda = 4{,}9\,\mathrm{eV}$ erwartet man Licht der Wellenlänge

$$\lambda = \frac{hc}{\Delta E} = 0{,}253\,\mu\mathrm{m}\,. \tag{2.42}$$

In der Tat hat das Spektrum des Hg-Atoms eine sehr intensive Linie im UV-Bereich (Abb. 1.3):

$$\lambda_{\mathrm{Hg}} = 253{,}7\,\mathrm{nm}\,,$$

was gut mit dem in (2.42) berechneten Wert übereinstimmt. In einem späteren Experiment gelang es Franck und Hertz auch, das UV-Licht als Funktion von U_1 direkt nachzuweisen, wodurch die Interpretation des Versuchs endgültig gesichert war.[12]

[12] James Franck (1882–1964) machte zusammen mit dem Theoretiker Max Born in den zwanziger Jahren die Universität Göttingen zu einem Mekka der Atomphysik. In den dreißiger Jahren emigrierte er in die USA (Univ. Chicago). Während des Krieges war er am Bau des ersten Kernreaktors beteiligt. 1945 versuchte er leidenschaftlich und vergeblich den Abwurf der Bombe über Japan aufzuhalten. Nach dem Kriege kam er noch häufig besuchsweise nach Göttingen. – Gustav Hertz (1887–1975), Neffe von Heinrich Hertz, entwickelte als Professor an der Technischen Hochschule Berlin-Charlottenburg Methoden zur Isotopentrennung durch Gasdiffusion. Das Ziel war die Spektroskopie an getrennten Isotopen. 1935–1945 leitete er das Forschungslabor der Firma Siemens. Nach dem Kriege baute er in der Sowjetunion eine großtechnische Anlage zur Trennung von Uran-Isotopen auf; 1954 kehrte er als Physik-Professor an der Universität Leipzig nach Deutschland zurück.

2.4 Emission und Absorption von Photonen durch Atome

Zeitliches Abklingen der Lichtemission, natürliche Linienbreite

In Abschn. 1.1 wurde die Lichtemission von Atomen als zeitlich abklingende Dipolstrahlung beschrieben. Die Lebensdauer angeregter Atome ließ sich durch die Strahlungsdämpfung, die natürliche Linienbreite der Spektrallinien als Bandbreite des zeitlich abklingenden Wellenzugs erklären.

Wie der Prozess als Emission von Photonen zu beschreiben ist, haben wir schon in Bd. I/17.4 gesehen: Die Lichtemission ist ein statistischer Prozess, der nach dem Gesetz des radioaktiven Zerfalls abläuft. Die dort eingeführte „Zerfallskonstante λ" nennen wir hier „Übergangswahrscheinlichkeit pro Sekunde w". Sind anfänglich N_0 angeregte Atome vorhanden, so sind zur Zeit t noch $N(t)$ angeregte Atome übrig, und es gilt

$$N(t) = N_0 \mathrm{e}^{-wt} = N_0 \mathrm{e}^{-t/\tau} . \qquad (2.43)$$

$w\,\mathrm{d}t$ ist die Wahrscheinlichkeit dafür, dass ein Atom im Zeitintervall $\mathrm{d}t$ ein Photon emittiert, $\tau = 1/w$ ist die mittlere Lebensdauer der angeregten Atome. Die Anregungsenergie des Atoms ist nicht beliebig genau definiert. Aufgrund der quantenmechanischen Unschärferelation, die wir in Abschn. 3.3 bei (3.27) diskutieren werden, ist die Niveaubreite

$$\Delta E \approx \frac{\hbar}{\tau} , \qquad \text{mit } \hbar = h/2\pi . \qquad (2.44)$$

Mit Hilfe der Quantenelektrodynamik kann man zeigen, dass (2.44) ***exakt*** gilt, wenn ΔE die Halbwertsbreite des Energieniveaus ist. Erfolgt der Übergang in den Grundzustand, dessen Energie bei stabilen Atomen scharf definiert ist, entspricht der Energieunschärfe des angeregten Zustands die Frequenzunschärfe der Spektrallinie

$$\Delta\nu = \frac{\Delta E}{h} = \frac{1}{2\pi\tau} . \qquad (2.45)$$

Der Zusammenhang zwischen Lebensdauer und Linienbreite ist also der gleiche wie in (IV/4.60) und in Abschn. 1.1.

Bei Übergängen zwischen zwei angeregten Niveaus (Abb. 2.19) beeinflusst nicht nur die Energieschärfe des Ausgangsniveaus, sondern auch die des Endniveaus die

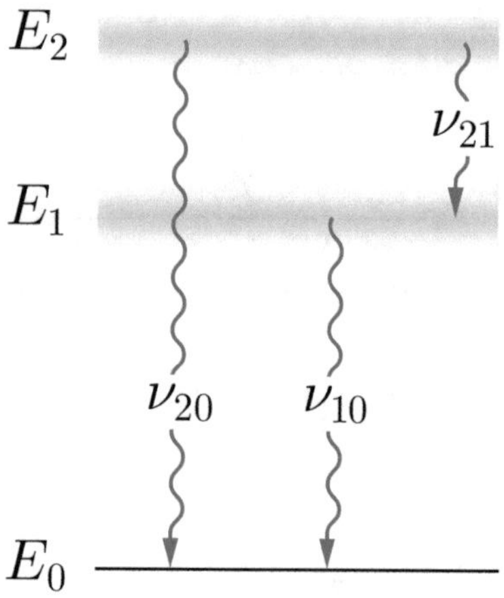

Abbildung 2.19 Linienbreite und Niveau-Breite als Folge der Unschärferelation $\Delta E \Delta t \approx \hbar$

Linienbreite. Die Linie ν_{21} ist breiter als die Linien ν_{20} und ν_{10}. Die Lebensdauer des Niveaus (2) wird aus den Übergangsraten w_{20} und w_{21} berechnet wie die Lebensdauer eines Atomkerns mit mehreren Zerfallsmöglichkeiten (vgl. (I/18.7):

$$\frac{1}{\tau_2} = w_{20} + w_{21} . \qquad (2.46)$$

Das Abklingen der Lichtintensität von „Kanalstrahlen" (Abb. 1.6) kann man offensichtlich mit beiden Beschreibungen des Emissionsvorgangs erklären; die Messung der Kohärenzlänge spricht für die Emission eines zeitlich abklingenden, kontinuierlichen Wellenzugs, die Messung der Lebensdauer durch Zählung der einzelnen Photonen mit einem Photomultiplier für die Emission von Lichtquanten. Einen Ausweg aus diesem Paradoxon werden wir in Abschn. 3.6 finden.

Die Einstein-Koeffizienten

Wir betrachten zwei Energieniveaus 1 und 2. Es gibt drei Arten der Wechselwirkung von Licht mit Atomen, die zu Übergängen zwischen diesen Niveaus führen. Sie sind in Abb. 2.20 bildlich dargestellt. Die spontane Emission und die Absorption sind uns bereits geläufig; dass es auch die „stimulierte Emission" geben muss, hat Einstein herausgefunden. Die Wahrscheinlichkeiten für Übergänge zwischen den Niveaus sind durch die „Einstein-Koeffizienten" gegeben, mit denen wir uns nun befassen wollen.

Spontane Emission. Die Atome gehen spontan, d. h. ohne äußere Einwirkung, unter Emission eines Photons in

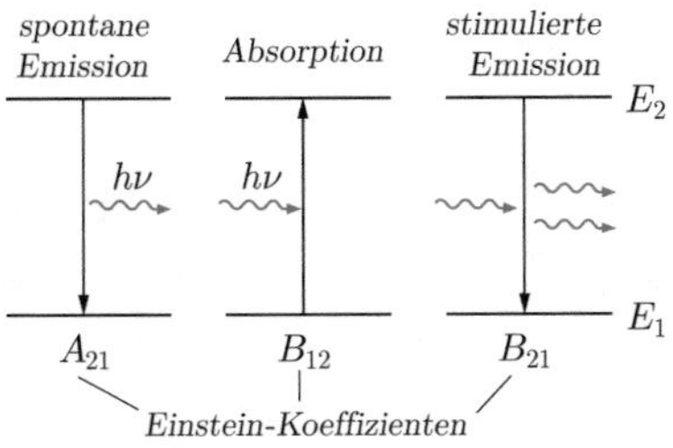

Abbildung 2.20 Wechselwirkung von Licht mit Atomen

den energetisch tieferen Zustand über. Wie beim radioaktiven Zerfall eines Atomkerns ist die Übergangsrate proportional zur Zahl N_2 der Atome in Zustand 2:

$$\left(\frac{\mathrm{d}N_2}{\mathrm{d}t}\right)_{\text{spontan}} = -A_{21}\,N_2\,. \tag{2.47}$$

Der Faktor A_{21} ist identisch mit der Zerfallskonstanten, die wir in (2.43) w genannt hatten.

Stimulierte Emission, auch **induzierte** oder **erzwungene Emission** genannt: Befindet sich ein angeregtes Atom in einem Strahlungsfeld von Photonen, die die für den Übergang $1 \leftrightarrow 2$ passende Energie haben,

$$h\nu = E_2 - E_1\,, \tag{2.48}$$

dann kann das Atom durch das Strahlungsfeld zur Emission eines Photons der Energie $h\nu$ veranlasst werden. Das auf diese Weise erzeugte Photon ist ***kohärent*** mit dem einfallenden Photon, d. h. die beiden auslaufenden Photonen (in Abb. 2.20 ganz rechts) haben ***genau*** gleiche Energie und gleiche Richtung; die den Photonen entsprechenden elektromagnetischen Wellen haben ***genau*** die gleiche Frequenz, die gleiche Richtung und die gleiche Phase. Die Rate der Übergänge durch stimulierte Emission ist proportional zur Energiedichte $u(\nu)$ des Strahlungsfeldes und zur Zahl der angeregten Atome:

$$\left(\frac{\mathrm{d}N_2}{\mathrm{d}t}\right)_{\text{stimul.}} = -B_{21}\,u(\nu)N_2\,. \tag{2.49}$$

Absorption. Auch bei diesem Prozess ist die Übergangsrate proportional zu $u(\nu)$ und außerdem proportional zur Zahl der Atome im Zustand 1:

$$\left(\frac{\mathrm{d}N_1}{\mathrm{d}t}\right)_{\text{abs.}} = -B_{12}\,u(\nu)N_1\,. \tag{2.50}$$

Zwischen beiden B-Koeffizienten besteht die einfache Beziehung

$$B_{21} = B_{12}\,. \tag{2.51}$$

Einstein begründete dies folgendermaßen:

Wir setzen Atome mit den Energieniveaus E_1 und E_2 auf die inneren Wände eines schwarzen Körpers (anstelle der früher angenommenen elastisch gebundenen Elektronen mit der Schwingungsfrequenz ν). N_1 Atome seien im Zustand 1, N_2 Atome im Zustand 2. Dann werden unter dem Einfluss des im Hohlraum bestehenden Strahlungsfeldes mit der Energiedichte $u(\nu,T)$ nach (2.47)–(2.50) Übergänge zwischen den Niveaus 1 und 2 stattfinden. Im thermischen Gleichgewicht muss N_2 konstant sein. Also muss die Summe aller Prozesse, die N_2 ändern, Null ergeben. Außer (2.47) und (2.49) trägt auch (2.50) zur Änderung von N_2 bei, da die Absorption zu Übergängen $1 \to 2$ führt. Für den Absorptionsprozess gilt:

$$\left(\frac{\mathrm{d}N_2}{\mathrm{d}t}\right)_{\text{abs.}} = -\left(\frac{\mathrm{d}N_1}{\mathrm{d}t}\right)_{\text{abs.}} = +B_{12}\,u(\nu,T)\,N_1\,.$$

Mit der Bedingung $(\mathrm{d}N_2)_{\text{spontan}} + (\mathrm{d}N_2)_{\text{stimul.}} + (\mathrm{d}N_2)_{\text{abs.}} = 0$ erhalten wir

$$-A_{21}N_2 - B_{21}\,u(\nu,T)\,N_2 + B_{12}\,u(\nu,T)\,N_1 = 0\,.$$

Nun ist im thermischen Gleichgewicht nach Boltzmann $N_2 = N_1\mathrm{e}^{-\Delta E/k_\mathrm{B}T} = N_1\mathrm{e}^{-h\nu/k_\mathrm{B}T}$. Das ergibt

$$-A_{21}N_1\mathrm{e}^{-h\nu/k_\mathrm{B}T} - B_{21}\,u(\nu,T)\,N_1\mathrm{e}^{-h\nu/k_\mathrm{B}T} + B_{12}\,u(\nu,T)\,N_1 = 0\,,$$

$$u(\nu,T) = \frac{A_{21}}{B_{12}\mathrm{e}^{h\nu/k_\mathrm{B}T} - B_{21}}\,. \tag{2.52}$$

Für $T \to \infty$ strebt $\mathrm{e}^{h\nu/k_\mathrm{B}T} \to 1$. Da in diesem Grenzfall $u(\nu,T)$ über alle Grenzen wachsen muss, folgt

$$B_{12} = B_{21}\,, \tag{2.53}$$

womit (2.51) bewiesen ist. Da außerdem (2.52) für $h\nu \ll k_\mathrm{B}T$ in die Rayleigh–Jeans-Formel (1.52) übergehen muss, erhält man mit $\mathrm{e}^{h\nu/k_\mathrm{B}T} \approx 1 + h\nu/k_\mathrm{B}T$ folgende Beziehung zwischen den Einstein-Koeffizienten:

$$A_{21} = \frac{8\pi\,h\nu^3}{c^3}B_{21}\,. \tag{2.54}$$

Damit ergibt (2.52) das Plancksche Strahlungsgesetz (2.3).

Einsteins Betrachtung zeigt, dass das Strahlungsgesetz auf einem Gleichgewicht zwischen Absorption und spontaner sowie ***stimulierter Emission*** beruht. Ohne stimulierte Emission ist kein physikalisch sinnvolles Gleichgewicht möglich, d. h. ein solches, das mit wachsender Temperatur wachsende Energiedichte ergibt.

2.5 Laser II: Lichtverstärkung und Lasertypen

Das Prinzip der Lichtverstärkung

Man kann einen „Verstärker" für kohärentes Licht bauen, wenn es gelingt, in einem Medium solche Bedingungen herzustellen, dass die stimulierte Emission die Absorption überwiegt. Das ist nach (2.49)–(2.51) der Fall, wenn in dem in Abb. 2.20 schematisch dargestellten Zweiniveausystem

$$\frac{N_2}{N_1} > 1 \tag{2.55}$$

ist. Dieses Verhältnis ist unter gewöhnlichen Umständen sehr viel kleiner als 1; z. B. ist im thermischen Gleichgewicht bei Raumtemperatur ($k_B T = 1/40\,\text{eV}$) für $E_2 - E_1 = 1\,\text{eV}$

$$\frac{N_2}{N_1} = \mathrm{e}^{-\Delta E/k_B T} = \mathrm{e}^{-40} \approx 10^{-18} .$$

Man nennt den Fall $N_2/N_1 > 1$ auch **Inversion** der Besetzungszahlen. Zur Herstellung der Inversion braucht man eine leistungsfähige „Pumpe", die fortgesetzt Atome vom Zustand 1 nach 2 schafft. Damit könnte man die in Abb. 2.21 gezeigte Anordnung realisieren. Setzt man den „Lichtverstärker" in den in Bd. IV/7.4 besprochenen Laserresonator, also zwischen zwei Spiegel, deren Abstand ein ganzzahliges Vielfaches der Wellenlänge $\lambda = c/\nu$ ist, muss sich zwischen den Spiegeln eine stehende Lichtwelle mit riesiger Amplitude aufbauen. Zwecks Gewinnung eines intensiven kohärenten Lichtstrahls zapft man sie an, indem man für eine geringe Durchlässigkeit des einen Spiegels sorgt.

Das Wort Laser bedeutet „Light Amplification by Stimulated Emission of Radiation". Damit der Laser wirklich in Gang kommt, genügt es nicht, dass (2.55) gerade erfüllt ist. Die Inversion muss so hoch sein, dass durch die stimulierte Emission auch die sonstigen Verluste abgedeckt

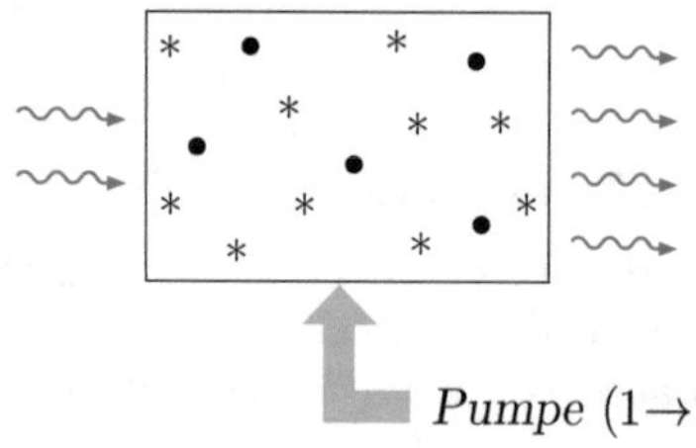

Abbildung 2.21 „Lichtverstärker". $*$ Atome im Zustand E_2. • Atome im Zustand E_1

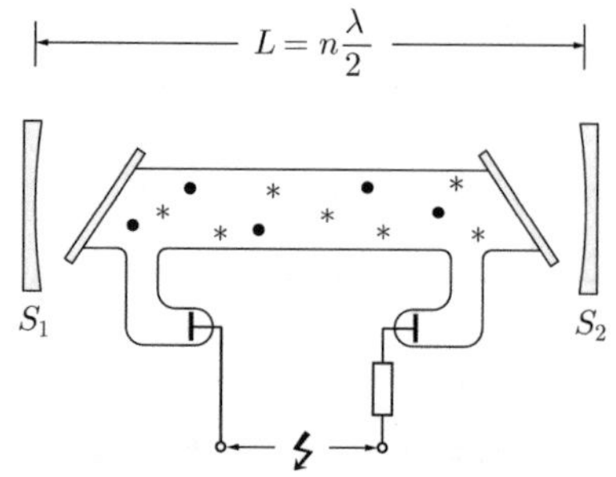

Abbildung 2.22 Helium-Neon-Laser. S_1, S_2: Spiegel

werden: Absorption in den Spiegeln, Abstrahlung des Laserlichts und seitliches Entweichen von Licht aus dem Resonator. Da nach (2.49) die stimulierte Emission proportional zur Energiedichte des Strahlungsfeldes $u(\nu)$ ist, ergibt sich daraus, dass es eine **Laserschwelle** gibt, wie schon in Abb. IV/7.37 angegeben.

Wie eine Inversion hergestellt werden kann, zeigen wir am Beispiel des Helium-Neon-Lasers: Das aktive Medium besteht aus einem Gemisch von He und Ne, in dem eine Glimmentladung brennt (Abb. 2.22). Das Rohr ist mit Glasplatten verschlossen, die unter dem Brewsterwinkel aufgebracht sind, so dass in der Zeichenebene polarisiertes Licht ohne Reflexionsverluste zwischen den Spiegeln S_1 und S_2 hin- und herlaufen kann. In der Gasentladung werden durch Elektronenstoß ständig angeregte Atome He* gebildet. Sie sind „metastabil", d. h. sie können nicht unter Lichtemission in den Grundzustand zurückfallen.[13] Statt dessen übertragen die He*-Atome ihre Anregungsenergie auf das Neon durch Stöße 2. Art, das sind Stöße, bei denen nicht nur kinetische Energie, sondern auch Anregungsenergie übertragen wird:

$$\text{He}^* + \text{Ne} \rightarrow \text{Ne}^{(2)} + \text{He} .$$

Der Index 2 kennzeichnet ein Anregungsniveau des Ne, das zufällig energetisch dicht bei dem Niveau He* liegt. Infolge der Resonanz ist der Wirkungsquerschnitt für diese Reaktion sehr groß.

Die $\text{Ne}^{(2)}$-Atome können unter Emission von rotem Licht ($\lambda = 0{,}633\,\mu\text{m}$) in ein tiefer liegendes Anregungsniveau $\text{Ne}^{(1)}$ übergehen:

$$\text{Ne}^{(2)} \rightarrow \text{Ne}^{(1)} + h\nu .$$

Da das Niveau $\text{Ne}^{(1)}$ nicht besetzt ist und unter Lichtemission rasch zerfällt, ist dank der He^*-Pumpe $N_2 > N_1$, und die Laserwirkung kann einsetzen. Abb. 2.23 zeigt vereinfacht das Niveauschema des Helium-Neon-Gemischs. Vom Niveau $\text{Ne}^{(2)}$ aus können auch Übergänge in ein Niveau $\text{Ne}^{(1')}$ stattfinden, mit der Wellenlänge $\lambda = 3{,}39\,\mu\text{m}$.

[13] Den Grund hierfür werden wir in Abschn. 8.4 besprechen.

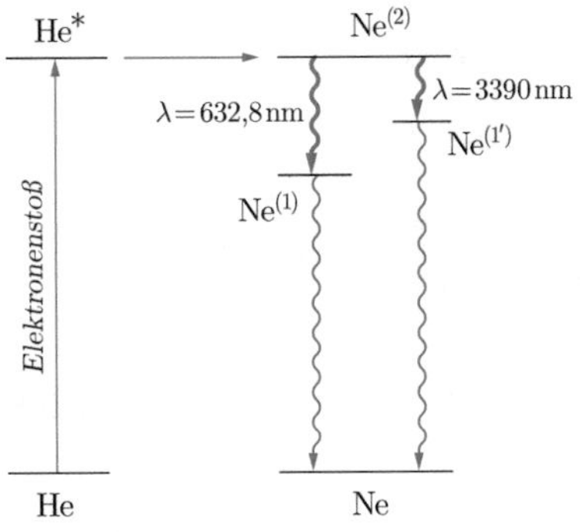

Abbildung 2.23 Niveauschema zum He-Ne-Laser (vereinfacht)

Auch hier liegt Inversion vor. Auf welcher Wellenlänge der Laser schwingt, hängt vom Abstand zwischen den Spiegeln und von der (dielektrischen) Beschichtung der Spiegel ab, die bekanntlich auf eine bestimmte Wellenlänge abgestimmt sein muss (Abb. IV/7.29).

Wir halten fest: Die stehende Welle hoher Amplitude, die sich im Laserresonator aufbaut, wird durch die bei der stimulierten Emission erzeugten Photonen gebildet. Es entsteht ein kohärentes Strahlungsfeld, wie es bei (2.49) beschrieben wurde. Die Energieniveaus Ne, $Ne^{(2)}$ und $Ne^{(1)}$ bilden die Grundlage für einen sogenannten **Drei-Niveau-Laser**.

Zeitstruktur der Laserstrahlung

Die zur Herstellung der Inversion erforderliche Pumpleistung muss zunächst einmal ausreichen, den Abbau der Besetzungszahl N_2 durch spontane Emission zu ersetzen. Wenn sie dann auch noch den zusätzlichen Abbau von N_2 durch stimulierte Emission ersetzen kann, ist ein kontinuierlicher Betrieb des Lasers möglich. Das gelingt z. B. beim He-Ne-Laser. Andernfalls emittiert der Laser das Licht in Form von kurzen Pulsen.

Bei vielen Anwendungen ist ein gepulster Betrieb des Lasers durchaus von Vorteil. Zur Erzeugung leistungsstarker Laserpulse wird in den Laserresonator ein optischer Schalter eingebaut, z. B. eine Pockelszelle (Bd. IV/9.4). Indem man den Lichtweg im Resonator blockiert, kann man im aktiven Medium eine hohe Inversion aufbauen, und man erhält dann nach Öffnen des Lichtwegs einen Laserpuls sehr hoher Leistung. In diesem Zusammenhang nennt man die Pockelszelle einen „Q-Switch", auf deutsch „Güteschalter", weil man damit den Q-Wert des Resonators schalten kann.

Kurze intensive Laserpulse können z. B. zum Abtragen von Material verwendet werden. Auf die Kohärenz des Lichts kommt es dabei nicht an, und auf die Wellenlänge nur in soweit, als sie für die Absorption der Strahlung maßgeblich ist. Entscheidend ist dagegen die hohe Energiedichte, die auf einen kleinen Raumbereich fokussiert werden kann. Sie wird nur für so kurze Zeit aufrecht erhalten, dass das nicht abzutragende Material geschont wird, da die insgesamt umgesetzte Energie hinreichend klein ist. Die Anwendungsgebiete reichen von der Mikrotechnik über die normale Materialbearbeitung bis zur Chirurgie und bis zu Projekten, die die Laser-induzierte Kernfusion (und die Entwicklung neuer Waffen) zum Ziel haben. Auch in der reinen Forschung findet ein gepulster Laser viele Anwendungen, z. B. wenn man das Verhalten eines Systems nach kurzzeitiger Anregung studieren will. Mit Kunstgriffen ist es gelungen, Laserpulse mit einer Dauer im Attosekundenbereich herzustellen ($1\,\text{as} = 10^{-18}\,\text{s}$).

Lasertypen

Tab. 2.3 soll einen Überblick über die gebräuchlichsten Lasertypen vermitteln. Im Folgenden werden die Wirkungsweise und die Charakteristika einiger Laser kurz beschrieben.

Bei den **Gaslasern** wird die Inversion durch eine Gasentladung erzeugt, in ähnlicher Weise wie beim He-Ne-Laser. Gaslaser zeichnen sich durch eine hohe Strahlqualität aus,

Tabelle 2.3 Lasertypen. Nur die hauptsächlich genutzten Wellenlängen sind angegeben (in eckigen Klammern: durch Frequenzverdopplung erzeugt, vgl. Abb. IV/9.43)

Lasertyp	Wellenläng. (nm)	
Gaslaser:		
CO_2	10 600	9600
He-Ne	632,8	3390
Ar^+	514,5	488,0
N_2	337,1	
ArF* (Excimer)	193	
Festkörperlaser:		
Rubin ($Cr{:}Al_2O_3$)	694,3	
Neodym YAG	1064	[532]
Titan-Saphir	680–1080	
Farbstofflaser:		
Oxazin-Perchlorat	690–780	
Kresylviolett	640–709	
Rhodamin 6G	565–635	
Coumarin 7	495–570	
Coumarin 2	430–490	
Halbleiterlaser:		
GaAs/$Al_xGa_{1-x}As$	866	[433]
InGaAsP/InP	1550	

haben aber wegen der geringen Dichte des aktiven Mediums größere Abmessungen als andere Lasertypen. Bei einigen Vertretern dieser Gruppe kann man sehr hohe Leistungen erreichen, z. B. beim CO_2-Laser im kontinuierlichen Betrieb bis 100 kW, im Pulsbetrieb bis zu einigen 10^{12} Watt Spitzenleistung. Der Laserübergang findet hier zwischen zwei Schwingungsmoden des CO_2-Moleküls statt – daher die große Wellenlänge von ca. 10 µm. Physikalisch besonders interessant, nicht nur wegen der kurzen Wellenlänge, ist der $ArF^\star$-Laser, ein sogenannter **Excimer-Laser**. Ein Excimer ist ein Molekül, bei dem die chemische Bindung nur im angeregten Zustand der Elektronenhülle stabil ist. Beim angeregten Ar-Atom ist die Edelgasschale aufgebrochen, es kann mit dem Fluor das durch Ionenbindung zusammengehaltene Molekül (Ar^+F^-) bilden. Im Grundzustand besteht diese Möglichkeit nicht: Das System zerfällt innerhalb von 10^{-12} s in Ar + F. Wenn es gelingt, das Excimer herzustellen, z. B. durch Elektronenstoß, ist dadurch automatisch für die Inversion gesorgt.

Festkörperlaser, genauer gesagt **Festkörper-Ionenlaser**, enthalten als aktives Medium Ionen von Elementen mit nicht abgeschlossenen äußeren Schalen, die in ein Kristallgitter oder in ein Glas eingebaut sind. Durch die Wechselwirkung mit dieser Umgebung erhält das Termschema des Ions statt der in Abb. 2.16 gezeigten scharfen Energiestufen breite Energiebänder, so dass das Ion mit breitbandigem Licht, z. B. mit einer Blitzlampe angeregt werden kann. Von diesen Energiebändern aus geht das Ion durch strahlungslose Übergänge, also durch Übergänge, bei denen die Energie auf Gitterschwingungen übertragen wird, in einen langlebigen angeregten Zustand über. Dieser Zustand bildet das obere Niveau des Lasers, wie Abb. 2.24 am Beispiel der in der Tabelle aufgeführten Festkörperlaser zeigt.

Beim **Rubinlaser** (Cr^{3+}-Ionen in einem Al_2O_3-Kristall) ist das untere Niveau der Grundzustand des Cr^{3+}-Ions. Es handelt sich um einen **Zwei-Niveau-Laser**. Damit die Laserschwelle überschritten wird, müssen also mehr als die Hälfte der Chromionen in den oberen Zustand befördert werden. Wenn die Laseraktion begonnen hat, wird die Inversion sehr schnell durch die stimulierte Emission zerstört. Der Rubin-Laser kann daher nur eine Folge kurzer Pulse liefern. Der mechanische Aufbau ist denkbar einfach. Abb. 2.25 zeigt den 1960 von T. H. Maiman in den USA gebauten Rubinlaser, den ersten Laser überhaupt. Ein zylindrischer Stab, gefertigt aus einem synthetischen Rubin, wird an den Enden genau parallel geschliffen, poliert und verspiegelt. Er bildet zugleich den Lichtverstärker und den Resonator. Gepumpt wird mit einer Blitzlampe, deren Licht durch den Reflektor verstärkt wird.

Beim **Neodym-YAG-Laser** (YAG = Yttrium-Aluminium-Granat) ist das untere Niveau ein angeregter Zustand des Nd^{3+}-Ions, der rasch in den Grundzustand zerfällt. Daher kann man die Inversion aufrecht erhalten und den Laser kontinuierlich betreiben. Davon wird aber nicht immer

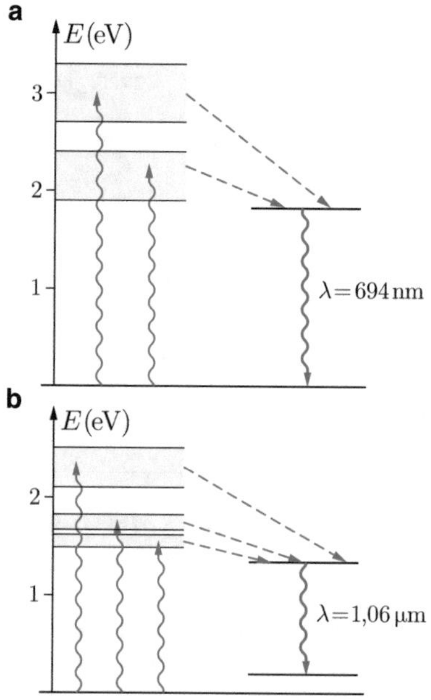

Abbildung 2.24 Termschemata **a** der Cr^{3+}-Ionen im Al_2O_3-Gitter (Rubin), **b** der Nd^{3+} im $YAlO_3$-Gitter (Nd-YAG). *Gestrichelt*: strahlungslose Übergänge

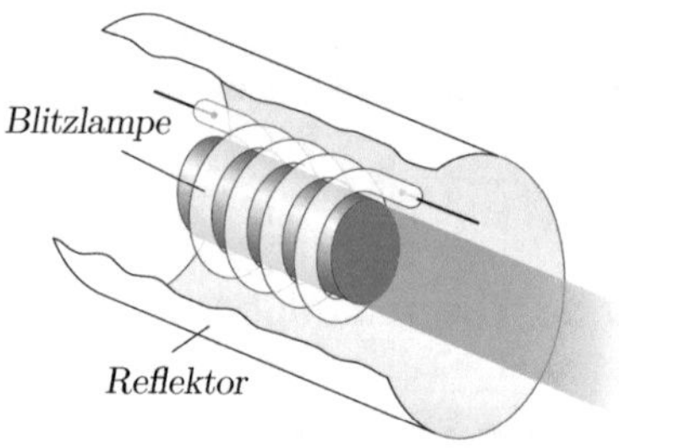

Abbildung 2.25 Rubin-Laser, Aufbau nach T. H. Maiman

Gebrauch gemacht: Dank der langen Lebensdauer des oberen Niveaus sind gerade Nd:YAG-Laser dazu geeignet, mit Hilfe eines Güteschalters, z. B. einer Pockels-Zelle, kurze und sehr intensive Laserpulse zu erzeugen.

Das aktive Medium im **Farbstofflaser** ist ein kompliziertes organisches Molekül, das in einem Lösungsmittel gelöst ist. Da das Farbstoffmolekül zahlreiche Rotations- und Schwingungsmoden besitzt, baut sich über dem elektronischen Grundzustand des Moleküls eine breite Bande von Schwingungs- und Rotationszuständen auf, die durch die Wechselwirkung mit dem Lösungsmittel so verbreitert sind, dass sich ein Kontinuum von möglichen Anregungsenergien ergibt. Die gleiche Bande baut sich auch auf den elektronischen Anregungszuständen des Moleküls auf.

Wir beschreiben zunächst die Photolumineszenz in diesem Termschema. Wird das Molekül durch Absorption von Licht angeregt wie Abb. 2.26 zeigt, geht es sehr rasch

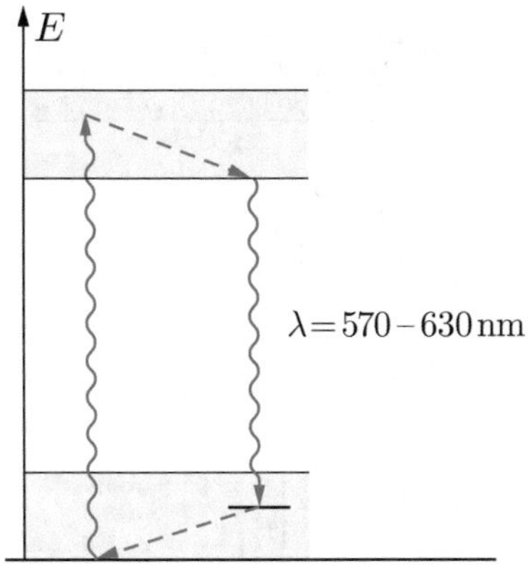

Abbildung 2.26 Termschema eines Farbstoffmoleküls und der Zyklus bei der Erzeugung von Fluoreszenzlicht. *Gestrichelt*: strahlungslose Übergänge

($\tau \approx 10^{-12}$ s) durch einen strahlungslosen Übergang in den tiefsten Zustand des oberen Energiebands über. Dieser Zustand hat eine mittlere Lebensdauer von ca. 10^{-9} s. Dann wird ein Lichtquant emittiert und das Molekül geht in einen Zustand des unteren Energiebands über, der wieder sehr kurzlebig ist ($\tau \approx 10^{-12}$ s). Der Grundzustand wird durch einen weiteren strahlungslosen Übergang erreicht. Das Fluoreszenzlicht hat ein sehr breites Spektrum, entsprechend der Breite des unteren Energiebands.

In diesem System ist es offenbar möglich, im tiefsten Niveau des elektronisch angeregten Zustands eine Inversion bezüglich der sich gegenseitig überlappenden Zustände des unteren Energiebands aufzubauen. Zwischen zwei Spiegel, die einen Laserresonator bilden, wird die Farbstofflösung in Form einer dünnen, frei fliegenden Flüssigkeitslamelle gebracht. Zur Anregung des Farbstoffs benutzt man einen Laserstrahl; z. B. einen Neodym-YAG-Laser mit Frequenzverdopplung. Außerdem wird in den Resonator ein frequenzselektives Element eingebaut. Das kann ein Prisma sein (nur senkrecht auf die Spiegel fallendes Licht kann im Resonator hin und her laufen) oder auch ein Etalon als Interferenzfilter, mit dem man eine der Schwingungsmoden des Resonators selektiert (siehe Bd. IV/7.4). Mit piezoelektrischen Stellelementen kann man die Resonatorlänge und damit die Wellenlänge kontinuierlich verändern. Das Prisma bzw. das Etalon wird dabei automatisch in die richtige Winkelstellung gedreht. Auf diese Weise erhält man einen über einen weiten Spektralbereich **abstimmbaren Laser**. Er eröffnet in der optischen Spektroskopie ungeahnte neue Möglichkeiten, von denen man früher, vor Erfindung des Lasers, noch nicht einmal geträumt hat.

Das in Abb. 2.26 gezeigte Niveauschema findet man auch beim frequenzverdoppelten Nd:YAG-Laser. Damit hat man einen abstimmbaren Laser, bei dem die Panscherei mit der Farbstoff-Lösung vermieden wird.

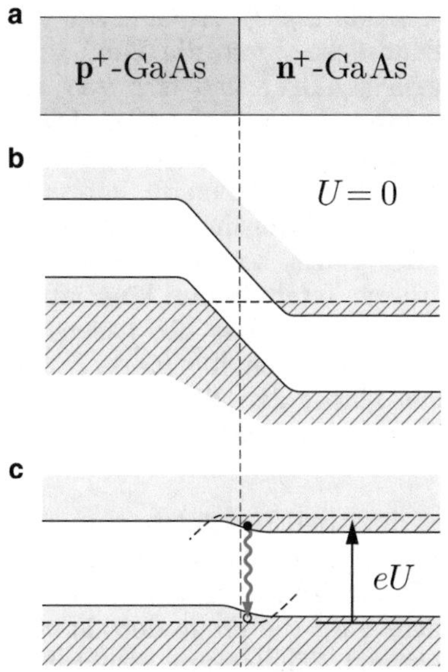

Abbildung 2.27 **a** pn-Kontakt mit entarteten Halbleitern. **b** Der Kontakt im Bändermodell, stromloser Zustand. **c** Entstehung der Inversion bei in Durchlassrichtung angelegter Spannung *U*. *Schraffiert*: von Elektronen besetzte Zustände

Beim **Halbleiterlaser**, auch **Diodenlaser** genannt, werden die Zustände (2) und (1) durch ein Elektron-Lochpaar vor und nach der Rekombination gebildet. Wie bei der Leuchtdiode (Abb. III/10.22) diskutiert wurde, wird bei den sogenannten direkten Halbleitern, z. B. beim GaAs, beim Übergang (2) → (1) ein Photon emittiert. Die zum Überschreiten der Laserschwelle erforderliche Überbesetzung des Niveaus (2) lässt sich bereits bei einer hochdotierten Leuchtdiode erreichen, wie Abb. 2.27 zeigt. Das Halbleitermaterial (Abb. 2.27a) ist so hoch dotiert, dass die Fermi-Kante auf der p-Seite im Valenzband, auf der n-Seite im Leitungsband liegt („entartete" Halbleiter, Bd. III/10.2). Abb. 2.27b zeigt im Bändermodell die Diode im stromlosen Zustand. Wird sie in Durchlassrichtung gepolt, arbeitet sie als Leuchtdiode: das Licht wird allseitig emittiert. Erst wenn man eine hohe Spannung anlegt, sorgt der Verlauf der Quasi-Fermikanten dafür, dass an der Kontaktstelle eine Inversion eintritt (Abb. 2.27c), siehe auch Text bei Abb. III/10.20). Ist die Diode in einen Laserresonator eingebaut und ist die Inversion so groß, dass die induzierte Emission die spontane übersteigt, arbeitet die Diode als Laser. Der Stromfluss ist jedoch enorm, so dass nur ein kurzzeitig gepulster Betrieb möglich ist.

Günstiger ist die in Abb. 2.28a gezeigte „doppelte Heterostruktur", bei der zwei pn-Kontakte aus unterschiedlichem Material hintereinander geschaltet sind. Dabei sorgt man dafür, dass die mittlere Schicht, schwach dotiertes GaAs, sich zwischen zwei entarteten Halbleitern befindet, deren Bandlücke größer als die der Mittelschicht ist (Abb. 2.28b). $Al_xGa_{1-x}As$ ist ein Material, dessen Bandlücke durch die Wahl von x zwischen der von GaAs (1,42 eV) und der von AlAs (2,17 eV) eingestellt werden kann ($0 \leq x \leq 1$). Die mittlere (aktive) Schicht macht man dünn, so dass die Inversion auf einen schmalen Raumbereich konzentriert ist. Außerdem ist der Brechungsindex des $Al_xGa_{1-x}As$ kleiner als der des GaAs, so dass das Licht in der aktiven Schicht durch Totalreflexion konzentriert wird. Beide Faktoren bewirken, dass die Laserschwelle bereits bei einer Stromdichte von 10^2–10^3 A/cm^2 überschritten wird. Bei einer Fläche der aktiven Schicht von 10 µm × 300 µm entspricht das einem Diodenstrom von einigen mA.

Ein Beispiel für den mechanischen Aufbau ist in Abb. 2.28c gezeigt. Die polierten und verspiegelten Endflächen der aktiven Schicht bilden den Resonator. Durch die Oxidschicht wird die Breite der aktiven Schicht auf ca. 10 µm begrenzt. Die gesamte Struktur kann mit den aus der Halbleitertechnik bekannten Methoden hergestellt werden. Das Volumen des Lasers in Abb. 2.28c ist 0,05 mm^3, das Pumpen erfolgt durch Anlegen einer Spannung und Stromzufuhr, die Schaltzeit ist kurz (ca. 1 ns). Der ohmsche Widerstand liegt hauptsächlich in der dünnen, schwach dotierten GaAs-Schicht. Dadurch wird ein Wirkungsgrad (optische Leistung/zugeführte elektrische Leistung) von ca. 50 % erreicht.

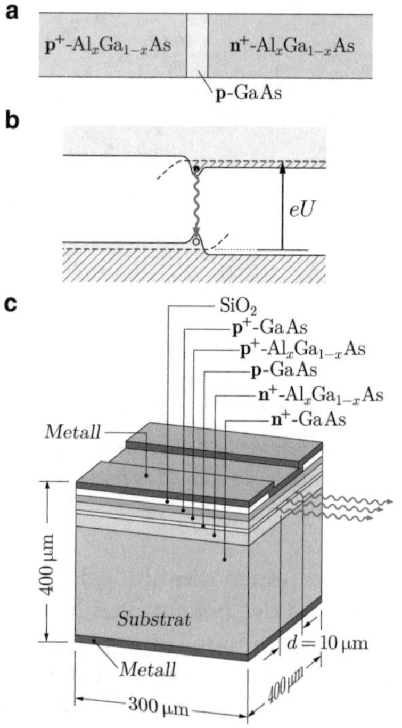

Abbildung 2.28 **a** Doppelte Heterostruktur. **b** Der Kontakt im Bändermodell. *Schraffiert*: von Elektronen besetzte Zustände. **c** Mechanischer Aufbau (schematisch)

Die Strahlqualität ist beim Halbleiterlaser nicht so gut wie bei den anderen Lasertypen. Halbleiterlaser finden dennoch viele Anwendungen. Sie werden zum Pumpen von Festkörperlasern eingesetzt, z. B. beim Neodym-YAG-Laser. Die Wellenlänge lässt sich durch die Wahl des Halbleitermaterials einstellen, z. B. auch auf $\lambda \approx 1{,}5$ µm, wo die Absorption des Quarzes ein Minimum hat: Der Halbleiterlaser ist daher ideal dazu geeignet, Signale in ein fiberoptisches Kabel (Abb. IV/5.13) einzuspeisen. Der größte Marktanteil dürfte jedoch bei seinem Einsatz im Lesekopf des CD-Players liegen.

Eine schöne Anwendung der Lichtverstärkung findet die mit Erbium dotierte Glasfaser. Das Er^{3+}-Ion in Glas hat ein Termschema ähnlich dem in Abb. 2.24b gezeigten. Die Emission erfolgt bei einer Wellenlänge von 1,55 µm, genau im Minimum der Absorption des Quarzes. Bei sehr langen fiberoptischen Leitungen wird alle 50 km eine Er-dotierte Faser eingebaut, in der mit einem Halbleiterlaser die Inversion erzeugt wird. Das ist natürlich viel einfacher und zuverlässiger als eine elektronische Verstärkerstufe.

In dieser kurzen Übersicht über die physikalischen Grundlagen der Lasertechnik wurden die mitunter außerordentlichen technologischen Schwierigkeiten, die beim Bau eines funktionstüchtigen Lasers zu überwinden sind, gar nicht angesprochen. Mehr zur Physik und Technik der Laser findet man in der Fachliteratur.[14]

[14] Für neuere Entwicklungen und zur Technologie der Laser siehe z. B. D. Meschede, „Optics, Light and Lasers", Wiley VCH (2007). Zur Vertiefung der physikalischen Aspekte ist das Büchlein von A. Winnacker: „Physik von Maser und Laser", Bibliographisches Institut (1984), besonders zu empfehlen.

Übungsaufgaben

2.1. Debye-Modell der spezifischen Wärme von Festkörpern. Zeigen Sie, dass (2.17) für $T \to \infty$ in die Dulong-Petit'sche Regel übergeht, und dass für $T \to 0$ die spezifische Wärme C_V proportional zu T^3 ist.

2.2. Dispersionsrelation von Phononen. a) Man betrachte die Phonon-Dispersionskurven in Abb. 2.15. Die beiden transversalen Zweige T_1 und T_2 unterscheiden sich durch die Schwingungsrichtungen der Atome. Warum fallen die Dispersionskurven der Zweige T_1 und T_2 zusammen, wenn $\boldsymbol{k} \perp (100)$, aber nicht, wenn $\boldsymbol{k} \perp (110)$ ist?

b) Man betrachte den Fall, dass $\boldsymbol{k} \perp (111)$ ist. Phononen lassen sich wie elektromagnetische Wellen linear superponieren. Hiermit kann man aus zwei verschiedenen Phononen gleicher Wellenzahl eine beliebige Schwingungsrichtung der Atome senkrecht zu $\boldsymbol{k}$ erzeugen. Besitzen die Zweige T_1 und T_2 unterschiedliche Dispersionskurven?

2.3. Phononen-Spektrum in der Debyeschen Theorie. Berechnen Sie mit der in Abb. 2.5 dargestellten Debyeschen Theorie das Spektrum $n(\nu, T)$ der Phononen in Aluminium bei folgenden Temperaturen: $T = 1000\,\mathrm{K}$, $100\,\mathrm{K}$ und $1\,\mathrm{mK}$. Legen Sie eine Debye-Temperatur aus Tab. 2.1 zu Grunde. Skizzieren Sie die Spektren. Wo liegen die Frequenzmaxima? Wie groß ist das Verhältnis zwischen der Zahl der Phononen zur Zahl der Atome und wie groß ist jeweils die Gesamtzahl $N(T)$ der Phononen in einem Würfel der Kantenlänge 1 cm (numerische Integration)?

2.4. Experimenteller Nachweis des Compton-Effektes. a) In welchem Bereich variiert die Wellenlänge der am Streuer S in Abb. 2.12 inelastisch gestreuten Röntgenstrahlung, wenn der Streuer, von der Quelle aus betrachtet, eine Winkelausdehnung $\pm\Delta\vartheta$ besitzt?

b) Um welchen Winkel $\Delta\alpha$ muss man den Kristall D drehen, wenn man die Wellenlänge der auftreffenden Röntgenstrahlung um $\Delta\lambda$ ändert und den Apparat immer auf maximale Intensität einstellt?

c) Warum hat Compton den in S gestreuten Strahl (Abb. 2.12) scharf kollimiert, während sich zwischen Quelle A und Streuer S keine Blende befindet?

d) Wie groß ist nach Comptons Abschätzung die durch die endliche Größe des Streuers S entstehende Linienverbreiterung $\Delta\alpha$ bei $\vartheta = 135°$ (kleine vertikale Striche in Abb. 2.13)? Wie groß war die Winkeldivergenz $\Delta\vartheta$ des Strahls? ($\lambda(\mathrm{Mo} - \mathrm{K}_\alpha) = 0{,}709\,\text{Å}$)

Materiewellen

3

J. Heintze / P. Bock (Hrsg.), *Lehrbuch zur Experimentalphysik Band 5: Quantenphysik*, https://doi.org/10.1007/978-3-662-58626-6_3

Die Doppelnatur Welle–Teilchen besteht nicht nur beim Licht, sondern auch bei gewöhnlichen Teilchen. Die **Materiewellen** wurden zunächst hypothetisch gefordert, bald darauf aber experimentell nachgewiesen, mit Methoden, die auch zum Nachweis der Wellennatur von Röntgenstrahlen gedient hatten. In Abschn. 3.2 diskutieren wir zunächst in einem Gedankenexperiment das Verhalten von Elektronen beim Durchgang durch einen Doppelspalt. Es ist vom Standpunkt der klassischen Physik aus gesehen im höchsten Maße paradox. Es wird gezeigt, dass man diese Paradoxie nicht klären kann, indem man ein Elektron auf seinem Weg durch den Doppelspalt beobachtet. Im dritten Abschnitt findet man eine kurze Charakterisierung der Quantenmechanik, die die beobachteten Phänomene mit Schrödingers Wellenfunktion oder auch mit Heisenbergs Unbestimmtheitsrelation erklärt. Darauf folgt die Beschreibung eines neueren Experiments, in dem das Verhalten von Materiewellen an einem Beugungsgitter untersucht wurde, und zwar mit großen Molekülen, die fast schon als makroskopische Körper angesehen werden können. Das Experiment bestätigt in vollem Umfang die Ergebnisse des Gedankenexperiments.

In Abschn. 3.4 wird über Experimente mit Neutronen berichtet, bei denen das Neuartige der Quantenphysik besonders deutlich in Erscheinung tritt. In Abschn. 3.6 wird gezeigt, wie man nichtrelativistische Teilchen als Wellenpakete darstellt. Die letzten Abschnitte sind dem Photon gewidmet: seiner quantenmechanischen Beschreibung, dem zerstörungsfreien Nachweis einzelner Photonen und der Beobachtung der Verschränkung, einem korrelierten Verhalten zweier Teilchen bei ihrer Beobachtung.

3.1 De Broglies Hypothese und der experimentelle Nachweis der Materiewellen

Im Jahre 1923 – kurz nach der Entdeckung des Compton-Effekts – stellte de Broglie die Hypothese auf, dass nicht nur einer elektromagnetischen Welle Teilchen (Photonen) zuzuordnen sind, sondern dass auch einem Teilchen eine Welle zugeordnet werden kann. Zu einem Teilchen mit der Energie E und dem Impuls p soll eine **Materiewelle** gehören, deren Wellenlänge und Frequenz mit denselben Formeln zu berechnen sind, die für Photonen gelten, also mit (2.19) und (2.26).[1] Man erhält damit folgende Beziehungen:

$$\text{Energie} \leftrightarrow \text{Frequenz}: \quad E = h\nu = \hbar\omega\,, \tag{3.1}$$

$$\text{Impuls} \leftrightarrow \text{Wellenlänge}: \quad p = h/\lambda = \hbar k\,. \tag{3.2}$$

Wir interessieren uns hier für die Bewegung nichtrelativistischer Teilchen. Für ein freies Teilchen mit der Geschwindigkeit $v \ll c$ setzen wir also

$$E = E_{\text{kin}} = \frac{m}{2}v^2 = \frac{p^2}{2m}\,.$$

Damit erhält man aus (3.1) und (3.2) die folgende **Dispersionsrelation** für die Materiewelle eines freien nichtrelativistischen Teilchens mit der Masse m:

$$\omega = \frac{\hbar}{2m}k^2\,. \tag{3.3}$$

Nun können wir Phasengeschwindigkeit (IV/1.7) und Gruppengeschwindigkeit (IV/1.24) der de Broglie-Wellen berechnen:

$$v_{\text{ph}} = \frac{\omega}{k} = \frac{\hbar k}{2m} = \frac{p}{2m} = \frac{v}{2}\,, \tag{3.4}$$

$$v_{\text{g}} = \frac{d\omega}{dk} = \frac{\hbar k}{m} = \frac{p}{m} = v\,. \tag{3.5}$$

Nur die Gruppengeschwindigkeit der de Broglie-Welle stimmt mit der Teilchengeschwindigkeit v überein. Dies ist ein Hinweis darauf, dass bei Materiewellen das in Bd. IV/4.3 entwickelte Konzept des Wellenpakets eine wichtige Rolle spielt: Wellenpakete laufen nach (IV/1.24) mit der Gruppengeschwindigkeit.

Mit der Beziehung $p = \sqrt{2mE_{\text{kin}}}$ erhält man aus (3.2) für die de Broglie-Wellenlänge eines nichtrelativistischen Teilchens:

$$\lambda = \frac{h}{\sqrt{2m\,E_{\text{kin}}}} = \frac{hc}{\sqrt{2m\,c^2\,E_{\text{kin}}}} = \frac{1{,}24\,\mu\text{m}\,\text{eV}}{\sqrt{2m\,c^2\,E_{\text{kin}}}}\,. \tag{3.6}$$

[1] Louis Victor Prince de Broglie (1892–1987), französischer Physiker. De Broglies Motivation war hauptsächlich, eine physikalische Erklärung für die im Bohrschen Atommodell (Abschn. 7.2) „erlaubten" Elektronenbahnen zu finden.

Tabelle 3.1 De Broglie-Wellenlänge von Teilchen bei einer Energie $E_{kin} = 1$ eV

Teilchen	λ (nm)
Elektron	1,25
Proton, Neutron	0,03
α-Teilchen	0,015
Photon	1,24 µm

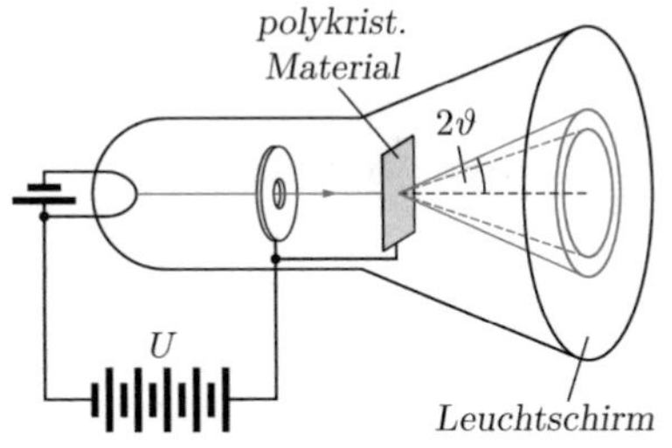

Abbildung 3.1 Versuchsanordnung zum Nachweis der Elektronenbeugung

In Tab. 3.1 sind für einige Teilchen die Wellenlängen bei einer kinetischen Energie von 1 eV angegeben, zusammen mit dem für Photonen aus (2.20) berechneten Wert.

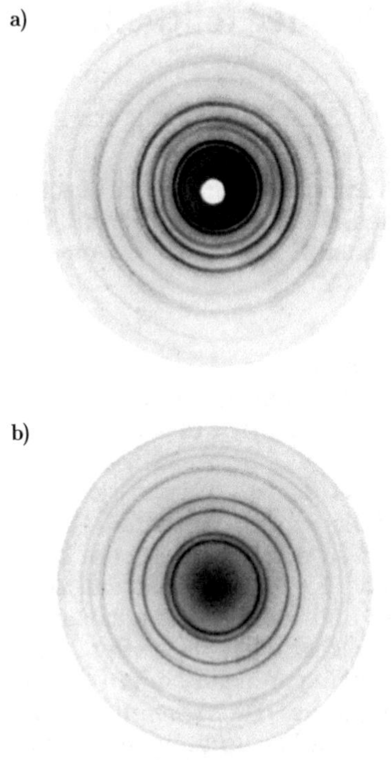

Abbildung 3.2 Debye–Scherrer-Ringe mit Röntgenstrahlen (**a**) und Elektronen (**b**) gleicher Wellenlänge. Die Aufnahmen wurden mit polykristallinen Silberfolien gemacht. Aus H. Mark und R. Wierl (1931). Die zusätzlichen Linien im Röntgenspektrum rühren von der K_β-Strahlung der Quelle her

Experimenteller Nachweis

Um die Wellennatur von Teilchenstrahlen experimentell nachzuweisen, muss man nach Interferenz- und Beugungserscheinungen suchen. Die Wellenlängen liegen nach Tab. 3.1 in dem Bereich, den wir von Röntgenstrahlen her kennen. Daher kann man vermuten, dass die im Röntgenbereich erprobten Methoden auch hier zum Ziel führen. Abb. 3.1 zeigt eine Versuchsanordnung, die der Apparatur des Debye–Scherrer-Verfahrens entspricht (Abb. 1.27). Der Elektronenstrahl trifft mit einer Energie von einigen keV auf eine dünne Folie aus polykristallinem Aluminium. Auf Grund von Bragg-Reflexion entsteht konstruktive Interferenz für Elektronen, die um den Winkel 2ϑ gestreut werden, wenn die Bedingung (1.33) erfüllt ist:

$$2d \sin\vartheta = n\lambda\,.$$

Bei bekanntem Abstand d zwischen den Gitterebenen kann man durch Variation der Beschleunigungsspannung die Beziehung (3.6) quantitativ bestätigen. Abb. 3.2 zeigt, dass mit Röntgenstrahlen und mit Elektronen bei gleicher Wellenlänge in der Tat identische Beugungsbilder erzeugt werden können.

Der Nachweis der Elektronenbeugung an Kristallen gelang 1927 Davisson und Germer sowie G. P. Thomson[2]. Wenige Jahre später konnten Stern und Estermann die Beugung von Materiewellen mit Helium-Atomstrahlen und sogar mit H_2-Molekülen nachweisen. Man beachte, dass hier bei der Bragg-Reflexion ein ganzes Atom, komplett mit Elektronenhülle und Kern, als Welle mit vielen anderen Atomen gleichzeitig in Wechselwirkung tritt! Das ist schwer vorstellbar, aber hochinteressant: Die Bewegung nicht nur elementarer Teilchen, sondern auch komplexer Objekte wie die eines Atoms oder Moleküls ist mit de Broglie-Wellen zu beschreiben. De Broglies Hypothese wurde jedenfalls durch diese Experimente glänzend bestätigt.

[2] C. J. Davisson (1881–1958) und L. H. Germer (1896–1971), amerikanische Physiker, arbeiteten im Forschungslabor der Bell Telephone Company. Sie entdeckten die Elektronenbeugung zufällig bei der Untersuchung einer kristallinen Oberfläche. Davisson interpretierte den Effekt sogleich richtig, da er sich mit de Broglies und Schrödingers Arbeiten befasst hatte. G. P. Thomson (1892–1975), englischer Physiker, Sohn von J. J. Thomson, war Physik-Professor an der Universität Aberdeen. Er suchte gezielt nach den de Broglie-Wellen und verwendete dabei die bei Abb. 3.1 beschriebene Methode. Zu O. Stern siehe Fußnote in Abschn. 6.2.

3.2 Welle oder Teilchen?

Teilchen und Wellen am Doppelspalt

Was oszilliert in einer Materiewelle? Bevor wir diese Frage beantworten, führen wir zur Klärung der Phänomene einige „Gedanken-Experimente" an einem Doppelspalt durch.[3]

Experiment mit Kugeln. Wir beschießen den Doppelspalt (Abb. 3.3) mit Kugeln, bei denen wir aus Erfahrung wissen, dass sie sich nach den Gesetzen Newtonscher Mechanik bewegen. Zum Abschuss benutzen wir eine Vorrichtung, aus der die Geschosse mit einer großen Streuung auf die Spaltebene treffen. Zunächst ist Spalt 2 verschlossen. In der Nachweisebene befindet sich ein Fangkorb bei der Koordinate x. Ab und zu wird eine Kugel den Spalt 1 und anschließend den Fangkorb treffen, je nachdem, in welcher Richtung sie durch den Spalt fliegt, und wie sie zufällig an den Rändern des Spalts gestreut wird – ein typisches ***Wahrscheinlichkeitsproblem***. Wir können deshalb das Versuchsergebnis darstellen durch eine experimentell bestimmbare Wahrscheinlichkeit $W_1(x)$. Ist nur Spalt 2 geöffnet, wird Spalt 2 und der Fangkorb bei x mit der Wahrscheinlichkeit $W_2(x)$ getroffen (gestrichelte Linie in Abb. 3.3). Sind beide Spalte geöffnet, ist die Wahrscheinlichkeit gegeben durch

$$W_{12}(x) = W_1(x) + W_2(x) \,. \tag{3.7}$$

Da die Kugel ***entweder*** durch Spalt 1 ***oder*** durch Spalt 2 geflogen sein muss, ist $W_{12}(x)$ gleich der ***Summe*** der Wahrscheinlichkeiten W_1 und W_2 (siehe (I/18.5)). Ist die Nachweisebene dicht mit Fangkörben belegt, wird immer nur in ***einem*** Fangkorb eine Kugel registriert. Erst nach vielen Schüssen entspricht die Verteilung der Trefferhäufigkeiten den Kurven in Abb. 3.3.

Experiment mit Wasserwellen. Nun setzen wir den Doppelspalt in den aus den Bd. IV/1 und IV/7 bekannten Wellentrog (Abb. 3.4). In der Nachweisebene wird mit einem geeigneten Gerät die Intensität der Welle gemessen. Ist nur ein Spalt geöffnet, beobachtet man eine breite Intensitätsverteilung, entsprechend dem Beugungsbild eines schmalen Spalts und nicht unähnlich den Verteilungen $W_1(x)$ oder $W_2(x)$ im ersten Experiment. Sind beide Spalte geöffnet, beobachtet man jedoch etwas ganz anderes als die Verteilung $W_{12}(x)$ in (3.7): Es entsteht ein ***Interferenzbild***. Zu seiner Berechnung betrachten wir die

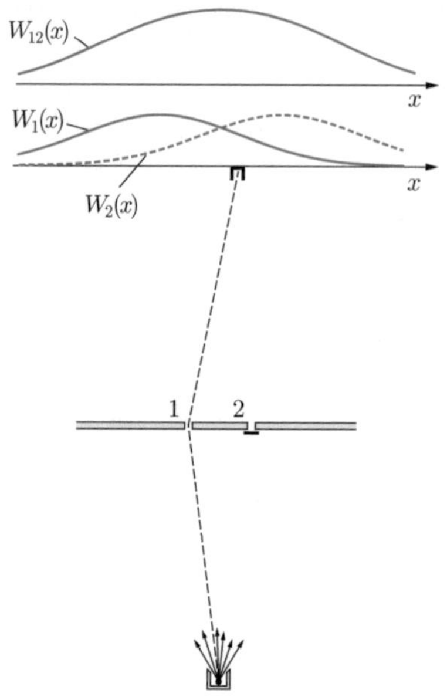

Abbildung 3.3 Doppelspalt-Experiment mit Kugeln

Teilwellen durch Spalt 1 und Spalt 2. Die Phasen, mit denen sie am Ort x eintreffen, seien $\varphi_1(x)$ und $\varphi_2(x)$. Wir stecken sie nach (IV/4.11) in die komplexen Amplituden

$$\breve{A}_1(x) = A_1(x)\mathrm{e}^{\mathrm{i}\varphi_1(x)} \,, \qquad \breve{A}_2(x) = A_2(x)\mathrm{e}^{\mathrm{i}\varphi_2(x)} \,.$$

Ist nur ein Spalt geöffnet, erhält man nach (IV/4.15) und (IV/4.16)

$$I_1(x) \propto \left|\breve{A}_1\right|^2 = A_1^2 \;\text{ oder }\; I_2(x) \propto \left|\breve{A}_2\right|^2 = A_2^2 \,. \tag{3.8}$$

Sind beide Spalte offen, addieren sich die ***Amplituden*** der Teilwellen und man erhält für die Intensität:

$$\begin{aligned} I_{12}(x) \propto \left|\breve{A}_1(x) + \breve{A}_2(x)\right|^2 &= \left(\breve{A}_1 + \breve{A}_2\right)\left(\breve{A}_1^* + \breve{A}_2^*\right) \\ &= A_1^2 + A_2^2 + \breve{A}_1\breve{A}_2^* + \breve{A}_2\breve{A}_1^* \,, \\ \breve{A}_1\breve{A}_2^* + \breve{A}_2\breve{A}_1^* &= A_1A_2\left(\mathrm{e}^{\mathrm{i}(\varphi_1-\varphi_2)} + \mathrm{e}^{-\mathrm{i}(\varphi_1-\varphi_2)}\right) \\ &= 2A_1A_2\cos\delta \,. \end{aligned}$$

$\delta(x)$ ist die Phasendifferenz $\varphi_1(x) - \varphi_2(x)$. Mit Hilfe von (3.8) schreiben wir das Ergebnis folgendermaßen:

$$I_{12}(x) = I_1(x) + I_2(x) + 2\sqrt{I_1I_2}\cos\delta(x) \,. \tag{3.9}$$

Im Gegensatz zu (3.7) enthält (3.9) einen ***Interferenzterm***, der das Oszillieren der Intensität bei zwei geöffneten Spalten beschreibt. Die Maxima der Intensität liegen dort, wo der Gangunterschied zwischen den beiden Teilwellen $G = m\lambda$ ist ($\cos\delta(x) = +1$), die Minima bei $G = (2m + 1)(\lambda/2)$ ($\cos\delta(x) = -1$), mit $m = 0, \pm1, \pm2, \ldots$ Falls hier die Nachweisebene dicht mit Detektoren belegt ist, wird im Beugungsmaximum eine hohe, im Minimum eine niedrige Intensität registriert, aber stets sind alle Detektoren in Aktion.

[3] Die Gegenüberstellung dieser Gedankenexperimente stammt aus den „Feynman Lectures on Physics", Band I, Kap. 37 und Band III, Kap. 1.

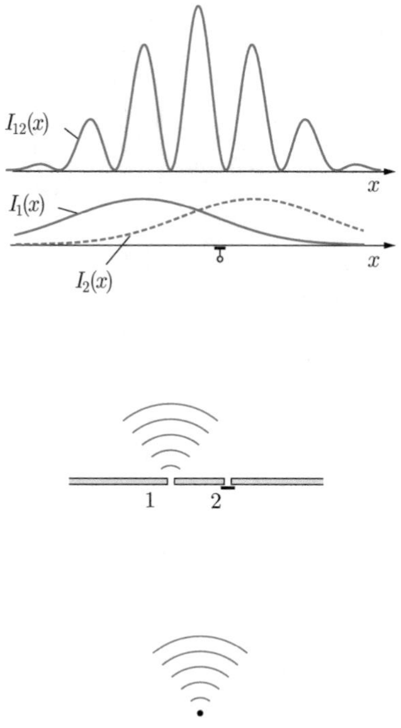

Abbildung 3.4 Doppelspalt-Experiment mit Wellen

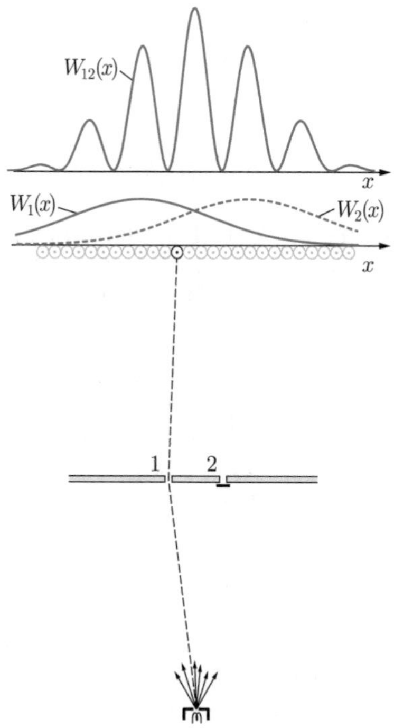

Abbildung 3.5 Doppelspalt-Experiment mit Elektronen

Experiment mit Elektronen. Wir ersetzen die Abschussvorrichtung in Abb. 3.3 durch eine Elektronenkanone (Abb. III/5.10). Sie ist so eingestellt, dass mit ungefähr gleicher Wahrscheinlichkeit Elektronen durch beide Spalte treten. In der Nachweisebene bringen wir, dicht nebeneinander, viele Zählrohre an. Ist nur einer der Spalte geöffnet, beobachtet man, dass stets nur eines der Zählrohre tickt. Das an der Stelle x aufgestellte Zählrohr spricht mit einer gewissen Wahrscheinlichkeit $W(x)$ an (Abb. 3.5). Der Versuch läuft zunächst wie das Experiment mit den Kugeln:

$$\text{Nur Spalt 1 geöffnet:} \quad W(x) = W_1(x)\,.$$
$$\text{Nur Spalt 2 geöffnet:} \quad W(x) = W_2(x)\,.$$

Nun werden beide Spalte geöffnet. Das Zählrohr tickt wie vorher. Die Elektronen erreichen, eines nach dem anderen, die Detektorebene und treffen mit der Wahrscheinlichkeit $W_{12}(x)$ ein Zählrohr. Wenn man solange misst, bis die statistischen Schwankungen der Trefferzahlen genügend klein sind, stellt man fest: Die Funktion $W_{12}(x)$ hat Maxima und Minima, wie die mit Wellen gemessene Intensität! Das Ergebnis ist

$$W_{12}(x) = W_1(x) + W_2(x) + \text{Interferenzterm}\,. \tag{3.10}$$

Die Lage der Maxima und Minima entspricht genau der Berechnung mit der de Broglie-Wellenlänge λ_e der Elektronen. Ein schönes Beispiel aus einem realen Experiment wurde schon in (Abb. III/13.13) gezeigt. Das Beugungsbild stimmt in allen Einzelheiten mit dem für Wellen berechneten (Abb. IV/8.13) überein. Man erkennt in (Abb. III/13.13) sogar die in Abb. IV/8.13 eingezeichneten Nebenmaxima, verursacht durch die Beugung am Einzelspalt.

Wie kommt der Interferenzterm zustande? Vielleicht beeinflussen sich die Elektronen, die durch Spalt 1 und Spalt 2 fliegen, gegenseitig? Wenn man den Elektronenstrom soweit reduziert, dass jeweils nur ein Elektron unterwegs ist, wird die Zählrate kleiner, aber man beobachtet immer noch das gleiche Interferenzbild. Geht man davon aus, dass sich das Elektron wie ein Teilchen in der klassischen Physik auf einer bestimmten Bahn bewegt, kann es nicht gleichzeitig durch zwei Spalte laufen; man kann auch fragen: Wo sollte dabei die Ladung bleiben? Wenn die Bahn des Elektrons entweder durch Spalt 1 oder durch Spalt 2 führt, ***muss*** nach den Regeln der Wahrscheinlichkeitsrechnung (3.7) gelten und $W_{12}(x) = W_1(x) + W_2(x)$ sein. Ein Interferenzterm sollte nicht auftreten.

Angesichts dieser Situation versuchen wir, das Elektron auf seinem Weg durch den Doppelspalt zu beobachten. Das ist in der Praxis schwer zu machen, also stellen wir ein „Gedankenexperiment“ an. Wir wissen, dass Licht an Elektronen gestreut wird, und installieren hinter dem Doppelspalt eine starke Lichtquelle und ein Mikroskop (Abb. 3.6a). Das hier im Gedankenexperiment verwendete Instrument nennt man auch das „Heisenberg-Mikroskop“. In Abb. 3.6a kann die x-Koordinate des

Elektrons mit einer Genauigkeit Δx gemessen werden, die durch das Auflösungsvermögen des Mikroskops begrenzt ist. Nach (IV/6.53) ist

$$\Delta x \approx \frac{\lambda}{\sin u} \,. \tag{3.11}$$

λ ist die Wellenlänge des Lichts, u ist der Öffnungswinkel des Objektivs. Der Abstand zwischen den beiden Spalten ist d. Damit $\Delta x \ll d$ wird, wählen wir $\lambda \ll d \sin u$.

Mit dieser Anordnung sieht man jedes mal wenn ein Zählrohr tickt einen Lichtblitz, mal hinter Spalt 1, mal hinter Spalt 2. Das Elektron fliegt also entweder durch Spalt 1, oder durch Spalt 2. Nach einiger Zeit schauen wir die Verteilung der Treffer in der Beobachtungsebene an; und siehe da: Die Interferenzmaxima und -minima sind verschwunden! Man beobachtet die Verteilung:

$$W_{12}(x) = W_1(x) + W_2(x) \,. \tag{3.12}$$

Was geht hier vor? Wir bedenken, dass bei der Streuung von Licht am freien Elektron Impuls auf das Elektron übertragen wird. Das Elektron erfährt durch den Compton-Effekt einen Rückstoß. Die x-Komponente dieses Rückstoßes ist $\boldsymbol{p}_{ex} = \left(\boldsymbol{p}_\gamma - \boldsymbol{p}'_\gamma\right)_x$. Sie hängt vom Winkel β ab, unter dem das Photon in das Objektiv gelangt. Nun wissen wir nur, dass $\beta \leq u$ sein muss. Wie Abb. 3.6b zeigt, ist daher die x-Komponente von $\boldsymbol{p}_e$ unsicher in einem Bereich

$$\Delta p_{ex} \approx p_\gamma \sin u = \frac{h \sin u}{\lambda} \,. \tag{3.13}$$

Das Elektron wird durch den Rückstoß aus seiner ursprünglichen Richtung abgelenkt, und zwar um einen Winkel ϑ, der im Bereich

$$\Delta\vartheta = \frac{\Delta p_{ex}}{p_e} \approx \frac{h \sin u}{p_e \lambda} \tag{3.14}$$

unbestimmt ist. Nun ist in Abb. 3.5 der Winkel zwischen benachbarten Maxima wie beim Youngschen Experiment gegeben durch (IV/7.17). Für kleine Winkel ϑ erhält man

$$\vartheta_{m+1} - \vartheta_m = \frac{\lambda_e}{d} = \frac{h}{p_e d} \,. \tag{3.15}$$

Im Vergleich zu der Winkelunbestimmtheit (3.14) ist dies

$$\frac{\vartheta_{m+1} - \vartheta_m}{\Delta\vartheta} \approx \frac{h}{p_e d} \cdot \frac{p_e \lambda}{h \sin u} = \frac{\lambda}{d \sin u} \ll 1 \,,$$

denn wir hatten ja ausdrücklich $\lambda \ll d \sin u$ gewählt. Das Interferenzbild wird durch den Rückstoß vollkommen verwischt. Verwendet man eine wesentlich größere Wellenlänge, bleibt das Interferenzbild erhalten, aber das Auflösungsvermögen des Mikroskops reicht nicht mehr

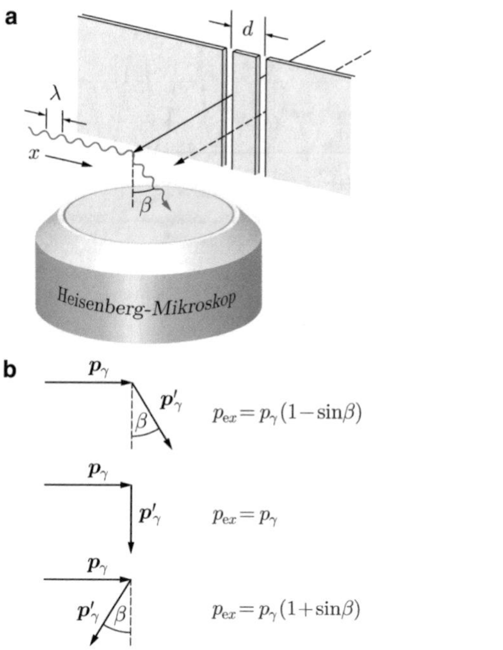

Abbildung 3.6 **a** Beobachtung eines Elektrons hinter dem Doppelspalt, **b** Zur Berechnung von Δp_x

zur Lokalisierung der Elektronen hinter dem Doppelspalt aus.

Die Schlussfolgerung ist: Wenn man beobachtet, durch welchen Spalt das Elektron fliegt, verschwindet der Interferenzterm. Das hat auf den ersten Blick fast etwas Mysteriöses. Auf den zweiten Blick stellt man aber fest, dass es für das Verschwinden des Interferenzterms irrelevant ist, ob jemand durch das Mikroskop schaut oder nicht, man kann sogar das Mikroskop weglassen. Durch die Einstrahlung des Lichts haben wir nämlich die Situation gründlich verändert. Es ist die ***Wechselwirkung mit der veränderten Umgebung***, die die Interferenzerscheinung verschwinden lässt. Wir fassen die Ergebnisse zusammen:

1. Das Elektron wird im Zählrohr immer nur als Ganzes, also als ***ein Teilchen*** nachgewiesen.
2. Die Trefferwahrscheinlichkeit $W_{12}(x)$ entspricht genau der Intensitätsverteilung $I_{12}(x)$ einer ***Welle*** mit der Wellenlänge $\lambda = h/p$.
3. Sobald man die Apparatur so einrichtet, dass man entscheiden ***könnte***, durch welchen Spalt das Elektron geflogen ist, verschwindet die Interferenz und es gilt (3.12), $W_{12}(x) = W_1(x) + W_2(x)$.

Wir haben die Richtigkeit der dritten Aussage nur für die Beobachtung des Elektrons mit dem Heisenberg-Mikroskop demonstriert; man kann auch andere Methoden diskutieren: das Ergebnis ist stets das gleiche.

3.3 Schrödingers Wellenfunktion und Heisenbergs Unbestimmtheitsrelation

Quantenmechanik

Bisher wurde ein physikalisches Objekt aus dem Bereich der Atomphysik, z. B. das Elektron, einmal als Teilchen, einmal als Welle betrachtet. Diese unbefriedigende Situation wird durch die **Quantenmechanik** überwunden, eine Theorie, die es ermöglicht, das Verhalten atomarer Teilchen mit einheitlichen Konzepten zu beschreiben. Die Quantenmechanik entstand 1925 und 1926 in zwei scheinbar ganz unterschiedlichen Formen: Heisenberg entwickelte eine Theorie, die von der klassischen Mechanik ausging und deren mathematische Struktur keineswegs leicht zu erfassen oder darzustellen ist. Wegen der von Heisenberg verwendeten mathematischen Darstellung physikalischer Größen wird diese Form der Quantenmechanik auch „Matrizenmechanik" genannt. Schrödinger ging von der klassischen Theorie der Wellen aus. Er stellte eine Wellengleichung für de Broglie-Wellen auf, die mit den aus der Physik der Wellen bekannten Methoden gelöst werden kann und deren Lösungen man als die **Wellenfunktion** $\psi(\boldsymbol{r},t)$ bezeichnet. So verschieden diese Theorien zunächst aussehen, beide Ansätze sind mathematisch äquivalent. Das zeigte Schrödinger schon 1926. Wir werden in den folgenden Kapiteln auf einige Aspekte von Schrödingers Form der Quantenmechanik, auch „Wellenmechanik" genannt, eingehen; zunächst befassen wir uns hier mit der von Max Born gegebenen Interpretation der Wellenfunktion, die für die Quantenmechanik von fundamentaler Bedeutung ist.[4]

Schrödingers Wellenfunktion

Schrödingers Wellengleichung, die wir erst im nächsten Kapitel diskutieren werden, hat als Lösungen die **Wellenfunktionen** $\psi(\boldsymbol{r},t)$. Das sind komplexe Funktionen, also Funktionen, die einen Real- und einen Imaginärteil haben. Die große Frage ist: was ist die Bedeutung von Schrödingers Wellenfunktion, welche physikalische Größe wird durch die de Broglie-Welle beschrieben? Max Born fand die Antwort auf diese Frage: $\psi(\boldsymbol{r},t)$ ist eine ***Wahrscheinlichkeits-Amplitude***. Dies ist ein von Born geschaffener neuer Begriff, der zum Konzept der Wahrscheinlichkeit in ähnlicher Relation steht wie die Amplitude einer klassischen Welle zur Intensität: Die Wahrscheinlichkeit (genauer gesagt: die Wahrscheinlichkeitsdichte) erhält man durch Bildung des Betragsquadrats der ψ-Funktion. Ist $\psi(\boldsymbol{r},t)$ eine Wellenfunktion, die die Bewegung eines Teilchens beschreibt, so ist die Wahrscheinlichkeit, das Teilchen zum Zeitpunkt t in einem Raumbereich mit den Koordinaten

$$x\ldots x+\Delta x\,,\quad y\ldots y+\Delta y\,,\quad z\ldots z+\Delta z$$

anzutreffen, gegeben durch

$$W = |\psi(x,y,z,t)|^2 \Delta V\,, \tag{3.16}$$

mit $\Delta V = \Delta x \Delta y \Delta z$. Die Wahrscheinlichkeit ist normiert, d. h. die Summe über alle Möglichkeiten ergibt 1, wenn

$$\int |\psi|^2 \,\mathrm{d}V = \int \psi^* \psi \,\mathrm{d}V = 1 \tag{3.17}$$

ist, wobei die Integration über den ganzen Raum zu erstrecken ist. ψ^* ist das konjugiert Komplexe von ψ.

Wir wollen mit diesem Konzept das Ergebnis (3.10) und (3.12) des Doppelspalt-Experiments mit Elektronen formulieren. Mit $\psi_e(x)$ bezeichnen wir die Wellenfunktion des Elektrons in der Nachweisebene. Die Normierung der Wellenfunktion erfolgt vor dem Eintritt in den Doppelspalt. Ist nur ein Spalt geöffnet, so ist die Wellenfunktion gegeben durch $\psi_e(x) = \psi_1(x)$ bzw. durch $\psi_e(x) = \psi_2(x)$. Die Wahrscheinlichkeit, ein Elektron im Intervall $x\ldots x+\Delta x$ nachzuweisen, ist:

$$W_1(x) = |\psi_1|^2 \,\Delta x\,, \tag{3.18}$$

[4] Max Born (1882–1970) machte durch sein Wirken Göttingen in den Jahren 1921–1933 zu einem Zentrum der theoretischen Physik. Werner Heisenberg (1901–1976) schuf die Quantenmechanik, 25 Jahre alt, als Assistent von Born. Von Heisenberg stammt auch die Theorie des Ferromagnetismus, eine Theorie des Kernreaktors und vieles mehr. Er war von 1927–1941 Professor für theoretische Physik an der Universität Leipzig. Von 1941–1945 war er Direktor des Kaiser-Wilhelm-Instituts für Physik, nach 1946 des Max-Planck-Instituts für Physik. – Erwin Schrödinger (1887–1961), österreichischer Physiker, führte ein unruhiges Leben, großenteils bedingt durch die politischen Verhältnisse seiner Zeit, denen er sich nicht unterordnen mochte. Seine Stationen waren Wien, Jena, Stuttgart, Breslau, Zürich, Berlin (1927–1933), Oxford, Graz, Dublin (1939–1956), Wien. In seinen späteren Jahren befasste er sich vor allem mit grundlegenden Fragen der Biologie. Sein Buch „What is life" hatte einen beträchtlichen Einfluss auf die Entwicklung der Molekularbiologie. – Max Born verlor 1933 seine Professur in Göttingen. Er emigrierte nach Großbritannien (Cambridge, später Edinburgh). 1953 kehrte er nach Deutschland zurück und zog nach Bad Pyrmont. Sehr lesenswert ist sein Briefwechsel mit Einstein (Nymphenburger Verlagshandlung (1969)).

wenn nur Spalt 1 geöffnet ist. Wenn nur Spalt 2 geöffnet ist, gilt

$$W_2(x) = |\psi_2|^2 \, \Delta x \, . \tag{3.19}$$

Sind beide Spalte geöffnet, enthält die Wellenfunktion $\psi_{12}(x)$ des Elektrons zwei Bestandteile:

$$\psi_e(x) = \psi_{12}(x) = \psi_1(x) + \psi_2(x) \, , \tag{3.20}$$

und als Wahrscheinlichkeit für den Nachweis des Elektrons erhält man

$$\begin{aligned} W_{12}(x) &= \left|\psi_{12}(x)\right|^2 \Delta x \\ &= \left|\psi_1(x) + \psi_2(x)\right|^2 \Delta x \, . \end{aligned} \tag{3.21}$$

Es ergibt sich wie in (3.9) ein Interferenzterm. Dies setzt voraus, dass die Wellen $\psi_1(x)$ und $\psi_2(x)$ kohärent sind. Wird das Experiment so eingerichtet, dass man bestimmen könnte, durch welchen Spalt das Elektron fliegt, erhält man

$$\begin{aligned} W_{12}(x) &= \left(\left|\psi_1(x)\right|^2 + \left|\psi_2(x)\right|^2\right) \Delta x \\ &= W_1(x) + W_2(x) \, . \end{aligned} \tag{3.22}$$

Wir haben das bei der Diskussion des Gedankenexperiments mit einer halbklassischen Betrachtung begründet. In der Quantenmechanik muss und kann man zeigen, dass bei der Lokalisierung des Teilchens durch die Wechselwirkung mit der Umgebung die Kohärenz der Teilwellen zerstört wird (Stichwort: Dekohärenz-Theorie). Dies ist von grundsätzlicher Bedeutung. Würden die Interferenzen fortbestehen, obgleich festgestellt werden ***könnte***, durch welchen Spalt das Elektron läuft, dann würden wir wahrlich in einen Erklärungsnotstand geraten.

Bei der Beschreibung der Teilchenbewegung ist der Kernpunkt, dass es eine bestimmte Bahn, $\boldsymbol{r}(t)$, auf der ein Teilchen läuft, in der Quantenmechanik nicht gibt. Die Existenz solcher Bahnen wurde in der klassischen Physik aus der Beobachtung makroskopischer Objekte abgeleitet, und unser Denken ist an der Wahrnehmung der makroskopischen Welt geschult. Um die Physik auf der atomaren Skala zu verstehen, ist ein Umdenken erforderlich. Die Gleichungen (3.18)–(3.22) geben dazu eine Anleitung. Wir werden in den Abschnitten 3.4 und 3.5 hierzu einige Beispiele betrachten. Zuvor wollen wir jedoch noch auf die Heisenbergsche Unbestimmtheitsrelation eingehen, die in einer einfachen Formulierung eine der wesentlichen Aussagen der Quantenmechanik enthält. Außerdem wird noch ein ***reales*** Experiment beschrieben, das die Folgerungen aus dem Gedankenexperiment bestätigt.

Die Unbestimmtheitsrelation

Die von Heisenberg 1927 formulierte Unbestimmtheitsrelation, auch Unschärferelation genannt, besagt folgendes:

Satz 3.1

Ort und Impuls eines Teilchens sind in der Quantenmechanik prinzipiell nicht beide gleichzeitig mit beliebiger Genauigkeit definierbar, sondern nur mit einer gewissen Unbestimmtheit, die durch folgende Formeln gegeben ist:

$$\Delta p_x \, \Delta x \geq \frac{\hbar}{2} \, , \quad \Delta p_y \, \Delta y \geq \frac{\hbar}{2} \, , \quad \Delta p_z \, \Delta z \geq \frac{\hbar}{2} \, . \tag{3.23}$$

Diese Aussage ist in der Quantenmechanik von grundsätzlicher Natur. Sie gilt unabhängig von allen Messprozeduren. In Heisenbergs eigenen Worten:[5] „Die Unbestimmtheitsrelationen geben die Grenzen an, bis zu denen die Begriffe der Partikeltheorie angewendet werden können. Ein über diese Relationen hinausgehender, genauerer Gebrauch der Wörter ‚Ort, Geschwindigkeit' ist ebenso inhaltslos wie die Anwendung von Wörtern, deren Sinn nicht definiert worden ist." Ferner: „Da diese Relationen nicht die Genauigkeit z. B. einer Ortsmessung allein oder einer Geschwindigkeitsmessung allein beschränken, so äußert sich ihre Wirkung nur darin, dass jedes Experiment, das eine Messung etwa des Ortes ermöglicht, notwendig die Kenntnis der Geschwindigkeit in gewissem Grade stört." – Ein Beispiel haben wir eben mit dem Heisenberg-Mikroskop kennengelernt. Aus (3.11) und (3.13) folgt in der Tat unmittelbar $\Delta x \Delta p_x \approx h$.

Die in (3.23) gegebene präzise Formulierung der Unbestimmtheitsrelation setzt natürlich voraus, dass die Bedingungen für die Gültigkeit des Gleichheitszeichens genau spezifiziert werden. Wir werden darauf am Ende des Kapitels zurückkommen. Normalerweise sind diese Bedingungen nicht erfüllt. Man formuliert deshalb die Unbestimmtheitsrelation auch wie folgt:

$$\Delta p_x \, \Delta x \gtrsim h \, , \quad \Delta p_y \, \Delta y \gtrsim h \, , \quad \Delta p_z \, \Delta z \gtrsim h \, . \tag{3.24}$$

[5] Zitiert aus W. Heisenberg, „Die Physikalischen Prinzipien der Quantentheorie", B. I. Hochschultaschenbücher, Bibliographisches Institut Mannheim (1958, 1986), S. 9 und 15. Die Erstauflage (Hirzel-Verlag, 1930) basierte auf Vorlesungen, die Heisenberg 1929 an der Universität Chicago hielt.

Die wesentliche Aussage von (3.23) findet sich auch hier: Die Minimalwerte der Produkte in (3.24) sind von der Größenordnung der Planckschen Konstante. Beide Formulierungen der Relation implizieren, dass für die aus der klassischen Physik übernommen Begriffe „Ort" und „Impuls" in der Quantenphysik wie schon in (3.23) Wahrscheinlichkeitsverteilungen angegeben werden, deren Breite man mit Δx, Δp_x, ... charakterisiert. Das Zeichen $\gtrsim$ (größer oder ungefähr gleich) ist mathematisch nicht definierbar, aber physikalisch verständlich. Der Anteil $\approx$ des Zeichens bezieht sich auf die Abhängigkeit der „Breite" von der Form der Verteilung und auf die Willkür bei der Definition der Breiten. Man verwendet häufig die sogenannten **Standardabweichungen** σ, die in der Wahrscheinlichkeitsrechnung als Maß für die Abweichung der Einzelwerte vom Mittelwert der Verteilung dienen (Bd. I/18). Man setzt dann z. B. für die x-Koordinaten der Vektoren $\boldsymbol{r}$ und $\boldsymbol{p}$:

$$\begin{aligned}\Delta x &= \sigma_x = \sqrt{\overline{(x-\overline{x})^2}}\,,\\ \Delta p_x &= \sigma_{p_x} = \sqrt{\overline{(p_x-\overline{p_x})^2}}\,.\end{aligned} \tag{3.25}$$

Unbestimmtheitsrelation und Wellenpakete. In Bd. IV/4.3 hatten wir festgestellt, dass durch Überlagerung ebener Wellen mit Wellenzahlen aus dem Bereich $k \ldots k + \Delta k$ ein **Wellenpaket** der Länge Δx entsteht. Dabei gilt die „klassische Unschärferelation" (IV/4.41), $\Delta k \Delta x \approx 2\pi$. Setzt man hier nach (3.2) $k = p/\hbar$, erhält man die eindimensionale Form von (3.24):

$$\Delta p\, \Delta x \approx h\,. \tag{3.26}$$

Durch die de Broglie-Hypothese wird ein Zusammenhang zwischen der mathematisch begründeten klassischen Unschärferelation und der physikalisch begründeten quantenmechanischen Unbestimmtheitsrelation hergestellt.

Der Anteil $>$ des Zeichens $\gtrsim$ in (3.24) berücksichtigt das Zerfließen des Wellenpakets, das bei nicht dispersionsfreien Wellen eintritt: Die einzelnen Teilwellen des Pakets pflanzen sich mit unterschiedlichen Geschwindigkeiten fort. Wir haben dieses Phänomen bei der Dispersionsrelation (IV/1.30) erwähnt und werden es in Abschn. 3.5 genauer studieren.

Unbestimmtheitsrelation und Teilchenbahnen. Die Bedeutung dieser Relationen für die Newtonsche Mechanik haben wir bereits in Bd. I/3.5 diskutiert: Es ist nicht möglich, die Anfangsbedingungen für die Bewegung eines Teilchens genau festzulegen. Damit ist im Prinzip der Newtonschen Mechanik die Grundlage entzogen. Deshalb erhebt sich die Frage: Wie vertragen sich die beobachteten Bahnen von Körpern mit der Aussage der Quantenmechanik, dass es wohldefinierte Teilchenbahnen nicht gibt? Die Antwort besteht aus zwei Teilen:

1. Die quantenmechanischen Mittelwerte physikalischer Größen gehorchen den klassischen Bewegungsgleichungen.[6]
2. Gemessene Abweichungen von der klassischen Bahn erfüllen die Unbestimmtheitsrelation.

Dann wird sofort klar, dass die Quantenmechanik auf die Bewegung makroskopischer Körper keine Auswirkungen hat, weil h eine sehr kleine Größe ist. Nehmen wir an, ein Ball mit einer Masse von 100 g wird mit einer Geschwindigkeit von 10 m/s in z-Richtung geworfen. Sein Impuls ist $p_z = 1\,\mathrm{kg\,m/s}$. Selbst wenn beim Abwurf die x-Koordinate auf 1 nm genau bekannt wäre, würde dadurch die Impulskomponente p_x nur eine Unsicherheit

$$\begin{aligned}\Delta p_x &\gtrsim h/\Delta x = 6{,}6\cdot 10^{-34}\,\mathrm{Js}/10^{-9}\,\mathrm{m}\\ &= 6{,}6\cdot 10^{-25}\,\mathrm{kg\,m/s}\end{aligned}$$

erhalten. Die Flugrichtung ist dann unbestimmt im Bereich von $\Delta\vartheta = \Delta p_x/p_z \gtrsim 6\cdot 10^{-25}\,\mathrm{rad}$, ein unmessbar kleiner Effekt.

Man beobachtet aber auch bei Teilchen aus dem atomaren und subatomaren Bereich wunderschöne Teilchenspuren, wie man in der in Abb. III/13.16 gezeigten Blasenkammeraufnahme sieht. Der Impuls der Teilchen liegt im Bereich von einigen 100 MeV/c. Die Bildung einer Spur beginnt immer mit einem Zusammenstoß des Teilchens mit einem Atom, für den wir als Unbestimmtheit eine atomare Dimension von $\Delta x \approx 10^{-10}\,\mathrm{m}$ ansetzen. Die Blasen (bzw. Ladungswolken in Spurkammern) entstehen erst nach einer Kette von Sekundärprozessen, sodass der Messfehler für einen Bahnpunkt letztlich wesentlich größer wird (z. B. $10^{-4}\,\mathrm{m}$). Für die Unbestimmtheit der Impulsrichtung des Teilchens nach dem Stoß ergibt sich nun nach (3.24)

$$\begin{aligned}\Delta p_x &\gtrsim \frac{h}{\Delta x} = \frac{4{,}1\cdot 10^{-15}\,\mathrm{eVs}}{10^{-10}\,\mathrm{m}} \approx 4\cdot 10^{-5}\,\frac{\mathrm{eV}}{\mathrm{m/s}} \quad\rightarrow\\ \Delta\vartheta &= \frac{\Delta p_x}{p_z} \gtrsim \frac{4\cdot 10^{-5}\,\mathrm{eV/ms^{-1}}}{10^{8}\,\mathrm{eV}/3\cdot 10^{8}\,\mathrm{ms^{-1}}} \approx 10^{-4}\,\mathrm{rad}\,,\end{aligned}$$

was immer noch relativ klein ist. Man muss aber bedenken, dass eine Spurbeobachtung erst nach einer Vielzahl von Stößen möglich ist, deren Effekte sich akkumulieren. Wir werden auf diese Frage in Abschn. 3.5 zurückkommen.

Die Energie–Zeit-Unbestimmtheitsrelation. Bei den klassischen Unschärferelationen ist nach (IV/4.41) mit der Orts–Wellenzahl-Relation aufs Engste die Frequenz–Zeit-Relation $\Delta\nu\Delta t \approx 1$ verbunden. Multipliziert man

[6] Den Beweis dieses als „Ehrenfestsches Theorem" bezeichneten Sachverhalts findet man in allen Lehrbüchern über Quantenmechanik.

diese Gleichung mit h, erhält man die **Energie–Zeit-Unbestimmtheitsrelation**:

$$\Delta E \, \Delta t \approx h \,. \qquad (3.27)$$

Auch diese Relation ist für die Quantenphysik von großer Bedeutung. In Worten formuliert, besagt sie: ***Bei einem Zustand, der nur während einer Zeit Δt besteht, ist die Energie nur mit einer Genauigkeit $\Delta E \approx h/\Delta t$ bestimmt.***

Auch hier gibt es eine präzise Formulierung: Befindet sich ein quantenmechanisches System, z. B. ein Molekül, ein Atom oder ein Atomkern, in einem angeregten Zustand mit der Energie E, und kann dieser Zustand nur durch spontane Emission von Lichtquanten oder Teilchen zerfallen, dann ist die Energie E nach Maßgabe einer Lorentzkurve unbestimmt. Es gilt

$$\Delta E \cdot \tau = \hbar \,, \qquad (3.28)$$

wobei ΔE die Halbwertsbreite der Lorentzkurve und τ die mittlere Lebensdauer des Zustands ist.[7]

Nullpunktsschwingungen

Wir betrachten ein Teilchen in einem Oszillatorpotential $E_{\text{pot}} = Dx^2/2$ (Abb. 3.7), und fragen nach dem energetisch tiefsten Zustand, den das Teilchen haben kann. In der klassischen Physik wäre das ein ruhendes Teilchen bei $x = 0$ (Abb. 3.7a). Die Gesamtenergie des Teilchens wäre dann $E = E_{\text{kin}} + E_{\text{pot}} = 0$. Für $x = 0$, $p_x = 0$ wäre aber auch $\Delta x = \Delta p_x = 0$, im Widerspruch zu (3.23). Ort und Impuls können nicht gleichzeitig scharf bestimmt sein. Mit der Unbestimmtheitsrelation kann man die Energie E_0 des energetisch tiefsten Zustands ermitteln.

Wegen der Symmetrie des Potentials muss $\overline{x} = \overline{p_x} = 0$ sein. Mit (3.25) folgt dann $\Delta x = \sqrt{\overline{x^2}}$, $\Delta p_x = \sqrt{\overline{p_x^2}}$. Wir nehmen an, dass im energetisch tiefsten Zustand in (3.23) das Gleichheitszeichen gilt, und erhalten damit

$$\sqrt{\overline{x^2}} \cdot \sqrt{\overline{p_x^2}} = \frac{\hbar}{2} \quad \rightarrow \quad \overline{p_x^2} = \frac{\hbar^2}{4\,\overline{x^2}} \,. \qquad (3.29)$$

Die Energie eines Teilchens mit der Masse m im Oszillatorpotential ist $E = p^2/2m + Dx^2/2$. Da E konstant ist, gilt diese Formel auch mit den Mittelwerten:

$$E = \frac{\overline{p_x^2}}{2m} + \frac{D\,\overline{x^2}}{2} = \frac{\hbar^2}{8m\,\overline{x^2}} + \frac{D\,\overline{x^2}}{2} \,.$$

[7] vgl. (IV/4.60). – Siehe auch B. L. Schiff, „Quantenmechanik", Sec. 36 (McGraw-Hill 1955), W. Heitler, „The Quantum Theory of Radiation", Sec. 20 (Oxford University Press 1954).

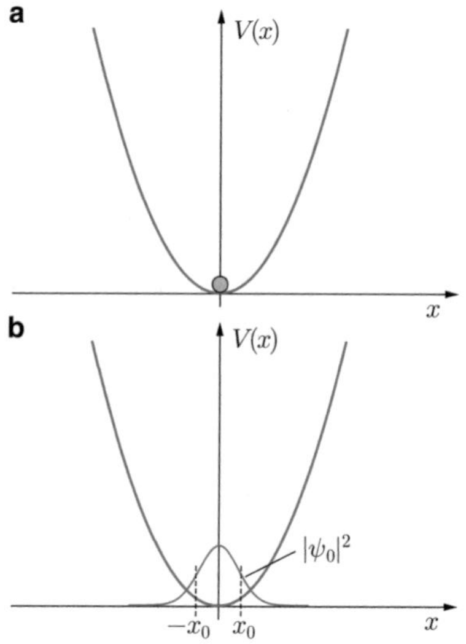

Abbildung 3.7 Energetisch tiefster Zustand eines Teilchens im Oszillator-Potential **a** klassisch, **b** quantenmechanisch

Die minimale Energie E_0 wird erreicht, wenn

$$\frac{\mathrm{d}E}{\mathrm{d}\overline{x^2}} = -\frac{\hbar^2}{8m(\overline{x^2})^2} + \frac{D}{2} = 0$$

ist, also für $\overline{x^2} = \hbar/2\sqrt{mD}$. Damit erhalten wir für die minimale Energie

$$E_0 = \frac{2\sqrt{mD}\,\hbar^2}{8m\hbar} + \frac{D\hbar}{4\sqrt{mD}} = \frac{\hbar}{2}\sqrt{\frac{D}{m}} = \frac{\hbar}{2}\omega \,. \qquad (3.30)$$

Dies stimmt genau mit dem Ergebnis der exakten Rechnung überein, die wir in Abschn. 4.6 durchführen werden. Es wird sich dort auch zeigen, dass das kein Zufall ist, denn die Annahme bei (3.29) ist hier gerechtfertigt.

E_0 ist die **Nullpunktsenergie** des harmonischen Oszillators, (3.29) beschreibt die sogenannte **Nullpunktsschwingung**. Diese Bezeichnung ist etwas irreführend. Es gibt bei der Nullpunktsschwingung keine oszillatorische Bewegung. Die Aufenthaltswahrscheinlichkeit $|\psi_0(x)|^2\mathrm{d}x$ hängt von x ab, wie Abb. 3.7 zeigt, aber ***nicht*** von der Zeit. Das Teilchen hat in diesem Zustand trotzdem eine kinetische Energie: Im Oszillatorpotential ist $E_{\text{kin}}^{(0)} = E_0/2 = h\nu/4$.

Plancks Formel (2.2) muss also modifiziert werden. Die Energiestufen des harmonischen Oszillators sind

$$E_n = \left(n + \frac{1}{2}\right)\hbar\omega \,, \qquad n = 0, 1, 2, 3, \ldots \qquad (3.31)$$

Die an (2.2), $E_n = n\hbar\omega$, anschließende Überlegung zur Begründung der Planckschen Strahlungsformel ist trotzdem nicht hinfällig: Die Nullpunktsenergie kann bei der Herstellung des thermischen Gleichgewichts weder abgegeben noch aufgenommen werden. Sie braucht daher in (2.5)–(2.6) nicht berücksichtigt zu werden.

Es stellt sich die Frage: Kann man Effekte der Nullpunktsschwingung beobachten und die Nullpunktsenergie messen? Das ist in der Tat der Fall. Der spektakulärste Effekt wird durch die Nullpunktsschwingungen der Elektronen im Coulomb-Potential verursacht: Sie erklären die räumliche Ausdehnung der Atome. Man kann mit der Unbestimmtheitsrelation den Radius des Wasserstoff-Atoms abschätzen. Im energetisch tiefsten Zustand, dem **Grundzustand** des Atoms, muss das Elektron im zeitlichen Mittel einen Abstand r vom Atomkern und einen Impuls p haben, damit die Unbestimmtheitsrelation erfüllt ist. Wenn man

$$r\,p \approx \hbar \tag{3.32}$$

setzt, ist die Gesamtenergie des Elektrons im H-Atom

$$\begin{aligned} E = E_{\text{kin}} + E_{\text{pot}} &= \frac{p^2}{2m} - \frac{e^2}{4\pi\epsilon_0 r} \\ &\approx \frac{\hbar^2}{2m r^2} - \frac{e^2}{4\pi\epsilon_0 r}\,. \end{aligned} \tag{3.33}$$

Das Minimum dieser Energie wird erreicht, wenn

$$\frac{\mathrm{d}E}{\mathrm{d}r} = -\frac{2\hbar^2}{2m r^3} + \frac{e^2}{4\pi\epsilon_0 r^2} = 0$$

ist, wenn also

$$r = a_0 = 4\pi\epsilon_0 \frac{\hbar^2}{m e^2} = 0{,}529 \cdot 10^{-10}\,\text{m} \tag{3.34}$$

ist. a_0 ist der „Bohrsche Radius" des H-Atoms, auf den wir in Kap. 7 zurückkommen werden. Dass hier die Abschätzung mit der Unbestimmtheitsrelation mit der exakten Rechnung übereinstimmt, ist eine Folge des speziellen Ansatzes (3.32). Für die Bindungsenergie des H-Atoms im Grundzustand folgt mit (3.33) und (3.34)

$$\begin{aligned} E_0 &= \frac{\hbar^2}{2m a_0^2} - \frac{e^2}{4\pi\epsilon_0 a_0} \\ &= -\frac{1}{2}\frac{e^2}{4\pi\epsilon_0 a_0} = -13{,}6\,\text{eV}\,. \end{aligned} \tag{3.35}$$

Das ist in der Tat die Ionisierungsenergie des Wasserstoff-Atoms.

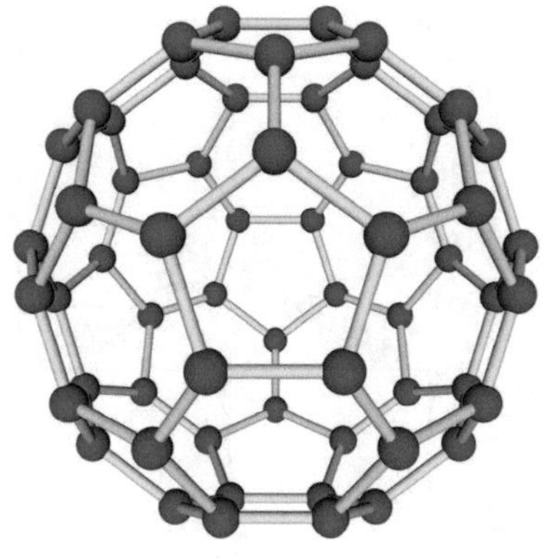

Abbildung 3.8 Das Molekül C_{60}. Nach W. Krätschmer (1992)

C_{60}-Moleküle am Beugungsgitter

Wir kehren zu einem realen Experiment zurück, das die für die Quantenmechanik wesentlichen Aussagen des Gedankenexperiments, nämlich die Gleichungen (3.21) und (3.22) bestätigt, und zwar mit viel größeren und komplexeren Objekten, als mit den im Gedankenexperiment betrachteten Elektronen. Während bei den frühen Experimenten zum Nachweis der de Broglie-Wellen als beugende Struktur Kristallgitter dienten, ist es seit einiger Zeit möglich, aus einer Silizium-Stickstoff-Verbindung SiN_x freitragende Transmissionsgitter mit einer Gitterkonstanten $g \approx 100\,\text{nm}$ und einer Spaltbreite $\approx 50\,\text{nm}$ herzustellen. Das ist viel kleiner als die Gitterkonstante der in Bd. IV/8.2 beschriebenen Beugungsgitter ($g \gtrsim 1\,\mu\text{m}$), aber viel größer als die Gitterkonstante der Kristalle ($g \approx 0{,}5\,\text{nm}$).

Mit einem solchen Gitter gelang es A. Zeilinger und Mitarbeitern (Universität Wien), die Beugung des in Abb. 3.8 gezeigten, fußballartig strukturierten C_{60}-Moleküls nachzuweisen. Abb. 3.9 zeigt die Apparatur. Der C_{60}-Molekularstrahl kommt aus einem Ofen, der auf 900 K geheizt ist. Der Strahl wird kollimiert und fällt auf das Beugungsgitter. Zum Nachweis der Moleküle in der Beobachtungsebene dient ein Laserstrahl, der zu einer Strahltaille mit 7 µm Ø fokussiert ist. Er kann verschoben werden, wie

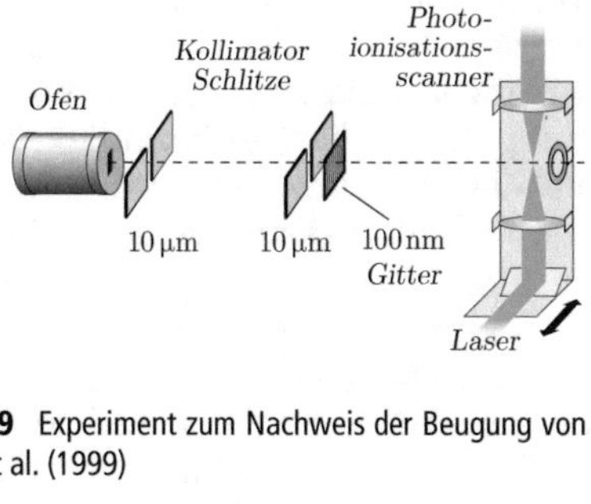

Abbildung 3.9 Experiment zum Nachweis der Beugung von C_{60}-Molekülen, aus M. Arndt et al. (1999)

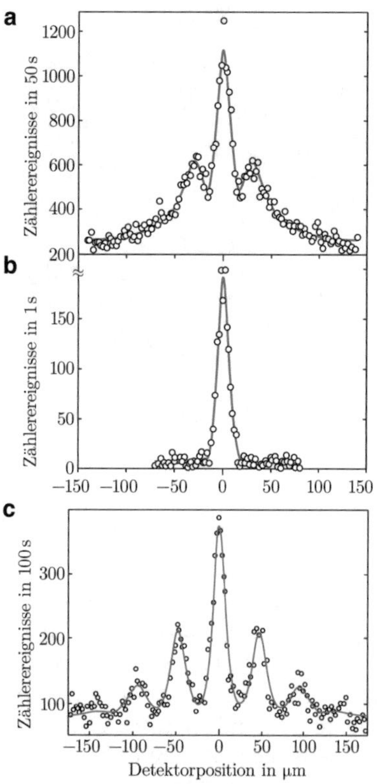

Abbildung 3.10 **a** Beugung von C_{60}-Molekülen an einem Transmissionsgitter: Messpunkte und das mit der Kirchhoffschen Beugungstheorie berechnete Beugungsbild. **b** Strahlprofil, gemessen ohne das Gitter. **c** Messung mit Geschwindigkeitsselektion. **a** und **b** aus M. Arndt et al. (1999), **c** aus O. Nairz et al. (2002)

in der Abbildung durch den Doppelpfeil gezeigt ist. C_{60}-Moleküle, die durch diese Strahltaille laufen, werden so stark aufgeheizt, dass einige durch Glühemission ionisiert werden. Die C_{60}-Ionen werden mit einer in der Abbildung nicht mehr gezeigten Ionenoptik fokussiert, beschleunigt und mit einem Einkanal-SEV (Abb. III/9.22) nachgewiesen.

Das Messergebnis ist in Abb. 3.10a gezeigt. Die Maxima und Minima im Beugungsbild entsprechen genau der Kirchhoffschen Beugungstheorie. Der Verlauf der ausgezogenen Kurve in Abb. 3.10a hängt allein vom Strahlprofil (Bild (b)), von der Struktur des Gitters und von den de Broglie-Wellenlängen der einzelnen Moleküle ab. Zu deren Berechnung wurde die Geschwindigkeitsverteilung der C_{60}-Moleküle experimentell bestimmt. Die wahrscheinlichste Geschwindigkeit der Moleküle war $v = 220\,\mathrm{ms}^{-1}$, die Breite der Verteilung $\Delta v/v = 0{,}6$. Daraus folgt mit (3.2) und mit $m = 60 \cdot 12 = 720$ atomaren Masseneinheiten eine de Broglie-Wellenlänge $\lambda = 0{,}0025\,\mathrm{nm}$. Der Moleküldurchmesser ist 1 nm, viel größer als die de Broglie-Wellenlänge, aber viel kleiner als die Breite der Gitterspalte. Dennoch fliegt das C_{60}-Molekül nicht wie ein kleiner Fußball durch das Beugungsgitter, wie man erwarten könnte.[8]

In einer späteren Version des Experiments wurde zwischen Ofen und Kollimator noch ein aus rotierenden geschlitzten Scheiben bestehender Geschwindigkeitsselektor eingebaut, der nur Moleküle in einem schmalen Geschwindigkeitsbereich hindurchlässt ($v = 117\,\mathrm{m/s}$, $\Delta v/v = 0{,}17$). Damit sind auch die Beugungsmaxima 2. Ordnung zu erkennen (Abb. 3.10c).

Es ist hervorzuheben, dass das C_{60}-Molekül mit seinen vielen inneren Freiheitsgraden fast schon als makroskopischer Körper betrachtet werden kann. Bei einer Ofentemperatur von 900 K sind die Vibrationsfreiheitsgrade der Moleküle in beträchtlichem Maße angeregt, und zwar bei zwei aufeinanderfolgenden Molekülen fast mit Sicherheit in unterschiedlicher Weise. Auch enthalten 50 % der Moleküle neben den ^{12}C-Atomen ein oder zwei ^{13}C-Atome. Alle diese individuellen Eigenschaften der Moleküle haben keinen Einfluss auf das Beugungsbild, wie die Übereinstimmung der Messpunkte mit den berechneten Kurven zeigt. Das ist ein direkter Beweis dafür, dass stets nur ***ein*** C_{60}-Molekül mit sich selbst interferiert, denn miteinander interferieren könnten nur solche Moleküle, die in allen Bestimmungsstücken übereinstimmen. Überdies ist der Abstand zwischen zwei aufeinanderfolgenden Molekülen um viele Größenordnungen größer, als die Reichweite der van der Waals-Kräfte, so dass die Moleküle gar nicht miteinander wechselwirken könnten.

Es führt kein Weg an der Feststellung vorbei: Bei diesen Experimenten läuft das C_{60}-Molekül als ***de Broglie-Welle*** durch das Gitter. Die Amplitude der Wellenfunktion ist zum Zeitpunkt des Durchgangs in mehreren benachbarten Gitterspalten ungleich Null. Da es sich um die in (3.16) eingehende Wahrscheinlichkeitsamplitude handelt, bedeutet das in keiner Weise, dass sich das Molekül etwa aufspaltet. Man muss vielmehr schließen, dass die Vorstellung einer bestimmten Teilchenbahn hier nicht anwendbar ist.

Die Beugung der Materiewellen wurde von der Wiener Gruppe auch an anderen großen Molekülen nachgewiesen, z. B. an einem organischen Molekül mit der Summenformel $C_{44}H_{30}N_4$, dessen Form einem fliegenden Teppich ähnelt, und an dem Molekül $C_{60}F_{48}$ mit 1632 atomaren Masseneinheiten. Offenbar gibt es keine prinzipielle Obergrenze für die Masse der Objekte, mit denen die quantenmechanischen Interferenzen beobachtet werden könnten, nur wird es immer schwieriger, solche Experimente auszuführen.

Beobachtung der Moleküle beim Durchgang durch das Beugungsgitter. Bei einer Ofentemperatur von 900 K fliegen die Moleküle „rot-glühend" durch die Apparatur.

[8] Näheres zu diesem Experiment: M. Arndt, O. Nairz, J. Vos-Andreae, C. Keller, G. van der Zouw u. A. Zeilinger: „Wave-particle duality of C_{60} molecules", Nature 401, 680 (1999).

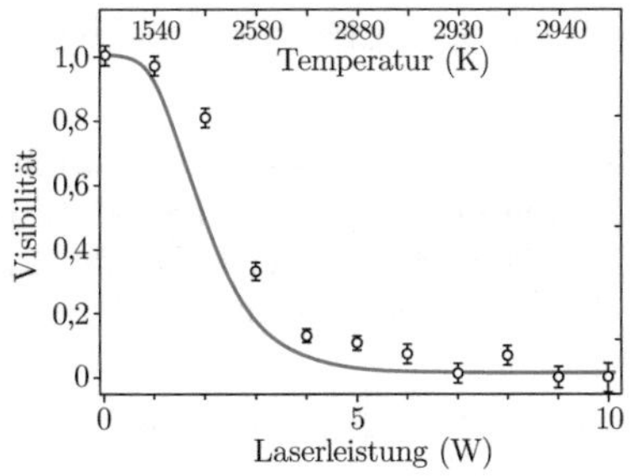

Abbildung 3.11 Visibilität der Interferenzstreifen als Funktion der Laserleistung bzw. der Temperatur der Moleküle (untere bzw. obere Skala), aus L. Hackermüller et al. (2004)

Prinzipiell könnte man versuchen, sie auf ihrem Weg durch das Beugungsgitter zu beobachten. Die Lichtwellenlänge liegt jedoch im Bereich von 10 µm; bei einer Gitterkonstante von 100 nm kann man daher unmöglich feststellen, durch welchen Spalt das Molekül geflogen ist. Das Beugungsbild wird dementsprechend durch den Rückstoß bei der Photonenemission nicht beeinträchtigt.

Wenn man statt des einfachen Beugungsgitters ein „Talbot–Lau-Interferometer" verwendet, eine Anordnung von drei hintereinandergestellten Gittern, kann man auch mit einer Gitterkonstante von 1 µm die Interferenz der Materiewellen beobachten. Vor einem solchen Interferometer wurde ein Strahl von C_{70}-Molekülen mit intensiven Laserstrahlen bis zur Weißglut aufgeheizt[9]. C_{70} ist ähnlich strukturiert wie C_{60}, hat aber etwas mehr Vibrationsfreiheitsgrade, nämlich $3 \cdot 70 - 6 = 204$. Bei 2500 K emittiert ein C_{70}-Molekül innerhalb des Interferometers 2 – 3 Photonen im sichtbaren Spektralbereich. Die Wellenlänge des Lichts ist deutlich kürzer als die Gitterkonstante. Daher könnte man im Prinzip feststellen, auf welchem Weg das Molekül durch die Gitter gelaufen ist, und nach (3.22) müsste die quantenmechanische Interferenz verschwinden!

In Abb. 3.11 ist die Visibilität der Interferenzstreifen als Funktion der Laserintensität gezeigt; auf der oberen Skala ist die mittlere Temperatur der Moleküle beim Eintritt in das Interferometer aufgetragen. Der Übergang vom quantenmechanischen zum klassischen Verhalten der Moleküle ist klar zu erkennen. Bei 2900 K sind die Interferenzstreifen verschwunden. Die ausgezogene Kurve ist mit der bei (3.22) erwähnten Dekohärenz-Theorie berechnet.[10] Auch die dritte der am Ende von Abschn. 3.2 angegebenen Folgerungen aus dem Gedankenexperiment wird also bestätigt.

[9] L. Hackermüller, K. Hornberger, B. Brezger, A. Zeilinger u. M. Arndt: „Decoherence of matter waves by thermal emission of radiation", Nature **427**, 711 (2004).

[10] K. Hornberger, J. E. Siepe u. M. Arndt: „Theory of Decoherence in a Matter Wave Talbot-Lau Interferometer", Physical Review A **70**, 053608 (2004).

3.4 Neutronen als Materiewellen

Neutronen-Interferometrie

Bei dem im Folgenden beschriebenen Experiment[11] dient als Neutronenquelle ein Kernreaktor. Die Wellenlänge der thermischen Neutronen aus dem Reaktor ($E_{\mathrm{kin}} \approx 0{,}05\,\mathrm{eV}$) ist mit $m_\mathrm{n}c^2 = 940\,\mathrm{MeV}$ nach (3.6)

$$\lambda = \frac{hc}{\sqrt{2m_\mathrm{n}c^2 E_{\mathrm{kin}}}} = \frac{0{,}0286\,\mathrm{nm}\sqrt{\mathrm{eV}}}{\sqrt{E_{\mathrm{kin}}}} \approx 0{,}13\,\mathrm{nm}\,. \tag{3.36}$$

Sie ist kürzer als die Gitterkonstanten der Kristalle, und daher können thermische Neutronen wie Röntgenstrahlen an Kristallgittern gebeugt werden. An die Stelle der kohärenten Streuung der Röntgenstrahlen an der Atomhülle (1.21) tritt dabei die elastische Streuung der Neutronen am Atomkern.

Zunächst wird durch Bragg-Reflexion ein Strahl monochromatischer Neutronen hergestellt: Die Neutronen kommen mit einer Maxwellschen Geschwindigkeitsverteilung aus dem Reaktor heraus und fallen unter dem Winkel α_C auf einen Graphit-Kristall. Der reflektierte Strahl enthält nach (1.33) im wesentlichen nur Neutronen der Wellenlänge $\lambda = 2d \sin \alpha_\mathrm{C}$.

Der monochromatische Neutronenstrahl fällt auf ein Interferometer, bestehend aus einem Silizium-Einkristall, aus dem die in Abb. 3.12 gezeigte Form herausgearbeitet wurde. Es handelt sich um einen perfekten Kristall, d. h. die ideale Ordnung der Gitterebenen wird im gesamten Volumen des Kristalls eingehalten. Die Lage der (110)-Ebenen ist in Abb. 3.12 durch dünne Linien angedeutet. Der Strahl wird, wie in Abb. 3.13 gezeigt, unter dem Bragg-Winkel α_{Si} auf den Kristall geleitet. An der ersten Platte wird die de Broglie-Welle des Neutrons in zwei Teilwellen 1 und 2 aufgespalten, die nach einer zweiten Reflexion an der mittleren Platte in der letzten Platte wieder zusammengeführt werden. Auch in dieser Platte kann nochmals Bragg-Reflexion stattfinden. Die austretenden Strahlen treffen auf zwei BF_3-Zählrohre A und B, in denen die Neutronen nachgewiesen werden.

Wir betrachten nun die Wellenfunktion des Neutrons. Ist Weg 2 oder Weg 1 blockiert (z. B. durch ein Cadmiumblech), so wird die Wellenfunktion mit ψ_1 bzw. mit ψ_2 bezeichnet. Sind beide Wege offen, ist die Wellenfunktion

[11] H. Rauch, W. Treiner u. U. Bonse, Physics Letters A **47**, 399 (1974). – Die Grundbegriffe der Neutronenphysik, insbesondere auch des Experimentierens mit thermischen Neutronen, findet man in den Abschnitten Bd. I/19.2 und I/19.3.

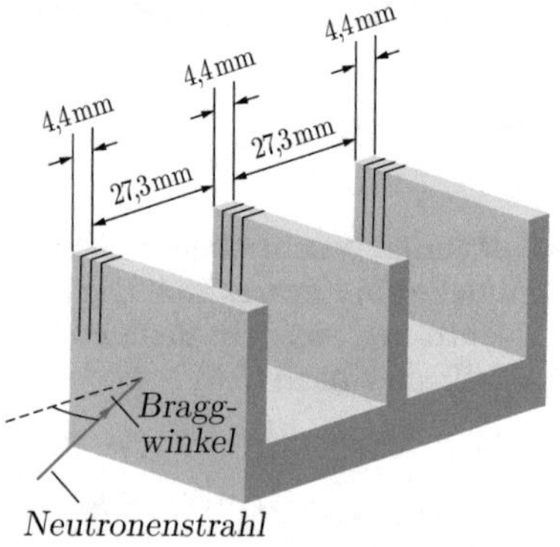

Abbildung 3.12 Perfektkristall-Interferometer für Neutronen

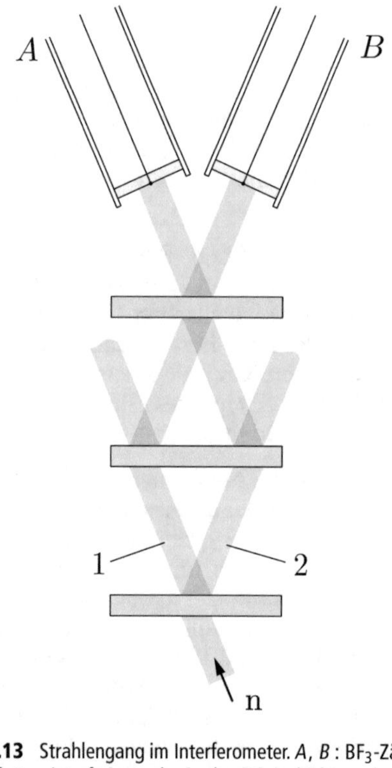

Abbildung 3.13 Strahlengang im Interferometer. A, B : BF_3-Zählrohre. Im Inneren der Si-Platten interferieren der in der Originalrichtung laufende und der Bragg-reflektierte Strahl miteinander. Das führt dazu, dass sich dort die Welle parallel zu den Netzebenen ausbreitet

des Neutrons gegeben durch

$$\psi_{12}(\boldsymbol{r},t) = \frac{1}{\sqrt{2}}\left(\psi_1(\boldsymbol{r},t) + \psi_2(\boldsymbol{r},t)\right), \tag{3.37}$$

denn es ist nicht bekannt, auf welchem Wege das Neutron durch das Instrument läuft. Insofern ist das Experiment identisch mit dem Gedankenexperiment am Doppelspalt, bei dem die Wellenfunktion durch (3.20) gegeben ist. Der Faktor $1/\sqrt{2}$ ist erforderlich, wenn die drei Wellenfunktionen $\psi_{12}(\boldsymbol{r},t)$, $\psi_1(\boldsymbol{r},t)$ und $\psi_2(\boldsymbol{r},t)$ nach (3.17) normiert sind.

Der Strahl, der auf Zähler A trifft, ist dadurch ausgezeichnet, dass er parallel zum einfallenden Strahl verläuft. Wir bezeichnen die Wellenfunktion am Ort des Zählers A mit $\psi_{12}(A)$. Die Zählrate des Zählrohrs A ist

$$N_A \propto \left|\psi_{12}(A)\right|^2 = \frac{1}{2}\left|\psi_1(A) + \psi_2(A)\right|^2 . \tag{3.38}$$

Der in Abb. 3.13 gezeigte Strahlengang ist vollkommen symmetrisch, denn auf beiden Wegen finden genau je zwei Bragg-Reflexionen statt, und je einmal wird der Strahl geradlinig durchgelassen. Daher muss gelten

$$\psi_1(A) = \psi_2(A) . \tag{3.39}$$

Das Neutron erreicht also mit gleicher Wahrscheinlichkeit und gleicher Phase auf Weg 1 oder auf Weg 2 den Zähler A. Die Wellenfunktionen $\psi_1(B)$ und $\psi_2(B)$ verhalten sich in dieser Hinsicht anders: Das Neutron wird auf dem Weg 1 nur einmal reflektiert, auf dem Weg 2 aber dreimal. Es ist also $\psi_1(B) \neq \psi_2(B)$.

Nun führen wir eine planparallele Platte aus einem beliebigen, die Neutronen nicht absorbierenden Material, z. B. aus Aluminium, in den Weg 2 ein (Abb. 3.14). Wie wir am Ende dieses Abschnitts genauer diskutieren werden, kann man die Wirkung dieser Maßnahme auf den Strahl mit einem Brechungsindex n beschreiben. Bei den meisten

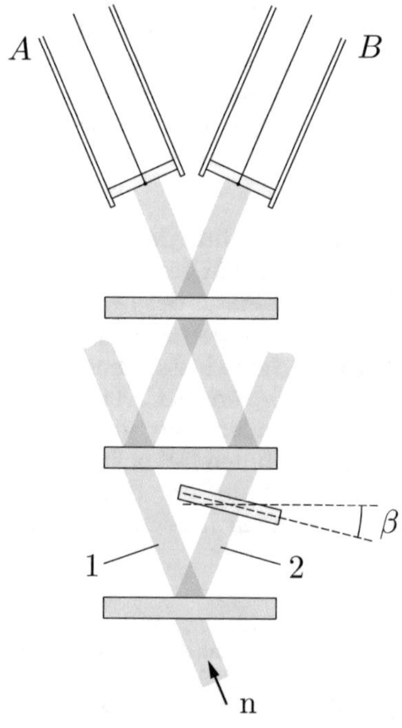

Abbildung 3.14 Phasenschieber im Teilstrahl 2

Elementen ist der Brechungsindex für thermische Neutronen $n < 1$. Innerhalb der Platte nimmt dementsprechend die Wellenlänge des Neutrons etwas zu. Durch Drehen der Platte (Veränderung des Winkels β) kann man die optische Weglänge und damit die Phase des Wegs 2 verändern. Bei einem Phasenschub χ wird $\psi_2(A)$ multipliziert mit einem Faktor $e^{i\chi}$. Man erhält dann

$$\begin{aligned} \psi_{12}(A) &= \frac{1}{\sqrt{2}}\psi_1(A)\left(1+e^{i\chi}\right) \\ N_A &\propto \left|\psi_{12}(A)\right|^2 = \left|\psi_1(A)\right|^2(1+\cos\chi)\ . \end{aligned} \tag{3.40}$$

Da im Phasenschieber keine Neutronen verloren gehen, muss gelten

$$N_A + N_B = \text{const}\ . \tag{3.41}$$

Man beobachtet als Funktion des Winkels β das in Abb. 3.15 gezeigte Interferenzbild. Bild (a) zeigt die erste Messung des Effekts, Bild(b) eine neuere Messung, bei der eine Visibilität der Interferenzstreifen von 88 % erreicht wurde.[12]

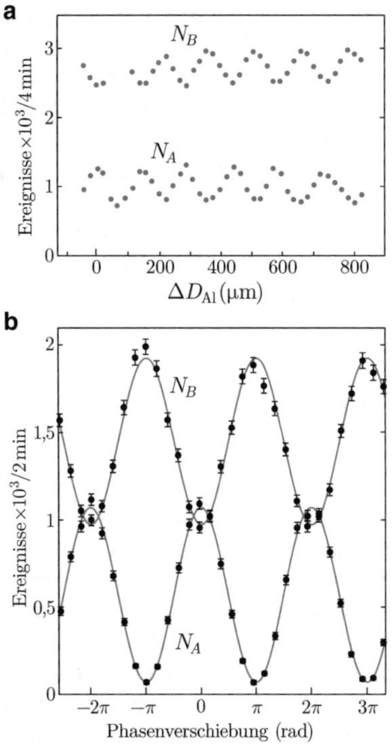

Abbildung 3.15 Zählrate in den Zählrohren A und B als Funktion der Phasenschieber-Stellung. **a** Aus H. Rauch (1974), **b** aus M. Arif u. D. L. Jacobson (1997)

Aus der Strahlintensität kann man abschätzen, dass während ein Neutron die Apparatur durchläuft, das nächste noch im Reaktor steckt, höchstwahrscheinlich sogar noch in einem Urankern. Es befindet sich also stets nur ***ein*** Neutron in der Apparatur. Die räumliche Ausdehnung des Wellenpakets, durch welches das Neutron dargestellt wird, lässt sich aus der Bandbreite des Monochromators abschätzen: Sie beträgt ca. 100 nm in Strahlrichtung und quer zur Strahlrichtung einige Millimeter. Die räumliche Trennung der Strahlen beträgt mehrere Zentimeter, die Reichweite der Kernkraft ca. 10^{-15} m.

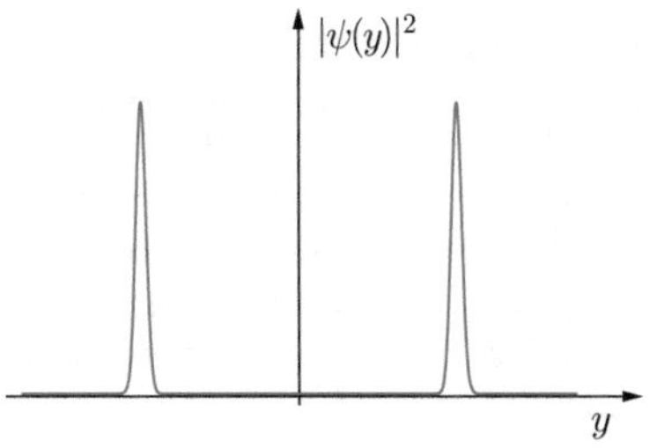

Abbildung 3.16 Aufenthaltswahrscheinlichkeit des Neutrons in der mittleren Platte des Perfektkristall-Interferometers

Dieses Wellenpaket läuft durch die Apparatur. Seine Amplitude – wohlgemerkt: die „Wahrscheinlichkeitsamplitude" nach M. Born – wird in der ersten Platte in zwei Teilwellen aufgeteilt, die auf den Wegen 1 und 2 durch das Interferometer laufen. In der mittleren Platte hat die Wellenfunktion des Neutrons zwei räumlich weit voneinander entfernte Maxima (Abb. 3.16). Die beiden Teilwellen interferieren miteinander, wenn sie sich in der dritten Platte überlagern. Ihre Phasendifferenz wirkt sich über den Interferenzterm auf die Amplitude der Wellenfunktion ψ_A aus.

So klar und einfach wie die Beschreibung des Experiments mit den Vorgaben von (3.16)–(3.21) ist, so absurd ist es zu versuchen, das Experiment vom Standpunkt der klassischen Physik aus zu analysieren. Angenommen, das Neutron fliegt auf Weg 1, und der Phasenschieber in Weg 2 ist so eingestellt, dass in Abb. 3.15 N_A ein Maximum hat. Wie erhält das Neutron Kunde von der Existenz und Winkelstellung des Phasenschiebers, so dass es sich in der hintersten Platte des Instruments vorschriftsmäßig für Bragg-Reflexion und für den Weg zum Zähler A entscheiden kann? Angenommen, das Neutron läuft auf Weg 2, woher weiß es, dass es in der hintersten Platte geradeaus laufen soll? Das Problem verschwindet natürlich, wenn man die Vorstellung aufgibt, dass das Neutron auf einer bestimmten Bahn durch die Apparatur läuft.

[12] Die Visibilität der Streifen hängt davon ab, wie perfekt der Perfektkristall ist, wie genau das Interferometer gearbeitet ist und wie klein die Winkeldivergenz des Strahls ist. Die Phasendifferenz Null in Abb. 3.15 wird dadurch erreicht, dass man die Phasenschieberplatte so lang macht, dass sie beide Strahlen überdeckt. Dann ist $\chi = 0$ wenn $\beta = 0$ ist. Wird die Platte um eine Achse senkrecht zur Zeichenebene von Abb. 3.14 um den Winkel β gedreht, dann wird die optische Weglänge auf dem einen Weg größer, auf dem anderen kleiner.

Man kann noch andere Experimente mit dem Perfekt-Kristall-Interferometer und seinen beiden, räumlich weit voneinander getrennten Teilstrahlen durchführen: Stets stimmt das Versuchsergebnis mit der quantenmechanischen Vorhersage überein.[13] Das begriffliche Problem liegt in der „Nicht-Lokalität" der Quantenphysik, wie sie in Abb. 3.16 und in dem eben geschilderten Experiment zum Ausdruck kommt, und nicht so sehr, wie man ursprünglich vermutete, im statistischen Charakter der quantenmechanischen Aussagen.

Strukturanalyse und Phononenspektroskopie mit Neutronen

Wie wir soeben gesehen haben, kann man an einem Kernreaktor durch Bragg-Reflexion aus dem Spektrum der thermischen Neutronen einen monoenergetischen Neutronenstrahl ausblenden. Mit solchen Neutronenstrahlen kann man an Kristallen ähnliche Strukturuntersuchungen machen wie mit monochromatischen Röntgenstrahlen (Abschn. 1.3). Dabei ist von Bedeutung, dass die Wirkungsquerschnitte für elastische Streuung von Neutronen an Atomkernen bei allen Elementen von gleicher Größenordnung sind, während der Wirkungsquerschnitt für die Streuung von Röntgenstrahlen proportional zu Z^2 ist. H-Atome sind für Röntgenstrahlen praktisch unsichtbar, nicht aber für Neutronenstrahlen.

Es gibt auch eine unelastische kohärente Streuung von Neutronen an Kristallen. Ihre Untersuchung ist ***die*** Methode zum Studium der Gitterschwingungen, d. h. der Kristalldynamik. Wir untersuchen zunächst die Impulsbilanz bei der Bragg-Reflexion, also bei der ***kohärenten elastischen Streuung*** des Neutrons an der Netzebenenschar mit den Miller-Indizes (*hkl*). Dabei wird vom Kristall auf das Neutron der Impuls

$$\hbar \boldsymbol{k}'_\mathrm{n} - \hbar \boldsymbol{k}_\mathrm{n} = \hbar \boldsymbol{K} = \hbar \boldsymbol{G}_{hkl} \tag{3.42}$$

übertragen, wie in Abb. 3.17 gezeigt ist. $\hbar \boldsymbol{k}_\mathrm{n}$ ist der Impuls des einfallenden, $\hbar \boldsymbol{k}'_\mathrm{n}$ der Impuls des gestreuten Neutrons, $\boldsymbol{K}$ ist der in (1.20) definierte Streuvektor. Der Vektor $\boldsymbol{G}_{hkl}$ steht senkrecht auf den Ebenen (*hkl*). Seinen Betrag können wir mit der Bragg-Bedingung $2d_{hkl}\sin\alpha = \lambda$ ermitteln: Mit Abb. 3.17b und mit $k'_\mathrm{n} = k_\mathrm{n} = 2\pi/\lambda$ erhält man

$$|\boldsymbol{G}_{hkl}| = 2\frac{2\pi}{\lambda}\sin\alpha = \frac{2\pi}{d_{hkl}} \,. \tag{3.43}$$

Der Rückstoß $-\hbar \boldsymbol{G}_{hkl}$ wird auf den Kristall als Ganzes übertragen, weil alle Atome des Kristalls an der Bragg-Reflexion beteiligt sind. Der Energieübertrag auf den Kristall ist wegen dessen großer Masse völlig zu vernachlässigen. Man nennt $\boldsymbol{G}_{hkl}$ den den Netzebenen (*hkl*) zugeordneten **reziproken Gittervektor**.[14]

[13] Siehe hierzu H. Rauch: „Die Quantenmechanik auf dem Prüfstand der Neutroneninterferometrie", Physikalische Blätter 41, p. 190 (1985).

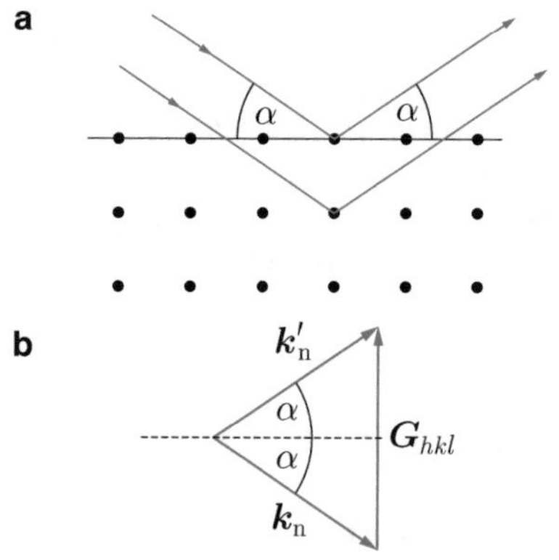

Abbildung 3.17 Impulsbilanz bei der Bragg-Reflexion

Die **kohärente inelastische Streuung** von Neutronen am Kristall führt wie die elastische Streuung zu Reflexen, jedoch mit markanten Unterschieden (Abb. 3.18a). Der Impuls des gestreuten Neutrons $\hbar \boldsymbol{k}'_\mathrm{n}$ kann größer oder kleiner sein als der Impuls $\hbar \boldsymbol{k}_\mathrm{n}$ des einfallenden Neutrons. Auch ist der Winkel $\beta \neq 2\alpha$. Bei diesem Prozess überträgt das Neutron die Energie ΔE auf eine der Schwingungsmoden des Kristallgitters, oder es entzieht einer Mode Schwingungsenergie. Dabei wird ein Phonon mit der Energie $\hbar\omega = \Delta E$ und mit dem Wellenvektor $\boldsymbol{k}_\mathrm{Phon}$ erzeugt oder vernichtet. Auch bei der Änderung des Schwingungszustands sind alle Atome des Kristalls beteiligt. Der Prozess verläuft kohärent, d. h. die von den schwingenden Atomen ausgehenden Streuwellen sind sämtlich in Phase, wenn die folgende Bedingung erfüllt ist:

$$\boldsymbol{k}'_\mathrm{n} - \boldsymbol{k}_\mathrm{n} = \boldsymbol{K} = \boldsymbol{G}_{hkl} \pm \boldsymbol{k}_\mathrm{Phon} \,. \tag{3.44}$$

Das Pluszeichen gilt für die Vernichtung, das Minuszeichen für die Erzeugung eines Phonons. Impuls- und Energiesatz haben die Formen

$$\hbar \boldsymbol{k}'_\mathrm{n} = \hbar \boldsymbol{k}_\mathrm{n} + \hbar \boldsymbol{G} \pm \hbar \boldsymbol{k}_\mathrm{Phon} \,, \tag{3.45}$$

$$\frac{\hbar^2 k'^2_\mathrm{n}}{2m_\mathrm{n}} = \frac{\hbar^2 k^2_\mathrm{n}}{2m_\mathrm{n}} \pm \hbar\,\omega(\boldsymbol{k}_\mathrm{Phon}) \,; \tag{3.46}$$

[14] Dieser Begriff stammt aus der Theorie der Streuung von Photonen und anderen Teilchen an Kristallen, siehe Lehrbücher der Festkörperphysik, z. B. S. Hunklinger, „Festkörperphysik", Oldenbourg-Verlag (2007). In dieser Theorie wird gezeigt, dass sich bei der elastischen Streuung die von den einzelnen Atomen ausgehenden Streuwellen durch Interferenz auslöschen, mit Ausnahme derjenigen Emissionsrichtungen, bei denen der Streuvektor $\boldsymbol{K}$ gleich einem „reziproken Gittervektor" $\boldsymbol{G}_{hkl}$ ist. Dabei ist die Streuintensität um so größer, je kleiner die Miller-Indizes (*hkl*) sind. Die Bragg-Bedingung erhält man in dieser Theorie unter Umkehrung der Schlussweise, mit der wir (3.43) begründet haben. Bei der inelastischen Streuung führt die Streutheorie auf die Kohärenzbedingung (3.44).

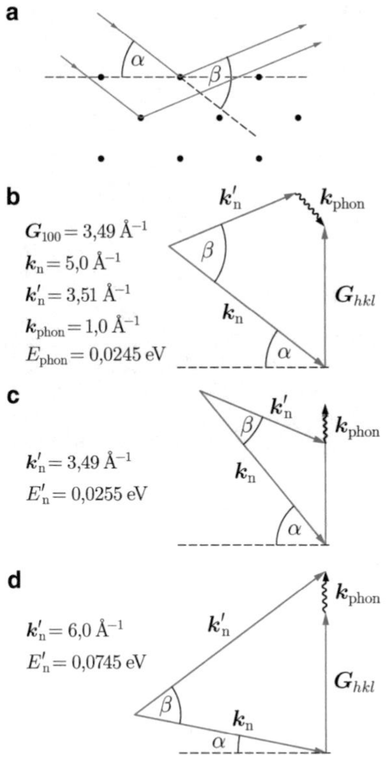

Abbildung 3.18 Kohärente inelastische Streuung von Neutronen am Kristallgitter. **a** Das Phänomen, **b** Wellenzahldiagramm für den allgemeinen Fall bei Erzeugung eines Phonons. **c** Erzeugung und **d** Vernichtung eines Phonons im Spezialfall $k_{Phon} \perp$ Netzebenen (hkl). Die Bilder **b–d** sind maßstäblich für den akustischen Zweig bei der inelastischen Streuung an den (100)-Ebenen des Cu (Abb. 2.15), $E_n = 0{,}05$ eV, $k_{Phon} = 0{,}6\,k_{max}$

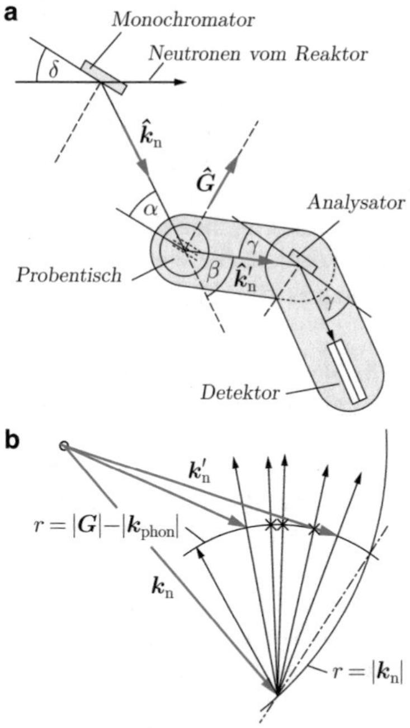

Abbildung 3.19 **a** Drei-Achsen-Neutronen-Spektrometer. Die Wirkungsweise ist im Text beschrieben. Monochromator und Analysator arbeiten mit Bragg-Reflexion nach dem Prinzip des Drehkristall-Spektrometers Abb. 1.21. Als Detektor dient ein mit Bortrifluorid BF_3 oder ^{3}He gefülltes Zählrohr, in dem Neutronen Kernreaktionen auslösen. Von dem zu untersuchendem Kristall sind nur die hier relevanten Netzebenen *gestrichelt* eingezeichnet. **b** Zu der im Text beschriebenen Messprozedur. Die *langen schwarzen Pfeile* sind die jeweils eingestellten Vektoren $\boldsymbol{G}$

m_n ist die Masse des Neutrons. Man erkennt, dass die kohärente inelastische Neutronenstreuung ermöglicht, die Dispersionsrelationen $\omega(\boldsymbol{k}_{Phon})$ zu bestimmen. Auch sieht man, warum Röntgenstrahlen für diese Untersuchungen ungeeignet sind: Bei Röntgenstrahlen ist $E'_\gamma \approx E_\gamma \approx 10\,\text{keV}$. Es ist extrem schwierig, die Energiedifferenz $E_\gamma - E'_\gamma = \hbar\omega_{Phon} \approx 20\,\text{meV}$ aufzulösen, zumal $\hbar\omega_{Phon}$ klein gegen die natürliche Linienbreite der charakteristischen Röntgenstrahlung ist.

In Abb. 3.18b ist das Wellenvektordiagramm für den allgemeinen Fall gezeigt, dass das Phonon in irgend eine Richtung emittiert wird. Für die Phonon-Dispersionskurven in Abb. 2.15, bei denen $\boldsymbol{k}_{Phon}$ senkrecht auf einer Netzebene steht, sind die Bilder (c) und (d) relevant. Wenn das Dreieck mit den Seiten $\boldsymbol{k}_n$, $\boldsymbol{k}'_n$ und $\boldsymbol{G}_{hkl} - \boldsymbol{k}_{Phon}$ geschlossen ist, ist der Impulssatz (3.45) erfüllt. Man wird jedoch i. a. keinen Reflex beobachten: Es muss auch der Energiesatz (3.46) erfüllt sein, und das ist bei vorgegebenem $\boldsymbol{k}_{Phon}$ nur bei speziellen Werten von $\boldsymbol{k}'_n$ der Fall, die von der unbekannten Funktion $\omega(\boldsymbol{k}_{Phon})$ abhängen. Wie man sie auf rationelle Weise aufsucht, werden wir gleich am Beispiel von Bild (c) besprechen. Man beschränkt die Messungen auf niedrig indizierte Netzebenen, weil diese die kräftigsten Reflexe ergeben.

Abb. 3.19a zeigt schematisch ein Drei-Achsen-Neutronenspektrometer. Das ist ein Instrument, das für diese Messungen häufig verwendet wird. Der Vektor $\boldsymbol{k}_n$ ist durch die Einstellung des Monochromators (Winkel δ) fest vorgegeben. Für die registrierten Neutronen ist auch $\boldsymbol{k}'_n$ bekannt: Analysator-Kristall und Detektor sind auf schwenkbaren Armen montiert. Durch die Winkel β und γ sind Richtung und Betrag von $\boldsymbol{k}'_n$ festgelegt. Der Probenkristall wird so montiert, dass die Vektoren $\boldsymbol{G}_{hkl}$, $\boldsymbol{k}_n$ und $\boldsymbol{k}'_n$ in einer Ebene liegen. Die Richtung von $\boldsymbol{G}$ kann mit dem Winkel α unabhängig von β eingestellt werden. Zur Messung der Dispersionskurven beginnt man mit einer Einstellung etwas links von der strichpunktierten Linie in Abb. 3.19b ($k_n^2 - k_n'^2$ klein). Dann wird der Vektor $\boldsymbol{G}$ in kleinen Schritten nach links gedreht, und die Winkel β und γ werden rechnergesteuert so verändert, dass das Dreieck mit den Seiten $\boldsymbol{k}_n$, $\boldsymbol{G} - \boldsymbol{k}_{Phon}$ und $\boldsymbol{k}'_n$ geschlossen bleibt. Jedes mal, wenn der Energiesatz (3.46) erfüllt ist, gibt es einen Reflex, d. h. man hat einen Zweig der Dispersionsrelation erreicht ($\times$ in Bild (b)) und kann die zu $\boldsymbol{k}_{Phon}$ gehörende Frequenz $\omega = \hbar(k_n^2 - k_n'^2)/2m_n$ ausrechnen. Die Prozedur wird mit anderen Einstellungen für $|\boldsymbol{k}_{\mathrm{Phon}}|$ fortgesetzt.

Es gibt große Forschungsanlagen, z. B. den Hochflussreaktor des Institut Laue-Langevin (ILL) in Grenoble, an denen derartige Forschungen betrieben werden können. Dort sind ca. 30 Apparaturen für Strukturuntersuchungen aufgebaut, die alle gleichzeitig mit Neutronenstrahlen versorgt werden können. Sie werden von über 1000 Forschungsinstituten aus aller Welt genutzt.[15]

Wellenleiter für Neutronen. Die eben erwähnten Apparaturen sind ungefähr 100 m vom Reaktorkern entfernt aufgestellt. Es wäre hoffnungslos, dort eine ausreichende Intensität zu erhalten, wenn es nicht **Neutronenleiter** gäbe, die ähnlich wie die Lichtleiter in der Optik die Totalreflexion ausnutzen (Abb. 3.20). Den Brechungsindex eines Materials für Neutronen kann man wie den Brechungsindex beim Licht mit (1.31) berechnen. Die Amplitude E_{e0} der einfallenden elektromagnetischen Welle ersetzen wir durch A_{e0}, den Amplitudenfaktor $\mathcal{E}_0$ der auslaufenden Kugelwelle durch $\mathcal{A}_0$. (Zur Definition des Amplitudenfaktors siehe (IV/8.32).) Es wird dann $\mathcal{A}_0/A_{e0} = -b_c$ gesetzt. b_c ist die **kohärente Streulänge** der Neutronen.[16] Für λ ist die de Broglie-Wellenlänge der Neutronen einzusetzen. In der Regel ist $b_c > 0$, so dass wie bei Röntgenstrahlen der Brechungsindex $n < 1$ ist. Man kann daher den Neutronenstrahl zwischen totalreflektierenden Platten über große Entfernungen transportieren. Der Totalreflexionswinkel ist nach (IV/5.10) mit $n_1 = 1$, $n_2 = n$ und nach (1.31):

$$\sin\beta_T = n = 1 - \frac{\lambda^2 N b_c}{2\pi} . \qquad (3.47)$$

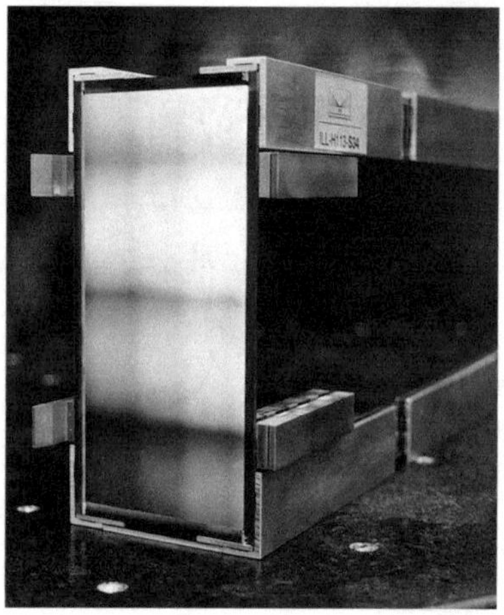

Abbildung 3.20 Neutronenleiter. Mit freundlicher Genehmigung von Herrn H. Haese, S-DH, Heidelberg

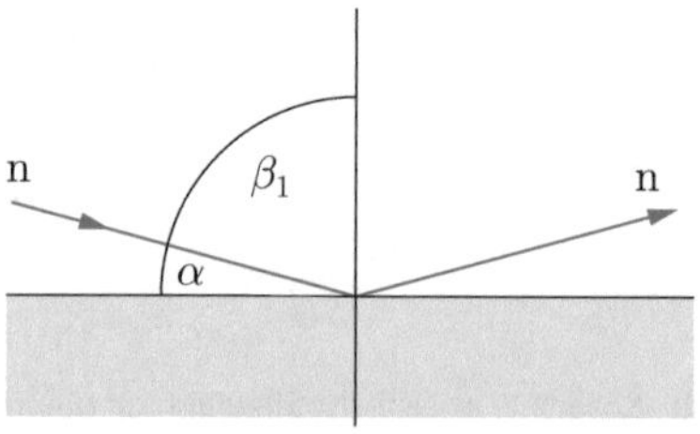

Abbildung 3.21 Zur Definition der Winkel in (3.47) und (3.48)

N ist die Zahl der Atome pro Volumeneinheit. Mit $\sin\beta_1 = \cos\alpha$ (Abb. 3.21) und $\cos\alpha \approx 1 - \alpha^2/2$ folgt als Bedingung für Totalreflexion

$$\alpha < \alpha_T = \lambda\sqrt{\frac{Nb_c}{\pi}} . \qquad (3.48)$$

Bei thermischen Neutronen ($E_{kin} \approx 0{,}025\,\mathrm{eV}$, $\lambda \approx 0{,}2\,\mathrm{nm}$) ist $\alpha_T \approx 0{,}3°$. Man kann auch nach dem Muster der dielektrischen Spiegel (Abb. IV/7.29) mit Vielfachschichten auf einer Glasplatte Neutronenspiegel bauen, mit denen man auch noch bei $\alpha \approx 1°$ fast verlustfrei thermische Neutronen reflektieren kann.

3.5 Freie Teilchen als Wellenpakete

Im Anschluss an (3.26) und in Abschn. 3.6 wurde darauf hingewiesen, dass man Teilchen und Photonen durch Wellenpakete darstellen kann, die durch Überlagerung ebener Wellen erzeugt werden. Wir wollen nun genauer anschauen, wie man das macht, und wie mit dem Wellenpaket die geradlinige Bewegung eines freien Teilchens beschrieben wird. Wie man bei dispersionsfreien Wellen

[15] Verschiedene Artikel zu diesem Thema, aber auch zur Grundlagenforschung mit Neutronen findet man in der Zeitschrift „Physik in unserer Zeit“ **34**, Heft 3 (2003).

[16] In der Kernphysik wird zur Beschreibung der Streuung von Neutronen am Kern eines freien Atoms die „Streulänge“ a definiert. Sie ist bis aufs Vorzeichen gleich dem Verhältnis des Amplitudenfaktors $\mathcal{A}_0$ der auslaufenden Kugelwelle zur Amplitude A_{e0} der einfallenden ebenen Welle. Zwischen der Streulänge und dem differentiellen Wirkungsquerschnitt besteht ein einfacher Zusammenhang. Nach (1.9) ist

$$\mathrm{d}\sigma = \frac{I_k\,\mathrm{d}A}{I_e} = \frac{I_k r^2}{I_e}\mathrm{d}\Omega = \frac{\mathcal{A}_0^2}{A_{e0}^2}\mathrm{d}\Omega$$

$$\frac{\mathrm{d}\sigma}{\mathrm{d}\Omega} = \frac{\mathcal{A}_0^2}{A_{e0}^2} = a^2 ,$$

wobei I_k die Intensität der durch Streuung entstandenen Kugelwelle, I_e die der einfallenden Welle ist. Die Streulänge a ist eine Eigenschaft des ***Nuklids***. Die Streulänge b_c (= bound coherent scattering length) ist eine Eigenschaft des ***chemischen Elements***, d. h. es wird über die Isotope im natürlichen Isotopengemisch gemittelt und durch einen kinematischen Faktor die Bindung des Atoms in einem Festkörper berücksichtigt. In der Praxis wird b_c experimentell durch Messung des Brechungsindex bestimmt. Die typischen Werte liegen im Bereich von $b_c \approx 3$ bis $10 \cdot 10^{-15}$ m.

zu Wellenpaketen kommt, wurde in Bd. IV/4.3 bereits ausgeführt; wir können darauf jetzt aufbauen. Wie dort beschränken wir uns zunächst auf Wellenpakete in einer Dimension.

Die Form des Wellenpakets ist durch den Prozess gegeben, bei dem das Teilchen erzeugt oder freigesetzt wurde, bei Photonen z. B. durch die natürliche Linienbreite und Form der Spektrallinien, durch den Monochromator, durch die Bauart des Lasers usw. Wegen der besonderen Eigenschaften der Exponentialfunktion beschränken wir uns auf Wellenpakete, deren Einhüllende die Form einer Gaußkurve hat (vgl. Abb. IV/4.13). Nur für diese lassen sich die Rechnungen leicht durchführen. Die Wellenfunktion $\psi(x,t)$ für ein Gauß-Paket, das ein in x-Richtung laufendes Teilchen beschreiben soll, berechnet man durch Superposition von ebenen Wellen mit Wellenzahlen $k = p/\hbar$, ähnlich wie in (IV/4.40), aber nicht genauso. Wir setzen

$$\begin{aligned} \psi(x,t) &= \frac{1}{\sqrt{2\pi}} \int_{-\infty}^{+\infty} F(k) \mathrm{e}^{\mathrm{i}(kx-\omega t)} \mathrm{d}k \,, \\ F(k) &= \frac{1}{\sqrt[4]{2\pi\sigma_k^2}} \mathrm{e}^{-(k-k_0)^2/4\sigma_k^2} \,. \end{aligned} \tag{3.49}$$

Solange die Dispersionsrelation, d. h. der Zusammenhang zwischen k und ω nicht festgelegt ist, können wir das Integral nur für $t = 0$ lösen. Das schon bei (IV/4.34) angewandte Verfahren führt auf

$$\psi(x,0) = \frac{1}{\sqrt[4]{2\pi\,\sigma_x^2}} \mathrm{e}^{-x^2/4\sigma_x^2} \mathrm{e}^{\mathrm{i}k_0 x} \,, \quad \sigma_x = \frac{1}{2\,\sigma_k} \,. \tag{3.50}$$

Diese Formeln sehen etwas anders aus, als die früher für ein Gauß-Paket abgeleiteten Formeln (IV/4.40). Der Grund: Man erreicht mit (3.49), dass automatisch die für quantenmechanische Wellenfunktionen vorgeschriebene Normierung (3.17) gilt:

$$\int_{-\infty}^{+\infty} |\psi(x,t)|^2 \,\mathrm{d}x = 1 \,.$$

Auch ist mit (3.49) automatisch

$$\int_{-\infty}^{+\infty} |F(k)|^2 \,\mathrm{d}k = 1 \,. \tag{3.51}$$

Das hat eine wichtige physikalische Bedeutung: Wenn man den Impuls des durch das Wellenpaket dargestellten Teilchens misst, findet man mit der Wahrscheinlichkeit

$$w_p(p)\,\mathrm{d}p = w_k(k)\,\mathrm{d}k = |F(k)|^2 \mathrm{d}k \,, \tag{3.52}$$

dass der Impuls des Teilchens zwischen $p = \hbar k$ und $p + \mathrm{d}p = \hbar(k + \mathrm{d}k)$ liegt.

Freie nichtrelativistische Teilchen

Wir wollen nun ein sich mit der konstanten Geschwindigkeit v bewegendes Teilchen durch ein de Broglie-Wellenpaket darstellen. In diesem Falle gilt die Dispersionsrelation (3.3):

$$\omega(k) = \frac{\hbar}{2m} k^2 \,.$$

Setzt man dies in (3.49) ein, wird die Integration schwieriger als bei (3.50). Man erhält einen Ausdruck der Form

$$\psi(x,t) = A(x,t) \mathrm{e}^{\mathrm{i}\varphi(x,t)} \,, \tag{3.53}$$

wobei $A(x,t)$, die Amplitude der Wellenfunktion, gegeben ist durch

$$A(x,t) = \frac{1}{\sqrt[4]{2\pi\,\sigma_x^2}} \mathrm{e}^{-(x-v_0 t)^2/4\sigma_x^2} \,. \tag{3.54}$$

Für v_0 und σ_x ergibt die Rechnung folgende Ausdrücke:

$$v_0 = \frac{\hbar k_0}{m} = \frac{p_0}{m} \,, \quad v_\mathrm{g} = \frac{\mathrm{d}\omega}{\mathrm{d}k} = \frac{\hbar k_0}{m} = v_0 \,, \tag{3.55}$$

$$\begin{aligned} \sigma_x(t) &= \frac{1}{2\sigma_k} \sqrt{1 + \frac{4\hbar^2 \sigma_k^4 t^2}{m^2}} \\ &= \sigma_x(0) \sqrt{1 + \left(\frac{\hbar t}{2m\,\sigma_x^2(0)}\right)^2} \,. \end{aligned} \tag{3.56}$$

v_g ist die Gruppengeschwindigkeit des Wellenpakets. Für die Phase $\varphi(x,t)$ erhält man eine ziemlich komplizierte Formel, die wir gar nicht erst hinschreiben. Man braucht sie nicht, um die Wahrscheinlichkeit zu berechnen, das Teilchen im Bereich $x \ldots x + \mathrm{d}x$ anzutreffen. Diese Wahrscheinlichkeit ist

$$\begin{aligned} w(x,t)\,\mathrm{d}x &= |\psi|^2 \,\mathrm{d}x \\ &= \frac{1}{\sqrt{2\pi\,\sigma_x^2}} \mathrm{e}^{-(x-v_0 t)^2/2\sigma_x^2} \,\mathrm{d}x \,. \end{aligned} \tag{3.57}$$

Zum Zeitpunkt $t = 0$ befindet sich also das Teilchen nach (3.56) und (3.57) in einem Raumbereich bei $x = 0$. Die Standardabweichung der Verteilung ist $\sigma_x = 1/(2\sigma_k)$. Die

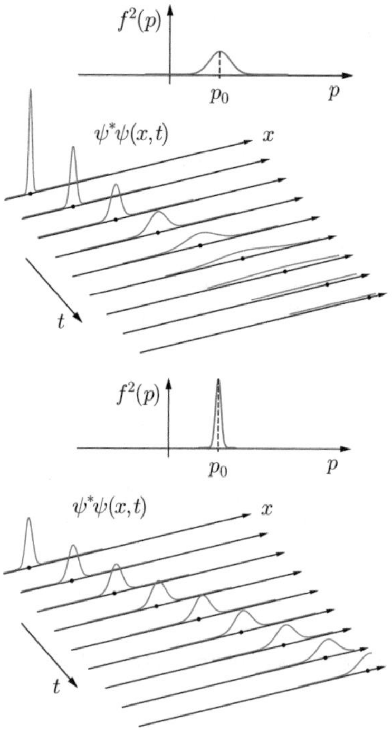

Abbildung 3.22 Zerfließen von de Broglie-Wellenpaketen unterschiedlicher Breite

Impulsverteilung ist nach (3.52) gaußisch mit dem Mittelwert $p_0 = \hbar k_0$ und der Standardabweichung $\sigma_p = \hbar \sigma_k$. Damit erhält man das Unbestimmtheitsprodukt

$$\sigma_x \sigma_p = \hbar/2 . \tag{3.58}$$

Für $t > 0$ wandert das Teilchen mit der Geschwindigkeit v_0 nach rechts. Dabei wird σ_x nach (3.56) immer größer, das Wellenpaket ***zerfließt*** und es gilt für $t > 0$

$$\sigma_x \sigma_p > \hbar/2 . \tag{3.59}$$

In Abb. 3.22 ist dieser Vorgang dargestellt. Die Ursache ist, dass sich die ebenen Wellen, aus denen das Wellenpaket zusammengesetzt ist, mit unterschiedlicher Phasengeschwindigkeit nach rechts bewegen. Das „Zerfließen des Wellenpakets" ist auch ganz einfach einzusehen: Wenn der Impuls $p = mv$ des Teilchens im Anfangszustand nicht genau bestimmt ist, dann muss der Raumbereich, in dem das Teilchen später zu finden ist, notwendigerweise mit der Zeit größer werden. Je besser der Impuls und die Geschwindigkeit des Teilchens anfänglich festgelegt sind, je kleiner also σ_k ist, desto weniger ausgeprägt ist das Zerfließen des Wellenpakets. Das sieht man auch in (3.56) und in Abb. 3.22.

Wellenpakete in drei Dimensionen. Ein freies Teilchen mit dem mittleren Impuls $\boldsymbol{p}_0 = \hbar \boldsymbol{k}_0$ sollte im dreidimensionalen Raum durch ein Wellenpaket mit allseitig eingeschränkter Ausdehnung beschrieben werden. Ein solches **dreidimensionales Wellenpaket** entsteht durch Überlagerung von drei eindimensionalen Wellenpaketen. An die Stelle von (3.49) tritt mit $\boldsymbol{k} = \boldsymbol{p}/\hbar$

$$\psi(\boldsymbol{r},t) = \frac{1}{(2\pi)^{3/2}} \int\!\!\int\!\!\int_{-\infty}^{+\infty} F(\boldsymbol{k}) e^{i(\boldsymbol{k}\cdot\boldsymbol{r} - \omega(k)t)} \, dk_x \, dk_y \, dk_z . \tag{3.60}$$

Sehr einfach wird die mathematische Formulierung, wenn die Spektralfunktion $F(\boldsymbol{k})$ drei Gaußfunktionen enthält:

$$F(\boldsymbol{k}) \propto e^{-[(\boldsymbol{k}-\boldsymbol{k}_0)\cdot\boldsymbol{\sigma}]^2} \quad \text{mit}$$
$$\boldsymbol{\sigma} = \left(\frac{1}{2\sigma_{kx}}, \frac{1}{2\sigma_{ky}}, \frac{1}{2\sigma_{kz}} \right) .$$

Die Exponentialfunktion in (3.60) lässt sich faktorisieren mit

$$\boldsymbol{k}\cdot\boldsymbol{r} = k_x x + k_y y + k_z z ,$$
$$\omega(k) = \frac{\hbar}{2m} \left(k_x^2 + k_y^2 + k_z^2 \right) ,$$
$$\left[(\boldsymbol{k}-\boldsymbol{k}_0)\cdot\boldsymbol{\sigma}\right]^2 = \frac{(k_x - k_{0x})^2}{4\sigma_{kx}^2} + \frac{(k_y - k_{0y})^2}{4\sigma_{ky}^2} + \frac{(k_z - k_{0z})^2}{4\sigma_{kz}^2} .$$

Man erhält das Produkt von drei eindimensionalen Gauß-Paketen:

$$\psi(\boldsymbol{r},t) = \frac{1}{(2\pi)^{3/2}} \int_{-\infty}^{+\infty} F_x(k_x) e^{i(k_x x - \hbar k_x^2 t/2m)} \, dk_x \cdot \int_{-\infty}^{+\infty} F_y(k_y) e^{i(k_y y - \hbar k_y^2 t/2m)} \, dk_y \cdot \int_{-\infty}^{+\infty} F_z(k_z) e^{i(k_z z - \hbar k_z^2 t/2m)} \, dk_z . \tag{3.61}$$

Die Spektralfunktionen F_x, F_y und F_z sind aufgebaut wie $F(k)$ in (3.49). Man hat dort nur k durch k_x, k_y und k_z sowie k_0 durch k_{0x}, k_{0y} und k_{0z} zu ersetzen. Die Integrationen ergeben dann Formeln analog zu (3.54)–(3.56). Das Zentrum des Wellenpakets läuft mit der Geschwindigkeit $v_0 = \boldsymbol{p}_0/m$ in die Richtung von $\boldsymbol{k}_0/\hbar = \boldsymbol{p}_0/\hbar$, d. h. auf der klassischen Bahn.

Wir betrachten nun den Spezialfall, dass diese Bahn die x-Achse des Koordinatensystems ist. Die Wahrscheinlichkeitsdichte im dreidimensionalen Wellenpaket ist dann

$$w(\boldsymbol{r},t) = \frac{1}{\sqrt{2\pi}\,\sigma_x}\mathrm{e}^{-(x-v_{0x}t)^2/2\sigma_x^2} \cdot \frac{1}{\sqrt{2\pi}\,\sigma_y}\mathrm{e}^{-y^2/2\sigma_y^2} \cdot \frac{1}{\sqrt{2\pi}\,\sigma_z}\mathrm{e}^{-z^2/2\sigma_z^2} . \quad (3.62)$$

σ_x, σ_y und σ_z sind zeitabhängig, wie in (3.56) angegeben ist. Der oben eingeführte Vektor $\boldsymbol{\sigma}$ hat die Komponenten $\sigma_x(0)$, $\sigma_y(0)$ und $\sigma_z(0)$.

Orts- und Impulsunschärfe in drei Dimensionen. Bei den dreidimensionalen Wellenpaketen (3.61) gelten offenbar die zu (3.58) und (3.59) analogen Formeln. Zusammengefasst ergeben sie

$$\Delta p_x\,\Delta x \geq \frac{\hbar}{2}, \quad \Delta p_y\,\Delta y \geq \frac{\hbar}{2}, \quad \Delta p_z\,\Delta z \geq \frac{\hbar}{2}, \quad (3.63)$$

was mit der präzisen Formulierung der Unbestimmtheitsrelation (3.23) identisch ist. Das ist kein Zufall: Man kann beweisen[17], dass das Unbestimmtheitsprodukt für ein Gauß-Paket den kleinstmöglichen Wert erreicht, also kleiner als bei irgendeiner anderen Form des Wellenpakets ist. Vorauszusetzen ist, dass man als Maß für die Breite der Verteilungen die Standardabweichungen verwendet und dass bei $t = 0$ alle Teilwellen des Pakets im Maximum des Wellenpakets in Phase sind, dass also die bei (3.49) benutzte Phasenbeziehung zwischen den Teilwellen des Pakets besteht.

Wellenfunktionen und Teilchenspuren

Wir können uns nun der Frage zuwenden, warum man auch in der Blasenkammer (Abb. III/13.16) und in der Driftkammer (Abb. III/8.19) wunderschöne Teilchenspuren sehen kann, obgleich es in der Quantenmechanik keine Teilchenbahnen gibt, sondern nur Wellenfunktionen. Betrachten wir den Zerfall $\Lambda \to \mathrm{p} + \pi^-$, etwa in der Mitte von Abb. III/13.16. Er ist in Abb. 3.23 nochmals gezeigt. Das Λ-Teilchen zerfällt am Punkt A. Im Ruhesystem des Λ fliegen Proton und π^- in entgegengesetzte Richtungen entlang einer Geraden, für deren Lage jede Raumrichtung möglich ist. Die Wellenfunktion der beiden Teilchen enthält deshalb zwei korrelierte Kugelwellenpakete, die bei der Transformation in das Laborsystem etwas deformiert werden. Die Korrelation rührt von der Kinematik Λ-Zerfalls her.[18]

[17] Zum Beweis siehe W. Heisenberg: „Die Physikalischen Prinzipien der Quantentheorie", S. 9–14 des oben zitierten B. I.-Hochschultaschenbuchs.

[18] Man spricht von verschränkten Zuständen. Mehr hierzu in Abschn. 3.7.

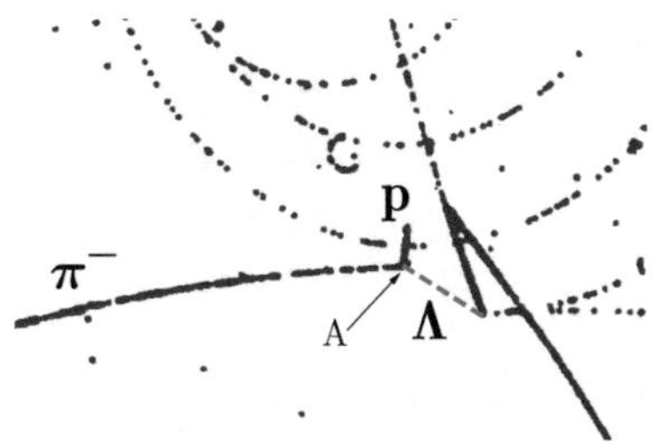

Abbildung 3.23 Produktion und Zerfall eines Λ-Hyperons (Ausschnitt aus Abb. III/13.16). *Blau gestrichelt*: unsichtbare Bahn des elektrisch neutralen Λ-Teilchens

Verfolgt man den Weg eines Teilchens durch Materie, muss man sehr viele aufeinander folgende Stöße mit den Gasmolekülen betrachten. Zur Vereinfachung teilt man diese Kollisionen auf in ionisierende Stöße mit Elektronen in Atomen und Streuung an Kernen. Dies ist dann gerechtfertigt, wenn die Wellenlänge des einfallenden Teilchens viel kleiner als der Atomdurchmesser ist. Bei einem ionisierenden Stoß wird Energie auf ein Elektron übertragen, das sein Atom verlässt. Bei diesem Prozess erleidet das ionisierende Teilchen nur eine sehr kleine Änderung seiner Flugrichtung. Anders ist die Situation bei Streuungen an Kernen. Sie werden durch die Rutherfordsche Streuformel (I/18.46) mit einem zu Z^2 proportionalen Wirkungsquerschnitt beschrieben. Durch eine Folge von Stößen entsteht eine **Vielfachstreuung**, die zu Richtungsänderungen und damit Abweichungen des Teilchenweges von der ursprünglichen Bahn führt.

Im Folgenden betrachten wir zunächst die ionisierenden Stöße. Am Ort B in Abb. 3.24a soll eines der beiden oben genannten Teilchen p oder π ein H-Atom ionisieren. Die auf das Elektron übertragene Energie wird alsbald lokal im flüssigen Wasserstoff dissipiert und kann später bei der Expansion der Blasenkammer als Keim für die Bildung eines Bläschens dienen.

Durch die Lokalisierung des Teilchens am Punkt B werden die Kugelwellenpakete ***beider*** Teilchen zerstört, sie kollabieren.[19] Als Ergebnis des Kollapses formiert sich am Punkt B ein neues dreidimensionales Wellenpaket mit dem mittleren Impuls $\boldsymbol{p}_0 = \hbar\boldsymbol{k}_0$, der die Richtung $\overline{\mathrm{AB}}$ hat. Beim Kollaps der Kugelwelle des anderen Teilchens entsteht gleichzeitig ein dreidimensionales Wellenpaket am Punkt B′ mit dem mittleren Impuls $\boldsymbol{p}_0' = \hbar\boldsymbol{k}_0'$, der in Richtung $\overline{\mathrm{AB'}}$ zeigt. Die Impulse $\boldsymbol{p}_0$ und $\boldsymbol{p}_0'$ sind bei vorgegebener Lage der Punkts A und B durch die Kinematik des Zerfalls $\Lambda \to \mathrm{p} + \pi^-$ festgelegt, denn beim Λ-Zerfall müssen Energie und Impuls erhalten bleiben. Legt man die x-Achse in die Richtung $\overline{\mathrm{AB}}$ oder $\overline{\mathrm{AB'}}$, ist in

[19] Es war übrigens eine Verschränkung dieser Art, die in der berühmten Arbeit von Einstein, Podolski und Rosen diskutiert wurde (Abschn. 3.7).

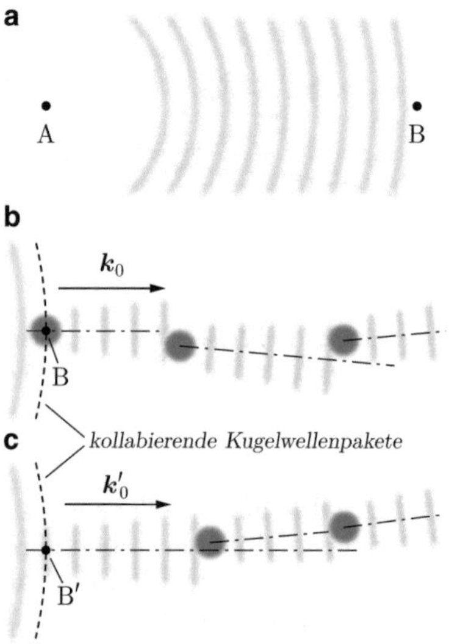

Abbildung 3.24 Zur Entstehung der Teilchenspuren des Protons und des π^- in Abb. 3.23. Im Ruhesystem des Λ sind symbolisch gezeigt: **a** Das Fortschreiten des Kugelwellenpakets des zuerst ionisierenden Teilchens, dargestellt als *graue Kreissegmente*; **b** das Fortschreiten des dreidimensionalen Wellenpakets dieses Teilchens nach dem Kollaps der Kugelwellenpakete. Anfängliche *strichpunktierte Linie*: kinematische Bahn. *Blaue Kreisflächen*: ionisierte H-Atome. **c** Dasselbe (um 180° gedreht) für das andere Teilchen

dem betreffenden Wellenpaket $\sigma_y(0) = \sigma_z(0) \approx R_{at}$, dem Atomradius des H-Atoms, denn genauer kann der Punkt B nicht festgelegt werden.

Nach kurzen Laufstrecken folgen weitere ionisierende Stöße. Die Wellenpakete werden jedes mal neu formiert (Abb. 3.24). Die nach jedem Stoß neu gebildeten Wellenpakete sind im Mittel gegen das vorhergehende Wellenpaket transversal um einen Abstand $\pm\sigma_x(0)$ versetzt. Wir nehmen an, dass sich die Wellenpakete ähnlich wie Gauß-Pakete verhalten. Dann entsteht bei jedem Stoß gleichzeitig eine Richtungsänderung mit der Standardabweichung

$$\sigma_\vartheta = \frac{\hbar}{2\sigma_y(0)p_x} .$$

Es ergibt sich ein **random walk**. Nach N ionisierenden Stößen und einer Flugstrecke s ist die Standardabweichung des seitlichen Versatzes gegen die kinematische Bahn durch

$$\sigma_y = \sqrt{N\left(\sigma_y(0)^2 + \frac{1}{3}\sigma_\vartheta^2 s^2\right)}$$

gegeben. Dies ist bereits ein messbarer Effekt (Aufgaben 3.4 und 3.5), aber der Einfluss der Vielfachstreuung an Kernen ist noch um einiges größer.[20] Weil die Rutherfordsche Formel auf einen unendlich großen totalen Wirkungsquerschnitt führt, ist ihre rechnerische Behandlung nicht trivial. Aus der von Molière angegebenen Vielfach-Streutheorie[21] ergibt sich die einfache Näherungsformel

$$\sigma_\vartheta(s) = \frac{z \cdot 13{,}6\,\text{MeV}}{\beta c p_x}\sqrt{\rho s / X_0}$$

(z = Teilchenladung, ρ = Materialdichte, $\beta = v_x/c$). Sie gilt für Winkelablenkungen in einer Ebene. Der Parameter X_0 (Einheit: Masse pro Fläche) ist eine Materialkonstante, die sogenannte Strahlungslänge. Der Name rührt daher, dass X_0 auch angibt, nach welcher Schichtdicke die Energie eines sehr hochenergetischen Elektrons durch die Erzeugung von Bremsstrahlung, anschließender Paarerzeugung (Bd. I/15.8) und nachfolgender Entwicklung eines elektromagnetischen Schauers auf 1/e-tel abgefallen ist. Einige Zahlen sind in Tab. 3.2 angegeben. Die Vielfachstreuung beeinträchtigt das Bild einer glatten Spur wenig (ein Zahlenbeispiel findet sich in Aufgabe 3.5). Sie begrenzt aber die Genauigkeit von Impulsmessungen.

Tabelle 3.2 Einige Strahlungslängen (in g/cm^2)

Material	Z	X_0
Kohlenstoff	6	43
Aluminium	13	24
Argon	18	19,6
Eisen	26	13,8
Blei	82	6,4

3.6 Quantenmechanik und Photonen

Photonen und die Infrarotkatastrophe

Photonen können einzeln erzeugt und vernichtet werden. Ein Beispiel für vollständige Vernichtung ist der Photoeffekt. Entstehen können Photonen selbst in Prozessen bei niedrigsten Energien, weil sie keine Ruhemasse besitzen. Ein prinzipiell wichtiges Beispiel für Photonenerzeugung ist die Bremsstrahlung. Sie spielt bei Reaktionen eine Rolle, an denen Elektronen beteiligt sind: Die abgestrahlte Intensität ist umgekehrt zum Massenquadrat des strahlenden Teilchens (siehe (IV/3.35)) und das Elektron ist das bei Weitem leichteste geladene Teilchen. Die Frequenzverteilung der Bremsstrahlung wurde in Abb. 1.24 skizziert: I_ν ist fast konstant nahe der Frequenz null. Weil die Photonenenergie $h\nu$ ist, bedeutet das, dass schon in einem einzigen Elektronenstoß eine unendlich große Zahl von

[20] Die ionisierenden Stöße sind in anderer Hinsicht wichtig: Sie verursachen einen Energieverlust des Teilchens beim Flug durch Materie.

[21] G. Molière, „Theorie der Streuung schneller geladener Teilchen, Mehrfach- und Vielfachstreuung", Z. Naturforschung **3a** (1948) 78.

Photonen produziert wird: Man spricht von der „Infrarotkatastrophe". An ihrer Existenz gibt es keinen Zweifel. Weil jeder Detektor eine Energieschwelle besitzt, ist es aber experimentell nicht möglich, die unendlich vielen Photonen zu zählen. Außerdem besitzt jeder Detektor für den Nachweis jeglicher Art von Teilchen eine Energieauflösung. Daraus folgt, dass die Energiesumme aller in einer Reaktion beobachteten Teilchen einen Fehler besitzt. Die von unendlich vielen unbeobachteten Photonen abtransportierte Energie kann unterhalb einer von der Apparatur abhängigen Grenze nicht mehr erkannt werden.

Bei den meisten elektromagnetischen Übergängen in Atomen oder Atomkernen entstehen einzelne Photonen. Die Wahrscheinlichkeit dafür, dass die Zerfallsenergie auf mehrere Photonen aufgeteilt wird, ist sehr klein.

Im Gegensatz zu den Fermionen wie Elektron, Proton und Neutron können sich viele Photonen im gleichen Quantenzustand befinden, wie im Zusammenhang mit der Hohlraumstrahlung in Abschn. 2.2 bereits besprochen wurde. Dabei sind ihre Feldstärken phasengleich.

Das Photon als Wellenpaket

Angenommen, ein Radiosender mit einer Richtantenne strahlt in z-Richtung ein Signal in Form eines fast ebenen Wellenpakets ab (vgl. Bd. IV/4.3). Die Bandbreite Δk und die geometrische Breite Δx des Wellenpakets gehorchen der Unbestimmtheitsrelation (3.26).

Eine Feldstärkekomponente in großem Abstand vom Sender ist als Funktion der Zeit in Abb. 3.25a dargestellt. Weil $\omega \propto k$ ist, ändert der Wellenzug bei der Fortbewegung seine Form nicht (Abb. 3.25b und d), die Welle ist dispersionsfrei. Ein solcher Wellenzug kann eine enorme Zahl von Photonen enthalten. Bei einer Senderfrequenz von 10 GHz ist die Energie eines Photons

$$h\nu = 6{,}6 \cdot 10^{-34}\,\mathrm{Ws}^2 \cdot 10^{10}\,\mathrm{s}^{-1} \approx 10^{-23}\,\mathrm{J}\,.$$

Ein Radiopuls von 10^{-3} Joule enthält also ca. 10^{20} Photonen.

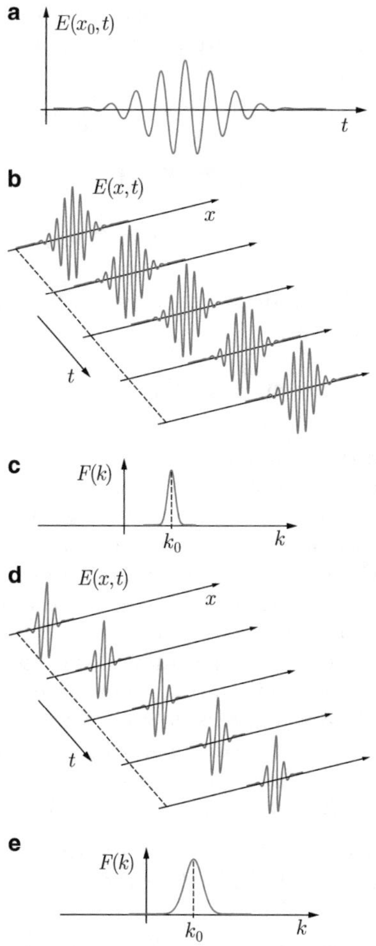

Abbildung 3.25 Ein laufendes Radiowellenpaket. **a** Feldstärke an einem festen Ort x_0, **b,d** Feldstärke bei räumlicher Ausbreitung, **c,e** Fourier-Transformierte von A_y ($x_0 = 0$)

Gibt es die Wellenfunktion eines Photons?

In einem Gedankenexperiment kann man die Senderleistung soweit reduzieren, dass in einem Radiopuls nur noch ein Photon vorhanden ist. Wir fragen uns: Existiert eine Wellenfunktion $\psi(\boldsymbol{r},t)$ mit der Eigenschaft, dass $|\psi(\boldsymbol{r},t)|^2 \mathrm{d}V$ die Wahrscheinlichkeit dafür ist, das Photon zum Zeitpunkt t im Volumenelement $\mathrm{d}V$ zu finden? Die Antwort ist: Nein. Gleichgültig, ob ein Photon beim Nachweis vernichtet wird oder ihn überlebt: In jedem Fall wird es durch elektrische oder magnetische Effekte nachgewiesen. Die Feldstärken $\boldsymbol{E}$ und $\boldsymbol{B}$ sind für freie Wellen im Vakuum durch $\boldsymbol{B} = \boldsymbol{E}/c$ miteinander verknüpft. In einem Hohlraumresonator sind sie nach (1.40) jedoch räumlich und zeitlich phasenversetzt, sodass statistische Interpretationen auf der Basis von $\boldsymbol{E}$ oder $\boldsymbol{B}$ miteinander inkonsistent wären. Um das Problem zu umgehen, kann man versuchen, $\boldsymbol{E}$ und $\boldsymbol{B}$ auf ein einziges Feld zurückzuführen. Die relativistische Theorie des Elektromagnetismus liefert hierfür ein Rezept: Wie wir aus Bd. III/13.3 wissen, kann man die Feldstärke $\boldsymbol{B}$ aus dem Vektorpotential $\boldsymbol{A}$ gewinnen. Die theoretische Physik lehrt, dass man das elektrische Potential und das Vektorpotential zu einem Vierervektor $(\Phi/c, \boldsymbol{A})$ zusammenfassen kann, aus dem sich beide Feldstärken berechnen lassen. Dessen vier Komponenten sind allerdings nicht eindeutig definiert. Zu ihrer Festlegung benötigt man zwei Nebenbedingungen. Eine solche hatten wir bereits in Bd. III/13.3 in Gestalt der Coulomb-Eichung kennengelernt. Wählt man als Nebenbedingungen hier

$$\Phi = 0\,, \qquad \nabla \cdot \boldsymbol{A} = 0\,, \tag{3.64}$$

sind die Feldstärken gegeben durch

$$\boldsymbol{E} = -c\frac{\partial \boldsymbol{A}}{\partial t}\,, \qquad \boldsymbol{B} = \nabla \times \boldsymbol{A}\,. \tag{3.65}$$

Für eine in x-Richtung laufende, in y-Richtung linear polarisierte Welle wäre

$$\boldsymbol{A} = \left(0,\ \frac{E_0}{\omega}\cos(kx - \omega t),\ 0\right)\,. \tag{3.66}$$

Nun sind zwar $\boldsymbol{E}$ und $\boldsymbol{B}$ auf den Vektor $\boldsymbol{A}$ mit Nebenbedingungen zurückgeführt, aber dessen Komponenten sind für eine statistische Interpretation als Wahrscheinlichkeits-Amplitude ebenfalls nicht brauchbar: Nach (3.65) hängen die Felder $\boldsymbol{E}$ und $\boldsymbol{B}$, auf denen der Photonennachweis basiert, von den ***Ableitungen*** von $\boldsymbol{A}$ ab und somit von den $\boldsymbol{A}$-Werten in der ***Umgebung*** eines Raum-Zeitpunkts: Der Zusammenhang ist nicht-lokal. Anders als z. B. ein Elektron, das intern eine punktförmige Singularität besitzt, erstreckt sich ein Photon immer über einen endlichen Raum-Zeit-Bereich. Die Lichtquanten sind also nicht an Raumpunkten lokalisiert, wie Einstein 1905 vermutet hatte (vgl. Text nach (2.19)).

Aus ebenen Wellen des Vektors $\boldsymbol{A}$ vom Typ (3.66) kann man analog zu (3.60) Wellenpakete zusammenbauen:

$$\boldsymbol{A} = \frac{1}{(2\pi)^{2/3}} \int \boldsymbol{F}(\boldsymbol{k}) \mathrm{e}^{\mathrm{i}(\omega t - \boldsymbol{k}\cdot\boldsymbol{r})} \mathrm{d}k_x\, \mathrm{d}k_y\, \mathrm{d}k_z\,, \tag{3.67}$$

wobei $\boldsymbol{k}$ und $\boldsymbol{F}$ wegen (3.64) senkrecht zueinander sind. Als Beispiel ist F_y in den Abb. 3.25c und e eingezeichnet. Im Gegensatz zu $\boldsymbol{A}$ hat seine Fourier-Transformierte eine statistische Bedeutung:

Satz 3.2

Die Größe $|F_{\hat{E}}(\boldsymbol{k})|^2 \mathrm{d}k_x \mathrm{d}k_y \mathrm{d}k_z = |F_{\hat{E}}(\boldsymbol{k})|^2 k^2\, \mathrm{d}k\, \mathrm{d}\Omega$ ist die Wahrscheinlichkeit dafür, ein Photon mit einer Feldstärke-Richtung $\hat{E}$ senkrecht zu $\boldsymbol{k}$ in einem Energieintervall $\hbar c\,\mathrm{d}k$ und einem Raumwinkelintervall $\mathrm{d}\Omega$ anzutreffen.

Glücklicherweise entspricht das Fazit dieses formalen Exkurses der experimentellen Prozedur: Man kann schließlich einen Photonenstrahl auf ein Target richten, hinter dem ein Detektor aufgestellt ist, der gestreute Photonen in einem gewissen Raumwinkelbereich zählt und deren Energie misst. Das eingangs erwähnte Problem der Phasenverschiebung zwischen $\boldsymbol{E}$ und $\boldsymbol{B}$ in einem Resonator löst Satz 3.2 dadurch, dass die stehende Welle in laufende Wellen mit verschiedenen $\boldsymbol{k}$-Werten zerlegt wird.

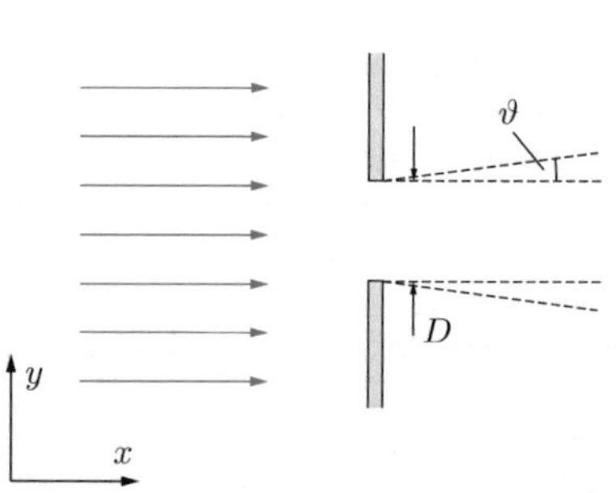

Abbildung 3.26 Beugungserscheinungen bei der Lokalisierung von Photonen mit Hilfe eines Spalts

Beugung am Spalt und Unbestimmtheitsrelation

Im Kontext des vorigen Abschnitts lässt sich die Beugung einer ebenen Lichtwelle an einem Spalt diskutieren. Eine solche Welle kann näherungsweise durch eine sehr weit entfernte punktartige Quelle erzeugt werden. Über die Wahrscheinlichkeit dafür, dass ein Photon den Spalt passiert, macht Satz 3.2 die triviale Aussage, dass sie proportional zum Raumwinkel, also proportional zur Spaltfläche ist. Hinter dem Spalt beobachtet man in großer Entfernung eine Fraunhofersche Beugungsfigur. Das elektromagnetische Feld wird durch (3.67) beschrieben. Ein Ausschnitt aus dem Fernfeld kann durch eine Superposition ebener Wellen angenähert werden, und man kann hier wegen (3.65) statt $\boldsymbol{A}$ auch $\boldsymbol{E}$ zu Rechnungen heranziehen. Satz 3.2 macht eine Aussage über die Winkelverteilung des Beugungsbildes. Nach Satz IV/8.2 ist dieses Beugungsbild das Fourier-Bild des Spaltes. Dann gilt senkrecht zur Ausbreitungsrichtung des Lichts die klassische Orts-Wellenzahl-Unschärfe (IV/4.41)

$$\Delta k_y \Delta y \approx 2\pi \quad \rightarrow \quad \Delta p_y \Delta y \approx 2\pi\hbar = h\,,$$

und mit den Bezeichnungen von Abb. 3.26 gilt

$$\vartheta_{\mathrm{HWB}} = \frac{\Delta p_y}{p} = \frac{h}{\Delta y}\frac{\lambda}{h} = \frac{\lambda}{D}\,,$$

was mit dem Ergebnis (IV/8.13) übereinstimmt. Die Zuordnung einer y-Koordinate zum Photon war bei der Argumentation nicht nötig.

Zählung einzelner Photonen in einem Mikrowellenresonator

Ein eindrucksvolles Experiment zum Nachweis einzelner Photonen gelang an der Ecole Normale Supérieure in Paris: ihre zerstörungsfreie Zählung in einem supraleitenden Mikrowellenresonator. Während ein Photon nach dem Nachweis durch Photoeffekt nicht mehr existiert,

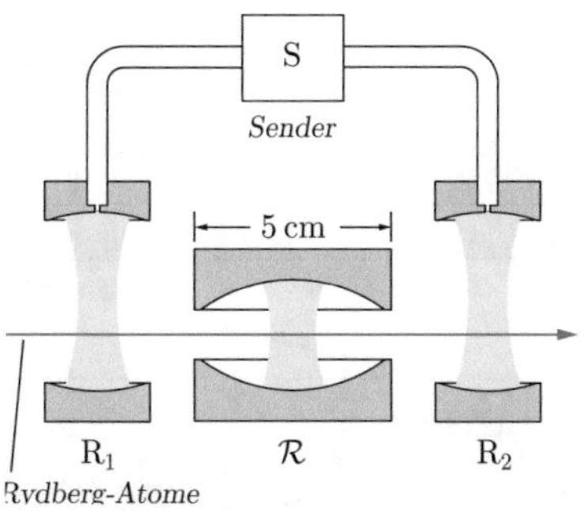

Abbildung 3.27 Kernstück der Apparatur zum zerstörungsfreien Nachweis der Photonen im supraleitenden Resonator $\mathcal{R}$. Links vom Resonator R_1 befindet sich die Apparatur zur Präparation der Rydberg-Atome, rechts von R_2 ein Detektor, der Atome in den Zuständen α und β getrennt nachweist. $\mathcal{R}$ kann im Bereich von ± 5 MHz piezoelektrisch auf wenige Hz genau abgestimmt werden

kann man mit diesem Experiment ein Photon im Resonator so lange nachweisen, bis es absorbiert oder aus ihm herausgestreut wurde. Das Prinzip des Experiments wurde 1990 veröffentlicht.[22] Es gelangte erst 2007 zur Ausführung. Kein Wunder, wenn man sich vergegenwärtigt, welche Experimentierkunst dazu gehört, die extremen Anforderungen zu erfüllen, die dieses Experiment stellt.[23]

Abb. 3.27 zeigt das Kernstück der Apparatur. Der speziell für dieses Experiment entwickelte Mikrowellenresonator $\mathcal{R}$ mit supraleitenden Spiegeln befindet sich zwischen zwei gewöhnlichen Mikrowellenresonatoren R_1 und R_2, die vom Sender S gespeist werden. Das Ganze ist auf die Temperatur $T = 0{,}8\,\mathrm{K}$ gekühlt und von einer Abschirmung umgeben, die Streufelder und Wärmestrahlung von Körpern mit $T > 0{,}8\,\mathrm{K}$ fernhält. Wird $\mathcal{R}$ mit der Resonanzfrequenz $\nu = 51{,}1\,\mathrm{GHz}$ angeregt, entsteht in $\mathcal{R}$ eine stehende Welle mit 9 Schwingungsbäuchen. Die Abklingzeit ist $\tau_E = 0{,}13\,\mathrm{s}$. Ein Photon wird in dieser Zeit $1{,}4 \cdot 10^9$ mal an den Spiegeln reflektiert. Zur Bestimmung der Zahl der in $\mathcal{R}$ gespeicherten Photonen dienen als Messsonden sehr sorgfältig präparierte Rydberg-Atome. Das sind bis dicht unter die Ionisationsgrenze angeregte Alkali-Atome. Wir werden auf solche Atome am Ende von Kap. 7 zurückkommen. Genau zu verstehen, wie und warum dieses Experiment funktioniert, erfordert eine gründliche Kenntnis der Quanten- und Atomphysik.[24] Wir begnügen uns mit einer kurzen Beschreibung der Vorgänge, die sich in der Apparatur abspielen.

In einem wohldefinierten Anregungszustand α und mit der Geschwindigkeit $v = 250 \pm 2\,\mathrm{m/s}$ tritt ein Rydberg-Atom nach dem anderen in den in Abb. 3.27 gezeigten Teil der Apparatur ein. Die Wellenfunktion der Atome nennen wir ψ_α. Im Resonator R_1 wird der Zustand α umgewandelt in einen Zustand mit der Wellenfunktion

$$\psi = \frac{1}{\sqrt{2}}(\psi_\alpha + \psi_\beta)\,. \tag{3.68}$$

α und β bezeichnen hier nicht zwei Wege wie in (3.37), sondern zwei unmittelbar benachbarte Zustände des Rydberg-Atoms ($E_\beta > E_\alpha$).[25] Die Übergangsfrequenz ist $\nu_{\alpha\beta} = 51{,}099\,\mathrm{GHz}$, also nur ***nahezu*** gleich der Resonanzfrequenz von $\mathcal{R}$. Man kann zeigen, dass das elektrische Wechselfeld $E(t)$ einer stehenden Welle in $\mathcal{R}$ die Phasen von ψ_β und ψ_α beeinflusst, und zwar unterschiedlich. Nach Durchlaufen von $\mathcal{R}$ besteht zwischen ψ_β und ψ_α eine Phasendifferenz. Sie ist proportional zur Amplitude von $E(t)$, also auch zur Zahl n der in $\mathcal{R}$ gespeicherten Photonen. Die Wellenfunktion ist

$$\psi = \frac{1}{\sqrt{2}}\left(\psi_\alpha + \psi_\beta e^{i\varphi_E(n,\delta)}\right)\,. \tag{3.69}$$

$\delta = \nu_{\alpha\beta} - \nu_0$ ist die Verstimmung von $\mathcal{R}$. Die Phase φ_E ist auch proportional zur Zeit, die das Rydberg-Atom im Feld $E(t)$ zubringt ($\approx 25\,\mu\mathrm{s}$). Daher ist die scharfe Geschwindigkeitsselektion notwendig. Die Erzeugung der Phase φ_E belastet das elektrische Feld in $\mathcal{R}$ nicht, so dass der Durchgang des Rydberg-Atoms durch $\mathcal{R}$ die Photonenzahl n nicht verändert.

Im Resonator R_2 wird der Zustand des Rydberg-Atoms nochmals umgewandelt. In einem ersten Experiment[26] wurde $\mathcal{R}$ gegen $\nu_{\alpha\beta}$ um 67 kHz verstimmt und die Phase von R_2 gegenüber R_1 so eingestellt, dass das Atom den Detektor im Zustand α erreicht, wenn $n = 0$ ist, und im Zustand β, wenn $n = 1$ ist. Damit wurde nach Photonen der Energie $h\nu_0$ gesucht, die in dem nicht angeregten Resonator $\mathcal{R}$ mit einer kleinen Wahrscheinlichkeit durch die 0,8 K-Wärmestrahlung der Spiegel entstehen. Sie werden im Mittel über die Zeit $\tau_E = 0{,}13\,\mathrm{s}$ in $\mathcal{R}$ gespeichert. Abb. 3.28 zeigt ein solches Photon, das sogar $0{,}48\,\mathrm{s} = 3{,}7\,\mathrm{fi}_E$ überlebte. In dieser Zeit wurde es 430-mal durch ein Rydberg-Atom nachgewiesen. In einem zweiten Experiment wurde $\mathcal{R}$ durch Einstrahlung von Mikrowellen schwach angeregt.[27] Mit einer anderen Einstellung der

---

[22] M. Brune, S. Haroche, V. Lefevre, J. M. Raimond u. N. Zagury, „Quantum Nondemolition Measurement of Small Photon Numbers by Rydberg-Atom Phase Sensitive Detection", Phys. Rev. Letters **65**, 976 (1990).

[23] Serge Haroche erhielt im Jahre 2012 zusammen mit D. Wineland für die Entwicklung von Methoden zur Vermessung und Manipulation individueller Quantensysteme den Physik-Nobelpreis.

[24] Näheres dazu findet man in dem Buch „Exploring the Quantum" von S. Haroche und J.-M. Raimond, Oxford University Press (2007).

[25] Dass hier die Wellenfunktionen zweier unterschiedlicher Energien überlagert werden, ist nichts Besonderes. Die Wellenpakete in Abb. 3.25 enthalten sogar kontinuierliche Frequenz- und Energiespektren. Im Fall von (3.68) entspricht dem Wellenpaket das Schwebungssignal Abb. IV/4.8.

[26] S. Gleyzes et al., „Quantum jumps recording the birth and death of a photon in a cavity", Nature **446**, 207 (2007).

[27] C. Guerlin et al., „Progressive field-state collapse and quantum non-demolition photon counting", Nature **448**, 889 (2007).

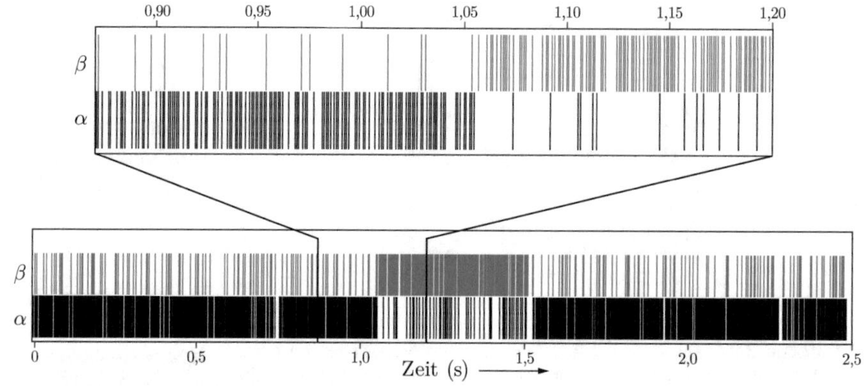

Abbildung 3.28 „Geburt" und „Tod" eines thermischen Photons. Die Striche zeigen jeweils ein nachgewiesenes Rydberg-Atom an, getrennt nach den Zuständen α und β (Photonenzahl 0 bzw. 1)

Apparatur und einer raffinierten Auslesetechnik ist es möglich, bis zu sieben in $\mathcal{R}$ gespeicherte Photonen zerstörungsfrei zu zählen und so das zeitliche Abklingen der Anregung von $\mathcal{R}$ zu verfolgen. In Abb. 3.29a–c sind einige Beispiele gezeigt. Die Abklingkurve des Resonators erweist sich als Stufenkurve. Diese Bilder sind der eindrücklichste Beweis für die Quantisierung des elektromagnetischen Feldes, den man sich vorstellen kann.

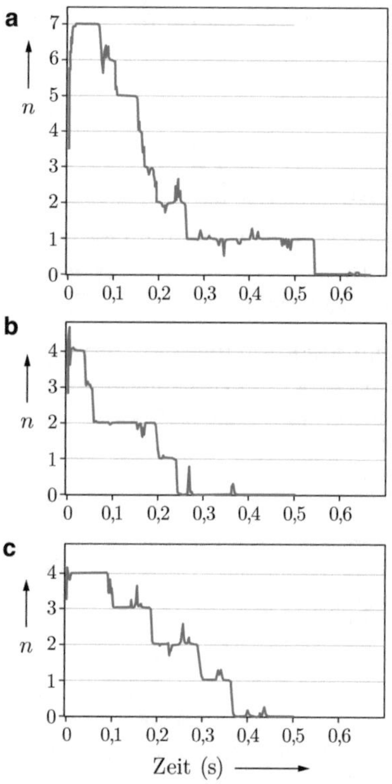

Abbildung 3.29 **a–c**: Zeitliche Entwicklung der Photonenanzahl n nach Anregung einer stehenden Welle in $\mathcal{R}$

Emission eines Lichtquants durch zwei Atome?

Wir wollen noch ein Experiment zur Demonstration eines verblüffenden quantenmechanischen Effekts betrachten: die Lichtemission von Kalzium-Atomen im Anschluss an die Photodissoziation von Ca_2-Molekülen.[28]

Mit einem Laserstrahl wird ein Ca_2-Molekül dissoziiert. Der Laser ist gepulst, so dass der Zeitpunkt der Dissoziation mit einer Genauigkeit von ca. 10^{-10} s bekannt ist. Die Quantenenergie des Lasers reicht aus, zusätzlich noch eines der Ca-Atome anzuregen:

$$h\nu_1 + \mathrm{Ca}_2 \to \mathrm{Ca} + \mathrm{Ca}^* \,. \tag{3.70}$$

Mit einer Lebensdauer von einigen 10^{-9} s geht das angeregte Atom Ca^* unter Lichtemission in den Grundzustand über:

$$\mathrm{Ca}^* \to \mathrm{Ca} + h\nu_2 \,. \tag{3.71}$$

Aus der Intensität des Laserstrahls und aus der Ca_2-Dichte folgt, dass stets nur ***ein*** Ca^*-Atom im Spiel ist. Zum Nachweis des Photons $h\nu_2$ ist senkrecht zum Laserstrahl ein Photomultiplier (PM) aufgestellt. Die Zählrate wird als Funktion der Zeit t nach Ablauf der Reaktion (3.70) gemessen; dazu benutzt man einen TDC („time to digital converter"), im Prinzip eine Uhr, die mit dem Laserstrahl gestartet und mit dem PM-Signal gestoppt wird.

Man erwartet einen exponentiellen Abfall der Zählrate, entsprechend der Lebensdauer der Ca^*-Atome. Der wird auch beobachtet; die Quantenmechanik hält hier jedoch noch eine Überraschung bereit. Nach der Dissoziation fliegen die Ca-Atome mit einer gewissen Geschwindigkeit v auseinander. Damit ergeben sich bei der Beobachtung der Photonen aus (3.71) die beiden in Abb. 3.30 gezeigten Konfigurationen (a) und (b). In Bild (a) hat v ein Komponente in Richtung auf den PM, das Licht ist durch den Doppler-Effekt blauverschoben; in Bild (b) fliegt das emittierende Atom in den oberen Halbraum, das Licht ist

[28] P. Grangier, A. Aspect und J. Vigue, Phys. Rev. Lett. **54**, 418 (1985).

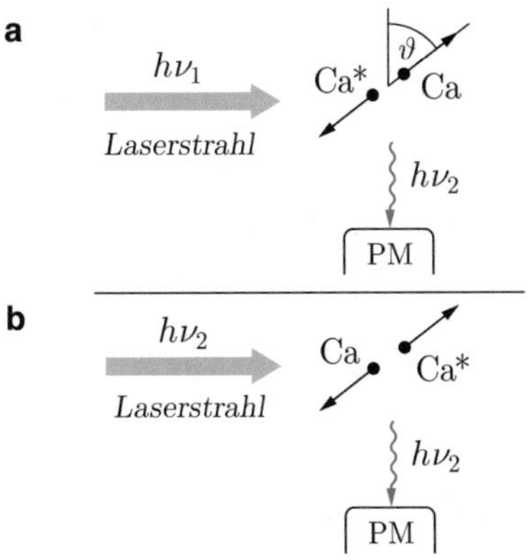

Abbildung 3.30 Zur Photodissoziation des Ca_2 bei gleichzeitiger Anregung eines Ca-Atoms; Konfigurationen **a** und **b** bei der Emission des Photons $h\nu_2$

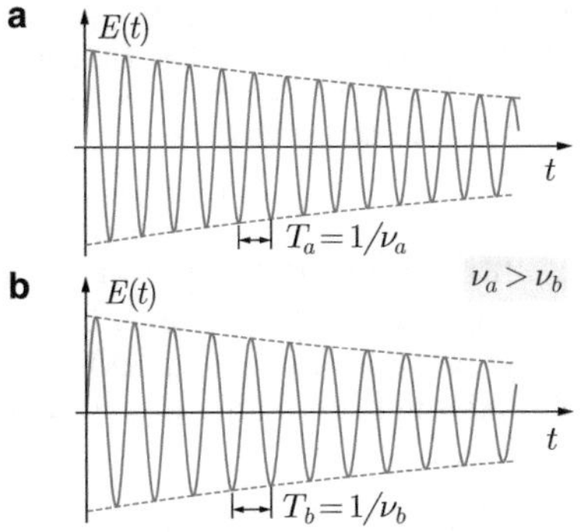

Abbildung 3.31 Wellenzüge in den Konfigurationen **a** und **b**

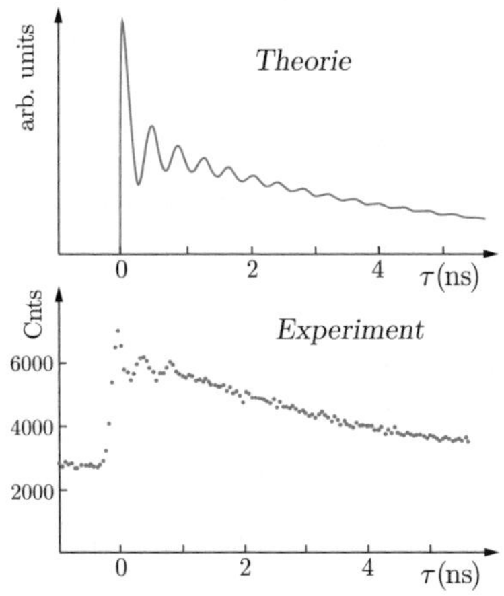

Abbildung 3.32 Modulation des Signals mit der Schwebungsfrequenz $\nu_{2a} - \nu_{2b}$, aus Grangier et al. (1985)

rotverschoben. Aufgrund des Dopplereffekts unterscheiden sich die Frequenzen des im Fall (a) und im Fall (b) emittierten Lichts geringfügig voneinander, es ist $\nu_{2a} > \nu_{2b}$. In Abb. 3.31 sind die beiden exponentiell abklingenden Wellenzüge gezeigt, durch die nach Abschn. 1.1 die Lichtemission beschrieben werden kann. Nun kann man mit dieser Versuchsanordnung nicht feststellen, ob Fall (a) oder (b) realisiert ist. Daher muss das elektromagnetische Feld am Orte des Photomultipliers analog zu (3.20) gleichberechtigt beide Möglichkeiten enthalten. Wir erhalten als elektrisches Feld:

$$e(t) = \frac{1}{\sqrt{2}}\left(E_a(t) + E_b(t)\right) . \tag{3.72}$$

Die Zählrate als Funktion von t ist proportional zu $|E(t)|^2$. Sie sollte nach (3.72) moduliert sein mit der Schwebungsfrequenz $\nu_{2a} - \nu_{2b}$; auch nach Mittelung über die Winkel ϑ in Abb. 3.30 bleibt noch ein Effekt übrig.

In Abb. 3.32 sind die Ergebnisse der quantenmechanischen Rechnung und die des Experiments gezeigt. Die Modulation der Zählrate mit der Schwebungsfrequenz ist klar zu erkennen! Vom Standpunkt der klassischen Physik aus betrachtet, ist die Situation paradox: Das Messergebnis zeigt, dass beide Ca-Atome am Emissionsprozess beteiligt sind, obgleich garantiert nur eines der beiden Atome angeregt wurde. Wir stoßen hier wieder auf die Problematik des Doppelspaltexperiments.

3.7 Verschränkte Zustände

Abschließend diskutieren wir noch ein besonders merkwürdiges Phänomen, den verschränkten Zustand zweier Teilchen. Zwischen den beiden Teilchen, die sich in einem solchen Zustand befinden, besteht keine Wechselwirkung; ihre Quanteneigenschaften sind aber auf Grund ihrer Vorgeschichte nicht voneinander unabhängig, sie sind **verschränkt**. Um zu zeigen, wie das zustandekommt und wie sich ein solches System verhält, betrachten wir ein konkretes Beispiel, bei dem die verschränkten Teilchen zwei Photonen sind.

Die Strahlungskaskade beim Kalzium-Atom

In Abb. 3.33 ist ein Ausschnitt aus dem Niveauschema des Kalzium-Atoms gezeigt. Das Atom hat im oberen angeregten Zustand (Energie E_2) und im Grundzustand (Energie E_0) den Drehimpuls Null, im Zwischenzustand den Drehimpuls $1 \cdot \hbar$. Man stellt fest, dass die Atome im Zustand (2) keine Photonen mit der Energie $h\nu = E_2 - E_0$ emittieren, alle Übergänge in den Grundzustand führen über den Zustand (1) unter Emission von zwei Photonen, wie in Abb. 3.33 gezeigt ist. Der Grund dafür: Photonen besitzen nicht nur Energie und Impuls, sondern auch

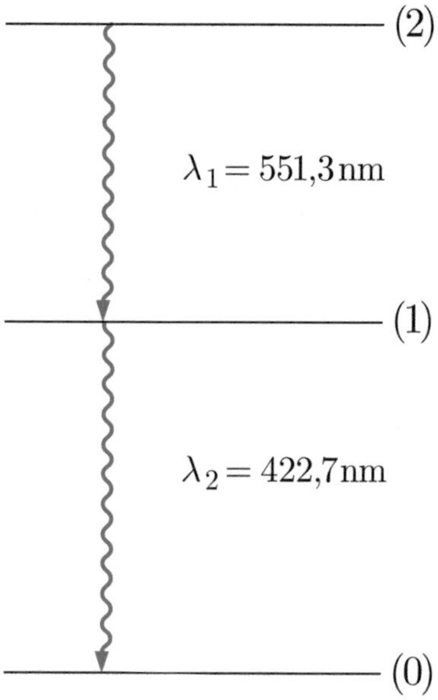

Abbildung 3.33 Ausschnitt aus dem Niveau-Schema des Ca-Atoms. Die mittlere Lebensdauer des Zustands (1) ist $\tau = 5\,\text{ns}$

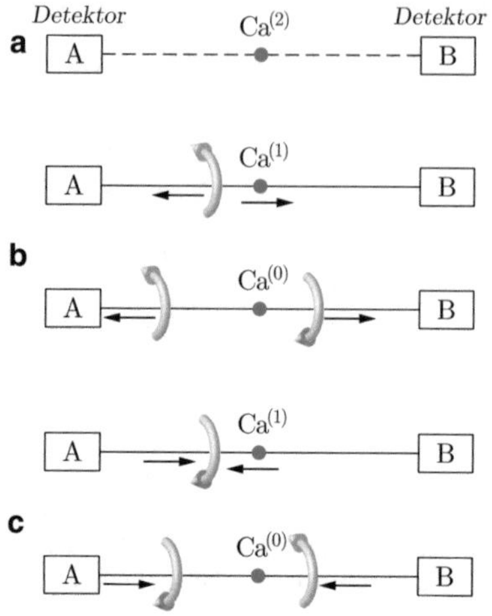

Abbildung 3.34 Zur Drehimpulserhaltung in Abb. 3.33. **a** Versuchsanordnung. **b** Kaskadenzerfall unter Emission von rechtshändig zirkular polarisierten Photonen. **c** Dasselbe mit linkshändig zirkular polarisierten Photonen. Die *Pfeile* geben die Richtungen der Drehimpulsvektoren an

einen Drehimpuls. Wie wir in Abschn. 6.4 sehen werden, transportiert eine rechtshändig zirkular polarisierte ebene Welle den Drehimpuls $N\hbar$, wenn ihre Intensität N Photonen/m^{2}s entspricht. ***Das einzelne Photon muss daher in seiner Ausbreitungsrichtung einen Drehimpuls $\pm\hbar$ transportieren.*** Dabei ist das Vorzeichen positiv oder negativ, je nachdem, ob das Photon rechtshändig oder linkshändig zirkular polarisiert ist.[29] Man erkennt, dass der Übergang des Zustands (2) in den Grundzustand unter Emission ***eines*** Photons wegen der Drehimpulserhaltung nicht möglich ist. Der Übergang über das Niveau (1) ist dagegen mit der Drehimpulserhaltung vereinbar.

Die beiden Photonen können in beliebige Richtungen emittiert werden. Die Aufstellung der Drehimpulsbilanz ist nur einfach, wenn wir uns auf den Fall der Emission in diametral entgegengesetzte Richtungen beschränken, den Abb. 3.34a zeigt. In Bild (b) ist angenommen, dass beim Übergang (2) $\rightarrow$ (1) ein rechtshändig zirkular polarisiertes Photon in Richtung A läuft. Zurück bleibt ein Ca-Atom im Zustand (1), bei dem der Drehimpulsvektor nach B zeigt. Emittiert es in dieser Richtung ein Photon, so muss dieses rechtshändig zirkular polarisiert sein. Zurück bleibt ein Ca-Atom im Grundzustand. In jedem Augenblick ist der Drehimpuls des Systems Null. In Abb. 3.34c ist der gleiche Vorgang für linkshändig zirkular polarisierte Photonen gezeigt.

Die Photonen bewegen sich mit Lichtgeschwindigkeit nach A bzw. nach B als Wellenpakete, deren Länge gemäß (3.28) durch die Lebensdauer der Zustände (1) und (2) gegeben ist. Ihre Wellenfunktionen im Impulsraum bezeichnen wir mit mit R_A und R_B bzw. mit L_A und L_B. R steht für rechtshändig, L für linkshändig zirkular polarisiert. Der springende Punkt ist nun, dass der Zustand des aus den beiden nicht miteinander wechselwirkenden Photonen bestehenden Systems nicht durch das Produkt $R_A R_B$ oder alternativ durch das Produkt $L_A L_B$ beschrieben werden kann, wie Abb. 3.34 suggeriert. Die Quantenmechanik erfordert vielmehr ***zwingend***, dass der Zustand der Photonen durch die Superposition

$$F = \frac{1}{\sqrt{2}}(R_A R_B + L_A L_B) \tag{3.73}$$

zu beschreiben ist, damit die beim Kaskadenübergang im Ca-Atom zu beachtenden Erhaltungssätze[30] erfüllt sind. Es handelt sich hier um einen **verschränkten Zustand**.

Nun wissen wir aus (IV/9.5), dass die Überlagerung von kohärenten rechts- und linkszirkular polarisierten Wellen lineare Polarisation ergibt. Wir ersetzen in (3.73) R und L durch die Wellenfunktionen X und Y von in x- oder in y-Richtung linear polarisierten Photonen. Führt man

[29] Da die elektromagnetische Welle aus einer großen Anzahl kohärenter Photonen besteht, lassen sich die Begriffe und Formeln aus Bd. IV/9.1 auf ein einzelnes Photon übertragen. Zur Definition der rechts- oder linkshändigen Polarisation siehe auch Abb. IV/9.2. – Wie verhalten sich Photonen in einem Strahlteiler, z. B. in einem halbdurchlässig versilberten Spiegel? Dort wird eine elektromagnetische Welle der Intensität I in zwei Teilstrahlen mit den Intensitäten I_1 und I_2 aufgespalten. Das Photon teilt sich nicht; es wählt mit den ***Wahrscheinlichkeiten*** $W_1 = I_1/I$ und $W_2 = I_2/I$ die Wege (1) bzw. (2). Entsprechendes gilt für einen Polarisator.

[30] Wir können diese Erhaltungssätze erst in Abschn. 6.5 besprechen ((6.51) und (6.52)).

in (IV/9.3) und (IV/9.4) die komplexe Schreibweise ein, sieht man, wie der Zusammenhang zwischen den Wellenfunktionen L und R und den Wellenfunktionen X und Y aussieht:

$$L = \frac{1}{\sqrt{2}}(X - \mathrm{i}Y) \qquad R = \frac{1}{\sqrt{2}}(X + \mathrm{i}Y) . \tag{3.74}$$

Eingesetzt in (3.73) ergibt dies

$$\begin{aligned} F &= \frac{1}{\sqrt{2}}(R_A R_B + L_A L_B) \\ &= \frac{1}{\sqrt{2}}(X_A X_B - Y_A Y_B) . \end{aligned} \tag{3.75}$$

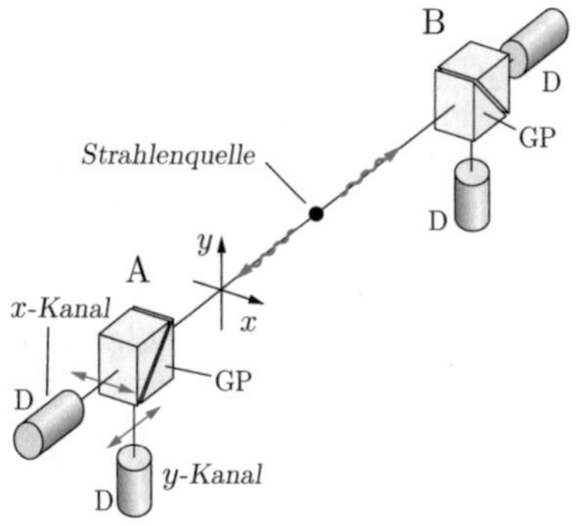

Abbildung 3.35 Versuchsanordnung für das Gedankenexperiment. *GP*: Glanprismen, *D*: Detektoren

Bei einer Messung der linearen Polarisation erweisen sich die Photonen entweder beide als in x-Richtung oder beide als in y-Richtung polarisiert. Auch besagt (3.75), dass, solange noch keine Messung durchgeführt wurde, beide Möglichkeiten offen stehen. Man mache sich klar: Die Zirkularpolarisationen in (3.73) oder die Linearpolarisationen in (3.74) sind physikalische Eigenschaften der Photonen. Sie stehen, ebenso wie die Impulsrichtungen der Photonen, bei deren Emission noch nicht fest und werden erst konkretisiert, wenn sie von aufgestellten Polarimetern gemessen werden.

Ein Gedankenexperiment

Wir verfolgen die Konsequenzen von (3.75) in einem Gedankenexperiment. Bei A und B bauen wir im gleichen Abstand von der Strahlenquelle zwei Polarimeter auf, jedes bestehend aus einem ideal funktionierenden Glan-Prisma (siehe Abb. IV/9.23) und zwei Detektoren, die 100 % Ansprechwahrscheinlichkeit haben sollen (Abb. 3.35). Die Polarimeter werden so aufgestellt, dass die x-Achsen in A und B parallel zueinander ausgerichtet sind.

Nun wird das Experiment gestartet. In A wird mal ein in x-Richtung linear polarisiertes Photon registriert, mal ein in y-Richtung polarisiertes; beides sind nach (3.75) ***Zufallsereignisse***, die mit je 50 % Wahrscheinlichkeit auftreten und die rein statistisch aufeinander folgen, d. h. ob beim n-ten Mal ein Photon im x-Kanal oder im y-Kanal registriert wird, ist unabhängig davon, welche Polarisation bei den vorhergehenden Photonen gemessen wurde. Auch bei B werden nach (3.73) im x-Kanal und im y-Kanal in statistischer Reihenfolge Photonen registriert. Nun werden die beiden statistischen Folgen miteinander verglichen. Man stellt fest, dass jedes mal, wenn bei A ein „x-Photon" registriert wurde, auch bei B ein „x-Photon" auftrat, und dass dasselbe auch für die „y-Photonen" gilt. Wenn B von der Quelle weiter entfernt ist als A und die Messung bei A vorliegt, kann man sogar vorhersagen, was bei B gemessen werden wird, wie weit auch immer B von der Quelle entfernt ist. Das sind jedenfalls die Behauptungen von (3.75).

Dass man bei einem Zweiteilchensystem aus der Messung einer Variablen an einem der beiden Teilchen auf den Wert der gleichen Variablen beim anderen Teilchen schließen kann, ist nichts Besonderes. Bei der spontanen Dissoziation eines metastabilen zweiatomigen Moleküls kennt man z. B. den Impuls des einen Atoms, wenn man den Impuls des anderen gemessen hat. Die Impulse müssen im Schwerpunktsystem des Moleküls aufgrund der Impulserhaltung entgegengesetzt gleich sein; die Impulse der beiden Atome liegen bereits unmittelbar nach der Dissoziation fest. Bei den verschränkten Zuständen ist jedoch die Situation grundsätzlich anders. Während die beiden Photonen auf dem Weg nach A oder B sind, liegt noch nicht fest, ob das A-Photon im x-Kanal oder im y-Kanal des Polarimeters bei A nachgewiesen werden wird. Wie funktioniert es, dass das B-Photon im selben Kanal nachgewiesen wird wie das Photon bei A? Die Quantenmechanik beschreibt diesen Vorgang folgendermaßen: Durch die Messung bei A wird die Wellenfunktion (3.75) zerstört, sie „kollabiert". Die Wellenfunktion des nach B laufenden Photons wird auf X_B oder Y_B reduziert, je nachdem, ob bei A das Photon im x-Kanal oder im y-Kanal nachgewiesen wurde.

Wenn man sich nicht damit zufrieden gibt, dass die quantenmechanisch wohl begründete Formel (3.75) genau diese seltsamen Phänomene zur Folge hat, sondern nach einer über (3.75) hinausgehenden Erklärung sucht, bieten sich zwei Möglichkeiten an:

1. Das Messergebnis bei A wird auf irgend eine Weise nach B übertragen und beeinflusst dort die Messung derart, dass bei B die gleiche Polarisationsrichtung gemessen wird wie bei A. Diese von Einstein als „spukhafte Fernwirkung" bezeichnete Einflussnahme müsste mit Überlichtgeschwindigkeit erfolgen – eine wenig attraktive Vorstellung.

2. Ob die beiden Photonen im x-Kanal oder im y-Kanal nachgewiesen werden, entscheidet sich nicht erst, wenn das erste Photon eines der beiden Polarimeter erreicht. Die Photonen erhalten vielmehr ***lokal*** am Ort des strahlenden Ca-Atoms eine Eigenschaft, die den späteren Nachweis beider Photonen im x- oder im y-Kanal festlegt, wohin auch immer die x-Richtung zeigen mag. Die statistische Abfolge der xx und yy-Ereignisse entsteht bereits bei dieser Vorprägung. Wie das geschieht, muss von einer noch unbekannten, hinter der Quantenmechanik stehenden Theorie erklärt werden.

Die Existenz einer solchen Theorie wurde von Einstein, Podolski und Rosen (im Folgenden EPR genannt) vermutet und in die Diskussion gebracht.[31] Diese Theorie muss Variablen und Parameter enthalten, die in der Quantenmechanik nicht vorkommen, aber wirksam sind, sogenannte **verborgene Variablen**. Es handelt sich also um eine ***lokale Theorie mit verborgenen Variablen***.[32] Für eine solche Theorie gibt es in der Physik ein Beispiel: Die statistische Mechanik steht hinter der Thermodynamik. Die verborgenen Parameter sind die Orts- und Impulskoordinaten der Teilchen, die das System enthält.

Die Bellsche Ungleichung und reale Experimente

Die Arbeit von Einstein et al. sorgte zunächst für einigen Aufruhr, trat aber bald in den Hintergrund. Die Bewertung der von EPR aufgestellten Thesen galt bald als ein philosophisches Problem, das nicht mit den Methoden der Physik gelöst werden kann. Um so größer war das Erstaunen, als 1964 J. S. Bell zeigte, dass sehr wohl experimentell untersucht werden kann, ob hinter der Quantenmechanik eine lokale Theorie mit verborgenen Variablen steht oder nicht.[33] Bell zeigte, dass die Korrelationen bei verschränkten Zuständen ***unter allen Umständen*** die von ihm aufgestellten Ungleichungen erfüllen müssen, wenn eine lokale Theorie mit verborgenen Variablen hinter der Quantenmechanik steht, und dass die quantenmechanisch berechneten Korrelationen diese Ungleichung verletzen, wenn man die Konfiguration des Experiments geeignet wählt.

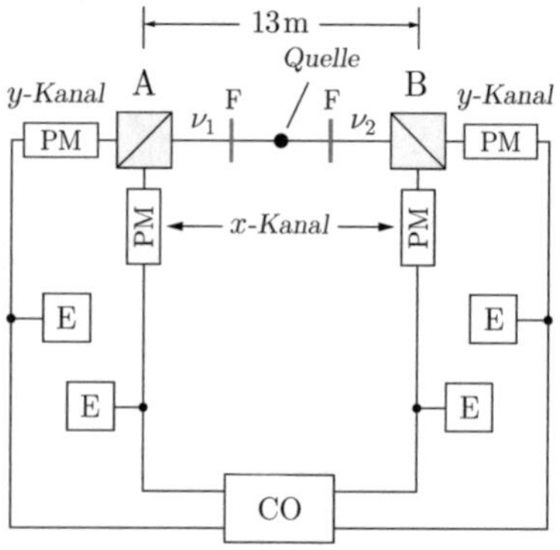

Abbildung 3.36 Versuchsanordnung von Aspect et al. Beide Polarimeter sind um die Strahlachse drehbar. In CO und E werden die Koinzidenzen und die Einzelraten der Detektoren registriert. Letztere dienen zur Überwachung de Stabilität der PM's und zur Berechnung der zufälligen Koinzidenzen. Die Interferenzfilter F sind erforderlich, weil die polarisationsempfindlichen Strahlteiler jeweils nur für ***eine*** Wellenlänge, λ_1 oder λ_2, optimiert sind. Typische Raten: Quelle $5 \cdot 10^7$/s, Einzelraten 10^4/s, Koinzidenzen 40/s wenn $\hat{\boldsymbol{x}}_A \| \hat{\boldsymbol{x}}_B$

Es wurden in der Folgezeit zur Bellschen Ungleichung etliche Experimente durchgeführt, die meisten mit verschränkten Photonen, einige aber auch mit geladenen Teilchen. Als Beispiel beschreiben wir ein Experiment, das von A. Aspect, P. Grangier und G. Roger in Orsay bei Paris ausgeführt wurde.[34] Es zeigt die Verletzung der Bellschen Ungleichung besonders deutlich. Methodisch entspricht es genau unserem Gedankenexperiment. Die Versuchsanordnung ist in Abb. 3.36 gezeigt. Statt der Glan-Prismen in Abb. 3.35 sind Strahlteiler eingebaut, bestehend aus zwei Prismen aus Glas, deren Kontaktflächen mit polarisationsempfindlichen dielektrischen Vielfachschichten versehen sind. Sie kommen dem Ideal sehr nahe: Für die nachzuweisende Polarisation sind die Transmission und Reflektivität der Vielfachschichten $T_y = R_x = 0{,}94$, für die zu unterdrückende Polarisation ist $T_x = R_y = 0{,}007$. Die als Detektoren verwendeten Photomultiplier haben für einzelne Photonen nur eine Nachweiswahrscheinlichkeit von ca. 20 %. Die PMs sind aber promille-genau aufeinander abgeglichen, so dass die registrierten Koinzidenzraten

---

[31] A. Einstein, B. Podolski und N. Rosen, „Can Quantum-Mechanical Description of Physical Reality be Considered as Complete?" Physical Review **47**, 447 (1935). In dieser Arbeit wird ein anderes Beispiel für einen verschränkten Zustand zweier Teilchen diskutiert. Hinter der oben genannten Vermutung steht letztlich die Überzeugung, dass freie Teilchen, wie hier die Photonen, wohl definierte Eigenschaften haben müssen („physikalischer Realismus") und dass eine vollständige Theorie eine Beschreibung dieser Eigenschaften enthalten muss. – Einstein in einem Brief an seinen ehemaligen Assistenten C. Lanczos: „Es scheint hart, dem Herrgott in die Karten zu gucken. Aber dass er würfelt und sich telepathischer Mittel bedient wie es ihm von der gegenwärtigen Quantentheorie zugemutet wird, kann ich keinen Augenblick glauben".

[32] Dazu ein Beispiel von D. Dubbers (Heidelberg): Die zuständigen Behörden in Amsterdam und in Berlin stellen fest, dass die Unfallhäufigkeit in ihren Städten nicht zeitlich konstant ist. Es zeigt sich, dass man in A. und in B. die gleiche Zeitabhängigkeit beobachtet. Hier wird niemand vermuten, dass sich die Unfallhäufigkeit in A. direkt auf die in B. auswirkt. Man wird schnell darauf kommen, dass hier verborgene Variablen am Werke sind: Verkehrsdichte, Lichtverhältnisse, Wetter.

[33] J. S. Bell, „On the Einstein-Podolski-Rosen Paradoxon", Physics (New York) **1**, 195 (1964); „ On the Problem of Hidden Variables in Quantum Mechanics", Rev. Mod. Phys. **38**, 447 (1966).

[34] A. Aspect, P. Grangier und G. Roger, Physical Review Letters **49**, 91 (1982).

zwischen den PMs auf der A- und B-Seite eine unverfälschte Stichprobe aus dem Datensatz ergeben sollten.

In der Koinzidenzschaltung werden die vier möglichen Koinzidenzen xx, xy, yx und yy simultan registriert. Zur Berechnung der Korrelation zwischen den Polarisationsmessungen bei A und B wird in der nachfolgenden Formel der Nachweis des Photons im x-Kanal bei A mit $\alpha = +1$ und bei B mit $\beta = +1$ gewertet, der Nachweis im y-Kanal mit $\alpha = -1$ bzw. $\beta = -1$. Nun sei W_{ik} mit $i = \pm 1$, $k = \pm 1$ die Wahrscheinlichkeit, dass eine Koinzidenz $\alpha = i$, $\beta = k$ auftritt. Der Erwartungswert des Produktes $\alpha\beta$ ist dann

$$E = \sum_{ik} W_{ik} \cdot ik = W_{++} \cdot (+1) + W_{+-} \cdot (-1) + W_{-+} \cdot (-1) + W_{--} \cdot (+1) \,. \tag{3.76}$$

Wenn die polarisierenden Strahlteiler auf der A- und auf der B-Seite parallel zueinander stehen, ist nach der Quantenmechanik $W_{++} = W_{--} = 0{,}5$ und $W_{+-} = W_{-+} = 0$, also $E = 1$, wie wie bei unserem Gedankenexperiment.

Sehr wesentlich ist nun, dass die Messung nicht nur bei parallel gestellten Strahlteilern durchgeführt wird, sondern auch mit gegeneinander um den Winkel φ verdrehten. Dadurch wird ein neues Zufallselement eingeführt. Angenommen, das A-Photon wird im Kanal x_A nachgewiesen. Das B-Photon muss nach (3.75) in der gleichen Richtung linear polarisiert sein. Die Wahrscheinlichkeiten für den Nachweis des B-Photons ergeben sich aus den Projektionen des Einheitsvektors $\hat{\boldsymbol{x}}_A$ auf die Richtungen $\hat{\boldsymbol{x}}_B$ und $\hat{\boldsymbol{y}}_B$. Man erhält

$$W_{++} = W_{--} = (\cos^2\varphi)/2 \,,$$
$$W_{+-} = W_{-+} = (\sin^2\varphi)/2 \,,$$
$$E(\varphi) = \cos^2\varphi - \sin^2\varphi = \cos 2\varphi \,. \tag{3.77}$$

In Abb. 3.37 sind die Messungen von Aspect et al. gezeigt. Die gestrichelte Kurve entspricht (3.77), mit einer kleinen an dieser Formel angebrachten Korrektur auf die erwähnten Unvollkommenheiten der Strahlteiler und auf die endlichen Öffnungswinkel der Detektoren: Die nachgewiesenen Photonen sind nicht genau kollinear emittiert worden, wie in Abb. 3.35 und in (3.77) angenommen wurde. Die Messungen stimmen mit der quantenmechanischen Vorhersage hervorragend überein.

Um den Test mit der Bellschen Ungleichung durchzuführen, betrachtet man die Korrelationsfunktion

$$S = E(\hat{\boldsymbol{x}}_A, \hat{\boldsymbol{x}}_B) - E(\hat{\boldsymbol{x}}_A, \hat{\boldsymbol{x}}'_B) + E(\hat{\boldsymbol{x}}'_A, \hat{\boldsymbol{x}}_B) + E(\hat{\boldsymbol{x}}'_A, \hat{\boldsymbol{x}}'_B) \,. \tag{3.78}$$

$\hat{\boldsymbol{x}}_A$ und $\hat{\boldsymbol{x}}_B$ sind Einheitsvektoren, die in die jeweils auf der A- bzw. B-Seite selektierten Polarisationsrichtungen zeigen. Nach Clauser et al.[35] hat die Bellsche Ungleichung hier die einfache Form

$$|S_{LT}| \leq 2 \,, \tag{3.79}$$

wobei S_{LT} die mit einer lokalen Theorie berechnete Korrelationsfunktion ist. Wie Bell gezeigt hat, gilt (3.79), wie auch immer diese Theorie aufgebaut sein mag. Die größte Empfindlichkeit erreicht der Test mit den in Abb. 3.38 gezeigten Richtungen. Die Quantenmechanik ergibt dann mit (3.77)

$$S_{QM} = \cos 45^\circ - \cos 135^\circ + \cos 45^\circ + \cos 45^\circ = 2\sqrt{2} = 2{,}83 \,.$$

Mit den oben erwähnten Korrekturen ergibt die Theorie dann $S_{QM}^{theor} = 2{,}70 \pm 0{,}05$. Die Messung von Aspect et al. ergab

$$S^{exp} = 2{,}697 \pm 0{,}015 \,.$$

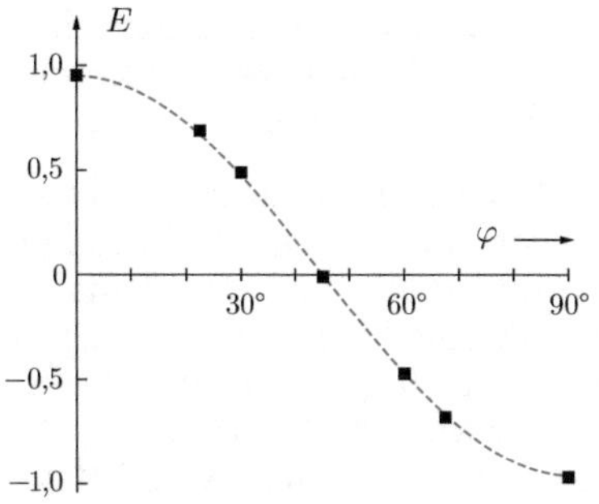

Abbildung 3.37 Erwartungswert E als Funktion des Winkels φ zwischen $\hat{\boldsymbol{x}}_A$ und $\hat{\boldsymbol{x}}_B$. *Gestrichelte Linie*: Vorhersage der Quantenmechanik ((3.77), mit den im Text angegebenen Korrekturen)

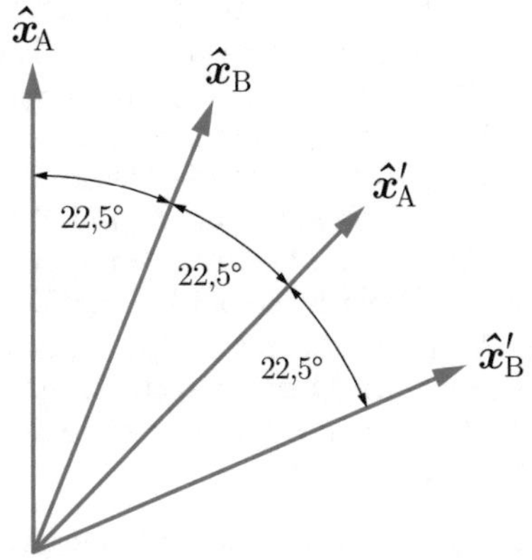

Abbildung 3.38 Richtung der Einheitsvektoren $\hat{\boldsymbol{x}}_A$, $\hat{\boldsymbol{x}}'_A$, $\hat{\boldsymbol{x}}_B$ und $\hat{\boldsymbol{x}}'_B$ in (3.78), mit denen die maximale Empfindlichkeit erreicht wird

[35] Der Vorschlag für diese Art von Experiment und die zugehörige Theorie stammen von J. F. Clauser, M. A. Horne, A. Shimony und R. A. Hott, Phys. Rev. Lett. **23**, 880 (1969). In dieser Arbeit findet man auch eine einfache Ableitung der Gleichungen (3.78) und (3.79).

Damit ist ***experimentell*** bewiesen, dass die von EPR geforderte, hinter der Quantenmechanik stehende Theorie nicht aufgestellt werden kann.

Wenn man sich mit diesem Resultat nicht zufrieden gibt, könnte man noch einwenden, dass beim Experiment von Aspect et al. und bei allen anderen damals vorliegenden Experimenten die Stellung der Polarisationsfilter schon feststand, bevor die Photonen emittiert wurden, und dass der Ausgang der Messungen bei A und B durch irgend eine Wechselwirkung zwischen A und B beeinflusst sein könnte. Auch das kann ausgeschlossen werden: In einem in Innsbruck ausgeführten Experiment[36] wurden die Stellungen der Polarisationsfilter in A und in B mit zwei voneinander unabhängigen Zufallsgeneratoren so schnell verändert, dass sich die Stellungen mehrfach änderten, während die Photonen unterwegs waren. Überdies gab es keine Koinzidenzschaltung, sondern die Ergebnisse wurden in A und B mit hochgenauer Zeitmessung registriert. Erst nachträglich wurden dann die Messreihen miteinander verglichen. Der Abstand von A und B war so groß (400 m), dass während der Messung, inklusive der Zeit für die Einstellung der Polarisationsfilter, eine Kommunikation zwischen A und B nur mit Überlichtgeschwindigkeit möglich gewesen wäre. Das Experiment ergab die gleiche Verletzung der Bellschen Ungleichung wie das „statische" Experiment von Aspect et al.

In Genf wurde schließlich noch ein Experiment[37] ausgeführt, in dem gezeigt wurde, dass die Geschwindigkeit der „spukhaften Fernwirkung" (wenn es sie gäbe), mindestens $10^4 c = 3 \cdot 10^{12}$ m/s sein müsste. Der Abstand zwischen den Messstationen war hier 18 km; die Photonen erreichten von Genf aus die Messstationen über fiberoptische Kabel von je 17,5 km Länge.

Beide Experimente wurden durch eine neue Technik zur Herstellung von verschränkten Photonenpaaren ermöglicht. In Bd. IV/9.4 wurde gezeigt, wie man mit einem nicht-linearen Kristall die Frequenz eines Laserstrahls verdoppeln kann (Abb. IV/9.42 und IV/9.43). Dabei werden im Endeffekt zwei Photonen der Energie $h\nu$ in ein Photon der Energie $h(2\nu)$ umgewandelt. Man kann mit einem solchen Kristall auch erreichen, dass aus dem Kristall zwei Strahlen der halben Frequenz austreten. Sie liegen in einer Ebene mit dem primären Laserstrahl und schließen mit diesem Strahl einen Winkel von ca. 3° ein. Diesen Prozess nennt man **parametric down conversion** (PDC). Die Photonen der beiden Strahlen sind miteinander verschränkt. Man kann die beiden Strahlen in fiberoptische Kabel einspeisen und so die Partner des verschränkten Zustands in verschiedene Richtungen und über große Entfernungen transportieren.[38] Davon wurde bei den beiden eben genannten Experimenten Gebrauch gemacht. Nach Einbau von $\lambda/2$- und $\lambda/4$-Platten kann man mit diesem Verfahren sogar alle vier „Bell-Zustände" erzeugen:

$$\begin{aligned} F &= \frac{1}{\sqrt{2}}(X_A X_B \pm Y_A Y_B) , \\ F &= \frac{1}{\sqrt{2}}(X_A Y_B \pm Y_A X_B) . \end{aligned} \tag{3.80}$$

Man könnte bei den Experimenten zum EPR-Problem schon fast von „overkill" sprechen. Zweifellos war und ist es für die beteiligten Physiker zunächst ein Sport, auch noch das letzte Schlupfloch für die verborgenen Variablen zuzustopfen; es steckt aber mehr dahinter.[39] Es zeigt sich überdies, dass die intensive Beschäftigung mit verschränkten Zuständen zu Entwicklungen geführt hat, die für die Informationstheorie und Kommunikationstechnologie von großem Interesse sind. Die möglichen Einsatzgebiete von verschränkten Zuständen reichen von der Kryptographie bis zum Quanten-Computer, dem neuartige Rechenmöglichkeiten offen stehen. Zu diesem Gebiet gibt es inzwischen eine umfangreiche Fachliteratur.[40]

---

[36] G. Weihs, T. Jennewein, C. Simon, H. Weinfurter und A. Zeilinger, Physical Review Letters **81**, 5039 (1989).

[37] D. Salart, A. Baas, C. Branciard, N. Gisin und H. Zbinden, Nature **454**, 861 (2008). Zu diesem Experiment siehe auch S. Tanzilli et al., „PPLN wave-guide for quantum communication", Eur. Phys. J. D **18**, 155 (2002), (PPLN = periodically poled lithium niobate).

[38] P. G. Kwiat, K. Mattle, H. Weinfurter, A. Zeilinger, A. V. Sergienko u. Y. Shih, „New High Intensity Source of Polarisation-Entangled Photon Pairs", Phys. Rev. Lett. **75**, 4337 (1995).

[39] siehe z. B. A. Leggett, „Realism and the physical world", Rep. Prog. Phys. **71**, 022001 (2008).

[40] Einen Einstieg findet man z. B. in dem Buch „Explorations in Quantum Computing", C. P. Williams u. S. H. Clearwater, Springer-Verlag (1998).

Übungsaufgaben

3.1. Neutronen-Refraktometer. Ein Neutronenstrahl wird durch Kollimatoren gebündelt und passiert eine Blende in horizontaler Richtung. Er sinkt im Schwerefeld der Erde ab und trifft in größerer Entfernung unter flachem Winkel auf eine Flüssigkeitsoberfläche, an der er reflektiert wird. Danach erfolgt der Neutronennachweis. Die Fallhöhe h zwischen Blende und Flüssigkeitsspiegel wird variiert und es wird derjenige Wert h_0 ermittelt, bei dem Totalreflexion einsetzt. Wie groß ist die mittlere Streulänge b_c der Flüssigkeit? Zahlenbeispiel: $h_0 = 30\,\text{cm}$, Moleküldichte $N = 3 \cdot 10^{28}\,\text{m}^{-3}$. (Hinweise: $\hbar = h/2\pi = 6{,}58 \cdot 10^{-16}\,\text{eV s}$, Neutronenmasse $m = 940\,\text{MeV}/c^2$. Bemerkenswerterweise heben sich die Neutronengeschwindigkeit v und die horizontale Laufstrecke L bis zur Reflexion aus dem Endergebnis heraus, es muss allerdings $L \gg h_0$ sein, z. B. 100 m !)

3.2. Feldstärke eines Photons. In Abb. 3.27 soll im Resonator $\mathcal{R}$ ein einzelnes Photon gespeichert sein, entstanden z. B. durch thermische Emission der Spiegel. Schätzen Sie die Amplitude des elektrischen Feldes ab, das dadurch im Zentrum von $\mathcal{R}$ entsteht. Abb. 3.27 ist maßstäblich. Am Rande des blau getönten Bereichs ist die in radialer Richtung gaußisch abfallenden Energiedichte auf $1/e$-tel des zentralen Wertes abgesunken. Die Resonanzfrequenz ist $\nu = 51\,\text{GHz}$.

3.3. Relativistisches Wellenpaket. Versucht man, mit Gl. (3.60) Wellenpakete für ***relativistische*** freie Teilchen zu konstruieren, wird man sofort damit konfrontiert, dass die Dispersionsrelation $\omega(\boldsymbol{k}) = \omega(\boldsymbol{p}/\hbar)$ verschieden ist von der Relation (3.3) für nichtrelativistische Teilchen: $\omega = E_{\text{tot}}(\boldsymbol{p})/\hbar$, worin E_{tot} die relativistische Gesamtenergie des Teilchens ist. Nehmen Sie an, ein Teilchen fliege mit einer mittleren Geschwindigkeit v_x in x-Richtung, die anfänglichen y- und z-Koordinaten seien Gauß-verteilt um den Mittelwert null und die Impulsunschärfen $\Delta p_y = \hbar/(2\sigma_y(0))$ und $\Delta p_z = \hbar/(2\sigma_z(0))$ seien klein gegen mc. Zeigen Sie, dass (3.62) zusammen mit (3.56) auch in diesem Fall das ***transversale*** Zerfließen des Wellenpakets beschreibt, wenn man in (3.56) die Masse durch die relativistische Masse γm ersetzt. (Hinweis: Entwickeln Sie die relativistische Energie E_{tot} nach p_y^2 und p_z^2.)

3.4. Ortsunschärfe eines Teilchens nach einem Stoßprozess. Ein Proton (Masse $938\,\text{MeV}/c^2$) mit der Geschwindigkeit $v = 0{,}5\,c$ werde transversal zu seiner Flugrichtung mit einer atomaren Genauigkeit $\sigma_y(0) = 10^{-10}\,\text{m}$ lokalisiert. Dadurch kollabiert die Wellenfunktion und es entsteht eine transversale Impulsunschärfe. Nach welcher Flugstrecke ist die dadurch entstehende transversale Ortsunsicherheit so groß geworden wie $\sigma_y(0)$? Wie addieren sich laut (3.56) beide Unschärfen? Welche der beiden Unschärfen überwiegt, wenn ein Teilchen ein Gas durchfliegt?

3.5. Teilchenspur in Materie. a) Durchläuft ein Teilchen Materie, entsteht durch sukzessive Stöße mit Elektronen eine statistische Überlagerung vieler Winkelablenkungen mit daraus folgenden Ortsunschärfen. Welche Ortsunschärfe entsteht in einem Gas unter Normalbedingungen durch die Winkelunschärfe von Aufgabe 3.4, wenn ein Proton eine Strecke $s = 1\,\text{m}$ zurücklegt? (Zur Berechnung der Zahl der Stöße N benötigt man den Wirkungsquerschnitt der Protonen. Als sehr groben Schätzwert verwende man $\pi\sigma_y(0)^2$.)

b) Welche Winkel- und Ortsunsicherheit sagt die Molière-sche Vielfachstreu-Theorie für ein Proton mit $v/c = 1/2$ in Argon unter Normalbedingungen nach einer Flugstrecke $s = 1\,\text{m}$ vorher (Strahlungslänge $X_0 \approx 20\,\text{g/cm}^2$)?

c) Nach welcher Flugstrecke wäre die transversale Ortsunsicherheit so groß wie der Messfehler, wenn dieser zu $\sigma_{y,\text{exp}} = 0{,}1$ mm angenommen wird?

Die Schrödinger-Gleichung

4

J. Heintze / P. Bock (Hrsg.), *Lehrbuch zur Experimentalphysik Band 5: Quantenphysik*, https://doi.org/10.1007/978-3-662-58626-6_4

Ausgehend von der Dispersionsrelation für de Broglie-Wellen gelangen wir im ersten Abschnitt zur Schrödinger-Gleichung, einer Differentialgleichung zur Berechnung der Wellenfunktion $\psi(\boldsymbol{r},t)$, die quantenmechanisch das Verhalten eines Teilchens unter dem Einfluss von äußeren Kräften beschreibt. Es wird gezeigt, wie man mit der Wellenfunktion nicht nur Aufenthaltswahrscheinlichkeiten, sondern auch andere Erwartungswerte physikalischer Größen berechnen kann. Wenn die potentielle Energie des Teilchens nur vom Ort, nicht aber von der Zeit abhängt, kann man von dieser Gleichung zur Behandlung stationärer Zustände die zeitunabhängige Schrödinger-Gleichung abspalten, mit der wir uns im hauptsächlich befassen werden. Sie wird uns ermöglichen, die Quantenzustände und die Energieniveaus eines gebundenen Teilchens zu berechnen, von denen schon häufig die Rede war. Im zweiten Abschnitt gehen wir kurz auf die in der Theoretischen Physik verwendete Darstellung der dynamischen Variablen durch Operatoren ein. Das wird zum Verständnis der Quantenmechanik beitragen und in Kap. 5 von Nutzen sein.

In den weiteren Abschnitten folgen einige Anwendungen der Schrödinger-Gleichung. Wir untersuchen das Verhalten von Teilchen an einer Potentialstufe und an einem „Potentialwall". Dort betrachten wir den Tunneleffekt und einige seiner Anwendungen. Im Anschluss daran befassen wir uns mit den von Josephson vorhergesagten merkwürdigen Phänomenen beim Tunneleffekt in Supraleitern und deren Anwendung in der Messtechnik. In Abschn. 4.5 werden die Eigenschaften und das Wesen der stationären Zustände diskutiert. Schließlich wird die Schrödinger-Gleichung für ein Teilchen in einem Oszillator-Potential gelöst und es wird gezeigt, wie man von den Wellenfunktionen des quantenmechanischen Oszillators zur Schwingungsbewegung eines Teilchens in der klassischen Physik kommt.

4.1 Schrödingers Wellengleichung für Materiewellen

Wir suchen eine Wellengleichung, die als Lösungen die in Abschn. 3.3 eingeführten Wellenfunktionen $\psi(\boldsymbol{r},t)$ hat. Wie wir in Abschn. 3.5 gesehen haben, kann man ein freies Teilchen durch ein Wellenpaket darstellen, das durch Überlagerung ebener Wellen erzeugt wird. Wir suchen also eine Differentialgleichung, die ebene Wellen als Lösungen hat, und die linear ist, so dass die Lösungen superponiert werden können. Die Gleichung soll aber auch den Einfluss von konservativen äußeren Kräften auf die Wellenfunktion des Teilchens beschreiben, also von Kräften, die ein Potential haben.

Wir gehen vor wie bei der Aufstellung der Wellengleichung für dispersionsfreie Wellen in Bd. IV/1.5 und suchen nach einer Beziehung zwischen der zeitlichen Veränderung der Wellenfunktion (an einem festen Ort) und ihrer räumlichen Veränderung (zu einer festen Zeit), die mit der Dispersionsrelation (3.3) vereinbar ist, also mit der Gleichung

$$\hbar\,\omega = \frac{\hbar^2}{2m}k^2\,. \tag{4.1}$$

Eine ebene Welle, die in Richtung des Wellenvektors $\boldsymbol{k} = (k_x, k_y, k_z)$ läuft, ist gegeben durch

$$\psi(\boldsymbol{r},t) = A\,\mathrm{e}^{\mathrm{i}(\boldsymbol{k}\cdot\boldsymbol{r}-\omega t)} = A\mathrm{e}^{\mathrm{i}(k_x x + k_y y + k_z z - \omega t)}\,. \tag{4.2}$$

Die partielle Differentiation nach der Zeit ergibt

$$\frac{\partial\psi}{\partial t} = -\mathrm{i}\omega\,\psi(\boldsymbol{r},t) \quad\rightarrow\quad \mathrm{i}\frac{\partial\psi}{\partial t} = \omega\,\psi(\boldsymbol{r},t)\,. \tag{4.3}$$

Entsprechend erhält man

$$\frac{\partial\psi}{\partial x} = \mathrm{i}k_x\psi\,,\quad \frac{\partial\psi}{\partial y} = \mathrm{i}k_y\psi\,,\quad \frac{\partial\psi}{\partial z} = \mathrm{i}k_z\psi\,, \qquad \nabla\psi = \mathrm{i}\boldsymbol{k}\psi\,; \tag{4.4}$$

$$\frac{\partial^2\psi}{\partial x^2} = -k_x^2\,\psi(\boldsymbol{r},t)\,,\quad \frac{\partial^2\psi}{\partial y^2} = -k_y^2\,\psi(\boldsymbol{r},t)\,,\quad \frac{\partial^2\psi}{\partial z^2} = -k_z^2\,\psi(\boldsymbol{r},t)\,.$$

Wir fassen diese drei Gleichungen zusammen:

$$\frac{\partial^2\psi}{\partial x^2} + \frac{\partial^2\psi}{\partial y^2} + \frac{\partial^2\psi}{\partial z^2} = \triangle\psi = -k^2\,\psi(\boldsymbol{r},t)\,, \tag{4.5}$$

wobei wir zur Abkürzung wie in (III/1.51) den Laplace-Operator $\triangle$ eingeführt haben. Für ebene Wellen gilt also

$$\omega\,\psi(\boldsymbol{r},t) = \mathrm{i}\frac{\partial\psi}{\partial t}\,,\qquad k^2\,\psi(\boldsymbol{r},t) = -\triangle\psi\,. \tag{4.6}$$

Wir setzen dies in (4.1) ein und erhalten damit die **Schrödinger-Gleichung für freie Teilchen**:

$$\mathrm{i}\hbar\frac{\partial\psi}{\partial t} = -\frac{\hbar^2}{2m}\triangle\psi\,. \tag{4.7}$$

Wir suchen aber eine Gleichung für die Wellenfunktion eines Teilchens, das sich unter dem Einfluss von Kräften bewegt. Ein solches Teilchen hat neben der kinetischen Energie auch eine potentielle Energie, die vom Ort und eventuell auch von der Zeit abhängt. Man bezeichnet sie in der Quantenmechanik gewöhnlich mit $V(\boldsymbol{r},t)$. Auf der rechten Seite von (4.7) steht das Produkt $E_{\text{kin}}\psi(r,t)$, denn aus (4.5) folgt $-(\hbar^2/2m)\triangle\psi = (\hbar^2k^2/2m)\psi = (p^2/2m)\psi$. Wir ***nehmen an***, dass wir unser Ziel erreichen, indem wir in (4.7) rechts einen Term $V(\boldsymbol{r},t)\,\psi(\boldsymbol{r},t)$ addieren und erhalten damit

$$\mathrm{i}\hbar\frac{\partial\psi}{\partial t} = -\frac{\hbar^2}{2m}\triangle\psi + V(\boldsymbol{r},t)\,\psi(\boldsymbol{r},t)\,. \tag{4.8}$$

Diese Gleichung nennt man die **Schrödinger-Gleichung**. Sie beschreibt erfolgreich ein riesiges Gebiet der Naturwissenschaften, von der Physik bis zur Chemie und Biologie.

Wenn die potentielle Energie nur vom Ort, nicht aber außerdem noch von der Zeit abhängt, hat die Schrödinger-Gleichung die Form

$$\mathrm{i}\hbar\frac{\partial\psi}{\partial t} = -\frac{\hbar^2}{2m}\triangle\psi + V(\boldsymbol{r})\,\psi(\boldsymbol{r},t)\,. \tag{4.9}$$

Diese Gleichung ist wesentlich leichter zu lösen als (4.8), und man kann mit ihr in der Quantenmechanik bereits viel erreichen: Man kann z. B. die Energieniveaus eines gebundenen Teilchens berechnen, oder auch die elastische Streuung des Teilchens an einem Kraftzentrum. Für die Berechnung von Übergangswahrscheinlichkeiten zwischen den Energieniveaus oder bei der inelastischen Streuung muss man dagegen (4.8) heranziehen.

Im Gegensatz zur klassischen Wellengleichung (IV/1.35) enthält die Schrödingergleichung explizit die imaginäre Einheit i. Daher sind die Lösungen $\psi(\boldsymbol{r},t)$ grundsätzlich komplexe Funktionen. Man kann also bei den Lösungen der Schrödinger-Gleichung nicht den Imaginärteil „wegwerfen" wie bei den Lösungen der klassischen Wellengleichung (Bd. IV/4.2), wo die komplexen Zahlen nur zur Erleichterung des Rechnens eingeführt wurden.

Was kann man mit den Wellenfunktionen $\psi(\boldsymbol{r},t)$ anfangen? Wir gehen davon aus, dass $\psi(\boldsymbol{r},t)$ ein einzelnes Teilchen beschreibt. Auf den Fall einer Wellenfunktion für mehrere Teilchen werden wir in Kap. 8 eingehen. Nach der von Born gegebenen Interpretation von $\psi(\boldsymbol{r},t)$ als Wahrscheinlichkeitsamplitude gibt $|\psi(\boldsymbol{r},t)|^2\mathrm{d}V$ nach (3.16) zunächst die Wahrscheinlichkeit dafür an, das Teilchen zur Zeit t in einem Volumenelement $\mathrm{d}V$ am Ort $\boldsymbol{r}$ nachzuweisen. Um die weitere Diskussion übersichtlich zu halten, beschränken wir uns auf ***eine*** Ortskoordinate x. Dann nimmt (3.16) folgende Form an:

$$W(x,t) = w(x,t)\,\mathrm{d}x = \left|\psi(x,t)\right|^2\mathrm{d}x\,. \tag{4.10}$$

$W(x,t)$ ist die Wahrscheinlichkeit dafür, das Teilchen zur Zeit t zwischen x und $x+\mathrm{d}x$ zu finden. $|\psi(x,t)|^2 = \psi^*(x,t)\,\psi(x,t)$ ist also eine **Wahrscheinlichkeitsdichte**. Wie aus der Wahrscheinlichkeitsrechnung bekannt ist, kann man mit einer Wahrscheinlichkeitsdichte auch Erwartungswerte[1] berechnen (siehe Bd. I/18.2). Davon haben wir schon mehrfach Gebrauch gemacht, z. B. bei der Berechnung der Orientierungspolarisation mit (III/4.26)–(III/4.29). Für den Erwartungswert der x-Koordinate eines Teilchens erhält man

$$\langle x\rangle = \int\limits_{-\infty}^{+\infty} x\,w(x,t)\,\mathrm{d}x = \int\limits_{-\infty}^{+\infty}\psi^*(x,t)\,x\,\psi(x,t)\,\mathrm{d}x\,, \tag{4.11}$$

und entsprechend für die Erwartungswerte von x^2 oder von einer Funktion $f(x)$:

$$\langle x^2\rangle = \int\limits_{-\infty}^{+\infty}\psi^*(x,t)\,x^2\,\psi(x,t)\,\mathrm{d}x\,, \tag{4.12}$$

$$\langle f(x)\rangle = \int\limits_{-\infty}^{+\infty}\psi^*(x,t)f(x)\,\psi(x,t)\,\mathrm{d}x\,. \tag{4.13}$$

Es fällt auf, dass hier die Größen, deren Erwartungswert berechnet werden soll, zwischen ψ^* und ψ stehen. Man könnte sie genau so gut vorn in den Integranden setzen. Man schreibt jedoch in der Quantenmechanik die Formeln wie hier angegeben. Der Grund wird in Abschn. 4.2 klar werden. Wir begnügen uns hier mit dem Hinweis, dass

[1] Der Mittelwert $\overline{x}$ und der Erwartungswert $\langle x\rangle$ einer Variablen x werden folgendermaßen berechnet:

$$\overline{x} = \frac{1}{N}\sum_{i=1}^{N}x_i\,,\quad \langle x\rangle = \int x\,w(x)\,\mathrm{d}x \quad \text{oder}$$
$$\langle x\rangle = \sum x_i\,W(x_i)\,.$$

Während der Mittelwert aus N ***gemessenen Werten*** berechnet wird, beruht der Erwartungswert auf der ***mit der Theorie berechneten*** Wahrscheinlichkeitsdichte $w(x)$ bzw. bei diskret verteilten Größen auf den ***berechneten Wahrscheinlichkeiten*** $W(x_i)$. – Die sprachliche Unterscheidung zwischen Erwartungswert und Mittelwert wird nicht immer gemacht, z. B. ist es allgemein üblich, von der mittleren Geschwindigkeit $\overline{v}$ der Gasatome zu sprechen, wenn man den mit der Maxwellschen Geschwindigkeitsverteilung berechneten Erwartungswert $\langle v\rangle$ meint.

man mit der Wellenfunktion $\psi(x,t)$ auch den Erwartungswert des Impulses am Ort x zur Zeit t berechnen kann, und zwar mit einer Formel, bei der es genau auf diese Reihenfolge ankommt. Es ist bei einer geradlinigen Bewegung in x-Richtung

$$\langle p\rangle = \int_{-\infty}^{+\infty} \psi^*(x,t)\frac{\hbar}{\mathrm{i}}\frac{\partial}{\partial x}\,\psi(x,t)\,\mathrm{d}x\,. \tag{4.14}$$

Wie man zu dieser Gleichung kommt, wird in Abschn. 4.2 gezeigt. Ähnlich wie in (4.12) erhält man den Erwartungswert von p^2:

$$\begin{aligned}\langle p^2\rangle &= \int_{-\infty}^{+\infty} \psi^*(x,t)\left(\frac{\hbar}{\mathrm{i}}\frac{\partial}{\partial x}\right)^2\psi(x,t)\,\mathrm{d}x\\ &= -\hbar^2\int_{-\infty}^{+\infty}\psi^*(x,t)\,\frac{\partial^2\psi}{\partial x^2}\,\mathrm{d}x\,.\end{aligned} \tag{4.15}$$

Die Erwartungswerte $\langle x\rangle$, $\langle x^2\rangle$, $\langle p\rangle$, $\langle p^2\rangle$ kann man dazu benutzen, die **Varianz** der Verteilungen von Ortskoordinate und Impuls auszurechnen. Die Varianz ist das Quadrat der Standardabweichung (3.25):

$$\begin{aligned}\sigma_x^2 &= \left\langle (x-\langle x\rangle)^2\right\rangle = \langle x^2 - 2x\langle x\rangle + \langle x\rangle^2\rangle\\ &= \langle x^2\rangle - 2\langle x\rangle\langle x\rangle + \langle x\rangle^2 = \langle x^2\rangle - \langle x\rangle^2\,,\end{aligned} \tag{4.16}$$

$$\sigma_p^2 = \left\langle (p-\langle p\rangle)^2\right\rangle = \langle p^2\rangle - \langle p\rangle^2\,. \tag{4.17}$$

Man kann also mit der Wellenfunktion $\psi(\boldsymbol{r},t)$ sehr viel mehr anfangen, als nur die Aufenthaltswahrscheinlichkeit des Teilchens zu berechnen. In der Tat ist die Behauptung der Quantenmechanik, dass der Zustand des Systems (hier eines Teilchens mit der potentiellen Energie $V(\boldsymbol{r},t)$) durch die mit der Schrödinger-Gleichung berechnete Wellenfunktion ***vollständig*** beschrieben wird. Es hat durchaus Versuche gegeben, diese Behauptung zu widerlegen; bisher sind sie alle gescheitert, und es sieht so aus, als ob es dabei bleiben wird.

Die zeitunabhängige Schrödingergleichung

Bei der Anwendung der Schrödingergleichung (4.9) ist man häufig an stationären Zuständen des Systems interessiert, also an Lösungen, die den Charakter von stehenden Wellen haben, oder von laufenden Wellen, bei denen der Betrag der Amplitude an jedem Raumpunkt zeitlich konstant ist. Für solche „stationären Lösungen" lässt sich die Wellenfunktion schreiben

$$\psi(\boldsymbol{r},t) = u(\boldsymbol{r})f(t)\,. \tag{4.18}$$

Wir gehen vor wie bei (IV/1.37). Durch Einsetzen von (4.18) in (4.9) erhält man die Gleichung

$$\mathrm{i}\hbar\, u(\boldsymbol{r})\frac{\mathrm{d}f}{\mathrm{d}t} = -\frac{\hbar^2}{2m}f(t)\,\triangle u(\boldsymbol{r}) + V(\boldsymbol{r})\,u(\boldsymbol{r})f(t)\,.$$

Daraus folgt

$$\frac{\mathrm{i}\hbar}{f(t)}\frac{\mathrm{d}f}{\mathrm{d}t} = -\frac{\hbar^2\triangle u(\boldsymbol{r})}{2m\,u(\boldsymbol{r})} + V(\boldsymbol{r})\,. \tag{4.19}$$

Beide Seiten müssen konstant sein, denn anders kann eine Funktion von t nicht identisch mit einer Funktion von $\boldsymbol{r}$ sein. Wir nennen die Separationskonstante K und erhalten für die linke Seite von (4.19)

$$\frac{\mathrm{i}\hbar}{f(t)}\frac{\mathrm{d}f}{\mathrm{d}t} = K \quad\longrightarrow\quad \frac{\mathrm{d}f}{f} = \frac{K}{\mathrm{i}\hbar}\,\mathrm{d}t\,. \tag{4.20}$$

Mit $1/\mathrm{i} = -\mathrm{i}$ erhalten wir die Lösung $f(t) = f_0\mathrm{e}^{-\mathrm{i}Kt/\hbar}$. Bei der ebenen Welle (4.2) ist die Zeitabhängigkeit durch $\mathrm{e}^{-\mathrm{i}\omega t} = \mathrm{e}^{-\mathrm{i}Et/\hbar}$ gegeben. Wir setzen also $K = E$ und stecken den konstanten Faktor f_0 in die Funktion $u(\boldsymbol{r})$. Dann ist

$$\begin{aligned}f(t) &= \mathrm{e}^{-\mathrm{i}\omega t} = \mathrm{e}^{-\mathrm{i}Et/\hbar}\,,\\ \psi(\boldsymbol{r},t) &= u_E(\boldsymbol{r})\mathrm{e}^{-\mathrm{i}Et/\hbar}\,.\end{aligned} \tag{4.21}$$

E ist die (nicht-relativistische) Gesamtenergie des Teilchens:

$$E = E_{\mathrm{kin}} + E_{\mathrm{pot}}\,. \tag{4.22}$$

Wir versehen die Funktion $u(\boldsymbol{r})$ mit dem Index E, um klarzustellen, dass es sich um den ortsabhängigen Teil einer Wellenfunktion handelt, die zu der Gesamtenergie E gehört. Damit erhält man für die rechte Seite von (4.19)

$$-\frac{\hbar^2}{2m}\triangle u_E(\boldsymbol{r}) + V(\boldsymbol{r})\,u_E(\boldsymbol{r}) = E\,u_E(\boldsymbol{r})\,. \tag{4.23}$$

Diese Gleichung wird die **zeitunabhängige Schrödinger-Gleichung** genannt. Nach der am Ende von Bd. IV/1 gegebenen Definition handelt es sich um eine Eigenwertgleichung. Die Lösung der Gleichung stellt ein **Eigenwertproblem** dar, wie wir eines am Beispiel der schwingenden Saite diskutiert haben (Bd. IV/2.1). Dort mussten die Lösungsfunktionen an den beiden Einspannstellen der Saite den Wert Null haben. Diese **Randbedingung** führte dazu, dass Lösungen nur für diskrete Werte λ_n der Wellenlänge bzw. für die entsprechenden „Eigenfrequenzen" ν_n existieren. Bei (4.23) besteht für ein Teilchen, das durch $V(\boldsymbol{r})$ an einen bestimmten Raumbereich gebunden ist, die Randbedingung $u_E(\boldsymbol{r}) \to 0$ für $|\boldsymbol{r}| \to \infty$. In diesem Fall existieren Lösungen nur für diskrete **Eigenwerte** E der Energie. Die zugehörigen Lösungen nennt man **Eigenfunktionen**. Bei einem nicht gebundenen Teilchen existieren dagegen Lösungen für kontinuierlich verteilte Werte von E. Auch in diesem Fall spricht man von Eigenfunktionen und Eigenwerten. Die zeitunabhängige Schrödinger-Gleichung führt also zur Quantelung der Energie gebundener Zustände, zu den Energiestufen des Atoms in Abschn. 2.3 und zu den Energieniveaus und Energiebändern, die bei der Diskussion der Metalle und der Halbleiter in den Kapiteln Bd. III/9 und III/10 eine maßgebliche Rolle spielten.

Man bezeichnet die Eigenfunktion zum Eigenwert E mit $u_E(\boldsymbol{r})$. Bei gebundenen Zuständen kann man die diskreten Eigenwerte der Energie nummerieren: $E = E_n$ mit $n = 0, 1, 2, 3, \ldots$ Dann bezeichnet man die zum Eigenwert E_n gehörende Eigenfunktion mit $u_n^{(E)}(\boldsymbol{r})$ oder kurz mit $u_n(\boldsymbol{r})$.

Da man den zeitabhängigen Teil der Wellenfunktion nach (4.21) als reine Phase schreibt, muss $u_n(\boldsymbol{r})$ die Normierungsbedingung von $\psi(\boldsymbol{r}, t)$ erfüllen, es muss also bei Integration über den ganzen Raum

$$\int |u_n(\boldsymbol{r})|^2 \,\mathrm{d}V = 1 \tag{4.24}$$

sein. Dementsprechend ist $|u_n(\boldsymbol{r})|^2$ eine Wahrscheinlichkeitsdichte. Bei Berücksichtigung von nur einer Dimension ist

$$W(x) = |u_n(x)|^2 \,\mathrm{d}x \tag{4.25}$$

die Wahrscheinlichkeit dafür, das Teilchen zwischen x und $x + \mathrm{d}x$ zu finden. Auch kann man für solche Zustände mit $u_n(x)$ die Erwartungswerte $\langle x \rangle$, $\langle x^2 \rangle$, $\langle p \rangle$ usw. berechnen. $W(x)$ und diese Erwartungswerte sind hier natürlich zeitunabhängige Größen.

Der Entwicklungssatz. Wir nehmen zunächst an, dass es nur diskrete Eigenwerte der Energie gibt. Zu jedem vorgegebenen Potential $V(\boldsymbol{r})$ erhält man als Lösungen der zeitunabhängigen Schrödinger-Gleichung (4.23) einen Satz von Eigenfunktionen $u_n(\boldsymbol{r})$. Diese Eigenfunktionen haben eine höchst bemerkenswerte Eigenschaft. Sie bilden ein vollständiges System von normierten orthogonalen Funktionen, kurz von „orthonormierten" Funktionen: Es ist

$$\int u_n^*(\boldsymbol{r})\, u_m(\boldsymbol{r}) \,\mathrm{d}V = \delta_{nm} \,, \tag{4.26}$$

mit dem Kronecker-Symbol $\delta_{nm} = 1$ für $m = n$, $\delta_{nm} = 0$ für $m \neq n$. Auf Grund dieser Eigenschaft gilt der **Entwicklungssatz**:

Satz 4.1

Jede kontinuierliche Funktion $\psi(\boldsymbol{r})$, also auch jede Wellenfunktion, die im gleichen Raumbereich wie die $u_n(\boldsymbol{r})$ definiert ist und die gleichen Randbedingungen erfüllt, kann man auf folgende Weise darstellen:

$$\psi(\boldsymbol{r}) = \sum_n C_n\, u_n(\boldsymbol{r}) \,. \tag{4.27}$$

Die Koeffizienten C_n erhält man mit der einfachen Formel

$$C_n = \int u_n^*(\boldsymbol{r})\, \psi(\boldsymbol{r}) \,\mathrm{d}V \,, \tag{4.28}$$

wobei über den ganzen Raum integriert wird.

Der mathematische Hintergrund der Formeln (4.27) und (4.28) ist der gleiche wie beim Fourier-Theorem in Bd. IV/1.3. Die Vollständigkeit des Funktionensystems garantiert, dass jede beliebige Funktion von $\boldsymbol{r}$, die die eben genannten Bedingungen erfüllt, durch die Summe (4.27) dargestellt werden kann, wobei die Koeffizienten C_n konstant sind.

Mit Hilfe des Entwicklungssatzes kann man auch Lösungen der zeitabhängigen Schrödinger-Gleichung gewinnen:

Satz 4.2

Ist $\psi(\boldsymbol{r})$ eine beliebige Lösung der zum Potential $V(\boldsymbol{r})$ gehörenden zeitabhängigen Schrödinger-Gleichung zum Zeitpunkt $t = 0$, ergibt sich die zeitliche Entwicklung der Funktion $\psi(\boldsymbol{r}, t)$ aus der durch (4.21) gegebenen zeitlichen Entwicklung der Eigenfunktionen:

$$\psi(\boldsymbol{r}, t) = \sum_n C_n\, u_n(\boldsymbol{r}) \mathrm{e}^{-\mathrm{i}E_n t/\hbar} \,. \tag{4.29}$$

Dies ist die ***allgemeine Lösung*** der Schrödinger-Gleichung für den Fall, dass die potentielle Energie $V(\boldsymbol{r})$ nicht von der Zeit abhängt. Ein Beispiel dazu folgt in Abschn. 4.6. Auch wenn die potentielle Energie zeitabhängig ist, ist eine Entwicklung nach den stationären Eigenfunktionen möglich. Dann sind jedoch die Koeffizienten C_n Funktionen der Zeit.

Mit (4.27) und (4.26) erhält man ohne weiteres die Formel (4.28):

$$\int u_n^*(\boldsymbol{r})\,\psi(\boldsymbol{r})\,\mathrm{d}V = \int u_n^*(\boldsymbol{r})\left(\sum_m C_m\,u_m(\boldsymbol{r})\right)\mathrm{d}V$$
$$= \sum_m C_m \int u_n^*(\boldsymbol{r})\,u_m(\boldsymbol{r})\,\mathrm{d}V = C_n\,. \quad (4.30)$$

Die Entwicklungskoeffizienten C_n haben eine physikalische Bedeutung: Misst man die Energie eines Teilchens, dessen Wellenfunktion durch (4.29) gegeben ist, so findet man die Energie E_n mit der Wahrscheinlichkeit

$$W(E_n) = |C_n|^2\,. \quad (4.31)$$

Falls die Eigenwerte der Energie kontinuierlich verteilt sind, müssen die Summen in (4.27) bis (4.29) durch Integrale ersetzt werden:

$$\psi(\boldsymbol{r},0) = \int_0^\infty C(E)\,u_\mathrm{E}(\boldsymbol{r})\,\mathrm{d}E\,, \quad (4.32)$$

$$C(E) = \int u_\mathrm{E}^*(\boldsymbol{r})\,\psi(\boldsymbol{r},0)\,\mathrm{d}V\,, \quad (4.33)$$

$$\psi(\boldsymbol{r},t) = \int_0^\infty C(E)\,u_\mathrm{E}(\boldsymbol{r})\mathrm{e}^{-\mathrm{i}Et/\hbar}\,\mathrm{d}E\,. \quad (4.34)$$

Die Gleichung (4.26) gilt sinngemäß modifiziert auch für die Eigenfunktionen des Kontinuums. Statt der Orthonormalitätsbedingung (4.26) erhält man

$$\int u_\mathrm{E}^*(\boldsymbol{r})\,u_{\mathrm{E}'}(\boldsymbol{r})\,\mathrm{d}V = \delta(E-E')\,, \quad (4.35)$$

wobei $\delta(E-E')$ die bei (IV/8.56) eingeführte δ-Funktion ist. Diese Gleichung ergibt für $E' = E$ auf beiden Seiten unendlich. Man sieht dies z. B. mit einer ebenen Welle (4.2): Die Eigenfunktionen des Kontinuums sind so nicht normierbar. Man kann jedoch ein beliebig weit ausgedehntes Wellenpaket betrachten, das solche Eigenfunktionen nur in einem sehr schmalen Frequenzbereich enthält. Es ist dann

$$\int_{E-\Delta E/2}^{E+\Delta E/2}\left(\int u_\mathrm{E}^*(\boldsymbol{r})\,u_{\mathrm{E}'}(\boldsymbol{r})\,\mathrm{d}V\right)\mathrm{d}E'$$
$$= \int_{E-\Delta E/2}^{E+\Delta E/2} \delta(E-E')\,\mathrm{d}E' = 1 \quad (4.36)$$

für ein beliebig kleines Intervall ΔE: Die Gesamtheit der Eigenfunktionen in einem beliebig kleinen Intervall ΔE beim Eigenwert E ist normiert. Normalerweise sind neben den gebundenen Zuständen auch Kontinuumszustände vorhanden, z. B. für die Elektronen im Atom. Die Zustände beider Gruppen sind auch zueinander orthogonal. ***In diesen Fällen bildet man beim Entwicklungssatz die Summe aus*** (4.29) ***und*** (4.34).

Die eindimensionale Gleichung

Wir beschränken die weiteren Betrachtungen auf den Fall der eindimensionalen Schrödinger-Gleichung: $u(\boldsymbol{r})$ und $V(\boldsymbol{r})$ hängen nur von einer Koordinate x ab (den Index E lassen wir wieder weg, wenn klar ist, dass es sich um Lösungen der zeitunabhängigen Schrödinger-Gleichung handelt). Aus (4.23) entsteht dann eine gewöhnliche Differentialgleichung, die **zeitunabhängige Schrödinger-Gleichung in einer Dimension**. Für die Berechnung der Eigenfunktionen $u(x)$ ist folgende Form am bequemsten:

$$\frac{\mathrm{d}^2u}{\mathrm{d}x^2} = \frac{2m}{\hbar^2}\left(V(x)-E\right)u\,. \quad (4.37)$$

Es handelt sich um eine gewöhnliche lineare Differentialgleichung zweiter Ordnung. Damit die Eigenfunktion $u(x)$ eine vorgegebene physikalische Situation beschreibt, muss es möglich sein, die Lösung ausgehend von bestimmten Anfangswerten (z. B. $u(0) = a$ und $(\mathrm{d}u/\mathrm{d}x)_{x=0} = b$) zu konstruieren. Das gelingt nur dann in eindeutiger Weise, wenn $u(x)$ und $\mathrm{d}u/\mathrm{d}x$ stetig sind. Außerdem muss $|u(x)|^2\,\mathrm{d}x$ überall endlich sein, damit die Aufenthaltswahrscheinlichkeit des Teilchens überall endlich ist. Die 2. Ableitung kann dagegen unstetig sein; dies ist z. B. der Fall, wenn $V(x)$ eine unstetige Funktion ist. Die Eigenfunktionen müssen also folgende Bedingungen erfüllen:

Satz 4.3

$u(x)$ muss für alle x stetig sein,
$\mathrm{d}u/\mathrm{d}x$ muss stetig sein, solange $V(x)$ endlich ist,
$\int |u(x)|^2\,\mathrm{d}x$ muss endlich sein.

Wir wollen nun nachweisen, dass die zeitunabhängige Schrödinger-Gleichung (4.37) für ein gebundenes Teilchen nur bei bestimmten Werten von E Lösungen besitzt, die die Bedingungen von Satz 4.3 erfüllen. Nehmen wir an, ein Teilchen sei in dem in Abb. 4.1 dargestellten Potentialtopf gebunden. Seine Gesamtenergie – in Abb. 4.1 durch eine horizontale Linie dargestellt – ist negativ. Die

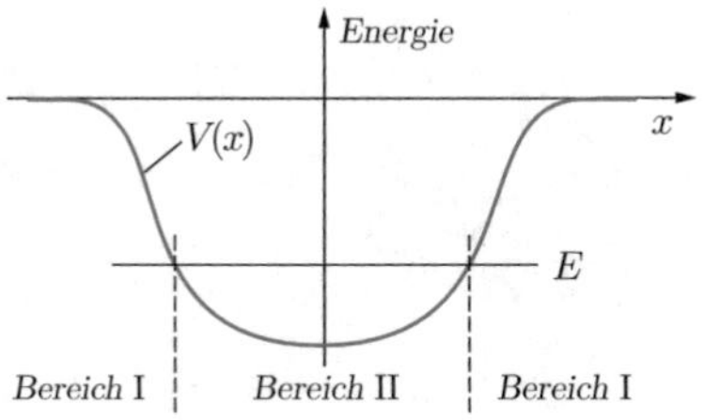

Abbildung 4.1 Potentialtopf und Definition der Bereiche I und II

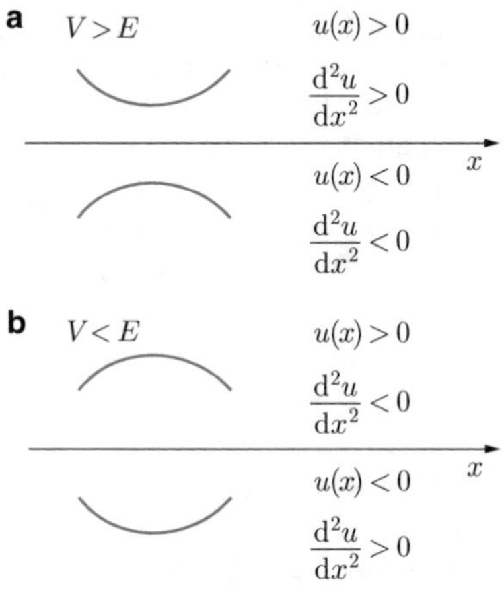

Abbildung 4.2 Verhalten der Wellenfunktion je nach dem Vorzeichen von (4.38). **a** im Bereich I, **b** im Bereich II

Krümmung der Funktion $u(x)$ ist umso größer, je rascher sich $\mathrm{d}u/\mathrm{d}x$ ändert, je größer also $\mathrm{d}^2u/\mathrm{d}x^2$ ist. Ob die Kurve $u(x)$ gegen die x-Achse konkav oder konvex gekrümmt ist, hängt nur vom Vorzeichen von

$$\frac{1}{u}\frac{\mathrm{d}^2u}{\mathrm{d}x^2} \tag{4.38}$$

ab. Man kann dies in Abb. 4.2 ablesen. Das Vorzeichen von (4.38) hängt aber nach (4.37) davon ab, ob $V > E$ oder $V < E$ ist. Daher muss $u(x)$ in Bereich I gegen die x-Achse konvex gekrümmt sein, und im Bereich II konkav. Nachdem man das eingesehen hat, kann man qualitativ den Verlauf der Eigenfunktionen konstruieren.

Für $|x| \to \infty$ muss die Funktion $u(x)$ eines gebundenen Zustands verschwinden, andernfalls wäre das Teilchen nicht gebunden. Nehmen wir an, die Funktion $u(x)$ beginnt irgendwo in der Nähe des Potentialtopfes mit positiven Werten. Sie verläuft im Bereich I gegen die x-Achse konvex gekrümmt, wie in Abb. 4.3 gezeigt ist. Für $V(x) = E$ wird die Krümmung Null, die Funktion $u(x)$ hat einen Wendepunkt. Im Bereich II ist $E > V(x)$; also ist $u(x)$ gegen die x-Achse konkav gekrümmt. Da die Krümmung an jeder Stelle x durch die Größe von $V - E$ vorgegeben ist,

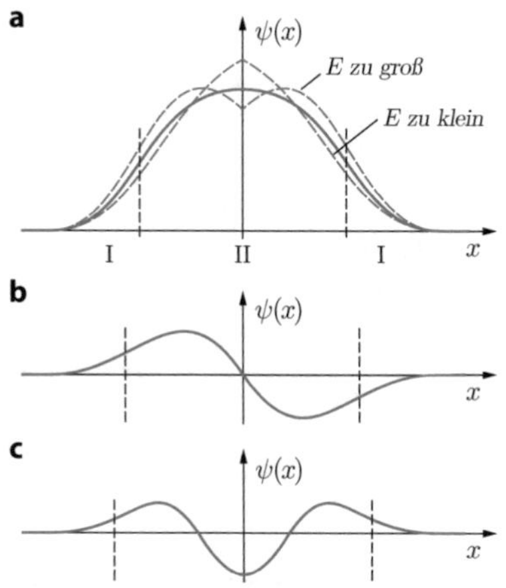

Abbildung 4.3 Wellenfunktion im Potentialtopf. **a** Grundzustand; **b**, **c** erster und zweiter Anregungszustand

gelingt es nur für ganz bestimmte Werte von E, eine Eigenfunktion zu konstruieren, die bei $x = 0$ keinen Knick hat und keinen Sprung macht, die also die Bedingungen von Satz 4.3 erfüllt. Die in Abb. 4.3a als ausgezogene Kurve gezeigte Eigenfunktion gehört zu dem niedrigsten Wert von E, mit dem sich Satz 4.3 erfüllen lässt, also zum ***Grundzustand*** des Systems. Satz 4.3 lässt jedoch gewöhnlich noch einige größere Werte von E zu; Abb. 4.3b und c zeigen die Eigenfunktionen für den ersten und zweiten ***angeregten Zustand***. Die Kurven $u_n(x)$ mit $n > 0$ sind im Bereich II durchweg konkav und stärker gekrümmt als $u_0(x)$; sie unterscheiden sich vom Grundzustand und voneinander durch die Zahl der zusätzlichen Nullstellen, die man wie bei der schwingenden Saite auch „Knoten" nennt. Wir sehen: Die Energie der gebundenen Zustände ist gequantelt. Wo die erlaubten Werte von E liegen, hängt vom Verlauf der Funktion $V(x)$ ab.

Wenn die Gesamtenergie $E > 0$ und $V(x) < 0$ ist, ist überall $V < E$. Die Wellenfunktion stellt ein freies Teilchen dar, das als ebene de Broglie-Welle durch das Potential $V(x)$ läuft. Wie wir im Abschn. 4.3 genauer untersuchen werden, wird die Welle an den Wänden des Potentialtopfes reflektiert. Außerhalb des in Abb. 4.4a gezeigten Potentialtopfes ist die Wellenlänge $\lambda_a = h/\sqrt{2mE}$, innerhalb ist sie $\lambda_a = h/\sqrt{2m(E + V_0)} < \lambda_a$. Die Eigenfunktion $u_E(x)$ ist komplex und enthält auf der einen Seite des Potentialtopfes die einlaufende Welle überlagert mit der reflektierten, auf der anderen Seite die durchgelassene Welle. Für jeden Wert von E lassen sich die Stetigkeitsbedingungen von Satz 4.3 erfüllen. Wie das funktioniert, ist nicht ohne weiteres zu sehen, zumal die Wellen im Potentialtopf mehrfach hin und her reflektiert werden. Abb. 4.4b zeigt als Beispiel eine mit der Schrödingergleichung berechnete Wellenfunktion, Abb. 4.4c ein durch den Potentialtopf laufendes Wellenpaket.

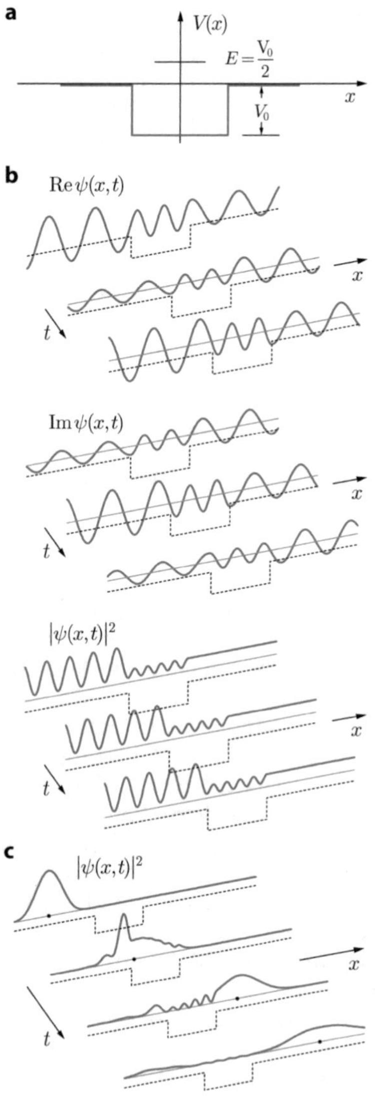

Abbildung 4.4 Beispiel einer Kontinuumswellenfunktion. **a** Potentialtopf. **b** Zeitliche Entwicklung der Wellenfunktion eines in x-Richtung laufenden Teilchens, $E = V_0/2$. **c** $|\psi(x,t)|^2$ für ein Wellenpaket mit der Energie $E \approx V_0/2$. Breite des Impulsspektrums $\sigma_p/p = 0{,}3$. Die Kurven wurden mit dem Programm INTERQUANTA aus „Interactive Quantum Mechanics", S. Brandt, H. D. Dahmen, T. Stroh, Springer (2003) berechnet

4.2 Operatoren in der Quantenmechanik

Um ein tragfähiges mathematisches Gerüst für die Quantenmechanik zu schaffen, geht man in der Theoretischen Physik gewöhnlich von der in Kap. 3 eingeführten Wellenfunktion $\psi(\boldsymbol{r},t)$ und von drei Postulaten[2] aus:

---

[2] Die Postulate der Quantenmechanik lassen sich in unterschiedlicher Weise formulieren. Wir folgen hier der Darstellung in L. I. Schiff, „Quantum Mechanics", McGraw-Hill (1955).

Satz 4.4

Jede dynamische Variable, die einen Bezug auf die Bewegung des Teilchens hat, kann durch einen linearen Operator dargestellt werden, der auf die Wellenfunktion wirkt.

Zur Erläuterung: Dynamische Variablen sind solche Größen, die die Bewegung des Teilchens beschreiben, z. B. seine Koordinaten x, y, z, seinen Impuls oder seine Energie. Sie müssen messbar sein und werden deshalb auch **Observable** genannt. Der Begriff des „Operators" als Rechenvorschrift wurde bereits am Ende von Bd. IV/1.5 eingeführt (siehe auch Bd. I/21.7). Den zu einer dynamischen Variablen A gehörigen Operator nennen wir A_{op}. Ein ***linearer*** Operator hat die Eigenschaft, dass bei seiner Anwendung auf beliebige Funktionen f_1 und f_2 gilt

$$A_{\text{op}}(f_1 + f_2) = A_{\text{op}}f_1 + A_{\text{op}}f_2\,, \qquad (4.39)$$

$$A_{\text{op}}(Kf) = KA_{\text{op}}f\,. \qquad (4.40)$$

K ist eine beliebige Konstante oder auch eine Funktion einer Variablen, auf die der Operator A_{op} nicht wirkt. Ein Gegenbeispiel: Der Operator $B_{\text{op}} = \sqrt{}$ ist kein linearer Operator, denn es ist $\sqrt{f_1 + f_2} \neq \sqrt{f_1} + \sqrt{f_2}$. Er kommt also für die quantenmechanische Darstellung einer dynamischen Variablen nicht infrage. – Im Folgenden betrachten wir die Wellenfunktion zu einem festen Zeitpunkt $t = t_0$ und setzen $\psi(\boldsymbol{r}, t_0) = \psi(\boldsymbol{r})$.

Zu jedem Operator gehört eine **Eigenwertgleichung**. Sie hat die Form

$$A_{\text{op}}\, u_a(\boldsymbol{r}) = a\, u_a(\boldsymbol{r})\,, \qquad (4.41)$$

wobei a eine konstante Größe ist. Die Lösungen $u_a(\boldsymbol{r})$ dieser Gleichung nennt man die **Eigenfunktionen** des Operators A_{op} und a die **Eigenwerte**. Die Gesamtheit der Konstanten a, für die Lösungen existieren, nennt man das **Spektrum** der Eigenwerte. Bilden die Eigenwerte einen Satz von diskreten Zahlen, spricht man von einem **diskreten Spektrum**. Wenn man dagegen für beliebige Werte von a Lösungen findet, spricht man von einem **kontinuierlichen Spektrum**.

Die zweite Annahme betrifft die physikalische Bedeutung der Eigenwerte:

Satz 4.5

Jede präzise Messung der Variablen A kann als Resultat nur einen der Eigenwerte des Operators A_{op} haben. Umgekehrt ist auch jeder Eigenwert von A_{op} gleich einem der möglichen Werte von A.

Das bedeutet zunächst, dass man in (4.41) a durch die physikalische Größe A ersetzen kann[3]:

$$A_{op}\, u_A(\boldsymbol{r}) = A\, u_A(\boldsymbol{r})\ . \qquad (4.42)$$

Ein Beispiel für eine solche Operatorgleichung kennen wir bereits: Die zeitunabhängige Schrödinger-Gleichung (4.23) kann man als Operatorgleichung schreiben:

$$E_{op}\, u_E(\boldsymbol{r}) = \left[-\frac{\hbar^2}{2m}\triangle + V(\boldsymbol{r})\right] u_E(\boldsymbol{r}) = E\, u_E(\boldsymbol{r})\ . \qquad (4.43)$$

Der Operator der Gesamtenergie E, auch **Hamilton-Operator** H genannt, ist hier

$$E_{op} = H = \left[-\frac{\hbar^2}{2m}\triangle + V(\boldsymbol{r})\right]\ . \qquad (4.44)$$

„Präzise" in Satz 4.5 heißt: Die zufälligen Messfehler wurden klein gehalten, und die durch das Messverfahren bedingten systematischen Fehler wurden korrekt berücksichtigt. Waren diese Voraussetzungen erfüllt, hat sich die auf den ersten Blick geradezu tollkühne Annahme von Satz 4.5 in der Vergangenheit vielfach bewährt. So zeigte sich stets bei Diskrepanzen zwischen präzise gemessenen und den mit (4.43) berechneten Werten der Energie, dass nicht etwa Satz 4.5 nicht stimmt, sondern dass die potentielle Energie $V(\boldsymbol{r})$ nicht alle Wechselwirkungen erfasste, die tatsächlich vorhanden waren. Auf diese Weise hat Satz 4.5 mehrfach zur Entdeckung neuer physikalischer Effekte geführt.

Die dritte Annahme beruht auf der Voraussetzung, dass die Eigenfunktionen u_A des Operators A_{op} ein vollständiges System orthogonaler und normierter Funktionen bilden (vgl. den Text bei (4.26) und (4.35)). Man kann die Wellenfunktion ψ eines Teilchens nach den Eigenfunktionen $u_n^{(A)}(\boldsymbol{r})$ des Operators A_{op} entwickeln, wie das bereits am Beispiel des Energieoperators gezeigt wurde. Für diskrete und kontinuierlich verteilte Eigenwerte erhält man (vgl. (4.27) und (4.33))

$$\psi(\boldsymbol{r}) = \sum_n C_n^{(A)}\, u_n^{(A)}(\boldsymbol{r}) + \int C(A)\, u_A(\boldsymbol{r})\, \mathrm{d}A\ . \qquad (4.45)$$

Wie (4.30) zeigte, können die Entwicklungskoeffizienten aufgrund der Orthonormalität der Eigenfunktionen nach folgendem Schema berechnet werden:

$$\begin{aligned} C_n^{(A)} &= \int u_n^{*(A)}(\boldsymbol{r})\, \psi(\boldsymbol{r})\, \mathrm{d}V\ , \\ C(A) &= \int u_A^{*}(\boldsymbol{r})\, \psi(\boldsymbol{r})\, \mathrm{d}V\ . \end{aligned} \qquad (4.46)$$

Die dritte Annahme lautet dann:

Satz 4.6

Die Wahrscheinlichkeit, bei einer Messung der Variablen A den Wert A_n zu finden, (bzw. bei kontinuierlichen Spektren einen Wert zwischen A und $A + \mathrm{d}A$) ist

$$W(A_n) = \left|C_n^{(A)}\right|^2 \quad \textit{bzw.} \quad w(A)\,\mathrm{d}A = \left|C(A)\right|^2 \mathrm{d}A\ . \qquad (4.47)$$

Diese Annahme beinhaltet die auf Max Born zurückgehende Wahrscheinlichkeitsinterpretation der Quantenmechanik. (Wie sie auf die bekannte Gleichung $w(x)\,\mathrm{d}x = |\psi(x)|^2\,\mathrm{d}x$ führt, wird in Kürze gezeigt werden.) Findet man nun bei der Messung den Wert A_n, hat man ein Teilchen mit der Wellenfunktion $u_n^{(A)}$ vor sich, und somit ist die ursprüngliche Wellenfunktion ψ zerstört. Man nennt das auch den „Kollaps der Wellenfunktion" bei der Messung.

Erwartungswerte

Wir bezeichnen mit n_1 einen bestimmten Wert von n. Ist in (4.46) $\psi(\boldsymbol{r})$ bis auf eine von $\boldsymbol{r}$ unabhängige Phase identisch mit der Eigenfunktion $u_{n_1}^{(A)}(\boldsymbol{r})$ des Operators A_{op}, dann ist wegen der Orthonormalität der Eigenfunktionen $C_{n_1}^{(A)} = 1$, und es sind alle übrigen $C_n^{(A)} = 0$. Eine präzise Messung liefert also mit Sicherheit $A = A_{n_1}$. Im Allgemeinen sind jedoch in (4.45) mehrere $C_n^{(A)} \neq 0$. Wenn man nach jeder Messung die Ausgangsbedingungen wiederherstellt („das System neu präpariert"), findet man bei wiederholten Messungen alle möglichen Werte A_n, nach Maßgabe der Wahrscheinlichkeiten $|C_n|^2$. Als Mittelwert sehr vieler Messungen erhält man den Erwartungswert

$$\begin{aligned} \langle A\rangle &= \sum_n A_n\, C_n^*\, C_n \\ &= \sum_n A_n \int u_n(\boldsymbol{r})\, \psi^*(\boldsymbol{r})\, \mathrm{d}V \int u_n^*(\boldsymbol{r}')\, \psi(\boldsymbol{r}')\, \mathrm{d}V'\ . \end{aligned}$$

Die Integrationsvariable wurde im zweiten Integral $\boldsymbol{r}'$ genannt um klarzustellen, dass die beiden Integrale unabhängig voneinander auszuwerten sind. Dieser Ausdruck

[3] Da A stets reell ist, muss A_{op} ein sogenannter „hermitescher" Operator sein.

lässt sich erheblich vereinfachen. Wir ersetzen das zweite Integral durch C_n, ziehen A_n und C_n unter das Integral und erhalten

$$\begin{aligned}\langle A\rangle &= \sum_n \int \psi^* C_n\, A_n\, u_n\, \mathrm{d}V = \sum_n \int \psi^* C_n\, A_{\mathrm{op}}\, u_n\, \mathrm{d}V \\ &= \int \sum_n \psi^* A_{\mathrm{op}}\, C_n\, u_n\, \mathrm{d}V \\ &= \int \psi^* A_{\mathrm{op}} \sum_n (C_n\, u_n)\, \mathrm{d}V \ :\end{aligned}$$

$$\langle A\rangle = \int \psi^*(\boldsymbol{r})\, A_{\mathrm{op}}\, \psi(\boldsymbol{r})\, \mathrm{d}V\,. \tag{4.48}$$

Hier wurden der Reihe nach (4.42), (4.40), (4.39) und (4.27) angewendet. Diese Formel, die nur die Wellenfunktion $\psi(\boldsymbol{r})$ und den Operator A_{op} enthält, wird generell in der Quantenmechanik bei der Berechnung von Erwartungswerten verwendet. Ist $\psi(\boldsymbol{r}) = \psi_{n_1}(\boldsymbol{r})$ eine Eigenfunktion von A_{op}, ist offensichtlich

$$\langle A\rangle = A_{n_1} \int \psi^*_{n_1}(\boldsymbol{r})\, \psi_{n_1}(\boldsymbol{r})\, \mathrm{d}V = A_{n_1}\,.$$

Operatoren für den Impuls und für die Ortskoordinaten

Wir gehen von $\boldsymbol{p} = \hbar\boldsymbol{k}$ aus, multiplizieren (4.4) mit $\hbar/\mathrm{i}$, setzen dort $\psi(\boldsymbol{r},t) = u_p$ und erhalten Eigenwertgleichungen, die die Komponenten p_x, p_y, p_z und den Impuls $\boldsymbol{p}$ als Eigenwerte haben:

$$\begin{aligned}&\frac{\hbar}{\mathrm{i}}\frac{\partial}{\partial x}u_p = p_x u_p\,, \quad \frac{\hbar}{\mathrm{i}}\frac{\partial}{\partial y}u_p = p_y u_p\,, \quad \frac{\hbar}{\mathrm{i}}\frac{\partial}{\partial z}u_p = p_z u_p\,, \\ &\frac{\hbar}{\mathrm{i}}\,\boldsymbol{\nabla} u_p = \boldsymbol{p}\, u_p\,.\end{aligned} \tag{4.49}$$

Die Operatoren, die den Impuls darstellen, sind also offenbar

$$\begin{aligned}&(p_x)_{\mathrm{op}} = \frac{\hbar}{\mathrm{i}}\frac{\partial}{\partial x}\,, \quad (p_y)_{\mathrm{op}} = \frac{\hbar}{\mathrm{i}}\frac{\partial}{\partial y}\,, \quad (p_z)_{\mathrm{op}} = \frac{\hbar}{\mathrm{i}}\frac{\partial}{\partial z}\,, \\ &\boldsymbol{p}_{\mathrm{op}} = \frac{\hbar}{\mathrm{i}}\,\boldsymbol{\nabla}\,.\end{aligned} \tag{4.50}$$

Die Eigenfunktionen u_p dieses Operators sind die ebenen Wellen (4.2). Auch haben wir mit dem Impulsoperator und mit (4.48) die Begründung für (4.14) gefunden.

Gibt es auch einen Operator für die Ortskoordinaten? Wir beschränken uns auf eine Dimension und gehen von (4.11) aus: $\langle x\rangle = \int \psi^*(x)\, x\, \psi(x)\mathrm{d}x$. (4.48) legt nahe, dass der Operator x_{op} die Rechenvorschrift beinhaltet: Multipliziere die hinter x_{op} stehende Funktion mit x. Die Eigenwerte von x_{op}, also die x-Koordinaten, bilden ein kontinuierliches Spektrum. Die zu der x-Koordinate x_1 gehörige Eigenwertgleichung ist

$$x_{\mathrm{op}}\, u_{x_1}(x) = x\, u_{x_1}(x) = x_1\, u_{x_1}(x)\,. \tag{4.51}$$

Daraus folgt für die Eigenfunktionen:

$$u_{x_1}(x) = \delta(x - x_1)\,, \tag{4.52}$$

die Eigenfunktionen von x_{op} sind Diracsche δ-Funktionen. Diese Eigenfunktionen sind nach dem Muster von (4.35) orthonormal: Aus (IV/8.57) folgt

$$\begin{aligned}\int u^*_{x_1}(x)\, u_{x_2}(x)\, \mathrm{d}x &= \int \delta(x - x_1)\, \delta(x - x_2)\, \mathrm{d}x \\ &= \delta(x_2 - x_1)\,.\end{aligned}$$

Eine Wellenfunktion $\psi(x)$ kann man mit den Vorschriften für kontinuierlich verteilte Eigenwerte nach den Eigenfunktionen $u_x(x)$ entwickeln:

$$\begin{aligned}\psi(x) &= \int_{-\infty}^{+\infty} C(x_1)\, u_{x_1}(x)\, \mathrm{d}x_1\,, \\ C(x_1) &= \int_{-\infty}^{+\infty} u^*_{x_1}(x)\, \psi(x)\, \mathrm{d}x \\ &= \int_{-\infty}^{+\infty} \psi(x)\, \delta(x - x_1)\, \mathrm{d}x = \psi(x_1)\,.\end{aligned}$$

Nach Satz 4.6 ist dann die Wahrscheinlichkeit dafür, das Teilchen im Bereich $x_1 \ldots x_1 + \mathrm{d}x$ anzutreffen

$$w(x_1)\, \mathrm{d}x = \left|C(x_1)\right|^2 \mathrm{d}x = \left|\psi(x_1)\right|^2 \mathrm{d}x\,.$$

Damit ist es gelungen, die Gleichung (3.16), von der wir bei der Interpretation der Wellenfunktion ausgegangen waren, im Rahmen der Annahmen von Satz 4.4–4.6 zu begründen, wie im Anschluss an (4.47) behauptet wurde.

Man kann (4.51) und (4.52) auf drei Dimensionen erweitern: Man setzt

$$\boldsymbol{r}_{\mathrm{op}}\, u_{\boldsymbol{r}_1}(\boldsymbol{r}) = \boldsymbol{r}\, u_{\boldsymbol{r}_1}(\boldsymbol{r}) = \boldsymbol{r}_1\, u_{\boldsymbol{r}_1}(\boldsymbol{r})\,. \tag{4.53}$$

Die Eigenfunktion ist die dreidimensionale δ-Funktion

$$\begin{aligned}u_{\boldsymbol{r}_1}(\boldsymbol{r}) &= \delta^3(\boldsymbol{r} - \boldsymbol{r}_1) \\ &=: \delta(x - x_1)\, \delta(y - y_1)\, \delta(z - z_1)\,.\end{aligned} \tag{4.54}$$

Gemeinsame Eigenfunktionen mehrerer Operatoren

Es kommt öfters vor, dass $u(\boldsymbol{r})$ eine Eigenfunktion mehrerer Operatoren ist, z. B. der Operatoren A_{op} und B_{op}. Es ist dann

$$A_{\text{op}}\, u(\boldsymbol{r}) = A_n\, u(\boldsymbol{r}) \,, \quad B_{\text{op}}\, u(\boldsymbol{r}) = B_m\, u(\boldsymbol{r}) \,. \tag{4.55}$$

Das bedeutet nach Satz 4.5 physikalisch, dass in dem durch die Funktion $u(\boldsymbol{r})$ bestimmten Zustand die Variable A genau den Wert A_n und die Variable B genau den Wert B_m hat. Beide Variablen sind also in diesem Zustand genau festgelegt. Ein Beispiel (mit kontinuierlich verteilten Eigenwerten): Die Funktion

$$u(\boldsymbol{r}) = \mathrm{e}^{\mathrm{i}\boldsymbol{p}\cdot\boldsymbol{r}/\hbar} = \mathrm{e}^{\mathrm{i}(p_x x + p_y y + p_z z)/\hbar}$$

ist eine gemeinsame Eigenfunktion der Operatoren $(p_x)_{\text{op}}$, $(p_y)_{\text{op}}$ und $(p_z)_{\text{op}}$:

$$\frac{\hbar}{\mathrm{i}}\frac{\partial}{\partial x} u(\boldsymbol{r}) = p_x\, u(\boldsymbol{r}) \,, \quad \frac{\hbar}{\mathrm{i}}\frac{\partial}{\partial y} u(\boldsymbol{r}) = p_y\, u(\boldsymbol{r}) \,,$$
$$\frac{\hbar}{\mathrm{i}}\frac{\partial}{\partial z} u(\boldsymbol{r}) = p_z\, u(\boldsymbol{r}) \,.$$

p_x, p_y und p_z können also gleichzeitig genau gemessen werden. Das hört sich selbstverständlich an, ist es aber nicht, wie wir in Kap. 5 am Beispiel des Drehimpulses sehen werden.

Es gibt ein einfaches Kriterium, mit dem man feststellen kann, ob die Operatoren A_{op} und B_{op} gemeinsame Eigenfunktionen besitzen, oder nicht. Dazu definiert man zunächst das **Produkt zweier Operatoren**:

$$A_{\text{op}}\, B_{\text{op}} f = A_{\text{op}}(B_{\text{op}} f) \,. \tag{4.56}$$

Man wende zuerst den Operator B_{op} auf die Funktion f an, und dann auf das Ergebnis dieser Operation den Operator A_{op}. Ist $u(\boldsymbol{r})$ eine gemeinsame Eigenfunktion der Operatoren A_{op} und B_{op} mit den Eigenwerten A_n bzw. B_m, dann folgt mit (4.55) und (4.40)

$$\begin{aligned} A_{\text{op}}\, B_{\text{op}}\, u(\boldsymbol{r}) &= A_{\text{op}}(B_m\, u(\boldsymbol{r})) \\ &= B_m\, A_{\text{op}}\, u(\boldsymbol{r}) = B_m\, A_n\, u(\boldsymbol{r}) \,. \end{aligned} \tag{4.57}$$

Zum gleichen Ergebnis kommt man, wenn man die Operatoren in der Reihenfolge $B_{\text{op}}A_{\text{op}}$ anwendet. Die beiden Operatoren sind ***vertauschbar***, wenn sie gemeinsame Eigenfunktionen besitzen:

$$A_{\text{op}}\, B_{\text{op}} = B_{\text{op}}\, A_{\text{op}} \,. \tag{4.58}$$

Man kann beweisen, dass auch das umgekehrte gilt: Wenn die Operatoren A_{op} und B_{op} vertauschbar sind, besitzen sie gemeinsame Eigenfunktionen. Physikalisch bedeutet dies, dass dann die dynamischen Variablen A und B gleichzeitig genau gemessen werden können.

Die Operatoren $(p_x)_{\text{op}}$ und $(p_y)_{\text{op}}$ sind offenbar miteinander vertauschbar, denn allgemein gilt $\partial^2/\partial x\partial y = \partial^2/\partial y\partial x$. Die Operatoren x_{op} und $(p_x)_{\text{op}}$ sind dagegen nicht miteinander vertauschbar, wie man leicht nachrechnen kann:

$$\begin{aligned} (p_x)_{\text{op}}\, x_{\text{op}} f(x) &= (p_x)_{\text{op}}(x f(x)) \\ &= \frac{\hbar}{\mathrm{i}}\left(f(x) + x\frac{\mathrm{d}f}{\mathrm{d}x}\right) , \end{aligned}$$

$$x_{\text{op}}\,(p_x)_{\text{op}} f(x) = x_{\text{op}}\left(\frac{\hbar}{\mathrm{i}}\frac{\mathrm{d}f}{\mathrm{d}x}\right) = \frac{\hbar}{\mathrm{i}}\, x\, \frac{\mathrm{d}f}{\mathrm{d}x} \,.$$

Die Differenz der beiden Ausdrücke ergibt

$$(p_x)_{\text{op}}\, x_{\text{op}} f(x) - x_{\text{op}}\,(p_x)_{\text{op}} f(x) = \frac{\hbar}{\mathrm{i}} f(x) \,.$$

Dies schreibt man als Operatorgleichung

$$(p_x)_{\text{op}}\, x_{\text{op}} - x_{\text{op}}\,(p_x)_{\text{op}} = \frac{\hbar}{\mathrm{i}} \,. \tag{4.59}$$

Den links stehenden Ausdruck nennt man den **Kommutator** von $(p_x)_{\text{op}}$ und x_{op}; Formelzeichen $[(p_x)_{\text{op}}, x_{\text{op}}]$.

Es besteht ein enger Zusammenhang zwischen (4.59) und der Unbestimmtheitsrelation: Man kann beweisen, dass ohne weitere Annahmen aus (4.59) die Unbestimmtheitsrelation (3.23) folgt.

Die Produktbildung zweier Operatoren ist auch sonst eine nützliche Rechenoperation. So erhält man durch das Produkt $\boldsymbol{p}_{\text{op}} \cdot \boldsymbol{p}_{\text{op}}$ einen Operator für die Größe $\boldsymbol{p} \cdot \boldsymbol{p} = p^2$. Damit ist die Berechnung des Erwartungswerts $\langle p^2 \rangle$ in (4.15) gerechtfertigt. Auch kann man diesen Operator dazu benutzen, mit der klassischen Formel für die Gesamtenergie des Teilchens die Form des Hamiltonoperators (4.44) zu begründen:

$$\begin{aligned} E &= \frac{p^2}{2m} + V(\boldsymbol{r}) \,, \\ H &= \frac{1}{2m}\left(\frac{\hbar}{\mathrm{i}}\right)^2 \boldsymbol{\nabla}\cdot\boldsymbol{\nabla} + V(\boldsymbol{r}) = -\frac{\hbar^2}{2m}\triangle + V(\boldsymbol{r}) \,. \end{aligned} \tag{4.60}$$

Die zeitliche Entwicklung der Wellenfunktion

Bisher haben wir in diesem Abschnitt die Wellenfunktion $\psi(\boldsymbol{r})$ zu einem bestimmten Zeitpunkt $t = t_0$ betrachtet.

Wenn der Zustand des Teilchens, wie im Anschluss an (4.17) behauptet, ***vollständig*** durch die Wellenfunktion $\psi(\boldsymbol{r},t)$ bestimmt ist, dann muss auch die zeitliche Änderung $\partial\psi/\partial t$ durch den momentanen Wert der Wellenfunktion zur Zeit t gegeben sein:

$$\frac{\partial\psi}{\partial t} = [\text{Operator}]\,\psi(\boldsymbol{r},t)\,.$$

Um herauszufinden, welcher Art hier der Operator ist, orientieren wir uns an den ebenen Wellen, die ja eine Lösung dieser Gleichung sein müssen. Für diese gilt (4.7):

$$\mathrm{i}\hbar\frac{\partial\psi}{\partial t} = \left[-\frac{\hbar^2}{2m}\triangle\right]\psi(\boldsymbol{r},t)\,.$$

Auf der rechten Seite steht der Energieoperator für ein freies Teilchen. Wir ersetzen ihn durch (4.60) und lassen dabei eine Zeitabhängigkeit der potentiellen Energie zu:

$$\mathrm{i}\hbar\,\frac{\partial\psi}{\partial t} = \left[-\frac{\hbar^2}{2m}\triangle + V(\boldsymbol{r},t)\right]\psi(\boldsymbol{r},t) = H\,\psi(\boldsymbol{r},t)\,.$$

Das ist nichts anderes als die Schrödinger-Gleichung (4.8), mit der die zeitliche Entwicklung der Wellenfunktion berechnet werden kann.

Wir werden uns hier und in den folgenden Kapiteln weitgehend darauf beschränken, für einige einfache Fälle Lösungen der zeitunabhängigen Schrödinger-Gleichung (4.23) zu berechnen, und uns dabei an die mathematischen Methoden halten, die wir auch bisher angewandt haben. Damit lässt sich nur ein kleiner Teil der Quantenmechanik erfassen; dennoch werden wir Zugang zu einer Reihe von interessanten Phänomenen der Atomphysik finden. Ein tieferes Eindringen in die Begriffe und in die mathematischen Methoden der Quantenmechanik ermöglichen erst die Quantenmechanik-Vorlesung in der Theoretischen Physik und Lehrbücher der Quantenmechanik.[4]

4.3 Potentialstufe und Potentialwall, Tunneleffekt

Wir untersuchen nun das Verhalten der Wellenfunktion für ungebundene Teilchen in einigen einfachen Situationen, die aber durchaus von praktischem Interesse sind.

[4] In dem Buch von S. Gasiorowicz: „Quantenphysik“, 9. Auflage, Oldenbourg Verlag (2005), findet man ganz hinten eine ausführliche Liste von Lehrbüchern der Quantenmechanik, jeweils mit einer kurzen Charakterisierung des Inhalts und der mathematischen Anforderungen.

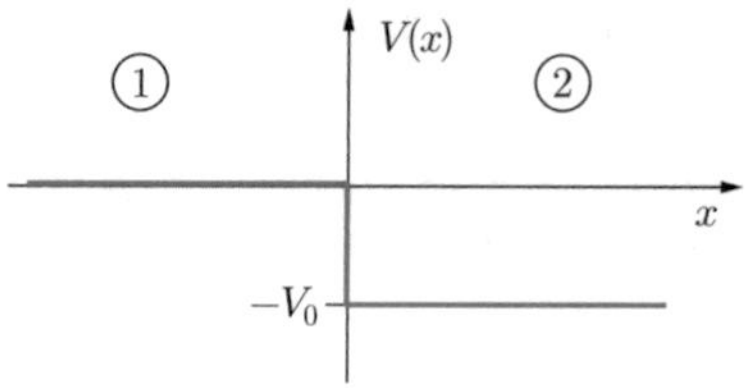

Abbildung 4.5 Potentialstufe, abwärts

Potentialstufen

Potentialstufe, abwärts. Als Potentialstufe, abwärts, bezeichnet man den in Abb. 4.5 dargestellten Verlauf der potentiellen Energie: Für $x < 0$ ist $V(x) = 0$, und für $x > 0$ ist $V(x) = -V_0 < 0$. Wir betrachten ein von links einlaufendes Teilchen. Eigentlich müsste man dieses Teilchen durch ein Wellenpaket beschreiben; mathematisch viel einfacher ist es, das Teilchen durch eine ebene Welle darzustellen. Das Wesentliche kann man auch auf diese Weise erkennen. Die Wellenfunktion ist dann ein Produkt $u(x)f(t)$,

$$\mathrm{e}^{\mathrm{i}(kx-\omega t)} = \mathrm{e}^{\mathrm{i}kx}\mathrm{e}^{-\mathrm{i}\omega t}\,,$$

so dass auch hier die zeitunabhängige Schrödinger-Gleichung (4.37) zur Berechnung der Ortsfunktion $u(x)$ angewandt werden kann.[5] Da V_0 konstant ist, hat die Schrödinger-Gleichung in den beiden Halbräumen 1 und 2 die Form einer Schwingungsgleichung:

$$1:\quad \frac{\mathrm{d}^2u_1}{\mathrm{d}x^2} + \frac{2mE}{\hbar^2}u_1 = 0\,,$$
$$2:\quad \frac{\mathrm{d}^2u_2}{\mathrm{d}x^2} + \frac{2m(E+V_0)}{\hbar^2}u_2 = 0\,.$$

Die allgemeinen Lösungen sind

$$\left.\begin{aligned} u_1(x) &= A\mathrm{e}^{\mathrm{i}k_1x} + B\mathrm{e}^{-\mathrm{i}k_1x}\,,\\ k_1 &= p/\hbar = \sqrt{2mE}/\hbar\,,\\ u_2(x) &= C\mathrm{e}^{\mathrm{i}k_2x} + D\mathrm{e}^{-\mathrm{i}k_2x}\,,\\ k_2 &= \sqrt{2m(E+V_0)}/\hbar\,. \end{aligned}\right\}\qquad(4.61)$$

Die Anteile mit den Amplituden A und C stellen nach rechts laufende, die mit den Amplituden B und D nach

[5] Diese Wellenfunktion hat die unschöne Eigenschaft, nicht normierbar zu sein: Es ist

$$\int_{-\infty}^{+\infty}|\mathrm{e}^{\mathrm{i}kx}|^2\mathrm{d}x = \int_{-\infty}^{+\infty}\mathrm{d}x = \infty\,.$$

Wir befreien uns aus diesem Dilemma, indem wir uns wie bei (4.36) ein Wellenpaket mit einem extrem schmalen Impulsspektrum vorstellen, das entsprechend der Unschärferelation räumlich so weit ausgedehnt ist, dass man in dem hier betrachteten Bereich die Amplitude der Wellenfunktion als konstant ansehen kann.

links laufende Wellen dar. Wir stellen zunächst fest, dass $k_2 > k_1$, also $\lambda_2 < \lambda_1$ ist: Die de Broglie-Welle verhält sich bei $x = 0$ wie eine Lichtwelle beim Übergang vom optisch dünneren ins optisch dichtere Medium. Da nach der vorgegebenen Anfangsbedingung im Halbraum 2 keine nach links laufende Welle existiert, setzen wir $D = 0$. Die Amplitude B darf jedoch nicht gleich 0 gesetzt werden, wenn die Bedingungen von Satz 4.3 erfüllt werden sollen. Es findet also wie in der Optik eine Reflexion an der Grenzfläche statt, im Halbraum 1 haben wir die Überlagerung einer einlaufenden und einer auslaufenden Welle. Wir berechnen die Amplituden B und C mit Hilfe der Stetigkeitsbedingungen von Satz 4.3:

$$u_1(0) = u_2(0) \quad : \quad A + B = C \tag{4.62}$$

$$\left(\frac{\mathrm{d}u_1}{\mathrm{d}x}\right)_0 = \left(\frac{\mathrm{d}u_2}{\mathrm{d}x}\right)_0 \quad : \quad \mathrm{i}\,k_1(A - B) = \mathrm{i}\,k_2\,C \tag{4.63}$$

Daraus folgt:

$$\frac{B}{A} = \frac{k_1 - k_2}{k_1 + k_2}\,, \qquad \frac{C}{A} = \frac{2\,k_1}{k_1 + k_2}\,. \tag{4.64}$$

Die Wahrscheinlichkeit, dass die Welle reflektiert wird, ist

$$R = \left|\frac{B}{A}\right|^2 = \left(\frac{k_1 - k_2}{k_1 + k_2}\right)^2\,, \tag{4.65}$$

denn die Wahrscheinlichkeit, ein nach links bzw. nach rechts laufendes Teilchen anzutreffen ist proportional zum Quadrat der Amplitude der entsprechenden Wellenfunktion. Die Transmissionswahrscheinlichkeit ist

$$T = 1 - R = \frac{4\,k_1 k_2}{(k_1 + k_2)^2}\,. \tag{4.66}$$

Dieses Ergebnis ist etwas überraschend; man könnte naiv erwarten $T = |C/A|^2$. Es muss jedoch nicht die ***Teilchendichte***, sondern der ***Teilchenfluss*** bei $x = 0$ kontinuierlich sein. Bezeichnet man die Teilchendichten mit ρ, die Geschwindigkeiten mit v, so muss gelten

$$\rho_A\, v_A + \rho_B\, v_B = \rho_C\, v_C\,. \tag{4.67}$$

Mit $v_B = -v_A$ folgt hieraus $\rho_A v_A(1 - \rho_B/\rho_A) = \rho_C\, v_C$. Die Transmissionswahrscheinlichkeit ist

$$T = \frac{\rho_C\, v_C}{\rho_A\, v_A} = \left|\frac{C}{A}\right|^2 \frac{k_2}{k_1}\,, \tag{4.68}$$

denn es ist $v_C/v_A = k_2/k_1$. Setzt man hier C/A aus (4.64) ein, erhält man (4.66). Im Übrigen stellen wir fest: (4.65) und (4.66) entsprechen genau den Formeln (IV/5.40) in der Optik.

Zur Diskussion der Formeln (4.61) und (4.65): Beim Übergang von Halbraum 1 nach Halbraum 2 wird das Teilchen beschleunigt, die kinetische Energie und der Impuls $p = \hbar k$ nehmen dementsprechend zu. Neu gegenüber dem Verhalten klassischer Teilchen ist, dass die Teilchen mit einer gewissen Wahrscheinlichkeit an der Potentialstufe reflektiert werden. Ist $V_0 \ll E$, so gilt $k_2 \approx k_1$ und es ist $R \approx 0$. Ist jedoch $V_0 \gg E$ (d. h. wenn das Teilchen sehr stark beschleunigt wird), gilt $k_2 \gg k_1$ und die Reflexion ist praktisch vollständig! Ein solches Verhalten ist in der klassischen Mechanik unverständlich, das Analogon in der Optik ist dagegen wohlbekannt.

Eine Anordnung ähnlich der in Abb. 4.5 gezeigten entspricht dem in Bd. III/5.3 diskutierten Linearbeschleuniger (Abb. III/5.14). An die Driftröhren wird eine Hochfrequenzspannung gelegt, und durch die Länge der Röhren wird dafür gesorgt, dass die Teilchen zwischen den Driftröhren stets eine beschleunigende Spannung durchlaufen. Warum treten hierbei nicht Strahlverluste durch Reflexion an der Potentialstufe auf? Die Antwort ist einfach: Der Abstand zwischen den Driftröhren ist extrem groß gegen die de Broglie-Wellenlänge der Teilchen und es tritt deshalb keine Reflexion auf, wie auch in der Optik bei einer allmählichen Änderung des Brechungsindex. In der Kernphysik spielt die Reflexion von Teilchen an einer Potentialstufe dagegen eine wichtige Rolle. Sie ist z. B. verantwortlich für die elastische Streuung von Neutronen am Atomkern: man spricht auch von „Potential-Streuung".

Potentialstufe, aufwärts. Wir betrachten nun den Fall, dass im rechten Halbraum $V(x) = V_0 > 0$ ist (Abb. 4.6). Solange $E > V_0$ ist, ist die Lösung der Schrödinger-Gleichung (4.37) wie im vorigen Beispiel durch eine einlaufende, eine reflektierte und eine durchgelassene Welle gegeben, es ist lediglich

$$k_2 = \sqrt{2m(E - V_0)}/\hbar < k_1 = \sqrt{2mE}/\hbar\,,$$

was einer Abbremsung des Teilchens entspricht. Ist jedoch $E < V_0$, hat die Lösung im Halbraum 2 mit $\sqrt{2m(E - V_0)} = \mathrm{i}\sqrt{2m(V_0 - E)}$ die Form:

$$u_2(x) = C\mathrm{e}^{-\kappa x} + D\mathrm{e}^{\kappa x}\,, \qquad \kappa = \sqrt{2m(V_0 - E)}/\hbar\,. \tag{4.69}$$

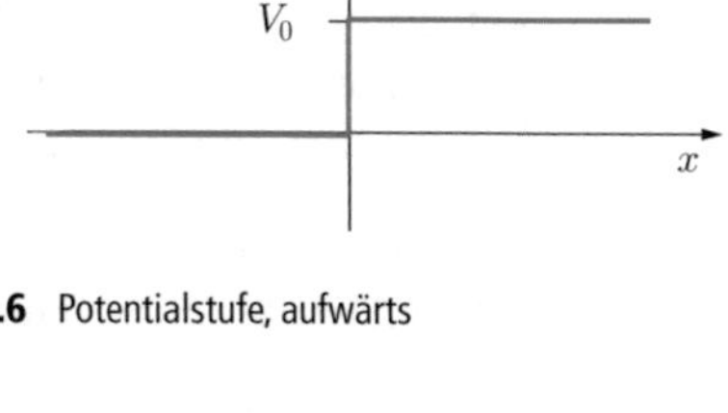

Abbildung 4.6 Potentialstufe, aufwärts

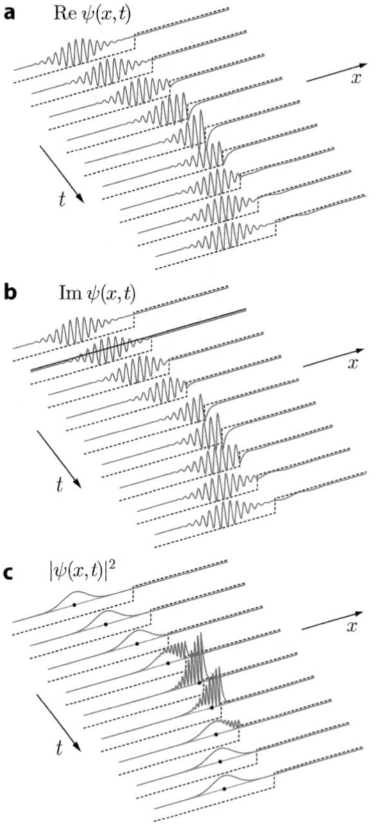

Abbildung 4.7 Wellenpaket an einer Potentialstufe, $\langle p\rangle < \sqrt{2mV_0}$

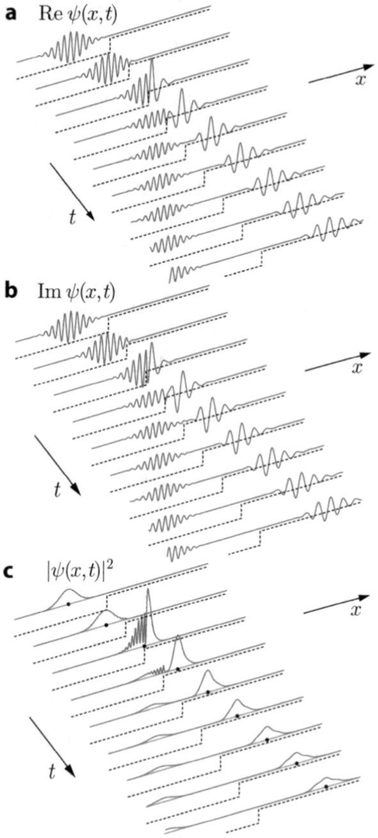

Abbildung 4.8 Wellenpaket an einer Potentialstufe, $\langle p\rangle > \sqrt{2mV_0}$

Da $u(x)$ endlich bleiben soll, muss $D = 0$ sein. Es ist jedoch $C \neq 0$ und u_2 ist wie im vorigen Beispiel mit Satz 4.3 zu berechnen. Wir verzichten auf die Durchführung der Rechnung und begnügen uns mit der Feststellung: Das Teilchen hat auch eine gewisse Aufenthaltswahrscheinlichkeit in dem Bereich, in den es nach den Gesetzen der klassischen Physik nicht eindringen kann. Die Situation entspricht dem Verhalten von $u(x)$ in Abb. 4.3, Bereich I, und dem Eindringen der Lichtwelle in das optisch dichtere Medium bei der Totalreflexion Abb. IV/5.9.

Eine realistischere Beschreibung des Teilchens erhält man, wenn man statt einer monochromatischen ebenen Welle ein Wellenpaket von links einlaufen lässt. In Abb. 4.7 sind für ein gaußsches Wellenpaket Re $\psi(x,t)$, Im $\psi(x,t)$ und $|\psi(x,t)|^2$ für den Fall gezeigt, dass der Erwartungswert des Impulses $\langle p\rangle < \sqrt{2mV_0}$ ist. Sofern die Impulse der Teilwellen des Pakets diese Ungleichung ebenfalls erfüllen, wird das Wellenpaket totalreflektiert, wobei es aber etwas in den klassisch verbotenen Bereich eindringt. Andernfalls gibt es auch hier eine Transmission. Abb. 4.8 zeigt den Fall $\langle p\rangle > \sqrt{2mV_0}$. Nun wird das Wellenpaket stets in einen durchgehenden und einen reflektierten Anteil aufgeteilt. Die kleinen Kreise in den Bildern (c) geben die Bahn eines klassischen Teilchens mit dem Impuls $p = \langle p\rangle$ an.[6]

Der Tunneleffekt

Als Potentialwall bezeichnet man den in Abb. 4.9a dargestellten Verlauf von $V(x)$. Nach dem vorigen Beispiel ist es nicht überraschend, dass infolge des Eindringens der Welle in den klassisch für $E < V_0$ verbotenen Bereich 2 eine gewisse Wahrscheinlichkeit besteht, bei von links einlaufenden Teilchen auch im Bereich 3 auslaufende Teilchen zu beobachten. Dieses Verhalten bezeichnet man als den **quantenmechanischen Tunneleffekt**. Die Funktion $u(x)$ ist in Abb. 4.9b schematisch dargestellt; ein optisches Analogon zum Tunneleffekt kennen wir schon von der Totalreflexion (Abb. IV/5.8 c).

[6] Die Abb. 4.7, 4.8 und 4.36 sind in Anlehnung an Abbildungen aus dem Buch, S. Brandt und H. D. Dahmen, „The picture book of Quantum Mechanics", John Wiley & Sons (1985) u. Springer-Verlag (2001) gezeichnet.

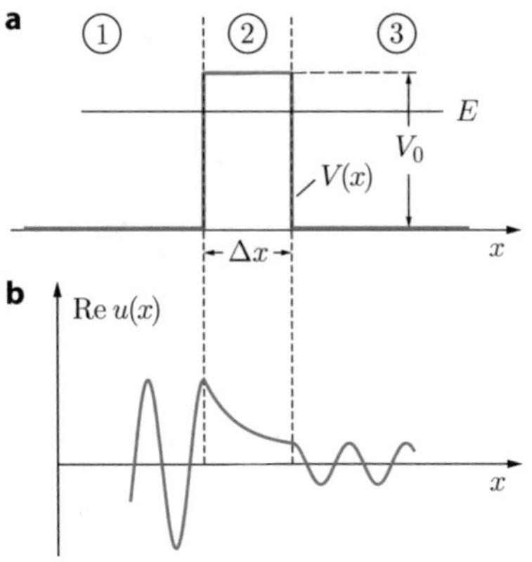

Abbildung 4.9 Tunneleffekt. **a** Potentialverlauf, **b** Realteil der Wellenfunktion

Als Lösung der Schrödinger-Gleichung erhält man folgende Funktionen:

$$\begin{aligned} &\text{Bereich 1:} \quad u_1 = A\mathrm{e}^{ikx} + B\mathrm{e}^{-ikx} \\ &\text{Bereich 2:} \quad u_2 = C\mathrm{e}^{-\kappa x} + D\mathrm{e}^{\kappa x} \\ &\text{Bereich 3:} \quad u_3 = F\mathrm{e}^{ikx} \\ &\text{mit } k = \frac{\sqrt{2mE}}{\hbar}, \quad \kappa = \frac{\sqrt{2m(V_0 - E)}}{\hbar}. \end{aligned}$$

Diesmal gibt es keinen Grund, $D = 0$ zu setzen, da x im Bereich 2 nicht beliebig groß wird. Die Koeffizienten $A - F$ bestimmt man mit Satz 4.3 wie in (4.62) und (4.63). Nach einer langwierigen Rechnung erhält man für die Transmission von Teilchen durch den Potentialwall:

$$\begin{aligned} T &= \left|\frac{F}{A}\right|^2 \\ &= \frac{4\kappa^2 k^2}{4\kappa^2 k^2 \cosh^2(\kappa\Delta x) + (\kappa^2 - k^2)^2 \sinh^2(\kappa\Delta x)}. \end{aligned} \tag{4.70}$$

Hierbei ist cosh der „Cosinus hyperbolicus" und sinh der „Sinus hyperbolicus":

$$\begin{aligned} \cosh \kappa\Delta x &= \frac{\mathrm{e}^{\kappa\Delta x} + \mathrm{e}^{-\kappa\Delta x}}{2}, \\ \sinh \kappa\Delta x &= \frac{\mathrm{e}^{\kappa\Delta x} - \mathrm{e}^{-\kappa\Delta x}}{2}. \end{aligned}$$

Für $\kappa\Delta x \gg 1$ (d. h. für kleine Durchlässigkeit des Potentialwalls) dominiert in beiden Formeln der Term $\mathrm{e}^{\kappa\Delta x}$, und man erhält nach kurzer Rechnung

$$T \approx \frac{16\,E(V_0 - E)}{V_0^2}\mathrm{e}^{-2\kappa\Delta x}. \tag{4.71}$$

Die Abhängigkeit der Transmission von E und V_0 steckt hauptsächlich in der Exponentialfunktion, daher kann man schreiben:

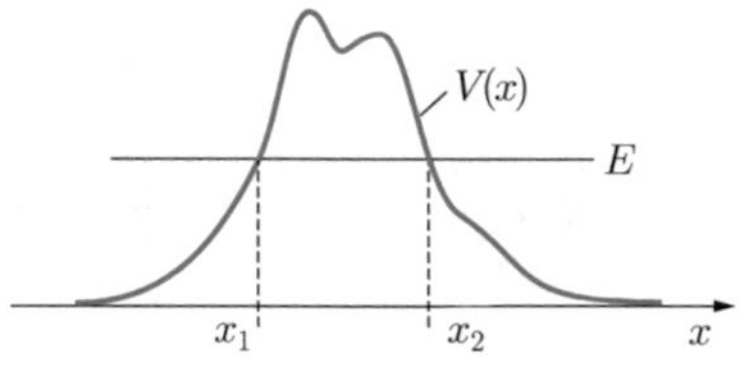

Abbildung 4.10 Zum Tunneleffekt bei beliebig geformter Barriere, (4.73)

$$T \propto \mathrm{e}^{-2\Delta x\sqrt{2m(V_0 - E)}/\hbar}. \tag{4.72}$$

Diese Formel gilt für einen Potentialwall konstanter Höhe V_0. Für eine beliebige Form der Barriere $V(x)$ (Abb. 4.10) erhält man näherungsweise

$$T \propto \mathrm{e}^{-(2/\hbar)\int_{x_1}^{x_2}\sqrt{2m(V(x)-E)}\,\mathrm{d}x}. \tag{4.73}$$

Es kommt also beim quantenmechanischen Tunneleffekt nicht nur auf die Länge der zu durchtunnelnden Strecke an, sondern vor allem auch auf die Höhe des Potentialbergs! Als Anwendung von (4.73) wurde bei Abb. III/9.19 die **Feldemission** aus Metalloberflächen bereits diskutiert. Wir betrachten noch andere Anwendungen dieser Formel.

α-Zerfall. Wenn sich im Atomkern zwei Protonen und zwei Neutronen zusammenlagern, wird die Bindungsenergie des ^{4}He-Kerns frei und das α-Teilchen erreicht bei vielen Kernen eine positive Gesamtenergie (Abb. 4.11). Die Wahrscheinlichkeit, dass es durch den Tunneleffekt nach außen gelangt, ist durch (4.73) gegeben. Mit zunehmender Energie E_α wird $V(r) - E$ kleiner und die Strecke $r_2 - r_1$ rasch kürzer. Das erklärt die enorme Energieabhängigkeit der Zerfallswahrscheinlichkeit beim α-Zerfall (I/17.25). Dass die für ein eindimensionales Problem abgeleitete Formel (4.73) auch auf einen kugelförmigen

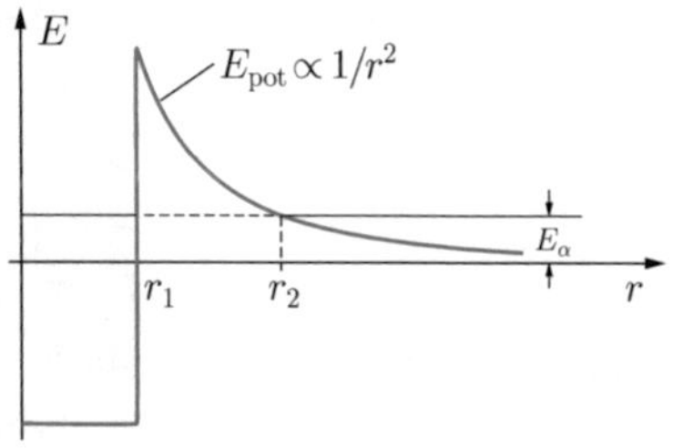

Abbildung 4.11 Tunneleffekt beim α-Zerfall. Die Kurve gibt den Verlauf der potentiellen Energie des α-Teilchens innerhalb (konstanter Bereich) und außerhalb des Restkerns (Coulomb-Potential) wieder

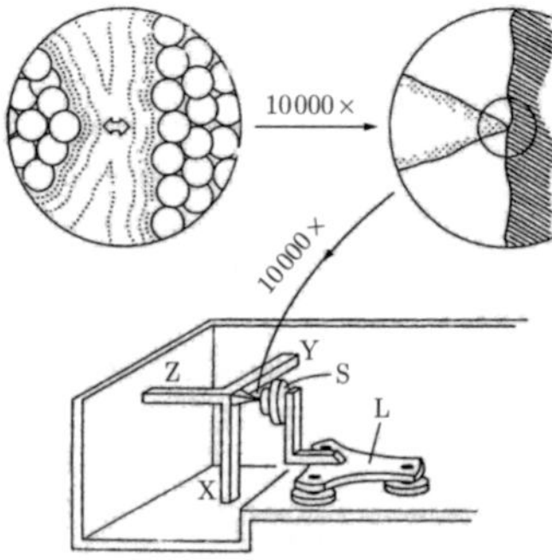

Abbildung 4.12 Prinzip des Raster-Tunnelmikroskops (RTM). *X, Y, Z*: Piezoelektrische Stellelemente, *S*: „sample", d. h. die Materialprobe, *L*: „Laus", ein Schrittmotor mit schaltbaren Magnetfüßen und piezoelektrischer Grundplatte. Nach G. Binning u. H. Rohrer (1984)

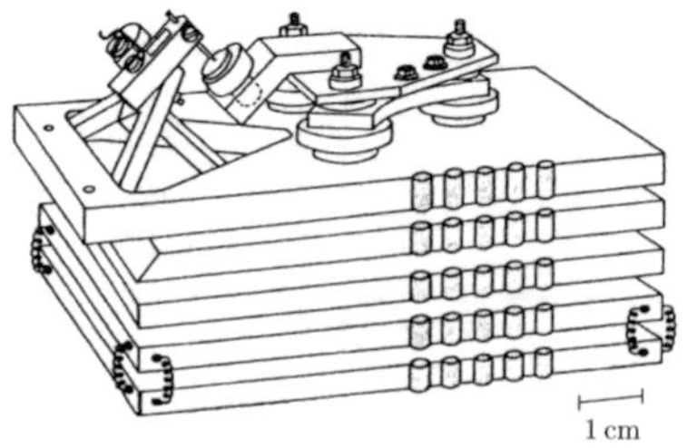

Abbildung 4.14 RTM mit Vibrationsdämpfung durch einen Plattenstapel. Zwischen den Platten befinden sich Abstandsstücke aus Viton, einem gummiartigen Kunststoff (in der Abbildung nicht sichtbar). Die elektrischen Leitungen werden über die seitlich befestigten Vitonstücke zugeführt. Nach F. Salvan (1986)

Atomkern angewendet werden kann, werden wir am Ende von Abschn. 5.3 begründen.

Raster-Tunnel-Mikroskopie. Einer elektrisch leitenden Oberfläche wird eine sehr feine Metallspitze bis auf wenige Ångström-Einheiten genähert. Zwischen Spitze und Oberfläche liegt eine Spannung U_T von einigen Volt. Infolge des Tunneleffekts fließt ein Strom, der im extremen Maße vom Abstand der Spitze von der Oberfläche abhängt. Mit einiger Wahrscheinlichkeit bildet sich bei einem abgezwickten dünnen Draht eine Struktur mit nur einem Atom an der Spitze. Dadurch wird der Durchmesser des Bereichs, in dem der Tunnelstrom fließt, auf ca. 10^{-10} m begrenzt. Die Position der Spitze kann, wie in Abb. 4.12 gezeigt, mit piezo-elektrischen Stellelementen verschoben werden. Mit einer Regelautomatik wird die z-Koordinate so eingestellt, dass der Tunnelstrom konstant bleibt, und es wird die hierfür erforderliche Steuerspannung U_z als Funktion von x und y registriert. Man kann auf diese Weise die Oberfläche mit einer Auflösung abtasten, die einzelne Atome erkennen lässt. Abb. 4.13 zeigt zwei Beispiele hierzu und Abb. 4.14 eine technische Ausführungsform des Tunnelmikroskops.

Das 1982 von Binning und Rohrer erfundene Instrument findet heute verbreitete Anwendung in der Oberflächen-Physik und -Chemie. Es zeigt in eindrucksvoller Weise, dass es mit relativ einfachen Mitteln gelingt, mechanische Bewegungen im Bereich atomarer Dimensionen kontrolliert auszuführen. Obgleich der Tunneleffekt enorm empfindlich von der Breite und Höhe der Potentialbarriere abhängt, kann man einen stabilen Betrieb erreichen. Das Erstaunlichste ist vielleicht, dass man – ebenfalls mit einfachen Mitteln – so weitgehend die Einwirkung mechanischer Störungen von außen verhindern kann. Die für die Raster-Tunnel-Mikroskopie entwickelte Technik der vibrationsfreien Lagerung und der piezoelektrischen Steuerung von Bewegungen wurde auch auf andere Methoden der Oberflächenuntersuchung im Nanometer-Bereich übertragen, z. B. auf die Kraftmikroskopie, bei der die Kraft zwischen Spitze und Objektoberfläche konstant gehalten wird. Die in Abb. 4.13 sichtbaren Höcker auf der Si-Oberfläche werden durch Atome mit ungesättigten Bindungen erzeugt. Die Einzelheiten dieser Oberflächenstruktur waren lange Zeit ziemlich unklar. Sie wurden aufgeklärt mit einem Kraftmikroskop. Näheres dazu in einem Artikel von F. J. Gießibl, Spektrum der Wissenschaft, April 2001, S. 12.

Elektronenstrom durch eine isolierende Schicht zwischen zwei Metallen. Eine dünne, perfekt isolierende Schicht zwischen zwei Metallen stellt eine Barriere dar,

Abbildung 4.13 (111)-Oberfläche des Siliziums. **a** Die erste Aufnahme, aus G. Binning et al. (1983), **b** aus R. Wiesendanger et al. (1990). Bei (**a**) wurde $U_z(x)$ für die verschiedenen y-Werte auf einem Schreiber registriert. Die einzelnen Kurven wurden auf Pappe übertragen, ausgeschnitten und zusammengeklebt. **b** zeigt die heute übliche, auf dem Rechner aus der Spannung $U_z(x, y)$ hergestellte Rekonstruktion der Oberfläche

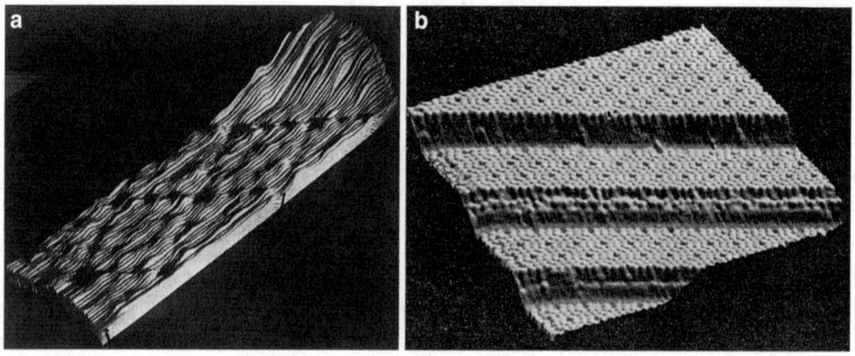

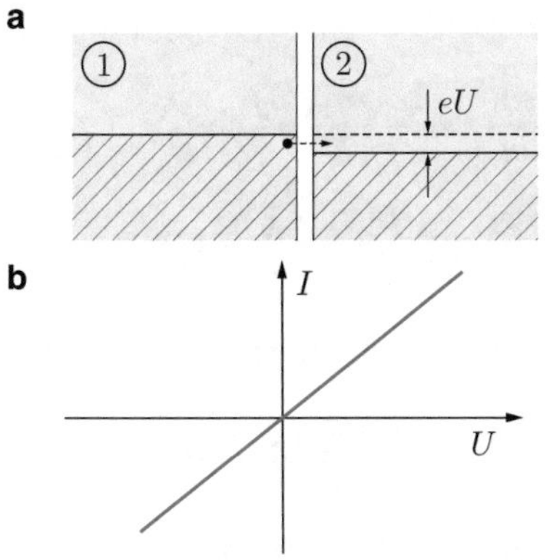

Abbildung 4.15 Zum Tunnelstrom durch eine isolierende Schicht zwischen zwei normalleitenden Metallen. **a** Energiediagramm, **b** Tunnelstrom als Funktion der angelegten Spannung

durch die infolge des Tunneleffekts ein Elektronenstrom fließen kann, wenn zwischen den Metallen eine Potentialdifferenz besteht. Bei tiefen Temperaturen sind die Elektronenzustände bis zur Fermi-Energie fast vollständig besetzt, so dass sich das in Abb. 4.15a gezeigte Energiediagramm ergibt. Durch den Tunneleffekt können Elektronen von Metall (1) nach Metall (2) nur gelangen, wenn dort bei der gleichen Energie unbesetzte Zustände vorhanden sind. Da die Zustandsdichte $\mathcal{D}(\epsilon)$ im Bereich der Fermikante nur wenig von der Energie abhängt und die Fermi-Verteilung bei sehr tiefen Temperaturen fast abrupt von 1 auf 0 springt, nimmt der Tunnelstrom proportional zur angelegten Spannung zu. Man erhält die in Abb. 4.15b gezeigte Strom-Spannungskennlinie. Sie kann mit dem Ohmschen Gesetz beschrieben werden.

4.4 Der Josephson-Kontakt

Ein besonders interessantes Beispiel zum Tunneleffekt und zur Anwendung der Schrödinger-Gleichung ist der Josephson-Kontakt. Wir behandeln ihn ausführlich, auch wegen der bereits erwähnten Anwendungen im SQUID-Magnetometer (Bd. III/9.3) und beim Spannungsnormal (Bd. III/11.4).

Legt man an zwei Supraleiter, die durch eine dünne isolierende Schicht getrennt sind, eine elektrische Spannung, kann ein Strom nur als Tunnelstrom fließen. Man beobachtet auch einen solchen Strom, getragen von ungepaarten Elektronen. In Abb. 4.16 bestehen die beiden Supraleiter aus dem gleichen Material (Sn) und sind auf eine Temperatur deutlich unter der Sprungtemperatur abgekühlt. Wie in Bd. III/9.3 gezeigt wurde, gibt es unter diesen Umständen nur noch sehr wenige Elektronen, die nicht zu Cooper-Paaren gebunden sind, und der Tunnelstrom ist dementsprechend schwach. Erst wenn die

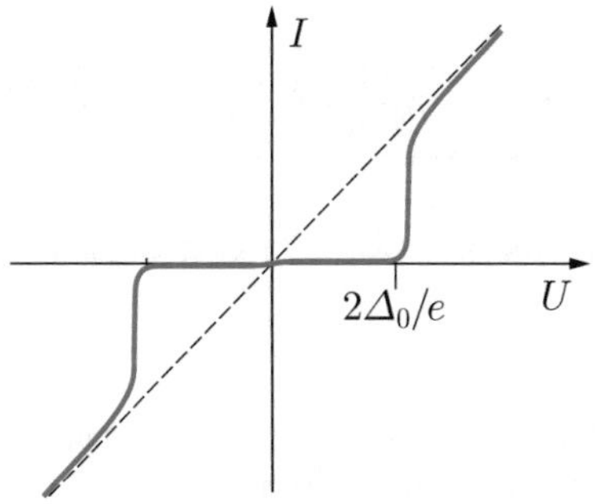

Abbildung 4.16 Tunnelstrom, getragen von ungepaarten Elektronen, nach R. C. Jaklevic et al (1965). Die *gestrichelte Linie* entspricht der Geraden in Abb. 4.15b

angelegte Spannung $U \geq 2\Delta/e$ ist, nimmt der Tunnelstrom rasch zu, weil dann Cooper-Paare aufgebrochen werden können. 2Δ ist die Bindungsenergie eines Cooper-Paares (vgl. Tab. III/9.2).

Brian Josephson, damals (1962) Student in Cambridge, fand heraus, dass außer dem Ein-Elektron-Tunnelstrom ein von ***Cooper-Paaren*** getragener Tunnelstrom existieren sollte, und dass dieser Strom sehr seltsame Eigenschaften haben müsste: Wenn am Kontakt die Spannung $U = 0$ ist, kann ein Gleichstrom fließen. Wenn eine bestimmte Stromstärke überschritten wird, fließt außer dem Gleichstrom ein hochfrequenter Wechselstrom und die Spannung ist $U \neq 0$. Diese Vorhersagen wurden alsbald durch Experimente bestätigt. Die Phänomene werden beobachtet, wenn die isolierende Schicht nur 1–3 nm dick ist. In diesem Fall bilden die beiden durch die isolierende Schicht getrennten Supraleiter einen **Josephson-Kontakt**.

Um einzusehen, wie die von Josephson vorhergesagten Phänomene zustande kommen, gehen wir von der zeitabhängigen Schrödinger-Gleichung aus. Zur Vereinfachung der Diskussion wird wieder angenommen, dass die beiden Supraleiter aus dem gleichen Material bestehen. Aus Bd. III/9.3 wissen wir, dass sich in einem Supraleiter die Cooper-Paare sämtlich in ein und demselben Quantenzustand befinden, dem BCS-Grundzustand. Die Wellenfunktion dieses Zustands ist vom Typ (4.21), $\psi(\boldsymbol{r},t) = u_E(\boldsymbol{r})\mathrm{e}^{-\mathrm{i}Et/\hbar}$. So lange die Supraleiter (1) und (2) in Abb. 4.17 voneinander getrennt sind, hat die Schrödinger-Gleichung die Form

$$\mathrm{i}\hbar\,\frac{\partial\psi_1}{\partial t} = E_1\,\psi_1\,; \qquad \mathrm{i}\hbar\,\frac{\partial\psi_2}{\partial t} = E_2\,\psi_2\,, \tag{4.74}$$

wobei $\psi_1 = \psi_2 = \psi_{\mathrm{BCS}}$ die Wellenfunktion und $E_1 = E_2 = E_{\mathrm{BCS}}$ die Energie des BCS-Grundzustands ist. Die erste Gleichung besagt, dass $\partial\psi_1/\partial t$ am Ort $\boldsymbol{r}$ proportional zum momentanen Wert der Wellenfunktion $\psi_1(\boldsymbol{r},t)$ ist, und die zweite besagt das entsprechende für den Supraleiter (2). Wir stellen nun den Kontakt her und betrachten das Verhalten der Wellenfunktion an der Kontaktstelle.

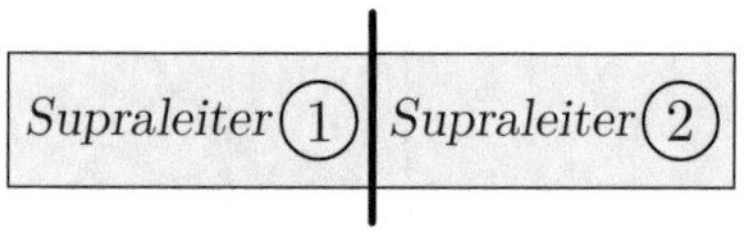

Abbildung 4.17 Josephson-Kontakt: Zu den Gleichungen (4.74) und folgende

Der Tunneleffekt bewirkt, dass dort $\partial\psi_1/\partial t$ auch vom momentanen Wert von ψ_2 beeinflusst wird. Man berücksichtigt dies, indem man zu $E_1\psi_1$ einen Term $\kappa\psi_2$ mit $\kappa \ll E$ addiert, wobei die Konstante κ von der Beschaffenheit des Josephson-Kontakts abhängt. Entsprechendes gilt für $\partial\psi_2/\partial t$. Wir modifizieren also (4.74) wie folgt:

$$\mathrm{i}\hbar\,\frac{\partial\psi_1}{\partial t} = E_1\,\psi_1 + \kappa\,\psi_2\,, \qquad (4.75)$$

$$\mathrm{i}\hbar\,\frac{\partial\psi_2}{\partial t} = E_2\,\psi_2 + \kappa\,\psi_1\,. \qquad (4.76)$$

Die Energien E_1 und E_2 sind voneinander verschieden, wenn an dem Kontakt eine Spannung U anliegt:

$$E_1 - E_2 = 2\,e\,U\,. \qquad (4.77)$$

Für die Wellenfunktion direkt an der Kontaktfläche machen wir den Ansatz

$$\psi_1 = \sqrt{n_1}\,\mathrm{e}^{\mathrm{i}\varphi_1}\,, \qquad \psi_2 = \sqrt{n_2}\,\mathrm{e}^{\mathrm{i}\varphi_2}\,. \qquad (4.78)$$

Damit ist $|\psi_1|^2 = n_1$ und $|\psi_2|^2 = n_2$, wobei n_1 und n_2 die Zahlen der Cooper-Paare pro Volumeneinheit in den Supraleitern (1) und (2) sind. Dies ist eine sinnvolle Übertragung von (3.16) auf das Vielteilchensystem des BCS-Grundzustandes. Über φ_1 und φ_2 wird vorerst keine Aussage gemacht. Die beiden Seiten von (4.75) ergeben mit (4.78) und mit $\mathrm{e}^{\mathrm{i}\varphi} = \cos\varphi + \mathrm{i}\sin\varphi$:

$$\mathrm{i}\hbar\,\frac{\partial\psi_1}{\partial t} = \mathrm{i}\hbar\,\frac{\partial}{\partial t}\big(\sqrt{n_1}\cos\varphi_1\big) - \hbar\,\frac{\partial}{\partial t}\big(\sqrt{n_1}\sin\varphi_1\big)\,,$$

$$E_1\psi_1 + \kappa\psi_2 = E_1\sqrt{n_1}\cos\varphi_1 + \kappa\sqrt{n_2}\cos\varphi_2 + \mathrm{i}\big(E_1\sqrt{n_1}\sin\varphi_1 + \kappa\sqrt{n_2}\sin\varphi_2\big)\,.$$

Die Realteile müssen gleich sein:

$$-\hbar\frac{\partial}{\partial t}\big(\sqrt{n_1}\sin\varphi_1\big) = E_1\sqrt{n_1}\cos\varphi_1 + \kappa\sqrt{n_2}\cos\varphi_2\,,$$

ebenso die Imaginärteile:

$$\hbar\frac{\partial}{\partial t}\big(\sqrt{n_1}\cos\varphi_1\big) = E_1\sqrt{n_1}\sin\varphi_1 + \kappa\sqrt{n_2}\sin\varphi_2\,.$$

Nachdem die Differentiationen ausgeführt sind, werden die beiden Gleichungen nach $\partial n_1/\partial t$ und $\partial\varphi_1/\partial t$ aufgelöst. Man erhält aus (4.75)

$$\frac{\partial n_1}{\partial t} = \frac{2\kappa\,\sqrt{n_1}\sqrt{n_2}}{\hbar}\sin(\varphi_2 - \varphi_1)\,,$$

$$\frac{\partial\varphi_1}{\partial t} = -\frac{E_1}{\hbar} + \frac{\kappa}{\hbar}\frac{\sqrt{n_2}}{\sqrt{n_1}}\cos(\varphi_2 - \varphi_1)\,.$$

Der gleiche Rechengang führt bei (4.76) auf

$$\frac{\partial n_2}{\partial t} = \frac{2\kappa\,\sqrt{n_2}\sqrt{n_1}}{\hbar}\sin(\varphi_1 - \varphi_2)\,,$$

$$\frac{\partial\varphi_2}{\partial t} = -\frac{E_2}{\hbar} + \frac{\kappa}{\hbar}\frac{\sqrt{n_1}}{\sqrt{n_2}}\cos(\varphi_1 - \varphi_2)\,.$$

Dass $\partial n_1/\partial t = -\partial n_2/\partial t$ ist, war zu erwarten: Da in der isolierenden Schicht keine Cooper-Paare verloren gehen, muss die Abnahme von n_1 gleich der Zunahme von n_2 sein. Wenn $\varphi_2 - \varphi_1 = \delta > 0$ ist, ist $\partial n_1/\partial t > 0$ und es strömen Cooper-Paare mit der Ladung $-2e$ von (2) nach (1), d. h. es fließt ein elektrischer Strom von (1) nach (2). Dieser Strom $I_1 \propto \partial n_1/\partial t$ kann in Abb. 4.17 wegen der Aufladung der Supraleiter nur im ersten Moment nach Herstellung des Kontaktes fließen. Man kann ihn jedoch aufrecht erhalten, indem man den Josephson-Kontakt an eine Stromquelle anschließt. Sie sorgt dafür, dass stets $n_1 = n_2 = n_{\mathrm{CP}}$ bleibt, also gleich der Gleichgewichtskonzentration der Cooper-Paare. Wir erhalten mit $I \propto \partial n_1/\partial t$ und und mit (4.77) die **Josephson-Gleichungen**:

$$I = I_\mathrm{c}\sin\delta \qquad \text{mit } I_\mathrm{c} \propto \frac{\kappa\,n_{\mathrm{CP}}}{\hbar}\,, \qquad (4.79)$$

$$\frac{\partial\delta}{\partial t} = \frac{2eU}{\hbar} \quad\rightarrow\quad \delta(t) = \delta_0 + \frac{2e}{\hbar}\int_0^t U(t)\,\mathrm{d}t\,. \qquad (4.80)$$

I_c ist der so genannte **kritische Strom**, δ die Phasendifferenz $\varphi_2 - \varphi_1$. Diese, von Josephson auf anderem Wege abgeleiteten Gleichungen bilden die Grundlage für die am Josephson-Kontakt beobachtbaren Effekte.[7]

Der Josephson-Gleichstromeffekt

Wir schließen nun eine regelbare Gleichstromquelle an den Josephson-Kontakt an, wie in Abb. 4.18 gezeigt ist. Bei $I = 0$ ist $\delta = 0$ und $\varphi_2 = \varphi_1$. Nun fahren wir in kleinen Schritten langsam die Stromquelle hoch: Es

[7] Die in (4.78)–(4.80) wiedergegebene, genial vereinfachte Ableitung stammt von R. P. Feynman, „The Feynman Lectures in Physics", Band III.

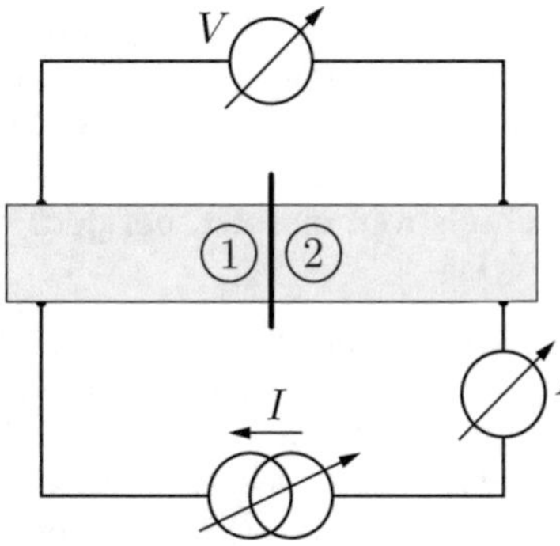

Abbildung 4.18 Josephson-Kontakt, angeschlossen an einen normalleitenden Stromkreis, enthaltend eine Gleichstromquelle, ein Amperemeter und ein Voltmeter

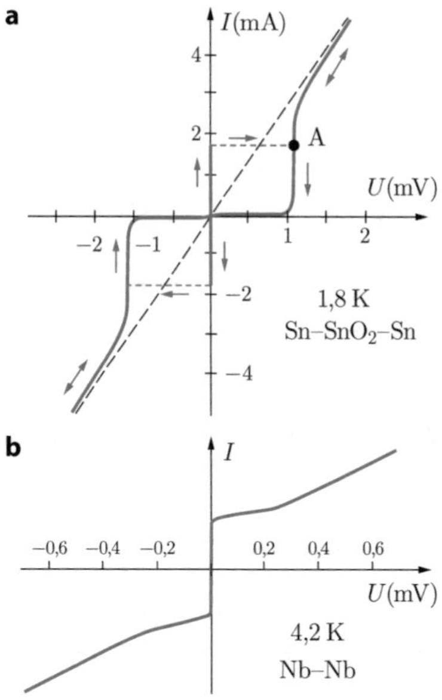

Abbildung 4.19 Strom-Spannungskennlinien eines Josephson-Kontaktes. **a** Bei einem Flächenkontakt, R. C. Jaklevic et al. (1965), **b** bei einem Spitzenkontakt, C. C. Grimes u. S. Shapiro (1968)

stellt sich jeweils nach (4.79) die zugehörige Phasendifferenz ein, und das Voltmeter zeigt $U = 0$ an. Das geht so lange, bis $\delta = \pi/2$ und $I = I_c$ ist. Dies ist der **Josephson-Gleichstromeffekt**. Zwischen der von außen aufgeprägten Stromstärke und der Phasendifferenz δ_0 besteht eine feste Kopplung. I_c ist zur Fläche des Kontakts proportional. Die Stromdichte j_c liegt im Bereich von 10^2–$10^4\,\text{A/cm}^2$, ist also sehr viel kleiner als die in (III/14.62) abgeschätzte Stromdichte $10^8\,\text{A/cm}^2$, die in einem Supraleiter bestehen kann.

Der Josephson-Wechselstromeffekt

Was geschieht, wenn in Abb. 4.18 der Strom I_c überschritten wird? Man beobachtet, dass die Spannung U von Null auf die in Abb. 4.19a gezeigte Kurve springt und bei weiterer Stromerhöhung dieser Kurve folgt. Die Kurve ist identisch mit der Kurve in Abb. 4.16. Der Gleichstrom aus der Stromquelle fließt nun offenbar als ein von ungepaarten Elektronen getragener Tunnelstrom I' durch den Kontakt. Da im Punkt A die Spannung $U \neq 0$ und konstant ist, muss nach (4.80) außerdem ein hochfrequenter, von Cooper-Paaren getragener Wechselstrom I_{CP} fließen. Aus (4.79) und (4.80) folgt

$$I_{CP} = I_c \sin\left(\delta_0 + \frac{2eU}{\hbar}t\right) = I_c \sin(\delta_0 + \omega_J t) ,$$

$$\omega_J = \frac{2e}{\hbar}U , \qquad \nu_J = \frac{2e}{h}U = \left(484\,\frac{\text{GHz}}{\text{mV}}\right)U . \tag{4.81}$$

Die Frequenz ist also der am Kontakt anliegenden Spannung U proportional. Der **Josephson-Wechselstrom** tritt in Abb. 4.19a nicht in Erscheinung, da dort nur die Gleichstromkomponente des Stroms aufgetragen ist. Wird, vom Punkt A ausgehend, der von der Stromquelle gelieferte Strom abgesenkt, springt die Spannung nicht auf $U = 0$ zurück, sondern sie folgt der ausgezogenen Kurve, es ergibt sich eine ***Hysterese***. Dabei fließt neben dem Strom I' fortgesetzt der Wechselstrom mit der Frequenz (4.81), bis $U = 0$ erreicht ist. Wird die Stromquelle umgepolt, beobachtet man die gleichen Vorgänge mit umgekehrten Vorzeichen. Je nach der Bauart des Kontakts beobachtet man auch, dass die Hysterese weniger stark ausgeprägt ist: Die Spannung springt bereits bei einem „return"-Strom I_r auf $U = 0$ zurück.

Das in Abb. 4.19a gezeigte Verhalten wird nur beobachtet, wenn die Kontaktfläche relativ groß ist, so dass die Kapazität C des Kontakts im Bereich von Nanofarad liegt. Verwendet man statt des Flächenkontakts einen Spitzenkontakt ($C \lesssim 1\,\text{pF}$), erhält man den in Abb. 4.19b gezeigten Zusammenhang zwischen Strom und Spannung. Die Funktion $U = f(I)$ ist nun stetig und eindeutig.

Die Theorie dieser Phänomene muss sowohl den von ungepaarten Elektronen getragenen Tunnelstrom I' als auch die Kapazität C des Kontakts explizit berücksichtigen. Dies geschieht am einfachsten mit dem in Abb. 4.20 gezeigten Ersatzschaltbild. Der Strom I' wird durch den Widerstand R erfasst: Man ersetzt in Abb. 4.19a die blau ausgezogene Linie $I' = f(U)$ durch die gestrichelte Gerade. Das Zeichen $\times$ bezeichnet einen idealen Josephson-Kontakt, C ist die Kapazität des Kontakts. Der Strom I in Abb. 4.20 ist

$$I = I_c \sin\delta + \frac{U}{R} + C\frac{\mathrm{d}U}{\mathrm{d}t} .$$

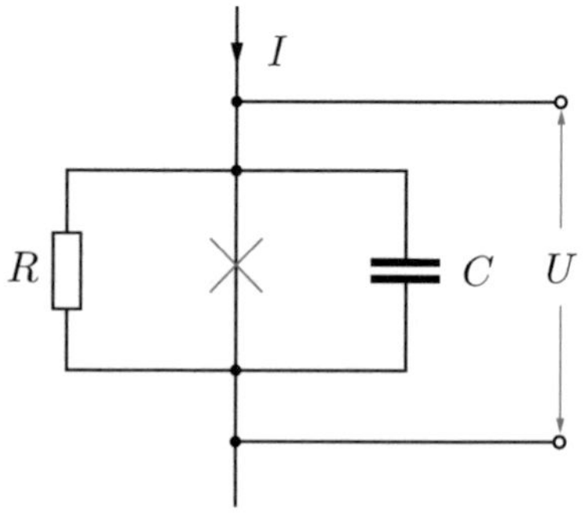

Abbildung 4.20 Ersatzschaltbild für einen Josephson-Kontakt

Wir eliminieren U mit (4.80):

$$I_c \sin\delta + \frac{\hbar}{2eR}\frac{d\delta}{dt} + \frac{\hbar C}{2e}\frac{d^2\delta}{dt^2} = I\,. \qquad (4.82)$$

Dies ist eine nichtlineare Differentialgleichung 2. Ordnung, die nur numerisch gelöst werden kann. Die Lösungen geben im Wesentlichen das in Abb. 4.19 gezeigte Verhalten des Josephson-Kontakts wieder, wie man in Abb. 4.21 sieht. Die Abweichungen bei den Bildern (a) sind offensichtlich durch die Vereinfachung der Funktion $I' = f(U)$ bedingt. Maßgeblich für den Lösungscharakter ist der dimensionslose Hysterese-Parameter

$$\beta_c = \frac{2e I_c R^2 C}{\hbar}\,. \qquad (4.83)$$

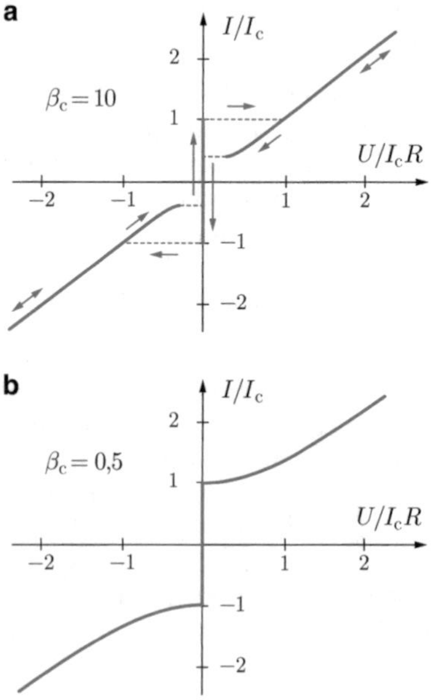

Abbildung 4.21 Lösungen der Differentialgleichung (4.82) für **a** $\beta_c > 1$ und **b** $\beta_c < 1$; nach W. Buckel u. R. Kleiner (2004)

Für $\beta_c > 1$ erhält man Hysterese-Effekte wie in Abb. 4.19a. Für $\beta_c < 1$ ist dagegen die Funktion $U = f(I)$ stetig und eindeutig wie in Abb. 4.19b. Die Ursache ist, dass beim Überschreiten von I_c ein extrem anharmonischer Wechselstrom einsetzt, bei dem der zeitliche Mittelwert $\bar{I} > I_c$ ist.

Den sehr hochfrequenten Wechselstrom (4.81) direkt nachzuweisen, ist nicht einfach. Ein indirekter Nachweis gelingt, wenn man zusätzlich zum Gleichstrom noch einen hochfrequenten Wechselstrom mit der festen Frequenz ω einspeist. Der in (4.82) einzusetzende Strom ist dann

$$I(t) = I_1 + I_2 \cos\omega t\,. \qquad (4.84)$$

Zwei Beispiele für die Lösungen der Differentialgleichung sind in Abb. 4.22a und b gezeigt. Man erhält in den Strom-Spannungsdiagrammen Bereiche, in denen sich der Strom bei konstanter Spannung in gewissen Bereichen ändern kann. Diese Spannungsstufen liegen dort, wo die Frequenz des Josephson-Wechselstroms ein ganzzahliges Vielfaches des Erregerstroms ist, also bei

$$U = \frac{\hbar\omega_J}{2e} = n\frac{\hbar\omega}{2e}\,, \quad n = 1,2,3\ldots \qquad (4.85)$$

Bei $\beta_c \gg 1$ erfolgt der Übergang zwischen den Stufen sprunghaft, bei $\beta_c < 1$ kontinuierlich. Dieses Verhalten wird auch experimentell beobachtet, wie die Bilder (c) und (d) zeigen. Man nennt die Stellen, an denen die Funktion $U = f(I)$ konstant bleibt, nach ihrem Entdecker „Shapiro-Stufen". Der Unterschied zwischen den Abb. 4.22a und c lässt sich auch hier darauf zurückführen, dass bei der Ableitung von (4.82) die ausgezogene Kurve in Abb. 4.19 durch die gestrichelte Gerade ersetzt wurde.

Offensichtlich ist (4.82) formal identisch mit der Schwingungsgleichung eines gedämpften physikalischen Pendels, auf das von außen ein Drehmoment $\boldsymbol{M}$ einwirkt. Im stationären Zustand entspricht dem Gleichstromeffekt die stationäre Auslenkung des Pendels um den Winkel $\delta \leq \pi/2$. Dann herrscht Gleichgewicht zwischen der rücktreibenden Kraft des Pendels und dem zeitlich konstanten Drehmoment $\boldsymbol{M}$. Für $\delta > \pi/2$ gibt es kein stabiles Gleichgewicht mehr. Im stationären Zustand rotiert das Pendel, und zwar bei schwacher Dämpfung mit konstanter Winkelgeschwindigkeit, und bei starker Dämpfung zunächst sehr träge mit während des Umlaufs wechselnder Winkelgeschwindigkeit. Das entspricht dem Wechselstromeffekt. Da der Widerstand R parallel geschaltet ist, ist das Analogon zur Dämpfungskonstanten Γ beim Josephson-Kontakt umgekehrt proportional zu R. $\beta_c < 1$ bedeutet also starke, $\beta_c \gg 1$ schwache Dämpfung.

Anwendungen des Wechselstromeffekts. Wie in Bd. III/11.4 bei (III/11.44) ausgeführt wurde, gilt (4.85)

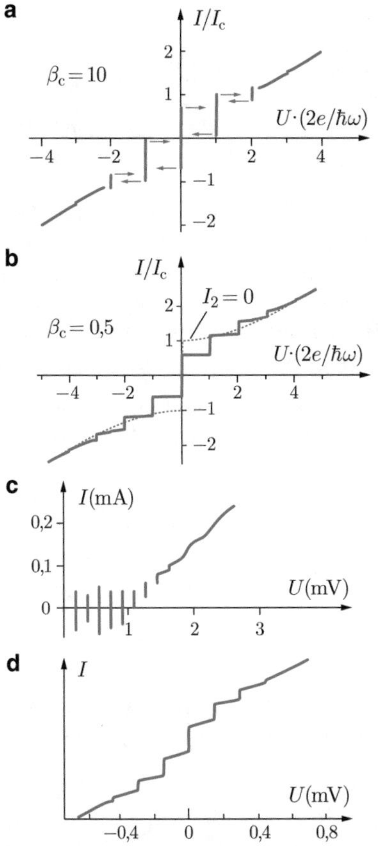

Abbildung 4.22 Gleichstrom-Spannungskennlinien bei Einspeisung des Stroms (4.84). **a** und **b** Lösungen von (4.82), nach W. Buckel u. R. Kleiner (2004), **c** Messung an einem Flächenkontakt, nach C. A. Hamilton (2000), **d** Messung an einem Spitzenkontakt, nach C. C. Grimes u. S. Shapiro (1968); Strom *I* in willkürlichen Einheiten

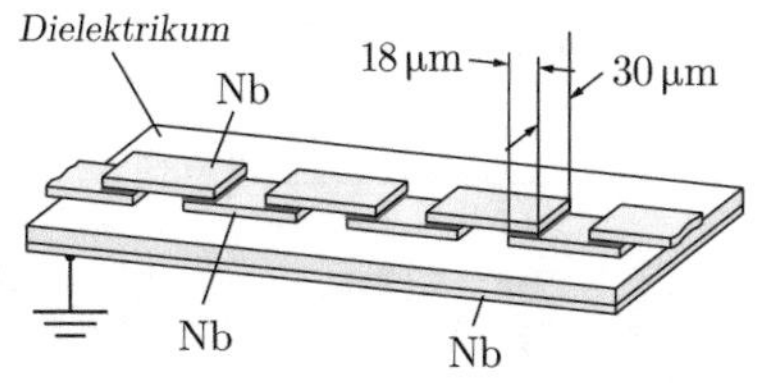

Abbildung 4.23 Ausschnitt aus der supraleitenden Streifenleitung eines Spannungsnormals. Nach C. A. Hamilton (2000)

Der SQUID

Eine wichtige Anwendung des Josephson-Gleichstromeffekts ist der SQUID, ein hochempfindliches Messgerät für Magnetfelder, auf das schon mehrfach hingewiesen wurde. Ein SQUID (Superconducting Quantum Interference Device) besteht aus einer supraleitenden Leiterschleife, in die zwei Josephson-Kontakte eingebaut sind, und die an eine Stromquelle angeschlossen ist. Wir diskutieren das Prinzip an Hand von Abb. 4.24. Die kritischen Ströme der beiden Kontakte sollen gleich sein. Das Voltmeter zeigt eine Spannung an, wenn der kritische Strom in dieser Anordnung überschritten wird.

Bisher wurde stillschweigend angenommen, dass keine Magnetfelder anwesend sind. Nun soll senkrecht zur Zeichenebene von Abb. 4.24 ein homogenes Magnetfeld $\boldsymbol{B}$ bestehen. Aus dem supraleitenden Material wird das $\boldsymbol{B}$-Feld verdrängt, nicht jedoch das $\boldsymbol{A}$-Feld, das zu dem $\boldsymbol{B}$-Feld innerhalb der Schleife gehört (siehe Abb. III/13.12). Aus Abb. III/13.13 wissen wir, dass das Vektorpotential $\boldsymbol{A}$ einen Einfluss auf die de Broglie-Wellenlänge geladener Teilchen hat: $\lambda = h/|m\boldsymbol{v} + q\boldsymbol{A}|$. Beim Stromfluss in einem

exakt. Man hat das zu einer Präzisionsmessung von $2e/h$ ausgenutzt. Heute basiert das zur Definition und Weitergabe der SI-Einheit Volt verwendete Spannungsnormal auf (4.85). Die Spannungsdifferenz zwischen den einzelnen Shapiro-spikes ist ziemlich klein, 155 µV bei $\nu = 75\,\mathrm{GHz}$. Man schaltet deshalb viele Josephson-Kontakte hintereinander und baut damit eine supraleitende Streifenleitung, in der der Gleichstrom und die hochfrequenten Wechselströme verlustfrei fließen können. Abb. 4.23 zeigt einen Ausschnitt. Die Kapazität eines einzelnen Kontakts ist 2 nF, so dass Abb. 4.22c maßgeblich ist.

Der Josephson-Wechselstromeffekt findet auch Anwendung beim Bau abstimmbarer, hochempfindlicher Empfänger für Mikrowellen in dem sonst schwer zugänglichen Millimeter- und Submillimeter-Bereich. In der Radioastronomie werden im Bereich von 30 GHz bis zu einigen THz heute ganz allgemein Josephson-Detektoren verwendet.

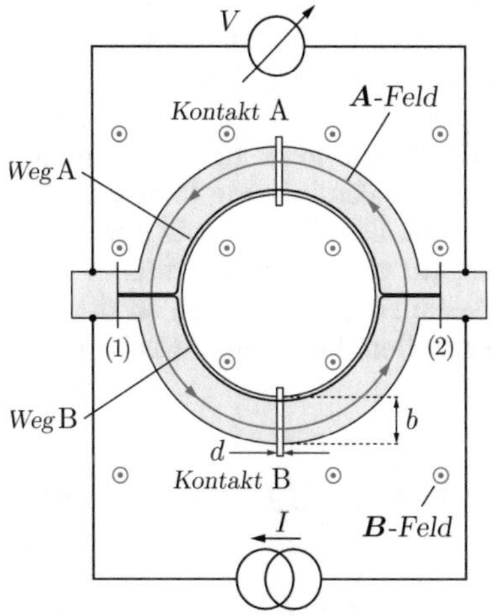

Abbildung 4.24 SQUID (Prinzip-Zeichnung). Eingezeichnet sind die Integrationswege zu (4.87) und (4.88) sowie eine $\boldsymbol{A}$-Feldlinie. *b* ist die Breite, *d* die Dicke der isolierenden Schicht. Mit *(1)* und *(2)* sind zwei Querschnitte bezeichnet, auf die später Bezug genommen wird

Supraleiter gilt für die Cooper-Paare

$$\lambda = \frac{h}{|2\,m_e\,\boldsymbol{v} - 2e\,\boldsymbol{A}|}\,, \qquad k = \frac{2\pi}{\lambda} = \frac{|2\,m_e\,\boldsymbol{v} - 2e\,\boldsymbol{A}|}{\hbar}\,. \tag{4.86}$$

$\boldsymbol{v}$ ist die Geschwindigkeit der den Stromfluss bewirkenden Cooper-Paare, vgl. den Text bei (III/14.63). Die elektrische Stromdichte ist $\boldsymbol{j}_e \propto q\boldsymbol{v} = -2e\boldsymbol{v}$. Wenn $\boldsymbol{j}_e$ und $\boldsymbol{A}$ parallel gerichtet sind, wird die Wellenlänge λ verkürzt, und bei antiparallelen Vektoren $\boldsymbol{j}_e$ und $\boldsymbol{A}$ wird sie verlängert. Auf diesem Effekt beruht der SQUID.

In Abb. 4.24 wird der Strom I hinter Querschnitt (1) in zwei Teilströme I_A und I_B aufgespalten, die vor Querschnitt (2) wieder zusammengeführt werden. Wir berechnen mit (IV/4.61) und (4.86) die Phasendifferenz zwischen den Punkten (1) und (2) auf den in Abb. 4.24 eingezeichneten, durch die Kontakte A und B führenden Wegen:

$$\text{Weg A:}\quad \varphi_2 - \varphi_1 = \int_{1\,A}^{2} \boldsymbol{k}\cdot d\boldsymbol{s} = \frac{2}{\hbar}\left[m_e \int_{1\,A}^{2} \boldsymbol{v}\cdot d\boldsymbol{s} - e\int_{1\,A}^{2} \boldsymbol{A}\cdot d\boldsymbol{s}\right] + \delta_A\,, \tag{4.87}$$

$$\text{Weg B:}\quad \varphi_2 - \varphi_1 = \int_{1\,B}^{2} \boldsymbol{k}\cdot d\boldsymbol{s} = \frac{2}{\hbar}\left[m_e \int_{1\,B}^{2} \boldsymbol{v}\cdot d\boldsymbol{s} - e\int_{1\,B}^{2} \boldsymbol{A}\cdot d\boldsymbol{s}\right] + \delta_B\,. \tag{4.88}$$

δ_A und δ_B sind die Phasensprünge an den beiden Josephson-Kontakten. Da auf jedem Querschnitt eines Supraleiters die Phase der Wellenfunktion des BCS-Zustands für alle Cooper-Paare einheitlich festliegt, trennen sich die beiden Teilströme kurz hinter (1) gleichphasig und sie müssen bei der Vereinigung kurz vor (2) gleichphasig zusammentreffen. Damit dies trotz der unterschiedlichen Wellenlängen auf den Wegen A und B gelingt, müssen sich die Phasensprünge δ_A und δ_B an den Kontakten entsprechend einstellen. Wir ziehen (4.87) von (4.88) ab und erhalten

$$\delta_B - \delta_A = \frac{2e}{\hbar}\left[\int_{1\,B}^{2} \boldsymbol{A}\cdot d\boldsymbol{s} - \int_{1\,A}^{2} \boldsymbol{A}\cdot d\boldsymbol{s}\right] = \frac{2e}{\hbar}\left[\int_{1\,B}^{2} \boldsymbol{A}\cdot d\boldsymbol{s} + \int_{2\,A}^{1} \boldsymbol{A}\cdot d\boldsymbol{s}\right] = \frac{2e}{\hbar}\oint \boldsymbol{A}\cdot d\boldsymbol{s}\,. \tag{4.89}$$

Mit (III/13.33) wird daraus

$$\delta_B - \delta_A = \frac{2e}{\hbar}\Phi_m = 2\pi\frac{\Phi_m}{\Phi_0}\,. \tag{4.90}$$

$\Phi_0 = 2{,}0678 \cdot 10^{-15}\,\mathrm{Tm}^2$ ist das in (III/14.66) berechnete Flussquant. Die Differenz der Phasensprünge δ_A und δ_B hängt allein vom magnetischen Fluss Φ_m durch den SQUID ab. Für $\Phi_m = 0$ ist $\delta_A = \delta_B = \delta_0$. Für $\Phi_m \neq 0$ sind die magnetischen Beiträge zu δ_A und δ_B entgegengesetzt gleich: Aus Weg A ist $\int_1^2 \boldsymbol{A}\cdot d\boldsymbol{s} = -AL$, auf Weg B ist $\int_1^2 \boldsymbol{A}\cdot d\boldsymbol{s} = +AL$, wenn L die Weglänge ist. Daher ist $\delta_A + \delta_B = 2\delta_0$. Der durch den SQUID fließende Strom ist nach (4.79)

$$I = I_c \sin\delta_A + I_c \sin\delta_B = 2I_c \sin\frac{\delta_A + \delta_B}{2}\cos\frac{\delta_A - \delta_B}{2} = 2I_c \sin\delta_0 \cos\frac{\pi\Phi_m}{\Phi_0}\,. \tag{4.91}$$

Der maximal mögliche Josephson-Gleichstrom hängt allein vom magnetischen Fluss durch die Schleife ab:

$$I_{max} = 2\,I_c\left|\cos\frac{\delta_A - \delta_B}{2}\right| = 2\,I_c\left|\cos\frac{\pi\,\Phi_m}{\Phi_0}\right|\,. \tag{4.92}$$

Oberhalb von I_{max} setzt der Josephson-Wechselstromeffekt ein, und wie in Abb. 4.19 entsteht am SQUID die Gleichspannung U. I_{max} erreicht seinen größten Wert $2I_c$, wenn

$$\delta_A - \delta_B = 2n\,\pi\,, \quad \Phi_m = n\,\Phi_0 \quad n = 0,1,2,3\ldots$$

ist, und $I_{max} = 0$ erreicht man für

$$\delta_A - \delta_B = (2n+1)\pi\,, \qquad \Phi_m = (n + \tfrac{1}{2})\Phi_0\,.$$

Die Gleichungen für die Differenz der Phasensprünge sind identisch mit den (IV/7.8) und (IV/7.9), die die Bedingungen für maximal konstruktive und maximal destruktive Interferenz bei zwei Punktquellen angeben.

Bisher haben wir nur den magnetischen Fluss innerhalb der Leiterschleife des SQUID berücksichtigt.[8] Bei endlicher Breite der Kontaktfläche gibt es aber noch einen zusätzlichen Fluss. Das Magnetfeld $\boldsymbol{B}$ durchsetzt in Abb. 4.24 auch die isolierenden Schichten und dringt

[8] Der Einfluss des im SQUID fließenden Stromes auf das Magnetfeld wurde nicht betrachtet. Näheres hierzu und zu den verschiedenen Bauformen findet man z. B. in W. Buckel u. R. Kleiner, „Superconductivity", 2. Aufl., Wiley-VCH (2004).

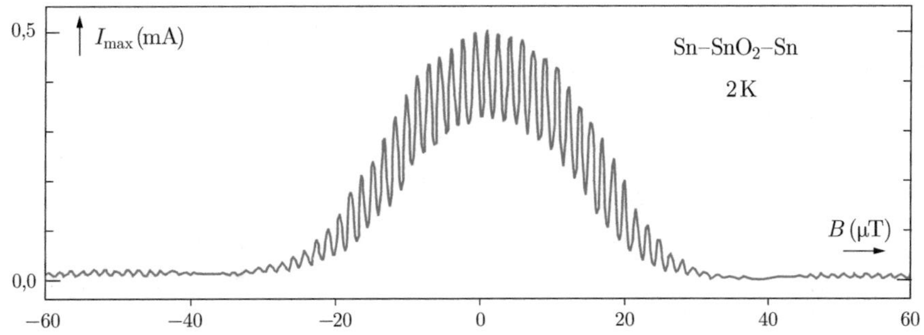

Abbildung 4.25 Experimenteller Nachweis der Abhängigkeit des SQUID-Stroms I_{max} vom Magnetfeld. Aus R. C. Jaklevic et al. (1965)

beidseitig in das supraleitende Material mit der Londonschen Eindringtiefe λ_L (siehe (III/14.61)) ein. In den beiden Josephson-Kontakten besteht also der magnetische Fluss

$$\Phi_J = d_{eff}\, b\, \boldsymbol{B}\,, \tag{4.93}$$

wobei d die Dicke, b die Breite der isolierenden Schicht und $d_{eff} = d + 2\lambda_L$ ist.

Wenn die Integrationswege A und B weiter außen als in Abb. 4.24 verlaufen, muss man den Fluss Φ_J berücksichtigen, zunächst teilweise und schließlich in vollem Umfang. Führen die Integrationswege in (4.89) nahe dem Außenrand durch die Kontakte, erhält man in jedem der beiden Kontakte einen um $\Delta\delta$ größeren Phasensprung. Nach (4.89) ist

$$\Delta\delta = \delta_{außen} - \delta_{innen} = 2\pi\, \frac{\Phi_J}{\Phi_0}\,.$$

Wir sollten also als optisches Analogon nicht die Interferenz zweier Punktquellen betrachten, sondern die Beugung am Doppelspalt (Abb. IV/8.13). Mit einer Integration analog zu (IV/8.9) erhalten wir statt (4.92)

$$I_{max} = \frac{2\, I_c\, \Phi_0}{\pi\, \Phi_J} \left| \sin \frac{\pi\, \Phi_J}{\Phi_0} \right| \left| \cos \frac{\pi\, \Phi_m}{\Phi_0} \right|. \tag{4.94}$$

Wie in der Optik[9] ist $\beta = \Delta\delta/2$. Der Strom I_{max} hängt vom Magnetfeld in genau der gleichen Weise ab, wie bei der Beugung am Doppelspalt der Betrag der Lichtamplitude (IV/8.18).

Abb. 4.25 zeigt Messergebnisse von J. E. Mercereau und Mitarbeitern, die den SQUID erfanden und 1964 den ersten SQUID bauten, bemerkenswerterweise im Forschungslabor der ***Ford Motor Company***. Die Kurve $I_{max} = f(B)$ ähnelt dem in Abb. IV/8.13 b gezeigten Beugungsbild am Doppelspalt.

Der SQUID als Messgerät. Nach (4.92) ist I_{max} eine periodische Funktion von Φ_m/Φ_0. Ein SQUID ist daher auf Flussänderungen empfindlich, die ein kleiner Bruchteil des Flussquants $\Phi_0 = 2 \cdot 10^{-15}\,\mathrm{Tm}^2$ sind, und man kann mit einem SQUID offensichtlich ein hochempfindliches und genaues Messgerät für kleine Magnetfelder und Feldänderungen bauen.

Für diese Anwendung braucht man Josephson-Kontakte, die beim Überschreiten von I_c eine Strom-Spannungskennlinie ohne Hysterese aufweisen. Auf die soliden Flächenkontakte braucht man deshalb nicht zu verzichten: Wenn man einen kleinen ohmschen Widerstand parallel schaltet, erhält man auch mit einem solchen Kontakt eine eindeutige Strom-Spannungskennlinie von dem in Abb. 4.19b gezeigten Typ (vgl. Abb. 4.20 und (4.83)).

Der SQUID wird nun mit einem **Bias-Strom** gespeist, der etwas über dem Höchstwert von I_{max} liegt (Abb. 4.26a). Infolgedessen tritt am SQUID eine Spannung auf, die die Flussabhängigkeit von I_{max} über die Strom-Spannungskennlinie in Abb. 4.19b widerspiegelt. Diese Spannung ist eine periodische Funktion des Flusses. Um eine Messgröße zu erhalten, die linear mit der Feldstärke zunimmt, führt man die Spannung einem Regelkreis zu, der eine Kompensationsspule speist. Sie erzeugt ein solches Feld, dass der Arbeitspunkt P in Abb. 4.19b konstant gehalten wird. Der Strom in der Kompensationsspule ist dann der zu messenden Feldstärke proportional. Er kann konventionell gemessen werden.

Man kann mit einem SQUID-Magnetometer Magnetfelder im Bereich von 10^{-15} T messen und Magnetfeldänderungen von dieser Größe in Echtzeit registrieren. Das geht dank der Kompensationsspule auch bei starken Feldern. Um die Messgenauigkeit von 10^{-15} T zu erreichen, müssen allerdings eine Vielzahl von experimentellen Schwierigkeiten überwunden werden: Die Größe der SQUID-Schleife ist auf einige $10^{-2}\,\mathrm{mm}^2$ beschränkt, die kritischen

[9] Bei der Beugung an einem Spalt der Breite D ist nach (IV/7.10) und Abb. IV/8.9c die Phasendifferenz der von den Rändern des Spalts unter dem Winkel θ laufenden Wellen $\Delta\delta = kG = 2\pi D \sin\theta/\lambda$, und nach (IV/8.10) ist $\beta = \pi D \sin\theta/\lambda = \Delta\delta/2$.

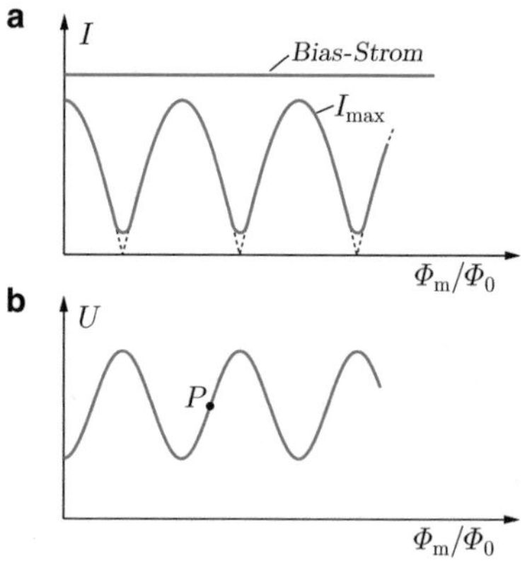

Abbildung 4.26 Zur Auslese des SQUID-Magnetometers. **a** Bias-Strom und $I_{max} = f(B)$, *gestrichelt*: nach (4.92). **b** Am SQUID abgegriffene Spannung $U = f(B)$; P: Arbeitspunkt

Ströme I fluktuieren spontan und so fort. Schließlich muss die Messapparatur perfekt gegen äußere Felder abgeschirmt sein; das Erdfeld beträgt $5 \cdot 10^{-4}$ T.

Hat man diese Probleme bewältigt, ergeben sich zahllose Anwendungen des SQUID, angefangen vom hochempfindlichen Amperemeter bis zur MEG (Magneto-Enzephalographie). Mit dieser Methode können die Hirnströme I, die mit den Tätigkeiten des Gehirns verbunden sind, in Echtzeit registriert und lokalisiert werden, obgleich diese Felder außerhalb des Kopfes nur eine Feldstärke von 10^{-14}–10^{-13} Tesla erreichen. Der zu untersuchenden Person wird eine Haube aufgesetzt, die einige 100 Sensoren enthält, mit denen die Feldstärken und ihre Gradienten gemessen werden können.

4.5 Potentialkasten und Potentialtopf

Der eindimensionale Potentialkasten

Wir untersuchen die Lösungen der eindimensionalen zeitunabhängigen Schrödinger-Gleichung für ein Teilchen, das sich zwischen zwei unendlich hohen Potentialstufen befindet:

$$\begin{aligned} V(x) &\to \infty \quad \text{für} \quad x < 0\,, \\ V(x) &= 0 \quad \text{für} \quad 0 \le x \le a\,, \\ V(x) &\to \infty \quad \text{für} \quad x > a\,. \end{aligned}$$

Man bezeichnet diesen Potentialverlauf auch als **Potentialkasten** (Abb. 4.27). Die Schrödinger-Gleichung lautet

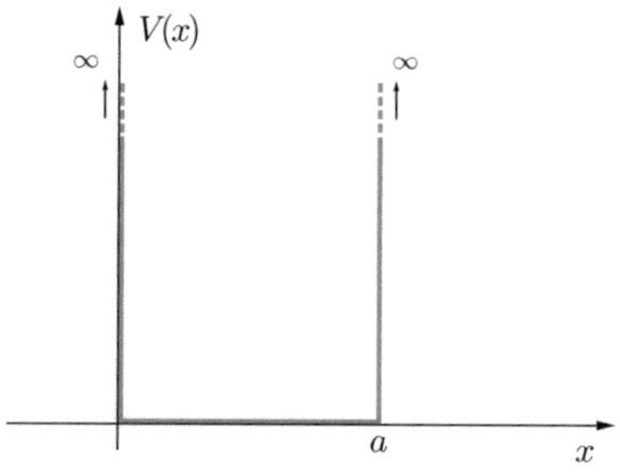

Abbildung 4.27 Potentialkasten, unendlich tief

für $0 \le x \le a$

$$\frac{d^2u}{dx^2} = -\frac{2mE}{\hbar^2}\,u\,. \tag{4.95}$$

Das ist eine Schwingungsgleichung. Wie bei der schwingenden Saite sind die Lösungen

$$u(x) = A \sin kx\,, \qquad k = \sqrt{\frac{2mE}{\hbar^2}}\,. \tag{4.96}$$

Welche Randbedingungen müssen erfüllt sein? Für $x < 0$ und $x > a$ ist V unendlich und daher ist nach (4.69) $u(x) = 0$, die Wellenfunktion kann nicht in das Gebiet $x < 0$ oder $x > a$ eindringen. Innerhalb des Kastens, an der Stelle $x = 0$ setzt die Lösung (4.96) ein. In Übereinstimmung mit Satz 4.3 ist dort $u(x) = 0$. Außerdem muss $u(a) = 0$ sein. Für du/dx werden dagegen bei $x = 0$ und $x = a$ wegen $V \to \infty$ keine Vorschriften gemacht. Die Randbedingungen entsprechen genau denen der bei $x = 0$ und $x = a$ eingespannten Saite. Wie in Bd. IV/2.1 erhalten wir also Lösungen für

$$ka = n\pi\,, \qquad n = 1, 2, 3 \ldots \tag{4.97}$$

Die Amplitude A folgt aus der Normierung:

$$\begin{aligned} \int_{-\infty}^{+\infty} |u_n(x)|^2 dx &= A^2 \int_0^a \sin^2 \frac{n\pi x}{a} dx \\ &= A^2 \frac{a}{n\pi} \int_0^{n\pi} \sin^2 \xi \, d\xi = A^2 \frac{a}{2} = 1\,, \end{aligned}$$

denn es ist $\int_0^{n\pi} \sin^2 \xi \, d\xi = \frac{1}{2} \int_0^{n\pi} (\sin^2 \xi + \cos^2 \xi)\, d\xi = n\pi/2$. Aus $A^2 a/2 = 1$ folgt $A = \sqrt{2/a}$, und wir erhalten die Lösungen

$$\begin{aligned} u_n(x) &= \sqrt{\frac{2}{a}} \sin \frac{n\pi x}{a} \quad \text{für} \quad 0 \le x \le a\,, \\ u_n(x) &= 0 \quad \text{sonst}\,. \end{aligned} \tag{4.98}$$

Wir setzen in (4.96) $k = n\pi/a$ und erhalten für die Energie der Zustände:

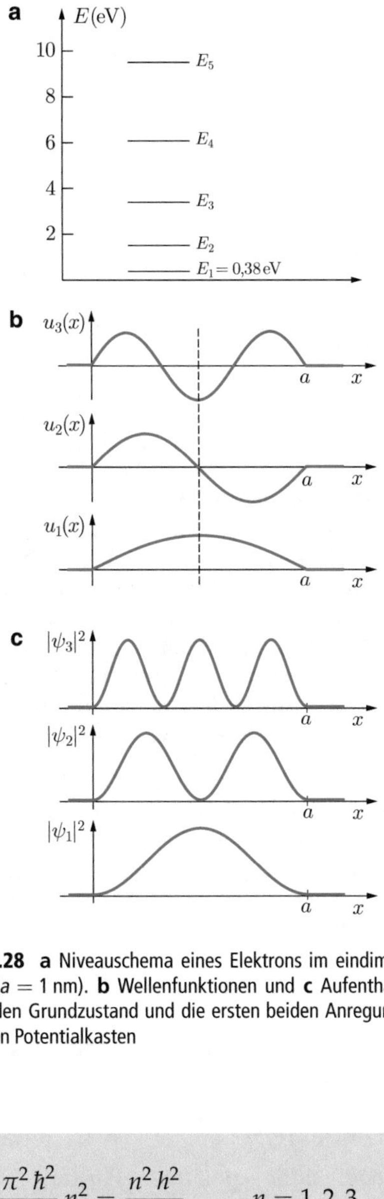

Abbildung 4.28 **a** Niveauschema eines Elektrons im eindimensionalen Potentialkasten ($a = 1$ nm). **b** Wellenfunktionen und **c** Aufenthaltswahrscheinlichkeiten für den Grundzustand und die ersten beiden Anregungszustände im unendlich tiefen Potentialkasten

$$E_n = \frac{\pi^2\hbar^2}{2ma^2}n^2 = \frac{n^2h^2}{8ma^2}\,, \qquad n = 1,2,3,\ldots \tag{4.99}$$

Sie ist also entsprechend dieser Formel ***quantisiert***; die Zahl n wird als **Quantenzahl** bezeichnet. Die Energien der Zustände sind die **Energieniveaus**. Abb. 4.28a zeigt das **Niveauschema** eines Teilchens im Potentialkasten. Die Eigenfunktionen und die Wahrscheinlichkeitsdichten $|u_n(x)|^2$ sind in den Abb. 4.28b und c für den Grundzustand und für die ersten beiden angeregten Zustände dargestellt. Die vollständige Wellenfunktion im Zustand mit der Energie E_n ist nach (4.18) und (4.21)

$$\psi_n(x,t) = u_n(x)\mathrm{e}^{-\mathrm{i}E_nt/\hbar}\,. \tag{4.100}$$

Wir stellen fest, dass zwar Real- und Imaginärteil der Wellenfunktion oszillatorisches Verhalten zeigen, dass jedoch $|\psi(x,t)|^2$ zeitunabhängig ist. Es liegt also keine Bewegung vor in dem Sinne, dass die Aufenthaltswahrscheinlichkeit des Teilchens zwischen x und $x + \mathrm{d}x$ eine Funktion der Zeit ist. Dennoch hat das Teilchen kinetische Energie, wir haben sie soeben mit der Schrödingergleichung berechnet. Das scheint paradox zu sein; die Wellenfunktionen der stationären Zustände des Teilchen sind jedoch ***stehende Wellen***. Sie stellen nicht ein Teilchen dar, das mit der Frequenz $\omega_n = E_n/\hbar$ hin und her läuft.

Man kann mit Hilfe des Entwicklungssatzes ein Teilchen als Wellenpaket beschreiben, das in den Potentialkasten gesperrt ist und hin und her läuft. Mit einem Problem dieser Art werden wir uns am Ende dieses Kapitels befassen. Hier beschränken wir uns darauf zu zeigen, dass bei Überlagerung von zwei Funktionen $\psi_n(x,t)$ und $\psi_m(x,t)$ eine Wellenfunktion entsteht, die einen Bewegungszustand des Teilchens beschreibt. Betrachten wir die Wellenfunktion

$$\psi(x,t) = \frac{1}{\sqrt{2}}\big(\psi_1(x,t) + \psi_2(x,t)\big)\,. \tag{4.101}$$

Mit (4.98) und (4.100) erhält man

$$\begin{aligned}\psi(x,t) &= \frac{1}{\sqrt{a}}\left(\sin\frac{\pi x}{a}\mathrm{e}^{-\mathrm{i}E_1t/\hbar} + \sin\frac{2\pi x}{a}\mathrm{e}^{-\mathrm{i}E_2t/\hbar}\right)\,,\\ \big|\psi(x,t)\big|^2 &= \frac{1}{a}\left(\sin^2\frac{\pi x}{a} + \sin^2\frac{2\pi x}{a}\right.\\ &\qquad\left. + \,\text{Interferenzterm}\right)\,.\end{aligned} \tag{4.102}$$

Der Interferenzterm bestimmt die Zeitabhängigkeit von $|\psi(x,t)|^2$:

$$\begin{aligned}&\sin\frac{\pi x}{a}\sin\frac{2\pi x}{a}\left(\mathrm{e}^{\mathrm{i}(E_2-E_1)t/\hbar} + \mathrm{e}^{-\mathrm{i}(E_2-E_1)t/\hbar}\right)\\ &\qquad = 2\sin\frac{\pi x}{a}\sin\frac{2\pi x}{a}\cos\omega t\,,\end{aligned} \tag{4.103}$$

mit $\omega = (E_2 - E_1)/\hbar = 3E_1\hbar = 3\omega_1$. Die Aufenthaltswahrscheinlichkeit des Teilchens bei verschiedenen Phasen dieser Bewegung ist in Abb. 4.29 gezeigt.

Parität

In Abb. 4.28b fällt auf, dass die $u_n(x)$ bezüglich der gestrichelten Linie abwechselnd gerade und ungerade Funktionen sind. Man erkennt das auch an den Formeln, wenn man den Nullpunkt der x-Achse nach $a/2$ verschiebt (Abb. 4.30). Wie der Vergleich mit Abb. 4.28 zeigt, erhält

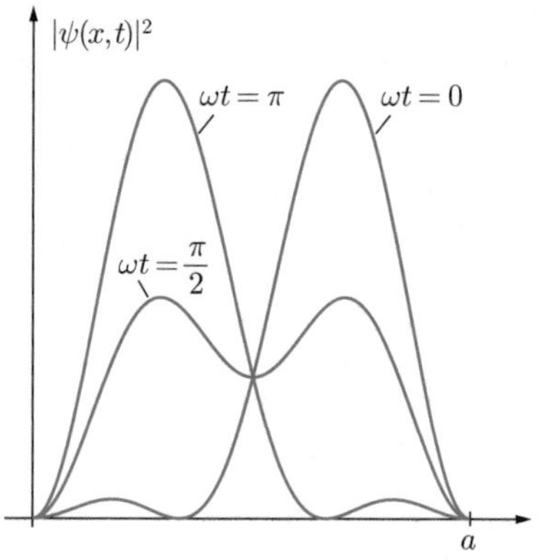

Abbildung 4.29 Bewegung im Potentialkasten: Ein Teilchen mit der Wellenfunktion (4.101)

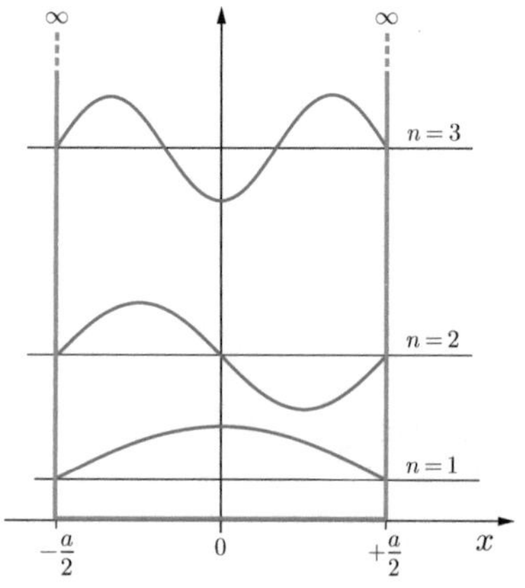

Abbildung 4.30 Potentialkasten mit Wellenfunktionen gerader und ungerader Parität

man nun für ungeradzahliges n die Lösungen

$$\begin{aligned} u(x) &= (-1)^i \sqrt{\frac{2}{a}} \cos \frac{n\pi x}{a} \\ &\text{mit } n = 2\,i+1\,, \quad i = 0,1,2\ldots \\ u(-x) &= u(x) : \text{„gerade Funktion“}. \end{aligned} \tag{4.104}$$

Für geradzahliges n sind die Lösungen

$$\begin{aligned} u(x) &= (-1)^i \sqrt{\frac{2}{a}} \sin \frac{n\pi x}{a} \\ &\text{mit } n = 2\,i\,, \quad i = 1,2,3\ldots \\ u(-x) &= -u(x) : \text{„ungerade Funktion“}. \end{aligned} \tag{4.105}$$

In der Quantenmechanik werden diese beiden Lösungstypen als Lösungen gerader bzw. ungerader **Parität** bezeichnet. Wir werden später sehen, dass es von großer

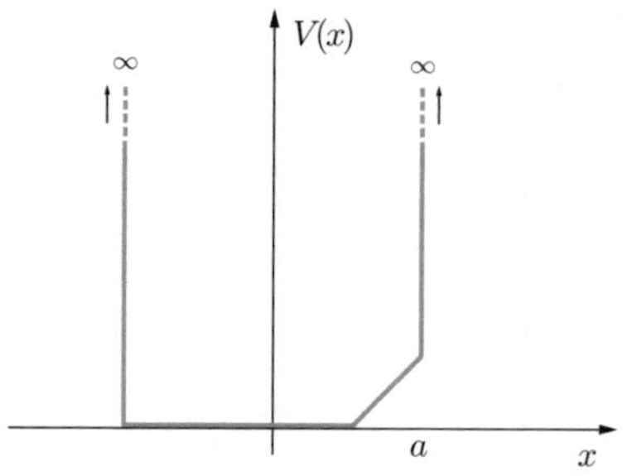

Abbildung 4.31 Ein Potentialkasten, in dem die Wellenfunktionen definierter Parität nicht existieren

Bedeutung sein kann, ob eine Wellenfunktion gerade oder ungerade Parität hat. Durch die Verschiebung des Koordinatensystems hat sich natürlich an den Eigenschaften der Wellenfunktion nichts geändert. Legt man den Nullpunkt der x-Achse nach $x = a/2$, erkennt man besser die Symmetrieeigenschaften der Wellenfunktion. Dies wird in der Quantenmechanik bevorzugt. Ob eine Wellenfunktion eine definierte Parität haben kann, hängt von der Symmetrie des Potentials ab. Bei dem in Abb. 4.31 gezeigten Potential gibt es in keinem Koordinatensystem Wellenfunktionen mit definierter Parität.

Bei dreidimensionalen Problemen wird die Parität der Wellenfunktion durch ihr Verhalten bei der Transformation $\boldsymbol{r}' = -\boldsymbol{r}$ definiert, also bei der auch als Inversion bezeichneten Spiegelung am Nullpunkt des Koordinatensystems. Man kann diese Transformation als Operatorgleichung schreiben:

$$P_{\text{op}} f(\boldsymbol{r}) = f(-\boldsymbol{r})\,. \tag{4.106}$$

Hat die Wellenfunktion $\psi(\boldsymbol{r},t)$ eine definierte Parität, erhält man die Eigenwertgleichungen

$$\left.\begin{aligned} &P_{\text{op}}\,\psi(\boldsymbol{r},t) = +\psi(\boldsymbol{r},t) : \\ &\qquad \text{„gerade“ oder „positive“ Parität}\,, \\ &P_{\text{op}}\,\psi(\boldsymbol{r},t) = -\psi(\boldsymbol{r},t) : \\ &\qquad \text{„ungerade“ oder „negative“ Parität}\,. \end{aligned}\right\} \tag{4.107}$$

Der Paritätsoperator hat also die Eigenwerte $+1$ und -1.

Der eindimensionale Potentialtopf

Wir betrachten einen Potentialtopf

$$\begin{aligned} V(x) &= 0 && \text{für} \quad |x| \le \frac{a}{2}\,, \\ V(x) &= V_0 && \text{für} \quad -|x| > \frac{a}{2}\,. \end{aligned}$$

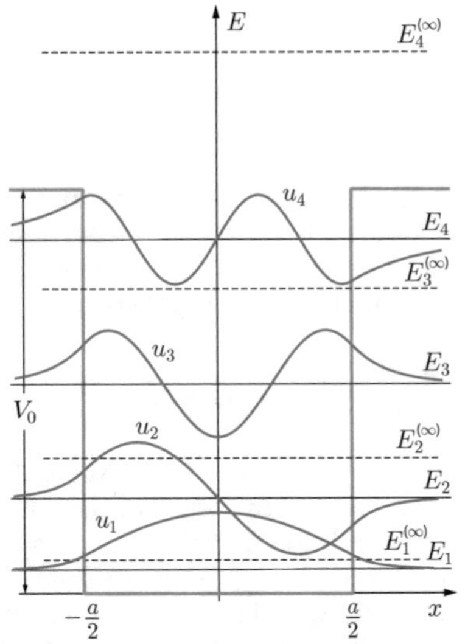

Abbildung 4.32 Energieniveaus E_n und Eigenfunktionen $u_n(x)$ im Potentialtopf endlicher Tiefe. Gestrichelt: Niveaulage beim unendlich tiefen Potentialkasten, $V_0 = 12\,E_1^{(\infty)}$

Die Lösungen der Schrödinger-Gleichung (4.37) müssen mit diesem Potential ähnlich aussehen wie im unendlich tiefen Potentialkasten; die Wellenfunktionen können nun aber ein wenig in den klassisch verbotenen Bereich eindringen (vgl. auch Abb. 4.3). Dadurch ergibt sich eine etwas größere Wellenlänge, und demzufolge eine Verschiebung der Energieniveaus nach unten, wie Abb. 4.32 zeigt. Infolge der endlichen Tiefe gibt es nur eine endliche Anzahl von gebundenen Zuständen.

Die Funktion $u_n(x)$ hat bei $x = \pm a/2$ einen Wendepunkt. Innerhalb des Potentialtopfes ist die Lösung von (4.37) wie beim Potentialkasten eine Cosinus- oder Sinusfunktion; für $|x| > a/2$ nimmt $u_n(x)$ wie in (4.69) exponentiell ab, und zwar umso rascher, je größer V_0 ist. Für $V_0 \to \infty$ dringt $u_n(x)$ in den Bereich $|x| > a/2$ nicht mehr ein: Man erhält die in Abb. 4.30 dargestellten Wellenfunktionen.

Für $E > V_0$ gibt es bei diesem Verlauf der potentiellen Energie keine Energiequantelung; dort beginnt der Bereich der Kontinuumszustände. Ein Beispiel wurde wurde schon in Abb. 4.4 für einen willkürlich herausgegriffenen Wert von E gezeigt.

Dreidimensionaler Potentialkasten

Aufbauend auf diesen Ergebnissen können wir nun einige Fragen beantworten, die sich in früheren Kapiteln gestellt haben: Wie steht es mit den abzählbaren Quantenzuständen der Gasatome in einem Behälter, die im Zusammenhang mit dem Boltzmannfaktor in (II/5.55) als so wesentlich bezeichnet wurden? Wie kommt (III/9.3) zustande, mit der wir die Fermi-Energie und die Zustandsdichte des freien Elektronengases berechneten?

Wir denken uns einen großen quaderförmigen Potentialkasten mit den Kantenlängen a, b und c. Innerhalb des Kastens ist $V(\boldsymbol{r}) = 0$, außerhalb ist $V(\boldsymbol{r}) = \infty$. Wir fragen nach den Quantenzuständen, die für ein in diesem Kasten eingesperrtes Teilchen mit der Masse m zur Verfügung stehen. Die Schrödinger-Gleichung (4.23) für dieses Teilchen ist

$$\frac{\partial^2 u}{\partial x^2} + \frac{\partial^2 u}{\partial y^2} + \frac{\partial^2 u}{\partial z^2} = -\frac{2mE}{\hbar^2}u\,, \qquad x \le a\,,\ y \le b\,,\ z \le c\,. \tag{4.108}$$

Die Randbedingung für die Lösungen $u(x,y,z)$ ist, dass an den Wänden des Kastens $u(x,y,z) = 0$ sein muss. Sie wird erfüllt von der Lösung

$$u(x,y,z) = u_0 \sin(k_x x)\sin(k_y y)\sin(k_z z) \text{ mit} \quad k_x = \frac{n_x\pi}{a}\,,\quad k_y = \frac{n_y\pi}{b}\,,\quad k_z = \frac{n_z\pi}{c}\,, \quad n_{x,y,z} = 1,2,3,\ldots \tag{4.109}$$

Die in Abschn. 1.4 abgeleiteten Gleichungen (1.44) und (1.45) gelten auch hier: Wenn man sich den Gedankengang vergegenwärtigt, der zu diesen Gleichungen führte, stellt man fest, dass sich die Quantenzustände für ein Teilchen im Potentialkasten genauso abzählen lassen, wie die Schwingungsmoden einer elektromagnetischen Welle oder einer schwingenden Saite. Wenn zu jedem Wellenvektor $\boldsymbol{k} = (k_x, k_y, k_z)$ ***ein*** Zustand gehört, dann ist die Zahl der Zustände mit Wellenzahlen $\le k$ nach (1.44)

$$\mathcal{N}(\le k) = \frac{k^3 V}{6\pi^2}\,, \tag{4.110}$$

und die Zahl der Zustände im Intervall $k \ldots k + \mathrm{d}k$ ist

$$\mathcal{D}_k(k)\,\mathrm{d}k = \frac{\mathrm{d}\mathcal{N}(\le k)}{\mathrm{d}k} = \frac{k^2 V}{2\pi^2}\,\mathrm{d}k\,. \tag{4.111}$$

V ist das Volumen des Kastens und $\mathcal{D}_k(k)$ die **Zustandsdichte** auf der k-Achse. Die Zustandsdichte auf der Energieachse ergibt sich aus der Dispersionsrelation. Bei de Broglie-Wellen ist nach (3.3) $\omega = (\hbar/2m)k^2$, und man erhält[10]

$$\epsilon = \hbar\,\omega = \frac{\hbar^2 k^2}{2m} \quad\to\quad \mathrm{d}\epsilon = \frac{\hbar^2}{m}k\,\mathrm{d}k\,,\quad k = \sqrt{\frac{2m\,\epsilon}{\hbar^2}}\,.$$

[10] Wir bezeichnen hier wie in der kinetischen Gastheorie (Bd. II/5) und wie bei den Metallen und Halbleitern (Bd. III/9 und III/10) die Energie eines einzelnen Teilchens mit ϵ.

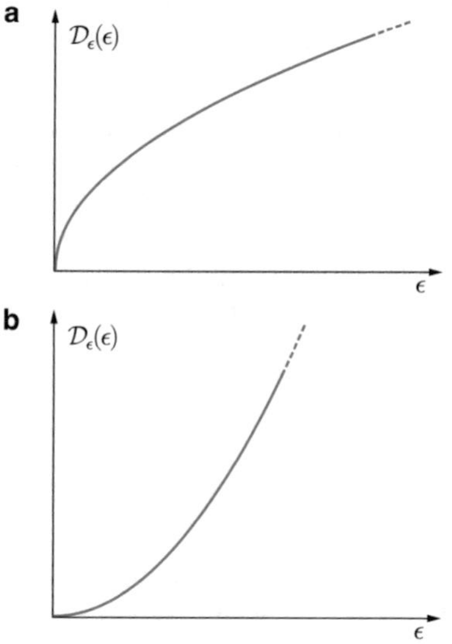

Abbildung 4.33 **a** Zustandsdichte für de Broglie-Wellen im Potentialkasten als Funktion der Teilchenenergie ϵ. **b** Zustandsdichte für Photonen der Energie ϵ in einem Hohlraum mit reflektierenden Wänden

Damit folgt aus (4.110) und (4.111)

$$\mathcal{N}(\leq \epsilon) = \frac{V}{6\pi^2}\left(\frac{2m\,\epsilon}{\hbar^2}\right)^{3/2}, \tag{4.112}$$

$$\mathcal{D}_\epsilon(\epsilon)\,\mathrm{d}\epsilon = \mathcal{D}_k(k)\,\mathrm{d}k = \frac{V}{4\pi^2}\left(\frac{2m}{\hbar^2}\right)^{3/2}\sqrt{\epsilon}\,\mathrm{d}\epsilon\ . \tag{4.113}$$

Abb. 4.33a zeigt die Zustandsdichte $\mathcal{D}_\epsilon(\epsilon)$. Zum Vergleich zeigt Abb. 4.33b die Zustandsdichte (2.35) für Photonen in einem Kasten mit reflektierenden Wänden.

Quantenzustände und Energieniveaus. Diese beiden Begriffe muss man sorgfältig auseinander halten. Quantenzustände sind durch die zugehörigen Quantenzahlen gekennzeichnet, Energieniveaus durch ihre Energie. Es kommt häufig vor, dass zu einem Energieniveau mehrere Quantenzustände gehören. Dieses Phänomen nennt man **Entartung**[11]. Ein Beispiel waren die Energieniveaus im Elektronengas, bei denen wegen des Spins $\frac{1}{2}$ jeweils zwei Quantenzustände zu einem Energieniveau gehören.

[11] Der Ausdruck stammt aus der Mathematik. Bei Eigenwertproblemen nennt man einen Eigenwert „n-fach entartet", wenn zu diesem Eigenwert n Lösungen gehören. Damit nicht zu verwechseln ist die „Gasentartung" in Bd. II/12, mit der man das durch die Quantenmechanik bedingte Verhalten gewisser Gase bezeichnet.

(4.112) ist dann zu ersetzen durch

$$\mathcal{N}(\leq \epsilon) = \frac{V}{3\pi^2}\left(\frac{2m_\mathrm{e}\,\epsilon}{\hbar^2}\right)^{3/2}. \tag{4.114}$$

Ein anderes Beispiel erhält man, wenn man ein spinloses Teilchen in einem würfelförmigen Kasten betrachtet: Man setzt in (4.109) $a = b = c$. Die Energie des Zustands mit den Quantenzahlen n_x, n_y und n_z ist dann

$$\epsilon = \frac{\hbar^2 k^2}{2m} = \frac{\hbar^2\pi^2}{2m\,a^2}\left(n_x^2 + n_y^2 + n_z^2\right). \tag{4.115}$$

Der Grundzustand $(n_x n_y n_z) = (111)$ ist nicht entartet. Im ersten und zweiten angeregten Zustand findet man je drei Quantenzustände gleicher Energie: $(n_x n_y n_z) = (211)$, (121) und (112) bzw. (221), (122) und (212). Das dritte Energieniveau (222) ist wieder nicht entartet, das vierte jedoch sechsfach: Die Zustände (123), (312), (231), (132), (213) und (321) haben die gleiche Energie, und so geht es fort. Die Ursache der Entartung ist in allen diesen Fällen die Symmetrie des Potentials.

Ein wichtiger Hinweis: Beim Entwicklungssatz (4.27) und (4.28) muss das vollständige Funktionensystem auch sämtliche Eigenfunktionen der entarteten Zustände enthalten, und zwar als zueinander orthogonale Funktionen (siehe (4.30)). Das Beispiel (4.109) erfüllt immer, auch im Falle der Entartung ($a = b = c$), die Bedingung der Orthogonalität. Die Lösung der Schrödinger-Gleichung kann bei entarteten Zuständen aber auch auf Funktionen führen, die nicht zueinander orthogonal sind. Vor Einbau in (4.27) und (4.28) müssen sie „orthogonalisiert" werden. Durch Bildung geeigneter Linearkombinationen ist das immer möglich, erfordert aber mitunter viel Rechenarbeit.

4.6 Der harmonische Oszillator

Als letztes Beispiel zur eindimensionalen Schrödinger-Gleichung betrachten wir den harmonischen Oszillator. Die Schrödinger-Gleichung für die Bewegung eines Teilchens mit der potentiellen Energie $V(x) = \frac{1}{2}Dx^2$ ist

$$\frac{\mathrm{d}^2u}{\mathrm{d}x^2} + \frac{2m}{\hbar^2}\left(E - \frac{1}{2}D\,x^2\right)u = 0\,. \tag{4.116}$$

Die Lösung dieser Differentialgleichung ist nicht einfach. Wir geben hier eine Methode an, mit der man sich in derartigen Fällen helfen kann.

Zunächst wird die Gleichung dimensionslos gemacht. Als Parameter stehen zur Verfügung: D, m, $\hbar$ und als zweckmäßige Abkürzung die „klassische" Schwingungsfrequenz

$$\omega_c = \sqrt{D/m}\,. \tag{4.117}$$

Nun gilt folgende Dimensionsbeziehung:

$$\left[Dx^2\right] = [\hbar\,\omega_c] = \text{Energie}\,,$$

also ist die Größe

$$\xi^2 = \frac{D}{\hbar\,\omega_c}x^2 = \frac{m\,\omega_c}{\hbar}x^2 = \alpha^2\,x^2 \tag{4.118}$$

dimensionslos. Wir multiplizieren (4.116) mit $\hbar/m\omega_c$ und erhalten mit

$$\begin{aligned}\frac{\hbar}{m\,\omega_c}\cdot\frac{2m\,E}{\hbar^2} &= \frac{2E}{\hbar\,\omega_c} = \beta\,,\\ \frac{\hbar}{m\,\omega_c}\cdot\frac{m\,D}{\hbar^2} &= \frac{D}{\hbar\,\omega_c} = \alpha^2\end{aligned} \tag{4.119}$$

die dimensionslose Differentialgleichung

$$\frac{\mathrm{d}^2u}{\mathrm{d}\xi^2} + (\beta - \xi^2)u = 0\,, \qquad \text{mit} \quad \xi = \alpha\,x\,. \tag{4.120}$$

Diese Differentialgleichung findet man in einem einschlägigen Handbuch[12] in der Form $\mathrm{d}^2y/\mathrm{d}x^2 - (x^2 + a)y = 0$. Die Lösungen sind angegeben. Mit der Randbedingung $u \to 0$ für $|\xi| \to \infty$, existieren Lösungen nur für $\beta = -a = 2n + 1$, also nach (4.119) nur für Eigenwerte der Energie

$$E_n = \left(n + \frac{1}{2}\right)\hbar\,\omega_c\,, \qquad n = 0, 1, 2, 3, \ldots\,. \tag{4.121}$$

Wie von Max Planck angenommen, liegen beim harmonischen Oszillator die Energieniveaus äquidistant im Abstand $\hbar\,\omega_c$. Der Grundzustand hat die Energie $\frac{1}{2}\hbar\,\omega_c$; den Zusammenhang dieser „Nullpunktsenergie" mit der Unbestimmtheitsrelation haben wir bereits in Abschn. 3.3 diskutiert.

Für die Eigenfunktionen findet man mit Hilfe des Handbuchs:

$$u_n(\xi) = \sqrt{\frac{\alpha}{\sqrt{\pi}\,2^n\,n!}}\mathrm{e}^{-\frac{1}{2}\xi^2}H_n(\xi)\,. \tag{4.122}$$

$H_n(\xi)$ sind die **Hermiteschen Polynome**, für deren Berechnung im Handbuch die notwendigen Formeln angegeben sind. In Abb. 4.34 sind die Eigenfunktionen für einige Werte von n dargestellt und in Tab. 4.1 drei der Funktionen angegeben. Sie entsprechen dem, was man nach Abb. 4.3 qualitativ erwartet. Auch hier erhält man alternierend Zustände mit positiver und negativer Parität.

[12] z. B. E. Kamke: „Differentialgleichungen, Lösungsmethoden und Lösungen", Akadem. Verlagsges. Leipzig (1943).

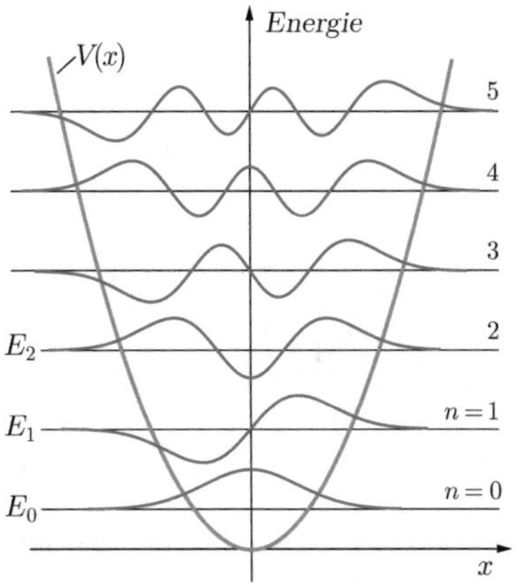

Abbildung 4.34 Harmonischer Oszillator: Potentialverlauf, Energieniveaus und die Funktionen $u_n(x)$

Tabelle 4.1 Einige Wellenfunktionen des harmonischen Oszillators

n	$u_n(x)$
0	$\sqrt{\alpha/\sqrt{\pi}}$
1	$2\sqrt{\alpha/(2\sqrt{\pi})}\,\alpha x$
2	$\sqrt{\alpha/(8\sqrt{\pi})}\,(4\alpha^2x^2 - 2)$

Die komplette Wellenfunktion zum Energie-Eigenwert E_n ist nach (4.21)

$$\psi_n(x,t) = u_n(x)\mathrm{e}^{-\mathrm{i}E_nt/\hbar}\,. \tag{4.123}$$

Da $H_0(\xi) = 1$ ist, ist die Wellenfunktion der „Nullpunktsschwingung" ($n = 0$) ein bei $x = 0$ ruhenden Gaußsches Wellenpaket:

$$\begin{aligned}\psi_0(x,t) &= \sqrt[4]{\frac{\alpha^2}{\pi}}\mathrm{e}^{-\xi^2/2} = \frac{1}{\sqrt[4]{2\pi\,\sigma_x^2}}\mathrm{e}^{-x^2/4\sigma_x^2}\mathrm{e}^{-\mathrm{i}\omega_ct/2}\\ \text{mit } \sigma_x &= \frac{1}{\sqrt{2}\,\alpha}\,.\end{aligned} \tag{4.124}$$

Kann man einen Übergang vom quantenmechanischen zum klassischen Oszillator finden? Für große Werte von n nimmt $|u_n|^2$ den in Abb. 4.35 gezeigten Verlauf. Bis auf die Oszillationen ähnelt er der gestrichelt eingezeichneten Wahrscheinlichkeit, ein klassisches Pendel zwischen x und $x + \mathrm{d}x$ anzutreffen; diese Wahrscheinlichkeit ist umgekehrt proportional zur Geschwindigkeit des Pendelkörpers:

$$w_{\text{klass}}(x)\,\mathrm{d}x \propto \frac{\mathrm{d}x}{v(x)}\,. \tag{4.125}$$

Von einer Pendelbewegung ist allerdings nichts zu sehen. Das liegt daran, dass $\psi_n(x,t)$ die Wellenfunktion eines stationären Zustands ist, dem eine stehende Welle, aber keine Bewegung im Sinne der klassischen Physik entspricht.

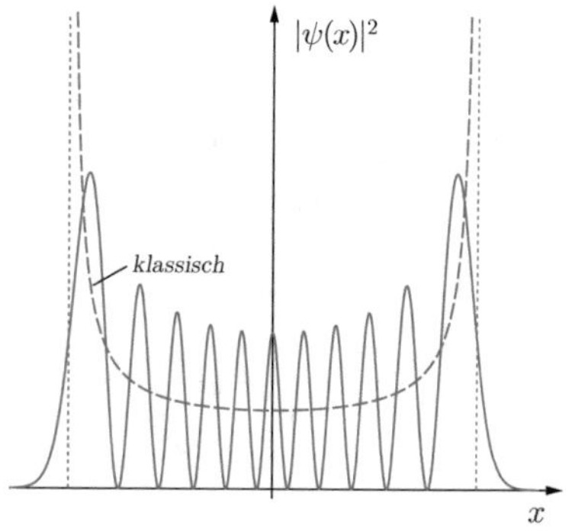

Abbildung 4.35 Aufenthaltswahrscheinlichkeit eines Teilchens im Oszillator-Potential, stationärer Zustand mit $n = 10$

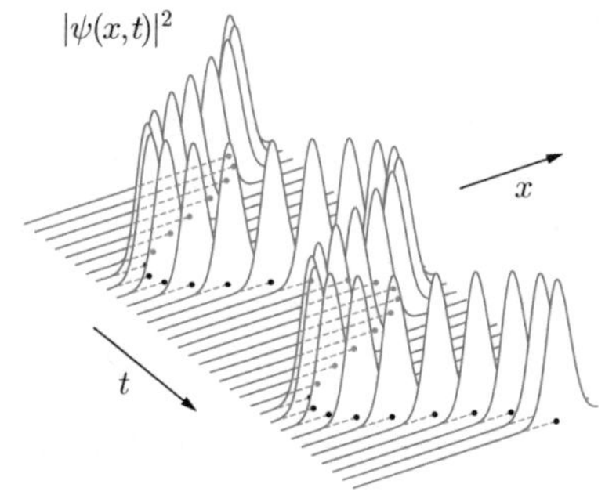

Abbildung 4.36 Bewegung eines Wellenpakets im Oszillator-Potential: $x_0/\sigma_x = 7$, $\langle n\rangle = 12{,}25$

Um quantenmechanisch die Bewegung eines Teilchens im Oszillator-Potential zu beschreiben, setzt man bei $x = x_0$ ein zur Zeit $t = 0$ ruhendes Teilchen in das Oszillator-Potential und berechnet mit dem Entwicklungssatz, d. h. unter Anwendung von (4.27)–(4.29) die Wellenfunktion $\psi(x,t)$. Als Wellenfunktion des Teilchens wählen wir die Eigenfunktion des Grundzustands (4.124). Nach (4.27) ist nun die erste Aufgabe, die Funktion $\psi(x,0)$ nach den Eigenfunktionen $u_n(x)$ zu entwickeln:

$$\begin{aligned}\psi(x,0) = u_0(x - x_0) &= \sqrt{\frac{\alpha}{\sqrt{\pi}}}\mathrm{e}^{-\frac{1}{2}\alpha^2(x-x_0)^2} \\ &= \sum_{n=0}^{\infty} C_n\, u_n(x)\,.\end{aligned} \tag{4.126}$$

Die Entwicklungskoeffizienten C_n erhält man mit (4.28):

$$\begin{aligned}C_n &= \int_{-\infty}^{+\infty} u_n^*(x)\,\psi(x,0)\,\mathrm{d}x \\ &= \sqrt{\frac{\alpha}{\sqrt{\pi}\,2^n\,n!}}\sqrt{\frac{\alpha}{\sqrt{\pi}}}\int_{-\infty}^{+\infty} H_n(\xi)\mathrm{e}^{-\frac{1}{2}\xi^2}\mathrm{e}^{-(\xi-\xi_0)^2}\mathrm{d}\xi\,,\end{aligned}$$

mit $\xi_0 = \alpha x_0$. Wenn man sich genauer mit den Hermiteschen Polynomen befasst, kann man dieses Integral berechnen. Man erhält

$$C_n = \frac{\xi_0^n \mathrm{e}^{-\xi_0^2/4}}{\sqrt{2^n\,n!}}\,. \tag{4.127}$$

Nun können wir mit (4.29) die zeitliche Entwicklung der Wellenfunktionen angeben:

$$\begin{aligned}\psi(x,t) &= \sum_{n=0}^{\infty} C_n\, u_n(x)\mathrm{e}^{-\mathrm{i}E_n t/\hbar} \\ &= \mathrm{e}^{-\mathrm{i}\frac{1}{2}\omega_c t}\sum_{n=0}^{\infty} C_n\, u_n \mathrm{e}^{-\mathrm{i}n\omega_c t}\,.\end{aligned}$$

Die unendliche Reihe lässt sich aufsummieren.[13] Man erhält für $\psi(x,t)$ eine längere Formel mit Real- und Imaginärteil. Der Ausdruck für $|\psi(x,t)|^2$ ist jedoch denkbar einfach:

$$|\psi(x,t)|^2 = \frac{1}{\sqrt{2\pi\,\sigma_x^2}}\mathrm{e}^{-(x-x_0\cos\omega_c t)^2/2\sigma_x^2}\,. \tag{4.128}$$

Das bedeutet: Das Gauß-Paket führt im Oszillator-Potential eine Pendelbewegung mit der Amplitude x_0 und der Frequenz ω_c aus, wie in Abb. 4.36 gezeigt ist.

Wir wollen nun untersuchen, wie die einzelnen $u_n(x)$ zu dieser Wellenfunktion beitragen. Ein geeignetes Maß ist die Wahrscheinlichkeit, bei einer Energiemessung am oszillierenden Teilchen die Energie E_n zu finden. Das ist nach (4.31) und (4.127)

$$|C_n|^2 = \frac{\left(\frac{\xi_0^2}{2}\right)^n \mathrm{e}^{-\xi_0^2/2}}{n!}\,. \tag{4.129}$$

In Abb. 4.37a ist $|C_n|^2$ als Funktion von n für die Pendelbewegung in Abb. 4.36 aufgetragen. Die Amplitude ist dort $x_0 = 7\sigma_x$, und es ist $\xi_0^2/2 = x_0^2/4\sigma_x^2 = 12{,}25$. Die rechte Seite von (4.129) ist formal identisch mit der aus der Wahrscheinlichkeitsrechnung bekannten Poisson-Verteilung[14]

$$P_{\langle n\rangle}(n) = \frac{\langle n\rangle^n \mathrm{e}^{-\langle n\rangle}}{n!}\,. \tag{4.130}$$

Die Verteilung der $|C_n|^2$ gleicht also einer Poisson-Verteilung mit dem Erwartungswert $\langle n\rangle = \xi_0^2/2$. Wie in

[13] Hierzu und zur Berechnung der C_n siehe z. B. L. I. Schiff, „Quantum Mechanics", McGraw-Hill, 1955 und 1968.

[14] Die Poisson-Verteilung gibt die Wahrscheinlichkeit an, mit der man n seltene Ereignisse (z. B. radioaktive Zerfälle von Atomkernen) beobachtet, wenn $\langle n\rangle$ der Erwartungswert von n ist (siehe Bd. I/18.2).

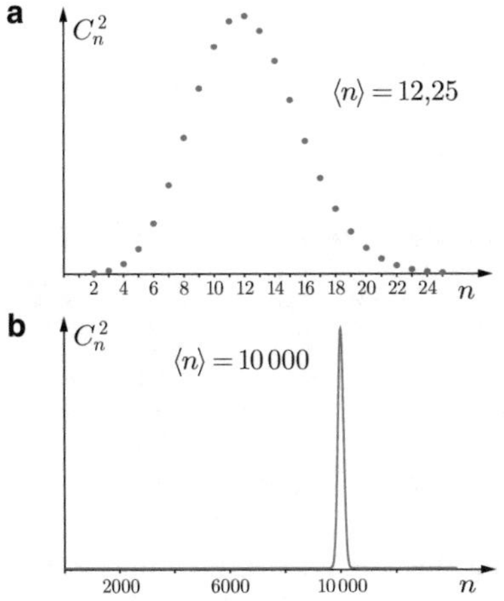

Abbildung 4.37 Quadrate der Koeffizienten C_n **a** bei der Wellenfunktion in Abb. 4.36 ($\langle n\rangle = 12{,}25$), **b** für $\langle n\rangle = 10^4$

der mathematischen Statistik gezeigt wird (siehe auch Bd. I/18.2), geht die Poisson-Verteilung für $\langle n\rangle \gg 1$ in eine Gauß-Verteilung mit der Standardabweichung $\sigma_n = \sqrt{\langle n\rangle}$ über. Beim oszillierenden Teilchen gilt also für $x_0 \gg \sigma_x$

$$|C_n|^2 = \frac{1}{\sqrt{2\pi(\xi_0^2/2)}} e^{-(n-\xi_0^2/2)^2/2(\xi_0^2/2)} . \quad (4.131)$$

In Abb. 4.37b ist die Verteilung für $\xi_0^2/2 = 10^4$ gezeigt ($x_0 = 200\sigma_x$). Dies ist also die Wahrscheinlichkeit, bei einer Messung die Energie E_n zu finden. Das Maximum dieser Verteilung liegt bei $n = \langle n\rangle = \xi_0^2/2$. Die zugehörige Energie ist

$$\begin{aligned} E_n &= \left(\frac{\xi_0^2}{2} + \frac{1}{2}\right)\hbar\,\omega_c = \left(\frac{\alpha^2 x_0^2}{2} + \frac{1}{2}\right)\hbar\,\omega_c \\ &= \frac{1}{2} D x_0^2 + \frac{1}{2}\hbar\,\omega_c . \end{aligned} \quad (4.132)$$

$\frac{1}{2} D x_0^2$ ist die Schwingungsenergie in der klassischen Physik und $\frac{1}{2}\hbar\,\omega_c$ die Nullpunktsenergie. Wie Abb. 4.37b zeigt, tragen nur die Eigenfunktionen mit Energie-Eigenwerten $E_n \approx \frac{1}{2} D x_0^2$ merklich zur Wellenfunktion $\psi(x,t)$ bei. Dabei wurde $x_0 \gg \sigma_x$ vorausgesetzt.

Man kann mit der Schrödinger-Gleichung auch die Schwingung eines makroskopischen Federpendels berechnen. Die Masse des Pendelkörpers sei $m = 100$ g, die Schwingungsdauer $T = 1$ s. Dann ist $\omega_c = 6{,}28\,\mathrm{s}^{-1}$; die Federkonstante ist $D = \omega_c^2 m = 3{,}94\,\mathrm{kg\,s}^{-2}$. Nach (4.119) und (4.124) ist

$$\alpha = \sqrt{\frac{D}{\hbar\,\omega_c}} = 0{,}77 \cdot 10^{17}\,\mathrm{m}^{-1} ,$$

$$\sigma_x = \frac{1}{\sqrt{2}\,\alpha} = 0{,}92 \cdot 10^{-17}\,\mathrm{m} .$$

Der Pendelkörper ist also in jedem Augenblick mit sehr hoher Genauigkeit am klassisch berechneten Ort zu finden. Bei einer Amplitude $x_0 = 0{,}1$ m ist $x_0/\sigma_x = 1{,}1 \cdot 10^{16}$. Die Gauß-Verteilung der $|C_n|^2$ hat ihr Maximum bei $n = \langle n\rangle = 2{,}9 \cdot 10^{31}$ und eine relative Halbwertsbreite

$$\frac{\Delta n}{\langle n\rangle} = \frac{2{,}36}{\sqrt{\langle n\rangle}} = 4{,}4 \cdot 10^{-16} .$$

Das ist zugleich die relative Unbestimmtheit der Schwingungsenergie. Man kann also auch ein makroskopisches Federpendel mit der Schrödingergleichung behandeln und kommt dabei zu einem Ergebnis, das von dem der Newtonschen Mechanik experimentell nicht unterschieden werden kann.

Übungsaufgaben

4.1. Tunneleffekt. In einem Metall sei ein Elektron mit einer Energie $V_0 = eU_0 = 3\,\mathrm{eV}$ gebunden. Senkrecht zur der als eben angenommenen Metalloberfläche wird eine zum Metall hin gerichtete elektrische Feldstärke E_e angelegt, so dass das Elektron durch Tunneleffekt aus dem Metall austreten kann. Zur Vereinfachung werde ein homogenes Feld angenommen. In welchem Bereich liegen E_e und die Dicke $x_2 - x_1$ der klassisch verbotenen Schicht, wenn die Tunnelwahrscheinlichkeit, gegeben durch den Funktionswert auf der rechten Seite von (4.73), im Bereich zwischen 10^{-6} und 10^{-12} liegt?

4.2. Gebundene Zustände im Potentialtopf. a) Geben Sie die Ansätze für die Wellenfunktion eines Teilchens in einem Potentialtopf mit der Tiefe V_0 (Abb. 4.32) an, getrennt nach dem Innen- und dem Außenraum. (Empfehlung: Setzen Sie die Gesamtenergie $E = 0$ für ein Teilchen, das im Außenraum die kinetische Energie null hat.)

b) Welche Gleichung folgt aus den Bedingungen von Satz 4.3 für die Bindungsenergien E_n des Teilchens im Verhältnis zu V_0? (Hinweis: Zweckmäßigerweise bearbeitet man die Lösungen gerader und ungerader Parität separat.)

c) Wie viele gebundene Zustände gibt es, wenn $V_0 = 12\,\pi^2\hbar^2/2ma^2$ ist? Wie groß sind die Bindungsenergien E_n? (Hinweise: Teil b) liefert für E_n/V_0 transzendente Gleichungen, die sich mit sukzessiver Approximation lösen lassen. Man beachte die Periodizität der Funktionen $\tan x$ und $\cot x$.)

d) Wie tief müsste der Potentialtopf sein, damit der Zustand $n = 5$ gerade noch gebunden ist?

4.3. Erwartungswerte im Oszillator-Potential. Wie groß sind die Erwartungswerte $\langle x\rangle$, $\langle p_x\rangle$, $\langle x^2\rangle$, $\langle E_\mathrm{pot}\rangle$ und $\langle E_\mathrm{kin}\rangle$ für ein Teilchen im harmonischen Oszillatorpotential in den Zuständen mit $n = 0$, 1 oder 2? (Hinweis: Bei der Rechnung auftretende Integrale findet man in Tab. 4.2, die Wellenfunktionen in Tab. 4.1.) Wie werden die Resultate für Zustände mit beliebiger Quantenzahl n aussehen?

Tabelle 4.2 Einige bestimmte Integrale der Form $\int_{-\infty}^{\infty} f(x)\mathrm{e}^{-\alpha^2x^2}\,\mathrm{d}x$

n	$f_n(x)$	I_n
0	1	$\sqrt{\pi}/\alpha$
2	x^2	$\sqrt{\pi}/2\alpha^3$
4	x^4	$3\sqrt{\pi}/4\alpha^5$
6	x^6	$15\sqrt{\pi}/8\alpha^7$

4.4. Bewegung im Oszillator-Potential. Ein Teilchen befinde sich im harmonischen Oszillator-Potential in einer Superposition der Zustände mit $n = 0$ und $n = 1$:

$$\psi(x,t) = 1/\sqrt{2}\,(\psi_0(x,t) + \psi_1(x,t)) \ . \qquad (4.133)$$

a) Es werde die Gesamtenergie des Teilchens mit großer Genauigkeit gemessen. Welche Werte findet man mit welcher Wahrscheinlichkeit? Welche Werte findet man, wenn man die Energiemessung ***am gleichen System*** später wiederholt?

b) Man zeige: Der Erwartungswert $\langle x(t)\rangle$ der Ortskoordinate im Zustand (4.133) ist zeitabhängig und beschreibt eine Schwingung. Wie groß sind die Frequenz und die Amplitude? Wie ist das Phänomen laut statistischer Interpretation der Quantenmechanik im Prinzip nachweisbar?

c) Wie groß ist der Erwartungswert $\langle x^2\rangle$, ist er zeitabhängig? Man bestimme die Teilchenposition nicht relativ zum Nullpunkt des Koordinatensystems, sondern relativ zur Momentanauslenkung der Schwingung: $\tilde{x} = x - \langle x(t)\rangle$. Wie groß ist der Erwartungswert $\langle \tilde{x}^2(t)\rangle$? Lässt sich durch den Übergang zum oszillierenden Bezugspunkt die Unschärfe-Relation „überlisten"?

d) Ein Teilchen im harmonischen Oszillator-Potential befinde sich im Zustand

$$\psi(x,t) = 1/\sqrt{2}\,(\psi_0(x,t) + \psi_2(x,t)) \ .$$

Wie groß sind die Erwartungswerte $\langle x\rangle$ und $\langle x^2\rangle$? Besteht eine Zeitabhängigkeit?

e) Welche notwendige Bedingung müssen die Quantenzahlen n einer beliebigen Superposition von Oszillator-Zuständen erfüllen, damit eine Teilchenschwingung beschrieben wird?

Bewegung im Zentralfeld, Quantelung des Drehimpulses

5

J. Heintze / P. Bock (Hrsg.), *Lehrbuch zur Experimentalphysik Band 5: Quantenphysik*, https://doi.org/10.1007/978-3-662-58626-6_5

Um die Bewegung eines Teilchens unter dem Einfluss einer auf ein Zentrum gerichteten Kraft zu beschreiben, rechnet man die Schrödinger-Gleichung auf sphärische Polarkoordinaten um. Im ersten Abschnitt wird gezeigt, dass sich die dabei entstehende recht komplizierte partielle Differentialgleichung in drei gewöhnliche Differentialgleichungen für die drei Koordinaten r, φ und ϑ zerlegen lässt. Die Lösung der Winkelgleichungen (Abschn. 5.2) führt auf die Kugelflächenfunktionen $Y_{lm}(\vartheta, \varphi)$, die von Alters her in der mathematischen Physik bekannt sind. Sie sind endlich und eindeutig nur für bestimmte ganzzahlige Werte der Parameter l und m, von denen sie abhängen. Die potentielle Energie spielt nur bei den Lösungen der Radialgleichung eine Rolle (Abschn. 5.3).

In Abschn. 5.4 wird nach den Vorschriften von Abschn. 4.2 der quantenmechanische Operator des Drehimpulses $\boldsymbol{L}$ konstruiert. Es erweist sich, dass die $Y_{lm}(\vartheta, \varphi)$ Eigenfunktionen des Operators $|\boldsymbol{L}|^2_{\text{op}}$ sind, mit Eigenwerten, die nur von l abhängen. Die ganzzahligen Werte von l, der **Drehimpulsquantenzahl**, bestimmen also den ***Betrag*** des Drehimpulses. Die ***Richtung*** des Drehimpulses ist durch die Quantenzahl m gegeben (**Richtungsquantelung**), wobei nur ***eine*** Komponente des Drehimpulsvektors genau festgelegt werden kann; die beiden anderen bleiben unbestimmt. Der Weg zu diesen Erkenntnissen führt durch viel Formelwerk; das Ergebnis lässt sich jedoch sehr einfach formulieren, wie die Gleichungen (5.34) und (5.35) zeigen.

In Abschn. 5.5 geht es um den experimentellen Nachweis der Drehimpulsquantelung. Dazu untersuchen wir die Spektren zweiatomiger Moleküle. Sie unterscheiden sich von den Atomspektren (Abb. 1.3) durch ihre ins Auge fallende regelmäßige Struktur. Diese Struktur lässt sich zwanglos auf die Quantelung des Drehimpulses und der Schwingungsenergie zurückführen, und zwar von den Mikrowellen bis zum sichtbaren Spektralbereich.

In Abschn. 5.6 wird beschrieben, wie man die elastische Streuung zweier Teilchen aneinander quantenmechanisch beschreiben kann, und wie sich dabei die Drehimpulsquantelung auswirkt. Besonders einfach ist die sogenannte s-Wellenstreuung, d. h. der Fall, dass das Zweiteilchensystem den Drehimpuls Null hat. Er führt in der Kern- und Atomphysik zu interessanten Phänomenen, die im letzten Abschnitt behandelt werden.

5.1 Die Schrödinger-Gleichung in sphärischen Polarkoordinaten

Aus der klassischen Mechanik wissen wir, dass bei der Bewegung eines Teilchens unter dem Einfluss einer Zentralkraft der Drehimpuls des Teilchens $\boldsymbol{L} = \boldsymbol{r} \times \boldsymbol{p}$ konstant bleibt (Bd. I/10.1). Zentralkraft heißt, dass die Kraft auf ein Zentrum gerichtet ist und geometrisch nur vom Abstand r des Teilchens vom Zentrum abhängt; für die potentielle Energie gilt also:

$$V(\boldsymbol{r}) = V(r)\,. \tag{5.1}$$

In Kap. 4 haben wir an einigen Beispielen diskutiert, wie sich die Wellenfunktion bei eindimensionalen Problemen $(V(\boldsymbol{r}) = V(x))$ verhält. Wir wollen nun untersuchen, welche Form die Wellenfunktionen haben, wenn $V(\boldsymbol{r})$ durch (5.1) gegeben ist. Dabei werden wir lernen, wie sich die Erhaltung des Drehimpulses in der Quantenphysik auswirkt: Der Drehimpuls ist nach Größe und Richtung gequantelt und durch die Werte zweier Quantenzahlen, genannt l und m, bestimmt.

Damit wir diese fundamentale Erkenntnis begründen und später nutzen können, müssen wir die Schrödinger-Gleichung auf eine für das vorliegende Problem zweckmäßige Form bringen, d. h. wir müssen den Laplace-Operator

$$\triangle u = \frac{\partial^2 u}{\partial x^2} + \frac{\partial^2 u}{\partial y^2} + \frac{\partial^2 u}{\partial z^2}$$

umrechnen in sphärische Polarkoordinaten r, ϑ, φ (Abb. 5.1a). Es ist

$$\begin{aligned} x &= r \sin\vartheta \cos\varphi \\ y &= r \sin\vartheta \sin\varphi \\ z &= r \cos\vartheta\,. \end{aligned}$$

Die Umrechnung führt zu einem ziemlich komplizierten Ausdruck:

$$\begin{aligned} \triangle u = \frac{1}{r^2}\frac{\partial}{\partial r}\left(r^2 \frac{\partial u}{\partial r}\right) + \frac{1}{r^2 \sin\vartheta}\frac{\partial}{\partial \vartheta}\left(\sin\vartheta \frac{\partial u}{\partial \vartheta}\right) \\ + \frac{1}{r^2 \sin^2\vartheta}\frac{\partial^2 u}{\partial \varphi^2}\,. \end{aligned} \tag{5.2}$$

Man braucht nicht zu erschrecken. Zur Berechnung der stationären Zustände in einem Zentralpotential setzt man (5.2) in die zeitunabhängige Schrödinger-Gleichung (4.23) ein. Wir schreiben sie mit (5.2) in der Form

$$\triangle u + \frac{2m}{\hbar^2}\big(E - V(r)\big)u = 0\,. \tag{5.3}$$

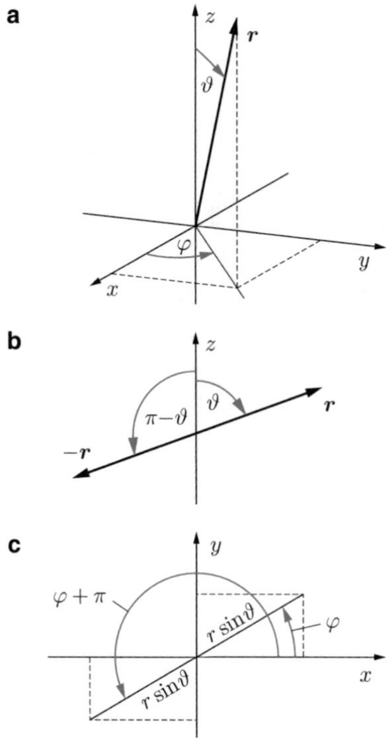

Abbildung 5.1 Sphärische Polarkoordinaten. **a** Koordinaten des Ortsvektors $\boldsymbol{r}$. **b** Die Winkel der Vektoren $\boldsymbol{r}$ und $-\boldsymbol{r}$ in der $(z, \boldsymbol{r})$-Ebene, **c** in der (x, y)-Ebene

Es zeigt sich, dass man mit $V(\boldsymbol{r}) = V(r)$ diese Gleichung nach dem Muster von (IV/1.37) und (4.18)–(4.23) in gewöhnliche Differentialgleichungen zerlegen kann. Mit dem Produktansatz

$$u(r, \vartheta, \varphi) = R(r)\, Y(\vartheta, \varphi) \tag{5.4}$$

erreicht man zunächst die Aufspaltung in eine Differentialgleichung für die nur von r abhängige **Radialfunktion** $R(r)$ und eine Differentialgleichung für die **Winkelfunktion** $Y(\vartheta, \varphi)$:

$$\frac{\mathrm{d}^2 R}{\mathrm{d}r^2} + \frac{2}{r}\frac{\mathrm{d}R}{\mathrm{d}r} + \frac{2m}{\hbar^2}\left(E - V(r) - \frac{\hbar^2 K_1}{2m\,r^2}\right)R(r) = 0\,, \tag{5.5}$$

$$\frac{\partial^2 Y}{\partial\vartheta^2} + \frac{1}{\sin^2\vartheta}\frac{\partial^2 Y}{\partial\varphi^2} + \cot\vartheta\,\frac{\partial Y}{\partial\vartheta} + K_1 Y = 0\,. \tag{5.6}$$

Es tritt hierbei eine Separationskonstante auf, die wir K_1 nennen. Der Ansatz

$$Y(\vartheta, \varphi) = \Theta(\vartheta)\,\Phi(\varphi) \tag{5.7}$$

ergibt eine weitere Separation mit der Konstanten K_2. Am Ende hat man drei gewöhnliche Differentialgleichungen: (5.5) sowie

$$\frac{1}{\sin\vartheta}\frac{\mathrm{d}}{\mathrm{d}\vartheta}\left(\sin\vartheta\,\frac{\mathrm{d}\Theta}{\mathrm{d}\vartheta}\right) + \left(K_1 - \frac{K_2}{\sin^2\vartheta}\right)\Theta(\vartheta) = 0\,, \tag{5.8}$$

$$\frac{\mathrm{d}^2\Phi}{\mathrm{d}\varphi^2} + K_2\,\Phi(\varphi) = 0\,. \tag{5.9}$$

Die potentielle Energie $V(r)$ tritt nur in der Radialgleichung (5.5) auf. Die Winkelgleichungen (5.8) und (5.9) und ihre Lösungen haben also offenbar universellen Charakter, sie gelten für jedes Zentralpotential.

5.2 Lösung der Winkelgleichungen

Die Lösung von (5.9) ist einfach. Sie ist uns von der Schwingungsgleichung her bekannt:

$$\Phi(\varphi) = A e^{\mathrm{i}\sqrt{K_2}\,\varphi} + B e^{-\mathrm{i}\sqrt{K_2}\,\varphi}\,.$$

Damit die Lösung für alle Werte von φ endlich bleibt, muss $\sqrt{K_2}$ reell sein, und damit sie eindeutig ist, muss gelten $\Phi(\varphi) = \Phi(\varphi + 2\pi)$, also

$$A e^{\mathrm{i}\sqrt{K_2}\,\varphi} + B e^{-\mathrm{i}\sqrt{K_2}\,\varphi} = A e^{\mathrm{i}\sqrt{K_2}\,\varphi} e^{\mathrm{i}\sqrt{K_2}\,2\pi} + B e^{-\mathrm{i}\sqrt{K_2}\,\varphi} e^{-\mathrm{i}\sqrt{K_2}\,2\pi}\,.$$

Es muss also $e^{\mathrm{i}\sqrt{K_2}\,2\pi} = 1$ sein. Daraus folgt, dass $\sqrt{K_2}$ ganzzahlig sein muss:

$$\Phi(\varphi) = A e^{\mathrm{i}m\varphi}\,, \quad m = 0, \pm 1, \pm 2, \pm 3 \ldots \tag{5.10}$$

Durch diese Werte von m sind alle Lösungen von (5.9) abgedeckt.

In (5.8) ist nun $K_2 = m^2$ zu setzen. Man erhält eine seit langem in der mathematischen Physik bekannte Differentialgleichung, die z. B. bei der Berechnung der Schwingungen eines Flüssigkeitstropfens auftritt. Ihre Lösungen sind für alle Werte von ϑ endlich, wenn folgende Bedingungen erfüllt sind:

$$K_1 = l(l+1)\,, \quad l \geq |m|\,, \quad \text{ganzzahlig}\,. \tag{5.11}$$

Man löst die Gleichung durch Ansatz von Potenzreihen in $\cos\vartheta$. Für $m = 0$ erhält man die **Legendre-Polynome**, auch Kugelfunktionen genannt:

Tabelle 5.1 Legendre-Polynome

l	$P_l(\cos\vartheta)$
0	1
1	$\cos\vartheta$
2	$\frac{1}{2}(3\cos^2\vartheta - 1)$
3	$\frac{1}{2}(5\cos^3\vartheta - 3\cos\vartheta)$

$$\Theta(\vartheta) = P_l(\cos\vartheta)\,. \tag{5.12}$$

Die ersten vier Legendre-Polynome sind in Tab. 5.1 angegeben. $P_1(\cos\vartheta)$ und $P_2(\cos\vartheta)$ sind uns schon bei der Multipolentwicklung (III/2.18), (III/2.37) des elektrischen Feldes begegnet. Für $m \neq 0$ nennt man die Lösungen **zugeordnete Legendre-Polynome**:

$$\Theta(\vartheta) = P_l^m(\cos\vartheta)\,. \tag{5.13}$$

Die Lösungen der Winkelgleichung (5.6) sind somit:

$$Y_{lm}(\vartheta,\varphi) = N_{lm}\,P_l^m(\cos\vartheta)\mathrm{e}^{\mathrm{i}m\varphi} \quad \text{mit} \qquad N_{lm} = \sqrt{\frac{(2l+1)}{4\pi}\frac{(l-|m|)!}{(l+|m|)!}}\,. \tag{5.14}$$

Man nennt sie **Kugelflächenfunktionen** (auf englisch: „spherical harmonics"). N_{lm} ist ein Normierungsfaktor, der dafür sorgt, dass

$$\int \left|Y_{lm}(\vartheta,\varphi)\right|^2 \mathrm{d}\Omega = 1 \tag{5.15}$$

ist, wobei die Integration über den vollen Raumwinkel 4π erstreckt wird. In Tab. 5.2 sind die Formeln für die Kugelflächenfunktionen niedrigster Ordnung angeführt. Wir werden diese Formeln später verschiedentlich benötigen. In Abb. 5.2 sind die Funktionen $Y_{lm}(\vartheta,\varphi)$ für $l \leq 3$ dargestellt. Die Kurven gelten für $\varphi = 0$. Außerdem sind die Funktionen $|Y_{lm}|^2$ gezeigt. Sie hängen nur von ϑ ab. Die Aufenthaltswahrscheinlichkeit des Teilchens in einem Volumenelement $\mathrm{d}V = r^2\sin\vartheta\,\mathrm{d}r\,\mathrm{d}\vartheta\,\mathrm{d}\varphi$ (vgl. Abb. IV/3.9) ist

$$W(r,\vartheta) = \left|R(r)\right|^2 \left|Y_{lm}\right|^2 \mathrm{d}V\,. \tag{5.16}$$

Wie schon bei den Lösungen der eindimensionalen Schrödinger-Gleichung kann man nach der Parität der Wellenfunktionen fragen. Mit (4.106) ist nach (4.107) bei gerader Parität

$$u(-\boldsymbol{r}) = u(\boldsymbol{r})\,,$$

Tabelle 5.2 Kugelflächenfunktionen

l	m	$Y_{lm}(\vartheta,\varphi)$
0	0	$\frac{1}{\sqrt{4\pi}}$
1	0	$\sqrt{\frac{3}{4\pi}}\cos\vartheta$
	+1	$-\sqrt{\frac{3}{8\pi}}\sin\vartheta\mathrm{e}^{\mathrm{i}\varphi}$
	−1	$\sqrt{\frac{3}{8\pi}}\sin\vartheta\mathrm{e}^{-\mathrm{i}\varphi}$
2	0	$\frac{1}{2}\sqrt{\frac{5}{4\pi}}(3\cos^2\vartheta - 1)$
	±1	$\mp\sqrt{\frac{15}{8\pi}}\sin\vartheta\cos\vartheta\mathrm{e}^{\pm\mathrm{i}\varphi}$
	±2	$\sqrt{\frac{15}{32\pi}}\sin^2\vartheta\mathrm{e}^{\pm\mathrm{i}2\varphi}$

während bei ungerader Parität

$$u(-\boldsymbol{r}) = -u(\boldsymbol{r})$$

gilt. Beim Übergang von $\boldsymbol{r}$ zu $-\boldsymbol{r}$ muss man ϑ durch $\pi - \vartheta$ und φ durch $\varphi + \pi$ ersetzen (Abb. 5.1b und c). Die Parität der Funktionen $Y_{lm}(\vartheta,\varphi)$ hängt ausschließlich davon ab, ob l gerade oder ungerade ist:

$$\begin{aligned} \text{gerade Parität: } l &= 0, 2, 4\ldots \\ \text{ungerade Parität: } l &= 1, 3, 5\ldots \end{aligned} \tag{5.17}$$

Man kann dies an den Beispielen in Tab. 5.2 nachprüfen, indem man ϑ durch $\pi - \vartheta$ und φ durch $\varphi + \pi$ ersetzt und bedenkt, dass $\mathrm{e}^{\pm\mathrm{i}\pi} = -1$ ist.

5.3 Die Radialgleichung

Zunächst fragen wir: Mit welcher Wahrscheinlichkeit findet man ein Teilchen, das sich im Zentralpotential $V(r)$ in einem stationären Zustand befindet, in einem Abstand zwischen r und $r + \mathrm{d}r$ vom Zentrum?

Mit (5.4) ist die Wahrscheinlichkeit, das Teilchen in der Nähe eines Punkts mit den Koordinaten (r,ϑ,φ) in einem Volumenelement $\mathrm{d}V$ zu finden

$$\begin{aligned} W = \left|u(r,\vartheta,\varphi)\right|^2 \mathrm{d}V &= \left|R(r)\,Y_{lm}(\vartheta,\varphi)\right|^2 \mathrm{d}V \\ &= \left|R(r)\right|^2 \left|Y_{lm}(\vartheta,\varphi)\right|^2 \mathrm{d}V\,. \end{aligned}$$

Wir setzen $\mathrm{d}V = r^2\mathrm{d}r\,\mathrm{d}\Omega$ und integrieren unter Berücksichtigung von (5.15) über den vollen Raumwinkel. Dann

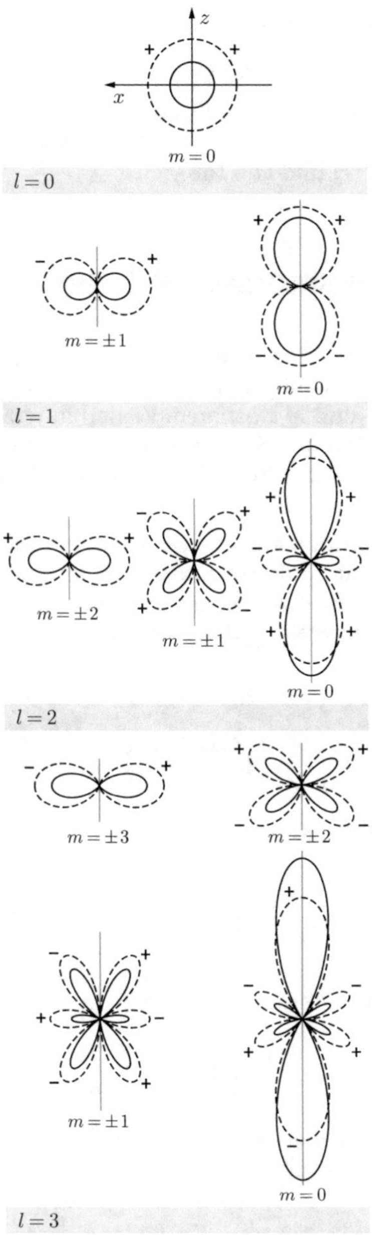

Abbildung 5.2 Polardiagramm der Winkelfunktionen $Y_{lm}(\vartheta, \varphi)$ in der (x, z)-Ebene (*gestrichelt*) und der Wahrscheinlichkeitsdichten $|Y_{lm}|^2$ (*ausgezogene Kurven*). Die Diagramme für Y_{lm} sind alle im gleichen Maßstab gezeichnet, ebenso alle Diagramme für $|Y_{lm}|^2$; $+$ und $-$ sind die Vorzeichen von Y_{lm} für $m > 0$

erhalten wir die Wahrscheinlichkeit, das Teilchen in der Kugelschale zwischen r und $r + \mathrm{d}r$ zu finden:

$$W = \left|R(r)\right|^2 r^2 \,\mathrm{d}r = \left|\zeta(r)\right|^2 \mathrm{d}r\,. \tag{5.18}$$

$\zeta(r) = rR(r)$ nennen wir die **modifizierte Radialfunktion**. Setzt man in der Differentialgleichung (5.5)

$$R(r) = \frac{1}{r}\,\zeta(r) \tag{5.19}$$

und nach (5.11) $K_1 = l(l+1)$, erhält man folgende Gleichung[1] für $\zeta(r)$:

$$\frac{\mathrm{d}^2\zeta}{\mathrm{d}r^2} + \frac{2m}{\hbar^2}\left[E - V(r) - \frac{\hbar^2\, l(l+1)}{2m\, r^2}\right]\zeta(r) = 0\,. \tag{5.20}$$

Für $\zeta(r)$ gilt also die eindimensionale zeitunabhängige Schrödinger-Gleichung (4.37) für ein Teilchen, dessen potentielle Energie durch

$$V(r) + \frac{\hbar^2\, l(l+1)}{2m\, r^2} \tag{5.21}$$

gegeben ist. Wenn man annimmt, dass das Quadrat des Drehimpulses

$$|\boldsymbol{L}|^2 = l(l+1)\,\hbar^2 \tag{5.22}$$

ist, dann ist der zweite Term in (5.21) leicht zu deuten. In der klassischen Physik bewegt sich ein Teilchen unter dem Einfluss einer Zentralkraft mit der Winkelgeschwindigkeit ω und mit dem Drehimpuls $L = mr^2\omega$ um das Zentrum. Man kann diese Bewegung auch in einem Koordinatensystem beschreiben, das mit der Winkelgeschwindigkeit ω rotiert; dort bewegt sich das Teilchen nur in radialer Richtung. Man muss dann jedoch in der Bewegungsgleichung zusätzlich zur Zentralkraft $F(r)$ die Zentrifugalkraft $F^{(Z)}$ berücksichtigen, da es sich um ein beschleunigtes Bezugssystem handelt. Zur Zentrifugalkraft gehört die potentielle Energie $E_{\text{pot}}^{(Z)}$:

$$\begin{aligned} F^{(Z)} &= m\, r\, \omega^2 = \frac{|\boldsymbol{L}|^2}{m\, r^3} \\ E_{\text{pot}}{}^{(Z)} &= -\int F^{(Z)} \mathrm{d}r = \frac{|\boldsymbol{L}|^2}{2m\, r^2}\,. \end{aligned} \tag{5.23}$$

Mit dem Zentrifugalpotential $E_{\text{pot}}^{(Z)}$ kann offenbar die Zentrifugalkraft auch in der Quantenmechanik berücksichtigt

[1] In der Quantenphysik muss man bei dem Buchstaben m aufpassen: Es ist allgemein üblich, sowohl die Masse eines Teilchens als auch die in (5.10) eingeführte Quantenzahl mit m zu bezeichnen. In (5.20) ist m natürlich die Masse. Im Zweifelsfall muss man sich überlegen, wie das m in die Gleichung gekommen ist.

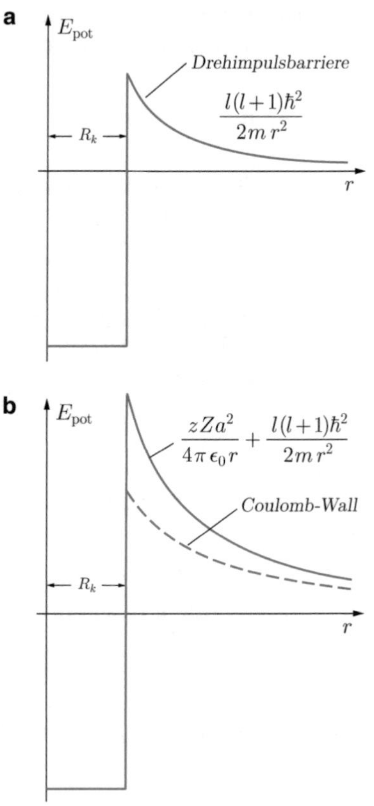

Abbildung 5.3 Die Drehimpulsbarriere am Kernrand, schematisch. **a** für neutrale, **b** für elektrisch geladene Teilchen (vgl. Abb. 4.11). R_K: Kernradius

werden, falls (5.22) erfüllt ist. Im nächsten Abschnitt werden wir (5.22) beweisen. Der Zusatzterm ist also in der Tat das Zentrifugalpotential. Wie es sich z. B. bei einem Atomkern auswirkt, zeigt Abb. 5.3. Am Kernrand entsteht eine Drehimpulsbarriere. Sie behindert die Emission von Teilchen aus einem Kern und umgekehrt das Eindringen in denselben, wenn $l > 0$ ist.

Mit der Abtrennung der Wellengleichung (5.20) von der dreidimensionalen Schrödingergleichung haben wir übrigens auch die Erklärung dafür gefunden, dass der Tunneleffekt beim α-Zerfall bei kugelförmigem Atomkern, wie in Abschn. 4.3 behauptet, als eindimensionales Problem behandelt werden kann. In Abb. 5.3 erkennt man auch, dass α-Teilchen bevorzugt mit dem Drehimpuls $L = 0$ emittiert werden.

Nun wollen wir noch die Lösungen von (5.20) untersuchen. Man kann sie für jedes Potential $V(r)$ mit der am Ende von Abschn. 4.1 beschriebenen Methode diskutieren. Gebundene Zustände existieren im Potential (5.21) nur für bestimmte Werte der Energie E. Diese Lösungen unterscheiden sich durch die Zahl der Knoten der Radialfunktion. Man bezeichnet die Zahl der Knoten als

Radialquantenzahl n_r

$$n_r = 0, 1, 2, \ldots \tag{5.24}$$

Wie viele gebundene Zustände es gibt (und ob es überhaupt gebundene Zustände gibt) hängt vom Verlauf des Potentials $V(r)$ und von l ab.

5.4 Drehimpulsquantelung

In (5.10) und (5.11) haben wir festgestellt, dass Lösungen der Winkelgleichungen nur für bestimmte ganzzahlige Werte von l und m existieren. Weiterhin wurden wir bei der Diskussion der Radialgleichung auf die Vermutung geführt, dass der Betrag des Drehimpulses durch (5.22) gegeben ist.

Um den Zusammenhang der Quantenzahlen l und m mit dem Drehimpuls exakt zu ermitteln, konstruieren wir nach dem Muster der kinetischen Energie in (4.60) den **Drehimpulsoperator**. Ausgehend von $\boldsymbol{L} = \boldsymbol{r} \times \boldsymbol{p}$ erhalten wir

$$\boldsymbol{L}_{op} = \boldsymbol{r}_{op} \times \boldsymbol{p}_{op} \, . \tag{5.25}$$

Die Komponenten dieses Operators sind mit (4.50) und (4.53)

$$\begin{aligned} L_x &= y p_z - z p_y \to (L_x)_{op} = \frac{\hbar}{i}\left(y\frac{\partial}{\partial z} - z\frac{\partial}{\partial y}\right), \\ L_y &= z p_x - x p_z \to (L_y)_{op} = \frac{\hbar}{i}\left(z\frac{\partial}{\partial x} - x\frac{\partial}{\partial z}\right), \\ L_z &= x p_y - y p_x \to (L_z)_{op} = \frac{\hbar}{i}\left(x\frac{\partial}{\partial y} - y\frac{\partial}{\partial x}\right). \end{aligned} \tag{5.26}$$

Die etwas langwierige Umrechnung[2] auf sphärische Polarkoordinaten ergibt:

$$(L_x)_{op} = i\hbar\left(\sin\varphi\,\frac{\partial}{\partial\vartheta} + \cot\vartheta\cos\varphi\,\frac{\partial}{\partial\varphi}\right), \tag{5.27}$$

$$(L_y)_{op} = i\hbar\left(-\cos\varphi\,\frac{\partial}{\partial\vartheta} + \cot\vartheta\sin\varphi\,\frac{\partial}{\partial\varphi}\right), \tag{5.28}$$

$$(L_z)_{op} = -i\hbar\,\frac{\partial}{\partial\varphi}\,. \tag{5.29}$$

Damit können wir den Operator des Drehimpuls-Betragsquadrats konstruieren:

$$\begin{aligned} |\boldsymbol{L}|^2_{op} = {} & (L_x)_{op}(L_x)_{op} + (L_y)_{op}(L_y)_{op} \\ & + (L_z)_{op}(L_z)_{op} \, . \end{aligned}$$

[2] Sie wird Schritt für Schritt vorgerechnet z. B. in S. Gasiorowicz, „Quantenphysik", 9. Aufl., Anhang 7-B, Oldenbourg-Verlag, 2005.

Mit etwas Rechnen (Aufgabe 5.2) erhält man

$$|\boldsymbol{L}|^2_{\text{op}} = -\hbar^2 \left(\frac{\partial^2}{\partial\vartheta^2} + \frac{1}{\sin\vartheta^2}\frac{\partial^2}{\partial\varphi^2} + \cot\vartheta \frac{\partial}{\partial\vartheta} \right) . \quad (5.30)$$

Man stellt unschwer fest, dass die Winkelfunktionen $Y_{lm}(\vartheta, \varphi)$ Eigenfunktionen von $(L_z)_{\text{op}}$ und $|\boldsymbol{L}|^2_{\text{op}}$ sind: Mit (5.14) folgt

$$(L_z)_{\text{op}} Y_{lm} = -i\hbar \frac{\partial Y_{lm}}{\partial\varphi} = m\hbar Y_{lm} \quad (5.31)$$

und mit (5.6) und (5.11) erhält man

$$\begin{aligned} |\boldsymbol{L}|^2_{\text{op}} Y_{lm} &= -\hbar^2 \left(\frac{\partial^2 Y_{lm}}{\partial\vartheta^2} + \frac{1}{\sin\vartheta^2}\frac{\partial^2 Y_{lm}}{\partial\varphi^2} \right. \\ &\qquad \left. + \cot\vartheta \frac{\partial Y_{lm}}{\partial\vartheta} \right) \\ |\boldsymbol{L}|^2_{\text{op}} Y_{lm} &= l(l+1)\hbar^2 Y_{lm} . \end{aligned} \quad (5.32)$$

Mit Satz 4.5 aus Abschn. 4.2 folgt daraus, dass der Betrag und die z-Komponente des Drehimpulses gleichzeitig genau bestimmt werden können und dass diese Größen bei der Winkelfunktion $Y_{lm}(\vartheta, \varphi)$ die Werte $L_z = m\hbar$ und $|\boldsymbol{L}| = \sqrt{l(l+1)}\,\hbar$ annehmen. Damit haben wir die Vermutung (5.22) bestätigt.

Die $Y_{lm}(\vartheta, \varphi)$ sind dagegen keine Eigenfunktionen von $(L_x)_{\text{op}}$ oder $(L_y)_{\text{op}}$, außer wenn $l = 0$ ist. Mit den in Tab. 5.2 angegebenen Funktionen kann man das leicht nachrechnen. Auch sind die Operatoren $(L_x)_{\text{op}}$, $(L_y)_{\text{op}}$ und $(L_z)_{\text{op}}$ untereinander nicht vertauschbar. Daraus folgt, dass in der Quantenmechanik bei der Bewegung eines Teilchens im Zentralfeld nur der Betrag und die z-Komponente des Drehimpulses bestimmte Werte annehmen; die Komponenten L_x und L_y bleiben unbestimmt. Berechnet man mit (4.48) die Erwartungswerte dieser Komponenten, erhält man

$$\langle L_x \rangle = 0 , \qquad \langle L_y \rangle = 0 . \quad (5.33)$$

In der Quantenmechanik hat der Drehimpuls also recht ungewöhnliche Eigenschaften. Dies herauszufinden und zu begründen hat einen beträchtlichen mathematischen Aufwand erfordert. Das Ergebnis lässt sich jedoch sehr einfach formulieren:

Drehimpulsquantelung: Der Betrag des Bahndrehimpulses ist gegeben durch die „Drehimpulsquantenzahl" l:

$$|\boldsymbol{L}| = \sqrt{l(l+1)}\,\hbar , \qquad l = 0, 1, 2, 3, \ldots \quad (5.34)$$

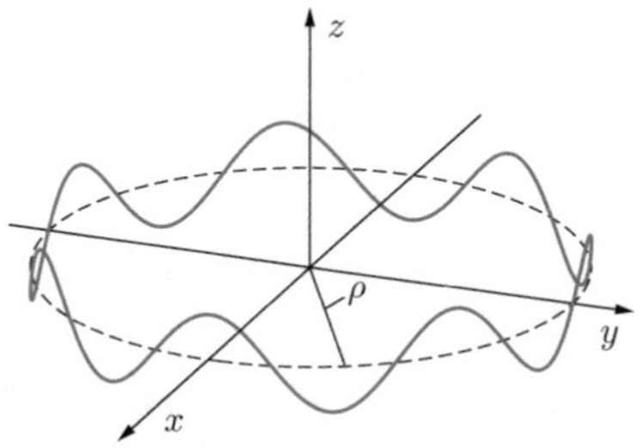

Abbildung 5.4 Zur Begründung von (5.35). Die Kurve stellt die Funktion $\text{Re}\Phi(\varphi) = A \cos m\varphi$ für $m = 7$ dar

Richtungsquantelung des Drehimpulses: Die z-Komponente des Drehimpulses ist gegeben durch die „magnetische Quantenzahl" m:

$$L_z = m\hbar , \quad m = \underbrace{l, l-1, \ldots 0, \cdots - (l-1), -l}_{2l+1 \text{ Werte für } m} \quad (5.35)$$

Die Komponenten L_x und L_y bleiben dagegen unbestimmt.

Es ist üblich, den Drehimpuls $\boldsymbol{L}$ in (5.34) ausdrücklich als ***Bahndrehimpuls*** zu bezeichnen, um ihn von dem als ***Spin*** bezeichneten Eigendrehimpuls des Teilchens zu unterscheiden. Den Spin werden wir in Kap. 6 diskutieren.

Den durch (5.31) gegebenen Zusammenhang von m mit dem Drehimpuls kann man auf folgende Weise plausibel machen: Die Gleichung $\Phi(\varphi) = A e^{im\varphi}$ ((5.10)) besagt, dass die Wellenfunktion eine ***in sich geschlossene*** de Broglie-Welle bildet. Auf einem Kreis vom Radius ρ kann sie dargestellt werden, wie in Abb. 5.4 gezeigt ist. Die Wellenlänge auf diesem Kreis ist gegeben durch $m\lambda = 2\pi\rho$. Mit $\lambda = h/p$ folgt hieraus $mh/2\pi = p\rho$. Es ist aber $p\rho$ die z-Komponente des Bahndrehimpulses $\boldsymbol{L}$. Also gilt

$$L_z = m\hbar , \quad (5.36)$$

wie in (5.35) angegeben.

Man kann sich fragen: Wodurch ist hier die z-Achse ausgezeichnet? Die Antwort: durch gar nichts. Bei einem kugelsymmetrischen Potential kann jede beliebige Raumrichtung als **Quantisierungsachse** gewählt werden und es ist üblich, die z-Achse des Koordinatensystems als Quantisierungsachse zu benutzen. Energetisch sind alle Zustände, die zur gleichen Radialquantenzahl n_r und zum gleichen Drehimpuls $\boldsymbol{L}$ gehören, gleichwertig. Im kugelsymmetrischen Potential sind die Quantenzustände also $(2l+1)$-fach **entartet**, in dem am Schluss von Abschn. 4.5 angegebenen Sinn.

Wählt man eine andere Richtung z' als Quantisierungsachse, ist natürlich $l' = l$. Bei dem Wechsel geht ein Quantenzustand mit den Quantenzahlen l und m bezüglich z in eine Linearkombination der $2l+1$ Zustände mit den Quantenzahlen l und m' über:

$$\psi_{l,m}^{(z)}(\vartheta,\varphi) = \sum_{m'=-l}^{+l} a_{m,m'}\,\psi_{l,m'}^{(z')}(\vartheta',\varphi')\,. \tag{5.37}$$

Die Koeffizienten $a_{m,m'}$, die so genannten Drehmatrixelemente, sind die ***Amplituden***, mit denen die auf die z'-Achse bezogenen Wellenfunktionen zur Wellenfunktion $\psi_{l,m}^{(z)}$ beitragen. Wenn bei den Koordinatensystemen (x,y,z) und (x',y',z') die Achsen y und y' zusammenfallen, d. h. in Richtung der Achse liegen, um die die beiden Koordinatensysteme gegeneinander verdreht sind, hängen die $a_{m,m'}$ nur vom Winkel β zwischen den Achsen z und z' ab. Wir werden nicht versuchen, sie zu berechnen. In Tab. 5.3 sind die Koeffizienten für den Fall $l=1$ angegeben. Als Beispiel betrachten wir die Transformation des Zustands $\psi_{1,+1}^{(z)}$:

$$\psi_{1,+1}^{(z)} = \frac{1+\cos\beta}{2}\,\psi_{1,+1}^{(z')} - \frac{\sin\beta}{\sqrt{2}}\,\psi_{1,0}^{(z')} + \frac{1-\cos\beta}{2}\,\psi_{1,-1}^{(z')}\,. \tag{5.38}$$

In Abschn. 6.2 werden wir eine Methode finden, wie man die magnetische Quantenzahl eines Zustandes experimentell bestimmen kann, und zwar bezüglich einer Quantisierungsachse, die durch die Aufstellung eines Apparates beliebig gewählt werden kann. Wenn nun diese Quantisierungsachse in die z'-Richtung zeigt und ein Atom mit den Quantenzahlen l, m bezüglich z den Apparat durchläuft, wird man mit der Wahrscheinlichkeit

$$W(m\to m') = |a_{m,m'}|^2\,. \tag{5.39}$$

das Atom im Zustand m' finden. Wie es sein muss, ist $\sum_{m'}|a_{m,m'}|^2 = 1$. Eine genauere Diskussion solcher Experimente folgt in Abschn. 6.2.

Tabelle 5.3 Zu (5.37): Amplituden $a_{m,m'}$ für $l=1$. Drehung des Koordinatensystems um die y-Achse, Drehwinkel β

m	m'	$a_{m,m'}$
+1	+1	$(1+\cos\beta)/2$
+1	0	$-\sin\beta/\sqrt{2}$
+1	−1	$(1-\cos\beta)/2$
0	+1	$+\sin\beta/\sqrt{2}$
0	0	$+\cos\beta$
0	−1	$-\sin\beta)/\sqrt{2}$
−1	+1	$(1-\cos\beta)/2$
−1	0	$+\sin\beta/\sqrt{2}$
−1	−1	$(1+\cos\beta)/2$

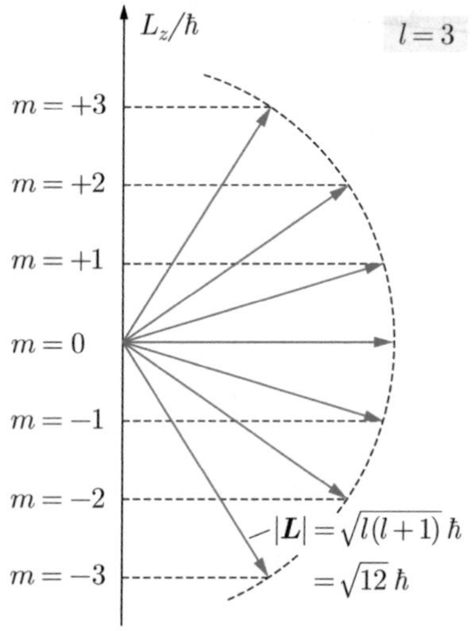

Abbildung 5.5 Vektormodell, Darstellung eines Drehimpulses mit $l=3$

Die freie Wahl der Quantisierungsachse besteht nicht, wenn die Kugelsymmetrie des Potentials gestört wird, z. B. indem ein Magnetfeld angelegt wird. Dann wird diese physikalisch ausgezeichnete Richtung als Quantisierungsachse vorgegeben. Wie wir in Abschn. 6.1 sehen werden, hängt die Energie des Zustands nun von der Quantenzahl m ab, daher der Name „magnetische Quantenzahl“. Man sagt: ***Die Entartung wird aufgehoben***.

Das Vektormodell. Für viele Betrachtungen benutzt man eine einfache graphische Methode zur Darstellung des quantenmechanischen Drehimpulses, das sogenannte **Vektor-Modell** des Drehimpulses. In Abb. 5.5 ist der Drehimpulsvektor für $l=3$ dargestellt. Der Radius der eingezeichneten Kugel ist $L=\sqrt{l(l+1)}\,\hbar$. Der Drehimpuls ist unter verschiedenen diskreten Winkeln relativ zur Quantisierungsachse gerichtet. Seine Projektion auf die z-Achse ist $L_z = m\hbar$. Man spricht im Vektormodell davon, dass der Drehimpuls dauernd um die z-Achse „präzediert“, und dass daher die Komponenten L_x und L_y unbestimmt sind. Das ist aber nur eine Redeweise, die eingeführt wurde, um die Unbestimmtheit von L_x und L_y mit Begriffen aus der klassischen Physik zu beschreiben.

Addition von Drehimpulsen

Die Frage nach der Addition von Drehimpulsen stellt sich, wenn sich in einem Zentralpotential $V(r)$ zwei oder mehrere Teilchen bewegen. Solange die Wechselwirkung zwischen den Teilchen zu vernachlässigen ist, besitzt jedes Teilchen für sich einen Bahndrehimpuls $\boldsymbol{L}_i$, der zeitlich konstant und gequantelt ist. Im einfachsten Fall zweier Teilchen kann man das System durch die Drehimpulsquantenzahlen l_1,l_2, m_1 und m_2 beschreiben. Diese Quantenzahlen haben bestimmte Werte und sind „gute Quantenzahlen". Der Winkelanteil der Wellenfunktion eines Zweiteilchensystems ist in diesem Falle das Produkt

$$Y_{l_1 m_1}(\vartheta_1, \varphi_1)\, Y_{l_2 m_2}(\vartheta_2, \varphi_2)\,. \tag{5.40}$$

Wie verhält sich die Drehimpulssumme zweier Teilchen? Der Bahndrehimpulsoperator ist

$$(\boldsymbol{L})_{\mathrm{op}} = (\boldsymbol{L}_1)_{\mathrm{op}} + (\boldsymbol{L}_2)_{\mathrm{op}}\,. \tag{5.41}$$

Auch $\boldsymbol{L}$ ist nach den Vorschriften (5.34) und (5.35) gequantelt:

$$|\boldsymbol{L}| = \sqrt{l(l+1)}\,\hbar\,, \tag{5.42}$$

$$L_z = m\hbar\,. \tag{5.43}$$

Die Drehimpulsquantenzahl des Gesamt-Bahndrehimpulses wird mit l bezeichnet. Welche Werte l annehmen kann, lässt sich mit Hilfe gruppentheoretischer Methoden herleiten. Das Ergebnis ist, wenn man ohne Beschränkung der Allgemeinheit $l_1 \geq l_2$ setzt:

$$l = l_1 + l_2,\; l_1 + l_2 - 1,\; l_1 + l_2 - 2, \cdots, l_1 - l_2\,. \tag{5.44}$$

Ist z. B. $l_1 = 2$, $l_2 = 1$, so ergibt (5.44) die möglichen Werte $l = 3$, $l = 2$, $l = 1$. Man kann diese Werte auch mit einem Vektormodell darstellen, wie Abb. 5.6 zeigt. Hier macht man die Länge der Pfeile proportional zu l (statt zu $\sqrt{l(l+1)}$). Die m-Werte ergeben sich als Summen von m_1 und m_2:

$$m = m_1 + m_2\,. \tag{5.45}$$

Sind die beiden Quantenzahlen l_1 und l_2 vorgegeben, besitzt das kombinierte System $(2l_1 + 1)(2l_2 + 1)$ magnetische Unterzustände der Form (5.40). Zu einem Gesamtdrehimpuls l gehören andererseits $(2l + 1)$ Werte von m. Dann ermittelt man für $l_1 \geq l_2$ die folgende Zahl von magnetischen Unterzuständen für alle möglichen Werte von l:

$$\begin{aligned}&[2(l_1 - l_2) + 1] + \cdots + [2(l_1 + l_2) + 1]\\&= (2l_1)\cdot(2l_2 + 1) + 1\cdot(2l_2 + 1) = (2l_1 + 1)(2l_2 + 1)\,,\end{aligned}$$

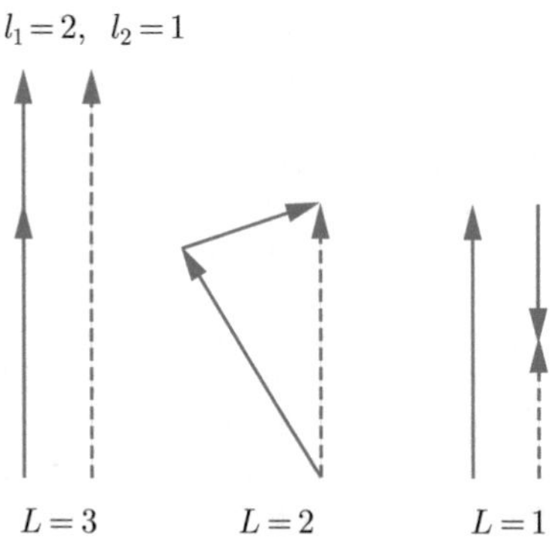

Abbildung 5.6 Addition von Drehimpulsen, vereinfachte Darstellung

denn es gibt $2l_2 + 1$ Summanden und die Summe über die variablen Terme $-2l_2 \cdots + 2l_2$ verschwindet wegen des Vorzeichenwechsels. Das ist die gleiche Anzahl wie vorher. Das Zweiteilchensystem lässt sich also ***entweder*** durch die Quantenzahlen l_1, l_2, m_1 und m_2 ***oder*** durch die Quantenzahlen l_1, l_2, j und m charakterisieren. Das gilt unter der anfänglichen Voraussetzung, dass die Wechselwirkung der beiden Teilchen untereinander ignoriert wird.

Die beiden Sätze von winkelabhängigen Zuständen sind Linearkombinationen voneinander. Für vorgegebene Werte von l und m erhält man mit Hilfe der Gruppentheorie die Wellenfunktionen

$$\sum_{m_1=-l_1}^{l_1} C(l, m; l_1, m_1, l_2, m_2) \cdot Y_{l_1 m_1}(\vartheta_1, \varphi_1)\, Y_{l_2 m_2}(\vartheta_2, \varphi_2)\,. \tag{5.46}$$

Die Koeffizienten $C(l, m; l_1, m_1, l_2, m_2)$ sind die sogenannten „Clebsch-Gordon-Koeffizienten". Sie sind tabelliert. Für $|m_2| > l_2$, $|m_1| > l_1$ und $|m| > l$ sind sie Null. In (5.46) wird nur über m_1 summiert, denn es ist jeweils $m_2 = m - m_1$.

Die Parameter l_1 und l_2 tauchen in beiden Sätzen von Wellenfunktionen auf. Von ihnen kann die Energie des Systems abhängen. Das richtet sich danach, wie die potentielle Energie $V(r)$ von r abhängt. Von m_1 und m_2 hängt die Energie bei einem Zentralpotential jedenfalls nicht ab, bezüglich m_1 und m_2 sind die Zustände also entartet. l und m können alle im Rahmen der Additionsregeln (5.44) und (5.45) möglichen Werte annehmen. Dann ist m durch m_1 und m_2 eindeutig festgelegt, nicht jedoch l durch l_1 und l_2. Wenn z. B. $l_1 = 2$, $m_1 = +1$ und $l_2 = 1$, $m_2 = -1$ ist, ist $m = 0$ und l kann alle Werte von 1 bis 3 annehmen, ohne dass sich die Energie des Systems ändert.

Ist allerdings die Wechselwirkung zwischen den Teilchen 1 und 2 nicht mehr vernachlässigbar, so ist nur noch der Gesamtdrehimpuls des Systems erhalten, nur die Quantenzahlen l und m sind gute Quantenzahlen. Die Energie hängt nun von l ab. Ohne äußeres Magnetfeld besteht bezüglich m nach wie vor Energieentartung. Auch in der klassischen Physik ist in einem solchem Falle nur der Gesamtdrehimpuls des Systems zeitlich konstant, aber die Drehimpulse der einzelnen Teilchen sind es nicht. Wenn die Wechselwirkungsenergie zwischen den Teilchen 1 und 2 sehr klein gegenüber der potentiellen Energie $V(r)$ ist, sind jedoch auch l_1 und l_2 in sehr guter Näherung gute Quantenzahlen und der Winkelanteil der Wellenfunktion ist durch (5.46) gegeben. Dagegen sind m_1 und m_2 keine „guten Quantenzahlen" mehr, denn in der Summe (5.46) treten alle erlaubten Wertepaare von m_1 und m_2 auf.

5.5 Rotation von zweiatomigen Molekülen

Den einfachsten und handgreiflichsten Beweis für die Quantelung des Drehimpulses findet man bei der Untersuchung der Rotation zweiatomiger Moleküle (Abb. 5.7a). Die Elektronenhülle sorgt für die molekulare Bindung; ansonsten wird sie zunächst vernachlässigt.[3] Wir betrachten dann das Molekül als ein Gebilde, bei dem sich an den Positionen der Atomkerne zwei Massenpunkte m_1 und m_2 im festen Abstand d voneinander befinden (Abb. 5.7b). Die Bewegung der Massenpunkte kann man auf die Bewegung ***eines*** Teilchens mit der ***reduzierten Masse***

$$\mu = \frac{m_1 m_2}{m_1 + m_2} \tag{5.47}$$

unter dem Einfluss einer Zentralkraft zurückführen (siehe z. B. (I/4.16)–(I/4.21). Deshalb sind die in den vorhergegangenen Abschnitten dargestellten Überlegungen ohne weiteres auf zweiatomige Moleküle anwendbar. Bei der freien Rotation hat das System in Abb. 5.7b nur einen Freiheitsgrad, nämlich die Rotation um eine Achse, die durch den Schwerpunkt führt und senkrecht auf der Verbindungslinie zwischen m_1 und m_2 steht. Sie entspricht der Rotation der Masse μ im Abstand d von der Achse. Die

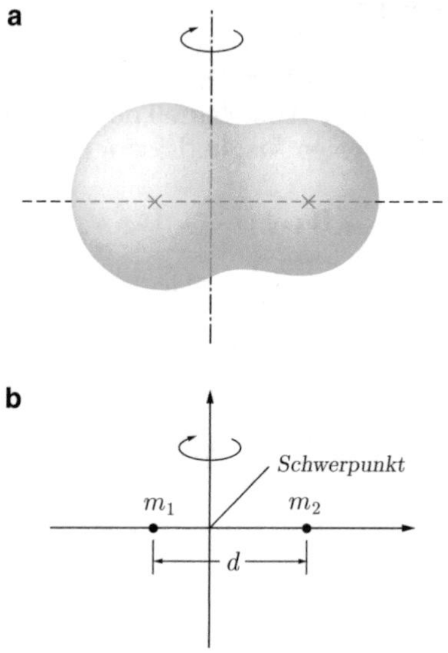

Abbildung 5.7 Zur Rotation zweiatomiger Moleküle. **a** Schematische Darstellung des Moleküls, **b** Modell zur Berechnung der Molekülrotation

Quantelung des Drehimpulses (5.34) bewirkt eine Quantelung der Rotationsenergie:

$$E_{\text{rot}} = \frac{|\boldsymbol{L}|^2}{2\Theta} = \frac{l(l+1)\hbar^2}{2\Theta}, \tag{5.48}$$

wobei das Trägheitsmoment Θ gegeben ist durch

$$\Theta = \mu d^2 . \tag{5.49}$$

In Abb. 5.8 ist das Niveauschema des sogenannten **quantenmechanischen Rotators** dargestellt. Die Abstän-

Abbildung 5.8 Energiestufen der quantenmechanischen Rotation

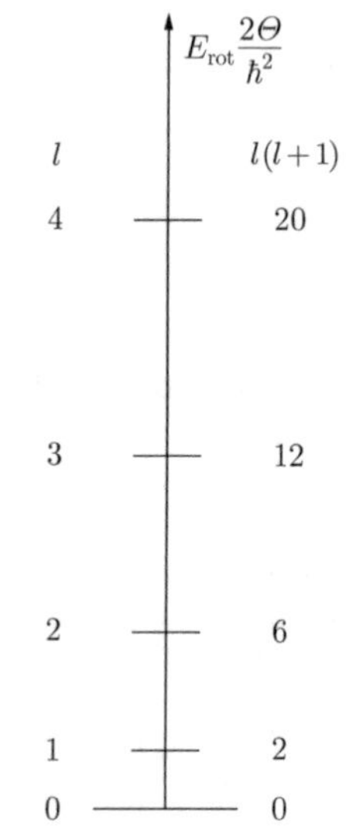

[3] Wenn die Elektronenhülle des Moleküls den Drehimpuls $\boldsymbol{L} = 0$ hat, ist das berechtigt: Die Bewegung der Elektronen in der Hülle erfolgt viel schneller als die Bewegung der Atomkerne bei der Rotation und Vibration. Die Elektronenhülle kann sich deshalb jederzeit der momentanen Lage der Atomkerne anpassen, ohne ihren quantenmechanischen Zustand zu ändern. Die Wellenfunktion des Moleküls ist dann als Produkt $\psi_K(d)\,\psi_{el}(\boldsymbol{r}_i, d)$ darstellbar, wobei $\psi_K(d)$ die Rotation und Vibration des Moleküls beschreibt. Die elektronische Wellenfunktion $\psi_{el}(\boldsymbol{r}_i, d)$ hängt von den Koordinaten $\boldsymbol{r}_i$ der Elektronen ab und enthält den Kernabstand d als Parameter. Man nennt das die adiabatische oder die „Born-Oppenheimer-Näherung". Auf den Fall, dass die Elektronenhülle einen Eigendrehimpuls hat, wird bei Abb. 5.16 eingegangen.

Tabelle 5.4 Gleichgewichtsabstand der Atomkerne, Bindungsenergie und Parameter der Rotation und Vibration einiger Moleküle (1 Å = 10^{-10} m)

	d_0 (Å)	E_B (eV)	$\hbar^2/\Theta$ (eV)	$\hbar\omega_c$ (eV)
H_2	0,74	4,48	$1{,}51 \cdot 10^{-2}$	0,545
N_2	1,09	9,75	$4{,}98 \cdot 10^{-4}$	0,292
O_2	1,21	5,08	$3{,}59 \cdot 10^{-4}$	0,196
Cl_2	1,99	2,48	$6{,}05 \cdot 10^{-5}$	0,070
J_2	2,66	1,55	$3{,}03 \cdot 10^{-5}$	0,026
HCl	1,28	4,43	$2{,}63 \cdot 10^{-3}$	0,371
CO	1,13	9,60	$4{,}78 \cdot 10^{-4}$	0,269

de zwischen zwei benachbarten Energieniveaus sind nach (5.48) gegeben durch

$$E_{\mathrm{rot}}(l) - E_{\mathrm{rot}}(l-1) = \frac{\hbar^2}{\Theta}\, l\,, \qquad (5.50)$$

denn es ist $l(l+1) - (l-1)l = l[l+1-(l-1)] = 2l$. In Tab. 5.4 sind für einige Moleküle Zahlenwerte von $\hbar^2/\Theta$ angegeben, sowie Zahlenwerte der Größe $\hbar\omega_c$, die nach (4.121) für die Schwingungsenergie des Moleküls maßgeblich ist. Die Quantelung des Drehimpulses führt über (5.48) und (5.50) zu experimentell nachprüfbaren Konsequenzen, die wir nun diskutieren wollen.

Spezifische Wärme von Gasen

Einfrieren der Molekülrotation. Bei der Untersuchung spezifischer Wärmen von Gasen stellt man fest, dass die spezifische Wärme des molekularen Wasserstoffs nicht das für zweiatomige Gase vom Gleichverteilungssatz geforderte Verhalten zeigt. Sie sinkt unterhalb einer Temperatur von 300 K ab und erreicht bei 70 K den bei einatomigen Gasen beobachteten Wert (vgl. Abb. II/5.4). Mit den Zahlenwerten in Tab. 5.4 kann man das verstehen: Bei 300 K ist die thermische Energie 25 meV. Zur Anregung des Rotationszustands mit $l = 1$ ist nach Tab. 5.4 eine Energie von 15 meV erforderlich. Das „Einfrieren" des Rotationsfreiheitsgrades erfolgt beim H_2-Molekül somit bei $T \approx 150$ K; die anderen Gase verhalten sich bis in die Nähe ihres Kondensationspunkts nach dem Gleichverteilungssatz. Genau das wird beobachtet. Auch die empirische Tatsache, dass die Molekülvibration erst bei sehr hohen Temperaturen angeregt wird, ist mit den Zahlenwerten von Tab. 5.4 und mit (4.121) verständlich.

Rotationsspektren zweiatomiger Moleküle

Bei Molekülen, die ein elektrisches Dipolmoment besitzen, kann die Molekülrotation durch Einstrahlung elektromagnetischer Wellen angeregt werden. Das gelingt z. B. bei HCl, nicht aber bei H_2 oder Cl_2, da diese Moleküle aus Symmetriegründen kein Dipolmoment haben. Abb. 5.9 zeigt die Absorptionsspektren von gasförmigem HCl im fernen Infrarot ($\lambda \approx 100\,\mu$m). Bei Molekülen wie CO liegen die entsprechenden Spektren wegen des größeren Trägheitsmoments im Bereich der Mikrowellen. Aufgetragen ist in Abb. 5.9 die durchgelassene Intensität als Funktion der **Wellenzahl** $\tilde{\nu}$, eine in der Spektroskopie häufig verwendete Messgröße:

$$\tilde{\nu} = \frac{1}{\lambda} = \frac{\nu}{c}\,. \qquad (5.51)$$

Jeder Absorptionslinie entspricht ein Übergang der Molekülrotation von l nach $l+1$. Man erkennt, dass bei Raumtemperatur mehr als 10 Rotationsniveaus thermisch angeregt sind, wie auch nach Tab. 5.4 zu erwarten ist. Der Abstand zwischen den Absorptions-Maxima, d. h. den Minima in Abb. 5.9, ist konstant $\Delta\tilde{\nu} = 21{,}18\,\mathrm{cm}^{-1}$ (vgl. (5.50)). Er ermöglicht die genaue Bestimmung der Größe $\hbar^2/\Theta$ in Tabelle 5.4. Mit $\Theta = \mu\, d^2$ erhält man damit auch den Abstand zwischen den Atomkernen.

In Wirklichkeit ist das Molekül kein starrer Rotator. Als Funktion des Abstands zwischen den beiden Atomkernen hat die potentielle Energie des Moleküls ein Minimum, das den in Tab. 5.4 angegebenen Gleichgewichtsabstand d_0 definiert. Für $d < d_0$ überwiegt die Abstoßung zwischen den beiden Atomkernen, für $d > d_0$ überwiegen die durch die Elektronenhülle des Moleküls erzeugten Bindungskräfte. Setzt man $V(d) = 0$ für $d \to \infty$, entsteht ein Potentialtopf mit der Tiefe $V(d_0) = -E_0$. In dem für die Molekülspektroskopie relevanten Bereich kann man das Potential in guter Näherung durch das in Abb. 5.10 ge-

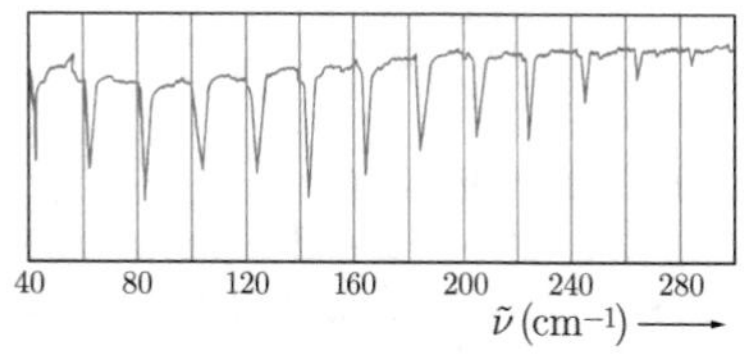

Abbildung 5.9 Rotationsspektrum des HCl: Absorption im fernen Infrarot, nach Brandsen u. Joachain (1983)

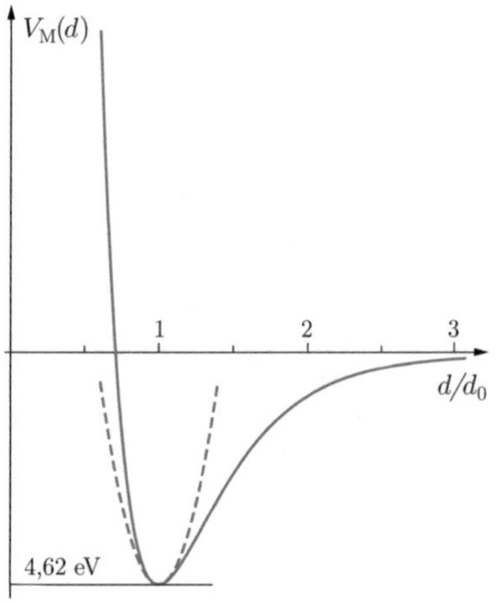

Abbildung 5.10 Potentielle Energie des HCl-Moleküls als Funktion des Abstands *d* zwischen den Atomkernen, berechnet mit dem Morse-Potential. *Gestrichelt*: Oszillatorpotential (5.53)

zeigte **Morse-Potential**

$$\begin{aligned} V_M(d) &= E_0\left[e^{-2\alpha(d-d_0)} - 2e^{-\alpha(d-d_0)}\right] \\ &= E_0\left(1 - e^{-\alpha(d-d_0)}\right)^2 - E_0 \end{aligned} \tag{5.52}$$

beschreiben. Diese schon 1929 von P. M. Morse vorgeschlagene Formel bietet den großen Vorteil, dass mit $V_M(d)$ die Schrödinger-Gleichung analytisch gelöst werden kann, und dass die Parameter des Morse-Potentials sehr leicht experimentell bestimmt werden können. E_0 erhält man aus der Bindungsenergie E_B des Moleküls unter Berücksichtigung der Energie der Nullpunktsschwingung $\hbar\omega_c/2$ (vgl. (4.121)), und α folgendermaßen aus der Schwingungsfrequenz des Moleküls: Die Reihenentwicklung der Exponentialfunktion in (5.52) für $d \approx d_0$ ergibt das Oszillator-Potential

$$V_M(d) \approx E_0\,\alpha^2(d - d_0)^2 - E_0\,. \tag{5.53}$$

Die „Federkonstante" des Moleküls ist also $D = 2E_0\alpha^2$. Wir erhalten mit $\omega_c = \sqrt{D/\mu}$

$$\begin{aligned} E_0 &= E_B + \frac{1}{2}\hbar\,\omega_c\,, \\ \alpha &= \sqrt{D/2E_0} = \omega_c\sqrt{\mu/2E_0}\,. \end{aligned} \tag{5.54}$$

Bei der Rotation des Moleküls bewirkt die Zentrifugalkraft, dass sich der Kernabstand *d* etwas vergrößert. Dadurch nehmen sowohl das Trägheitsmoment als auch die potentielle Energie des Moleküls zu. Die beiden Effekte wirken gegenläufig, wobei die Abnahme der Rotationsenergie infolge der Vergrößerung des Trägheitsmoments überwiegt. Der Effekt auf die Rotationsspektren ist jedoch im Allgemeinen sehr klein (Aufgabe 5.5).

Man muss sich darüber im Klaren sein, dass die stationären Zustände mit der Energie (5.48) keine Rotationen eines hantelförmigen Gebildes im Sinne der klassischen Physik sind. Zwischen φ und L_z besteht die Unbestimmtheitsrelation[4]

$$\Delta\varphi\,\Delta L_z \geq \frac{\hbar}{2}\,, \tag{5.55}$$

und da bei stationären Zuständen $L_z = m\hbar$ vorgegeben ist, ist die φ-Koordinate vollkommen unbestimmt. Die Aufenthaltswahrscheinlichkeit in einer bestimmten Winkelstellung ist bei den stationären Zuständen zeitunabhängig, und unabhängig von φ (vgl. Abb. 5.4). Zur Beschreibung einer Rotation im klassischen Sinn müsste man die Wellenfunktionen vieler stationärer Zustände überlagern, wie für das oszillierende Teilchen in Abschn. 4.6 gezeigt wurde. Dann kann man auch bei den Quantenzuständen von Rotations- und Schwingungsfrequenzen und Perioden sprechen.[5] Auch in der Quantenmechanik ist $\boldsymbol{L} = \Theta\boldsymbol{\omega}$ und $\omega = 2\pi/T$. Die Perioden sind

$$T_{\text{rot}} = \frac{2\pi\Theta}{l\hbar}\,, \qquad T_{\text{vibr}} = \frac{2\pi}{\omega_c}\,. \tag{5.56}$$

Beim HCl-Molekül erhält man für $l = 1$ die Perioden $T_{\text{rot}} = 1{,}57 \cdot 10^{-12}\,\text{s}$, $T_{\text{vibr}} = 1{,}11 \cdot 10^{-14}\,\text{s}$.

Rotations-Schwingungsspektren

Die Schwingungen eines zweiatomigen Moleküls entsprechen der Schwingung eines Teilchens der Masse μ im Molekülpotential $V(d)$. Bei Molekülen mit einem elektrischen Dipolmoment können solche Schwingungen durch Einstrahlung von Licht im nahen Infrarot angeregt werden, wie die Zahlenwerte von $\hbar\omega_c$ in Tab. 5.4 zeigen. Wie wir gleich sehen werden, gelingt dies nur, wenn das Molekül gleichzeitig seinen Rotationszustand ändert. Die Schwingungsquantenzahl *n* in (4.121) wird bei Molekülen *v* (von Vibration) genannt. Beim Oszillator-Potential sind die Abstände zwischen den Energieniveaus konstant:

$$E_{\text{vibr}} = \left(v + \frac{1}{2}\right)\hbar\,\omega_c\,. \tag{5.57}$$

[4] Für den Operator φ_{op} gilt dieselbe Rechenvorschrift wie für x_{op}: Multiplikation mit φ. Damit ergibt sich der zu (4.59) analoge Kommutator $[(L_z)_{\text{op}}, \varphi_{\text{op}}] = \hbar/\text{i}$. Wie bei (4.59) bemerkt, folgt daraus (5.55).

[5] Die Rotationsachse steht senkrecht auf der Molekülachse. Bezeichnet man diese Richtung mit $\hat{z}$, so ist $(\omega_z)_{\text{op}} = \frac{\text{d}}{\text{d}t}\varphi_{\text{op}} = \frac{1}{\Theta}(L_z)_{\text{op}}$ und man erhält $\left\langle \frac{\text{d}\varphi}{\text{d}t} \right\rangle = \frac{1}{\Theta}\langle L_z \rangle = \frac{l\hbar}{\Theta}$. Näheres dazu findet man z. B. in D. I. Blochinzew, „Grundlagen der Quantenmechanik", 4. Auflage, Kap. V, Berlin (1963).

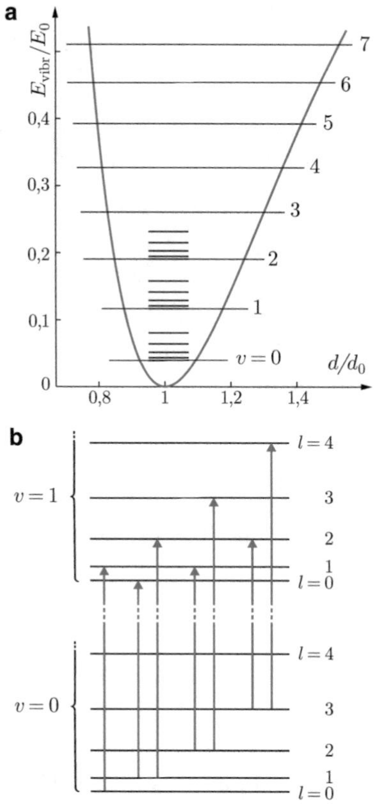

Abbildung 5.11 Zum Rotations-Schwingungsspektrum. **a** Lage der Vibrations- und Rotationsniveaus beim HCl, berechnet mit (5.15). Die Abstände zwischen den Rotationsniveaus sind um einen Faktor 10 vergrößert. **b** Übergänge von $v = 0$ nach $v = 1$

Setzt man das Morse-Potential in die zeitunabhängige Schrödinger-Gleichung ein, erhält man

$$E_{vibr} = \hbar\,\omega_c \left(v + \frac{1}{2}\right)\left[1 - \frac{\hbar\,\omega_c}{4E_0}\left(v + \frac{1}{2}\right)\right] . \qquad (5.58)$$

Wegen der Anharmonizität des Potentials nehmen bei Molekülen die Abstände zwischen den Niveaus nach oben hin ab (Abb. 5.11a).

Wir betrachten ein typisches Rotations-Schwingungsspektrum. Abb. 5.12 zeigt das Absorptionsspektrum von HCl im nahen Infrarot ($\lambda \approx 3\,\mu m$). Wie ist das Spektrum zu interpretieren? Da bei Raumtemperatur $\hbar\omega_c \gg k_B T$ ist, befinden sich die Moleküle im tiefstmöglichen Vibrationszustand, d. h. im Zustand der Nullpunktsschwingung $v = 0$, und mehr als 10 Rotationszustände sind thermisch angeregt. Durch Absorption eines Infrarot-Quants wird gleichzeitig die erste Molekülschwingung ($v = 1$) angeregt und die Drehimpulsquantenzahl l um eine Einheit geändert. Dies ist an einigen Beispielen in Abb. 5.11b dargestellt. Das Spektrum ist in zwei Zweige gegliedert: den R-Zweig (Übergänge $l \to l + 1$) und den P-Zweig (Übergänge $l \to l - 1$).

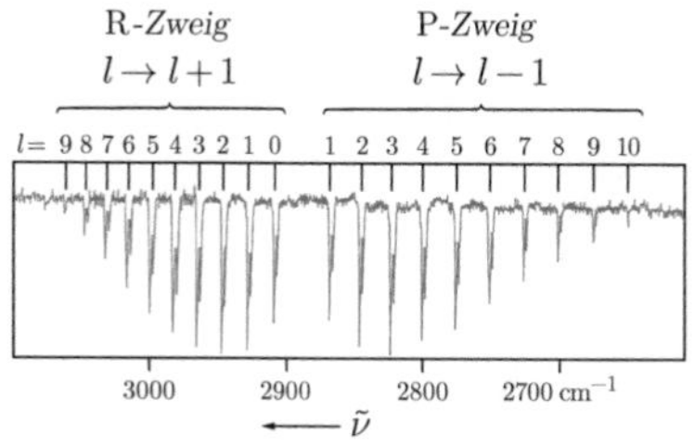

Abbildung 5.12 Absorption von Infrarot-Strahlung ($\lambda \approx 3{,}5\,\mu m$) in HCl (Rotations-Schwingungsspektrum), nach Brandsen u. Joachain (1983)

Drei Besonderheiten fallen auf: Ein Übergang ohne Änderung der Molekülrotation ist offenbar nicht möglich. Es gibt nur Übergänge von dem in Abb. 5.11b gezeigten Typ: Für die Übergänge gilt eine **Auswahlregel**

$$\Delta l = \pm 1 . \qquad (5.59)$$

Die Auswahlregeln waren zunächst aus den gemessenen Spektren empirisch abgeleitete Regeln, deren Begründung einiges Kopfzerbrechen verursachte. Gl. (5.59) hat folgenden Ursprung: Das Photon selbst transportiert den Drehimpuls $\pm\hbar$. Dabei wird es in Form von elektrischer Dipolstrahlung emittiert oder absorbiert. Beim Strahlungsübergang ändert sich die Parität des Moleküls, die durch $(-1)^{-l}$ gegeben ist. Das schließt den Übergang $\Delta l = 0$ aus. Dies wird in Abschn. 6.4 begründet und genauer diskutiert werden.

Außerdem ist die Doppelstruktur der Absorptionsminima merkwürdig, die im fernen Infrarot (Abb. 5.9) nicht beobachtet wurde. Sie wird durch das Vorhandensein von zwei Chlor-Isotopen, ^{35}Cl und ^{37}Cl, verursacht. Die reduzierte Masse des Moleküls wird dadurch geringfügig geändert; geringfügig deshalb, weil nach (5.47) bei sehr unterschiedlichen Massen m_1 und m_2 die reduzierte Masse μ im wesentlichen durch die Masse des leichteren Partners (hier m_H) gegeben ist. Die Massenänderung bewirkt eine Änderung des Trägheitsmoments und wegen (5.50) eine Energieverschiebung:

$$\frac{\Delta\mu}{\mu} = \frac{\Delta\Theta}{\Theta} = \frac{\Delta E_{rot}}{E_{rot}} ,$$

also eine Verschiebung der Wellenzahl

$$\Delta\tilde{\nu} = \tilde{\nu}\,\frac{\Delta\mu}{\mu} .$$

Sie ist proportional zu $\tilde{\nu}$ und kann erst im nahen Infrarot aufgelöst werden.

Schließlich fällt auf, dass die Abstände zwischen den Absorptionslinien sich von denen in Abb. 5.9 unterscheiden. In Abb. 5.13 ist dies im sogenannten **Fortrat-Diagramm**

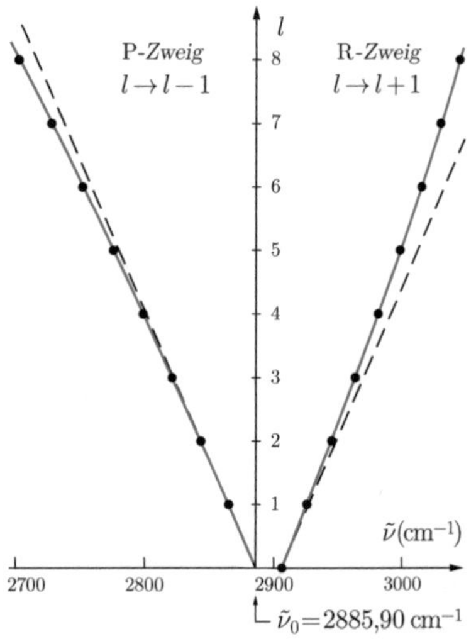

Abbildung 5.13 Fortrat-Diagramm zum Absorptionsspektrum Abb. 5.12. *Gestrichelte Geraden*: Konstante Abstände zwischen den Absorptionslinien wie in Abb. 5.9. $\tilde{\nu}_0 = \omega_0/(2\pi c)$ mit $\hbar\omega_0 = E_{\text{vibr}}(v=1) - E_{\text{vibr}}(v=0)$ aus (5.58)

gezeigt. Auf der Abszisse ist die Wellenzahl der Absorptionslinien aufgetragen, auf der Ordinate jeweils die Drehimpulsquantenzahl des energetisch ***tiefer*** liegenden Zustands. $\tilde{\nu}_0$ ist die Wellenzahl des fiktiven Übergangs $(v=0,\ l=0) \to (v=1,\ l=0)$. Die Punkte und die ausgezogene Kurve geben die Daten von Abb. 5.12 wieder, die gestrichelten Linien entsprechen $\Delta\tilde{\nu} = \text{const} = 21{,}18\,\text{cm}^{-1}$ aus Abb. 5.9. Im P-Zweig sind die Abstände größer, im R-Zweig kleiner, und zwar umso mehr, je größer l ist. Auch diese Feinheiten kann man erklären. Da die Periode der Rotation viel größer als die Periode der Schwingung ist, kommen auf eine Umdrehung des Moleküls viele Schwingungen. Dadurch ändert sich ständig das Trägheitsmoment. Da $\Theta = \mu d^2$ ist und in (5.48) im Nenner steht, ist die Energie der Rotationsniveaus proportional zum ***Erwartungswert*** $\langle 1/d^2 \rangle$. Diese Größe kann mit den Wellenfunktionen des Morse-Potentials berechnet werden. Man erhält in erster Näherung

$$\left\langle \frac{1}{d^2} \right\rangle = \frac{1}{d_0^2}\left[1 - \kappa\left(v + \frac{1}{2}\right)\right] \quad \text{mit } 0 < \kappa \ll 1\,. \quad (5.60)$$

Damit kann man die Abweichungen der Messpunkte von den gestrichelten Geraden in Abb. 5.13 quantitativ erklären (Aufgabe 5.6).

Außer den Absorptionslinien in Abb. 5.12 beobachtet man sehr viel schwächere Absorptionslinien bei kürzeren Wellenlängen. Sie zeigen ähnlich strukturierte Spektren und sind auf Übergänge von $v = 0$ in die höheren Vibrationszustände zurückzuführen. Tab. 5.5 zeigt die aus den Messungen abgeleiteten Wellenzahlen $\tilde{\nu}_0$ und die damit bestimmten Werte $E_{\text{vibr}} = hc\tilde{\nu}_0$. Zum Vergleich sind die mit (5.58) berechneten Werte angegeben. Man sieht, dass

Tabelle 5.5 Schwingungsspektrum des HCl-Moleküls. Gemessene Wellenzahlen $\tilde{\nu}_0$ für Übergänge $v = 0 \to v = 1, 2, 3 \ldots$ Energien $E_{\text{vibr}}^{(\text{exp})} = hc\,\tilde{\nu}_0$, $E_{\text{vibr}}^{(\text{theor})}$ mit (5.58) berechnet

v	$\tilde{\nu}_0^*$ (cm^{-1})	$E_{\text{vibr}}^{(\text{exp})}$ (eV)		$E_{\text{vibr}}^{(\text{theor})}$ (eV)
0		0,183	$\longrightarrow$	0,183
1	2886	0,540		0,539
2	5668	0,886		0,880
3	8347	1,218		1,206
4	10.923	1,537		1,512
5	13.396	1,844		1,814

* Aus G. Herzberg (1950)

das Morse-Potential hier eine recht gute Approximation darstellt. Wenn man in (5.58) den Faktor $\hbar\omega_c/4E_0 = 0{,}200$ durch 0,174 ersetzt, erhält man sogar nahezu perfekte Übereinstimmung.

Bandenspektren im sichtbaren und ultravioletten Spektralbereich

Wie beim freien Atom gibt es auch bei Molekülen angeregte Zustände der Elektronenhülle. Beim Übergang eines solchen Zustands in den Grundzustand wird Licht im Ultravioletten oder im sichtbaren Spektralbereich emittiert. Im Gegensatz zu den Atomspektren weisen die elektronischen Emissions- und Absorptionsspektren von Molekülen eine sehr auffällige (und ästhetisch sehr schöne) regelmäßige Struktur auf. Abb. 5.14 zeigt ein Beispiel. Diese **Bandenspektren** unterscheiden sich deutlich von der unregelmäßigen Struktur der Emissions- und Absorptionsspektren der freien Atome (Abb. 1.3). Das liegt daran, dass sich im Allgemeinen bei einem Molekül gleichzeitig mit der Elektronenkonfiguration der Vibrations- und der Rotationszustand ändert. Die ganz dicht beieinanderliegenden und sich zum **Bandenkopf** hin zusammendrängenden Spektrallinien sind auf die Rotationszustände des Moleküls zurückzuführen; die mehrfache Wiederholung dieser Struktur entsteht durch Übergänge zwischen verschiedenen Schwingungszuständen.

Abb. 5.15 zeigt die Potentialkurven und einen Teil des zu den elektronischen Übergängen gehörigen Termsche-

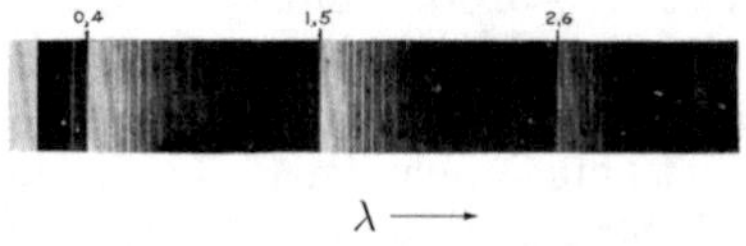

Abbildung 5.14 Ausschnitt aus dem Bandenspektrum des N_2-Moleküls, ultravioletter Spektralbereich

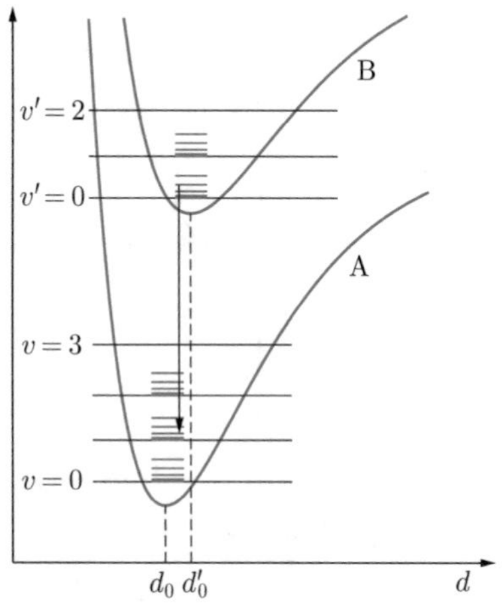

Abbildung 5.15 Potentialkurven im Grundzustand (*A*) und in einem elektronisch angeregten Zustand (*B*). Einige Vibrations- und Rotationszustände sind ebenfalls eingezeichnet

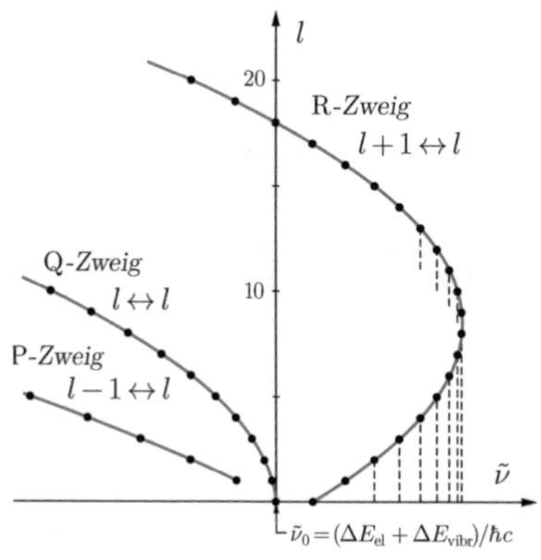

Abbildung 5.16 Fortrat-Diagramm eines elektronischen Übergangs zwischen zwei Zuständen mit den Schwingungsquantenzahlen v'_i und v_k, $\Theta/\Theta' = 0{,}9$; l ist die Drehimpulsquantenzahl des energetisch tiefer liegenden Zustands

mas. Da die Elektronenkonfiguration einen beträchtlichen Einfluss auf den Gleichgewichtsabstand d_0 zwischen den Atomkernen hat, sind auch die Trägheitsmomente im elektronischen Grundzustand und im angeregten Zustand, Θ und Θ', voneinander verschieden. In Abb. 5.15 ist $d'_0 > d_0$, also ist $\Theta' > \Theta$. Daher rücken im elektronisch angeregten Zustand die Rotationsniveaus dichter zusammen. Für Übergänge vom Rotationsniveau $l+1$ im angeregten Zustand zum Niveau l im Grundzustand erhält man

$$
\begin{aligned}
&E'_{\text{rot}}(l+1) - E_{\text{rot}}(l) \\
&= \frac{\hbar^2}{2\Theta'}(l+1)(l+2) - \frac{\hbar^2}{2\Theta}l(l+1) \\
&= \frac{\hbar^2}{2\Theta}\left[l^2\left(\frac{\Theta}{\Theta'}-1\right) + l\left(3\frac{\Theta}{\Theta'}-1\right) + 2\left(\frac{\Theta}{\Theta'}-1\right)\right]
\end{aligned}
\tag{5.61}
$$

Im Gegensatz zu (5.50) besteht hier eine quadratische Abhängigkeit der Energiedifferenz von l.

Das zu einem Übergang $v'_i \leftrightarrow v_k$ gehörige Fortrat-Diagramm ist in Abb. 5.16 gezeigt. Man erkennt, wie der Bandenkopf zustande kommt. Er liegt dort, wo die Kurve des R-Zweigs eine senkrechte Tangente hat. Es fällt auf, dass es hier einen Q-Zweig gibt, mit $\Delta l = 0$. Solche Übergänge beobachtet man bei elektronischen Übergängen, wenn die Elektronenhülle im angeregten Zustand einen Bahndrehimpuls hat. (Im elektronischen Grundzustand ist bei fast allen Molekülen der Bahndrehimpuls der Elektronenhülle Null.) Da sich im zweiatomigen Molekül die Elektronen in einem axialsymmetrischen Feld bewegen, ist außer dem Betrag des Gesamtdrehimpulses auch die Komponente des Drehimpulses in Richtung der Molekülachse eine Konstante der Bewegung. Die zugehörige Drehimpulsquantenzahl nennt man Λ, mit $\Lambda = 0, 1, 2, 3\ldots$ Die Absorption oder Emission eines Photons mit dem Drehimpuls $1\hbar$ ohne Änderung der Molekülrotation, also mit $\Delta l = 0$ ist möglich, wenn sich beim elektronischen Übergang Λ um eine Einheit ändert.

Wir haben gesehen, dass die Quantelung des Drehimpulses, $|\boldsymbol{L}| = \sqrt{l(l+1)}\,\hbar$, mit der Spektroskopie von zweiatomigen Molekülen von den Mikrowellen bis zum Ultraviolett überzeugend nachgewiesen werden kann. Die äquidistante Folge der Spektrallinien gemäß (5.50) beobachtet man zwar nur im langwelligen Bereich; die markanten Abweichungen davon bei kürzeren Wellenlängen lassen sich jedoch auf einfache Weise quantitativ erklären. Stets bleibt (5.48) gültig.

5.6 Elastische Streuung und die Partialwellenzerlegung

Neben der Spektroskopie ist die elastische und unelastische Streuung von Teilchen die wichtigste Methode zur Untersuchung des Aufbaus der Materie. In beiden Fällen spielt der Drehimpuls und seine Quantelung eine große Rolle. Die Bedeutung der Drehimpuls-Quantelung für die Spektroskopie wird in den Abschn. 6.4 und 6.5 diskutiert; hier untersuchen wir sie bei der ***elastischen Streuung*** von zwei Teilchen mit den Massen m_1 und m_2, die aufgrund ihrer Wechselwirkung aneinander gestreut werden.

Wir betrachten den Streuprozess im Schwerpunktsystem der beiden Teilchen und führen dort Relativkoordinaten ein. Die Impulse vor dem Stoß sind dann $\boldsymbol{p}_1 = m_1\boldsymbol{v}_1 = -\boldsymbol{p}_2 = -m_2\boldsymbol{v}_2$, und der Abstand zwischen den Teilchen ist $\boldsymbol{r} = \boldsymbol{r}_1 - \boldsymbol{r}_2$. In Abb. 5.17a sind die Teilchen vor und nach dem Stoß gezeigt. Im Schwerpunktsystem ist dann der Streuprozess durch die Angabe ***eines*** Streuwinkels ϑ

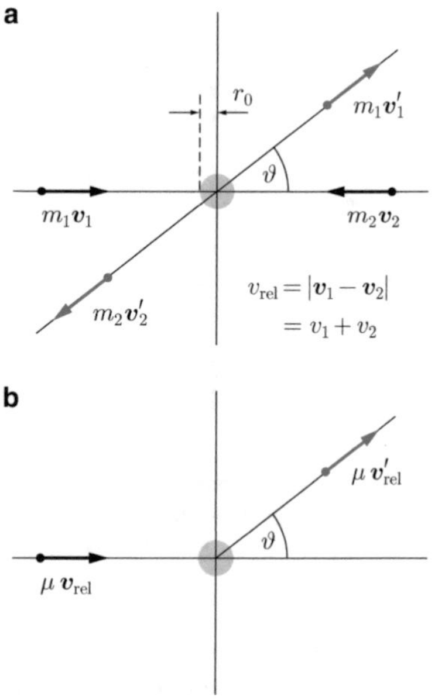

Abbildung 5.17 Elastische Streuung zweier Teilchen im Schwerpunktssystem. **a** Bewegung der Teilchen vor dem Stoß (*schwarz*) und nach dem Stoß (*blau*). **b** Bewegung der reduzierten Masse. Die Wechselwirkung soll nur innerhalb des *blau getönten Kreises* stattfinden. $\boldsymbol{v}$ und $\boldsymbol{v}'$ sind die Geschwindigkeiten vor und nach dem Stoß

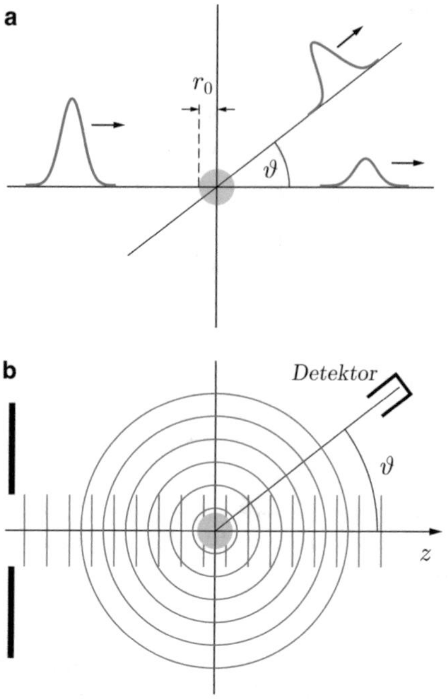

Abbildung 5.18 **a** Elastische Streuung eines Wellenpakets im Schwerpunktsystem. **b** Elastische Streuung einer ebenen Welle

vollständig beschrieben ($0 < \vartheta < 180°$). Wie aus der klassischen Mechanik bekannt ist, kann man diesen Prozess beschreiben als die Streuung ***eines*** Teilchens mit der Masse $\mu = m_1 m_2/(m_1 + m_2)$ am raumfesten Potential $V(r)$, Abb. 5.17b. Die Schrödinger-Gleichung für ***ein*** Teilchen ist also auch hier anwendbar. Definiert man die Relativgeschwindigkeit mit $\boldsymbol{v}_{\rm rel} = (\boldsymbol{v}_1 - \boldsymbol{v}_2)$, erhält man für den Impuls und die Energie der reduzierten Masse außerhalb des Wirkungsbereichs von V

$$\boldsymbol{p} = \mu\,\boldsymbol{v}_{\rm rel} \qquad E = \frac{\mu}{2}\,v_{\rm rel}^2 = \frac{\boldsymbol{p}^2}{2\mu}\,. \tag{5.62}$$

Die Wellenzahl ist dann $k = \sqrt{2\mu E/\hbar^2}$.

Wie in Abb. 5.17 bereits angedeutet ist, nehmen wir an, dass die Zentralkraft eine endliche Reichweite hat, dass sich also die potentielle Energie nur für $r \le r_0$ auswirkt. Unsere Überlegungen gelten also nicht für das Coulomb-Potential.[6] Außerdem nehmen wir an, dass keine äußeren Kräfte auf die Teilchen einwirken. Wir vernachlässigen ferner den Einfluss des Spins, also des Eigendrehimpulses der Teilchen (Kap. 6), der die Diskussion komplizierter macht; die wesentlichen Phänomene der elastischen Streuung kann man auch so erkennen.

[6] Die quantenmechanische Behandlung der elastischen Streuung im Coulomb-Potential ergibt für den Wirkungsquerschnitt die klassisch abgeleitete Rutherfordsche Streuformel.

Streuamplitude und Wirkungsquerschnitt

In Abb. 5.18a ist das in z-Richtung einlaufende Teilchen durch ein Wellenpaket dargestellt. Nach der Wechselwirkung mit dem Potential besteht die Wellenfunktion aus einem geradeaus weiterlaufenden und einem um den Winkel ϑ gestreuten Anteil. Wie bei der Diskussion der Potentialstufe in Abschn. 4.3 gehen wir zur Vereinfachung von einer in z-Richtung laufenden ebenen Welle aus und behandeln das Problem mit der zeitunabhängigen Schrödinger-Gleichung. Bei Abb. 4.5 hatten wir als Lösungsansatz außer der von links einlaufenden noch eine von der Potentialstufe aus nach links zurück laufende ebene Welle angenommen. Statt dieser reflektierten müssen wir nun eine vom Streuzentrum auslaufende Kugelwelle ansetzen (Abb. 5.18b). Die transversale Ausdehnung der ebenen Welle ist durch eine Blende soweit eingeschränkt, dass am Detektor keine Interferenzen der einlaufenden Welle mit der auslaufenden Kugelwelle entstehen; ihre Breite soll jedoch groß gegen die Reichweite des Potentials $V(r)$ sein. Für $r > r_0$ hat also die Wellenfunktion die Form

$$\begin{aligned} \psi(\boldsymbol{r},t) &= u_{\rm T}(r,\vartheta)\mathrm{e}^{-\mathrm{i}Et/\hbar} \quad \text{mit} \\ u_{\rm T} &= u_{\rm e} + u_{\rm Str} = \mathrm{e}^{\mathrm{i}kz} + \mathcal{A}(\vartheta)\frac{1}{r}\mathrm{e}^{\mathrm{i}kr}\,. \end{aligned} \tag{5.63}$$

Die Indizes T, e und Str stehen für „total", einlaufende Welle und Streuwelle. Wie bei der Potentialstufe in Abschn. 4.3 ist $|u_e|^2 = 1$. E und $k = p/\hbar$ sind durch (5.62) gegeben. Den Amplitudenfaktor $\mathcal{A}(\vartheta)$ nennt man die **Streuamplitude**. Da $V(r)$ kugelsymmetrisch ist, ist kein Azimutwinkel φ ausgezeichnet und die Streuamplitude hängt nur von ϑ ab.

Der differentielle Wirkungsquerschnitt ist bei der Streuung definiert als die Zahl der in das Raumwinkelelement $\mathrm{d}\Omega$ pro Zeiteinheit gestreuten Teilchen, dividiert durch die Stromdichte j_e der einfallenden Teilchen. Wenn $j_{\mathrm{Str}}(r, \vartheta)$ die Stromdichte in der Streuwelle ist, treffen im Abstand r auf das Flächenelement $\mathrm{d}A$ pro Zeiteinheit $j_{\mathrm{Str}}\mathrm{d}A$ Teilchen. Die Stromdichte berechnen wir als Produkt von Teilchengeschwindigkeit v und Teilchenzahldichte, $j = v\,|\psi|^2 = v\,|u(\boldsymbol{r})|^2$, und erhalten in dem hier vorliegendem Falle im Schwerpunktsystem mit (5.63) für den **differentiellen Streuquerschnitt**

$$
\begin{aligned}
\mathrm{d}\sigma &= \frac{v_{\mathrm{rel}}\,|u_{\mathrm{Str}}|^2\,\mathrm{d}A}{v_{\mathrm{rel}}|u_e|^2} = |\mathcal{A}(\vartheta)|^2\,\mathrm{d}A/r^2\,,\\
\frac{\mathrm{d}\sigma}{\mathrm{d}\Omega} &= |\mathcal{A}(\vartheta)|^2\,.
\end{aligned}
\tag{5.64}
$$

Die Streuamplitude $\mathcal{A}(\vartheta)$ kann für ein vorgegebenes Potential mit der Schrödinger-Gleichung (5.3) berechnet werden.[7]

Partialwellen

Da $u_T(r, \vartheta)$ in (5.63) freie Teilchen beschreibt, lösen wir zunächst (5.3) für freie Teilchen. Dann können wir $\mathrm{e}^{\mathrm{i}kz}$ und u_T nach den Eigenfunktionen freier Teilchen entwickeln, was sich als sehr nützlich erweisen wird. Diese Eigenfunktionen haben die Form $u(r, \vartheta) = R(r)Y_{l0}(\vartheta)$, da keine φ-Abhängigkeit besteht. Zur Berechnung von $R(r)$ setzen wir in (5.3) $V(r) = 0$ und erhalten für die Berechnung der Radialfunktion statt (5.20) die Gleichung

$$
\frac{\mathrm{d}^2\zeta}{\mathrm{d}r^2} + \left[k^2 - \frac{l(l+1)}{r^2}\right]\zeta(r) = 0\,. \tag{5.65}
$$

Für $r = 0$ muss $\zeta(r) = rR(r) = 0$ sein, damit $R(r)$ endlich bleibt. Mit dieser Randbedingung erhält man die Lösungen

$$
\zeta_l(r) = r\,j_l(kr) \quad \to \quad R_l(r) = j_l(kr)\,, \tag{5.66}
$$

[7] Wenn das Teilchen mit der Masse m_2 im Laborsystem ruht, wie z. B. beim Beschuss eines Targets, sind im Laborsystem Streuwinkel und und differentieller Wirkungsquerschnitt des Teilchens mit der Masse m_1 gegeben durch
$\cos\vartheta_{\mathrm{Lab}} = \frac{m_1+m_2\cos\vartheta}{(m_1^2+m_2^2+2m_1m_2\cos\vartheta)^{1/2}}$,
$\left(\frac{\mathrm{d}\sigma}{\mathrm{d}\Omega}\right)_{\mathrm{Lab}} = \frac{(m_1^2+m_2^2+2m_1m_2\cos\vartheta)^{3/2}}{m_2^2(m_2+m_1\cos\vartheta)}\frac{\mathrm{d}\sigma}{\mathrm{d}\Omega}$.
Für das zweite Teilchen gilt
$\cos\vartheta_{\mathrm{Lab}} = \sin\frac{\vartheta}{2}$, $\left(\frac{\mathrm{d}\sigma}{\mathrm{d}\Omega}\right)_{\mathrm{Lab}} = 4\sin\frac{\vartheta}{2}\frac{\mathrm{d}\sigma}{\mathrm{d}\Omega}$.

Tabelle 5.6 Sphärische Bessel-Funktionen $j_l(x)$

l	$j_l(x)$
0	$\frac{1}{x}\sin x$
1	$\frac{1}{x^2}\sin x - \frac{1}{x}\cos x$
2	$\left(\frac{3}{x^3} - \frac{1}{x}\right)\sin x - \frac{3}{x^2}\cos x$

wobei $j_l(kr)$ die **sphärischen Besselfunktionen** sind. Sie sind nahe verwandt mit den gewöhnlichen Besselfunktionen, die uns in der Optik und in der Hochfrequenztechnik begegnet sind. Abb. 5.19 zeigt die ersten fünf Funktionen $j_l(kr)$, die ersten drei Funktionen findet man in Tab. 5.6. Grenzwertig nehmen die $j_l(x)$ folgende Formen an:

$$
x \ll l: \quad j_l(x) \quad \to \quad \frac{x^l}{1\cdot 3\cdot 5\cdots(2l+1)} \tag{5.67}
$$

$$
x \gg l: \quad j_l(x) \quad \to \quad \frac{\sin(x - l\pi/2)}{x}\,. \tag{5.68}
$$

Die Entwicklung von $\mathrm{e}^{\mathrm{i}kz}$ nach den Eigenfunktionen der Schrödinger-Gleichung für ein freies Teilchen, $u_l(r, \vartheta) = j_l(kr)Y_{l0}(\vartheta)$, ergibt nach einer nicht ganz einfachen Rechnung

$$
\begin{aligned}
u_e &= \mathrm{e}^{\mathrm{i}kz} = \mathrm{e}^{\mathrm{i}kr\cos\vartheta}\\
&= \sum_{l=0}^{\infty} \mathrm{i}^l j_l(kr)\,(2l+1)\,P_l(\cos\vartheta)\,.
\end{aligned}
\tag{5.69}
$$

Dies nennt man die **Partialwellenzerlegung** der Funktion $\mathrm{e}^{\mathrm{i}kz}$. Wir sind bereits hier zu einer wichtigen Aussage gelangt: Wie Abb. 5.19 und (5.67) zeigen, ist für $kr \ll 1$ bei der einlaufenden Welle nur der Anteil $j_0(kr)$ wesentlich von Null verschieden. Wenn r_0 die Reichweite der Zentralkraft und $kr_0 \ll 1$, also $2\pi r_0 \ll \lambda$ ist, spielt bei der Streuung nur die Partialwelle mit $l = 0$ eine Rolle, die so genannte **s-Wellenstreuung**. Der Grund für diese Bezeichnung wird in Kap. 7 klar werden. Auch erkennt man, dass

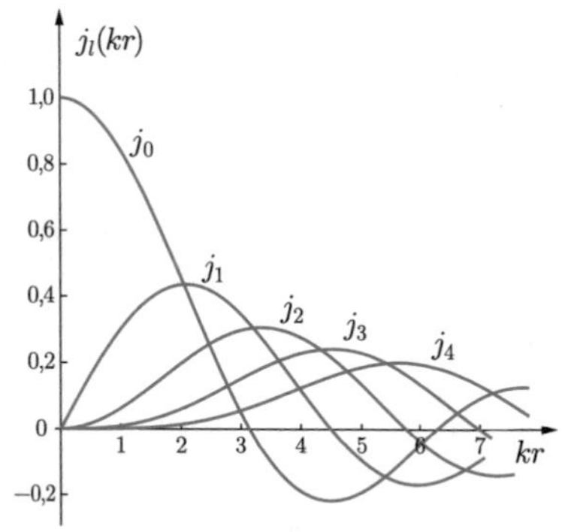

Abbildung 5.19 Sphärische Bessel-Funktionen $j_l(kr)$

z. B. für $kr_0 \leq 2$ bei der Summation in (5.69) die Beiträge der Partialwellen j_l mit $l \geq 4$ keine Rolle mehr spielen. Wir schreiben künftig statt $\sum_0^\infty$ nur noch $\sum_l$.

Für $kr \gg l$ hat die Partialwellenzerlegung der einlaufenden Welle nach (5.68) die Form

$$u_e = e^{ikz} = \sum_l i^l \frac{\sin(kr - l\pi/2)}{kr} (2l+1)\, P_l(\cos\vartheta)\,. \tag{5.70}$$

Mit $i = e^{i\pi/2}$ und $\sin\alpha = \frac{i}{2}(e^{-i\alpha} - e^{+i\alpha})$ erhält man

$$i^l \sin(\alpha - l\pi/2) = \frac{i}{2}\left[(-1)^l e^{-i\alpha} + e^{i\alpha}\right], \tag{5.71}$$

$$u_e = e^{ikz} = \frac{i}{2k}\sum_l (2l+1)\, P_l(\cos\vartheta) \cdot \left[(-1)^l \frac{e^{-ikr}}{r} - \frac{e^{ikr}}{r}\right]. \tag{5.72}$$

Die einfallende ebene Welle erweist sich für $kr \gg l$ als Überlagerung einlaufender und auslaufender Kugelwellen, die für gerade l gegeneinander um 180° phasenverschoben sind.

Die Partialwellenzerlegung von (5.63), $u_T(r,\vartheta) = u_e(r,\vartheta) + u_{Str}(r,\vartheta)$, kann für $kr \gg l$ nur die Form

$$u_T(r,\vartheta) = \frac{i}{2k}\sum_l (2l+1)\, P_l(\cos\vartheta) \cdot \left[(-1)^l \frac{e^{-ikr}}{r} - \eta_l \frac{e^{ikr}}{r}\right] \tag{5.73}$$

haben, d. h. die auslaufende Kugelwelle wird bei der Streuung durch einen von l abhängigen, im Allgemeinen komplexen Faktor η_l modifiziert. Den Anteil $u_{Str}(r,\vartheta)$ erhält man durch die Differenz $u_T - u_e$:

$$u_{Str}(r,\vartheta) = \mathcal{A}(\vartheta)\frac{e^{ikr}}{r} = \frac{i}{2k}\sum_l (2l+1)\, P_l(\cos\vartheta)(1-\eta_l)\frac{e^{ikr}}{r}\,. \tag{5.74}$$

Damit haben wir die Partialwellenzerlegung der Streuamplitude. Der differentielle Wirkungsquerschnitt für elastische Streuung ist also

$$\frac{d\sigma}{d\Omega} = |\mathcal{A}(\vartheta)|^2 = \frac{1}{4k^2}\left|\sum_{l=0}^{\infty}(2l+1)\, P_l(\cos\vartheta)\,(1-\eta_l)\right|^2, \tag{5.75}$$

und der totale Wirkungsquerschnitt ist (Aufgabe 5.7):

$$\sigma_{Str} = \int \frac{d\sigma}{d\Omega}\, d\Omega = \frac{\pi}{k^2}\sum_l (2l+1)\,|1-\eta_l|^2\,. \tag{5.76}$$

Während der differentielle Wirkungsquerschnitt eine komplizierte Struktur mit Interferenztermen zwischen den Partialwellen aufweist, ist der totale Wirkungsquerschnitt die Summe über die Beiträge der einzelnen Partialwellen.

Der komplexe Faktor η_l kann dem Betrage nach nicht > 1 sein. Andernfalls wäre in (5.73) die Stromdichte in der auslaufenden Kugelwelle größer als in der einlaufenden. Man nennt das auch eine „Verletzung der Unitarität“. $|\eta_l| = 1$ bedeutet, dass beim Stoß der beiden Teilchen in der Partialwelle l ***nur*** elastische Streuung stattfindet. Die Amplituden der ein- und auslaufenden Wellen sind dann gleich, und der Stoß beeinflusst nur die relative Phase der beiden Wellen. Wenn daneben auch andere Prozesse stattfinden können, z. B. inelastische Streuung, Ionisation eines der Stoßpartner, Kern- oder Teilchen-Reaktionen, ist $|\eta_l| < 1$. Alle diese Prozesse fasst man unter dem Begriff „Reaktion“ zusammen. Für den **totalen Reaktionsquerschnitt** erhält man

$$\sigma_r = \frac{\pi}{k^2}\sum_l (2l+1)\,(1-|\eta_l|^2)\,. \tag{5.77}$$

Phasenverschiebung. Bei rein elastischer Streuung ($|\eta_l| = 1$) setzt man

$$\eta_l = e^{i\,2\delta_l}\,. \tag{5.78}$$

Wir setzen dies in (5.73) ein und beachten (5.71):

$$\begin{aligned}\left[(-1)^l e^{-ikr} - e^{i2\delta_l}e^{ikr}\right] &= e^{i\delta_l}\left[(-1)^l e^{-i(kr+\delta_l)} - e^{i(kr+\delta_l)}\right] \\ &= \frac{2\,i^l}{i}\sin(kr - 2l\pi/2 + \delta_l)e^{i\delta_l}\,, \\ \to \quad u_T(r,\theta) &= \frac{1}{kr}\sum_l i^l e^{i\delta_l}\sin(kr - l\pi/2 + \delta_l) \cdot (2l+1)\, P_l(\cos\vartheta)\,.\end{aligned} \tag{5.79}$$

δ_l ist also die **Phasenverschiebung** der Sinusfunktion in u_T gegenüber der einfallenden Welle (5.70). In (5.74) erhält man:

$$(1-\eta_l) = e^{i\delta_l}\left(e^{-i\delta_l} - e^{i\delta_l}\right) = \frac{2}{i}e^{i\delta_l}\sin\delta_l\,, \tag{5.80}$$

und für den totalen Streuquerschnitt

$$\sigma_{Str} = \frac{4\pi}{k^2}\sum_l (2l+1)\sin^2\delta_l\,. \tag{5.81}$$

Wir haben bisher nur die Abhängigkeit der Streuamplitude $\mathcal{A}(\vartheta)$ vom Streuwinkel ϑ beachtet. Es ist aber darauf hinzuweisen, dass $\mathcal{A}(\vartheta)$ und die damit zusammenhängenden Größen η_l und δ_l auch Funktionen der Energie bzw. der Wellenzahl k sind.

5.7 s-Wellenstreuung in Kern- und Atomphysik

Die elastische Streuung bei $l = 0$, also die bei (5.69) eingeführte s-Wellenstreuung, ist der einfachste Fall bei der elastischen Streuung: Da $P_0(\cos\vartheta) = 1$ ist, ist sie im Schwerpunktsystem isotrop. Interferenzen mit anderen Partialwellen gibt es nicht, und wegen $j_0(kr) = \sin kr/kr$ gelten die Gleichungen (5.70)–(5.74) schon für $r > r_0$ exakt. Der Fall ist auch besonders interessant, wie Tab. 5.7 zeigt. Die Radien der Atomkerne liegen im Bereich von $1 \cdot 10^{-15}$ m (Proton) bis $8 \cdot 10^{-15}$ m (Uran). Bei der Streuung von Neutronen an Kernen ist die Bedingung $kr_0 \ll 1$ schon für Energien $E_{\text{kin}} < 100\,\text{keV}$ erfüllt, und erst recht für den technisch wichtigen Bereich der thermischen Neutronen. Das gleiche gilt für die Streuung von ultrakalten Atomen aneinander. In diesen Fällen hat man es also mit s-Wellenstreuung zu tun. Wie wir sehen werden, gilt dies unter bestimmten Bedingungen auch für die Streuung von Elektronen an Atomen. Wenn man in (5.79) und (5.72) $l = 0$ einsetzt, erhält man bei rein elastischer Streuung mit (5.78)

$$u_{\text{T}} = e^{i\delta_0} \frac{\sin(kr + \delta_0)}{kr}, \quad u_{\text{e}} = \frac{\sin(kr)}{kr}, \tag{5.82}$$

und mit (5.74) und (5.80)

$$\begin{aligned} \mathcal{A}_0 &= \frac{1}{k} e^{i\delta_0} \sin\delta_0 , \\ \sigma_{\text{Str}} = 4\pi\,|\mathcal{A}_0|^2 &= \frac{4\pi}{k^2} \sin^2\delta_0 . \end{aligned} \tag{5.83}$$

Tabelle 5.7 Zur s-Wellenstreuung: de Broglie-Wellenlängen λ und Wellenzahlen k für Neutronen, Elektronen und ultrakalte Natrium-Atome. Für Letztere ist statt E_{kin} die Temperatur des Gases angegeben

	E_{kin} (eV)	λ (m)	k (m^{-1})
n	10^6	$2{,}9 \cdot 10^{-14}$	$2{,}2 \cdot 10^{14}$
	10^3	$9{,}0 \cdot 10^{-13}$	$7 \cdot 10^{12}$
	1	$2{,}9 \cdot 10^{-11}$	$2{,}2 \cdot 10^{11}$
e	10	$3{,}9 \cdot 10^{-10}$	$1{,}6 \cdot 10^{10}$
	1	$1{,}23 \cdot 10^{-9}$	$5{,}1 \cdot 10^{9}$
	0,1	$3{,}9 \cdot 10^{-9}$	$1{,}6 \cdot 10^{9}$
Na	1 µK	$3{,}6 \cdot 10^{-7}$ *	$1{,}7 \cdot 10^{7}$
	1 nK	$1{,}15 \cdot 10^{-5}$ *	$5{,}5 \cdot 10^{5}$

* thermische de Broglie-Wellenlänge $\lambda_T = h/\sqrt{2\pi m k_{\text{B}} T}$.

Diese Formeln gelten ohne Einschränkung für $r \geq r_0$. Wir betrachten einige Beispiele.

Streuung niederenergetischer Neutronen an Atomkernen

Als niederenergetisch bezeichnen wir Neutronen mit Energien bis zu $E_{\text{kin}} \approx 10\,\text{keV}$. In diesem Bereich hat man es bei der Streuung an Atomkernen mit s-Wellenstreuung zu tun.

Wir betrachten die elastische Streuung von Neutronen an mittelschweren und schweren Kernen ($A \gtrsim 25$). Der Aufbau eines solchen Kerns kann im Grundzustand recht gut durch das Fermigas-Modell beschrieben werden. Wir haben dieses Modell bereits im Bd. III/9.1 auf das Elektronengas in Metallen angewandt. Wir nehmen also an, dass die Nukleonen in einem dreidimensionalen Potentialtopf mit dem Radius $r_0 = 1{,}3 A^{1/3} \cdot 10^{-15}\,\text{m}$ ein Fermigas bilden. Ebenso wie die Moleküle einer Flüssigkeit auf Grund ihrer intermolekularen Wechselwirkung ein Tröpfchen bilden, bilden die Nukleonen auf Grund ihrer Wechselwirkung den Atomkern, und dadurch entsteht der in Abb. 5.20a gezeigte Potentialtopf. Übereinstimmung zwischen Theorie und Experiment erhält man für die Neutronen mit folgenden Parametern: Fermi-Energie $E_{\text{F}} \approx 33\,\text{MeV}$, Impuls an der Fermi-Kante $p_{\text{F}} \approx 150\,\text{MeV}/c$, Fermi-Geschwindigkeit $v_{\text{F}} \approx 0{,}27\,c$. Die Ablösearbeit für ein Nukleon beträgt $E_{\text{B}} \approx 7-8\,\text{MeV}$. Damit ist die Tiefe des Potentialtopfs $V_0 = E_{\text{F}} + E_{\text{B}} \approx 40\,\text{MeV}$. Die Protonen sind wegen der gegenseitigen Abstoßung durch die Coulomb-Kraft etwas schwächer gebunden. Für das Folgende ist zunächst nur wichtig, dass beim Radius r_0 eine wohldefinierte Kernoberfläche existiert, die durch eine Potentialstufe „abwärts" mit $V_0 \approx 40\,\text{MeV}$ (vgl. Abb. 4.5) dargestellt werden kann.

Wenn am Atomkern ein thermisches Neutron aus einem Kernreaktor gestreut wird, ist im Außenraum nach (3.36) die Wellenlänge des Neutrons $\lambda_n \approx 10^{-10}\,\text{m}$, hinter der Potentialstufe ist nach (4.61) $\lambda_n \approx 4{,}5 \cdot 10^{-15}\,\text{m}$. Die Wellenzahlen sind $k = 2\pi \cdot 10^{10}$ bzw. im Atomkern $K = 2\pi \cdot 10^{15}\,\text{m}^{-1}$.

Wir betrachten nun im Atomkern statt (5.82) die modifizierte Radialwellenfunktion $\zeta = ru$, deren r-Abhängigkeiten reine Sinusfunktionen sind. Nach (4.64) ist für $K \gg k$ die Amplitude der in den Kern eindringenden Welle wegen der hohen Potentialstufe ungefähr k/K-mal kleiner als die Amplitude im Außenraum. Die Stetigkeitsbedingungen von Satz 4.3 für die Wellenfunktion können hier nur erfüllt werden, wenn $\zeta_{\text{T}}(r_0)$ sehr klein ist. Man erreicht das, indem man $u_{\text{T}}(r)$ gegen $u_{\text{e}}(r)$ um eine Strecke $r \approx r_0$ auf der z-Achse verschiebt, also mit

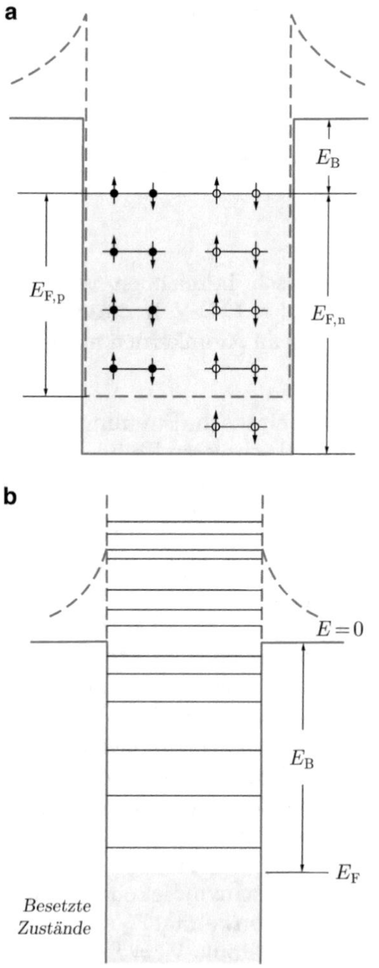

Abbildung 5.20 **a** Potentialtopf und Energieniveaus im Fermigas-Modell, grob schematisch. Da Proton und Neutron wie das Elektron den Spin 1/2 haben, ist wie beim Elektronengas jedes Niveau doppelt besetzt. *Ausgezogen*: Potentialtopf für Neutronen, *gestrichelt*: für Protonen. E_F: Fermi-Energie, E_B: Bindungsenergie eines Nukleons. **b** Anregungszustände des Atomkerns, schematisch

$\delta_0 < 0$ und

$$-\frac{\delta_0}{k} = -\frac{\delta_0}{2\pi}\lambda_n \approx r_0\,, \quad |\delta_0| \approx k\,r_0 \ll 1\,. \tag{5.84}$$

In diesem Fall ist in sehr guter Näherung $e^{i\delta_0} = 1$, und die Funktion $\mathcal{A}(\vartheta)$ wird nach (5.83) reell. In Abb. 5.21 sind modifizierte Radialfunktionen $\zeta(r)$ gezeigt, die bei $r = r_0$ stetig und stetig differenzierbar sind:

$$\zeta_T(r) = \frac{\sin(kr + \delta_0)}{k}\,, \quad \zeta_e(r) = \frac{\sin kr}{k}\,. \tag{5.85}$$

Die Streuamplitude (5.83) ist nun nach (5.84)

$$\mathcal{A}_0 = \frac{\delta_0}{k} < 0\,. \tag{5.86}$$

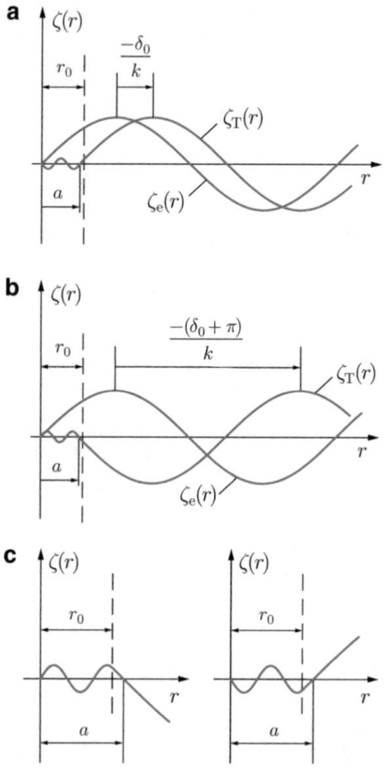

Abbildung 5.21 Modifizierte Radialfunktionen $\zeta(r)$ nach (5.85) im Außenraum ($r > r_0$) und im Inneren des Atomkerns. **a** Nach (5.84), **b** mit $\delta_0 = kr_0 + \pi$; a ist die Streulänge. In **a** und **b** ist $a < r_0$, in **c** ist $a > r_0$

Die gestreute Welle ist also um 180° gegen die einfallenden Kugelwelle phasenverschoben. Auch für $|\delta_0| \approx kr_0 + \pi$ wird $\zeta_T(r_0)$ sehr klein (Abb. 5.21b). Die Rechnung führt wieder auf (5.86), denn nun ist $e^{i\delta_0} \approx e^{i\pi} = -1$ und $\sin\delta_0 < 0$. Dieser Fall braucht also nicht gesondert behandelt zu werden.

Es ist üblich, in diesem Zusammenhang die von Fermi definierte **Streulänge** a zu verwenden.[8] Sie wurde bereits am Ende von Abschn. 3.4 erwähnt. Nach Fermi's Definition der Streulänge und der Definition der Streuamplitude in (5.63) besteht der Zusammenhang[9]

$$\text{Streulänge:} \quad a = -\mathcal{A}_0\,. \tag{5.87}$$

Davon sind wir auch in Abschn. 3.4 ausgegangen. Man kann die Streulänge a auch in Abb. 5.21 ablesen, denn für $r = a$ wird $\zeta_T(r) = 0$. Dies folgt daraus, dass für $l = 0$ und

[8] E. Fermi u. L. Marshall, Phys. Rev. 71, 666 (1947). In dieser Arbeit geht es hauptsächlich um die heute als „bound coherent scattering length b_c" bezeichnete Größe (siehe Text vor (3.47)) und um deren experimentelle Bestimmung.

[9] In der Arbeit von Fermi und Marshall wird das Vorzeichen der Streulänge mit Hilfe der von Fermi ein Jahr zuvor entdeckten Totalreflexion von Neutronen an ebenen Festkörperoberflächen bestimmt. Das legt in der Tat das Minuszeichen nahe, siehe (3.48).

$kr \lll 1$ (5.63) mit (5.87) folgende Form annimmt

$$u_T(r) = 1 + \frac{\mathcal{A}_0}{r} = 1 - \frac{a}{r} \quad \rightarrow \quad u_T = 0 \quad \text{für} \quad r = a\,.$$

Der Wirkungsquerschnitt ist nach (5.83)

$$\sigma_{\text{Str}} = 4\pi a^2 \approx 4\pi r_0^2\,. \tag{5.88}$$

Dies ist für die Streuung niederenergetischer Neutronen an Atomkernen der Normalfall. Er wird in der Kernphysik als **Potentialstreuung** bezeichnet.

Es gibt aber auch eine andere Situation, die so genannte **Resonanzstreuung**. Wie die Elektronenhülle des Atoms haben auch die Atomkerne Anregungszustände, die durch elektromagnetische Strahlung (γ-Strahlung) in den Grundzustand übergehen können. Während in der Atomhülle oberhalb der Ionisationsenergie nur ausnahmsweise Anregungszustände beobachtet werden, sogenannte Autoionisationszustände, setzt sich beim Atomkern die Folge der Anregungszustände bei Energien $E > 0$ unverändert fort, wie Abb. 5.20b zeigt. Diese Zustände sind, gemessen an der Zeitskala des Atomkerns, relativ stabil: Sie können die Anregungsenergie nur durch γ-Strahlung loswerden oder durch Emission eines Neutrons, und letztere ist durch die Potentialstufe am Kernrand behindert, denn (4.66) gilt auch bei der „Potentialstufe aufwärts“. Protonen müssten zusätzlich noch den Coulomb-Berg durchtunneln.

Wenn bei einem Kern ${}^{A}_{Z}\text{X}$ ein solcher Zustand bei der Energie $E_0 > 0$ existiert und dieser Zustand durch Absorption eines Neutrons mit dem Drehimpuls $l = 0$ im Kern ${}^{A\text{-}1}_{Z}\text{X}$ angeregt werden kann, hat $\zeta(r)_T$ außerhalb des Kerns bei der Neutronenenergie $E \approx E_0$ den in Abb. 5.22 gezeigten Verlauf, die Wellenfunktion des Neutrons durchsetzt mit hoher Amplitude die Kernoberfläche. Innerhalb des Kerns tritt das Neutron sogleich in Wechselwirkung mit den übrigen Nukleonen. Es bildet sich ein „Compound-Kern“ ${}^{A}_{Z}\text{X}^*$. Er geht auf einem der energetisch möglichen Wege – man nennt sie „Reaktionskanäle“ – in einen stabilen Zustand über, jeweils mit der entsprechenden Übergangswahrscheinlichkeit.

Wie oben gezeigt wurde, sind in unserem Falle nur zwei Reaktionskanäle offen: der (n, γ)-Prozess und der (n, n)-Prozess, also die elastische Streuung.[10] Die Wirkungsquerschnitte sind durch die **Breit-Wigner-Formel** gegeben. Sie hat hier die Form

$$\begin{aligned} \sigma(\text{n},\gamma) &= \frac{\pi}{k^2}\frac{\Gamma_\text{n}\Gamma_\gamma}{(E-E_0)^2+\Gamma^2/4}\,, \\ \sigma(\text{n},\text{n}) &= \frac{\pi}{k^2}\frac{\Gamma_\text{n}^2}{(E-E_0)^2+\Gamma^2/4}\,. \end{aligned} \tag{5.89}$$

[10] Eine Kernreaktion, bei der ein Teilchen auf einen Kern X trifft und dabei ein Kern Y und ein Teilchen b entsteht, X + a → Y + b, wird abgekürzt mit X(a,b)Y oder noch kürzer mit (a,b) bezeichnet.

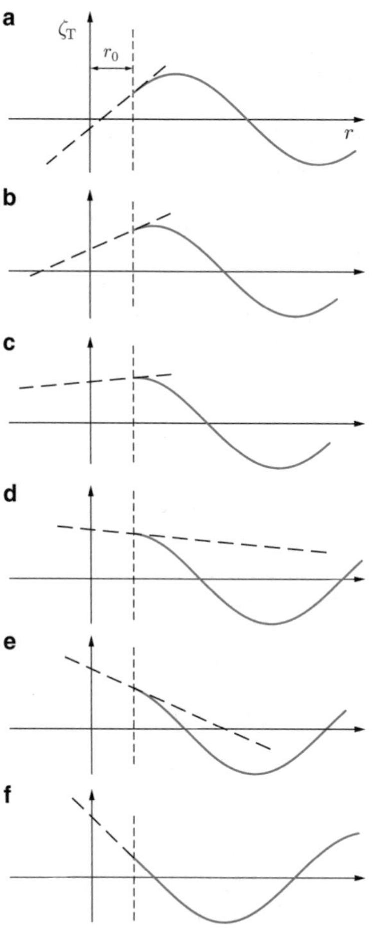

Abbildung 5.22 Resonanzstreuung: Modifizierte Radialfunktionen $\zeta_T(r)$ an der Oberfläche des Atomkerns, **a–c**: unterhalb der Resonanzenergie E_0, **d–f**: oberhalb. Nach Feshbach et al. (1947). Im Punkt $\zeta_T(r_0)$ ist jeweils die Tangente eingezeichnet. Wir werden darauf bei Abb. 5.25 zurückkommen

E ist die Energie des einlaufenden Neutrons. Beide Ausdrücke ergeben Resonanzkurven mit der Halbwertsbreite Γ. Die Größen Γ_γ und Γ_n werden die **partiellen Breiten** der Resonanz genannt. Sie sind als die Übergangswahrscheinlichkeiten pro Sekunde für die Prozesse (n, γ) und (n, n) definiert:

$$\Gamma_\gamma := w_\gamma \hbar\,, \quad \Gamma_\text{n} := w_\text{n} \hbar\,. \tag{5.90}$$

Da es sich um die Wahrscheinlichkeiten von sich gegenseitig ausschließenden Zufallsereignissen handelt, sind die Γ_i's additive Größen. Die totale Breite der Resonanzkurven ist also

$$\Gamma_\gamma + \Gamma_\text{n} = \Gamma = \frac{\hbar}{\tau}\,, \tag{5.91}$$

wobei τ die mittlere Lebensdauer des Compound-Kerns ist. Für den Fall, dass der (n, n)-Prozess beim Zerfall des Compoundkerns dominiert, ist der theoretisch berechnete Wirkungsquerschnitt in Abb. 5.23a gezeigt. Die Kurve hat die Form der in Abschn. I/12.3 berechneten Energie-Resonanz, die uns schon bei der Lorentzkurve (1.5) begegnet ist. Hier ist sie modifiziert durch Interferenz mit der Potentialstreuung.[11] Abb. 5.23b zeigt den experimentell bestimmten totalen Wirkungsquerschnitt des Schwefel ($^{32}_{16}$S) für Neutronen. Die gute Übereinstimmung mit Abb. 5.23a ist darauf zurückzuführen, dass hier $\Gamma_\gamma \ll \Gamma_\mathrm{n}$ ist, wie man durch Messung des Verzweigungsverhältnisses $\Gamma_\gamma/\Gamma_\mathrm{n}$ feststellt. Die Parameter der beiden ersten Resonanzen sind

$$E_0 = 115\,\mathrm{keV}\,, \quad \Gamma_\mathrm{n} = 25\,\mathrm{keV}\,, \quad \tau = 2{,}6\cdot 10^{-20}\,\mathrm{s}$$
$$E_0 = 200\,\mathrm{keV}\,, \quad \Gamma_\mathrm{n} = 6\,\mathrm{keV}\,, \quad \tau = 1{,}0\cdot 10^{-19}\,\mathrm{s}\,.$$

Dieses Verhalten ist typisch für mittelschwere Atomkerne. Unter den schweren Atomkernen (A > 80) findet man viele, die im Bereich von $E < 1\,\mathrm{keV}$ mehrere Resonanzen haben, in Abständen von 10 eV–100 eV. Anders als bei leichteren Kernen wird hier der Wirkungsquerschnitt vom (n,γ)-Prozess dominiert. Als Beispiel zeigen wir in Abb. 5.24 den totalen Wirkungsquerschnitt von Cadmium, bekannt als Absorbermaterial für thermische Neutronen. Für die Resonanzparameter gilt hier

$$E_0 = 0{,}18\,\mathrm{eV}\,, \quad \Gamma_\mathrm{n} = 0{,}8\cdot 10^{-3}\,\mathrm{eV}\,, \qquad \Gamma_\gamma \approx \Gamma = 0{,}115\,\mathrm{eV}\,, \quad \tau = 6\cdot 10^{-15}\,\mathrm{s} \tag{5.92}$$

Der eklatante Unterschied zwischen den Kurvenformen in Abb. 5.24 und Abb. 5.23 rührt daher, dass für s-Wellenstreuung Γ_γ proportional zu $1/v_\mathrm{n}$ ist (v_n = Neutronengeschwindigkeit).[12]

Man kann auch bei der Resonanzstreuung von Neutronen nach der Streulänge fragen, obgleich das in der Kernphysik nicht üblich ist. Die Streuamplitude für s-Wellen, die hinter dem in Abb. 5.23 gezeigten Wirkungsquerschnitt steht,[13] ist

$$\mathcal{A} = \mathcal{A}_{0,\mathrm{pot}} + \mathcal{A}_{0,\mathrm{res}} = \frac{\delta_0}{k} - \frac{\Gamma_\mathrm{n}/2k}{E_\mathrm{n} - E_0 + \mathrm{i}\Gamma/2}\,. \tag{5.93}$$

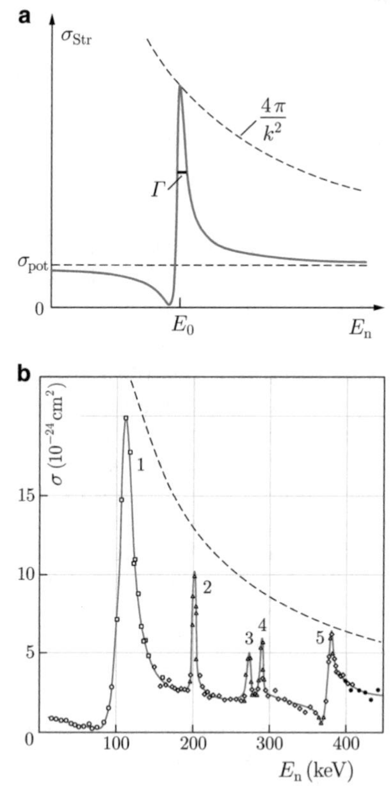

Abbildung 5.23 **a** Wirkungsquerschnitt für die elastische Streuung langsamer Neutronen in der Nähe einer Compound-Kern-Resonanz, theoretisch, aus J. M. Blatt u. V. F. Weisskopf (1952). **b** Totaler Wirkungsquerschnitt für Neutronen beim Schwefel (95 % ^{32}S), nach R. K. Adair et al. (1949) und R. E. Petersen et al. (1950). Nur zwei dieser Resonanzen zeigen die Interferenz mit der Potentialstreuung. Sie werden der s-Wellenstreuung zugeordnet, die übrigen der Streuung mit $l = 1$ („p-Wellenstreuung"). Dort ist die Potentialstreuung vernachlässigbar

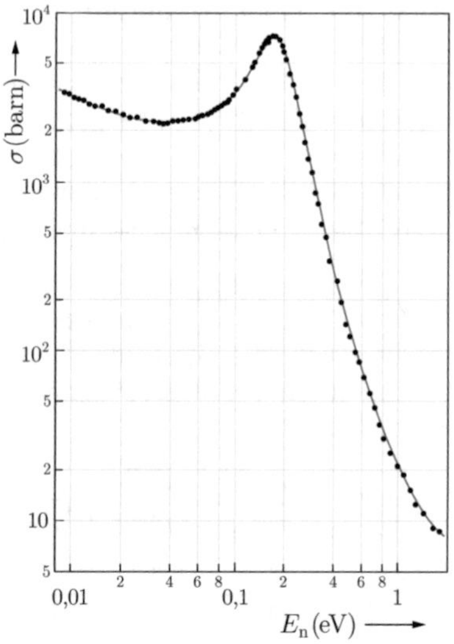

Abbildung 5.24 Wirkungsquerschnitt für Neutronen beim Cadmium, nach H. H. Goldsmith et al. (1997). Ein barn ($= 10^{-24}\,\mathrm{cm}^2$) ist die in der Kernphysik übliche Einheit für Wirkungsquerschnitte

[11] Diese Interferenz entspricht den aus der klassischen Physik bekannten Verhältnissen: Die Potentialstreuung entspricht fast genau der Reflexion beim fest eingespannten Gummiseil in Abb. IV/1.6: Die auslaufende Welle ist gegenphasig zur einlaufenden („Phasensprung um π"). Bei der erzwungenen Schwingung ist unterhalb der Resonanzfrequenz die Schwingung gleichphasig mit der Erregung, oberhalb aber gegenphasig. Daher ist die Interferenz in Abb. 5.23 unterhalb der Resonanz destruktiv, oberhalb konstruktiv. Sie wirkt sich nur dort aus, wo die Amplituden der Potential- und der Resonanzstreuung ungefähr gleich groß sind.

[12] Siehe z. B. J. M. Blatt u. V. F. Weisskopf, „Theoretical Nuclear Physics", Springer Verlag (1979), S. 463 und S. 349.

[13] H. Feshbach, D. C. Peaslee u. V. F. Weisskopf, Phys. Rev. 71, 145 (1947), Gleichung (14). Es wurde dort $\mathrm{e}^{\mathrm{i}kr_0} = 1$ und nach (5.84) $\sin kr_0 = -\sin\delta_0 = -\delta_0$ gesetzt. Ferner wurde berücksichtigt, dass man mit (5.86) das richtige Vorzeichen für $\mathcal{A}_{0,\mathrm{pot}}$ erhält (Brechungsindex $n < 1$).

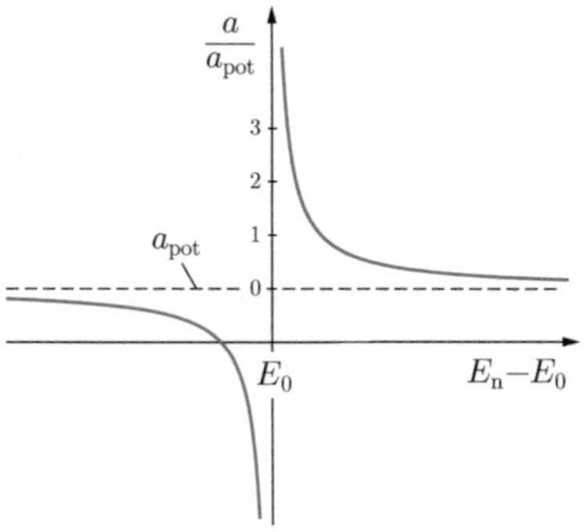

Abbildung 5.25 Streulänge bei der Resonanzstreuung von Neutronen am Atomkern als Funktion der Neutronenenergie, schematisch nach (5.94)

Für $E_n < E_0$ ist $\mathcal{A}_{0,\text{res}} > 0$. Der resonant gestreute Anteil der Streuwelle ist dort gleichphasig mit der einlaufenden Welle, und für $E_n > E_0$ gegenphasig, ganz entsprechend der Abb. 5.23. In dem Bereich, wo $|E_n - E_0| \gg \Gamma$ ist, ist die Streulänge

$$a = a_{\text{pot}} + \frac{\Gamma_n/2k}{E_n - E_0} \quad \text{mit} \quad a_{\text{pot}} = -\frac{\delta_0}{k} > 0\,. \tag{5.94}$$

a/a_{pot} ist in Abb. 5.25 aufgetragen. Den Vorzeichenwechsel von a erkennt man schon in Abb. 5.22: Die gestrichelten Linien geben dort den Verlauf von $\zeta_T(r)$ im Grenzfall $kr_0 \lll 1$ realistisch wieder, während die ausgezogenen Sinuskurven für $kr_0 \approx 1$ gelten. Der Schnittpunkt der gestrichelten Geraden mit der r-Achse gibt die Streulänge im Grenzfall $k \to 0$ an. Bei $E_n = E_0$ springt a von $-\infty$ nach $+\infty$, und für $k \to 0$ strebt in der Tat $\sigma_{\text{Str}} = 4\pi/k^2 \to \infty$.

Feshbach-Resonanzen in ultrakalten Gasen

Seit es möglich ist, atomare Gase auf Temperaturen im µK- und nK-Bereich abzukühlen und zu speichern, ist die experimentelle Untersuchung solcher Gase ein aktuelles Forschungsgebiet.[14] Wenn der mittlere Abstand zwischen den Atomen kleiner oder gleich ihrer de-Broglie-Wellenlänge ist, tritt die in Abschn. II/12.3 diskutierte Gasentartung ein, und es können sich **Quantengase** bilden: Das **Bose–Einstein-Kondensat** (BEC) entsteht bei Teilchen mit ganzzahligem Gesamtdrehimpuls (Drehimpuls einschließlich des Elektronen- und des Kernspins), während Teilchen mit halbzahligem Gesamtdrehimpuls ein **Fermi-Gas** bilden. Die Besetzung der Energieniveaus im Oszillator-Potential der magnetischen Falle ist für beide Fälle in Abb. 5.26 gezeigt. Wir kennen sie schon vom Elektronengas in Metallen (Abb. III/9.2–III/9.4), von

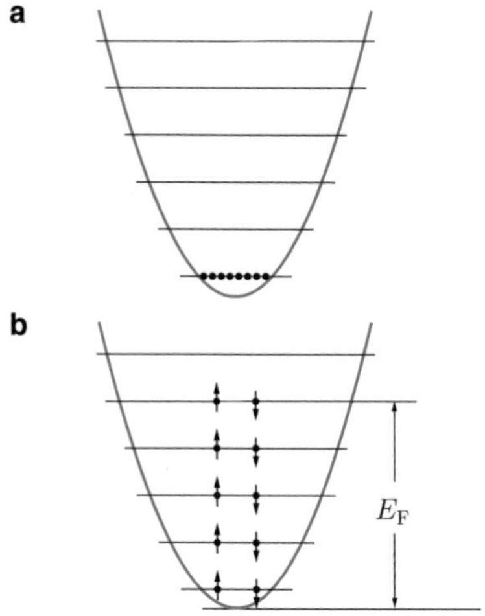

Abbildung 5.26 Besetzung der Energieniveaus bei $T \approx 0$: **a** im Bose–Einstein-Kondensat, **b** im Fermi-Gas

Abb. 5.20a und vom BCS-Grundzustand bei der Supraleitung (Bd. III/9.3). Bei der Erforschung dieser neuen Materiezustände spielen die so genannten **Feshbach-Resonanzen** eine wichtige Rolle. Sie entstehen, wenn sich nahe der Energie der ultrakalten Atome ein Energieniveau des gebundenen Zustands, also des zweiatomigen Moleküls befindet. Der Wirkungsquerschnitt für die Streuung von zwei Atomen aneinander wird dann resonant überhöht. Dieses Phänomen kennen wir bereits aus Abb. 5.23, wo der gebundene Zustand durch den Compound-Kern gebildet wird. Die Resonanzstreuung wurde von Herman Feshbach im Rahmen seiner „Unified Theory of Nuclear Reactions" gründlich untersucht.[15]

Bei der Anwendung der Streutheorie auf die ultrakalten Gase drängen sich zwei Fragen auf: Warum spielen die Stöße zwischen ***zwei*** Teilchen eine so große Rolle, wenn sich die thermischen de Broglie-Wellenlängen ***vieler*** Teilchen überlappen? Was hat man sich unter der elastischen Streuung zweier Teilchen im BEC vorzustellen? Zu Frage (1): Für die Häufigkeit der Stöße ist auch hier der Streuquerschnitt maßgeblich, also nach (5.75) die Streulänge a. Die Wechselwirkung zwischen den Atomen beruht auf der kurzreichweitigen van der Waals-Kraft. Bei Natrium-Atomen mit $T \approx 1\,\mu\text{K}$ wurde $a = 2{,}75\,\text{nm}$ gemessen. Daraus folgt, dass Zweierstöße viel häufiger sind als Dreierstöße, auch wenn bei dieser Temperatur $\lambda_T \approx 360\,\text{nm}$ ungefähr gleich $\approx n^{-1/3}$ ist, also dem mittleren Abstand zwischen den Atomen (n ist die Zahl der Atome pro Volumeneinheit). Zur Beantwortung von Frage (2) betrachten wir Abb. 5.18. Wir sind bisher zur Vereinfachung der Rechnung nicht von der zeitabhängigen Streuung von

---

[14] Das Speichern wurde am Ende von Abschn. III/13.4 beschrieben; mit dem Kühlen werden wir uns in Abschn. 6.6 befassen.

[15] Annals of Physics **5**, 357 (1958); **19**, 287 (1962). Die Bezeichnung „Feshbach-Resonanz" hat sich nur in der Atomphysik eingebürgert. Amüsant und interessant zu diesem Thema: D. Kleppner, „Professor Feshbach and His Resonance", Physics Today, August 2004, S. 12.

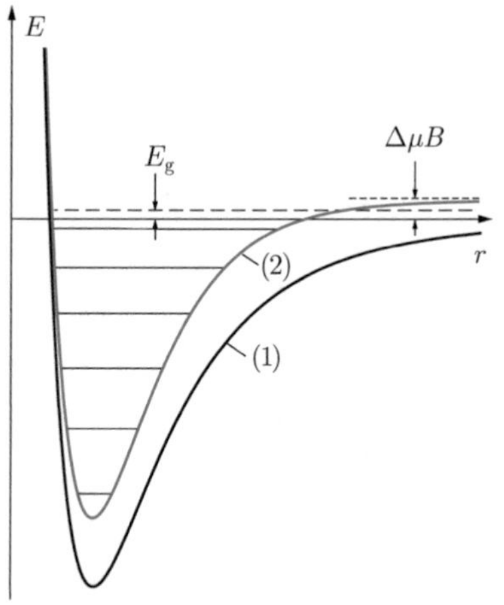

Abbildung 5.27 Zur Erzeugung einer Feshbach-Resonanz bei ultrakalten Gasen. Kurve (1): Potential der van der Waals-Kraft. E_g: Energie der Atome im ultrakalten Gas. Kurve (2): Potentielle Energie im zwei-atomigen Molekül. Eingetragen sind die Vibrationsniveaus mit den Quantenzahlen $v = 0 - 5$ und $l = 0$. $\Delta\mu B$: Verschiebung von Kurve (2) gegen Kurve (1) auf Grund des angelegten Magnetfeldes $\boldsymbol{B}$

Wellenpaketen wie in Abb. 5.18a ausgegangen, sondern von der Streuung als stationärem Prozess (Abb. 5.18b). Genau dies ist aber der Weg, auf dem die Wechselwirkung der Atome im BEC zu beschreiben ist. Mann kann zeigen, dass die Energie E_W, die in der Wechselwirkung der im BEC enthaltenen Atome steckt, direkt proportional zur Streulänge a ist:

$$\frac{E_W}{N} = \frac{2\pi\hbar^2}{m} a\, n_{At}\,. \tag{5.95}$$

N ist die Zahl der im BEC gespeicherten Atome, m deren Masse und n_{At} die mittlere Teilchenzahldichte im Kondensat. Sie kann bei Kenntnis der Fallenparameter aus N berechnet werden.

In der Kernphysik liegt die Resonanzenergie E_0 des Compound-Kerns fest und die Energie des Neutrons wird variiert. Bei den ultrakalten Gasen ist es umgekehrt: Die Energie E_g der Atome im ultrakalten Quantengas liegt fest. Da sich die magnetischen Momente zweier Atome im Gas von dem des Moleküls unterscheiden, kann man in einem homogenen Magnetfeld die Energie der Molekülzustände gegen E_g verschieben, und zwar so, dass der oberste Vibrationszustand in Abb. 5.27 über die Energie E_g geschoben wird. Dabei kommt es zu einer Feshbach-Resonanz.

Wir beschreiben das erste Experiment dieser Art, durchgeführt von der Arbeitsgruppe von W. Ketterle am MIT in Cambridge (USA).[16] Ein in einer Kleeblattfalle (Abb. III/13.28) gespeichertes Bose–Einstein-Kondensat aus Natrium-Atomen wird in eine rein optische Falle transferiert, in der die Atome allein durch Lichtkräfte zusammen gehalten werden. Dazu wird die Kleeblattfalle abgeschaltet, kurz nachdem die Laserstrahlen für die optische Falle eingeschaltet waren. Mit den Helmholtzspulen der Kleeblattfalle kann man dann das homogene $\boldsymbol{B}$-Feld erzeugen. Im Bereich, wo in (5.89) $\Gamma \ll |E - E_0|$ ist, erwartet man die Streulänge

$$a(B) = \tilde{a}\left(1 - \frac{C}{\Delta\mu(B - B_0)}\right) \quad \text{mit} \quad \Delta\mu = 2\,\mu_{At} - \mu_{mol} > 0\,. \tag{5.96}$$

Hierbei ist $\tilde{a}$ die Streulänge der Potentialstreuung, C ist eine Konstante und μ_{At} bzw. μ_{mol} sind die magnetischen Momente der freien Na-Atome bzw. des hier zur Resonanz gebrachten Molekülzustands ($v = 14$, $l = 0$, vgl. Abb. 5.15). B_0 ist das Magnetfeld, bei dem die Resonanzenergie E_g erreicht wird.

Die Messergebnisse sind in Abb. 5.28 gezeigt.[17] In Abb. 5.28a sieht man, dass die Teilchenzahl im Kondensat in der Nähe der Resonanz drastisch abnimmt, ein Umstand, der das Auffinden der Resonanz erheblich erleichtert. Abb. 5.28 zeigt die Feshbach-Resonanz. Sie erscheint gegenüber Abb. 5.25 seitenverkehrt, weil dort mit zunehmendem E_n die Resonanz von der niederenergetischen Seite angefahren wird, hier aber bei zunehmendem $\boldsymbol{B}$ von der hochenergetischen Seite (vgl. auch Abb. 5.27). Man beachte die halblogarithmische Auftragung in Abb. 5.28.

Resonanztransmission.

Es gibt nicht nur Resonanz***streuung***, sondern auch **Resonanztransmission**. Bei s-Wellenstreuung tritt sie auf, wenn bei einer bestimmten Energie $\delta_0 = 0$ und $\mathcal{A}_0 = 0$ wird. Bei reiner s-Wellenstreuung läuft dann die einlaufende ebene Welle bei dieser Energie ungestört in z-Richtung weiter. Leicht zu erklären ist das entsprechende Phänomen beim eindimensionalen Potentialtopf: Wie

[16] S. Inouye, M. R. Andrews, J. Stenger, H. J. Miesner, D. M. Stamper-Kurn u. W. Ketterle, Nature 392, 151 (1998).

[17] Für jeden Messpunkt unterhalb der Resonanz wurde das Magnetfeld langsam (0,05–0,3 G/ms) hochgefahren. Bei einem bestimmten Wert von B wurde die optische Falle abgeschaltet. Die im Kondensat gespeicherte Wechselwirkungsenergie E_W wandelt sich dann in kinetische Energie E_{kin} um. Das Auseinanderlaufen der Atome kann photographisch registriert werden. Aus ihrer Geschwindigkeit und der dabei ebenfalls beobachtbaren Anzahl N kann mit (5.96) und $E_{kin} = E_W/N$ die Streulänge a berechnet werden. Zur photographischen Registrierung siehe W. Ketterle, Physikalische Blätter **53**, 677 (1997). Für die Messungen oberhalb von B_0 wurde zunächst das B-Feld möglichst schnell (100 G/ms) zu einem Wert deutlich oberhalb der Resonanz gebracht, wobei 60–80 % des Kondensats verlorengingen, und dann langsam abgesenkt.

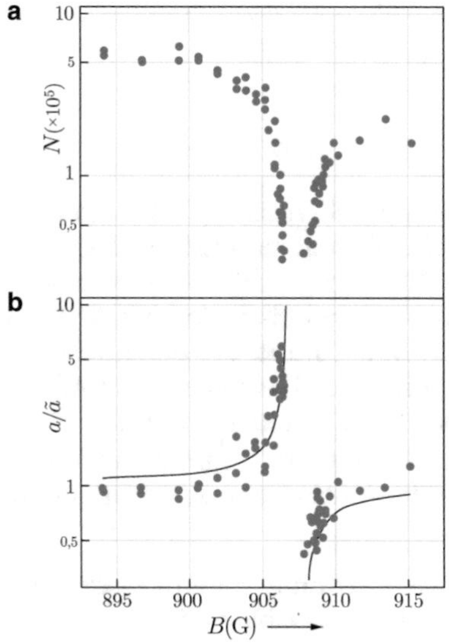

Abbildung 5.28 Messergebnisse. **a** Anzahl N der Atome im BEC als Funktion des homogenen Magnetfelds B. **b** Streulänge a, dividiert durch $\tilde{a}$ als Funktion des Feldes (siehe (5.96)). Die Feshbach-Resonanz liegt bei $B_0 = 907$ Gauß. Aus S. Inouye et al. (1998)

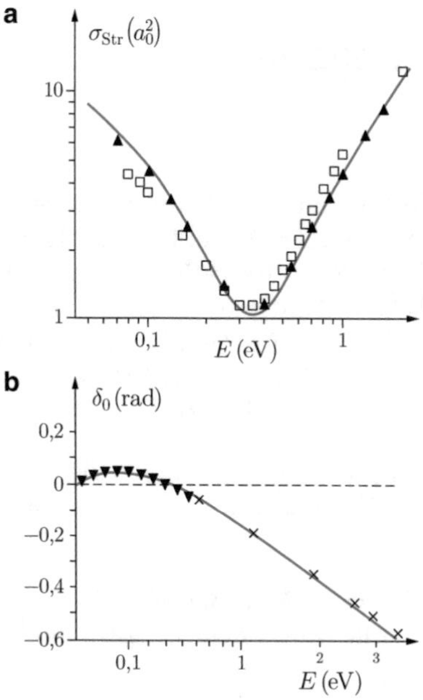

Abbildung 5.29 Zum Ramsauer-Effekt. Als Funktion der Elektronenenergie sind aufgetragen: **a** Totaler Wirkungsquerschnitt für die elastische Streuung von Elektronen an Argon, in Einheiten von a_0^2 (a_0 = Bohr'scher Radius, (3.34)). Messpunkte: □ Jost et al. (1983), ▲ Ferch et al. (1984). *Ausgezogene Kurve*: Berechnet von R. P. McEchran u. A. D. Stauffer (1983). **b** s-Wellen-Streuphase δ_0: ▼ Weyhreter et al. (1988), × Williams (1979). *Ausgezogene Kurve*: Berechnet wie oben. Nach D. J. R. Mimnagh et al., Journal of Physics B **26**, 1727 (1993)

beim Fabry-Pérot-Interferometer verschwindet die Reflexion durch Interferenz, wenn eine ganze Zahl von Halbwellen in den Potentialtopf passt. Bei dem in Abb. 4.4 gezeigten Beispiel einer Kontinuums-Wellenfunktion ist dieser Fall zufällig fast erreicht.

Resonanztransmission bei s-Wellenstreuung ist die Ursache des im Anschluss an (III/8.8) erwähnten **Ramsauer-Effekts**. So nennt man das Phänomen, dass der Wirkungsquerschnitt für die elastische Streuung von langsamen Elektronen an den Atomen der Edelgase Ar, Kr und Xe bei bestimmten Elektronenenergien sehr klein wird. Abb. 5.29a zeigt den experimentell bestimmten Wirkungsquerschnitt beim Argon, Abb. 5.29b zeigt die Streuphase δ_0 als Funktion der Energie. Sie wird, unabhängig von der Messung des Streuquerschnitts, durch Messung und Analyse der Winkelverteilung ermittelt. Bei 0,3 eV geht δ_0 durch Null und σ_{Str} hat ein ausgeprägtes Minimum. Dort verschwindet also die s-Wellenstreuung und es bleibt nur noch die elastische Streuung der Partialwellen mit $l \geq 1$ übrig. Wegen der Abschirmung der Kernladung durch die kugelsymmetrische Elektronenhülle ist r_0 in (5.88) deutlich kleiner als der Radius des Ar-Atoms ($R_{\mathrm{At}} = 1{,}7 \cdot 10^{-10}\,\mathrm{m}$). Deshalb dominiert bei Elektronenenergien $E_{\mathrm{e}} \lesssim 1\,\mathrm{eV}$ außerhalb des Ramsauer-Minimums immer noch die s-Wellenstreuung, vgl. Tab. 5.7. Die Berechnung des Effekts erwies sich als schwierig. Um die in Abb. 5.29 gezeigte Übereinstimmung mit dem Experiment zu erreichen, muss auch die schon beim Ferromagnetismus erwähnte Austausch-Wechselwirkung (siehe Text bei Abb. III/14.14) und die Polarisation der Elektronenhülle durch das einfallende Elektron berücksichtigt werden.

Übungsaufgaben

5.1. Coulomb- und Drehimpulsbarriere. Berechnen Sie für Protonen mit $l = 1$ und $l = 2$ die Höhen der Drehimpulsbarriere sowie die Höhe des Coulomb-Walls bei Kernen mit den Ladungen $Z = 6$, 30 und 80 und dem Radius $R_K = 1{,}3\,A^{1/3}\,10^{-15}\,\text{m}$ ($A = 12$, 65 bzw. 200). Geben Sie die Werte in MeV an. Die Protonenruheenergie ist 938 MeV, es ist $\hbar = 6{,}58 \cdot 10^{-16}\,\text{eV s}$.

5.2. Drehimpulsoperator. Zeigen Sie, dass aus (5.27)–(5.29) der in (5.30) angegebene Ausdruck für den Operator $|\boldsymbol{L}|^2_{\text{op}}$ folgt.

5.3. Gleichzeitige Messbarkeit physikalischer Größen. Welche der folgenden Größen sind gleichzeitig messbar:

a) Komponente des Drehimpulses in z-Richtung,

b) x-Koordinate

c) $x^2 + y^2$.

Hinweis: Berechnen Sie die Kommutatoren analog zu (4.59).

5.4. Ortsunschärfe in einem Molekül. Der Abstand zwischen den Atomkernen eines zweiatomigen Moleküls ist einer quantenmechanischen Unbestimmtheit unterworfen. Wie groß ist der Effekt im HCl-Molekül, wenn die Schwingungsquantenzahl $v = 0$ oder 1 ist (siehe Aufg. 4.3, Daten in Tab. 5.4)? Vergleichen Sie mit dem mittleren Atomabstand d_0.

5.5. Drehimpuls und Atomabstand im zweiatomigen Molekül. Man betrachte den klassischen Grenzfall zweier Massen, die über eine Feder mit der Federkonstanten D miteinander verbunden sind. Im Abstand r_0 verschwinde die Federkraft. Die reduzierte Masse des Systems ist μ, die Federmasse ist zu vernachlässigen. Um wie viel ändern sich der Abstand zwischen den Massen, das Trägheitsmoment des Systems und die potentielle Energie, wenn die Massen mit einem kleinen Drehimpuls L umeinander rotieren, aber nicht gegeneinander schwingen? Um wie viel weicht die Rotationsenergie vom Wert $L^2/(2\mu\,r_0^2)$ ab? Wenden Sie diese klassische Abschätzung auf das HCl-Molekül an.

5.6. Fortrat-Diagramm. Interpretieren Sie das Fortrat-Diagramm von HCl in Abb. 5.13:

a) Reproduzieren Sie die gestrichelten Kurven in der Abbildung mit Hilfe der Daten in Tab. 5.4.

b) Die Schwingungsanregung des HCl führt wegen der Nichtlinearität des Kraftgesetzes zu einer Änderung des Trägheitsmoments (beschrieben durch (5.60)) und somit zu Abweichungen von den gestrichelten Kurven in Abb. 5.13. Wie sehen sie aus und welchen Wert schätzt man für κ ab?

5.7. Wirkungsquerschnitt und Partialwellen. a) Beweisen Sie (5.76) für den totalen Streuquerschnitt durch Integration des differentiellen Wirkungsquerschnitts (5.75).

b) Wie groß kann der totale Wirkungsquerschnitt werden, wenn eine Reaktion ausschließlich aus elastischer s-Wellenstreuung besteht? Wie groß ist dann die Streuphase δ_0?

c) Unter welchen Bedingungen erreicht der Breit–Wigner-Wirkungsquerschnitt (5.89) diesen Wert?

Magnetische Momente und Spin von Teilchen, Strahlungsfelder

6

Teil I

J. Heintze / P. Bock (Hrsg.), *Lehrbuch zur Experimentalphysik Band 5: Quantenphysik*, https://doi.org/10.1007/978-3-662-58626-6_6

In Abschn. 5.5 haben wir einige experimentelle Fakten besprochen, die die Quantelung des Drehimpulses (5.34) beweisen. Wir wollen nun den experimentellen Beweis für die Richtungsquantelung (5.35) diskutieren. Dabei werden wir auf die Entdeckung des Spins, d. h. des inneren Drehimpulses der elementaren Teilchen stoßen.

Zunächst beschreiben wir den Zusammenhang zwischen Bahndrehimpuls und magnetischem Moment. Dann diskutieren wir den **Zeeman-Effekt**: Befindet sich das Atom in einem Magnetfeld, spalten die Spektrallinien in mehrere Komponenten auf. In manchen Fällen lässt sich der Zeeman-Effekt durch die Richtungsquantelung der Bahndrehimpulse erklären, interessanterweise dann aber auch mit der Lorentzschen Theorie der elastisch gebundenen Elektronen. In vielen Fällen versagen jedoch beide Ansätze.

Den direkten Nachweis der Richtungsquantelung erbrachte erst das Stern–Gerlach-Experiment, allerdings nicht in der Form, die quantenmechanisch für Bahndrehimpulse erwartet wird. Die Entdeckung des Elektronenspins mit der Spinquantenzahl $s = \frac{1}{2}$ sowie des damit verbundenen magnetischen Moments löste alle diese Probleme, wie im dritten Abschnitt gezeigt wird. Wie das Elektron haben auch Neutron, Proton und Neutrino einen halbzahligen Spin. Im vierten Abschnitt befassen wir uns mit dem Drehimpuls des Photons und betrachten die Strahlungsfelder oszillierender Multipole. Deren Eigenschaften sind maßgeblich für die Emission von Photonen durch atomare Systeme. Wir finden dabei eine Erklärung für die Erfolge der Lorentzschen Theorie der im Atom elastisch gebundenen Elektronen. In Abschn. 6.5 geht es um die **Auswahlregeln** der Spektroskopie, um die Erhaltung von Drehimpuls und Parität bei elektromagnetischen Übergängen und um die physikalische Bedeutung dieser Erhaltungssätze.

In den letzten Abschnitten werden zunächst spektroskopische Methoden besprochen, die direkt vom Zeeman-Effekt, von den magnetischen Momenten und vom Spin Gebrauch machen: **Doppelresonanz**, **optisches Pumpen** und **Kernspinresonanz**. Bei der Kernspinresonanz (NMR) wird auch erklärt, wie die in der medizinischen Diagnostik angewandte NMR-Tomographie funktioniert. Am Schluss beschreiben wir noch, wie man ein atomares Gas auf Temperaturen unterhalb von 1 μK abkühlen kann.

6.1 Drehimpuls und Magnetismus

Das Bohrsche Magneton

Mit dem Bahndrehimpuls eines elektrisch geladenen Teilchens ist ein magnetisches Moment verbunden. Dies wurde bereits in Bd. III/14.3 berechnet und wir hatten gefunden, dass zum Drehimpuls $\boldsymbol{L}$ das magnetische Moment

$$\boldsymbol{\mu} = \frac{q}{2m}\boldsymbol{L} \tag{6.1}$$

gehört, wenn q die Ladung, m die Masse des umlaufenden Teilchens ist. Bei der Ableitung dieser wichtigen Formel sind wir in Bd. III/14 von Konzepten der klassischen Physik ausgegangen, z. B. vom Begriff einer wohldefinierten Bahn, auf der sich das Teilchen bewegt. Mit der Quantenmechanik ist eine solche Bahnvorstellung nicht vereinbar. Es zeigt sich aber, dass (6.1) auch mit einer quantenmechanischen Berechnung begründet werden kann. Auch das ursprünglich klassisch abgeleitete Larmor-Theorem (Bd. III/14.3) ist quantenmechanisch gültig.

Das Verhältnis des magnetischen Moments zum Drehimpuls nennt man das **gyromagnetische Verhältnis** γ:

$$\gamma = \frac{\text{Magnetisches Moment}}{\text{Drehimpuls}} = \frac{|\boldsymbol{\mu}|}{|\boldsymbol{L}|}\,. \tag{6.2}$$

Ist das mit dem Bahndrehimpuls $\boldsymbol{L}$ um ein Zentrum laufendes Teilchen ein Elektron, folgt aus (6.1) mit $q = q_e = -e$, $m = m_e$

$$\boldsymbol{\mu} = -\frac{e}{2\,m_e}\boldsymbol{L}\,, \quad \mu = \frac{e\hbar}{2\,m_e}l\,. \tag{6.3}$$

Üblicherweise wird als „magnetisches Moment μ“ der Maximalbetrag von μ_z angegeben, nicht der um einen Faktor $\sqrt{l(l+1)}/l$ größere quantenmechanische Wert.

Das durch den Bahndrehimpuls hervorgerufene gyromagnetische Verhältnis des Elektrons ist

$$\gamma = \frac{e}{2\,m_e}\,. \tag{6.4}$$

Die Größe $e\hbar/2m_e$ wird, wie schon bei (III/14.34) erwähnt, das **Bohrsche Magneton** genannt. Der Zahlenwert ist

$$\mu_B = \frac{e\hbar}{2\,m_e} = 5{,}788 \cdot 10^{-5}\,\text{eV/Tesla}\,. \tag{6.5}$$

Das Verhältnis

$$\frac{\text{Magnetisches Moment in Einheiten von } \mu_B}{\text{Drehimpuls in Einheiten von } \hbar} = g \tag{6.6}$$

nennt man den **Landéschen g-Faktor**, meist kurz: ***g*-Faktor**. Kommt das magnetische Moment allein durch den Bahndrehimpuls $\boldsymbol{L}$ zustande, ist der g-Faktor

$$g = g_l = 1 \,. \tag{6.7}$$

Die Richtungsquantelung des Drehimpulses wirkt sich auch auf das magnetische Moment aus. Aus (6.3) und (5.35) folgt

$$\mu_z = -\frac{e}{2m_e}L_z = -\frac{e}{2m_e}m\hbar \,.$$

m ist die schon in (5.35) eingeführte **magnetische Quantenzahl**. Wir fassen für das Elektron die Formeln für den Zusammenhang zwischen magnetischem Moment und Bahndrehimpuls zusammen:

Bahnmagnetismus:

$$\boldsymbol{\mu} = -\frac{e}{2m_e}\boldsymbol{L} \tag{6.8}$$

$$\mu = g_l \, \mu_B \, l \tag{6.9}$$

$$\mu_z = -g_l \, \mu_B \, m = -m \, \mu_B \,. \tag{6.10}$$

Wir haben die Formeln mit dem g-Faktor g_l geschrieben, damit klar ist, dass hier das magnetische Moment mit dem Bahndrehimpuls verbunden ist.

Zeeman-Effekt

Wenn man eine Spektrallampe in einem Magnetfeld betreibt, beobachtet man, dass die Spektrallinien in mehrere Komponenten aufspalten. Dieser Effekt wurde 1896 von P. Zeeman entdeckt. Mit dem in Abb. 6.1 gezeigten Magneten kann man das Spektrum senkrecht und parallel zur Feldrichtung beobachten, d. h. „transversal" und „longitudinal". Bei manchen Spektrallinien findet man das in Abb. 6.2 gezeigte, relativ einfache Aufspaltungsmuster: Bei transversaler Beobachtung sieht man eine unverschobene Linie, die parallel zum $\boldsymbol{B}$-Feld linear polarisiert ist („π-Licht", π steht für parallel), sowie zwei verschobene Linien, die senkrecht zu $\boldsymbol{B}$ linear polarisiert sind („σ-Licht", σ für senkrecht). Bei longitudinaler Beobachtung sieht man nur die beiden σ-Komponenten. Die

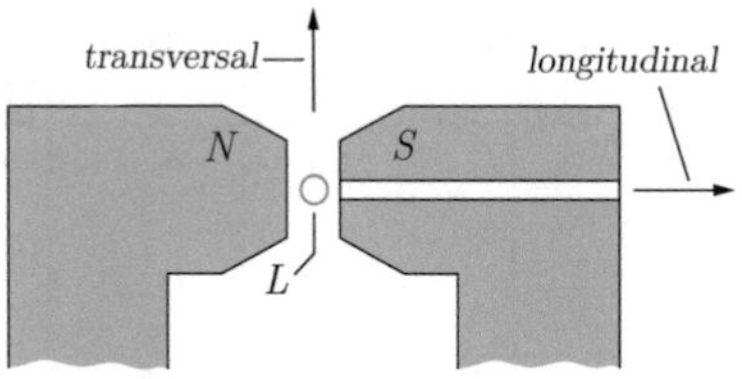

Abbildung 6.1 Zum Nachweis des Zeeman-Effekts. Die Spektrallampe L befindet sich zwischen den Polen eines Elektromagneten. Transversale und longitudinale Beobachtung der Spektren

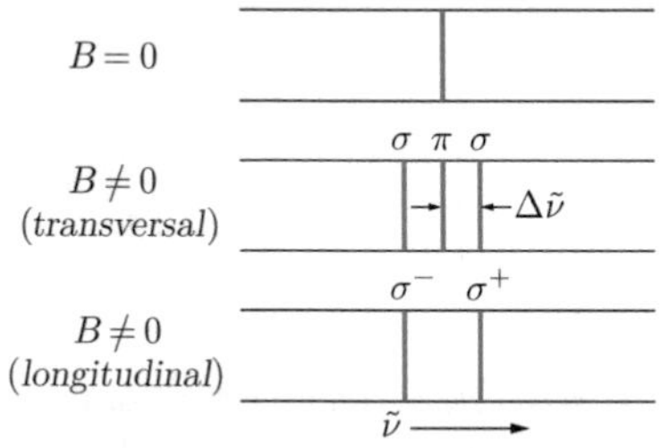

Abbildung 6.2 „Normaler" Zeeman-Effekt, Spektren ohne und mit Magnetfeld. Wellenzahl $\Delta\tilde{\nu} = 1/\lambda = c\nu$

zu höheren Frequenzen verschobene Linie nennt man σ^+-Licht, die zu niedrigeren Frequenzen verschobene σ^--Licht. Bei der Beobachtung in der Anordnung von Abb. 6.1, also entgegen der Feldrichtung, erweist sich das σ^+ als linkszirkular und das σ^--Licht als rechtszirkular polarisiert. Die Aufspaltung hat bei Spektrallinien, die diesen sogenannten **normalen Zeeman-Effekt** zeigen, in vielen Fällen dieselbe Größe:

$$\begin{aligned}\Delta\tilde{\nu} &= 0{,}466\, B\, \frac{\text{cm}^{-1}}{\text{Tesla}} \,, \\ \Delta\nu &= c\,\Delta\tilde{\nu} = 1{,}400 \cdot 10^{10}\, B\, \frac{\text{s}^{-1}}{\text{Tesla}} \,.\end{aligned} \tag{6.11}$$

Die quantenmechanische Erklärung des Zeeman-Effekts geht davon aus, dass ein Atom mit dem magnetischen Moment $\boldsymbol{\mu}$ nach (III/13.15) im Magnetfeld die potentielle Energie

$$E_{\text{pot}} = -\boldsymbol{\mu} \cdot \boldsymbol{B} \,.$$

hat. Die Quantisierungsachse (z-Richtung) ist durch das Magnetfeld $\boldsymbol{B}$ gegeben: $\boldsymbol{B} = (0, 0, B)$.

Damit wird $E_{\text{pot}} = -\mu_z B$ und wir erhalten mit (6.10)

$$E_{\text{pot}} = g_l \, m \, \mu_B \, B \,, \quad m = l,\, l-1,\, \ldots,\, -l \,. \tag{6.12}$$

Die potentielle Energie des magnetischen Dipols im Magnetfeld ist also infolge der Richtungsquantelung gequantelt. Maßgeblich ist hier die **magnetische Quantenzahl** m (daher der Name), die nach (5.35) die Richtungsquantelung des Drehimpulses beschreibt. Abb. 6.3 zeigt an zwei

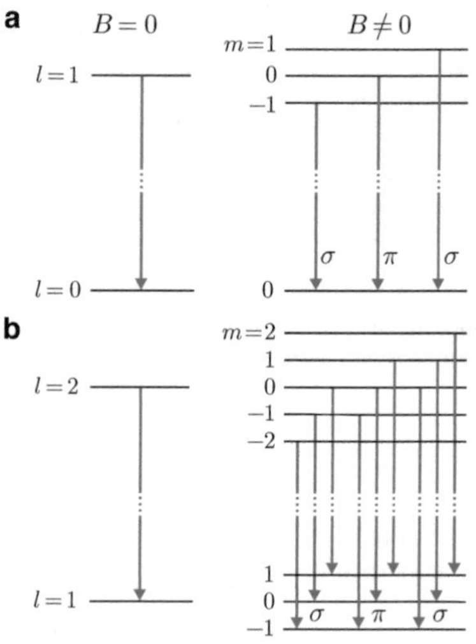

Abbildung 6.3 Zeeman-Niveaus beim normalen Zeeman-Effekt: **a** bei der violetten Linie im Spektrum des Calciums ($\lambda = 422{,}7$ nm), **b** bei der roten Linie im Spektrum des Cadmiums ($\lambda = 643{,}8$ nm)

Beispielen die mit (6.12) berechneten Energieniveaus von Atomen im Magnetfeld. Man nennt sie **Zeeman-Niveaus** oder **Zeeman-Terme**. Die Differenz zwischen den Energien benachbarter Zeeman-Niveaus und der daraus folgende Frequenzabstand ist

$$\Delta E = \mu_{\mathrm{B}}\, B = 5{,}788 \cdot 10^{-5}\, B\, \frac{\mathrm{eV}}{\mathrm{T}}\,,$$
$$\Delta \nu = \frac{eB}{4\pi\, m_{\mathrm{e}}} = 1{,}400 \cdot 10^{10} \cdot B\, \frac{\mathrm{s}^{-1}}{\mathrm{T}}\,. \tag{6.13}$$

Das stimmt genau mit der gemessenen Aufspaltung (6.11) überein. Wie man in Abb. 6.3b erkennt, gilt offenbar die Auswahlregel

$$\Delta m = 0\,,\ \pm 1\,. \tag{6.14}$$

Genau das ist nach der Auswahlregel $\Delta l = \pm 1$ (5.59) zu erwarten, denn $\Delta m > 1$ würde bedeuten, dass von der Strahlung ein Drehimpuls $> 1\hbar$ abgeführt wird.

Es ist bemerkenswert, dass H. A. Lorentz den in Abb. 6.2 gezeigten „normalen" Zeeman-Effekt schon 1896 mit seiner Elektronentheorie erklären konnte, und zwar in allen Einzelheiten. Wie in Abschn. 1.1 dargelegt wurde, führte Lorentz die Lichtemission auf schwingende Elektronen zurück. Um den Zeeman-Effekt zu erklären, zerlegte er die Dipolschwingung eines mit der Frequenz ω_0 in beliebiger Richtung schwingenden Elektrons in zwei Komponenten (Abb. 6.4). Die parallel zum Feld schwingende Komponente erzeugt das π-Licht: Die Frequenz wird nicht vom $\boldsymbol{B}$-Feld beeinflusst,

$$\omega_\pi = \omega_0\,, \tag{6.15}$$

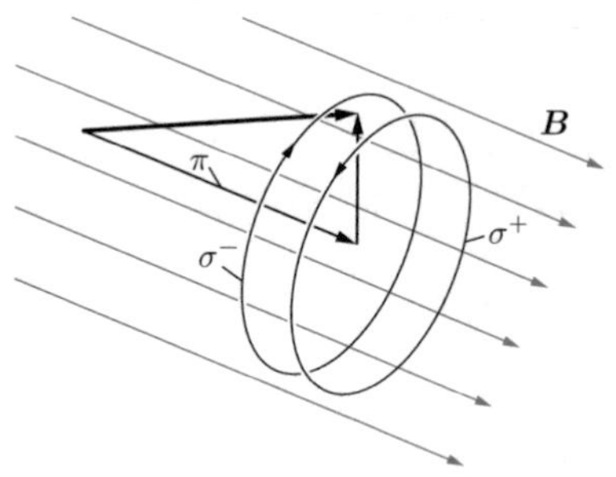

Abbildung 6.4 Zur Lorentzschen Theorie des Zeeman-Effekts: Zerlegung der Dipolschwingung eines Elektrons in eine Komponente parallel und eine senkrecht zum $\boldsymbol{B}$-Feld

und in Feldrichtung ist die Intensität der abgestrahlten Welle Null. Die senkrecht zum $\boldsymbol{B}$-Feld schwingende Komponente wird in zwei gegenläufige Kreisbewegungen zerlegt. Wie sich das Magnetfeld auf diese Kreisbewegungen auswirkt, wurde schon in Bd. III/14.3 untersucht: Nach (III/14.29) ändert sich die Winkelgeschwindigkeit der Kreisbewegungen und damit auch die Frequenz des abgestrahlten Lichts:

$$\omega_\sigma = \omega_0 \pm \omega_{\mathrm{L}} = \omega_0 \pm \frac{eB}{2\, m_{\mathrm{e}}}\,, \tag{6.16}$$

in voller Übereinstimmung mit dem Experiment und mit (6.13). ω_{L} ist die Larmorfrequenz (III/14.25). Auch die Polarisation des π- und σ-Lichts erklärt sich ohne weiteres mit der in Abb. 6.4 dargestellten Zerlegung der Elektronenschwingung, ein Triumph der Lorentzschen Theorie.

Es zeigt sich jedoch, dass der mit der Lorentzschen Theorie erklärbare „normale" Zeeman-Effekt eher eine Ausnahme darstellt. Bei den meisten Spektrallinien findet man ein anderes Verhalten im Magnetfeld. Als Beispiel ist in Abb. 6.5 die Aufspaltung der Natrium D-Linien gezeigt. Die D_1-Linie spaltet in 4, die D_2-Linie in 6 Komponenten auf, und es gibt keine unverschobenen Linien. Die Bezeichnungen σ^+- und σ^--Licht mit der gleichen Definition werden auch hier verwendet. Weder mit der Lorentzschen Elektronentheorie noch mit (6.12) ist dieses Aufspaltungsmuster zu erklären. Man nennt das den

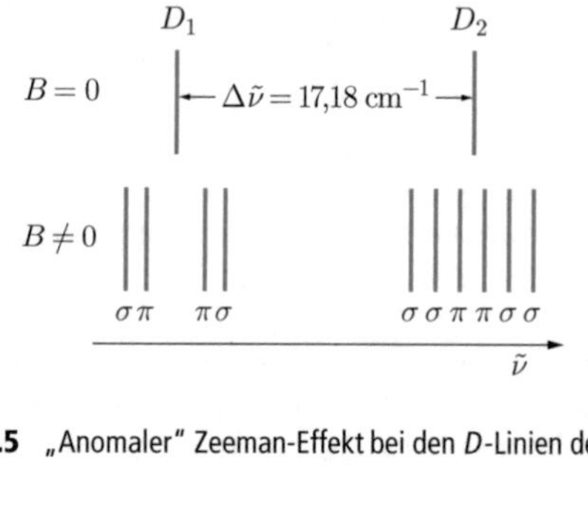

Abbildung 6.5 „Anomaler" Zeeman-Effekt bei den D-Linien des Natriums

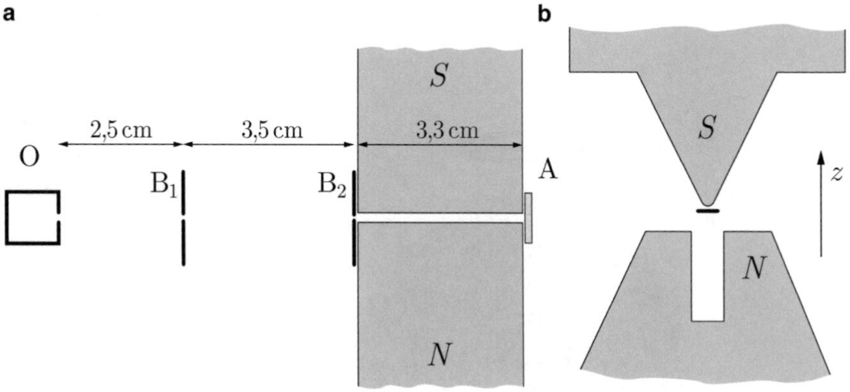

Abbildung 6.6 Apparatur zum Stern–Gerlach-Versuch. O: Ofen (Öffnung 1,1 mm ∅); B_1, B_2: Blenden B_1 0,06 mm ∅, $\mathbf{B}_2$: 0,8 mm × 0,03–0,04 mm, A: Strahlauffänger. Die Zeichnungen sind maßstäblich. Das Ganze befindet sich im Hochvakuum

anomalen Zeeman-Effekt, obgleich er viel häufiger beobachtet wird als der „normale".

6.2 Der Stern–Gerlach-Versuch

Die Richtungsquantelung des Drehimpulses gehört zweifellos zu den merkwürdigsten Vorhersagen der Quantenphysik. Sie ist im Rahmen der klassischen Physik vollkommen unverständlich. Um experimentell zu klären, ob sie dennoch in der Natur realisiert ist, stellten Stern und Gerlach[1] folgendes Experiment an: Ein Silber-Atomstrahl wird durch ein ***inhomogenes*** Magnetfeld geschickt (Abb. 6.6). Ag-Atomstrahlen lassen sich relativ leicht herstellen und nachweisen. In einem Vorversuch mit größeren Blendenöffnungen beobachteten Stern und Gerlach, dass der Atomstrahl durch das Magnetfeld in z-Richtung verbreitert wird; Ag-Atome haben also ein magnetisches Moment. Durch das Magnetfeld ist die Quantisierungsachse (z-Achse) festgelegt, und nur L_z und μ_z haben bestimmte Werte. Infolge der Inhomogenität des Magnetfeldes wirkt nach (III/13.17) auf das Atom die Kraft

$$F_z = \mu_z \frac{\partial B_z}{\partial z} \,. \tag{6.17}$$

Dadurch werden die einzelnen Atome je nach ihrer Orientierung im Magnetfeld nach oben oder unten abgelenkt. Für ein magnetisches Moment von $1\,\mu_B$ erwartet man mit schmäleren Blenden nach (6.12) auf dem Strahlauffänger die in Abb. 6.7a und b dargestellten Verteilungen der Ag-Atome, je nachdem, ob entsprechend der klassischen Physik eine gleichmäßige Verteilung der Orientierungen oder nach (5.35) eine Richtungsquantelung vorliegt. Das tatsächliche Ergebnis des Experiments ist in Abb. 6.7c dargestellt: Es stimmt mit keiner der Vorhersagen überein. Das Phänomen der Richtungsquantelung wird einwandfrei nachgewiesen, und aus der Größe der Aufspaltung ergibt sich, dass das magnetische Moment des Silberatoms $1\,\mu_B$ ist, mit einem geschätzten Fehler von $\pm 10\,\%$. Daraus scheint mit (6.10) zu folgen, dass das magnetische Moment der Ag-Atome durch ein Elektron mit $l = 1$ verursacht wird. Es fehlt jedoch der zu $m = 0$ gehörige unabgelenkte Strahl. Das fiel aber damals nicht auf, denn die Formeln (5.35) und (6.10) gab es noch gar nicht. Abb. 6.7c stimmte sogar genau mit der Bohr-Sommerfeldschen Theorie überein, der einzigen Atomtheorie, die es damals gab.[2] Wie sich später herausstellte, ist das Stern–Gerlach-Experiment die erste direkte Messung vom Spin und vom magnetischen Moment des Elektrons. Wir werden dies in Abschn. 6.3 genauer diskutieren.

Wir wollen nun noch auf die außerordentliche Schwierigkeit des Experiments eingehen: Die Herstellung und der Nachweis von Atomstrahlen sind für sich schon mit einer Fülle von technischen Problemen verbunden; zusätzlich muss noch ein Magnetfeld hergestellt werden, das auf Abständen atomarer Dimension eine nennenswerte Inhomogenität aufweist! Wir wollen die Größenordnung des erforderlichen Feldgradienten abschätzen. Nimmt man eine konstante Kraft F_z an, bewegen sich die Ag-Atome auf einer Parabelbahn und werden dabei abgelenkt um

[1] Otto Stern (1888–1969) und Walther Gerlach (1889–1979) führten das berühmte Experiment 1921 in Frankfurt durch. Stern, ursprünglich Theoretiker und Schüler Einsteins, gehört zu den ganz großen Meistern der Experimentalphysik. Er ist der Begründer der modernen Atomstrahltechnik. Nach der gemeinsamen Zeit an der Universität Frankfurt wirkte Stern in Rostock und in Hamburg (bis 1933), Gerlach in München.

[2] Siehe A. Sommerfeld, „Atombau und Spektrallinien", Vieweg-Verlag (1924). Auf S. 145 findet man die Bemerkung, dass die Richtungsquantelung durch den Zeeman-Effekt hinlänglich bewiesen sei, und anschließend den Satz: „Allerdings ist dieser Nachweis etwas indirekt und vielleicht dem experimentellen Physiker weniger einleuchtend als dem theoretischen. Es gibt aber seit Kurzem einen unmittelbaren Nachweis …" (nämlich das Stern–Gerlach-Experiment).

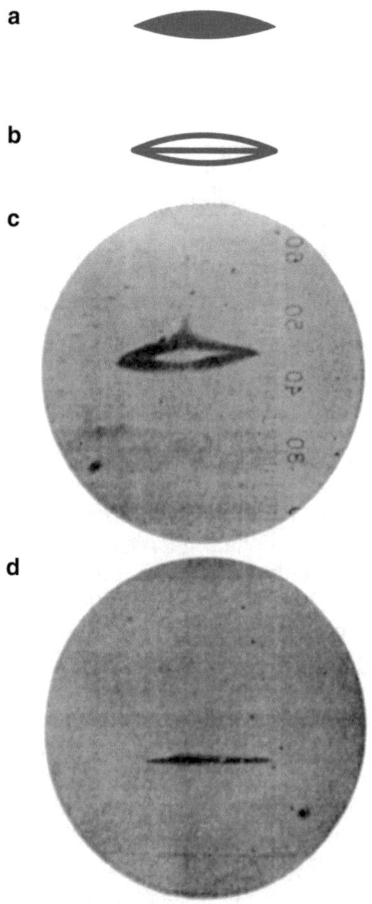

Abbildung 6.7 Ergebnisse des Stern–Gerlach-Versuchs: **a** Erwartung ohne Richtungsquantelung, **b** Erwartung nach (6.10), **c** tatsächliches Ergebnis (20 Skalenteile = 1 mm) und **d** Strahlprofil bei $B = 0$, aus W. Gerlach u. O. Stern (1922). Der Ausläufer am *oberen Rand* in Bild **c** ist durch das extrem inhomogene Feld unmittelbar unter der Schneide verursacht

die Strecke

$$\Delta z = \frac{1}{2}at^2 = \frac{1}{2}\frac{F_z}{m_{\text{Ag}}}\frac{l^2}{v^2} = \frac{1}{2}\mu_z\frac{\partial B_z}{\partial z}\frac{l^2}{m_{\text{Ag}}v^2} ,$$

wenn l die Länge der Flugstrecke, v die Geschwindigkeit der Atome ist. v ist durch die kinetische Energie der Atome im Ofen gegeben:

$$\frac{1}{2}m_{\text{Ag}}\overline{v^2} = \frac{3}{2}k_{\text{B}}T \quad \to \quad v \approx \sqrt{\frac{3k_{\text{B}}T}{m_{\text{Ag}}}}$$

Mit $T = 800\,\text{K}$, $l = 10\,\text{cm}$, $\mu_z = \mu_{\text{B}}$ berechnet man, dass für $\Delta z = 1\,\text{mm}$ eine Magnetfeld-Inhomogenität

$$\frac{\partial B_z}{\partial z} \approx 1\,\frac{\text{Tesla}}{\text{mm}}$$

notwendig ist. Schon ein homogenes Magnetfeld von 1 Tesla ist nicht ganz leicht zu machen, eine Inhomogenität dieser Größenordnung zu erzeugen, scheint fast unmöglich zu sein. Stern und Gerlach erreichten sogar eine Inhomogenität von 1,5 Tesla/mm. Die Ablenkung war bei einer Magnetfeldlänge von 3,3 cm $\Delta z = 0{,}15\,\text{mm}$, was einen sehr scharf ausgeblendeten Atomstrahl und eine extrem genaue Justierung erforderte. Scharfe Kollimation bedeutet geringe Strahlintensität: Selbst nach einer „Belichtungszeit" von 8 Stunden musste der Strahlauffänger ähnlich wie eine Fotoplatte entwickelt werden, um den Niederschlag sichtbar zu machen. Um das magnetische Moment angeben zu können, musste die Inhomogenität des Feldes gemessen werden. Auch das war mit den damaligen Mitteln ein äußerst schwieriges Unterfangen. Beim Wismut hängt der Widerstand merklich vom Magnetfeld ab, also wurde ein Wismut-Draht mit µm-Genauigkeit parallel zur Schneide des Magneten gespannt und in kleinen Schritten bewegt. In jeder Position wurde der elektrische Widerstand gemessen, und das alles von Hand, ohne die heute verfügbaren elektromechanischen Hilfsmittel.

Der Stern–Gerlach-Apparat als Zustandsfilter. Da im Stern–Gerlach-Apparat die Zustände mit verschiedenen Quantenzahlen räumlich getrennt werden, kann man ihn als Zustandsfilter verwenden, indem man am Ort des Auffängers in Abb. 6.6 eine Kreisblende anbringt, die nur Atome aus einem der Teilchenstrahlen durchlässt. Dass dieser Strahl nur Atome in dem selektierten Quantenzustand enthält, kann man nachweisen, indem man hinter dem ersten Stern–Gerlach-Magneten (SG_1) einen zweiten stellt (SG_2), bei dem die in Abb. 6.6b eingezeichnete Achse parallel zur z-Achse von SG_1 steht. Dieser Strahl wird dann in SG_2 nochmals wie in SG_1 abgelenkt, aber ohne weitere Aufspaltung.

Wechsel der Quantisierungsachse. Was geschieht, wenn die z-Achse von SG_2 (Koordinate z') gegen die von SG_1 verdreht ist? Die hinter SG_1 mit der Kreisblende selektierten Atome befinden sich in einem Eigenzustand bezüglich der z-Achse von SG_1, also z. B. bei Atomen mit dem Drehimpuls $l = 1$ in Zuständen, deren Wellenfunktion die Winkelanteile $Y_{1,+1}(\vartheta, \varphi)$, $Y_{1,0}(\vartheta, \varphi)$ oder $Y_{1,-1}(\vartheta, \varphi)$ enthält. Dies sind keine Eigenzustände bezüglich der z'-Achse. Daher spaltet in SG_2 die Wellenfunktion in drei Komponenten mit den Winkelanteilen $Y_{1,m'}(\vartheta', \varphi')$ bezüglich der z'-Achse auf. Die quantenmechanisch berechneten Amplituden der Teilstrahlen wurden für den Fall $l = 1$, $m = 1$ schon in (5.38) angegeben, die Amplituden für $m = 0$ und $m = -1$ findet man in Tab. 5.3. Die hinter SG_2 gemessenen Intensitäten der Teilstrahlen entsprechen genau der Berechnung mit (5.39) (Aufgabe 6.2).

Gl. (5.38) zeigt auch, dass zwischen den Teilstrahlen hinter SG_2 Kohärenz besteht, im Gegensatz zu den Strahlen hinter SG_1, die durch Sortieren der aus dem Ofen kommenden Atome nach verschiedenen Quantenzahlen m entstanden sind.

6.3 Spin des Elektrons, der Nukleonen und der Neutrinos

Das Elektron

Die Erklärung für den Ausgang des Stern–Gerlach-Experiments und für eine Fülle von anderen merkwürdigen Phänomenen im Bereich der Atomphysik gelang erst etliche Jahre später.[3] Das Elektron besitzt einen Eigendrehimpuls, den Elektronenspin $\boldsymbol{s}$, der durch eine Spinquantenzahl $s = \frac{1}{2}$ gekennzeichnet wird. In Analogie zu (5.34) und (5.35) gelten folgende Regeln:

Spin des Elektrons:

$$|\boldsymbol{s}| = \sqrt{s(s+1)}\,\hbar\,, \quad s = \tfrac{1}{2} \tag{6.18}$$

$$s_z = m_s\hbar\,, \quad m_s = \pm\tfrac{1}{2} \tag{6.19}$$

Die Quantenzahl m_s liefert auch den letzten Baustein zur Erklärung des Periodensystems der Elemente. Wir werden darauf in Kap. 8 zurückkommen.

Verbunden mit dem Spin hat das Elektron ein magnetisches Moment. Dieses entspricht aber nicht etwa einem halben, sondern nahezu einem ***ganzen*** Bohrschen Magneton, wie Stern und Gerlach zeigten. Der g-Faktor ist $g_s \approx 2$. Aus der Stellung des Silberatoms im Periodensystem ergibt sich, dass das magnetische Moment des Silberatoms nicht von einem Bahndrehimpuls, sondern vom magnetischen Moment des Elektrons erzeugt wird. Daher spaltet nach (6.19) der Atomstrahl im Stern–Gerlach-Experiment in zwei Komponenten auf, womit das Resultat von Stern und Gerlach erklärt ist.

Man kann den Zusammenhang zwischen dem magnetischen Moment des Elektrons und den Spin-Quantenzahlen in Analogie zu (6.8)–(6.10) folgendermaßen schreiben:

Spinmagnetismus:

$$\boldsymbol{\mu} = -g_s \frac{e}{2m_\mathrm{e}}\boldsymbol{s} \approx -\frac{e}{m_\mathrm{e}}\boldsymbol{s} \tag{6.20}$$

$$\mu = g_s\,\mu_\mathrm{B}\,s \tag{6.21}$$

$$\mu_{ez} = -g_s\,\mu_\mathrm{B}\,m_s\,. \tag{6.22}$$

Das gyromagnetische Verhältnis des Elektrons ist demnach $\gamma = e/m_\mathrm{e}$. Der Einstein–de Haas-Effekt (Bd. III/14.3) findet damit auch quantitativ eine Erklärung. Er beweist: Der Ferromagnetismus entsteht durch die Ausrichtung von Elektronenspins und nicht durch den Bahnmagnetismus!

Der g-Faktor des Elektrons ist heute auf 13 Stellen genau bekannt. Die genaueste Messung stammt von G. Gabrielse und seiner Arbeitsgruppe (Harvard University, Cambridge, Mass., USA). Sie ergab

$$g = g_s = 2{,}00231930436146 \pm 0{,}00000000000056\,. \tag{6.23}$$

Man erreicht diese phantastische Genauigkeit, indem man ein Elektron in einer Penningfalle (vgl. Abb. III/13.26) einsperrt und zwei Frequenzen misst, von denen die eine proportional zu $\boldsymbol{B}$, die andere proportional zu $g_s\boldsymbol{B}$ ist.[4] In der Quantenelektrodynamik (QED) wurde von T. Kinoshita (Cornell University, Ithaka, NY, USA) g_s mit der gleichen Genauigkeit berechnet. Die Übereinstimmung mit (6.23) macht die QED zu der am besten nachgeprüften Theorie.

Was hat man sich unter dem Drehimpuls des Elektrons vorzustellen? Wie kommt das magnetische Moment zustande? Diese Fragen lassen sich nicht im Rahmen der klassischen Physik beantworten, etwa mit der Vorstellung, das Elektron sei ein kleines rotierendes elektrisch geladenes Kügelchen. Wir sind auf diese Frage bereits am Ende von Bd. III/14.3 im Zusammenhang mit den Ampèreschen Molekularströmen kurz eingegangen. Die **Dirac-Gleichung**, auf die wir Abschn. 7.4 zurückkommen werden, liefert für punktförmige, d. h. strukturlose Teilchen mit dem Spin $\frac{1}{2}$ automatisch den g-Faktor 2. Dass man mit der Quantenelektrodynamik die kleine Abweichung des g-Faktors vom Zahlenwert 2 so genau erklären

[3] Die Entdeckung des Elektronenspins ist eine der verzwicktesten „Detektivgeschichten" der modernen Naturwissenschaft. Viele bedeutende Physiker waren an der Aufklärung des Falls beteiligt. Die entscheidenden Schritte taten die holländischen Physiker Kronig, Goudsmit und Uhlenbeck im Jahre 1925.

[4] Näheres dazu findet man in B. Odom, D. Hannecke, B. D'Urso u. G. Gabrielse, Phys. Rev. Letters **97**, 030801 (2006).

kann, unterstützt das Konzept, das Elektron als punktförmiges Teilchen aufzufassen.[5]

Addition von Spin und Bahndrehimpuls

Wenn ein Elektron außer dem Spin auch einen Bahndrehimpuls hat, addieren sich Spin und Bahndrehimpuls wie die Bahndrehimpulse in (5.41)–(5.45). Um hervorzuheben, dass es sich um ein einzelnes Elektron handelt, schreibt man in der Atomphysik die Drehimpulsvektoren gewöhnlich mit kleinen Buchstaben. Der aus Spin $\boldsymbol{s}$ und Bahndrehimpuls $\boldsymbol{l}$ resultierende Gesamtdrehimpuls wird $\boldsymbol{j}$ genannt, die zugehörigen Drehimpuls-Quantenzahlen j und m_j:

$$\boldsymbol{j} = \boldsymbol{l} + \boldsymbol{s}\,, \tag{6.24}$$

$$|\boldsymbol{j}| = \sqrt{j(j+1)}\,\hbar\,, \tag{6.25}$$

$$j_z = m_j \hbar\,, \tag{6.26}$$

wobei j und m_j mit (5.44) und (5.45) gegeben sind durch

$$j = l + \frac{1}{2} \quad \text{oder} \quad l - \frac{1}{2}\,, \tag{6.27}$$

$$m_j = m_l + m_s\,. \tag{6.28}$$

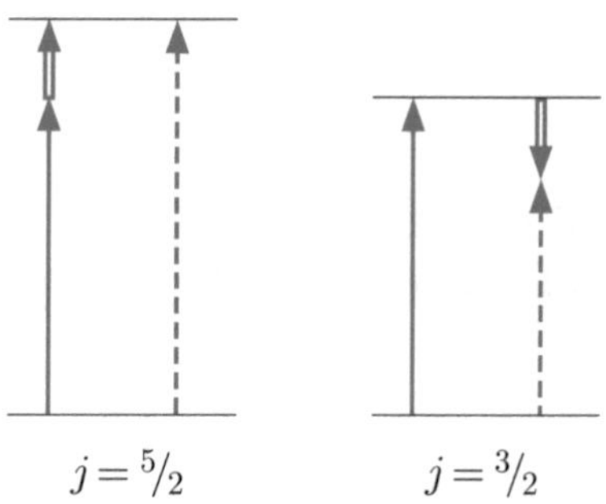

Abbildung 6.8 Addition von Spin und Bahndrehimpuls, vereinfacht

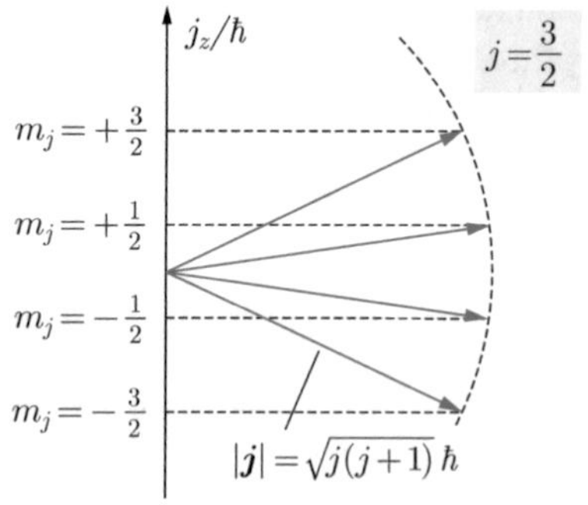

Abbildung 6.9 Richtungsquantelung des Gesamtdrehimpulses $j = \frac{3}{2}$

m_l ist die zum Bahndrehimpuls $\boldsymbol{l}$ gehörige magnetische Quantenzahl. Die zugehörigen graphischen Konstruktionen sind in Abb. 6.8 und Abb. 6.9 gezeigt. In Abb. 6.8 wurde der Einfachheit halber die Länge der Pfeile wie schon in Abb. 5.6 proportional zu den Quantenzahlen, hier l, s und j, gewählt. Das magnetische Moment des Elektrons ist nun

$$\boldsymbol{\mu} = g_j \boldsymbol{j}\, \mu_\mathrm{B}\,, \tag{6.29}$$

$$\mu_z = -g_j\, m_j\, \mu_\mathrm{B}\,, \tag{6.30}$$

wobei der g-Faktor davon abhängt, in welcher Weise der Gesamtdrehimpuls j aus Spin und Bahndrehimpuls zusammengesetzt ist.

Auf dieser Grundlage kann man den anomalen Zeeman-Effekt in Abb. 6.5 ohne weiteres durch die Richtungsquantelung erklären. Im Natriumatom ist an der Lichtemission nur das Valenzelektron beteiligt. Im Grundzustand hat es den Bahndrehimpuls $l = 0$, also ist $j = s = \frac{1}{2}$. Im Magnetfeld B spaltet der Grundzustand in zwei Terme auf:

$$\begin{aligned} E_0(B) - E_0(0) &= g_j\, m_j\, \mu_\mathrm{B} B \\ &= g_s\, m_s\, \mu_\mathrm{B} B = \pm 2 \cdot \frac{1}{2}\, \mu_\mathrm{B} B\,, \end{aligned}$$

denn es ist $g_j = g_s = 2$. (Die kleine Abweichung des g-Faktors von 2 wird hier vernachlässigt.) Im ersten ange-

---

[5] In Abschn. 1.4 haben wir die Eigenschwingungen des elektromagnetischen Feldes in einem Hohlraum berechnet. In der QED gehört zu jeder Schwingungsmode eine Nullpunktsschwingung. Diese Nullpunktsschwingungen erzeugen im Vakuum ein fluktuierendes elektrisches Feld, bei dem der zeitliche Mittelwert $\overline{\boldsymbol{E}(\boldsymbol{r})} = 0$ ist, nicht aber $\overline{\boldsymbol{E}(\boldsymbol{r})^2}$. Die Ortskoordinate des Elektrons wird durch die Einwirkung dieser **Vakuumfluktuationen** verwaschen. Das führt auch zu einer Verwaschung des Coulomb-Feldes in der Nähe des Elektrons. Außerdem ist in der QED das elektrische Feld in der Umgebung des Elektrons mit einem reichen Innenleben ausgestattet. Aufgrund der Unschärferelation $\Delta E \Delta t \approx \hbar$ kann das Elektron „virtuelle" Photonen der Energie E emittieren, die nach einer Zeit $t \approx E/\hbar$ wieder vom Elektron absorbiert werden. Bei diesen Prozessen bleibt der Impuls erhalten. Das führt zu einer weiteren Verschmierung der Ortskoordinate des Elektrons. Auch können die „virtuellen" Photonen für kurze Zeit Teilchen-Antiteilchen-Paare bilden. Die positiven Teilchen des Paares werden vom Elektron angezogen, die negativen abgestoßen. Dadurch entsteht in der Umgebung des Elektrons eine **Vakuumpolarisation**. Diese Prozesse beeinflussen das magnetische Moment des Elektrons. Sie können mit der QED berechnet werden. Daraus ergibt sich eine Vorhersage für die Größe $g-2$ sowie für subtile Effekte im Spektrum des H-Atoms (Lamb-Verschiebung, Abschn. 7.4), die mit hoher Genauigkeit mit den sehr genau gemessenen Werten übereinstimmen, ein Triumph der theoretischen und der experimentellen Physik. – Unter gewissen Annahmen kann man aus dem Vergleich von Theorie und Experiment schließen, dass die Beschreibung des Elektrons als punktförmiges Teilchen bis zu Abständen von 10^{-21} m funktioniert. Das liegt zwei Größenordnungen unter der direkt durch e^--e^+-Streuung bei hohen Energien bestimmten Grenze $r_\mathrm{e} \lesssim 10^{-19}$ m.

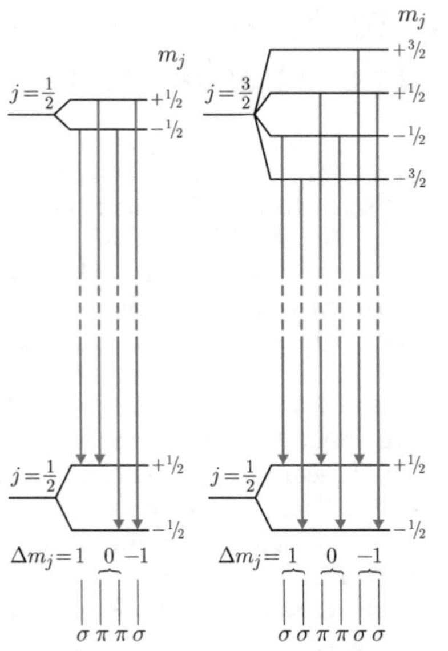

Abbildung 6.10 Zeeman-Terme bei den *D*-Linien des Natriums

regten Zustand ist $l = 1$ und entweder $j = l - s = \frac{1}{2}$ oder $j = l + s = \frac{3}{2}$. Die beiden Zustände unterscheiden sich ein wenig in der Energie, daher die Aufspaltung der gelben Natrium-Linie in die D_1- und D_2-Linien. Man erhält beim Zeeman-Effekt die in Abb. 6.10 gezeigte Aufspaltung der beiden Linien in 2 bzw. in 4 Zeeman-Terme. Da zum Gesamtdrehimpuls auch der Bahndrehimpuls $l = 1$ beiträgt, sind die g_j-Faktoren < 2. Die quantenmechanische Rechnung ergibt $g_j = 2/3$ bzw. $g_j = 4/3$. Die Abstände zwischen den Zeeman-Niveaus im angeregten Zustand und im Grundzustand sind unterschiedlich, und daher erhält man nicht wie in Abb. 6.3 b ein „normales" Lorentz-Triplett, sondern die in Abb. 6.5 gezeigte Aufspaltung der Spektrallinien.

Bei fast allen Atomen entsteht der Gesamtdrehimpuls $\boldsymbol{J}$ der Elektronenhülle aus einer Addition der Spins und Bahndrehimpulse mehrerer Elektronen. Demzufolge kommt im Allgemeinen das magnetische Moment auf komplizierte Weise zustande. Analog zu (6.29) und (6.30) schreibt man

$$\mu = g_J \mu_B J \,, \qquad (6.31)$$

$$\mu_z = -g_J \mu_B m_J \,. \qquad (6.32)$$

Die g_J-Faktoren können für jede Kombination von Spin- und Bahndrehimpulsen berechnet werden. Ihre Messung durch Untersuchung der Aufspaltung der Spektrallinien im Magnetfeld ermöglicht, die Drehimpuls-Struktur der Atomhülle zu ergründen.

Proton und Neutron

Auch die Nukleonen, Proton und Neutron, besitzen einen Spin und ein magnetisches Moment. Der Spin ist für beide Teilchen halbzahlig wie der des Elektrons: $s = \frac{1}{2}$. Das magnetische Moment wird in der Einheit **Kernmagneton** μ_K angegeben, die in Analogie zu (6.5) mit der Masse des Protons m_p definiert wird:

$$\mu_K = \frac{e\hbar}{2m_p} = \mu_B \frac{m_e}{m_p} = \frac{\mu_B}{1836} \approx 0{,}0005\,\mu_B \,. \qquad (6.33)$$

Es war seinerzeit[6] sehr überraschend, als man für Proton und Neutron nicht die erwarteten Werte $\mu_p = 1\mu_K$, $\mu_n = 0$ fand, sondern

$$\mu_p = 2{,}793\,\mu_K \,, \qquad \mu_n = -1{,}913\,\mu_K \,. \qquad (6.34)$$

Das Neutron ist elektrisch neutral, besitzt aber dennoch ein magnetisches Moment! Dies und der merkwürdige Wert von μ_p sind deutliche Hinweise darauf, dass Proton und Neutron eine innere Struktur besitzen. Wie schon in Bd. I/6 beschrieben wurde, bestehen Proton und Neutron aus Quarks und Gluonen. Die statischen Eigenschaften der Nukleonen kann man recht gut beschreiben, indem man nur die „Valenzquarks" betrachtet. Beim Proton sind das zwei „up-Quarks" (u) mit der elektrischen Ladung $\frac{2}{3}e$ und ein „down-Quark" (d) mit der Ladung $-\frac{1}{3}e$; die Valenzquarks des Neutrons sind zwei d- und ein u-Quark.

Nach allem, was bekannt ist, sind die Quarks wie das Elektron strukturlose Teilchen mit dem Spin $\frac{1}{2}$. Nach der beim Elektron erwähnten Diracschen Theorie haben sie daher die magnetischen Momente

$$\mu_u = \frac{2}{3}\frac{e\hbar}{2m_u} \,, \qquad \mu_d = -\frac{1}{3}\frac{e\hbar}{2m_d} \,.$$

Nach den Regeln der Quantenmechanik, d. h. mit Hilfe von Clebsch-Gordon-Koeffizienten (vgl. (5.46)), addieren sich die drei Spins der Quarks zum Spin $\frac{1}{2}$ der Nukleonen. Damit kann man auch die magnetischen Momente von Proton und Neutron berechnen:

$$\mu_p = \frac{4}{3}\mu_u - \frac{1}{3}\mu_d \,, \qquad \mu_n = \frac{4}{3}\mu_d - \frac{1}{3}\mu_u \,.$$

[6] Als Stern über ein Experiment zur Messung von μ_p nachdachte, riet ihm Pauli, er solle doch seine Zeit mit Besserem verbringen als mit extrem schwierigen Experimenten, deren Ergebnis ($\mu_p = 1\,\mu_K$!) doch von vornherein feststünde. – Die Messung von μ_p gelang Stern 1932, kurz bevor er emigrieren musste.

Unter der Annahme, dass $m_u = m_d$ ist, erhält man $\mu_d = -\frac{1}{2}\mu_u$ und damit $\mu_p = \frac{3}{2}\mu_u$, $\mu_n = -\mu_u$, also $\mu_p/\mu_n = -\frac{3}{2}$. Der experimentelle Wert ist nach (6.34) $m_p/m_n = -1{,}46$. Mit der Zusatzannahme, dass die Massen der Valenzquarks $m_u = m_d = m_p/3$ sind,[7] folgen sogar für die Absolutwerte recht gute Abschätzungen: $\mu_p = 3\mu_K$, $\mu_n = -2\mu_K$. Das stimmt bis auf 7 % bzw. 5 % mit den gemessenen Werten überein.

Da Proton und Neutron einen halbzahligen Spin haben, müssen Atomkerne, die eine ungerade Zahl von Nukleonen enthalten, ebenfalls einen halbzahligen Spin haben. Kerne mit gerader Nukleonenzahl haben dagegen ganzzahligen Spin, und zwar meistens den Spin Null. Das hat auch Auswirkungen auf die Atomphysik: Der Gesamt-Drehimpuls des Atoms $\boldsymbol{F}$ setzt sich zusammen aus dem Drehimpuls $\boldsymbol{J}$ der Atomhülle und aus dem Kernspin $\boldsymbol{I}$:

$$\boldsymbol{F} = \boldsymbol{J} + \boldsymbol{I} \,. \qquad (6.35)$$

Für I und I_z sowie F und F_z gelten wieder die Regeln (6.25) und (6.26). Ob ein Atom der Bose- oder der Fermi-Statistik gehorcht, hängt von $\boldsymbol{F}$ und nicht etwa vom Hüllenspin $\boldsymbol{J}$ ab. Das kann sehr beachtliche Folgen haben, wie die in Abschn. II/11.3 und II/12.3 diskutierten Eigenschaften der beiden Heliumisotope ^{3}He und ^{4}He und die Bose-Kondensate von Alkali-Atomen zeigen (siehe Text bei Abb. 5.26): Alkali-Atome haben eine ungerade Elektronenzahl, also ist J halbzahlig. Bis auf ^{6}Li haben aber alle einen Atomkern mit einer ungeraden Gesamtzahl von Protonen und Neutronen und I ist ebenfalls halbzahlig. Dadurch werden sie zu Bosonen.

Das Neutrino

Aus der Tatsache, dass Proton und Neutron den Spin $\frac{1}{2}$ haben, folgt, dass auch das Neutrino den Spin $s = \frac{1}{2}$ haben muss. Mit spinlosen Neutrinos wäre die Drehimpulsbilanz beim Betazerfall

$$\mathrm{n} \to \mathrm{p} + \mathrm{e}^- + \bar{\nu}$$

nicht in Ordnung zu bringen. Auf der rechten Seite muss sich der Drehimpuls $\frac{1}{2}\hbar$ ergeben. Für das magnetische Moment des Neutrinos kennt man nur eine obere Grenze: $\mu_\nu < 10^{-12}\mu_B$. Nach theoretischen Abschätzungen sollte μ_ν noch um viele Größenordnungen kleiner sein.

[7] Diese Werte für die Quarkmassen sind die sogenannten Konstituentenmassen, bei denen die Bindung der Quarks in pauschaler Weise berücksichtigt wird. Sie haben nur innerhalb des einfachen statischen Quarkmodells eine Bedeutung. Die bei hochenergetischen dynamischen Prozessen maßgeblichen Quarkmassen sind $m_u \approx 2\,\mathrm{MeV}/c^2$ und $m_d \approx 5\,\mathrm{MeV}/c^2$.

6.4 Der Drehimpuls des Photons und der Strahlungsfelder

Auch Photonen haben einen Drehimpuls: Sie haben den Spin $1\hbar$. Die Spinrichtung entspricht der bei (IV/9.3), (IV/9.4) und in Abb. IV/9.2 definierten Händigkeit zirkular polarisierten Lichts. Die Händigkeit eines Photons bezeichnet man auch als Helizität: Bei rechtshändig zirkularer Polarisation (RHZ-Licht, positive Helizität) zeigt der Spin der Photonen in Ausbreitungsrichtung ($m_s = +1$, Abb. 6.11a), bei linkshändig polarisiertem Licht (LHZ-Licht, negative Helizität) entgegengesetzt dazu ($m_s = -1$, Abb. 6.11b). Linear polarisiertes Licht entsteht durch Überlagerung der Quantenzustände $m_s = +1$ und $m_s = -1$, wobei die Polarisationsrichtung durch die relative Phase der beiden Zustände gegeben ist. – Man kann sich darüber wundern, dass es beim Photon in Ausbreitungsrichtung keinen Zustand mit $m_s = 0$ gibt. Das entspricht der Tatsache, dass es keine longitudinal polarisierten elektromagnetischen Wellen gibt. Beides hängt mit der bei (III/13.21) kurz erwähnten Eichinvarianz des elektromagnetischen Feldes zusammen. Dies genauer zu erklären, überlassen wir den Theoretikern.

Beim Zeeman-Effekt (Abb. 6.3) wurden die Bezeichnungen σ^+- und σ^--Licht entsprechend dem Vorzeichen der Frequenzverschiebung gewählt. Wenn man die Abb. 6.3 und 6.10 betrachtet und die Erhaltung des Drehimpulses bedenkt, kommt man zu folgender Einsicht:

Satz 6.1

Beim σ^+-Licht muss jedes Photon eine Drehimpulskomponente tragen, die in Richtung des $\boldsymbol{B}$-Feldes, also in Richtung der Quantisierungsachse des Atoms zeigt. Die Absorption von σ^+-Licht bewirkt atomare Übergänge mit $\Delta m = +1$, und die Emission von σ^+-Licht Übergänge mit $\Delta m = -1$. Beim σ^--Licht ist der Photonen-Drehimpuls dagegen entgegengesetzt zur Quantisierungsachse orientiert. Für die Übergänge des Atoms gilt dann $\Delta m = -1$ bei Absorption und $\Delta m = +1$ bei Emission. Die Übergänge mit $\Delta m = 0$ sind immer mit Emission und Absorption von π-Licht verbunden.

Im Folgenden betrachten wir die Emission. Ein Photon kann in eine beliebige Richtung abgestrahlt werden, d. h. der Photonenimpuls kann mit der Quantisierungsachse einen beliebigen Winkel bilden. Die Helizität eines Photons ist aber immer bezüglich seiner Impulsrichtung definiert. Man muss deshalb zwischen der Drehimpulskomponente des Lichts in Richtung der Quantisierungsachse und der Helizität des Photons sorgsam unterscheiden. Bei der Lichtemission in eine beliebige Richtung treten im-

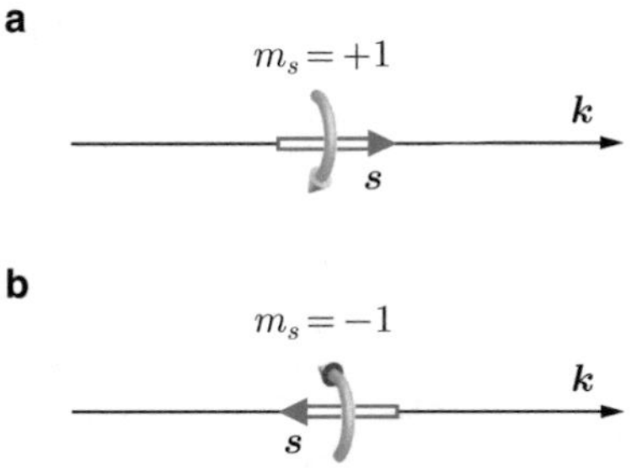

Abbildung 6.11 Spin der Photonen bei zirkular polarisiertem Licht. Die *gekrümmten Pfeile* geben den Umlaufsinn des E-Vektors an, der an einem ***konstanten Ort*** durch eine elektromagnetische Welle erzeugt wird, die aus vielen kohärent überlagerten Photonen besteht. **a** rechtshändig, **b** linkshändig zirkular polarisiertes Licht. Wir weisen darauf hin, dass in der Optik gewöhnlich das Licht in a als links- in Bild **b** als rechtszirkulare polarisiert bezeichnet wird, vgl. Abb. IV/9.2

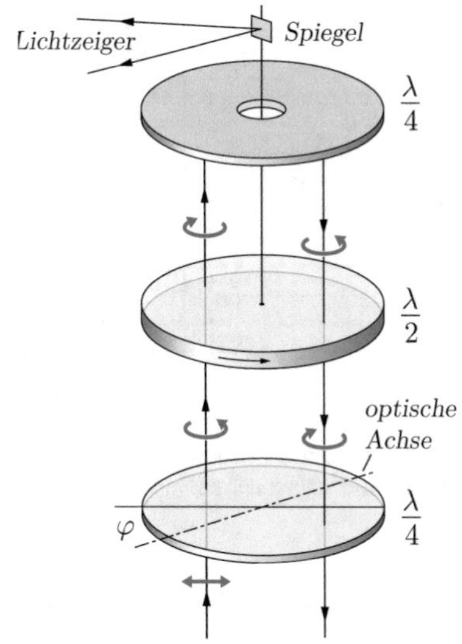

Abbildung 6.12 Prinzip des Experiments zur Messung des Photonenspins. *Links* ist ein Strahl auf dem Hinweg, *rechts* auf dem Rückweg eingezeichnet

mer Superpositionen positiver und negativer Photonen-Helizität auf, und deren relative Anteile hängen von der Beobachtungsrichtung ab.

In Richtung der Quantisierungsachse kann kein π-Licht emittiert werden. Die Auswahlregel ist $\Delta m = 0$ und die Drehimpulserhaltung erlaubt weder ein Photon mit positiver noch eines mit negativer Helizität. Hingegen garantieren die Photonen-Helizitäten ± 1 für σ-Licht und die Auswahlregel $\Delta m = \mp 1$ für die atomaren Zustände die Erhaltung der Drehimpuls-Komponente in Richtung der Quantisierungsachse.

π-Licht wird senkrecht zur Quantisierungsachse beobachtet, wie in Abb. 6.2 gezeigt wurde. Die Referenzrichtung für die Festlegung seiner linearen Polarisation ist die Quantisierungsachse. Misst man die Photonen-Helizitäten des π-Lichts, treten die Werte $+1$ und -1 gleich häufig auf, die mittlere Helizität ist null. Bei Beobachtung von Licht senkrecht zur Quantisierungsachse ist kein Drehsinn ausgezeichnet. Misst man die Helizitäten der Photonen des σ-Lichts, das in diese Richtung abgestrahlt wird, erhält man im Mittel ebenfalls null. Das σ-Licht ist hier senkrecht zum π-Licht linear polarisiert. Senkrecht zur Quantisierungsachse gibt es eine Drehimpuls-Unbestimmtheit, die sich im willkürlichen Vorzeichen der Helizität ausdrückt. Auf die Frage nach der Drehimpulserhaltung kommen wir im Abschnitt über Multipolstrahlung zurück.

Der Spin der Photonen wurde 1936 von R. A. Beth experimentell nachgewiesen. Das Prinzip des Experiments ist in Abb. 6.12 gezeigt. Von unten fällt linear polarisiertes Licht auf eine $\lambda/4$-Platte aus kristallinem Quarz. Wenn der Winkel φ auf 45° eingestellt ist, entsteht nach Satz IV/9.3 linkszirkular polarisiertes, also rechtshändig zirkular polarisiertes Licht. Es wird in der $\lambda/2$-Platte in linkshändig zirkular polarisiertes Licht umgewandelt (Satz IV/9.2). Wenn pro Sekunde $\dot{n}$ Photonen mit dem Spin 1 auf die $\lambda/2$-Platte fallen, wird im Zeitintervall $\mathrm{d}t$ der Drehimpuls $\mathrm{d}L = 2\dot{n}\,\hbar\,\mathrm{d}t$ auf die Platte übertragen. Auf die Platte wirkt also das Drehmoment $M_\mathrm{D} = \mathrm{d}L/\mathrm{d}t = 2\dot{n}\hbar$.

Das linkshändig zirkular polarisierte Licht fällt auf eine zweite, auf der Oberseite verspiegelte $\lambda/4$-Platte. Es wird reflektiert und durchläuft nochmals die $\lambda/2$-Platte, diesmal aber von oben nach unten. Der übertragene Drehimpuls wird verdoppelt und auf die Platte wirkt das Drehmoment

$$M_\mathrm{D} = \frac{\mathrm{d}L}{\mathrm{d}t} = 4\dot{n}\,\hbar\,. \tag{6.36}$$

Die $\lambda/2$-Platte ist an einem Torsionsfaden aufgehängt. Das äußerst kleine Drehmoment wird ähnlich wie beim Einstein–de Haas-Effekt mit der Resonanzmethode gemessen. Als Messergebnis zeigt Abb. 6.13 die Abhängigkeit des Drehmoments von dem in Abb. 6.12 definierten Winkel φ. Bei $\varphi = 0°$ und bei $\varphi = 90°$ ist das Licht hinter der unteren $\lambda/4$-Platte linear polarisiert. Das auf die mittlere Platte übertragene Drehmoment ist dann Null. Die ausgezogene Kurve wurde für Photonen mit dem Spin 1 berechnet. Dabei wurde $\dot{n}$ durch Messung der Lichtintensität bestimmt. Die Kurve stimmt mit den Messwerten gut überein.

Genauso wie man den Strahlungsdruck des Lichts alternativ auf den Impuls der Lichtquanten oder auf die Wirkung des elektromagnetischen Feldes zurückführen kann (Bd. IV/3.4), kann man auch hier das Drehmoment mit der Maxwellschen Theorie erklären: In einem doppelbrechenden Medium verursacht eine Lichtwelle pro Volumeneinheit ein Drehmoment $\boldsymbol{P} \times \boldsymbol{E} = \boldsymbol{D} \times \boldsymbol{E}$, mit dem man das Experiment ebenfalls erklären kann. Hierbei sind $\boldsymbol{P}$ die elektrische Polarisation und $\boldsymbol{D}$ die elektrische Verschiebung, die im doppelbrechenden Medium durch das

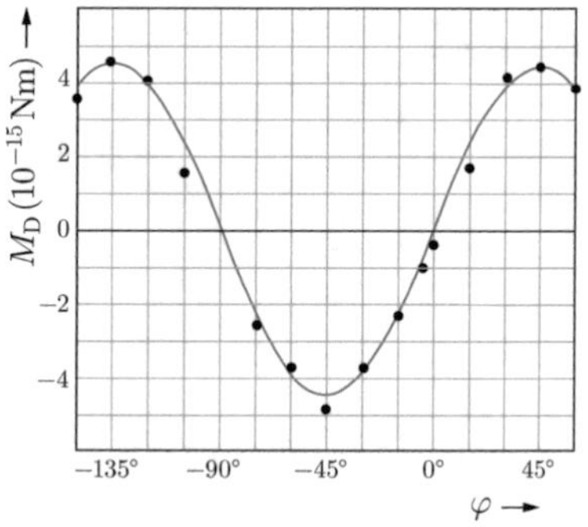

Abbildung 6.13 Drehmoment als Funktion des Winkels φ, nach R. A. Beth (1936). Man beachte die Größenordnung des hier gemessenen Drehmoments

Tabelle 6.1 Elektromagnetische 2^l-Pol-Strahlung: Bezeichnungen und Parität der Strahlungsfelder

Multipol	Strahlung	l	Parität
Dipol:			
elektrisch	E1	1	−
magnetisch	M1	1	+
Quadrupol:			
elektrisch	E2	2	+
magnetisch	M2	2	−
Oktupol:			
elektrisch	E3	3	−
magnetisch	M3	3	+

E-Feld der Lichtwelle hervorgerufen werden. Wenn man jedoch aufgrund der in Abschn. 2.2 beschriebenen Experimente davon ausgeht, dass das Licht gequantelt ist, ***muss*** man den Photonen den Impuls $h\nu/c$ und den Drehimpuls $\hbar$ zuordnen.

Multipolstrahlung und die Lorentzsche Theorie der elastisch gebundenen Elektronen

In (III/2.28) wurde die Multipolentwicklung des Potentials einer statischen Ladungsverteilung angegeben. Wir betrachten sie etwas genauer. Es handelt sich um eine Entwicklung nach den Kugelflächenfunktionen $Y_{lm}(\vartheta, \varphi)$:

$$\begin{aligned} \phi(r, \vartheta, \varphi) &= \sum_{l=0}^{\infty} \frac{a_l}{r^{l+1}} \quad \text{mit} \\ a_l &= \frac{1}{\epsilon_0} \sum_{m=-l}^{+l} \frac{q_{lm}}{2l+1} Y_{lm}(\vartheta, \varphi) \,. \end{aligned} \tag{6.37}$$

Zwischen den in sphärischen Polarkoordinaten definierten Multipolmomenten q_{lm} und den in Bd. III/2.3 in kartesischen Koordinaten definierten besteht ein einfacher Zusammenhang: Beispielsweise erhält man für das elektrische Dipolmoment (sphärisch $q_{lm} = q_{1m}$, kartesisch $\boldsymbol{p}_e = (p_{ex}, p_{ey}, p_{ez})$)[8]

$$\begin{aligned} q_{11} &= \sqrt{\frac{3}{8\pi}} \left(-p_{ex} + i p_{ey}\right) , \quad q_{10} = \sqrt{\frac{3}{4\pi}} p_{ez} \,, \\ q_{1-1} &= \sqrt{\frac{3}{8\pi}} \left(p_{ex} + i p_{ey}\right) . \end{aligned} \tag{6.38}$$

Das *E*-Feld berechnet man mit (6.37) durch Gradientenbildung. Auch für das statische Magnetfeld einer Stromverteilung kann man eine Multipolentwicklung angeben. Das Feld erhält man, wenn man $\boldsymbol{E}$ durch $\boldsymbol{B}$ ersetzt.

Bei einer mit der Frequenz ω oszillierenden Ladungs- oder Stromverteilung entsteht Strahlung. Für dieses Strahlungsfeld kann man ebenfalls eine Multipolentwicklung angeben. Die einzelnen Terme entsprechen den Strahlungen oszillierender 2^l-Pole. Die elektrische Dipolstrahlung haben wir bereits ausführlich behandelt. Elektrische Quadrupolstrahlung entsteht bei einem oszillierenden Quadrupolmoment, magnetische Dipolstrahlung bei hochfrequentem Wechselstrom in einer Stromschleife und so fort. Abgekürzt bezeichnet man die 2^l-Polstrahlungen mit E l bzw. mit M l.

Die Strahlungsfelder der oszillierenden Multipole haben definierte Paritäten. Sie sind in Tab. 6.1 angegeben. Als Beispiel untersuchen wir zunächst die Parität der ***elektrischen*** Dipolstrahlung. Abb. 6.14a zeigt an einem Punkt mit dem Ortsvektor $\boldsymbol{r}$ die Vektoren des Strahlungsfeldes zu einem willkürlich herausgegriffenen Zeitpunkt. Außerdem sind drei geschlossene Feldlinien des Strahlungsfeldes skizziert. Abb. 6.14b zeigt die Feldstärken am gegenüber liegenden Punkt $-\boldsymbol{r}$, außerdem eine andere *E*-Feldlinie. Man muss sich beide Bilder übereinandergelegt denken. Bei der Inversion $\boldsymbol{r}' = -\boldsymbol{r}$ wechselt der polare Vektor $\boldsymbol{E}$ das Vorzeichen (Gln. (I/8.11) und (III/1.20)), während $\boldsymbol{B}$ sein Vorzeichen beibehält. Die transformierten Felder $\boldsymbol{E}'$ und $\boldsymbol{B}'$ sind aber dem transformierten Punkt mit dem Ortsvektor $-\boldsymbol{r}$ zuzuordnen, sodass Abb. 6.14a bei Raumspiegelung in Abb. 6.14c übergeht. Wie man sieht, besitzen die Feldstärken am Punkt $-\boldsymbol{r}$ in Abb. 6.14c das umgekehrte Vorzeichen wie in Abb. 6.14b. Das gilt unabhängig von der Lage des Punktes $\boldsymbol{r}$. Das E1-Strahlungsfeld hat also negative Parität (vgl. (4.106) und (4.107)).[9]

Das Strahlungsfeld des ***magnetischen*** Dipols erhält man, indem man die elektrischen und magnetischen Feldlinien der E1-Strahlung miteinander vertauscht. Damit der Poynting-Vektor von der Quelle weg zeigt, ist gegenüber Abb. 6.14a und b die Richtung des *E*-Feldes auf den kreisförmigen Feldlinien umzudrehen. Mit den vertausch-

[8] Man hüte sich vor einer Verwechslung mit dem Impuls!

[9] Dass die Vorzeichen aller Felder bei der Paritäts-Transformation das Vorzeichen wechseln, lässt sich bis zu ihrer Erzeugung durch einen elektrischen Dipol zurückverfolgen: Bei der Inversion muss auch der polare Vektor $\boldsymbol{p}$ des elektrischen Dipolmoments umgedreht werden, und das verursacht die Phasenumkehr.

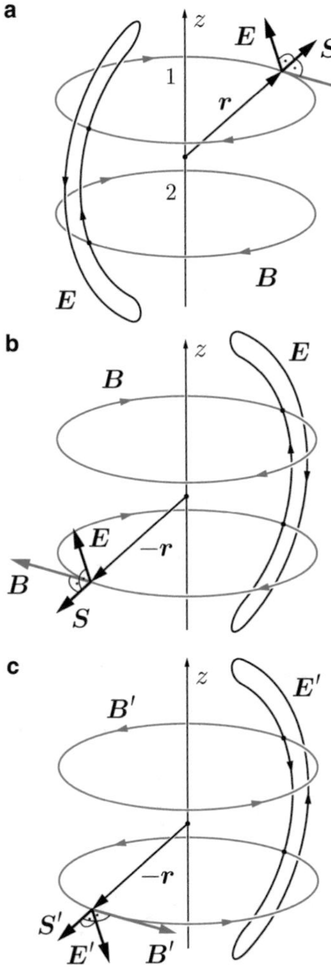

Abbildung 6.14 Zur Parität der elektrischen Dipol-Strahlung. **a** Elektrische und magnetische Feldstärke an einem willkürlich herausgegriffenen Punkt mit dem Ortsvektor ***r***, **b** Simultane Feldstärken am Ort −***r***, **c** elektrische und magnetische Feldstärke der Konfiguration von Teil **a** nach der Paritätstransformation

ten Feldern führt dann die Paritäts-Transformation von Abb. 6.14a auf Abb. 6.14b: die Parität der M1-Strahlung ist also positiv.

Wie wir in Abschn. 6.5 begründen werden, lassen sich die Eigenschaften der klassischen Multipolstrahlung weitgehend auf die Lichtemission von Atomen übertragen. Es besteht ein enger Zusammenhang zwischen der klassisch berechneten Strahlungsleistung und der in Abschn. 2.4 definierten Übergangswahrscheinlichkeit pro Sekunde w bei der spontanen Emission: Die bei der Frequenz ω abgestrahlte Leistung ist $P = \dot{n}\hbar\omega$, wenn $\dot{n}$ die Zahl der pro Sekunde emittierten Photonen ist. Also ist die Wahrscheinlichkeit für die Emission ***eines*** Photons mit der Energie $\hbar\omega$ im Zeitintervall $\mathrm{d}t$

$$w\,\mathrm{d}t = \frac{P(\omega)\,\mathrm{d}t}{\hbar\omega}\,. \tag{6.39}$$

Die mit den Maxwellschen Gleichungen berechnete Strahlungsleistung ist beim elektrischen und beim magnetischen 2^l-Pol

$$P_{E,M} = \frac{|a_{E,M}(l,m)|^2}{2\epsilon_0\,c\,k^2}\,. \tag{6.40}$$

Für die Multipolkoeffizienten a_E und a_M erhält man relativ einfache Formeln, wenn die Wellenlänge groß gegen die Ausdehnung des strahlenden 2^l-Pols ist. Bei der El-Strahlung sind die in den a_E enthaltenen Strahlung-Multipolmomente in sehr guter Näherung gleich den statischen Multipolmomenten q_{lm} in (6.37). Damit erhält man

$$a_E(l,m) = \frac{\sqrt{(l+1)/l}}{\mathrm{i}[(2l+1)!!]}c\,k^{l+2}q_{lm}\,. \tag{6.41}$$

Die Definition der **Doppelfakultät** ist $(2l+1)!! = 1\cdot 3\cdot 5\cdots(2l+1)$. Zur Kontrolle berechnen wir damit und mit (6.38) die spontane Emission eines in z-Richtung mit der Amplitude $z_0 \ll \lambda$ schwingenden Dipols:

$$w_E = \frac{2}{9}\frac{c^2k^6}{2\epsilon_0\,c\,k^2\hbar\omega}q_{10}^2 = \frac{\omega^3}{12\pi\,\epsilon_0\,\hbar c^3}p_{rz}^2\,, \tag{6.42}$$

was genau der Formel (IV/3.34) für den Strahlungsfluss entspricht.[10]

Auch bei Atomen ist die Wellenlänge des ausgestrahlten Lichts groß gegen den Atomdurchmesser. Nur ein oder wenige Valenzelektronen sind an der Lichtemission beteiligt, und die Atomradien sind stets $R_{At} \approx a_0 = 0{,}53\,\text{Å}$ (vgl. Abb. 8.5). Man setzt daher für die nun folgenden Abschätzungen pauschal $q_{lm} \approx e a_0^l$. Bei elektrischer 2^l-Pol-Strahlung ist die Übergangswahrscheinlichkeit pro Sekunde nach (6.39)–(6.41) mit $\omega = ck$

$$w_E(l) = \frac{(l+1)/l}{(2l+1)!!}\,\frac{k^{2l+1}e^2a_0^{2l}}{2\epsilon_0\hbar}\,. \tag{6.43}$$

Daraus folgt:

$$\frac{w_E(l+1)}{w_E(l)} \approx \frac{(ka_0)^2}{2l+3}\,. \tag{6.44}$$

Die Wellenlänge des von Atomen emittierten Lichts liegt im Bereich von 0,1–1 µm. Bei 0,3 µm ist $ka_0 \approx 10^{-3}$; man erhält also $(ka_0)^2 \approx 10^{-6}$.

Bei den magnetischen Multipol-Koeffizienten $a_M(l)$ ersetzt man in (6.41) $e\cdot a_0^l$ durch $2\mu_B a_0^{l-1}/c = (e\hbar/m_e c)\cdot a_0^{l-1}$.

[10] Die klassische Abschätzung (1.4) mit (1.3) für die Abklingzeit der Schwingung eines Elektrons unterscheidet sich von $\tau_E = 1/w_E$ wegen $p_{ez} = eA$ um den Faktor $m_e A^2\omega^2/(2\hbar\omega)$ = (Anfangsenergie des Elektrons)/$\hbar\omega$, im Fall des harmonischen Oszillators also ungefähr um die Quantenzahl n. Der Oszillator emittiert aber nacheinander n Photonen.

Das Verhältnis der Übergangswahrscheinlichkeiten für magnetische und elektrische 2^l-Pol-Strahlung bei gleicher Wellenlänge und bei gleichem l ist dann

$$\frac{w_M(l)}{w_E(l)} \approx \left(\frac{2\mu_B\, a_0^{l-1}}{c\, e\, a_0^l}\right)^2 = \left(\frac{1}{137}\right)^2 \approx 5 \cdot 10^{-5} \,. \qquad (6.45)$$

Dieses Verhältnis[11] ist unabhängig von der Multipolordnung l.

Die Folgerung ist: Von Atomen und Molekülen wird Licht fast ausschließlich als ***elektrische Dipolstrahlung*** emittiert und absorbiert. Daher funktionierte die Lorentzsche Behandlung des Atoms als System mit elastisch gebundenen Elektronen so gut!

Bei elektrischer Dipolstrahlung erhält man nach der klassischen Strahlungstheorie aus (6.42) mit der Abschätzung $q_{10} \approx ea_0$ die Übergangswahrscheinlichkeit pro Sekunde

$$w = \frac{k^3 e^2 a_0^2}{9\epsilon_0 \hbar} \,. \qquad (6.46)$$

Sie ist proportional zur dritten Potenz der Photonenenergie bzw. umgekehrt proportional zu dritten Potenz der Wellenlänge. Ein Zustand, der unter Emission von Licht mit $\lambda \approx 0{,}3\,\mu\text{m}$ in einen tiefer liegenden Zustand übergeht, hat nach (6.46) eine mittlere Lebensdauer $\tau = 1/w \approx 10^{-8}\,\text{s}$. Das wird der Größenordnung nach beobachtet. Da aber alle Abschätzungen dieses Abschnitts die Feinheiten der Atomstruktur außer Acht lassen, können allerdings auch erhebliche Abweichungen davon auftreten.

Multipolstrahlung und Drehimpuls

Man muss sich nun fragen: Was haben die Parameter l und m der klassischen Multipol-Strahlungsfelder mit den Drehimpulsquantenzahlen l und m zu tun? Die mit den Maxwellschen Gleichungen berechneten Strahlungsfelder transportieren nicht nur Energie und Impuls, sondern auch Drehimpuls, dessen Vektor $\boldsymbol{L}$ in Richtung der Polarachse des Dipols zeigt. Dieser Drehimpuls wird der Strahlungsquelle entzogen. Er ist proportional zur Strahlungsleistung des 2^l-Pols, also zur Zahl der pro Sekunde emittierten Photonen.

Der Fall, dass das Strahlungsfeld nur ein einziges Photon erhält, lässt sich im Rahmen der Quantenelektrodynamik behandeln. Es zeigt sich, dass das Quadrat des Drehimpulses, der vom Strahlungsfeld eines oszillierenden

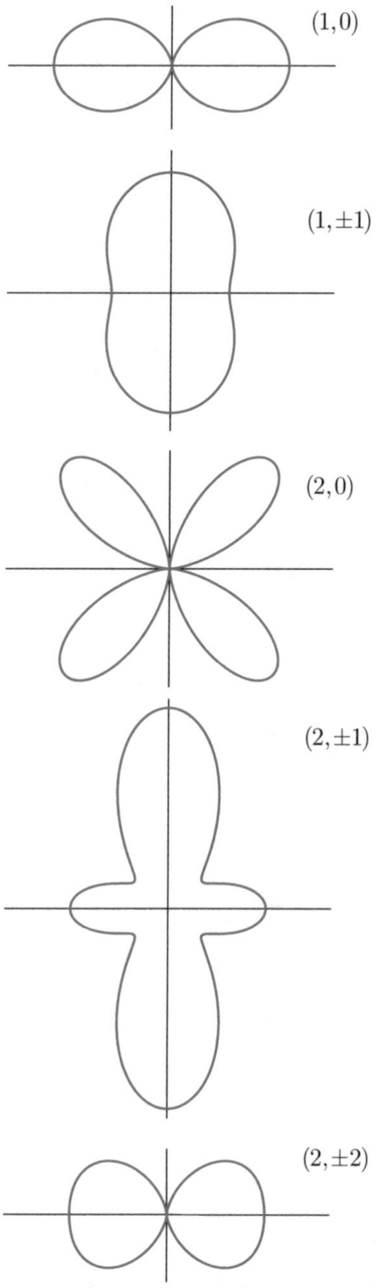

Abbildung 6.15 Intensitätsverteilungen der elektrischen Dipol- und Quadrupolstrahlung. Die Zahlen (l, m) sind jeweils angegeben. Die Diagramme sind rotationssymmetrisch um die vertikale Achse

2^l-Pols transportiert wird,

$$|\boldsymbol{L}|^2 = l(l+1)\,\hbar^2 \qquad (6.47)$$

ist. Bei einem Strahlungsfeld der Ordnung (l, m) ist die z-Komponente des Drehimpulses $L_z = m\hbar$. Die Winkelverteilung der Photonen entspricht genau der mit den

[11] Setzt man für μ_B und a_0 die Formeln ein, erhält man $a_M/a_E = e^2/(4\pi\epsilon_0\hbar c)$. Das ist die berühmte Feinstruktur-Konstante $\alpha = 1/137$, die uns künftig noch häufig begegnen wird.

Maxwellschen Gleichungen berechneten Intensitätsverteilung, für die Abb. 6.15 einige Beispiele zeigt. Sie ist gegeben durch das Betragsquadrat der sogenannten **Vektor-Kugelfunktion** $X_{lm} = \boldsymbol{r} \times \boldsymbol{\nabla} Y_{lm}(\vartheta, \varphi) / \mathrm{i}\sqrt{l(l+1)}$ und unterscheidet sich drastisch von der Funktion $|Y_{lm}(\vartheta, \varphi)|^2$ in Abb. 5.2.

Man kann sich fragen, wie das Photon mit dem Spin $1\hbar$ es schafft, der Strahlungsquelle einen Drehimpuls $> 1\hbar$ zu entziehen. Die Antwort: Es wird mit ***Bahndrehimpuls*** emittiert. Das emittierte Photon hat natürlich nach wie vor den Spin 1. Das im Anschluss an Satz 6.1 Gesagte gilt auch hier: In Richtung der Quantisierungsachse sind nur die Intensitäten der Multipolstrahlungen mit den Quantenzahlen $(l, \pm 1)$ von null verschieden. Beispiele zeigt Abb. 6.15. Um die Multipolarität eines Strahlungsfeldes zu bestimmen, muss man die Winkelverteilung der Photonen messen. Davon wird in der Kernphysik bei der Messung von Winkelkorrelationen ausgiebig Gebrauch gemacht.

6.5 Elektromagnetische Übergänge in Atomen und Atomkernen

Mit den im vorigen Abschnitt erarbeiteten Formeln kann man die wesentlichen Phänomene bei der Emission elektromagnetischer Strahlung durch Atome und Atomkerne verstehen. Interessant ist, dass hinter diesen Phänomenen nicht nur die Erhaltung des Drehimpulses, sondern auch die Erhaltung der Parität steht. Dies soll nun im Einzelnen ausgeführt werden.

Lichtemission der Atome im optischen Spektrum

In Kap. 5 wurde gezeigt, dass bei der Bewegung ***eines*** Elektrons in einem Zentralfeld die Wellenfunktionen der stationären Zustände die Funktionen $Y_{lm}(\vartheta, \varphi)$ als Winkelanteil enthalten. Daher ist bei diesen Zuständen der Bahndrehimpuls eine Konstante der Bewegung und l eine gute Quantenzahl. Außerdem ist auf Grund der „Spin-Bahn-Kopplung", die wir in Abschn. 7.4 besprechen werden, die Energie der Zustände davon abhängig, ob in (6.27) $j = l + \frac{1}{2}$ oder $j = l - \frac{1}{2}$ ist. Das zeigt sich z. B. bei der gelben Linie des Natriums (Abb. 6.5). Auch j und m_j sind deshalb gute Quantenzahlen.

Wie Tab. 6.1 zeigt, sind im Prinzip bei beliebigen Drehimpulsdifferenzen mit und ohne Paritätswechsel Übergänge zwischen allen Zuständen unter Emission oder Absorption eines Photons möglich. Nur Strahlungsübergänge zwischen Zuständen mit dem Drehimpuls Null sind streng verboten, da das Photon den Spin $1\hbar$ hat. Man beobachtet jedoch fast nur elektrische Dipolstrahlung, wie nach (6.45) und (6.44) zu erwarten ist. Weil der Drehimpuls des Elektrons im Anfangszustand die Summe aus dem Drehimpuls des Endzustandes und dem Drehimpuls der Strahlung ist und außerdem ein Paritätswechsel stattfindet, gelten für diesen Fall die **Auswahlregeln**

$$\Delta j = j' - j = 0 \text{ oder } \pm 1 \,, \quad \Delta l = l' - l = \pm 1 \,. \tag{6.48}$$

j, l und j', l' sind die Drehimpulsquantenzahlen des Elektrons im Ausgangs- und im Endzustand. Weil es sich um Dipolstrahlung handelt, gilt für die magnetischen Quantenzahlen die entsprechende Auswahlregel $|m_j - m_j'| \leq 1$.

Die magnetischen Spin-Quantenzahlen m_s und m_s' sind ***keine*** guten Quantenzahlen: Im Prinzip können sowohl der Anfangs- als auch der Endzustand beide Komponenten $m_s, m_s' = \pm\frac{1}{2}$ enthalten. Die Emission oder Absorption von ***elektrischer*** Dipolstrahlung kann allerdings nicht zu einem Umklappen des Spins führen, der deshalb seine Richtung beibehält. Deshalb ist es nötig, dass im Anfangs- und Endzustand jeweils magnetische Spinquantenzahlen gleichen Vorzeichens vorkommen.

Wie eingangs bemerkt, gilt (6.48) für den Fall, dass sich ***ein*** Elektron in einem Zentralfeld bewegt. (6.48) ist also für das H-Atom und für die Alkali-Atome unmittelbar anwendbar. Bewegen sich mehrere Elektronen in einem Zentralpotential, werden die Auswahlregeln anders formuliert, abhängig davon, wie die Bahndrehimpulse und Spins der Elektronen miteinander koppeln. Wir werden in Kap. 8 darauf zurückkommen. Stets ist jedoch mit elektrischer Dipolstrahlung eine Drehimpulsänderung um $1\hbar$ und ein Paritätswechsel verbunden.

Übergänge zwischen den Energiestufen des Atoms, die den Auswahlregeln für elektrische Dipolstrahlung genügen, nennt man **erlaubte Übergänge**; andere Übergänge nennt man **verboten**. Wenn erlaubte Übergänge nicht möglich sind, z. B. weil der erste Anregungszustand sich vom Grundzustand im Drehimpuls um mehr als eine Einheit unterscheidet, erfolgt in der Regel die „Abregung" des Atoms durch Stöße, bei denen die Anregungsenergie auf die kinetische Energie der Stoßpartner übertragen wird, also durch die schon mehrfach erwähnten „Stöße zweiter Art". Im Weltraum sind Stöße zwischen Atomen oder Molekülen sehr selten. Deshalb wird dort Licht auch als magnetische Dipolstrahlung oder als Multipolstrahlung höherer Ordnung emittiert. Generell gelten für elektrische und magnetische Multipolstrahlung Auswahlregeln, die im Einklang mit Tab. 6.1 und (6.47) stehen. So gilt für magnetische Dipolstrahlung an Stelle von (6.48)

$$\Delta j = j' - j = 0 \text{ oder } \pm 1 \,, \quad \Delta l = l' - l = 0 \,. \tag{6.49}$$

Es findet hier eine Drehimpulsänderung um $1\hbar$ ***ohne*** Paritätswechsel statt. Wiederum gilt $|m_j - m_j'| \leq 1$. Intern in der Wellenfunktion ändert sich bei $\Delta m_l = \pm 1$ die Bahndrehimpulskomponente L_z um $\pm 1\hbar$ und es ist $\Delta m_s = 0$, bei $\Delta m_s = \pm 1$ klappt der Elektronenspin um.

γ-Strahlung von Atomkernen

Beim Atomkern liegen die Verhältnisse durchaus anders als beim Atom. Bei einer Photonenenergie von $E_\gamma \approx 1\,\text{MeV}$ ist $\lambda/2\pi \approx 10^{-13}\,\text{m}$, während der Radius des Atomkerns bei etwa $10^{-14}\,\text{m}$ liegt. Daher ist nach (6.44) die Emission eines Photons mit Bahndrehimpuls eher möglich. Ein eindrucksvolles Beispiel dazu sind die bei deformierten Kernen beobachteten „Rotationskaskaden". Bei Atomkernen mit einem elektrischen Quadrupolmoment kann die Kernmaterie durch die Coulombkraft eines auf hohe Energie beschleunigten und dicht am Kern vorbei fliegenden hoch geladenen Ions in Rotation versetzt werden. Wenn im Grundzustand der Kern den Spin $I = 0$ hat, entstehen durch das rotierende Quadrupolmoment Anregungszustände, die geradzahligen Spin und die Rotationsenergie

$$E = \frac{\hbar^2}{2\Theta} I(I+1)\,, \qquad I = 0, 2, 4, \ldots \tag{6.50}$$

haben, wie in Abb. 6.16 an einem Beispiel gezeigt ist. Man erkennt, dass das Trägheitsmoment Θ nicht konstant bleibt, sondern unter dem Einfluss der Zentrifugalkraft mit wachsendem I zunimmt. Der mit hohem Spin rotierende Kern gibt seine Anregungsenergie schrittweise unter Emission von elektrischer Quadrupolstrahlung ab. Die Lebensdauern der Zustände liegen im Bereich von $10^{-8}\,\text{s}$ bis unter $10^{-12}\,\text{s}$. Selbst wenn die Quadrupolstrahlung nicht mit einer Kollektivbewegung der Kernmaterie verbunden ist, liegt bei einer Anregungsenergie $E_\gamma \approx 100\,\text{keV}$ die Lebensdauer des angeregten Zustands bei $10^{-6}\,\text{s}$.

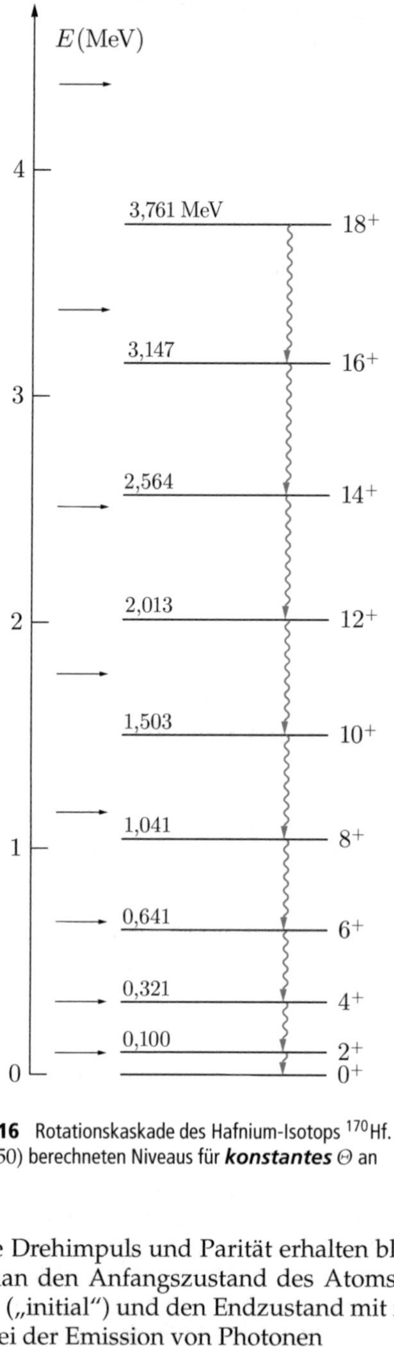

Abbildung 6.16 Rotationskaskade des Hafnium-Isotops ^{170}Hf. Die *Pfeile* geben die mit (6.50) berechneten Niveaus für ***konstantes*** Θ an

Mitunter sind zwischen dem ersten angeregten Zustand und dem Grundzustand des Kerns große Drehimpulsdifferenzen zu überbrücken; das führt zu **isomeren Kernen**, die eine lange Lebensdauer haben. Beim Silberisotop ^{110}Ag gibt es z. B. ein Isomer, das unter Emission von M4-Strahlung mit einer Halbwertszeit von 253 Tagen in den Grundzustand übergeht. Stöße zweiter Art kommen bei Atomkernen nicht vor, da die Kerne durch die Elektronenhüllen gegeneinander abgeschirmt sind.

Die Erhaltung von Drehimpuls und Parität

Die Auswahlregeln beruhen darauf, dass bei der Emission und Absorption von Photonen durch Atome und Atomkerne Drehimpuls und Parität erhalten bleiben. Bezeichnet man den Anfangszustand des Atoms bzw. des Kerns mit i („initial") und den Endzustand mit f („final"), dann gilt bei der Emission von Photonen

$$\boldsymbol{L}_\text{i} = \boldsymbol{L}_\text{f} + \boldsymbol{L}_\text{Strahlung}\,, \tag{6.51}$$

$$P_\text{i} = P_\text{f} \cdot P_\text{Strahlung}\,. \tag{6.52}$$

P_i und P_f sind die Eigenwerte $+1$ oder -1 des Paritätsoperators (4.106), $\boldsymbol{L}_\text{i}$ und $\boldsymbol{L}_\text{f}$ bezeichnen hier die Gesamtdrehimpulse des strahlenden Systems im Ausgangs- und Endzustand. Drehimpuls und Parität des Strahlungsfeldes erhält man mit Tab. 6.1. Bei der vektoriellen Addition auf der rechten Seite von (6.51) sind die Regeln (5.44) und (5.45) zu beachten. Jedenfalls müssen die resultierenden Quantenzahlen l und m auf beiden Seiten von (6.51) die gleichen sein. Die Drehimpulsquantenzahlen sind additiv; die Parität ist dagegen eine multiplikative Quantenzahl, denn die Wellenfunktion eines Systems, bestehend aus zwei verschiedenen freien Teilchen A und B, ist $\psi = \psi_A \cdot \psi_B$. Begründung: Gemäß den Grundregeln der Wahrscheinlichkeitsrechnung ist die Wahrscheinlichkeit, das Teilchen A im Volumenelement dV_A und das Teilchen B in dV_B zu finden, $(\psi_A^* \psi_A dV_A) \cdot (\psi_B^* \psi_B dV_B) = \psi^* \psi \, dV_A dV_B$.

Während die Drehimpulserhaltung schon in der klassischen Physik wohl bekannt ist und handgreiflich demonstriert werden kann, scheint die Paritätserhaltung nur mathematisch-abstrakt begründbar zu sein. Das ist jedoch nicht der Fall. Nach einem 1918 von Emmy Noether bewiesenen Theorem sind die Erhaltungssätze der Physik eine Folge der Invarianz der Naturgesetze bei bestimmten Transformationen. So folgt die Drehimpulserhaltung aus der Unabhängigkeit der Naturgesetze von der Orientierung des Koordinatensystems: Sie sind invariant bei einer Verdrehung des Koordinatensystems. Hinter der Paritätserhaltung steht die Invarianz bei Spiegelung am Nullpunkt des Koordinatensystems („Inversion"). Bei dieser Transformation wird ein rechtshändiges Koordinatensystem in ein linkshändiges umgewandelt. Die Invarianz bedeutet also, dass in den Naturgesetzen kein Schraubensinn ausgezeichnet ist. Da man die Spiegelung am Nullpunkt durch die Spiegelung an einer Ebene mit anschließender Drehung um eine Achse erzeugen kann, bedeutet die Paritätserhaltung auch, dass für Bild und Spiegelbild die gleichen Naturgesetze gelten. Ein Beispiel: Die Erzeugung von linkszirkular polarisiertem Licht wird mit denselben Maxwellschen Gleichungen beschrieben wie die Erzeugung von rechtszirkular polarisiertem Licht.

Die Invarianz der Naturgesetze bei der Inversion scheint so selbstverständlich zu sein, dass sie lange Zeit nicht besonders hervorgehoben wurde. Um so größer war die Überraschung, als sich herausstellte, dass bei der schwachen Wechselwirkung, die den β-Zerfall der Atomkerne verursacht, ein bestimmter Schraubensinn ausgezeichnet wird und somit die Parität nicht erhalten ist.[12] Es ist experimentell nachgewiesen, dass die beim β-Zerfall emittierten Elektronen linkshändig polarisiert sind, d. h. der Spin zeigt entgegengesetzt zur Flugrichtung. Die genaue Untersuchung zeigt: Die schwache Wechselwirkung koppelt nur an linkshändige Teilchen und rechtshändige Antiteilchen; rechtshändige Teilchen und linkshändige Antiteilchen sind blind für diese Wechselwirkung. Das entspricht einer maximalen Paritätsverletzung. Bei der elektromagnetischen und der starken Wechselwirkung, d. h. der Kernkraft, ist dagegen die Parität erhalten. Auch dies wurde mit hoher Genauigkeit experimentell nachgewiesen.

Die Berechnung der Übergangswahrscheinlichkeit

Mit der Quantenelektrodynamik erhält man für die Übergangswahrscheinlichkeit $w\,dt$ bei der spontanen Emission von elektrischer Dipolstrahlung die Formel

$$w = \frac{\omega^3 e^2}{3\pi \epsilon_0 \hbar c^3} |\boldsymbol{d}_{\mathrm{if}}|^2 . \tag{6.53}$$

$e\boldsymbol{d}_{\mathrm{if}}$ ist das Dipol-Matrixelement:

$$\boldsymbol{d}_{\mathrm{if}} = \int \psi_f^* \, \boldsymbol{r}_{\mathrm{op}} \, \psi_i \, dV . \tag{6.54}$$

ψ_i und ψ_f sind die Wellenfunktionen des Atoms im Anfangs- und Endzustand, $e\boldsymbol{r}_{\mathrm{op}}$ ist der **Dipoloperator**. (6.53) unterscheidet sich von der Formel (6.42) für die Strahlung eines klassisch in z-Richtung schwingenden Dipols um einen Faktor 4, wenn man $e|d_{\mathrm{if}}| = p_{ez}$ setzt. Das lässt sich wie folgt erklären: In der klassischen Rechnung ist p_{ez} das maximale Dipolmoment. Die zeitliche Mittelung der Funktion $\cos^2 \omega t$ führt zu einem Faktor $\frac{1}{2}$ in (6.42), der in (6.54) bereits berücksichtigt ist. Zum Anderen wurde (6.42) für die Emission linear polarisierter Strahlung durch eine Stabantenne hergeleitet, deren Strahlungscharakteristik man im obersten Teil von Abb. 6.15 findet. In der Quantenphysik entspricht dies einer Dipolstrahlung mit $m = 0$. Nach den Auswahlregeln (6.48) können dann auch andere Endzustände durch die Emission von Dipolstrahlung mit $m = 1$ oder -1 (Abb. 6.15) erreicht werden. Ist nach den Auswahlregeln ***ausschließlich*** Dipolstrahlung mit $m = \pm 1$ möglich, kann

[12] 1956 stellten in den USA die Physiker T. D. Lee und C. N. Yang zur Erklärung des so genannten $\Theta - \tau$-Puzzles die Hypothese auf, dass bei den schwachen Wechselwirkungen die Parität nicht erhalten ist. Man hatte damals unter den Reaktionsprodukten der kosmischen Strahlung zwei Teilchen entdeckt, genannt Θ und τ, die sich durch ihren Zerfall in Endzustände entgegengesetzter Parität unterschieden, die aber innerhalb der Messfehler die gleiche Masse hatten. Lee und Yang schlugen vor, dass es sich um ein und dasselbe Teilchen handelt, nämlich um das heutige K-Meson, dass aber bei den schwachen Wechselwirkungen die Parität nicht erhalten ist. Sie zeigten, wie die Paritäts-verletzende Theorie formuliert werden kann und dass damals kein Experiment einer solchen Theorie widersprach. Ihre Hypothese wurde alsbald durch eine ganze Reihe von Experimenten glänzend bestätigt. – Zu den elementaren Wechselwirkungen, zum β-Zerfall und zur Teilchenphysik siehe z. B. Bd. I/6, I/17, I/19 und Kap. 10.

Tabelle 6.2 Lebensdauern einiger Atomzustände

	Niveau (cm^{-1})	Exp. (10^{-8} s)	(6.53) (10^{-8} s)	(6.46) (10^{-8} s)
Cu	30.535	7,4	7,4	1,7
Cu	30.784	7,1	7,2	1,6
Ag	29.522	6,8	8,0	1,8
Ag	30.473	6,3	7,3	1,7
Au	37.359	6,0	6,7	0,9
Au	41.174	4,6	4,5	0,7

man sich diese aus zwei linear polarisierten Komponenten zusammengesetzt denken. In jedem Falle macht die Quantenmechanik die Aussage, dass ***unabhängig von der magnetischen Quantenzahl*** m_j ***des atomaren Anfangszustands*** die abgestrahlte Leistung gegenüber (6.42) verdoppelt wird.

Der Kernpunkt von (6.53) ist das Matrixelement des Übergangs. Es bestimmt mathematisch die Auswahlregeln, die wir oben mit den Eigenschaften des Photons bzw. des Strahlungsfeldes begründet hatten: Wenn man für ψ_i und ψ_f Funktionen (5.46) einsetzt, deren Quantenzahlen j, l, m_j und j', l', m_j' den Auswahlregeln widersprechen, wird das Matrixelement Null.

Mit den Wellenfunktionen des Valenzelektrons berechnet, gibt (6.53) die experimentell bestimmten Lebensdauern auch in komplizierteren Fällen gut wieder. Die grobe Abschätzung (6.46) liefert nur die richtige Größenordnung, denn sie bedeutet $|d_{if}| \approx a_0$, was leicht um mehr als einen Faktor 2 falsch sein kann. Einige Beispiele zeigt Tab. 6.2.[13]

6.6 Anwendungen in der Hochfrequenzspektroskopie

Der Frequenzabstand zwischen zwei benachbarten Zeeman-Niveaus liegt nach (6.11) im Hochfrequenzbereich, wenn man ein statisches Magnetfeld $B_0 \approx 10^{-2}\,\mathrm{T}$ verwendet. Man kann in einem solchen Magnetfeld mit einem hochfrequenten Zusatzfeld $\boldsymbol{B}_1$ Übergänge zwischen benachbarten Zeeman-Niveaus erreichen, obgleich dem die Auswahlregel $\Delta l = \pm 1$ entgegen steht und obgleich die Frequenz ω im Vergleich zur Lichtfrequenz sehr klein ist. Das liegt daran, dass das in einer Spule erzeugte Hochfrequenzfeld das Äquivalent einer enormen Anzahl ***kohärenter*** Photonen darstellt. Unter diesen Umständen werden auch so unwahrscheinliche Prozesse wie magnetische Dipolübergänge beobachtbar. Man kann diese Übergänge auf drei Weisen beschreiben:

1. Quantenelektrodynamisch als Absorption eines Photons aus dem oben genannten Kollektiv kohärenter Photonen.
2. Quantenmechanisch: Da die Wellenlänge der HF-Strahlung stets groß ist gegen die Abmessungen des Volumens, in dem die Atome enthalten sind, befinden sich die Atome in einem zeitabhängigen homogenen Magnetfeld, dessen Einfluss auf die Wellenfunktion mit der zeitabhängigen Schrödinger-Gleichung berechnet werden kann.
3. Klassisch als Präzessionsbewegungen der Spins, verursacht durch das Drehmoment $\boldsymbol{M}_D = \boldsymbol{\mu} \times \boldsymbol{B}$, wobei $\boldsymbol{B}$ sowohl das statische $\boldsymbol{B}_0$-Feld als auch das hochfrequente $\boldsymbol{B}_1$-Feld enthält.

Die Methode (2) führt zu den gleichen Ergebnissen wie Methode (1), ist aber viel einfacher anzuwenden. Mit Einschränkungen lassen sich die Übergänge auch mit Methode (3) beschreiben. Das ist dann noch einfacher. Auf die Vereinbarkeit von Methode (3) mit Methode (2) kommen wir am Schluss des Kapitels zurück.

Die Doppler-Verbreiterung der Spektrallinien spielt in der Hochfrequenzspektroskopie keine Rolle. Das erkennt man am besten, wenn man die Übergänge als Absorption elektromagnetischer Wellen durch ein mit der Geschwindigkeit v bewegtes Atom betrachtet. Die Doppler-Verschiebung der Frequenz ist nach (I/14.31) $\Delta\nu/\nu = v/c$. Also ist

$$\Delta\nu = \nu \cdot \frac{v}{c}\,. \tag{6.55}$$

Im Hochfrequenzbereich ist $\nu \approx 10^8\,\mathrm{s}^{-1}$, und $\Delta\nu$ ist 10^7 mal kleiner als im optischen Bereich ($\nu \approx 10^{15}\,\mathrm{s}^{-1}$). Die Doppler-Verbreiterung ist vernachlässigbar. Deshalb eignet sich die HF-Spektroskopie vorzüglich für die hochauflösende Spektroskopie, z. B. für die Untersuchung der in Bd. IV/7 im Zusammenhang mit dem Fabry–Pérot-Interferometer erwähnten Hyperfeinstruktur der atomaren Energieniveaus. Es gibt aber noch andere Anwendungen und eine ganze Reihe von hochfrequenzspektroskopischen Methoden. Wir beschränken uns auf wenige Beispiele.

Doppelresonanz

In Abb. 1.5 wurde die natürliche Linienform und -breite einer Linie im Spektrum des Quecksilbers gezeigt, gemessen mit der von den französischen Physikern Kastler und Brossel erfundenen Doppelresonanzmethode. Wie funktionierte das?

[13] Bei den Niveaus handelt es sich um angeregte Zustände mit den Konfigurationen $3d^{10}4p$ (Cu), $4d^{10}5p$ (Ag) und $5d^{10}6p$ (Au), die durch Feinstruktur zweifach aufgespalten sind, siehe Kap. 7 und 8.

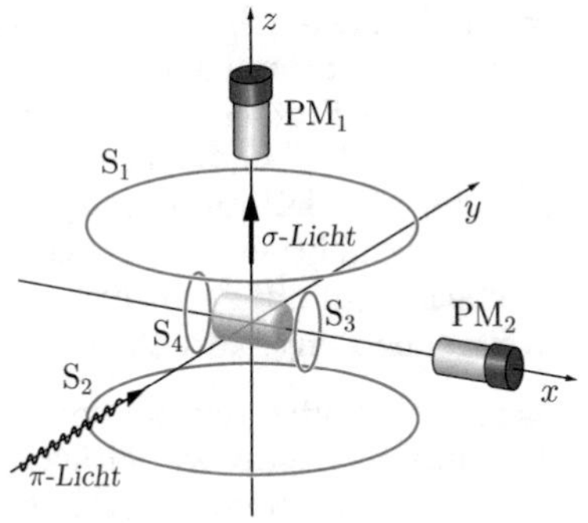

Abbildung 6.17 Experimenteller Aufbau zum Nachweis der Doppelresonanz. Die Differenz der Ströme von PM1 und PM2 wird mit einer Brückenschaltung gemessen

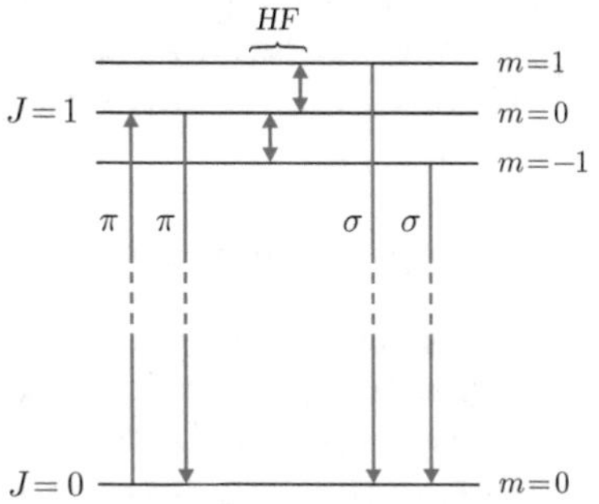

Abbildung 6.18 Zur Doppelresonanz am Quecksilber

In Abb. 6.17 ist das Prinzip der Apparatur gezeigt. In einem evakuierten Glasgefäß befindet sich Quecksilberdampf unter dem Dampfdruck von 0 °C (0,02 mbar). Mit den Helmholtzspulen S_1 und S_2 wird in z-Richtung ein homogenes Magnetfeld $\boldsymbol{B}_0$ erzeugt. B_0 liegt im Bereich von 0,01 T und kann variiert werden. In y-Richtung wird aus einer Hg-Spektrallampe Licht der Wellenlänge $\lambda =$ 253,7 nm eingestrahlt. Abb. 6.18 zeigt die an der Emission und Absorption dieser Spektrallinie beteiligten Terme. Das Hg-Atom zeigt den normalen Zeeman-Effekt. Im Grundzustand ist der Gesamtdrehimpuls $J = 0$, im angeregten Zustand $J = 1$. Mit einem Polarisationsfilter wird das eingestrahlte Licht parallel zum $\boldsymbol{B}_0$-Feld linear polarisiert. Es wird als „π-Licht" resonant absorbiert. Obgleich die Doppler-Breite des eingestrahlten Lichts viel größer als die Zeeman-Aufspaltung ist, wird wegen dieser Polarisation nur der Zustand mit $m = 0$ angeregt, siehe Abb. 6.3a. Daher wird auch das Fluoreszenzlicht nur als „π-Licht" abgestrahlt, in z-Richtung ist die Intensität Null. Nun wird mit Hilfe der Spulen S_3 und S_4 senkrecht zu $\boldsymbol{B}_0$ ein hochfrequentes Magnetfeld

$$\boldsymbol{B}_1(t) = (B_1 \cos \omega t, 0, 0)$$

erzeugt. Wenn die zweite Resonanzbedingung

$$\omega = \frac{\Delta E}{\hbar} = \frac{g_J \mu_B B_0}{\hbar} \tag{6.56}$$

erfüllt ist, finden Übergänge $m = 0 \to m = \pm 1$ statt. Diese Zustände gehen mit der gleichen Wahrscheinlichkeit wie der $m = 0$-Zustand unter Emission von Fluoreszenzlicht in den Grundzustand über. Nun wird aber „σ-Licht" emittiert. Es kann in z-Richtung mit einem Photomultiplier nachgewiesen werden.

Durch Variation von B_0 bei fester Frequenz ω kann man die Resonanz bei der Frequenz (6.56) durchfahren. Bei kleiner Hochfrequenzfeldstärke B_1 ist die Breite der Resonanzkurve gleich der doppelten Breite der Zeeman-Niveaus (vgl. (2.46)). Die Breite dieser Niveaus ist aber identisch mit der natürlichen Linienbreite der 253,7 nm-Linie. Auch die Form der Resonanzkurve entspricht bei kleiner Feldstärke B_1 der Form der Spektrallinie.[14] Auf diese Weise wurde die in Abb. 1.5 gezeigte Lorentzkurve gemessen.

Optisches Pumpen

Die Doppelresonanz beruht darauf, dass durch Absorption von polarisierter Resonanzstrahlung die Zeeman-Niveaus eines angeregten Atomzustands abhängig von der Quantenzahl m besetzt werden. Mit dem gleichen Verfahren kann man auch eine ungleichmäßige Besetzung der Zeeman-Niveaus des Grundzustands erreichen. Darauf hatte schon 1950 Kastler in einer bahnbrechenden Arbeit hingewiesen.[15] Wir erläutern dieses als **optisches Pumpen** bezeichnete Verfahren am Beispiel der D_1-Linie des Natriums (Abb. 6.10).

In der in Abb. 6.19 skizzierten Apparatur wird der in der Resonanz-Zelle enthaltene Na-Dampf mit rechtshändig zirkular polarisiertem Licht der Na-D_1-Linie bestrahlt. Da die Photonen den Drehimpuls $l_z = 1\,\hbar$ transportieren, können nur Übergänge vom Grundzustands-Niveau mit $m_j = -\frac{1}{2}$ in den angeregten Zustand mit $m_j = +\frac{1}{2}$ stattfinden, wie Abb. 6.20 zeigt. Dieser Zustand kann zwar in beide Zeeman-Zustände des Grundzustands übergehen, aber obgleich die Übergangswahrscheinlichkeit in das

[14] Bei stärkeren Hochfrequenzfeldern ($B_1 \approx 10^{-4}$ T) spielen auch Übergänge $m = \pm 1 \to m = 0$ eine Rolle. Das führt zu einer Deformation der Resonanzkurve.

[15] Alfred Kastler (1902–1984) arbeitete zunächst einige Jahre als Physiklehrer, bevor er an die Universität Bordeaux ging, wo er sich zum Spezialisten für Atomspektroskopie entwickelte. 1952 erhielt er eine Professur in Paris. Für die Entwicklungen optischer Methoden zum Studium atomarer Resonanzen erhielt er im Jahre 1966 den Nobelpreis.

Teil I

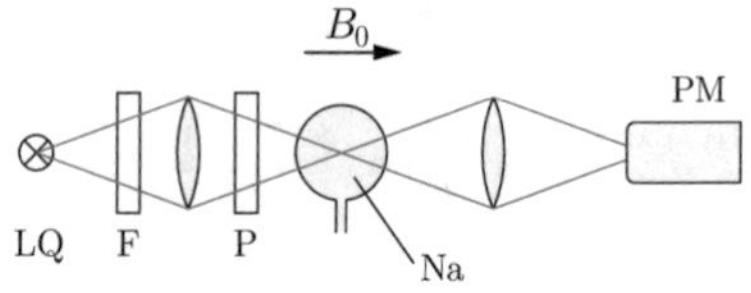

Abbildung 6.19 Schema des optischen Pumpens. LQ: Natriumdampf-Lampe, F: Filter zur Abtrennung der D_1-Linie, P: zirkularer Polarisator, Na: Resonanz-Zelle, PM: Photomultiplier. $\boldsymbol{B}_0$ gibt die Richtung des statischen Magnetfelds an

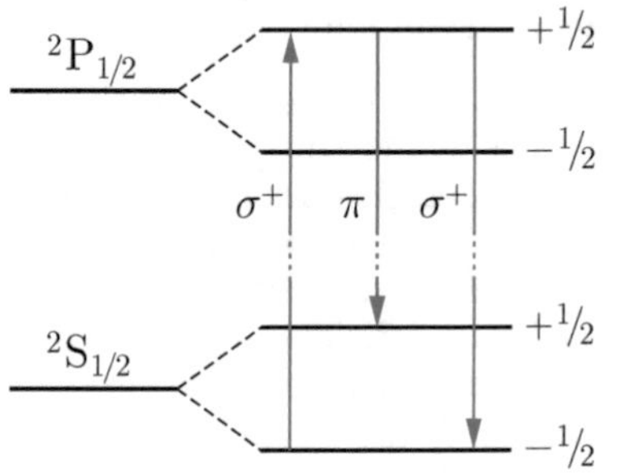

Abbildung 6.20 Magnetische Aufspaltung des Anfangs- und Endzustands bei der Emission der D_1-Linie vom Na-Atom und die relevanten Übergänge für das optische Pumpen

$m_j = -1$-Niveau doppelt so groß ist wie in das $m_j = +\frac{1}{2}$-Niveau, sollte im Resonanzgefäß nach einigen Pumpzyklen dennoch ein beträchtlicher Überschuss von Atomen im Grundzustandsniveau mit $m_j = +\frac{1}{2}$ bestehen. Bezeichnet man die Anzahl dieser Atome mit N_+ und die Anzahl der Atome mit $m_j = -\frac{1}{2}$ mit N_-, besitzen die Atome im Grundzustand eine Polarisation $P = (N_+ - N_-)/(N_+ + N_-)$. Sind die beiden Niveaus im Grundzustand anfangs gleich stark populiert, befinden sich nach einem Pumpzyklus $2/3 \cdot 1/2 = 1/3$ der Atome im $m = -\frac{1}{2}$-Zustand und $1/2 + 1/3 \cdot 1/2 = 2/3$ der Atome im $m = +\frac{1}{2}$-Zustand, d. h. bereits nach einem Pumpzyklus ist ein Polarisationsgrad $P = 1/3$ erreicht. Die Polarisation der Atome wird durch eine Änderung der Lichtintensität hinter der Resonanz-Zelle nachgewiesen.

Kernspinresonanz

Auch in Flüssigkeiten und Festkörpern sind hochfrequenzspektroskopische Methoden anwendbar; hier findet man sogar die heute wichtigsten Anwendungen der HF-Spektroskopie. Dies gilt besonders für die Kernspinresonanz, auch magnetische Kernresonanz, Kerninduktion oder NMR („Nuclear Magnetic Resonance") genannt. Die Kernspinresonanz wurde 1946 in den USA entdeckt, von F. Bloch, W. Hansen und M. Packard (Stanford Univ.) und unabhängig davon von E. Purcell, H. Torrey und R. Pound (Harvard Univ.).

Viele Atomkerne haben einen Spin und ein magnetisches Moment, nämlich alle mit ungerader Massenzahl A und alle Kerne, bei denen die Protonenzahl Z ***und*** die Neutronenzahl N ungerade sind. Befindet sich ein solcher Kern in einem Atom oder Molekül mit diamagnetischer Hülle, so ist er auch im Festkörper oder in einer Flüssigkeit gegen seine Nachbarn gut abgeschirmt. Er kann auf ein äußeres Feld weitgehend ungestört reagieren.

Wenn kein äußeres Feld vorhanden ist, sind die Kernspins ungeordnet, d. h. bezüglich einer willkürlich gewählten z-Richtung stehen gleich viele Spins in z-Richtung und entgegengesetzt dazu. Wenn nun in z-Richtung ein Magnetfeld $\boldsymbol{B}_0 = (0, 0, B_0)$ angelegt wird, wird ein Teil der Kernspins ausgerichtet, d. h. im thermischen Gleichgewicht sind die Zeeman-Niveaus der Kernspins nicht gleichmäßig besetzt. Als Beispiel betrachten wir die Protonen in einer wasserstoffhaltigen Flüssigkeit, z. B. in Wasser. Sie haben den Spin $\frac{1}{2}$ und nur zwei Einstellmöglichkeiten. Die z-Komponente des magnetischen Moments ist analog zu (6.22)

$$\mu_z = g_s^{(p)}\, m_s\, \mu_K = \pm \mu_p \,. \tag{6.57}$$

Der g-Faktor des Protons wird mit dem in (6.33) definierten Kernmagneton berechnet. Nach der Definition des g-Faktors in (6.6) ist er das Doppelte des in (6.34) angegebenen Zahlenwerts: $g_s^{(p)} = 5{,}586$. Die Energie der Zeeman-Niveaus ist

$$E = -\mu_z\, B_0 \,. \tag{6.58}$$

Bei $T = 300\,\mathrm{K}$ ist im thermischen Gleichgewicht selbst in starken Magnetfeldern nur ein kleiner Bruchteil der Spins ausgerichtet: Mit dem Boltzmann-Faktor (II/5.55) erhalten wir

$$\begin{aligned}\frac{\Delta n}{n} &= \frac{e^{\mu_p B_0/k_B T} - e^{-\mu_p B_0/k_B T}}{e^{\mu_p B_0/k_B T} + e^{-\mu_p B_0/k_B T}} \\ &\approx \frac{\mu_p\, B_0}{k_B\, T} = 3{,}4 \cdot 10^{-6}\, \frac{B_0}{\mathrm{Tesla}} \,.\end{aligned} \tag{6.59}$$

n ist die Zahl der H-Atome pro Volumeneinheit. Durch den Paramagnetismus der Atomkerne entsteht also im H_2O bei einem Magnetfeld $B_0 = 1$ Tesla eine Magnetisierung

$$M_0 = \Delta n \mu_p = \frac{n\, \mu_p^2\, B_0}{k_B\, T} = 3{,}32 \cdot 10^{-3}\, \frac{\mathrm{A}}{\mathrm{m}} \,. \tag{6.60}$$

Das ist klein gegen die Magnetisierung, die durch den Diamagnetismus der Atomhülle zustande kommt: Mit Tab. III/14.1 erhält man beim H_2O

$$M^{(\mathrm{dia})} = \chi_m \frac{B_0}{\mu_0} = -7{,}2\, \frac{\mathrm{A}}{\mathrm{m}} \,.$$

Wie wir gleich sehen werden, ist es erstaunlicherweise möglich, den winzigen paramagnetischen Teil der Magnetisierung zu manipulieren und nachzuweisen.

Das Ziel der Kernresonanzexperimente ist, durch Einstrahlung von hochfrequenten $\boldsymbol{B}$-Feldern Übergänge zwischen den Zeeman-Niveaus der Kerne zu bewirken. Beim Proton sind dies Übergänge zwischen $m_s = +\frac{1}{2}$ und $m_s = -\frac{1}{2}$. Die Resonanzfrequenz ist nach (6.58) und (6.57)

$$\omega_0 = \frac{\Delta E}{\hbar} = 2\,\frac{g_s^{(\mathrm{p})}|m_s|\mu_\mathrm{K}}{\hbar}\,B_0' = \frac{g_s^{(\mathrm{p})}\mu_\mathrm{K}}{\hbar}\,B_0' \,. \qquad (6.61)$$

B_0' ist das auf das Proton einwirkende Magnetfeld. Es weicht aufgrund der diamagnetischen Umgebung ein wenig vom äußeren Feld B_0 ab. Da die Protonen durch die diamagnetischen Hüllen sehr gut gegen äußere Einflüsse abgeschirmt sind, ist die Resonanzfrequenz scharf definiert und B_0' kann mit großer Genauigkeit bestimmt werden. Darauf beruht das große Interesse, das die Kernspinresonanz findet.

$g_s^{(\mathrm{p})}\mu_\mathrm{K}/\hbar = \mu_\mathrm{p}/(\hbar/2)$ ist das gyromagnetische Verhältnis γ_p des Protons. Die Resonanzfrequenz ω_0 ist also identisch mit der Larmorfrequenz des Protons (III/14.25):

$$\omega_0 = \omega_\mathrm{L} = \gamma_\mathrm{p}\,B_0'\,,$$
$$\gamma_\mathrm{p} = \frac{g_s^{(\mathrm{p})}\mu_\mathrm{K}}{\hbar} = 2{,}6752\cdot 10^8\,\frac{\mathrm{s}^{-1}}{\mathrm{Tesla}}\,. \qquad (6.62)$$

Für die Resonanzfrequenz ν_0 der Protonen ist maßgeblich

$$\frac{1}{2\pi}\,\gamma_\mathrm{p} = 42{,}577\,\frac{\mathrm{MHz}}{\mathrm{Tesla}}\,. \qquad (6.63)$$

Abb. 6.21 zeigt das Prinzip einer Kernspinresonanz-Apparatur. Zwischen den Polen eines Elektromagneten, der das $\boldsymbol{B}_0$-Feld erzeugt, befindet sich die Probe.[16] Um den Probenbehälter ist eine Spule gewickelt, mit der ein hochfrequentes Magnetfeld erzeugt wird. Man denkt sich dieses in x-Richtung mit der Frequenz ω schwingende Feld in zwei gegenläufig in der (x,y)-Ebene rotierende Magnetfelder zerlegt. Nur die gleichsinnig mit der Larmorfrequenz der Atomkerne rotierende Komponente ist im Folgenden von Bedeutung. Die andere Komponente verursacht eine kleine Störung, die wir hier ignorieren können. Auf die Kernspins wirkt also das Magnetfeld

$$\boldsymbol{B}(t) = (B_1\cos\omega t, B_1\sin\omega t, B_0')\,, \qquad (6.64)$$

wobei $B_0' \approx B_0 \gg B_1$ ist. Typische Werte sind $B_0 \approx 1-15\,\mathrm{Tesla}$, $B_1 \approx 10^{-4}\,\mathrm{Tesla}$.

[16] Heute wird normalerweise in einem NMR-Spektrometer das Magnetfeld mit einem supraleitenden Solenoid erzeugt. Die Technik der Felderzeugung ist hoch entwickelt: Man erreicht ein Feld $B_0' \approx 15\,\mathrm{T}$ mit einer Homogenität von 10^{-8} im Probenvolumen ($\approx 1\,\mathrm{cm}^3$). Die zeitliche Drift des Feldes ist $< 10^{-9}/\mathrm{Tag}$, und die thermische Isolation der Spule ist so gut, dass man nur einmal pro Jahr flüssiges Helium nachfüllen muss!

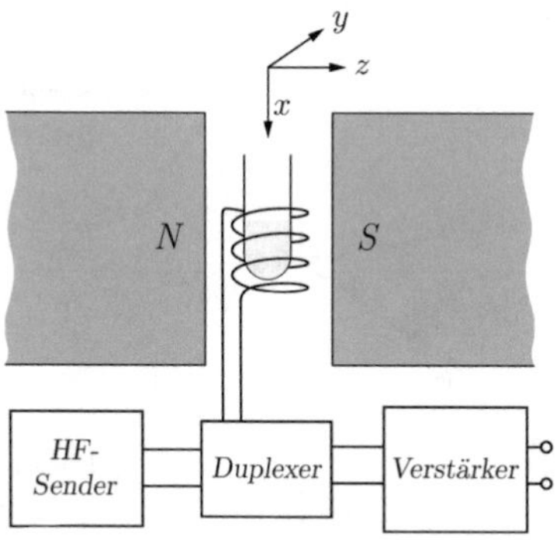

Abbildung 6.21 Apparatur zur Messung der Kernspinresonanz mit der Impulsmethode (vereinfacht). Der Duplexer ist ein Hochfrequenzschalter, dessen Funktion im Text erklärt wird

Es ist am einfachsten, die Bewegung der Spins nicht mit der Schrödinger-Gleichung, sondern als klassische Präzession mit der Bewegungsgleichung $\mathrm{d}\boldsymbol{L}/\mathrm{d}t = \boldsymbol{M}_\mathrm{D}$ zu beschreiben (Bd. I/11.1). Man kann das damit rechtfertigen, dass hier ein makroskopisches magnetisches Moment $\boldsymbol{m} = \boldsymbol{M}\cdot V$ um das Magnetfeld präzediert. V ist das Volumen der Probe, die Magnetisierung $\boldsymbol{M}$ ist durch (6.60) gegeben, das Drehmoment ist nach (III/11.2) $\boldsymbol{M}_\mathrm{D} = \boldsymbol{m}\times\boldsymbol{B}$. Wir werden am Schluss des Kapitels auf die quantenmechanische Beschreibung der Präzession zurückkommen.

Wenn $B_1 = 0$ ist und thermisches Gleichgewicht herrscht, zeigt die Magnetisierung in z-Richtung. Um den Einfluss des Hochfrequenzfeldes zu beschreiben, wenden wir das Larmor-Theorem (Bd. III/14.3) auf die Bewegung der Kernspins an. Wir setzen uns in ein mit der Winkelgeschwindigkeit ω_L um die z-Achse rotierendes Koordinatensystem (x',y',z); in diesem System ist die Wirkung des $\boldsymbol{B}_0$-Feldes ausgeschaltet. Dann schalten wir das Hochfrequenzfeld ein. Das Magnetfeld ist im rotierenden System

$$\boldsymbol{B}_\mathrm{rot}(t) = \big(B_1\cos(\omega-\omega_\mathrm{L})t,$$
$$B_1\sin(\omega-\omega_\mathrm{L})t, 0\big)\,. \qquad (6.65)$$

Nun kann entweder B_0 oder ω variiert werden. Auf der Resonanz, $\omega = \omega_\mathrm{L}$, ist $\boldsymbol{B}_\mathrm{rot} = (B_1, 0, 0)$. Infolgedessen präzediert $\boldsymbol{m}$ um die x'-Achse. Dabei ist die Präzessionsgeschwindigkeit $\omega_1 = \gamma_\mathrm{p}B_1$, also um den Faktor B_1/B_0' kleiner als ω_L in (6.62). Wenn $\boldsymbol{m}$ die (x,y)-Ebene erreicht hat, schaltet man die Hochfrequenz wieder ab. Eine solche Hochfrequenzeinstrahlung wird als „90°-Puls“ bezeichnet (Abb. 6.22a). Im Laborsystem (Abb. 6.21) präzediert nun $\boldsymbol{m}$ mit der Winkelgeschwindigkeit ω_L in der (x,y)-Ebene um die z-Achse (Abb. 6.22b). Dadurch wird in der Spule ein Hochfrequenzsignal induziert, das über einen HF-Schalter („Duplexer“) auf einen Verstärker gelangt. Nach der Verstärkung kann die Amplitude des Signals auf einem Oszillographen dargestellt werden (Abb. 6.24a). Man kann das Signal auch digitalisieren, speichern und auf einem Rechner weiterverarbeiten.

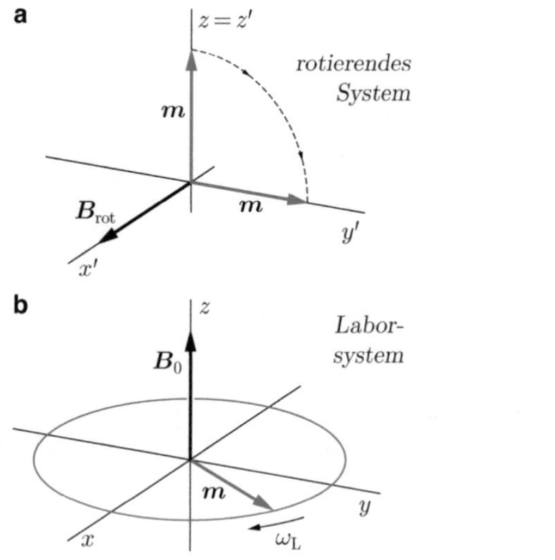

Abbildung 6.22 Präzession von $\boldsymbol{m}$ **a** im rotierenden System, bei Anwendung eines 90°-Pulses, **b** im Laborsystem nach Anwendung des 90°-Pulses

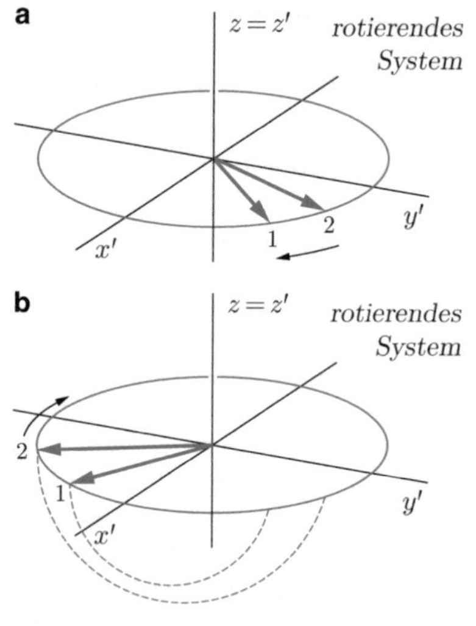

Abbildung 6.23 Zur Entstehung des Spinechos

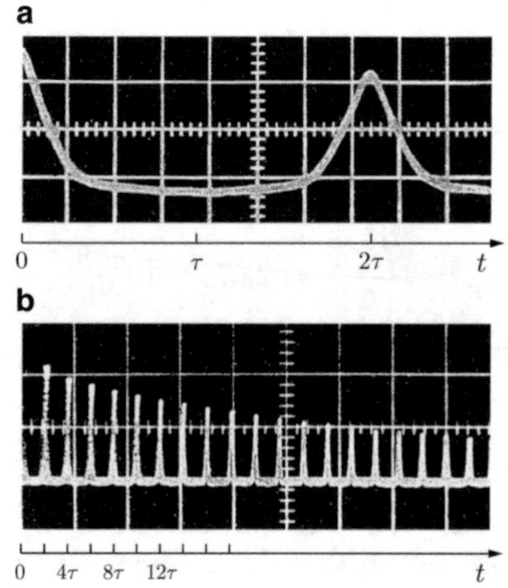

Abbildung 6.24 **a** Signalamplitude und Spinecho, **b** Spinechos nach wiederholter Anwendung von 180°-Pulsen. Aus A. Abragam (1962)

Wie Abb. 6.24a zeigt, nimmt die Amplitude des Hochfrequenzsignals als Funktion der Zeit ab. Das hat zunächst eine apparative Ursache: Wenn das Magnetfeld im Probenvolumen nicht vollkommen homogen ist, werden die Spins mit etwas unterschiedlichen Geschwindigkeiten ω_L präzedieren. Die Vektorsumme $\boldsymbol{m}$ der magnetischen Momente $\boldsymbol{\mu}_p$ nimmt bis auf Null ab, wenn sich die Spins in der (x, y)-Ebene auf dem in Abb. 6.22b eingezeichneten Kreis gleichmäßig verteilt haben. Diesen Effekt kann man eliminieren, wenn das Magnetfeld so homogen ist, dass es sehr viele Umläufe der Präzession braucht, bis das Signal zerstört ist. In Abb. 6.23a sind zwei Spins gezeigt, die am Ende des 90°-Pulses in die y'-Richtung zeigten und die nach vielen Umläufen zur Zeit τ merklich auseinander gelaufen sind. Wird nun ein zweiter Hochfrequenzpuls doppelter Dauer appliziert („180°-Puls"), geraten sie in die in Abb. 6.23b gezeigte Stellung. Nachdem nochmals die Zeit τ verstrichen ist, hat der schneller präzedierende Spin 1 den langsameren Spin 2 wieder eingeholt. Ebenso sind alle anderen Spins, die sich gleichmäßig auf den Kreis in Abb. 6.23 verteilt hatten, wieder in Phase. Es entsteht ein sogenanntes **Spinecho** (Abb. 6.24a). Wiederholt man zur Zeit 3τ, 5τ, ... die 180°-Pulse, erhält man die in Abb. 6.24b gezeigte Signalfolge. Die Abnahme der Amplituden zeigt an, dass die Magnetisierung in der (x, y)-Ebene auch unabhängig von den Inhomogenitäten des Magnetfelds durch physikalische Prozesse verschwindet. Man beobachtet gewöhnlich ein Exponentialgesetz:

$$M_{x,y}(t) = M_0 \mathrm{e}^{-t/T_2} \,. \tag{6.66}$$

T_2 ist die **transversale Relaxationszeit**. Unter **Relaxation** versteht man die zeitlich verzögerte Reaktion eines Systems auf äußere Einwirkungen und insbesondere die Wiederherstellung des Gleichgewichts nach einer kurzzeitigen Störung.

Der erste Relaxationsprozess, den man bei der Kernspinresonanz erwartet, ist die Wiederherstellung des thermischen Gleichgewichts (6.59), das durch den 90°-Puls gestört wurde. Die Relaxation wird durch die thermische Bewegung der Moleküle bewirkt, die am Ort der Kerne schwache, aber sehr hochfrequente Felder erzeugen. Die Magnetisierung der Probe wird dadurch in die Ausgangslage zurückgeführt:

$$M_z(t) = M_0 \left(1 - \mathrm{e}^{-t/T_1}\right) \,. \tag{6.67}$$

Die dabei freiwerdende Energie wird auf das Kristallgitter bzw. auf die Flüssigkeit übertragen. Man nennt T_1 die **longitudinale** oder auch die **Spin-Gitter-Relaxationszeit**. Sie leistet offensichtlich auch einen Beitrag zur transversalen Relaxation. Es gibt aber noch andere Relaxationsprozesse, bei denen die Energie des Spinsystems konstant bleibt, aber dennoch die Magnetisierung $M_{x,y}$ abgebaut wird. Man nennt dies die **Spin-Spin-Relaxation**, charakterisiert durch die Relaxationszeit T_2'. Die Relaxationszeit T_2 ist gegeben durch

$$\frac{1}{T_2} = \frac{1}{T_2'} + \frac{1}{2T_1} \,. \tag{6.68}$$

Der Faktor 2 vor T_1 kommt daher, dass sich beim Umklappen eines Spins die Differenz Δn in (6.59) um gleich zwei Einheiten ändert, während bei der Spin-Spin-Wechselwirkung nur ***ein*** Spin seine Phase in der (x, y)-Ebene ändert.

Die Relaxationszeiten sind für die Kernspinresonanz von großer Bedeutung. Erstens bestimmen sie nach (IV/4.60), $\Delta\nu = 1/2\pi\tau$, die Breite der Resonanzlinien, und zweitens geben sie Aufschluss über Wechselwirkungen und dynamische Prozesse innerhalb der Proben. In Flüssigkeiten liegen bei Raumtemperatur T_1 und T_2 im Bereich von Sekunden, vorausgesetzt, dass keine paramagnetischen Verunreinigungen vorhanden sind. Damit erhält man Linienbreiten $\Delta\nu \approx 0{,}1\,\text{Hz}$, also bei $\nu \approx 600\,\text{MHz}$ eine geradezu phantastische Auflösung. In Festkörpern ist gewöhnlich T_1 wesentlich größer, T_2 aber wesentlich kleiner als in Flüssigkeiten.

Anwendungen. Die erste Anwendung der NMR war die Präzisionsbestimmung von Kernmomenten. In der Messtechnik ist die Kernspinresonanz ***die*** Methode zur präzisen Messung und Überwachung von Magnetfeldern. Man benutzt dabei meistens eine Wasserprobe. Ferner dient die Kernspinresonanz heute in der physikalischen, chemischen und biologischen Forschung zu Strukturuntersuchungen und zur chemischen Analytik. Dabei wird vor allem die **chemische Verschiebung** untersucht, d. h. die Differenz $B_0' - B_0$, die von der diamagnetischen Umgebung der Kerne abhängt. Als Beispiel zeigt Abb. 6.25 das NMR-Spektrum von Äthylalkohol C_2H_5OH. Die Resonanzfrequenzen der Protonen in den CH_3-, CH_2- und OH-Gruppen sind deutlich von einander abgesetzt. Die Feinaufspaltung der Linien kommt von der Spin-Spin-Wechselwirkung. Die Integrale über die Liniengruppen verhalten sich wie 2 : 1 : 3. Da jedes chemische Element Isotope mit magnetischen Momenten besitzt, sind ähnliche Untersuchungen mit allen chemischen Elementen möglich. Auch die Relaxationszeiten T_1 und T_2 hängen von der chemischen Umgebung der Kernspins ab. Sie können getrennt voneinander gemessen und zur Strukturbestimmung sowie zur Untersuchung dynamischer Prozesse herangezogen werden.

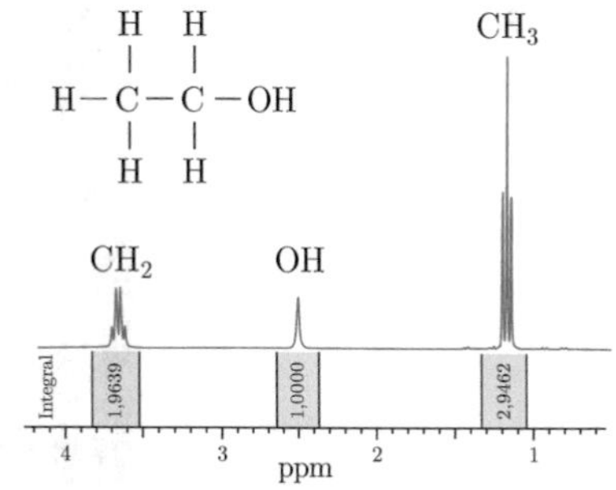

Abbildung 6.25 Chemische Verschiebung: Protonenresonanz im Äthylalkohol C_2H_5OH. 1 ppm = 10^{-6} (**p**arts **p**er **m**illion). Aufnahme G. Schilling, Organ. Chem. Inst. d. Univ. Heidelberg

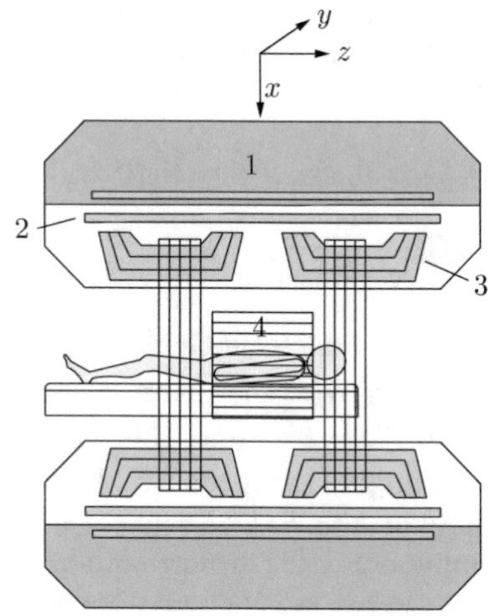

Abbildung 6.26 Kernspin-Tomograph. *1*: Kryostat und supraleitendes Solenoid, *2*: Spulen zur Verbesserung der Feldhomogenität, *3*: Gradientenspulen zur Erzeugung des $\boldsymbol{B}^{(x)}$-Feldes (perspektivisch stark verkürzt und im *oberen Bildteil* hinten bzw. im *unteren Bildteil* vorn abgeschnitten), *4*: Leitersystem zur Erzeugung des B_1-Feldes

NMR-Tomographie

Die bekannteste Anwendung der Kernspinresonanz ist zweifellos die **NMR-Tomographie**[17] in der medizinischen Diagnostik. Gewöhnlich wird in einem großen zylindrischen Volumen, in das man den Patienten stecken kann, mit einem supraleitenden Solenoid ein Magnetfeld $B_0 \approx 1{,}5\,\text{T}$ erzeugt (Abb. 6.26). Auf der Mantelfläche des Zylinders sind Hochfrequenzspulen angebracht, mit denen man in x-Richtung das B_1-Feld erzeugen kann. Sie können zugleich als Empfängerspulen dienen; man kann aber

[17] Ich danke Herrn Dr. M. Bock, Deutsches Krebsforschungszentrum (Heidelberg), für Diskussionen über dieses Thema. – Im Bereich der medizinischen Anwendungen sagt man übrigens heute „MR" statt „NMR", weil das Wort „Nuklear" als furchterregend gilt. Das Wort Tomographie kommt von (griechisch) $\tau o\mu\acute{\eta}$, der Schnitt, und $\gamma\rho\alpha\varphi\acute{\eta}$, die Darstellung.

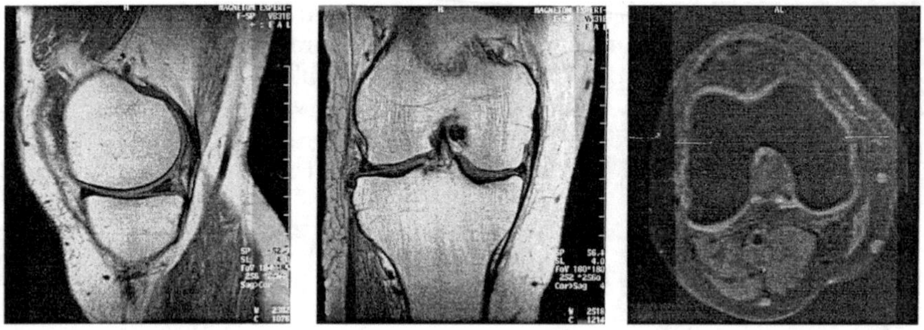

Abbildung 6.27 NMR-tomographische Schnitte durch ein Kniegelenk

auch eine getrennte Empfängerspule verwenden, die geometrisch an den zu untersuchenden Körperteil angepasst ist. Damit lässt sich die Signalamplitude beträchtlich vergrößern. Außerdem gibt es noch drei Spulensätze, mit denen dem homogenen B_0-Feld „Gradientenfelder" überlagert werden:

$$\boldsymbol{B}^{(x)} = G_x(z,0,x)\,,\ \boldsymbol{B}^{(y)} = G_y(0,z,y)\,,$$
$$\boldsymbol{B}^{(z)} = G_z\left(-\frac{x}{2},-\frac{y}{2},z\right)\,. \tag{6.69}$$

G_x, G_y und G_z sind konstante Größen mit der Dimension Tesla/Meter. $\boldsymbol{B}^{(z)}$ wird mit „Anti-Helmholtz-Spulen" erzeugt (Bd. III/13.4), $\boldsymbol{B}^{(x)}$ und $\boldsymbol{B}^{(y)}$ mit komplizierteren Leiteranordnungen (Aufgabe 6.5). Nur die $\boldsymbol{B}^{(z)}$- und $\boldsymbol{B}^{(x)}$-Spulen sind in Abb. 6.26 zu sehen. Da im Folgenden nur die z-Komponente der Larmorfrequenz ω_L eine Rolle spielt, sind nur die z-Komponenten der Gradientenfelder von Bedeutung. Die x- und y-Komponenten sind ein Beipack, damit Herr Maxwell zufrieden ist.

Mit der Kernspin-Tomographie ist es möglich, Bilder herzustellen, auf denen wie auf einem Gewebeschnitt feinste Strukturen zu erkennen sind, die bei der auf dem Röntgenkontrast beruhenden Computer-Tomographie, also auf dem „CT-Bild" niemals sichtbar würden. Senkrecht zu zwei bis drei Raumrichtungen werden so viele Schnitte aufgenommen, wie für die Diagnosestellung nötig. Gewöhnlich sind dies 20–40 Schnitte in jeder Orientierung. Abb. 6.27 zeigt drei Beispiele aus einer Serie von 80 NMR-Bildern eines Kniegelenks. Die Orientierung der Schnittebenen kann durch die Speisung der Gradientenspulen beliebig eingestellt werden. Wir diskutieren im Folgenden nur den Fall, dass die Schnitte senkrecht zur z-Achse liegen. Wie die Bilderzeugung bei der Kernspin-Tomographie funktioniert, gehört natürlich zum Spezialwissen dieses Gebiets. Wir unternehmen trotzdem den Versuch, das zu verstehen. Es ist physikalisch interessant und bietet die Möglichkeit, die Formeln zur Fourier-Darstellung von Bildinformation ((IV/8.44) und (IV/8.45)) zum Einsatz zu bringen.

Untersucht wird in erster Linie die Kernspinresonanz von Protonen im H_2O – der Mensch besteht bekanntlich zu

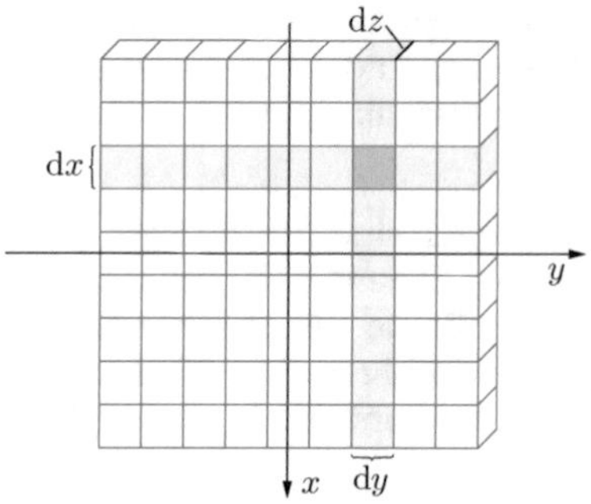

Abbildung 6.28 Einteilung der Schnittebene in Voxels, schematisch. In Wirklichkeit sind die Voxels nicht würfelförmig, sondern eher gaußisch begrenzt. Nach den Schritten (2) und (3) unterscheidet sich der *dunkel getönte Voxel* von allen anderen durch die Phase und die Frequenz der Präzession um die z-Achse

80 % aus Wasser. Zur Bilderzeugung in einer Ebene senkrecht zur z-Achse wird das Gradientenfeld $\boldsymbol{B}^{(z)}$ kurzzeitig eingeschaltet, und es wird mit dem $\boldsymbol{B}_1$-Feld ein 90°-Puls mit der Frequenz ω appliziert. Wegen des Feldgradienten von $\boldsymbol{B}_z^{(z)}$ ist die Resonanzbedingung $\omega = \omega_\mathrm{L} = \gamma_\mathrm{p}(B_0' + G_z z)$ nur bei einem einzigen Wert von z erfüllt, und nur innerhalb einer dünnen Schicht wird die Magnetisierung aus der z-Richtung in eine Richtung parallel zur (x,y)-Ebene gedreht. Die Dicke dz der Schicht hängt von G_z und der Bandbreite des 90°-Pulses ab. Nach Abschalten von $\boldsymbol{B}^{(z)}$ präzediert nur in dieser Schicht die Magnetisierung um die z-Achse, und nur diese Schicht trägt später zum Signal bei. Die Larmorfrequenz ist nun

$$\omega_\mathrm{L} = \gamma_\mathrm{p}\, B_0'\,. \tag{6.70}$$

Wir teilen die Schicht in Volumenelemente („Voxels") ein, wie in Abb. 6.28 angedeutet. Gewöhnlich nimmt man pro Schicht 256 × 256 Voxels. Das Ziel ist nun, für jedes Voxel mit den Koordinaten (x,y) die transversale Magnetisierung $M(x,y)$ zu bestimmen. Dazu dienen die in Tab. 6.3 angeführten Schritte (2) und (3).

In Schritt 2 wird während einer kurzen Zeit Δt_x das Gradientenfeld $\boldsymbol{B}^{(x)}$ mit der z-Komponente $B_z^{(x)} = G_{x1}x$ angelegt; das bewirkt in den einzelnen Voxels eine Phasenverschiebung bei der Präzession: Da nach (6.69) die

Tabelle 6.3 Zyklen bei der NMR-Tomographie

1.	$\boldsymbol{B}^{(z)}$ ein, 90°-Puls, $\boldsymbol{B}^{(z)}$ aus
2.	$\boldsymbol{B}^{(x)}$ ein/aus (Gradient G_{x1})
3.	$\boldsymbol{B}^{(y)}$ ein, Signalauslese, $\boldsymbol{B}^{(y)}$ aus
	Wartepause
1.	(wie oben)
2.	$\boldsymbol{B}^{(x)}$ ein/aus (Gradient G_{x2})
3.	(wie oben)
	Wartepause
	⋮
1.	(wie oben)
2.	$\boldsymbol{B}^{(x)}$ ein/aus (Gradient G_{x256})
3.	(wie oben)

z-Komponente von $\boldsymbol{B}^{(x)}$ proportional zu x ist, präzediert während Δt_x die Magnetisierung der Voxels in Abb. 6.28 proportional zu $|x|$ etwas schneller als $\omega_{\mathrm{L}}^{(0)}$, wenn $x > 0$ ist, und etwas langsamer für $x < 0$.

Wir betrachten nun Schritt 3. Infolge des Gradientenfeldes $\boldsymbol{B}^{(y)}$ präzediert $\boldsymbol{M}$ in den einzelnen Voxels mit einer von y abhängigen Geschwindigkeit um die z-Achse, siehe (6.69). Es ist auch ohne Rechnung klar, dass man durch eine Frequenzanalyse des in Schritt 3 ausgelesenen Signals herausfinden kann, wie groß die Magnetisierung im Volumen zwischen y und $y + \mathrm{d}y$ ist. Den 256 Voxel-Streifen $y = \text{const}$ entsprechen 256 verschiedene Frequenzen. Von der Empfängerspule wird aber bei der Frequenz $\omega(y)$ nur das Summensignal der 256 Voxels im Streifen zwischen y und $y + \mathrm{d}y$ aufgenommen. Wie kann man aus der Superposition von 256 Wechselspannungen gleicher Frequenz, aber unterschiedlicher Phase auf die Amplituden der Teilspannungen schließen? Das gelingt, wenn man die Superposition 256 mal mit jeweils in bekannter Weise veränderten Phasen wiederholt, denn die Amplitude der resultierenden Spannung hängt von den Amplituden ***und*** von den relativen Phasen der Teilspannungen ab (vgl. (III/17.2)). Deshalb wird der erste mit dem Gradientenfeld G_x ausgeführte Zyklus 1 – 2 – 3 nach einer Wartepause mit geändertem G_x noch 255 mal wiederholt. Die Wartepause muss mindestens so lang sein, dass in der in Abb. 6.28 gezeigten Schicht das thermische Gleichgewicht wiederhergestellt ist, d. h. dass die Magnetisierungen der Voxels wieder in z-Richtung zeigen.

Für die mathematische Beschreibung der Methode führt man die komplexe Magnetisierung

$$\check{M}(x,y) = M_{y'} + \mathrm{i}M_{x'} = M(x,y)\mathrm{e}^{-\mathrm{i}\varphi} \tag{6.71}$$

ein. M bedeutet hier den Betrag der transversalen Magnetisierung. Im Voxel (x,y) sind $M_{y'}(x,y)$ und $M_{x'}(x,y)$ die Komponenten der Magnetisierung, gemessen in dem mit der Winkelgeschwindigkeit (6.70) um die z-Achse rotierenden Koordinatensystem, ***nachdem*** Schritt (2) ausgeführt wurde. Davor war $M_{y'}(x,y) = M(x,y)$ und $M_{x'} = 0$, wie in Abb. 6.22a.

x' und y' sind wie in Abb. 6.22b die Koordinatenachsen eines mit der Winkelgeschwindigkeit (6.70) um die z-Achse rotierenden Koordinatensystems. Nach Beendigung von Schritt 1 in Tab. 6.3 ist $\varphi = 0$. Zum Zeitpunkt t nach Beginn von Schritt 3 ist beim i-ten Messzyklus die Phase

$$\varphi(x,y) = \gamma_{\mathrm{P}}\, G_{xi}\, x\, \Delta t_x + \gamma_{\mathrm{P}}\, G_y\, y\, t\,. \tag{6.72}$$

G_{xi} wird in 256 gleichmäßigen Schritten zwischen den Extremwerten $\pm G_x^{(\max)}$ variiert. Man kann daher G_x als eine kontinuierlich veränderliche Größe betrachten. Niemand kann uns hindern

$$\gamma_{\mathrm{P}}\, G_x\, \Delta t_x = k_x\,, \qquad \gamma_{\mathrm{P}}\, G_y\, t = k_y \tag{6.73}$$

zu setzen. Damit wird aus (6.71) und (6.72)

$$\check{M}(x,y) = M(x,y)\mathrm{e}^{-\mathrm{i}(k_x x + k_y y)}\,. \tag{6.74}$$

Das ist also der Beitrag, den das Voxel (x,y) bei einem bestimmten Wert von G_x zur Zeit t zur Summe der Magnetisierungen aller 256 × 256 Voxels liefert. Wir nennen diese Summe $S(k_x, k_y)$. Die von der Empfängerspule bei diesem Wert von G_x und zu dieser Zeit t gemessene Spannung ist proportional zu $S(k_x, k_y)$:

$$\begin{aligned} U(G_x, t) &= KS(G_x, t) \\ &= K \iint\limits_{-\infty}^{+\infty} M(x,y)\mathrm{e}^{-\mathrm{i}(k_x x + k_y y)}\mathrm{d}x\,\mathrm{d}y\,. \end{aligned} \tag{6.75}$$

Bei der Integration wird davon ausgegangen, dass außerhalb der 256 × 256 Voxels $M = 0$ ist. Die Umrechnung von (G_x, t) auf (k_x, k_y) erfolgt mit (6.73). Mit Freude stellen wir fest, dass $S(k_x, k_y)$ die Fourier-Transformierte (IV/8.45) der gesuchten Funktion $M(x,y)$ ist. Wir erhalten also die Bildinformation durch die inverse Fourier-Transformation (IV/8.44):

$$M(x,y) = \iint\limits_{-\infty}^{+\infty} S(k_x, k_y)\mathrm{e}^{\mathrm{i}(k_x x + k_y y)}\mathrm{d}k_x\,\mathrm{d}k_y\,. \tag{6.76}$$

Sie lässt sich auf dem Computer, der die Anlage steuert, leicht ausführen, und man erhält ***on line*** das Schnittbild auf dem Bildschirm; man kann dann die Einstellungen des Geräts optimieren. Auch kann man mit der im Computer gespeicherten Funktion $M(x,y)$ ein Belichtungsgerät steuern. Man erhält Bilder wie in Abb. 6.27 gezeigt.

Die Zeit zwischen zwei aufeinander folgenden 90°-Pulsen in Tab. 6.3, auch Repetitionszeit T_{R} genannt, kann zur Herstellung von sogenannten T_1-gewichteten Bildern benutzt werden. Da nämlich der Wassergehalt in allen

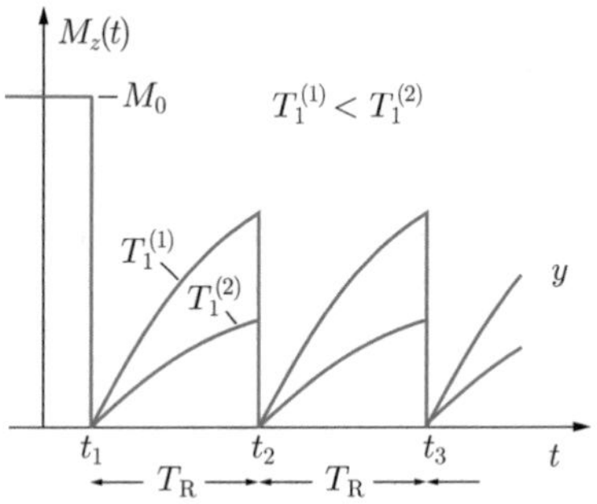

Abbildung 6.29 Magnetisierung M_z für zwei verschiedene Relaxationszeiten T_1. M_0 ist die im thermischen Gleichgewicht erreichte Magnetisierung

Gewebearten ähnlich ist, würden Signale, die nur zur Protonendichte proportional sind, keine kontrastreichen Bilder ergeben. Die Relaxationszeiten, besonders auch T_1, hängen dagegen stark vom Gewebetypus ab. Nun ist die Signalamplitude proportional zur Magnetisierung $M_z = M_0$, die ***vor*** der Applikation des 90°-Pulses vorhanden war. Die zeitliche Entwicklung von M_z ***nach*** dem 90°-Puls ist nach (6.67) durch T_1 gegeben. Wie Abb. 6.29 zeigt, kann man durch geschickte Wahl der Repetitionszeit T_R die Kontraste auf dem NMR-Bild optimieren. Mit Hilfe von 180°-Pulsen und Spinecho-Signalen kann man auch T_2-gewichtete Bilder herstellen. Je nach der T_1- oder T_2-Wichtung erhält man für die verschiedenen Gewebearten unterschiedliche Darstellungen. In Abb. 6.27 sind das linke und das mittlere Bild T_1-gewichtet, das rechte ist T_2-gewichtet.

Ein Zyklus, umfassend die Schritte 1–3 in Tab. 6.3, dauert typischerweise ca. 20 ms. Wenn $T_R \approx 0{,}5$ s ist, kann man in den Wartepausen bequem parallel zur ersten Schicht mit entsprechend geänderten Hochfrequenzen ω_i die Bildaufnahme für weitere Schichtebenen starten, so dass man am Schluss nach 256 T_R schon die 20 Bilder hat, die der Arzt zur Diagnostik braucht. Der Tomograph ist also auch während der Wartepausen in Aktion. Das Getöse, das jeden beeindruckt, der einmal in eine solche Röhre gesteckt wurde, entsteht durch das ständige Ein- und Ausschalten der Gradientenfelder und durch die damit verbundenen Formänderungen in den Magnetfeldspulen und anderen Metallteilen.

Bei der auf den Protonen im Wasser und im Fett basierenden NMR-Tomographie kann man mit einer Voxelgröße von ca. 1 mm^3 arbeiten. Man kann die Methode auch zur chemischen Analytik verwenden, z. B. zum Nachweis der Elemente Kalium, Phosphor, Fluor und von bestimmten organischen Verbindungen, die als Stoffwechselprodukte interessant sind. Wegen der geringen Konzentration dieser Stoffe muss man sich dann mit Voxeln von einigen cm^3 begnügen.

Es ist bemerkenswert, wie es der physikalischen Technik gelungen ist, die zunächst nur für kleine Probenvolumina anwendbare NMR-Spektroskopie zu einer bildgebenden, nicht invasiven biochemischen Analytik am lebenden Menschen auszubauen. Bemerkenswert ist auch die Raffinesse, mit der hier Physik, Mathematik und Chemie zusammenspielen.

Spinpräzession und Quantenmechanik

Wir beschränken uns auf die Diskussion von Teilchen mit dem Spin $\frac{1}{2}\hbar$. Die Ergebnisse lassen sich auf Teilchen mit höherem Spin übertragen. Zur Beschreibung des Zustands, in dem sich der Spin eines Teilchens befindet, führt man eine Spin-„Wellenfunktion" χ ein, mit der man die Wellenfunktion $\psi(x,t)$ des Teilchens multipliziert. Um den Spin des Teilchens zu messen, kann man es durch eine Stern–Gerlach-Apparatur schicken. Bei Spin $\frac{1}{2}$-Teilchen gibt es nur zwei mögliche Resultate: Spin nach „oben" oder Spin nach „unten". Die **Spinkoordinate** hat also im Gegensatz zur Ortskoordinate x nur zwei mögliche Werte. Wir bezeichnen sie mit Pfeilen. Die Spin-Wellenfunktionen $\chi_\uparrow$ bzw. $\chi_\downarrow$ beschreiben Teilchen mit den magnetischen Quantenzahlen $m_s = +\frac{1}{2}$ und $m_s = -\frac{1}{2}$. Man kann auch eine kohärente Superposition dieser beiden Wellenfunktionen betrachten. Die Funktion

$$\chi = \alpha\,\chi_\uparrow + \beta\,\chi_\downarrow \tag{6.77}$$

beschreibt ein Teilchen, dessen Spin hinter dem Stern–Gerlach-Apparat mit der Wahrscheinlichkeit $|\alpha|^2$ nach oben und mit der Wahrscheinlichkeit $|\beta|^2$ nach unten steht. Es muss also $|\alpha|^2 + |\beta|^2 = 1$ sein.

Wir setzen nun dieses Teilchen in ein homogenes Magnetfeld $\boldsymbol{B} = (0, 0, B)$ und fragen nach der zeitlichen Entwicklung der Wellenfunktion. Da wir uns nur für die Spinkoordinaten interessieren, berücksichtigen wir in der zeitabhängigen Schrödinger-Gleichung (4.9) nur den Spinanteil der Wellenfunktion und bei den Energietermen auf der rechten Seite dieser Gleichung nur die potentielle Energie des magnetischen Moments. Für ein Proton erhalten wir

$$\mathrm{i}\hbar\frac{\partial\chi}{\partial t} = -\boldsymbol{\mu}_\mathrm{p}\cdot\boldsymbol{B}\,\chi\,. \tag{6.78}$$

Die Zeitabhängigkeit der Spinwellenfunktion $\chi(t)$ steckt in den Koeffizienten α und β. Wie in (4.21) erhält man

$$\left.\begin{aligned} \alpha(t) &= a\mathrm{e}^{-\mathrm{i}E_\uparrow t/\hbar} \qquad &\text{mit } E_\uparrow &= -\mu_\mathrm{p} B\,,\\ \beta(t) &= b\mathrm{e}^{-\mathrm{i}E_\downarrow t/\hbar} \qquad &\text{mit } E_\downarrow &= +\mu_\mathrm{p} B\,. \end{aligned}\right\} \tag{6.79}$$

a und b können hier reelle Zahlen sein. Wenn $a = 1, b = 0$ oder $a = 0, b = 1$ ist, ist die Spinkomponente $s_z = \pm\hbar/2$. Für die Spinkomponenten s_x und s_y können dann wie in (5.33) nur Erwartungswerte angegeben werden: Es ist

$\langle s_x \rangle = \langle s_y \rangle = 0$. Im allgemeinen Fall $a \neq 0$, $b \neq 0$ hat keine der drei Spinkomponenten einen scharf definierten Wert. Die quantenmechanische Berechnung der Erwartungswerte ergibt[18]

$$\left.\begin{aligned} \langle s_z \rangle &= \frac{\hbar}{2}(a^2 - b^2) = \text{const}\,, \\ \langle s_x \rangle &= ab\,\hbar \cos \omega_0 t\,, \\ \langle s_y \rangle &= ab\,\hbar \sin \omega_0 t\,, \end{aligned}\right\} \tag{6.80}$$

$$\omega_0 = \frac{E_\downarrow - E_\uparrow}{\hbar} = \frac{\mu_p B}{\hbar/2} = \gamma_p B\,. \tag{6.81}$$

Das heißt: Nach der Schrödinger-Gleichung präzediert der Erwartungswert der Spinrichtung um die Richtung des $\boldsymbol{B}$-Feldes in der gleichen Weise, wie nach der Newtonschen Bewegungsgleichung das magnetische Moment $\boldsymbol{m}$!

Es ist interessant, dass man mit (6.77) auch einen Zustand darstellen kann, bei dem der Spin in x-Richtung steht, bei dem also $s_x = \hbar/2$ ist:

$$\chi = \frac{1}{\sqrt{2}}\chi_\uparrow + \frac{1}{\sqrt{2}}\chi_\downarrow\,. \tag{6.82}$$

In diesem Fall ist $\langle s_z \rangle = \langle s_y \rangle = 0$. Falls der Spin in y-Richtung steht, ist der Spinanteil der Wellenfunktion

$$\chi = \frac{1}{\sqrt{2}}\chi_\uparrow + \mathrm{i}\frac{1}{\sqrt{2}}\chi_\downarrow\,. \tag{6.83}$$

Nun ist $\langle s_z \rangle = \langle s_x \rangle = 0$. Die beiden Situationen: Spin in x-Richtung und Spin in y-Richtung lassen sich also mit den auf die z-Richtung bezogenen Spinfunktionen $\chi_\uparrow$ und $\chi_\downarrow$ darstellen. In ähnlicher Weise kann man übrigens die Photonen des linear polarisierten Lichts durch Überlagerung der Quantenzustände mit $m = \pm 1$ darstellen, wie in Abschn. 6.4 behauptet wurde.

Auch bei der Doppelresonanz spielt die Präzession des Drehimpulses im Magnetfeld eine wichtige Rolle: Sie bewirkt Übergänge zwischen den Zeeman-Niveaus des angeregten Zustands. Wie wir bei Abb. 6.18 gesehen hatten, wird durch die Einstrahlung von Licht im angeregten Zustand des Hg-Atoms zunächst nur das Zeeman-Niveau $m = 0$ besetzt. In Abb. 6.17 liegt dann der Drehimpuls $\boldsymbol{J}$ in der (x, y)-Ebene und präzediert mit der Larmorfrequenz ω_L um $\boldsymbol{B}_0$. Das hochfrequente Magnetfeld $\boldsymbol{B}_1(t)$ erzeugt wie bei der NMR im Fall der Resonanz $\omega = \omega_L$ in einem mit der Winkelgeschwindigkeit ω_L rotierenden Koordinatensystem eine langsame Präzession von $\boldsymbol{J}$ um die x'-Achse und damit eine Bevölkerung der Zeeman-Niveaus $m = \pm 1$. Die Feldstärke B_1 muss dazu ausreichen, dass innerhalb der Lebensdauer $\tau \approx 10^{-7}$ s eine merkliche Besetzung dieser Zustände erreicht wird.

Doppelresonanz und Kernspinresonanz sind sich im Prinzip ähnlicher, als man auf den ersten Blick vermutet. Ein großer Unterschied besteht aber bei der Empfindlichkeit des Nachweises. Bei der Doppelresonanz sind durch das abgestrahlte σ-Licht im Prinzip die Übergänge einzelner Atome nachweisbar, während bei der NMR der Nachweis der makroskopischen, aber winzigen Magnetisierung größenordnungsmäßig 10^{17}, mindestens aber 10^{15} präzedierende Atomkerne erfordert.

6.7 Laserkühlung von Atomen

In Abschn. 5.7 wurde bei der Beschreibung der Feshbach-Resonanzen in Aussicht gestellt, dass in diesem Kapitel die Methoden zur Herstellung ultrakalter Gase beschrieben werden. Dieses Gebiet stellt große Herausforderungen an die Experimentalphysik: Beispielsweise ist zur Erzeugung eines Bose–Einstein-Kondensats (BEC) ein Gas von Alkali-Atomen mit ca. 10^{12} Atomen/cm^3 bei einer Temperatur unterhalb von 1 µK herzustellen.[19] Erst dann wird der mittlere Atomabstand $d \approx \lambda_T$, der thermischen de Broglie-Wellenlänge ($\lambda_T = 2\pi\sqrt{\hbar^2/m_{\mathrm{At}} k_B T} \approx 1$ µm).

Die Kühlung erfolgt in mehreren Schritten:

1. Abbremsung und Kühlung eines Atomstrahls mit Hilfe der **Zeeman-Bremsung**,
2. Kühlung der Atome durch Wechselwirkung mit „optischer Melasse". Hier sind zwei physikalische Effekte aktiv: die **Doppler-Kühlung** und die **Sisyphus-Kühlung**, auch **Polarisationsgradienten-Kühlung** genannt,
3. **Verdampfungskühlung** von Atomen in einer magnetischen Falle, gesteuert durch Einstrahlung von Hochfrequenz.

Bei diesen Kühlprozessen sind keine Kältemaschinen und keine Kryostaten im Spiel: Das ultrakalte Gas wird im Ultrahochvakuum (10^{-11}–10^{-12} mbar) in einer magnetischen Falle (Abb. III/13.27 und III/13.28) von der Außenwelt isoliert. Damit sich eine wohldefinierte Temperatur einstellen kann, müssen sich die Gasatome durch Stöße miteinander ins thermische Gleichgewicht setzen können. Das ist auch für den Schritt (3) der Kühlung unerlässlich. Die Temperatur ergibt sich aus der eindimensionalen

[18] Eine einfache und übersichtliche Darstellung des Rechenverfahrens findet man in H. Haken und H. C. Wolf: „Atom- und Quantenphysik", 7. Aufl., Springer-Verlag (2000), Kap. 14.

[19] Dies gelang drei Gruppen in den USA unabhängig voneinander innerhalb weniger Monate: mit Rubidium M. H. Anderson et al., Science **269** (1995) 198, mit Natrium, K. B. Davis et al., Phys. Rev. Lett. **75** (1995) 3969 und mit Lithium, C. C. Bradley et al., Phys. Rev. Lett. **75** (1995) 1687. Siehe auch W. Ketterle und M.-D. Mewes, Physikalische Blätter **52** (1996) 573 und W. Ketterle, ibid. **53** (1997) 677.

Geschwindigkeitsverteilung der Atome, die mit Flugzeitmessungen bestimmt wird, nachdem die Atome aus der magnetischen Falle entlassen wurden. Aus dem Gleichverteilungssatz folgt:

$$\frac{1}{2} m_{\mathrm{At}} \overline{v_x^2} = \frac{1}{2} k_{\mathrm{B}} T \quad \rightarrow \quad T = m_{\mathrm{At}} \overline{v_x^2} / k_{\mathrm{B}} \,, \tag{6.84}$$

die Standardabweichung der Geschwindigkeitsverteilung ist $\sigma_v = \sqrt{\overline{v_x^2}}$.

Tabelle 6.4 Atomgeschwindigkeiten und Temperaturen nach Zeeman-Bremsung

	^{7}Li	^{23}Na	^{85}Rb
m_{At}	1,17	3,84	14,2 $\cdot 10^{-26}$ kg
λ	6,71	5,89	7,80 $\cdot 10^{-7}$ m
τ	2,69	1,59	2,66 $\cdot 10^{-8}$ s
v_z	4,0	5,9	4,7 m/s
T_z	13	100	220 mK

Zeeman-Bremsung. Wenn ein Atom mit der Masse m_{At} und einer Geschwindigkeit v_z ein Photon der Energie $h\nu$ absorbiert, erhält es einen Rückstoßimpuls $h\nu/c$. Gibt das Atom die Anregungsenergie durch spontane Emission wieder ab, entsteht ***im Mittel kein*** Rückstoßimpuls, weil Photonenemissionen in entgegengesetzte Richtungen gleich wahrscheinlich sind. Im Prinzip lässt sich also ein Atomstrahl mit Teilchenimpulsen, die groß gegen den Rückstoßimpuls sind, in einem Laserstrahl durch viele aufeinander folgende Photonen-Absorptionen und Emissionen abbremsen. Damit das gelingt, müssen aber wesentliche Bedingungen erfüllt sein: Die ständig wiederkehrenden elektromagnetischen Übergänge müssen immer zwischen denselben zwei Atom-Zuständen erfolgen. Das lässt sich z. B. mit Alkali-Atomen realisieren, indem man einen Atomstrahl durch Einstrahlung zirkular polarisierten Lichts mit optischem Pumpen in den Grundzustand mit maximaler Quantenzahl m versetzt. Danach durchfliegt der Atomstrahl ein Magnetfeld, das parallel zur Flugrichtung orientiert ist. Dann sind wegen (6.30) die Atomzustände und folglich auch die Spektrallinien energetisch aufgespalten. Man kann nun eindeutig Übergänge zwischen zwei Niveaus mit $\Delta m = +1$ (Absorption) und $\Delta m = -1$ (Emission) finden. Zwischen der Laser-Frequenz und der Absorptionsfrequenz eines Atoms gibt es allerdings eine zur Atomgeschwindigkeit proportionale Doppler-Verschiebung, gegeben durch (6.55). Die Breite der Doppler-Verteilung ist für Atome, die aus einem Ofen austreten, viel größer als die natürliche Breite der Spektrallinie, sodass die Resonanzbedingung meist nicht erfüllt ist. Um viele resonante Übergänge zu ermöglichen, wird die magnetische Feldstärke entlang der Flugstrecke variiert: Sie nimmt auf solche Weise ab, dass sich die magnetische Verschiebung der Absorptionslinie und die Doppler-Verschiebung im Mittel gegenseitig kompensieren (Aufgabe 6.6).[20] Am Anfang wird $\boldsymbol{B}$ so gewählt, dass Atome beim Eintritt in das Magnetfeld die Resonanzbedingung erfüllen, wenn ihre Geschwindigkeit deutlich oberhalb der mittleren thermischen Geschwindigkeit liegt. Atome mit niedrigeren Geschwindigkeiten erfüllen die Resonanzbedingung nach einer gewissen Laufstrecke und der Bremsprozess setzt später ein. Dieser Mechanismus bringt es mit sich, dass ein Atomstrahl nicht nur abgebremst, sondern dabei auch gekühlt wird. Weil der Atomstrahl beim Austritt aus dem Ofen eine Divergenz besitzt, wird der Laserstrahl mit entsprechender Winkeldivergenz auf die Austrittsöffnung des Ofens fokussiert. In einem Laserstrahl gibt es neben der spontanen Emission auch die induzierte Emission. Wird ein Atom nach einer Anregung durch induzierte Emission wieder abgeregt, kompensieren sich die beiden Impulsüberträge. Zur Bremsung trägt also nur die spontane Emission bei. Der Bremsprozess findet ein Ende, wenn die Atomgeschwindigkeiten so klein geworden sind, dass sie kaum größer als die natürliche Linienbreite $\Delta\nu_{\mathrm{nat}} = 1/(2\pi\tau)$ der Spektrallinie sind. Ferner entspricht zuletzt die Doppler-Breite der natürlichen Linienbreite. Aus der erreichbaren Geschwindigkeitsunschärfe entlang der Flugrichtung schätzt man die erreichbare Temperatur ab:

$$\frac{\sqrt{\overline{\Delta v_z^2}}}{c} \nu = \frac{1}{2\pi\tau} \quad \rightarrow \quad \sqrt{\overline{\Delta v_z^2}} = \frac{\lambda}{2\pi\tau} \,,$$
$$T_z = \frac{m_{\mathrm{At}} \overline{\Delta v_z^2}}{k_{\mathrm{B}}} = \frac{m_{\mathrm{At}} \lambda^2}{4\pi^2 \tau^2 k_{\mathrm{B}}} \,.$$

Einige Resultate sind in Tab. 6.4 zusammengestellt. Das Prinzip einer Apparatur zum Einfang eines gekühlten Atomstrahls ist in Abb. 6.30 dargestellt. Die maximale Bremswirkung wird erreicht, wenn das Laserfeld so stark ist, dass sich das Atom mit 50 % Wahrscheinlichkeit im angeregten Zustand aufhält. Dann finden pro Zeit $1/2\tau$ spontane Emissionen statt. Die Bremsbeschleunigung $h\nu/(2\tau m_{\mathrm{At}} c)$ liegt in der Größenordnung von $10^5 g$. Die Zeeman-Bremsung leistet wahrhaft Beachtliches.

Kühlung in der optischen Melasse. Eine optische Melasse[21] entsteht, wenn drei zueinander orthogonale Paare von gegenläufigen Laserstrahlen gleicher Frequenz überlagert werden. Bei einem Strahldurchmesser von z. B. 7 mm wäre das Volumen der optischen Melasse $V \approx$

[20] Man findet dies und viele andere Informationen zur Laserkühlung in dem Buch von H. J. Metcalf u. P. van der Straten, „Laser Cooling and Trapping“, Springer-Verlag, 1999.

[21] Melasse (engl. molasses) ist eine Art sehr zähflüssiger Zuckersirup, nicht zu verwechseln mit der Molasse, einer geologischen Formation aus dem Tertiär, die beim Bau des LEP/LHC-Tunnels am CERN beträchtliche Schwierigkeiten und Unkosten verursacht hat.

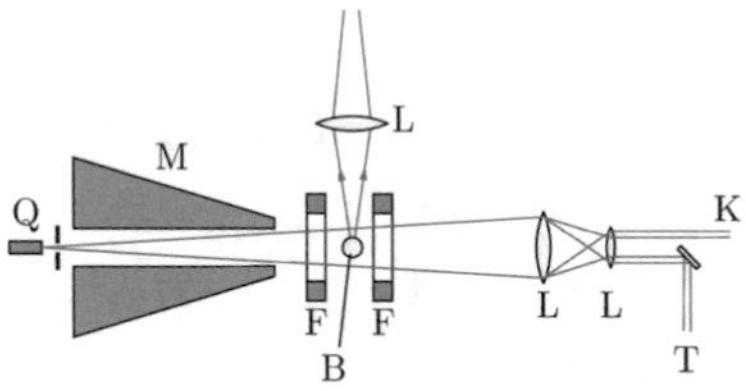

Abbildung 6.30 Aufbau einer Apparatur zum Nachweis der Zeeman-Kühlung. *Q*: Atomstrahl-Quelle, *M*: Magnet zur Zeeman-Bremsung, *F*: Spulen für magnetische Falle, *L*: Linsen, *K*: Laserstrahl zur Kühlung, *T*: Test-Laserstrahl, *B*: Beobachtungsvolumen

$0{,}2\,\text{cm}^3$. Der Name besagt, dass sich ein Atom in diesem Volumen wie ein Kügelchen in einer sehr zähen Flüssigkeit verhält. Auf ein sich in z-Richtung bewegendes Atom wirkt eine zur Geschwindigkeit v proportionale abbremsende Kraft, vorausgesetzt, dass die Laserfrequenz etwas unterhalb der Anregungsenergie des Atoms liegt, und dass Grundzustand und angeregter Zustand ein Zwei-Niveausystem bilden.

Wie diese Abbremsung zustande kommt, zeigt Abb. 6.31. Die Laserfrequenz wird kleiner als die Resonanzfrequenz gewählt. Dann absorbiert das Atom das bei ihm eintreffende blauverschobene, in $-z$-Richtung laufende Licht mit größerer Wahrscheinlichkeit als das in $+z$-Richtung laufende rotverschobene. Im Mittel über viele Absorptions- und Emissionszyklen wirkt auf das Atom eine Kraft $F_{\text{DM}} = -\beta v$. Die Atome werden jedoch nicht auf $v = 0$ abgebremst, denn es gibt bei jedem Zyklus zweimal einen Rückstoß $\hbar k$, für den es keine Vorzugsrichtung gibt. Die Rückstoßenergie $E_{\text{R}} = \hbar^2 k^2 / 2m_{\text{At}}$ führt dazu, dass zwei Laserstrahlen mit mit einer Rate von $\dot{n}$ Zyklen pro Sekunde eine Heizleistung $2\dot{n}2E_{\text{R}}$ erzeugen. Im stationären Gleichgewicht muss gelten: $4\dot{n}E_{\text{R}} + \boldsymbol{F}_{\text{DM}} \cdot v = 0$. Daraus lässt sich v ermitteln. Bei der Berechnung von β muss man die Linienform berücksichtigen. Das Ergebnis ist, dass das Minimum der kinetischen Energie erreicht wird, wenn die Differenz zwischen der Laserfrequenz und der Resonanzfrequenz die halbe Linienbreite ist: $\omega_0 - \omega_L = \Gamma/2$. Man erhält bei dieser Rotverstimmung

$$\overline{E}_{\text{kin}} = \frac{\hbar\Gamma}{4} = \frac{m_{\text{At}}}{2}\overline{v^2} \quad \rightarrow \quad v_{\text{D}} = \sqrt{\frac{\hbar\Gamma}{2m_{\text{At}}}}\,,$$

$$\overline{E}_{\text{kin}} = \frac{1}{2}k_{\text{B}}T_{\text{D}} \quad \rightarrow \quad T_{\text{D}} = \frac{\hbar\Gamma}{2k_{\text{B}}}\,.$$

Tabelle 6.5 Grenzwerte für Atomgeschwindigkeiten und Temperaturen nach Kühlung in der Melasse

	^{7}Li	^{23}Na	^{85}Rb	
v_{D}	40	30	12	cm/s
T_{D}	140	240	140	µK
v_{R}	8,5	2,9	0,6	cm/s
T_{R}	6,1	2,4	0,37	µK

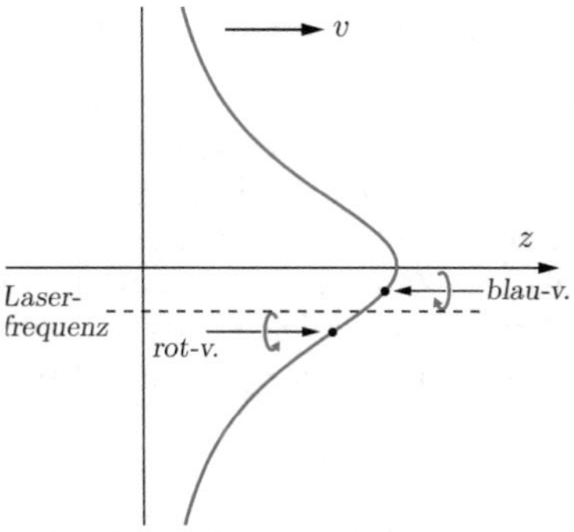

Abbildung 6.31 Zur Doppler-Kühlung: Resonanzkurve des ruhenden Atoms. Die Laserfrequenz (*gestrichelt*) erscheint am Atom blau- bzw. rotverschoben

Den hier beschriebenen Prozess nennt man **Doppler-Kühlung**, v_{D} die Doppler-Geschwindigkeit und T_{D} die Doppler-Temperatur. Zahlenwerte findet man in Tab. 6.5.[22] Die ersten Messungen zur erreichbaren Temperatur ergaben zur Überraschung einen Wert von 40 µK für Natrium, weit unterhalb des Wertes 240 µK aus Tab. 6.5. Er trat aber nicht bei der Verstimmung $\omega_0 - \omega_L = \Gamma/2$, sondern bei $\omega_0 - \omega_L \gtrsim 2\Gamma$ auf. Dergleichen geschieht in der Experimentalphysik fast nie und es ist offensichtlich, dass ein weiterer Kühlmechanismus am Werke ist.[23]

Er beruht darauf, dass in einem Laserstrahl ein Atom und die Photonen nicht getrennt voneinander betrachtet werden können. Sie sind aneinander gekoppelt, man spricht vom „dressed atom". Um das Prinzip zu erläutern, betrachten wir der Einfachheit halber ein Atom mit einem Drehimpuls $j = \frac{1}{2}$ sowohl im Grundzustand als auch im angeregten Zustand und zirkular polarisierte Laserstrahlung mit $\Delta m = +1$. In der Nähe eines resonanten Übergangs modifiziert die Laserstrahlung die Zustände eines Atoms. Die Lage eines Energieniveaus verschiebt sich um einen zur Lichtintensität und zu $(\omega_0 - \omega_L)/((\omega_0 - \omega_L)^2 + \Gamma^2/4)$ proportionalen Betrag $E_{\text{L.S.}}$, der **light shift** genannt wird. Ein äußeres Magnetfeld wird dazu nicht benötigt. Abb. 6.32a zeigt die anfängliche energetische Lage eines Atoms im $m = -\frac{1}{2}$-Grundzustand mit der kinetischen Energie $E_{\text{kin},0}$ außerhalb des $\Delta m = +1$-Laserstrahls. Im Koordinatensystem des Lasers ist $E_{\text{kin},0}$ in der Gesamtenergie enthalten. Gelangt das Atom ohne Einwirkung ei-

[22] Das Prinzip der Doppler-Kühlung wurde 1975 von T. Hänsch und A. Schawlow vorgeschlagen, 1985 gelang es S. Chu et al., Na-Atome in einer Melasse zu kühlen. Die erste präzise Messung der erreichbaren Temperatur wurde von P. D. Lett et al. durchgeführt.

[23] C. N. Cohen-Tannoudji u. W. D. Phillips, „New Mechanism for Laser cooling", Phys. Today, Okt. 1990. C. N. Cohen-Tannoudji und W. D. Phillips erhielten zusammen mit S. Chu im Jahre 1987 den Physik-Nobelpreis.

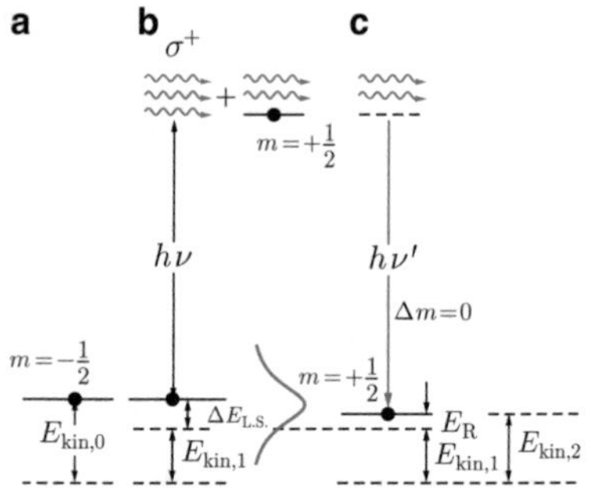

Abbildung 6.32 Ein Atom im Laser-Strahlungsfeld. **a** Anfangszustand, **b** Zustand mit light shift, **c** nach Streuung eines Laser-Photons

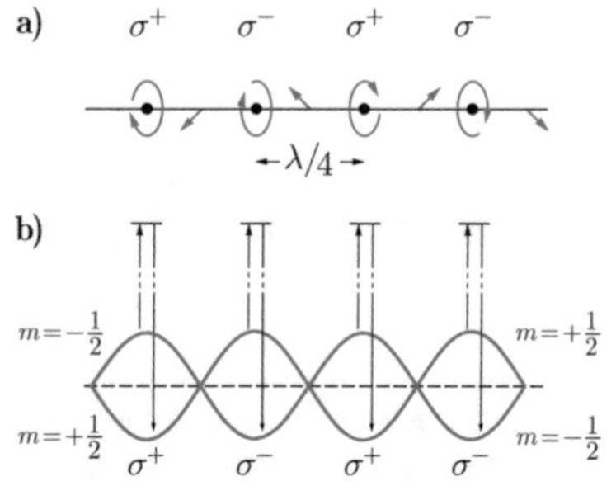

Abbildung 6.33 Zur Polarisationsgradienten-Kühlung: **a** räumliche Modulation der Polarisation der Laserstrahlung, **b** Modulation der Lichtverschiebung und bevorzugte Stellen für die Streuung eines Photons aus dem Laserstrahl

ner äußeren Kraft in das Gebiet des $\Delta m = +1$-Laserstrahls, entsteht eine positive light shift und die entsprechende Energie wird der kinetischen Energie des Atoms entzogen (Abb. 6.32b). Die kinetische Energie sinkt auf $E_{\text{kin},1}$ ab. Im Laserstrahl erhält der untere Zustand eine zur Intensität proportionale Breite, was in Abb. 6.32b angedeutet ist. Auch seine Wellenfunktion verändert sich. Dies kann dadurch beschrieben werden, dass der Wellenfunktion des freien Atoms ein kleiner Anteil des angeregten Zustands mit $m = +\frac{1}{2}$ überlagert wird. Befindet sich der Grundzustand in einem Strahlungsfeld mit N Photonen, befindet sich der beigemischte Zustand in einem Feld mit $N-1$ Photonen (Abb. 6.32b). Die beigemischte Komponente kann unter Emission eines Photons in den unteren Zustand mit $m = +\frac{1}{2}$ übergehen (Abb. 6.32c). Die light shift ist wegen der Polarisation des Laserstrahls von m abhängig und man kann es so einrichten, dass sie beim $\Delta m = 1$-Übergang um einen Betrag $\Delta E_{\text{L.S.}}$ absinkt. Man stellt fest: Aus dem Laserstrahl ist ein Photon verschwunden und dafür wird ein etwas höherenergetisches in irgendeine Richtung abgestrahlt. Das Atom müsste nun eigentlich die kinetische Energie $E_{\text{kin},1} = E_{\text{kin},0} - \Delta E_{\text{L.S.}}$ haben, aber bei der Photonen-Vernichtung und Erzeugung erhält das Atom im Mittel die Rückstoßenergie E_{R}, wodurch die kinetische Energie im Endzustand wieder etwas angehoben wird ($E_{\text{kin},2}$ in Abb. 6.32c). Am Anfang ist jedoch $E_{\text{kin},0} \gg E_{\text{R}}$ und das macht noch nichts aus.

Auf diese Weise würde jedes Atom durch optisches Pumpen in den unteren Zustand mit $m = +\frac{1}{2}$ gelangen. Damit eine Kühlung stattfindet, müssen die Atome wieder in den unteren Zustand mit $m = -\frac{1}{2}$ zurückbefördert werden. Das geschieht in zwei gegenläufigen, senkrecht zueinander linear polarisierten Laserstrahlen gleicher Frequenz automatisch. Die Phasendifferenz zwischen beiden Wellen hängt linear vom Ort ab und die Polarisation der Summe beider Wellen wechselt periodisch zwischen $\Delta m = -1$, linearer Polarisation und $\Delta m = +1$ (Abb. 6.33a). Ein Atom, das sich mit einer Restgeschwindigkeit durch das Laserfeld bewegt, gelangt immer in ein Gebiet mit „passender" Polarisation, in dem die light shift wieder ansteigt und ein Übergang zur alten Quantenzahl $m = -\frac{1}{2}$ erfolgen kann (Abb. 6.33b). Dann beginnt das Spiel von neuem. Stillschweigend wurde ein entsprechender Anfangszustand in Abb. 6.32a bereits vorausgesetzt. Auch lassen sich die Überlegungen auf drei Dimensionen verallgemeinern.

Die ständig wechselnde Polarisation und der sich wiederholende Aufbau der light shift aufwärts mit anschließendem Quantensprung abwärts haben zu den Namensgebungen **Polarisationgradienten-Kühlung** oder **Sisyphus-Kühlung** geführt.

Die erreichbare Temperatur überlegt man sich wie folgt: Am Ende entsteht ein Gleichgewichtszustand der E_{kin}-Verteilung, der der Endtemperatur T_{R} entspricht. In ihm werden die zugeführten Rückstoßenergien E_{R} im Mittel durch $\Delta E_{\text{L.S.}}$ abgeführt. Entsprechend muss die Laser-Intensität eingestellt werden. Die mittlere kinetische Energie wird im optimalen Fall nur wenig größer als E_{R} sein. Deshalb ergibt sich die Temperaturgrenze letztlich aus der Rückstoßenergie. Bis auf einen Zahlenfaktor ist $E_{\text{R}} = k_{\text{B}} T_{\text{R}}$. Einige Werte sind in Tab. 6.5 angegeben.

Es gibt mittlerweile Kühlverfahren, die die Temperaturgrenze durch die Rückstoßenergien freier Atome unterlaufen und mit denen man noch niedrigere Temperaturen erreichen kann („subrecoil laser cooling"). Hierzu sei auf die Spezialliteratur verwiesen.

Es ist zu beachten, dass die optische Melasse keine Falle für Atome darstellt, weil es keine ***zum Zentrum*** der Melasse hin gerichtete Kraft gibt. Die Atome führen in der Melasse eine Brownsche Bewegung aus und können mit einer typischen Zeitkonstanten von 0,1 s aus der Melasse herausdiffundieren. Dieser Schwachpunkt lässt sich durch die Verwendung einer magnetooptischen Falle beheben.

Magneto-optische Fallen (MOT). Man erzeugt die optische Melasse im Zentrum einer magnetischen Quadrupolfalle (Abb. III/13.27). Um das Prinzip der MOT zu erklären, nehmen wir zur Vereinfachung an, dass sich in der Falle Atome befinden, bei denen im Grundzustand $J_g = 0$ und im angeregten Zustand $J_a = 1$ ist. In Abb. 6.34a ist das Magnetfeld auf der z-Achse gezeigt, Abb. 6.34b zeigt die Zeeman-Aufspaltung des angeregten Zustands als Funktion von z. Die gegenläufigen Laserstrahlen auf der z-Achse sind zirkular polarisiert, wie in Teilbild (c) gezeigt ist: Die Spinrichtung der Photonen zeigt jeweils in Strahlrichtung. Absorbiert ein Atom ein Photon aus dem Strahl (1), kann wegen der Drehimpulserhaltung nur der Zustand $m_a = -1$ angeregt werden, und bei Absorption eines Photons aus Strahl (2) nur der Zustand $m_a = +1$. Nun ist das Laserlicht rotverschoben, die Photonenenergie entspricht der gestrichelten Linie in Abb. 6.34b. Mit Feldgradienten im Bereich von 10–100 G/cm kann man erreichen, dass für $z > 0$ vorzugsweise Photonen aus Strahl (1) absorbiert werden und für $z < 0$ hauptsächlich Photonen aus Strahl (2). In beiden Fällen bewirkt der Impulsübertrag bei der Absorption eine zu $z = 0$ hin gerichtete Kraft. Die gleiche Überlegung gilt für die x- und die y-Achse. Man erhält in drei Dimensionen eine rücktreibende Kraft, mit der Atome in der MOT gehalten und gekühlt werden können.

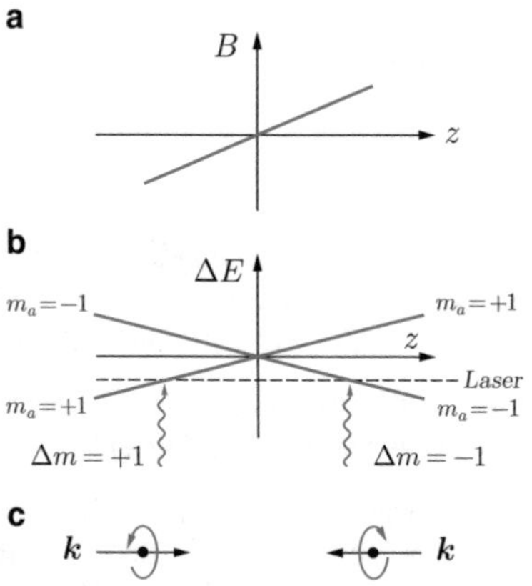

Abbildung 6.34 Zur Funktion einer magnetooptischen Falle: **a** Magnetfeld, **b** energetische Aufspaltung des angeregten Atomzustands, **c** Richtung und Polarisation der Laserstrahlen

Übungsaufgaben

6.1. Polarisation der Zeeman-Linien. In Abb. 6.10 sind die D-Linien des Natriums bei magnetischer Aufspaltung mit σ ($\Delta m = \pm 1$) und π ($\Delta m = 0$) bezeichnet.

a) Wie ist das Licht polarisiert, wenn man (i) in Magnetfdeldrichtung, (ii) senkrecht dazu blickt?

b) Falls eine Linie in beiden Fällen beobachtet wird: Um welchen Faktor unterscheiden sich die Intensitäten? (Hinweis: Eine zirkular polarisierte Lichtwelle ist äquivalent zur Summe zweier transversal polarisierter Wellen mit 90° Phasenunterschied.)

6.2. Stern–Gerlach-Experiment. Ein Stern–Gerlach-Experiment werde mit Atomen mit dem Drehimpuls $l = 1$ durchgeführt. Ein beliebiger Teilatomstrahl werde hinter der Apparatur abgetrennt und durch einen zweiten, um einen Winkel β gedrehten Stern–Gerlach-Apparat geschickt. Welche Aufspaltungsbilder erhält man als Funktion von β hinter dem zweiten Apparat?

6.3. Sphärische Multipolmomente. Die sphärischen Multipolmomente sind allgemein durch

$$q_{lm} = \int Y^*_{lm}(\theta, \phi)\, r^l \rho_e(\boldsymbol{r})\, dV$$

definiert. Leiten Sie (6.38) her.

6.4. Multipolarität elektromagnetischer Übergänge. Bei γ-Übergängen in mittelschweren bis schweren Atomkernen kommt es zuweilen vor, dass die emittierte Strahlung aus einer Mischung von elektrischer Quadrupolstrahlung (E2) und magnetischer Dipolstrahlung (M1) besteht, was mit Winkelverteilungsmessungen festgestellt werden kann.

a) Welche Bedingungen müssen die Kerndrehimpulse I_i und I_f des Anfangs- und Endzustands erfüllen, damit diese Situation auftreten kann?

b) Die Abschätzungen (6.45) und (6.44) für die Größenordnungen der Intensitäten sind auf Atomkerne übertragbar, wenn die elektromagnetischen Übergänge nicht kollektiver Natur sind. Setzen Sie für einen Atomkern typische Größen (Kernradius $R = r_0 A^{1/3}$ mit $r_0 = 1{,}3\,\mathrm{fm}$, Kernmagneton, γ-Energie $E_\gamma = 1\,\mathrm{MeV}$, Massenzahl $A \approx 100$) in (6.45) und (6.44) ein und zeigen Sie, dass diese Formeln den obigen Befund qualitativ erklären.

6.5. Kernresonanz im Gradientenfeld. Wie (6.69) zeigt, wird in Kernspin-Tomographen eine Magnetfeldkomponente $B_z(\boldsymbol{r}) = (G_x x, G_y y, G_z z)$ benötigt, deren Größe in allen drei Raumrichtungen proportional zum Abstand von der Probenmitte ist. Zur Erzeugung der drei Teil-Komponenten proportional zu G_x, G_y und G_z verwendet man drei Sätze von Magnetspulen, die jeweils Quadrupolfelder erzeugen. Wie sehen die Spulenkonfigurationen aus?

6.6. Zeeman-Bremsung. a) Bei der spontanen Emission eines Photons erleidet ein Atom einen Rückstoßimpuls, der eine Änderung der Dopplerverschiebung zwischen Licht und atomarem Übergang zur Folge hat. Die Zeeman-Bremsung und die Sisyphus-Kühlung können nur funktionieren, wenn diese Verschiebung klein gegenüber der natürlichen Linienbreite ist. Überprüfen Sie das mit Daten aus Tab. 6.4.

b) Während der Zeeman-Bremsung eines Atoms sei die Beschleunigung a_0 konstant, sodass die Geschwindigkeit ab einem Anfangswert v_0 linear mit der Zeit abnimmt. Welche funktionale Abhängigkeit von der Flugstrecke z muss das Magnetfeld haben, damit sich die magnetischen Energieverschiebungen des Atoms und die Dopplerverschiebung so ändern, dass immer die Resonanzbedingung für Absorption erfüllt ist?

c) Warum muss man der Sisyphus-Kühlung bzw. Doppler-Kühlung eines Atomstrahls eine Zeeman-Kühlung vorschalten?

Das Wasserstoff-Atom

7

J. Heintze / P. Bock (Hrsg.), *Lehrbuch zur Experimentalphysik Band 5: Quantenphysik*, https://doi.org/10.1007/978-3-662-58626-6_7

Das Wasserstoff-Atom ist bekanntlich das einfachste atomare System. Es besteht aus einem Proton und einem Elektron. Die Wellenlängen seiner Spektrallinien lassen sich mit der einfachen Balmer-Formel mit sehr großer Genauigkeit reproduzieren. Dies ist unübersehbar eine starke Motivation dafür, das Spektrum möglichst exakt zu berechnen.

Dieses Spektrum und die Balmer-Formel sind Gegenstand des ersten Abschnitts. Im zweiten befassen wir uns kurz mit dem Bohrschen Atommodell, das erstmals einen Zugang zum Verständnis der Atomspektren ermöglichte. In Abschn. 7.3 geht es um die Berechnung des H-Atoms mit der Schrödinger-Gleichung und darum, eine Vorstellung vom Zustandekommen und vom Aussehen der Wellenfunktionen zu gewinnen. Wir werden sehen, dass die Energieterme des H-Atoms mit einer Hauptquantenzahl n charakterisiert werden können, und dass zu jedem Term mit $n > 1$ mehrere Zustände mit unterschiedlichem Drehimpuls gehören („Drehimpulsentartung"). Untersucht man das Spektrum mit hoher Auflösung, findet man, dass die mit grober Auflösung gemessenen Spektrallinien in Wirklichkeit Gruppen von sehr eng beieinander liegenden Linien sind. Um diese **Feinstruktur** geht es im vierten Abschnitt. Es zeigt sich, dass wir im Zusammenhang mit dem H-Atom auf eine Fülle von Neuem stoßen: auf die relativistische **Dirac-Gleichung**, mit der die Feinstruktur weitgehend korrekt berechnet werden kann, bis auf die **Lamb-Verschiebung**, deren Entdeckung die Entwicklung der Quantenelektrodynamik maßgeblich beeinflusst hat, auf die von der Dirac-Gleichung geforderten **Antiteilchen**, auf das **Positronium**, bei dem ein Elektron an ein Positron gebunden ist, auf die Spinfunktion der **verschränkten Zustände** zweier Photonen, auf die **quantenmechanische Störungsrechnung**, und schließlich auf die **Hyperfeinstruktur** der Spektrallinien, ein sehr kleiner Effekt, der nichtsdestoweniger von größter Bedeutung für die Astrophysik ist. Im Ganzen zeigt das Kapitel, wie sehr es sich lohnt, ein „einfaches System" sehr genau zu studieren.

7.1 Das Spektrum des H-Atoms

Für den Experimentalphysiker ist das Ausmessen des Wasserstoff-Spektrums keineswegs eine einfache Sache. Zunächst liegt der Wasserstoff als H_2-Molekül vor, und man muss eine Anordnung finden, in der atomarer Wasserstoff gebildet und zur Lichtemission angeregt werden kann. Dann muss man die Spektrallinien des atomaren und des molekularen Wasserstoffs voneinander unterscheiden und schließlich zeigt sich, dass das Spektrum des atomaren Wasserstoffs nur 4 Linien im Sichtbaren enthält, alle anderen Linien liegen im ultravioletten oder infraroten Spektralbereich.

Tabelle 7.1 Wellenlängen des Wasserstoff-Spektrums im sichtbaren Spektralbereich

Bezeichnung	λ (nm)
H_α	656,279
H_β	486,133
H_γ	434,047
H_δ	410,174

Die vier im Sichtbaren liegenden Linien, genannt H_α, H_β, H_γ, H_δ, wurden 1866 von Ångström ausgemessen und identifiziert (Tab. 7.1). 1884 erkannte Balmer, dass sich die Wellenlängen durch eine einfache Formel darstellen lassen:

$$\lambda = \text{const}\frac{n^2}{n^2-4}\,, \tag{7.1}$$

wobei n eine ganze Zahl ($n \geq 3$) ist. Diese einfache Formel gilt nicht nur ungefähr; sie gibt erstaunlicherweise die Wellenlängen auf viele Stellen genau wieder. Heute schreibt man die Balmerformel mit zwei ganzen Zahlen n_1 und n_2 ($n_2 > n_1$) folgendermaßen:[1]

$$\tilde{\nu} = \frac{1}{\lambda} = R_\mathrm{H}\left(\frac{1}{n_1^2} - \frac{1}{n_2^2}\right)\,. \tag{7.2}$$

Für $n_1 = 2$ und $n_2 = n$ geht (7.2) in (7.1) über. Die Konstante R_H heißt **Rydberg-Konstante**. Sie hat den Zahlenwert

$$R_\mathrm{H} = 109\,677{,}58\,\mathrm{cm}^{-1}\,. \tag{7.3}$$

R_H ist heute aus der Vermessung des Wasserstoff-Spektrums auf mehr als 11 Stellen bekannt! Wie wir sehen werden, findet man bei genauen Messungen kleine Abweichungen von (7.2). Diese Abweichungen sind jedoch berechenbar, und nach entsprechenden Korrekturen findet man (7.2) mit der genannten Genauigkeit bestätigt.

[1] Anders Jonas Ångström war Professor für Physik an der Universität Uppsala und einer der Pioniere der Spektroskopie; Johan Jakob Balmer war Schreib- und Rechenlehrer an der Unteren Töchterschule in Basel. Er fand die berühmte Formel im Alter von 59 Jahren. Der schwedische Physiker Johannes Robert Rydberg war Professor an der Universität Lund. 1896 stellte er die Formel (7.2) auf, mit der das gesamte Spektrum des H-Atoms beschrieben werden konnte.

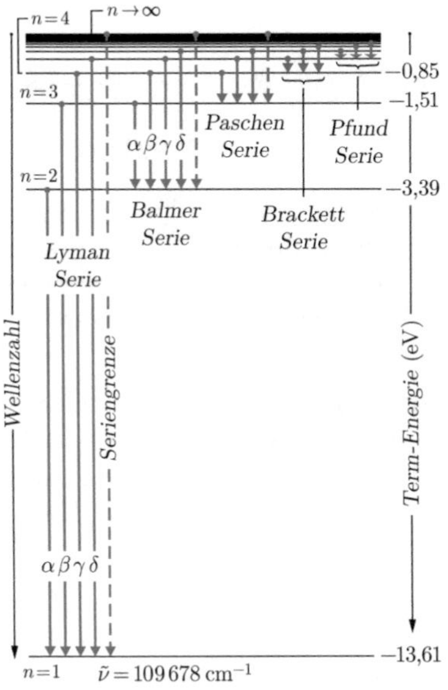

Abbildung 7.1 Termschema des H-Atoms

Mit der Balmer-Formel (7.2) lassen sich alle Linien des Wasserstoff-Spektrums darstellen als Differenz zweier Spektralterme R_H/n^2. Sie werden je nach dem Grundterm R_H/n_1^2 in verschiedene Serien geordnet, wie im Termschema Abb. 7.1 gezeigt ist. Innerhalb jeder Serie drängen sich die Spektrallinien an der **Seriengrenze** zusammen. Für $n_1 = 2$ erhält man die Balmer-Serie. Dieser Teil des Spektrums ist in Abb. 7.2 gezeigt. Zusätzlich zu den im Sichtbaren liegenden Linien H_α–H_δ findet man noch viele Linien im Ultraviolett. Die anderen Serien sind experimentell schwer zugänglich: Die Linien der Lyman-Serie ($n_1 = 1$) liegen im sehr kurzwelligen Ultraviolett; die langwelligste Linie, die sogenannte Lyman-H_α-Linie, liegt bei $\lambda = 121{,}6\,\text{nm}$. Die Linien der übrigen Serien ($n_1 \geq 3$) liegen im Infraroten. Zu der Zeit, als Bohr die erste theoretische Deutung des Spektrums gelang, waren die Serien mit $n_1 = 1, 2$ und 3 bekannt.

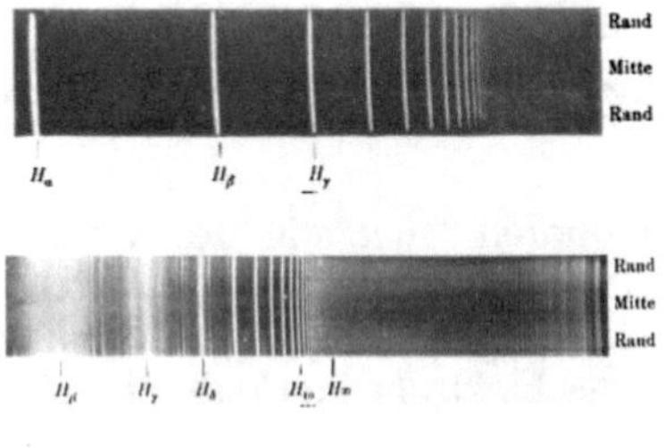

Abbildung 7.2 Balmer-Serie, nach G. Herzberg (1927). Im Experiment wurde eine elektrodenlose Ringentladung verwendet. Das *untere Foto* wurde mit erheblich längerer Belichtungszeit aufgenommen

7.2 Das Bohrsche Atommodell

Aufbauend auf der Entdeckung des Atomkerns durch Rutherford und Geiger und auf der Balmer-Formel entwickelte Bohr in den Jahren 1912 und 1913 die erste, der Wirklichkeit nahe kommende Modellvorstellung vom Aufbau der Atome. Sie ist inzwischen durch die quantenmechanische Beschreibung des Atoms überholt. Wir befassen uns dennoch mit dem Bohrschen Atommodell, weil viele der in der Atomphysik verwendeten Begriffe daraus abgeleitet sind.

Bohr ging von einer Erkenntnis aus, die wir schon in Abschn. 2.3 besprochen hatten: In der Elektronenhülle sind nur diejenigen Energien E_i möglich, die den von Ritz eingeführten Spektraltermen entsprechen. Die Lichtfrequenzen der Spektrallinien sind dann gegeben durch die **Bohrsche Frequenzbedingung** (2.41):

$$h\,\nu_{ik} = E_i - E_k = hc\,\tilde{\nu}_{ik}\,. \tag{7.4}$$

In Abb. 7.1 sind am rechten Rand die Termenergien des Wasserstoff-Spektrums angegeben. Der Nullpunkt der Energieskala wird üblicherweise an die Seriengrenze ($n_1 \to \infty$, $n_2 > n_1$) gelegt. Man erhält mit (7.2) Energieterme

$$E_n = -\frac{hc\,R_H}{n^2}\,. \tag{7.5}$$

Der Grundzustand des H-Atoms ($n = 1$) hat die Energie

$$E = -hc\,R_H = -E_R = -13{,}6\,\text{eV}\,. \tag{7.6}$$

$E_R = 13{,}6\,\text{eV}$, die „Rydberg-Energie", ist also die Bindungsenergie des Elektrons im Grundzustand oder, anders ausgedrückt, die **Ionisierungsenergie** des H-Atoms.

Im Bohrschen Atommodell wird nun angenommen, dass sich das Elektron um den Atomkern auf einer Kreisbahn bewegt, ähnlich wie ein Planet um die Sonne. Um die Energien im Termschema des H-Atoms reproduzieren zu können, nahm Bohr an, dass der Drehimpuls bei dieser Bewegung ein ganzzahliges Vielfaches der Größe $h/2\pi$ sein muss:

$$|\boldsymbol{L}| = n\hbar\,, \quad n = 1,2,3,\ldots\,. \tag{7.7}$$

Obgleich (7.7) den Drehimpuls nicht korrekt wiedergibt, lassen sich mit diesen Annahmen die Energieniveaus des H-Atoms richtig berechnen.

Wir nehmen zunächst an, dass das Proton „unendlich schwer" verglichen mit dem Elektron ist und lassen um das Proton ein Elektron auf einer Kreisbahn mit dem Radius r kreisen. Die auf das Elektron wirkende Coulomb-Kraft ist die Zentripetalkraft:

$$F = \frac{e^2}{4\pi\epsilon_0\,r^2} = \frac{m_e\,v^2}{r}\,. \tag{7.8}$$

Daraus folgt für die kinetische Energie

$$E_{\text{kin}} = \frac{m_e v^2}{2} = \frac{e^2}{8\pi\epsilon_0 r} . \tag{7.9}$$

Die potentielle Energie ist bei einem Bahnradius r

$$E_{\text{pot}} = -\frac{e^2}{4\pi\epsilon_0 r} . \tag{7.10}$$

Also ist die Gesamtenergie des Elektrons

$$E = E_{\text{kin}} + E_{\text{pot}} = -\frac{e^2}{8\pi\epsilon_0 r} . \tag{7.11}$$

Der Bahndrehimpuls wird durch die Annahme (7.7) festgelegt:

$$|\boldsymbol{L}|^2 = m_e^2 r^2 v^2 = 2m_e r^2 E_{\text{kin}} = \frac{m_e e^2 r}{4\pi\epsilon_0} = n^2\hbar^2 .$$

Daraus erhält man für den Radius der Kreisbahn

$$r = r_n = 4\pi\epsilon_0 \frac{n^2\hbar^2}{m_e e^2} = n^2 a_0 . \tag{7.12}$$

Den Bahnradius für $n = 1$ bezeichnet man als den **Bohrschen Radius** a_0:

$$a_0 = 4\pi\epsilon_0 \frac{\hbar^2}{m_e e^2} = 0{,}529\,\text{Å} = 0{,}529 \cdot 10^{-10}\,\text{m} . \tag{7.13}$$

Der Zahlenwert gilt für das H-Atom ($m_{\text{red}} \approx m_e$). Er stimmt mit dem aus gaskinetischen Messungen bestimmten Radius des H-Atoms überein, ein erster Erfolg des Bohrschen Atommodells.

Für die Gesamtenergie (7.11) erhält man mit (7.12):

$$E_n = -\frac{e^2}{8\pi\epsilon_0 a_0} \cdot \frac{1}{n^2} = -\frac{m_e e^4}{32\pi^2\epsilon_0^2\hbar^2 n^2} . \tag{7.14}$$

Wir haben damit einen theoretischen Wert für die Rydberg-Konstante erhalten. Wir bezeichnen sie wegen der Annahme des „unendlich schweren" Protons mit dem Index ∞. Der Vergleich von (7.14) mit (7.5) ergibt:

$$R_\infty = \frac{m_e e^4}{8\epsilon_0^2 c h^3} = 109\,737{,}31\,\text{cm}^{-1} . \tag{7.15}$$

Die endliche Masse des Protons berücksichtigt man nach (I/4.18), indem man in (7.8)–(7.15) m_e durch die ***reduzierte Masse*** μ_e des Elektrons ersetzt:

$$\mu_e = \frac{m_p m_e}{m_p + m_e} = \frac{1836}{1837} m_e . \tag{7.16}$$

Damit erhält man

$$R_H^{\text{theor}} = \frac{\mu_e}{m_e} R_\infty = \frac{1}{1 + m_e/m_p} R_\infty = 0{,}9994557\, R_\infty . \tag{7.17}$$

Der hiermit berechnete Wert R_H^{theor} stimmt sehr gut mit der experimentell bestimmten Rydberg-Konstanten (7.3) überein. Das ist außerordentlich bemerkenswert, denn (7.17) enthält keinerlei Anpassungen, sondern nur allgemeine Naturkonstanten.

Um eine Formel für die Energie eines Elektrons im Felde eines Kerns mit der Masse m_K und der Ladung Ze zu erhalten, ersetzt man in (7.8) e^2 durch Ze^2 und in (7.16) m_p durch m_K. Man bekommt dann statt (7.12) und (7.14):

$$r_n = 4\pi\epsilon_0 \frac{n^2\hbar^2}{\mu_e Z e^2} \tag{7.18}$$

$$E_n = -\frac{\mu_e Z^2 e^4}{8\epsilon_0^2 h^2 n^2} . \tag{7.19}$$

Der Bahnradius schrumpft proportional zu $1/Z$ zusammen und die Energie nimmt proportional zu Z^2 zu. Auch (7.19) konnte durch Messungen an Deuterium und an He^+- und Li^{++}-Ionen sehr gut bestätigt werden.

Dem großen Erfolg des Bohrschen Atommodells stehen einige gravierende Mängel gegenüber. Ein um den Atomkern kreisendes Elektron muss nach den Maxwellschen Gleichungen Strahlung emittieren. Die Kreisbewegung lässt sich in zwei Dipolschwingungen zerlegen. Um die Stabilität des H-Atoms zu erklären, muss diese Abstrahlung und der daraus folgende Energieverlust durch eine ***ad hoc-Annahme*** ausgeschlossen werden. Auch ist im Bohrschen Atommodell die Behandlung des Bahndrehimpulses inkorrekt, wie die Fehlinterpretation des Stern-Gerlach-Versuchs zeigte. Gleichung (7.7) ist falsch. Im Grundzustand des H-Atoms ist der Drehimpuls nicht $|\boldsymbol{L}| = 1\hbar$, sondern $|\boldsymbol{L}| = 0$. Wie wir sogleich sehen werden, lassen sich diese Mängel durch die Behandlung des Wasserstoff-Problems mit der Schrödinger-Gleichung beheben.

7.3 Quantenmechanische Beschreibung des H-Atoms

Um die stationären Zustände des Wasserstoff-Atoms quantenmechanisch zu berechnen, muss man die zeitunabhängige Schrödinger-Gleichung (4.23) mit der potentiellen Energie des Elektrons im Coulomb-Feld lösen:

$$\left(-\frac{\hbar^2}{2m_e}\triangle - \frac{e^2}{4\pi\epsilon_0 r}\right) u(\boldsymbol{r}) = E\, u(r) . \tag{7.20}$$

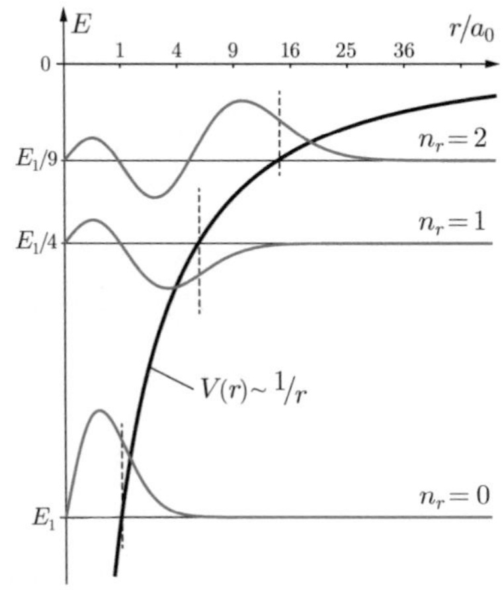

Abbildung 7.3 Die modifizierten Radialfunktionen $\zeta(r) = rR(r)$ des H-Atoms für $l = 0$. Man beachte die nichtlinearen Maßstäbe für den Abstand r vom Kern und die Energie. Die Normierungsfaktoren der Wellenfunktionen wurden willkürlich gewählt

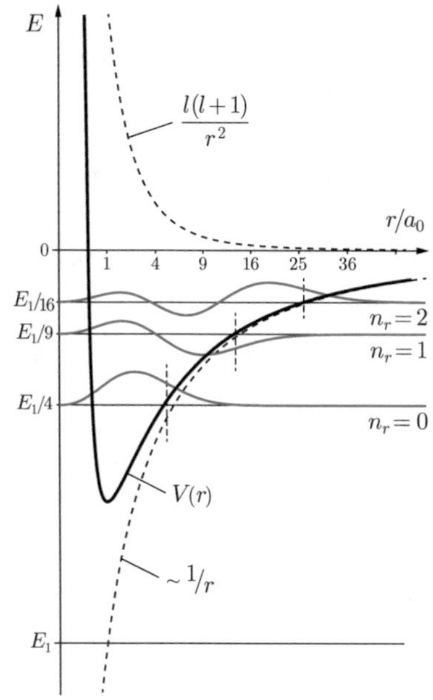

Abbildung 7.4 Potentialverlauf und modifizierte Radialfunktionen $\zeta(r) = rR(r)$ des H-Atomes für $n > 0$ und $l = 1$. Man beachte die nichtlinearen Maßstäbe für den Abstand r vom Kern und die Energie. Die Normierungsfaktoren der Wellenfunktionen wurden willkürlich gewählt

Diese Aufgabe haben wir in Kap. 5 schon weitgehend bearbeitet: Die Lösung hat die Form (5.4):

$$u(r, \vartheta, \varphi) = R(r)\, Y_{lm}(\vartheta, \varphi) \; .$$

Zur Berechnung der Radialfunktion $R(r)$ lösen wir die eindimensionale Schrödinger-Gleichung (5.20) für die modifizierte Radialfunktion $\zeta(r) = rR(r)$:

$$\frac{d^2\zeta}{dr^2} + \frac{2m_e}{\hbar^2}\left[E + \frac{e^2}{4\pi\epsilon_0 r} - \frac{\hbar^2 l(l+1)}{2m_e r^2}\right]\zeta(r) = 0 \; . \qquad (7.21)$$

Für $r \to 0$ wird der Ausdruck in der eckigen Klammer durch das Zentrifugal-Potential dominiert. Man kann die beiden anderen Terme vernachlässigen und erhält die leicht zu lösende Differentialgleichung

$$\frac{d^2\zeta}{dr^2} = \frac{l(l+1)}{r^2}\zeta(r) \quad \to \quad \zeta(r) = \text{const}\, r^{l+1} \, . \qquad (7.22)$$

Wir ermitteln zunächst für $l = 0$ die Form der Lösungen von (7.21) mit dem bei den Abb. 4.1 und 4.2 erprobten Verfahren. Das Ergebnis ist in Abb. 7.3 gezeigt. Für kleine r ist nach (7.22) $\zeta(r) \propto r$. Sodann muss $\zeta(r)$ im Bereich $E > V(r)$ zur r-Achse konkav gekrümmt sein. Bei $E = V(r)$ liegt ein Wendepunkt und für $E < V(r)$ ist $\zeta(r)$ zur r-Achse konvex gekrümmt und strebt rasch gegen Null. Die Zahl der Nullstellen im Zwischenbereich ist nach (5.24) durch die **Radialquantenzahl** n_r gegeben. Die Energie $E(n_r)$ ist wie in Abb. 4.3 um so größer, je größer n_r ist.

Für $l \neq 0$ muss auch das Zentrifugal-Potential berücksichtigt werden. In Abb. 7.4 ist der Potentialverlauf dargestellt sowie der Verlauf der modifizierten Radialfunktionen $\zeta(r)$, wie er für verschiedene Werte von n_r aussieht. Man erkennt, dass die Energieniveaus $E(n_r, l)$ umso höher liegen müssen, je größer n_r und l sind.

Der Grundzustand. Der energetisch tiefste Zustand des H-Atoms, der Grundzustand, ist durch die Quantenzahlen $n_r = 0, l = 0$ gegeben. Wir versuchen, die Lösung von (7.21) zu erraten: In Anbetracht des Kurvenverlaufs in Abb. 7.3 machen wir den Ansatz

$$\zeta(r) = A\, r e^{-\kappa r} \, . \qquad (7.23)$$

Durch Einsetzen in (7.21) erhält man die Gleichung

$$-2\kappa + \kappa^2 r + \frac{2m_e}{\hbar^2}\left(E r + \frac{e^2}{4\pi\epsilon_0}\right) = 0 \, . \qquad (7.24)$$

(7.23) ist eine Lösung, wenn man für κ und E solche Werte findet, dass diese Gleichung erfüllt ist. Um herauszubekommen, wie groß κ ist, setzen wir $r = 0$ und erhalten

$$\kappa = \frac{m_e e^2}{4\pi\epsilon_0 \hbar^2} = \frac{1}{a_0} \, .$$

$1/\kappa$ ist also gerade gleich dem Bohrschen Radius (7.13). Für E erhalten wir aus (7.24)

$$E = E_1 = -\frac{e^2}{8\pi\epsilon_0 a_0} \, . \qquad (7.25)$$

Das stimmt genau mit dem in (7.14) für $n = 1$ berechneten Wert überein. Die Normierung ist nach (5.18)

$$\int_{r=0}^{\infty} |\zeta(r)|^2 \, dr = 1 \to A = 2a_0^{-3/2} \, .$$

Mit der Radialfunktion $R(r) = \chi(r)/r$ und mit $Y_{lm}(\vartheta, \varphi) = Y_{0,0}(\vartheta, \varphi) = 1/\sqrt{4\pi}$ erhält man für den Grundzustand des H-Atoms

$$u(r, \vartheta, \varphi) = \frac{1}{\sqrt{\pi}} \left(\frac{1}{a_0}\right)^{3/2} \mathrm{e}^{-r/a_0} . \tag{7.26}$$

Die komplette Wellenfunktion des Elektrons ist nach (4.21)

$$\psi(r, \vartheta, \varphi) = \frac{1}{\sqrt{\pi}} \left(\frac{1}{a_0}\right)^{3/2} \mathrm{e}^{-r/a_0 - \mathrm{i}E_1 t/\hbar} . \tag{7.27}$$

Das Maximum von $|\psi|^2$ liegt bei $r = 0$, also am Ort des Atomkerns. Die Aufenthaltswahrscheinlichkeit des Elektrons in einem Volumenelement $\mathrm{d}V = \mathrm{d}x\mathrm{d}y\mathrm{d}z$ ist dort am größten. Die Wahrscheinlichkeit, das Elektron innerhalb des Atomkerns mit dem Radius r_K anzutreffen, ist

$$W = |\psi(0)|^2 \frac{4\pi}{3} r_\mathrm{K}^3 = \frac{4}{3} \left(\frac{r_\mathrm{K}}{a_0}\right)^3 , \tag{7.28}$$

denn wegen $r_\mathrm{K} \ll a_0$ kann man für $r < r_\mathrm{K}$ die Wellenfunktion $\psi(r)$ durch $\psi(0)$ ersetzen.

Die angeregten Zustände. Um die Wellenfunktionen für die angeregten Zustände zu bestimmen, muss man die Gleichung (7.21) lösen. Man erhält Eigenfunktionen $\zeta_{n_r,l}(r)$, die dem in Abb. 7.3 und Abb. 7.4 gezeigten Verlauf entsprechen. Höchst bemerkenswert ist jedoch das Ergebnis, das die Rechnung für die Eigenwerte der Energie liefert:

$$E(n_r, l) = -\frac{e^2}{8\pi \epsilon_0 a_0} \frac{1}{(n_r + l + 1)^2} . \tag{7.29}$$

Es zeigt sich, dass trotz der sehr unterschiedlichen Wellenfunktionen die Energien für verschiedene l-Werte zusammenfallen, sofern nur die Summe $n_r + l$ einen bestimmten Wert hat. Dieses Verhalten wird als **Drehimpuls-Entartung** der Energieniveaus bezeichnet. Definiert man als **Hauptquantenzahl**

$$n = n_r + l + 1 , \tag{7.30}$$

so geht (7.29) in die Bohrsche Formel (7.14) über:

$$E_{n,l} = -\frac{e^2}{8\pi \epsilon_0 a_0} \cdot \frac{1}{n^2} . \tag{7.31}$$

Jedes Energieniveau mit der Hauptquantenzahl n ist n^2-fach entartet, denn mit den jeweils möglichen $2l + 1$ Werten von m_l, summiert von $l = 0$ bis $l_\mathrm{max} = n - 1$, ist $\sum(2l + 1) = n^2$.

Die Drehimpulsentartung ist eine Spezialität des Coulomb-Potentials: Bei Zunahme des Drehimpulses von l auf $l + 1$ erfolgt eine Verlagerung der Wellenfunktion nach außen, die zufällig die gleiche Änderung der Bindungsenergie bewirkt wie eine Erhöhung von n_r um eine Einheit. Bei einem anderen Potentialverlauf ist das im Allgemeinen nicht der Fall. Daher hat auch die Hauptquantenzahl (7.30) nur im Coulomb-Potential ihren Sinn.

Tabelle 7.2 Radialfunktionen $R_{nl}(r)$ des H-Atoms für $n = 1, 2$ und 3

$n = 1,\ l = 0$: $\frac{2}{\sqrt{(a_0)^3}} \mathrm{e}^{-r/a_0}$
$n = 2,\ l = 0$: $\frac{2}{\sqrt{(2a_0)^3}} \left[1 - \frac{r}{2a_0}\right] \mathrm{e}^{-r/2a_0}$
$n = 2,\ l = 1$: $\frac{1/\sqrt{3}}{\sqrt{(2a_0)^3}} \frac{r}{a_0} \mathrm{e}^{-r/2a_0}$
$n = 3,\ l = 0$: $\frac{2}{\sqrt{(3a_0)^3}} \left[1 - \frac{2r}{3a_0} + \frac{2r^2}{27a_0^2}\right] \mathrm{e}^{-r/3a_0}$
$n = 3,\ l = 1$: $\frac{4\sqrt{2}}{9\sqrt{(3a_0)^3}} \left[\frac{r}{a_0} - \frac{r^2}{6a_0^2}\right] \mathrm{e}^{-r/3a_0}$
$n = 3,\ l = 2$: $\frac{2\sqrt{2}}{27\sqrt{5(3a_0)^3}} \frac{r^2}{a_0^2} \mathrm{e}^{-r/3a_0}$

Für die Radialfunktionen $R_{n_r,l}(r) = \zeta_{n_r,l}(r)/r$ liefert die Lösung von (7.21)

$$R_{n_r,l} = A\, r^l\, L_q^p(r)\, \mathrm{e}^{-r/(na_0)} ,$$
$$\text{mit} \quad p = 2l + 1, \quad q = n_r + p . \tag{7.32}$$

A ist ein Normierungsfaktor, r^l folgt aus (7.22), $L_q^p(r)$ ist ein Polynom vom Grade n_r, das im Arsenal der Mathematiker als „zugeordnetes Laguerresches Polynom" geführt wird. Der Faktor $\mathrm{e}^{-r/(na_0)}$ sorgt dafür, dass die Radialfunktion für $r \gg na_0$ gegen Null strebt (Aufgabe 7.2). Tab. 7.2 enthält die Funktionen $R_{n,l}(r)$ für $n = 1, 2$ und 3.

In Abb. 7.5 ist $R(r)$ für diese Werte der Hauptquantenzahlen aufgetragen, sowie die Größe $|\zeta(r)|^2 = r^2|R(r)|^2$, die nach (5.18) die Wahrscheinlichkeit dafür angibt, ***dass das Elektron in einer Kugelschale mit den Radien r und $r + \mathrm{d}r$ angetroffen werden kann.*** Diese Wahrscheinlichkeit hat für $n_r = 0$ stets ein Maximum an der Stelle des zugehörigen Bohrschen Bahnradius (7.12). Für $l = 0$ hat die Radialfunktion $R(r)$ ihr höchstes Maximum stets bei $r = 0$, ebenso die Wahrscheinlichkeit, das Elektron in einem Volumenelement $\mathrm{d}V = \mathrm{d}x\,\mathrm{d}y\,\mathrm{d}z$ anzutreffen. Für $l > 0$ verschwindet die Wellenfunktion bei $r = 0$, wie es sein muss, denn für $r = 0$ ist ja kein Drehimpuls möglich.

Die Aufenthaltswahrscheinlichkeit des Elektrons $|\psi|^2$ hängt nach Maßgabe der in Abb. 5.2 gezeigten Funktionen $|Y_{lm}(\vartheta, \varphi)|^2$ auch vom Winkel ϑ ab, wie Abb. 7.6 zeigt. Für $l = 0$ ist $Y_{lm}(\vartheta, \varphi)$ konstant, die Wellenfunktion

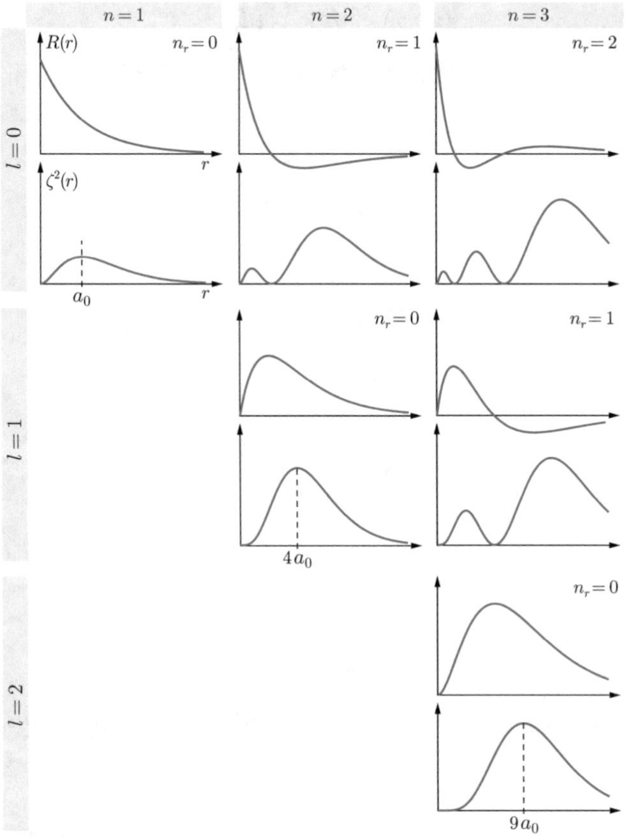

Abbildung 7.5 Radialfunktionen des H-Atoms: $R_{n,l}(r)$ und $|\zeta|^2 = |r\,R(r)|^2$. Man beachte die unterschiedlichen Maßstäbe auf der r-Achse

ist kugelsymmetrisch. Für $l \neq 0$ ergeben sich kompliziertere räumliche Strukturen. Die Punktdichte in Abb. 7.7 gibt die Funktion $|\psi|^2 = |R(r)|^2\,|Y_{lm}(\vartheta, \varphi)|^2$ wieder. Sie ist proportional zur Wahrscheinlichkeit, das Elektron in der Umgebung eines Punktes mit den Koordinaten (r, ϑ) im Volumenelement $\mathrm{d}V$ anzutreffen. Der Längenmaßstab ist wie in Abb. 7.5 proportional zu $1/n^2$ gestaucht, so dass das Aufblähen des H-Atoms mit wachsendem n nicht in Erscheinung tritt.

Auch hier drängt sich die Frage auf: Wodurch ist die z-Achse ausgezeichnet? Wie schon im Anschluss an (5.34) und (5.35) ausgeführt wurde, kann die Richtung der Quantisierungsachse beliebig gewählt werden. Gleichwohl ist es möglich, H-Atome mit den in Abb. 7.7 gezeigten Strukturen herzustellen. Auf ein H-Atom im Grundzustand $(n, l) = (1, 0)$ wird in z-Richtung ein rechtshändig polarisiertes Photon eingestrahlt, dessen Energie $h\nu = E_2 - E_1$ ist. Wird dieses Photon absorbiert, entsteht infolge der Drehimpulserhaltung ein H-Atom im Zustand $(n, l, m) = (2, 1, +1)$. Ebenso entsteht bei der Absorption eines linkshändig polarisierten Photons ein H-Atom im Zustand $(n, l, m) = (2, 1, -1)$. Die Aufenthaltswahr-

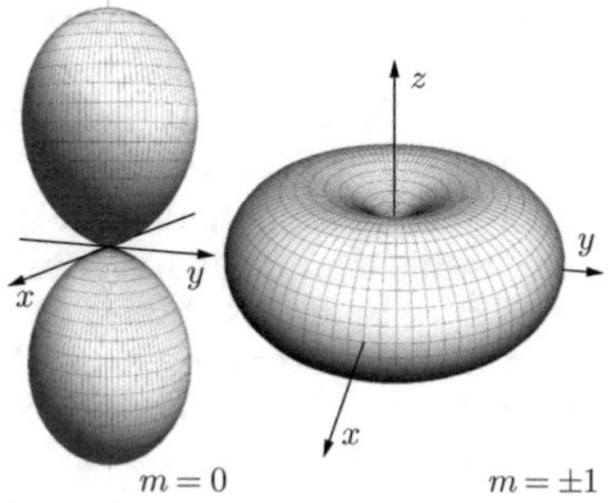

Abbildung 7.6 Räumliches Polardiagramm der Aufenthaltswahrscheinlichkeiten $|Y_{1,0}|^2$ und $|Y_{1,\pm 1}|^2$

scheinlichkeit des Elektrons entspricht in beiden Fällen der Darstellung in Abb. 7.7. Den Zustand $(2, 1, 0)$ kann man nicht durch Einstrahlung eines Photons in z-Richtung erzeugen. Kein Wunder: Wenn aus diesem

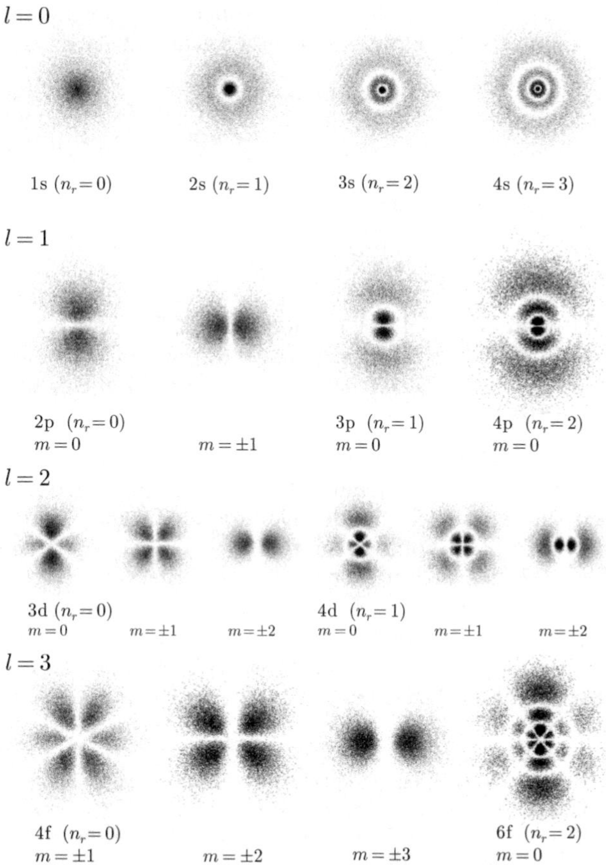

Abbildung 7.7 Aufenthaltswahrscheinlichkeit des Elektrons als Funktion von r und ϑ, dargestellt als Punktdichte in einer dünnen Scheibe. Längenmaßstäbe gestaucht im Verhältnis $1/n^2$. Alle Diagramme sind rotationssymmetrisch um die z-Achse

Zustand das Atom unter Emission eines Photons in den Grundzustand übergeht, entsteht das Strahlungsfeld $(l, m) = (1, 0)$ in Abb. 6.15. In z-Richtung ist die Emission Null, und daher kann ein aus der z-Richtung kommendes Photon nicht absorbiert werden.[2] Wir strahlen deshalb ein rechtshändig polarisiertes Photon mit der Energie $h\nu = E_2 - E_1$ in x-Richtung ein. Es entsteht nun der Zustand $(2, 1, +1)$ mit der Quantisierungsachse $z' = x$. Bezüglich der z-Achse entspricht das einer kohärenten Superposition der Zustände $(2, 1, +1)$, $(2, 1, 0)$ und $(2, 1, -1)$. Schickt man die auf diese Weise präparierten H-Atome durch einen in z-Richtung orientierten Stern-Gerlach-Apparat, enthält der unabgelenkte Strahl nur Atome im Anregungszustand $(2, 1, 0)$. In der Praxis würde dieses Experiment an der kurzen Lebensdauer des angeregten H-Atoms ($\approx 10^{-9}$ s) scheitern. Um zu zeigen, wie man im ***Prinzip*** ein H-Atom im $(2, 1, 0)$-Zustand herstellen könnte, ist jedoch ein solches Gedankenexperiment durchaus tauglich.

Die Schwierigkeiten, die das Bohrsche Modell mit den Maxwellschen Gleichungen hatte, sind nun verschwunden. Der kugelsymmetrische Grundzustand mit $|\boldsymbol{L}| = 0$ ist ohne Weiteres stabil, und auch bei $l \neq 0$ gibt es kein Problem: Die Wellenfunktion eines solchen Zustands ist

$$\begin{aligned} \psi(\boldsymbol{r}, t) &= f(r, \vartheta) \mathrm{e}^{\mathrm{i}(m\varphi - Et/\hbar)} \\ &= f(r, \vartheta) \mathrm{e}^{\mathrm{i}(l_z\varphi - Et)/\hbar} , \end{aligned} \tag{7.33}$$

zu vergleichen mit der ebenen Welle

$$\psi(\boldsymbol{r}, t) = \mathrm{e}^{\mathrm{i}(k_x x - \omega t)} = \mathrm{e}^{\mathrm{i}(p_x x - Et)/\hbar} .$$

Wie auch Abb. 5.4 zeigt, entspricht in der klassischen Physik (7.33) einem in sich geschlossenen Gleichstrom. Er erzeugt nach Maxwell ein magnetisches Moment, aber keine Strahlung.

Abb. 7.8 zeigt das Termschema des Wasserstoff-Atoms, aufgeteilt nach den Drehimpuls-Quantenzahlen. Es ist üblich, die Terme nicht mit den Drehimpuls-Quantenzahlen l zu bezeichnen, sondern mit den in Tab. 7.3 angegebenen Buchstaben. Man spricht also von „s-Zuständen" für $l = 0$, von „p-Zuständen" für $l = 1$, u.s.w.[3] Die Anregungszustände des Wasserstoff-Atoms werden gewöhnlich mit der Hauptquantenzahl n und dem Kennbuchstaben des Drehimpulses bezeichnet: 1s, 2s, 2p, 3s, 3p, 3d, 4s und so fort.

[2] Klassisch: Das Strahlungsfeld $(1, 0)$ entspricht nach (6.38) der Ausstrahlung eines in z-Richtung oszillierenden Dipols. Diese Schwingung kann durch elektromagnetische Wellen, die in z-Richtung laufen, nicht angeregt werden.

[3] Die Bezeichnungen stammen aus der Frühzeit der Spektroskopie. Sie sind aus dem Erscheinungsbild der Spektrallinien abgeleitet: s = „scharf", p = „prinzipal", d = „diffus" (wegen der Feinstruktur, siehe unten), f = „fein". Dann geht es in alphabetischer Reihenfolge weiter.

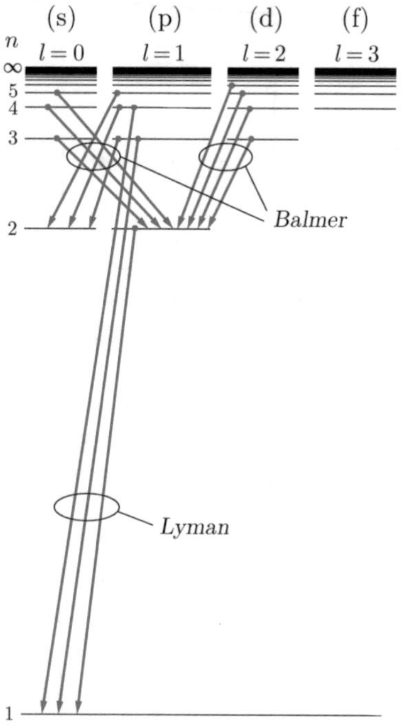

Abbildung 7.8 Termschema des H-Atoms, nach Drehimpulsen geordnet ($l = 0$ bis $l = 3$)

In (6.48) haben wir die Auswahlregel für elektrische Dipolstrahlung eingeführt:

$$\Delta l = \pm 1 .$$

Demnach sollten nur die in Abb. 7.8 eingezeichneten Übergänge durch elektromagnetische Strahlung beobachtet werden. Das wird auch experimentell bestätigt, wie eine genaue Analyse der Spektren zeigt.

Berücksichtigung des Elektronenspins. Bei der bisherigen Behandlung des Wasserstoff-Atoms wurde außer Acht gelassen, dass das Elektron einen Spin hat. Spin und Bahndrehimpuls koppeln zum Gesamtdrehimpuls $\boldsymbol{j}$, wie wir in (6.24)–(6.28) gesehen haben. Für die Gesamtdrehimpulsquantenzahl j sind für jedes $l \neq 0$ zwei Werte möglich:

$$j = l + \frac{1}{2} , \quad j = l - \frac{1}{2} . \tag{7.34}$$

Dementsprechend gehören zu jedem Wert $l \neq 0$ zwei Zustände. Sie werden wie in Tab. 7.3 angegeben bezeichnet. Solange man von (7.20) ausgeht, sind diese beiden Zustände energetisch gleichwertig.

Die Entartung der Energieniveaus mit der Hauptquantenzahl n erhöht sich auf $2n^2$-fach, denn die Eigenfunktionen von (7.20) sind nun durch die bei (6.77) eingeführten Spinfunktionen $\chi_\uparrow$ und $\chi_\downarrow$ zu ergänzen. Dabei gelten die bei

Tabelle 7.3 Nomenklatur von Drehimpuls-Zuständen bei Ein-Elektronen-Systemen

l	Symbol	$j = l - \frac{1}{2}$	$j = l + \frac{1}{2}$
0	s		$s_{1/2}$
1	p	$p_{1/2}$	$p_{3/2}$
2	d	$d_{3/2}$	$d_{5/2}$
3	f	$f_{5/2}$	$f_{7/2}$
4	g	$g_{7/2}$	$g_{9/2}$
⋮	⋮	⋮	⋮

(5.40) und (5.46) angegebenen Regeln, wenn man dort L, m durch j, m_j ersetzt, ferner l_1, m_1 durch l, m_l und l_2, m_2 durch s, m_s. Außerdem ersetzen wir $Y_{l_2 m_2}$ durch $\chi_\uparrow$ bzw. $\chi_\downarrow$. Wir benötigen für das Folgende Lösungen von (7.20), die nach dem Muster von (5.46) aufgebaut sind, bei denen also j, m_j, l und s gute Quantenzahlen sind. Man erhält sie mit Hilfe der Clebsch-Gordon-Koeffizienten $C(j, m_j; l, m_l, s, m_s)$. Damit man sieht, wie diese Lösungen aussehen, geben wir $u_{n,j,m_j,l,s}$ für die Quantenzahlen $n, j = 3/2, l = 1, s = 1/2$ an:

$$\begin{aligned}
u_{n,\frac{3}{2},+\frac{3}{2},1,\frac{1}{2}} &= R_{n,1}(r)\, Y_{11}(\vartheta,\varphi)\, \chi_\uparrow \\
u_{n,\frac{3}{2},+\frac{1}{2},1,\frac{1}{2}} &= \\
&R_{n,1}(r) \left[\sqrt{\frac{2}{3}} Y_{10}(\vartheta,\varphi)\, \chi_\uparrow + \sqrt{\frac{1}{3}} Y_{11}(\vartheta,\varphi)\, \chi_\downarrow\right] \\
u_{n,\frac{3}{2},-\frac{1}{2},1,\frac{1}{2}} &= \\
&R_{n,1}(r) \left[\sqrt{\frac{1}{3}} Y_{1-1}(\vartheta,\varphi)\, \chi_\uparrow + \sqrt{\frac{2}{3}} Y_{10}(\vartheta,\varphi)\, \chi_\downarrow\right] \\
u_{n,\frac{3}{2},-\frac{3}{2},1,\frac{1}{2}} &= R_{n,1}(r)\, Y_{1-1}(\vartheta,\varphi)\, \chi_\downarrow\,.
\end{aligned} \qquad (7.35)$$

Offensichtlich sind hier m_l und m_s keine guten Quantenzahlen mehr.

Reduzierte Masse, wasserstoffähnliche Atome. Bei der quantenmechanischen Behandlung des H-Atoms sind wir von einem bei $r = 0$ ruhendem Kraftzentrum ausgegangen. Auch in der Schrödinger-Gleichung kann man die endliche Masse des Protons durch Einführung der reduzierten Masse (7.16) berücksichtigen. Das hat zur Folge, dass sich beim H-Atom die Energien $E_{n,l}$ um $\Delta E/E \approx 5 \cdot 10^{-4}$ nach oben verschieben, und dass der Bohrsche Radius im gleichen Maße zunimmt: $a_0' = 1{,}0005\, a_0$. Die Formeln (7.20)–(7.32) gelten aber auch für andere Systeme, bei denen ein negativ geladenes Teilchen an ein positiv geladenes durch die Coulombkraft gebunden ist. Man hat in den gesamten Gleichungen nur m_e durch die entsprechenden reduzierte Masse und e durch die entsprechenden Ladungen zu ersetzen.

Zu den wasserstoffähnlichen Atomen zählen zunächst die $(Z-1)$-fach geladenen Ionen von He^+ bis U^{91+}, aber auch das **Positronium**, bei dem das Elektron an ein Positron gebunden ist, und das **Myonium**, bei dem der Atomkern durch ein positives Myon gebildet wird, also durch den schweren Vetter des Elektrons ($m_\mu = 206\, m_e$). Bei den $(Z-1)$-fach geladenen Ionen ist die effektive Masse $\mu_e \approx m_e$; die Bindungsenergie wächst jedoch proportional zu Z^2 und der Bohrsche Radius schrumpft proportional zu $1/Z$:

$$E_{n,l} = \frac{Z^2 e^4}{32\pi^2 \epsilon_0^2 \mu_e^2 c^2} \cdot \frac{1}{n^2}\,, \quad a_0' = \frac{m_e\, a_0}{\mu_e Z}\,. \qquad (7.36)$$

Beim Positronium und beim Myonium sind die effektiven Massen

$$(e^+e^-):\ \mu_e = \frac{m_e}{2}\,, \quad (\mu^+e^-):\ \mu_e = 0{,}995\, m_e\,.$$

Beim Positronium ist also der Bohrsche Radius um einen Faktor 2 größer als beim H-Atom, und die Bindungsenergie ist $E_B = 6{,}8\,\mathrm{eV}$.

Die Lebensdauer des Myoniums ist durch den Zerfall des Myons ($\mu^+ \to e^+ + \nu + \overline{\nu}$) begrenzt: $\tau_\mu = 2{,}2 \cdot 10^{-6}\,\mathrm{s}$. Beim Positronium hängt die Lebensdauer davon ab, wie die beiden Spins zueinander stehen. Stehen sie antiparallel, ist der Gesamtspin $S = 0$ („Singulett-Positronium"). Dann können sich Elektron und Positron unter Emission von zwei Photonen vernichten (Abb. 7.9). Die Energie der Vernichtungsstrahlung ist $E_\gamma = m_e c^2 = 0{,}511\,\mathrm{MeV}$. Im Ruhesystem des Positroniums ist der Winkel zwischen den beiden Photonen genau 180°. Dabei gibt es zwei Möglichkeiten für die Polarisation der Photonen: Abb. 7.9a zeigt die e^+e^--Vernichtung in zwei rechtshändig (= linkszirkular) polarisierte Photonen, Abb. 7.9b in zwei linkshändig (= rechtszirkular) polarisierte. Stehen die Spins parallel, ist $S = 1$ („Triplett-Positronium") und ein kollinearer Zwei-Photonen-Zerfall ist wegen der Drehimpulserhaltung nicht möglich. Es erfolgt ein Zerfall in drei Photonen. Im ersten Fall ist die mittlere Lebensdauer $\tau_{e^+e^-} = 1{,}25 \cdot 10^{-10}\,\mathrm{s}$, im zweiten Fall ist $\tau_{e^+e^-} = 1{,}4 \cdot 10^{-7}\,\mathrm{s}$.

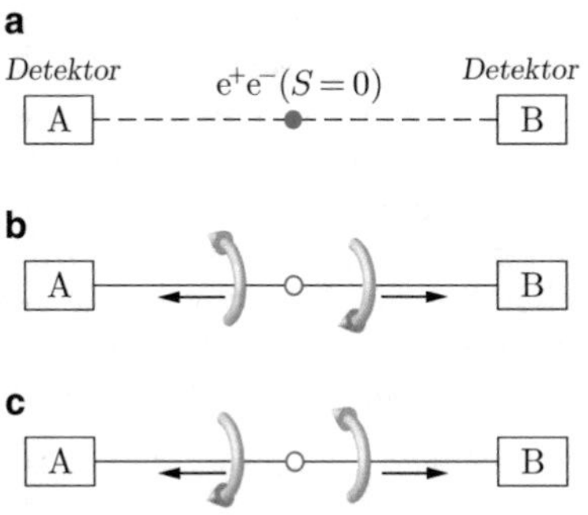

Abbildung 7.9 e^+e^--Vernichtung im Singulett-Positronium ($S = 0$): **a** Positronium, **b** Zerfall in rechtshändig, **c** Zerfall in linkshändig polarisierte Photonen

Singulett-Positronium und die Spinfunktion verschränkter Zustände. Die Vernichtungsstrahlung des

Singulett-Positroniums ist ein Musterbeispiel für zwei Photonen, die sich in einem verschränkten Zustand befinden. Die bemerkenswerten Eigenschaften eines solchen Zustands haben wir schon an einem anderen Beispiel in Abschn. 3.7 diskutiert. Dabei waren wir den Beweis für die Form der Spinfunktion (3.73) schuldig geblieben. Wir untersuchen nun zunächst, wie bei der Vernichtungsstrahlung die Verschränkung zustande kommt und wie die Spinfunktion der beiden Photonen aussieht.

Wie wir im nächsten Abschnitt sehen werden, folgt die Existenz des Positrons zwangsläufig aus der Dirac-Gleichung. Die Dirac-Gleichung behauptet, dass Elektron und Positron nicht nur entgegengesetzte elektrische Ladung, sondern auch entgegengesetzte **innere Parität** haben. Daraus folgt, dass der Grundzustand des Positroniums ein Eigenzustand des Paritätsoperators P_{op} mit ungerader Parität ist, denn die Bahndrehimpulsquantenzahl ist $l = 0$. Wegen der Paritätserhaltung bei der elektromagnetischen Wechselwirkung müssen sich die beiden Photonen in einem Zustand ungerader (negativer) Parität befinden (vgl. (4.107) und (6.52)). Wir haben in Abschn. 3.7 die Spinfunktionen der der rechts- bzw. linkshändig polarisierten Photonen mit R und L bezeichnet. Da der Paritätsoperator P_{op} „Inversion" bedeutet, ist $P_{\text{op}}R = L$ und $P_{\text{op}}L = R$; R und L sind also keine Eigenzustände des Paritätsoperators. Das Gleiche gilt in Abb. 7.9 für die Zustände $R_A R_B$ und $L_A L_B$. Man kann jedoch wie in (6.77) auch Linearkombinationen der Spinfunktionen in Abb. 7.9 betrachten, und man sieht, dass die Spinfunktion $1/\sqrt{2}(R_A R_B - L_A L_B)$ ungerade Parität hat:

$$\begin{aligned} P_{\text{op}}(R_A R_B - L_A L_B) &= L_A L_B - R_A R_B \\ &= -(R_A R_B - L_A L_B)\,. \end{aligned}$$

Wie in Abschn. 3.7 kann man auch hier zu den Spinfunktionen der linearen Polarisation übergehen. Mit (3.74) erhält man

$$\frac{1}{\sqrt{2}}(R_A R_B - L_A L_B) = \frac{i}{\sqrt{2}}(X_A Y_B + Y_A X_B)\,, \qquad (7.37)$$

wobei X und Y die Spinfunktionen der in x- und y-Richtung linear polarisierten Photonen sind. Wie man sieht, sind hier die beiden Photonen stets senkrecht zueinander polarisiert und nicht parallel, wie bei dem in Abschn. 3.7 beschriebenen Kaskadenübergang im Ca-Atom.

Wir wollen nun die Spinfunktion des in diesem Fall entstehenden verschränkten Zustands begründen, also die Formel (3.73). In Abb. 7.10 ist noch einmal der hier relevante Ausschnitt aus dem Niveauschema des Ca-Atoms gezeigt. Diesmal sind nicht nur die Drehimpulse, sondern auch die Paritäten der drei beteiligten Zustände angegeben. Da die Paritäten des Anfangs- und Endzustands gerade sind, muss die Spinfunktion des aus den beiden Photonen gebildeten Systems die Form

$$\frac{1}{\sqrt{2}}(R_A R_B + L_A L_B) \qquad (7.38)$$

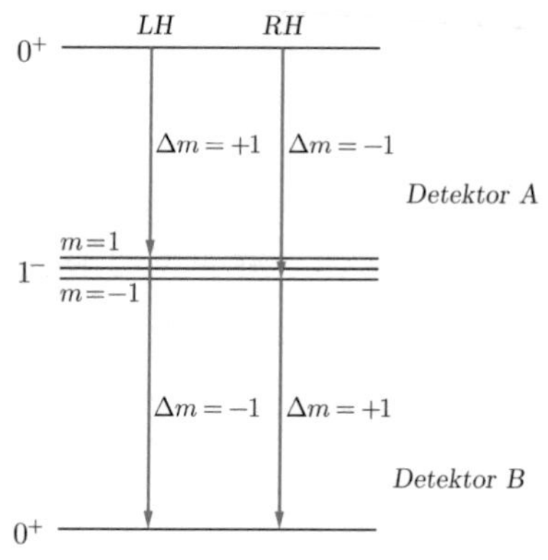

Abbildung 7.10 Energieniveaus im Kalzium-Atom, 0^+ und 1^-: Drehimpuls und Parität der Zustände. Die Übergänge unter Emission von rechts- bzw. von linkshändig polarisierten Photonen sind eingezeichnet. die m-Quantenzahlen des Zwischenzustands beziehen sich auf eine Quantisierungsachse, die in Abb. 3.34 von B nach A läuft

haben, wie in (3.73) angegeben. Nur diese Spinfunktion hat gerade Parität. In beiden Fällen wird die Art der Verschränkung durch die **Erhaltung der Parität** bewirkt.

Kann man bei der Vernichtungsstrahlung des Singulett-Positroniums die Verschränkung auch experimentell nachweisen? Die Schwierigkeit liegt beim Nachweis der Polarisation von γ-Quanten. Man benutzt den Compton-Effekt. Das Compton-Elektron und das gestreute Quant liegen zwar vorzugsweise in der Polarisationsebene des primären Quants, die Korrelation ist jedoch ziemlich schwach. Die azimutale Asymmetrie des gestreuten Quants hängt vom Streuwinkel ϑ in Abb. 2.11 ab. Bei $E_\gamma = 511\,\text{keV}$ ist sie bei $\vartheta = 81°$ maximal. Mit der in Abb. 7.11 gezeigten Apparatur konnten 1950 C. S. Wu und I. Shaknov einwandfrei nachweisen, dass die beiden γ-Quanten senkrecht zueinander linear polarisiert sind: Sie erhielten ein Verhältnis

$$R = \frac{\text{Zählrate}\,(\varphi = 90°)}{\text{Zählrate}\,(\varphi = 0°)} = 2{,}04 \pm 0{,}08\,,$$

zu vergleichen mit dem theoretischen Wert $R = 2$. Damit ist bewiesen, dass das Singulett-Positronium im Grund-

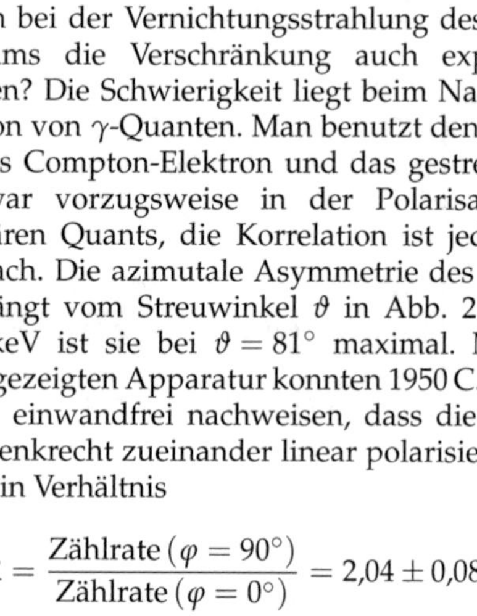

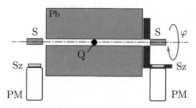

Abbildung 7.11 Apparatur zur Messung der Polarisation der Vernichtungsstrahlung. Q: Quelle. Sie enthält den β^+-Strahler $^{64}Cu \rightarrow {}^{64}Ni + e^+\nu$. Die im Quellenmaterial abgebremsten Positronen können ein Elektron einfangen und Singulett-Positronium bilden. Pb: Bleibehälter, S: Aluminium-Streuer, Sz+PM: Szintillationszähler, φ: Azimutalwinkel des rechten Detektors bei Drehung

zustand negative Parität hat, und dass sich die beiden Photonen in einem verschränkten Zustand befinden.

Spätere Experimente zur Bellschen Ungleichung erbrachten zwar eine Bestätigung der quantentheoretischen Vorhersage, aber mit deutlich geringerer Präzision wie das in Abschn. 3.7 beschriebene Experiment von Aspect et al.

7.4 Feinstruktur und Hyperfeinstruktur der Wasserstoffterme

Wenn man das Spektrum des H-Atoms mit hoher Auflösung untersucht, stellt man fest, dass die Spektrallinien auch ohne Einwirkung eines äußeren Magnetfelds in mehrere Komponenten aufgespalten sind. Bei der Lyman-α-Linie beobachtet man z. B. eine Aufspaltung in zwei Komponenten mit den Wellenzahl- und Energiedifferenzen

$$\Delta\tilde{\nu} = 0{,}365\,\mathrm{cm}^{-1}\,, \qquad \Delta E_{\mathrm{FS}} = 45{,}3\,\mu\mathrm{eV}\,. \tag{7.39}$$

Bei einer Quantenenergie $h\nu \approx 10\,\mathrm{eV}$ ist das ein sehr kleiner Effekt, aber wie kommt diese **Feinstruktur** der Spektrallinien zustande? Wie wir sehen werden, kann man sie durch relativistische Effekte erklären. Wir schätzen die Geschwindigkeit des Elektrons im H-Atom ab: Die Heisenbergsche Unbestimmtheitsrelation besagt nach (3.32) und (7.12) für den Grundzustand des H-Atoms $\Delta p \Delta x \approx m_\mathrm{e} v\, a_0 \approx \hbar$. Also ist

$$\frac{v}{c} \approx \frac{\hbar}{m_\mathrm{e}\, a_0\, c} = \frac{1}{4\pi\,\epsilon_0}\frac{e^2}{\hbar c} = \alpha\,. \tag{7.40}$$

Die dimensionslose Größe α ist die von Sommerfeld[4] eingeführte **Feinstruktur-Konstante**. Sie hat den Zahlenwert

$$\alpha = \frac{1}{4\pi\epsilon_0}\frac{e^2}{\hbar c} = \frac{1}{137{,}036} \approx \frac{1}{137}\,. \tag{7.41}$$

Man erhält $(v/c)^2 \approx 5 \cdot 10^{-5}$. Das ist zwar klein, aber auf dem Niveau von (7.39) nicht vernachlässigbar.

Die Feinstruktur-Konstante spielt nicht nur bei der Feinstruktur eine Rolle. Die in (7.14) und (7.31) berechnete Termenergie des Wasserstoffs ist nämlich

$$E_n = -\frac{e^2}{8\pi\,\epsilon_0\, a_0\, n^2} = -\frac{m_\mathrm{e}\, c^2}{2}\frac{\alpha^2}{n^2}\,. \tag{7.42}$$

In der Quantenelektrodynamik ist die dimensionslose Größe α das Maß für die ***Stärke der elektromagnetischen Wechselwirkung***, d. h. für die Kopplung geladener Elementarteilchen mit Photonen.

Obgleich die Schrödinger-Gleichung eine nichtrelativistische Gleichung ist, kann man versuchen, mit ihr die Feinstruktur zu erklären, indem man die nach (7.40) und (7.41) zu erwartenden relativistischen Effekte mit der **quantenmechanischen Störungsrechnung** behandelt. Wir stellen dies vorerst zurück und betrachten die Aussagen der **Dirac-Gleichung**, die ohne weiteres eine Feinstruktur der Wasserstoffterme ergibt.

Die Dirac-Gleichung

Die von Dirac[5] aufgestellte relativistische Wellengleichung erweist sich als eine Gleichung für Spin $\frac{1}{2}$-Teilchen. Angewendet auf das Elektron, liefert sie automatisch das Resultat, dass das Elektron das magnetische Moment $\boldsymbol{\mu} = -(e/m_\mathrm{e})\boldsymbol{s}$ hat, ein höchst bemerkenswertes und befriedigendes Ergebnis. Diese Größe muss also nicht ad hoc in die Theorie hineingesteckt werden. Die Dirac-Gleichung lässt sich für ein Elektron im Coulomb-Feld exakt lösen. Für die stationären Zustände erhält man nach einer lang-

[4] Arnold Sommerfeld (1868–1951), Professor für Theoretische Physik an der Universität München. Er engagierte sich von Anfang an für Einsteins Relativitätstheorie und ab 1910 auch für die Quantenphysik. Deshalb hatte er großen Zulauf von Studenten, die sich für die neue Physik interessierten, u. a. studierten bei ihm Werner Heisenberg und Wolfgang Pauli; sein Assistent war Peter Debye. Sommerfeld entwickelte das Bohrsche Atommodell zu der „Bohr-Sommerfeldschen Atomtheorie", mit der er schon 1915 die Feinstruktur im Spektrum des H-Atoms berechnete. In seiner Theorie gab es außer der Bohrschen Kreisbahn im Zustand $n = 2$ noch eine Ellipsenbahn. Die relativistisch berechnete kinetische Energie auf beiden Bahnen ergab korrekt die Feinstrukturaufspaltung. Seine Lehrbücher „Atombau und Spektrallinien" und „Vorlesungen über Theoretische Physik" (6 Bände) waren lange Zeit für viele Physiker und Physikstudenten das Vademecum.

[5] Paul Adrian Maurice Dirac (1902–1989) studierte zunächst in seiner Geburtsstadt Bristol Elektrotechnik, wandte sich dann aber der Mathematik und der Theoretischen Physik zu. Als Student hörte er im Sommer 1925 einen Vortrag, den Heisenberg in Cambridge hielt, zwei Monate nachdem ihm während eines Urlaubs auf Helgoland der Durchbruch gelungen war. Dirac konnte sich die Korrekturfahnen von Heisenbergs erster Publikation besorgen und überraschte bereits im Januar 1926 die Fachwelt mit einer Arbeit, in der er etwa gleichzeitig mit Born, Heisenberg und Jordan Heisenbergs Ideen zu einer vollständigen Theorie ausgearbeitet hatte. Im August 1926 folgte eine Arbeit „On the Theory of Quantum Mechanics", die auch die Schrödinger-Gleichung mit einbezog. In dieser Arbeit werden unter anderem Systeme von mehreren gleichartigen Teilchen diskutiert; dabei wird gezeigt, dass das Verhalten der Wellenfunktion beim Vertauschen zweier Teilchen darüber entscheidet, ob für die Teilchen das Pauli-Verbot gilt, oder ob sie der Bose-Einstein-Statistik folgen. Wir kommen darauf in Abschn. 8.4 zurück. 1927 folgte eine Arbeit „The Quantum Theory of Emission and Absorption of Radiation" und 1928 die Arbeit „The Quantum Theory of the Electron", die die Dirac-Gleichung enthält.

wierigen und schwierigen Rechnung folgende Energien:

$$E_{nj} = m_e c^2 \cdot \left[1 + \left\{\frac{\alpha}{n - j - \frac{1}{2} + \sqrt{(j+\frac{1}{2})^2 - \alpha^2}}\right\}^2\right]^{-\frac{1}{2}} - m_e c^2 = -\frac{m_e c^2}{2}\frac{\alpha^2}{n^2}\left[1 + \frac{\alpha^2}{n^2}\left(\frac{n}{j+\frac{1}{2}} - \frac{3}{4}\right)\right] + \text{Terme höherer Ordnung in } \alpha^2 \,. \tag{7.43}$$

Das $1s_{1/2}$-Niveau spaltet nicht auf. Bei den Termen mit der Hauptquantenzahl $n = 2$ ergibt der Ausdruck in der runden Klammer für die Zustände $2s_{1/2}$ und $2p_{1/2}$: $(2 - 3/4) = 5/4$; bei $2p_{3/2}$ ist $(2/2 - 3/4) = 1/4$. Wie man sieht, ist die l-Entartung der Energieterme E_n aufgehoben, die j-Entartung bleibt aber bestehen. Mit (7.43) erhält man für die Aufspaltung der Lyman-α-Linie

$$(\Delta(h\nu))_{FS} = E_{2,\frac{3}{2}} - E_{2,\frac{1}{2}} = \frac{m_e c^2 \alpha^4}{32} = 45{,}3\,\mu\text{eV} \,. \tag{7.44}$$

Das stimmt mit (7.39) überein, weil das $1s_{1/2}$-Niveau nicht aufspaltet. Es ist interessant, dass Sommerfeld mit seiner Theorie, in der ein spinloses Elektron auf Planetenbahnen um den Atomkern läuft, zur gleichen Formel gelangte.

Feinstruktur bei wasserstoffähnlichen Atomen. Die Berechnung des H-Atoms mit der Dirac-Gleichung setzt ein festes Kraftzentrum voraus. Daher ist die Berücksichtigung der Mitbewegung des Kerns mit der effektiven Masse nicht möglich. Bei den $(Z-1)$-fach geladenen Ionen spielt das auch keine Rolle. Man ersetzt also in (7.43) α durch $Z\alpha$ und sieht, dass die zur Feinstruktur führenden Termverschiebungen gegen (7.42) proportional zu Z^4 zunehmen:

$$E_{nj}^{\text{Dirac}} - E_n = -\frac{m_e c^2}{2}\frac{(Z\alpha)^4}{n^4}\left(\frac{n}{j+\frac{1}{2}} - \frac{3}{4}\right) \,. \tag{7.45}$$

Bei höheren Werten von Z muss man mit der exakten Formel in (7.43) rechnen, da dann nicht mehr $(\alpha Z)^2 \ll 1$ gilt. Die Feinstruktur beim Positronium ist ein Thema für sich, weil hier das magnetische Moment des „Kerns" gleich dem magnetischen Moment des Elektrons ist. Sie kann, wie auch die Feinstruktur des Myoniums, mit der von Bethe und Salpeter entwickelten relativistischen Gleichung für Zweiteilchensysteme berechnet werden.

Dirac-Gleichung und Antiteilchen. Die Dirac-Gleichung hat als relativistische Wellengleichung nicht nur Lösungen mit der relativistischen Gesamtenergie $E \geq m_e c^2$, sondern mathematisch zwingend auch Lösungen mit der negativen Energie $E \leq -m_e c^2$. Dies konnte man zunächst als „unphysikalisches mathematisches Artefakt" abtun. 1929 zeigte jedoch O. Klein, dass es in der Quantenmechanik Übergänge eines Elektrons positiver Energie in einen solchen Zustand negativer Energie geben muss, dass also die Dirac-Gleichung nicht mit der beobachteten Stabilität der Materie vereinbar ist. Diesem Einwand begegnete Dirac 1930 mit der Hypothese, dass alle Zustände negativer Energie besetzt seien, sodass diese Übergänge wegen des Pauli-Verbots nicht stattfinden können.

Die Elektronen in den vollständig besetzten Zuständen negativer Energie bilden einen allgegenwärtigen Ozean, die so genannte **Dirac-See**. Auf die Frage, ob es diese See wirklich gibt, werden wir weiter unten zurück kommen. Jedenfalls wurde mit der Dirac-See die Existenz von Antiteilchen vorhergesagt: Durch Zufuhr einer Energie $E > 2m_e c^2$ kann nämlich ein Elektron negativer Energie in einen unbesetzten Zustand positiver Energie befördert werden. In der Dirac-See entsteht dabei ein Loch. Dirac wies darauf hin, dass sich dieses Loch bei Einwirkung äußerer Felder wie ein positives Teilchen verhält. Wir kennen das bereits von den Löchern im Valenzband eines Halbleiters. Als 1932 mit einer Wilsonschen Nebelkammer das Positron als Reaktionsprodukt der kosmischen Strahlung entdeckt wurde, war das eine große Sensation, und Diracs Hypothese schien bestätigt zu sein. Bald darauf wurde die Erzeugung von Elektron–Positron-Paaren durch energiereiche γ-Strahlung ($E_\gamma > 2m_e c^2$) nachgewiesen, und 1955 folgte die Entdeckung des Antiprotons.

Gibt es die Dirac-Seen des Elektrons und des Protons wirklich? Die Antwort ist ein klares ***Nein***. Die Dirac-Gleichung spielt in der Quantenfeldtheorie auch heute noch eine wichtige Rolle. Sie wird aber nicht als die relativistische, für Spin $\frac{1}{2}$-Teilchen passende Form der Schrödinger-Gleichung interpretiert, sondern als Gleichung, deren Lösung zu Erzeugungs- und Vernichtungsoperatoren führt, und nicht zu den Zuständen positiver und negativer Energie, die bei Dirac's Interpretation der Gleichung auftreten. Auch in der Quantenfeldtheorie folgt die Existenz der Antiteilchen zwingend aus der Dirac-Gleichung.[6] – Man muss sich einmal mehr über

[6] Näheres zur Abschaffung der Dirac-See und wie man auch mit der neuen Interpretation der Dirac-Gleichung die Wellenfunktionen das H-Atoms ausrechnen kann, findet man (bei entsprechender Vorbildung) in S. Weinberg, „The Quantum Theory of Fields", Cambridge University Press (1995), Band 1.

das strenge Regiment wundern, das die Mathematik in der Physik führt, also auch in der Natur: Die mathematische Beschreibung der Spin $\frac{1}{2}$-Teilchen führt auf die Dirac-Gleichung. Diese Gleichung führt zwingend auf die Antiteilchen, und siehe da: Es gibt sie.

Berechnung der Feinstruktur mit der Schrödinger-Gleichung

Die Feinstruktur der Energieniveaus E_n ist sehr klein gegenüber dem Abstand zwischen benachbarten Energieniveaus E_n. Deshalb kann man versuchen, die relativistischen Effekte mit der Schrödinger-Gleichung zu berechnen, indem man die **Störungsrechnung** für stationäre Zustände anwendet. Das ist viel einfacher als das Lösen der Dirac-Gleichung und zeigt außerdem, welche „relativistischen Effekte" die Feinstruktur verursachen. Die Störungsrechnung beruht darauf, dass sich die Energieeigenwerte des „ungestörten Systems" unter dem Einfluss einer kleinen „Störung" um einen kleinen Betrag ΔE verschieben, der näherungsweise ***mit den Eigenfunktionen des ungestörten Systems*** berechnet werden kann.

Wir bezeichnen diese Eigenfunktionen mit $u_q(\boldsymbol{r})$, wobei q für den Satz der guten Quantenzahlen des betreffenden Zustands steht. Den Hamilton-Operator des ungestörten Systems nennt man H_0, den der Störenergie nennt man H'. Wie in Lehrbüchern der Quantenmechanik gezeigt wird, sind die Eigenwerte des Operators $H = H_0 + H'$ gegenüber den Eigenwerten E_q von H_0 in erster Näherung um einen kleinen Betrag verschoben:

$$\Delta E = \int u_q^* H' u_q \, \mathrm{d}V = \langle H' \rangle \; . \tag{7.46}$$

ΔE ist der Erwartungswert der Störenergie, berechnet mit den Wellenfunktionen des ungestörten Systems. Die Ableitung und Anwendung dieser Formel ist relativ einfach, wenn die Eigenwerte von H_0 nicht entartet sind. Die Störungsrechnung bei entarteten Energieniveaus ist schwieriger, aber besonders interessant: Wenn ΔE von der Quantenzahl abhängt, bezüglich der die Entartung besteht, wird durch die Störung die Entartung aufgehoben. Es besteht dabei ein Problem: Welche Wellenfunktion ist für $u_q(\boldsymbol{r})$ einzusetzen? Bei Entartung gehören zu einem Energie-Eigenwert mehrere Eigenfunktionen. Zudem bildet jede Linearkombination dieser Eigenfunktionen wieder eine solche Eigenfunktion. Es ist nicht von vornherein klar, welche die für die Anwendung in (7.46) richtigen Eigenfunktionen sind: Bei verschwindend kleiner Störung müssen die vorerst unbekannten Eigenfunktionen des Operators $H = H_0 + H'$ kontinuierlich in die in (7.46) verwendeten Eigenfunktionen übergehen. Das erfordert, dass sie zu denselben „guten Quantenzahlen" gehören. Dieses Problem kann zu mühsamer Rechenarbeit führen; bei der Feinstruktur im H-Atom ist es jedoch leicht zu lösen, da es nicht schwer ist, die richtigen Eigenfunktionen zu erraten.

Wir müssen nun Ausdrücke für die Operatoren H' finden, die die relativistischen Effekte beschreiben. Zunächst sieht man, dass in (7.20) von der nicht-relativistischen Energie $E_{\text{kin}} = p^2/2m$ ausgegangen wurde; das muss korrigiert werden. Weiterhin zeigt sich, dass aufgrund der Lorentz-Transformation der elektromagnetischen Feldgrößen eine Spin-Bahn-Kopplung besteht: Dann sind die Zustände mit $j = l + \frac{1}{2}$ und $j = l - \frac{1}{2}$ energetisch nicht mehr gleichwertig.

Die kinetische Energie. Zwischen dem Impuls und der relativistischen Gesamtenergie besteht die Beziehung $E_{\text{ges}}^2 = p^2c^2 + m_\text{e}^2c^4$. Die kinetische Energie ist damit

$$\begin{aligned} E_{\text{kin}}^{\text{rel}} &= E_{\text{ges}} - m_\text{e}c^2 = \sqrt{p^2c^2 + m_\text{e}^2 c^4} - m_\text{e}c^2 \\ &= m_\text{e}\, c^2 \left[\sqrt{1 + \frac{p^2c^2}{m_\text{e}^2\, c^4}} - 1 \right] \approx \frac{p^2}{2m_\text{e}} - \frac{p^4}{8\, m_\text{e}^3\, c^2} \, , \end{aligned}$$

denn es ist $p^2c^2 = \frac{p^2}{2m_\text{e}} 2m_\text{e}c^2 = 2m_\text{e}c^2 E_{\text{kin}}^{(\text{nrel})} \ll m_\text{e}^2c^4$. Damit folgt

$$H'_{\text{kin}} = -\frac{1}{8\, m_\text{e}^3\, c^2} (\boldsymbol{p}_{\text{op}})^4 \, . \tag{7.47}$$

Wir übergehen die Berechnung des Erwartungswertes.[7] Das Ergebnis ist

$$(\Delta E)_{\text{kin}} = \frac{m_\text{e}\, c^2}{2} \frac{\alpha^4}{n^4} \left(\frac{3}{4} - \frac{2n}{2l+1} \right) . \tag{7.48}$$

Die Spin-Bahn-Kopplung. Nach (III/12.17) wirken auf ein Elektron, das sich mit einer Geschwindigkeit $\boldsymbol{v}$ in einem elektrischen Feld $\boldsymbol{E}$ bewegt, im Ruhesystem des Elektrons die Felder $\boldsymbol{E}' = \gamma \boldsymbol{E}$ und $\boldsymbol{B}' = -\gamma(\boldsymbol{v} \times \boldsymbol{E})/c^2$. Wir können hier, bei der Berechnung der Felder $\boldsymbol{E}'$ und $\boldsymbol{B}'$, den Lorentzfaktor getrost $\gamma = 1$ setzen. Das Magnetfeld ist also

$$\begin{aligned} \boldsymbol{B}' &= -\frac{\boldsymbol{v} \times \boldsymbol{E}}{c^2} = -\frac{\boldsymbol{v} \times \boldsymbol{r}}{c^2} \frac{e}{4\pi\, \epsilon_0\, r^3} \\ &= +\frac{\boldsymbol{l}}{m_\text{e}\, c^2} \frac{e}{4\pi\, \epsilon_0\, r^3} \, . \end{aligned} \tag{7.49}$$

[7] Man findet sie z. B. in B. H. Bransden u. C. J. Joachain, „Physics of Atoms and Molecules", Prentice Hall (2003).

Das magnetische Moment des Elektrons ist nach (6.20) $\boldsymbol{\mu} = -(e/m_e)\boldsymbol{s}$. Damit erhalten wir für die potentielle Energie des Elektrons im Magnetfeld

$$E_{\text{pot}} = -\boldsymbol{\mu} \cdot \boldsymbol{B}' = \frac{e^2}{4\pi\epsilon_0 m_e^2 c^2 r^3}(\boldsymbol{l} \cdot \boldsymbol{s}) \,. \tag{7.50}$$

Dies gilt im Ruhesystem des Elektrons. Die Transformation in das Ruhesystem des H-Atoms ist keineswegs einfach. Das Ergebnis ist, dass in (7.50) ein Faktor $\frac{1}{2}$, der so genannte Thomas-Faktor anzubringen ist. Zur Berücksichtigung der Spin-Bahn-Kopplung ist also in (7.46)

$$\begin{aligned} \mathrm{H}'_{ls} &= \frac{e^2}{8\pi\epsilon_0 m_e^2 c^2}\left(\frac{\boldsymbol{l}\cdot\boldsymbol{s}}{r^3}\right)_{\text{op}} \\ &= \frac{e^2}{8\pi\epsilon_0 m_e^2 c^2}\left(\frac{1}{r^3}\right)_{\text{op}}(\boldsymbol{l}\cdot\boldsymbol{s})_{\text{op}} \end{aligned} \tag{7.51}$$

zu setzen. Wenn durch die ***ls***-Kopplung die Zustände mit $j = l + \frac{1}{2}$ und $j = l - \frac{1}{2}$ unterschiedliche Energien bekommen, müssen die neuen Zustände die Quantenzahlen n, l, s, j und m_j haben. Wir setzen also in (7.46) für u_q Eigenfunktionen vom Typ (7.35) ein und erhalten

$$\begin{aligned} (\Delta E)_{ls} &= \frac{e^2}{8\pi\epsilon_0 m_e^2 c^2}\left\langle\frac{1}{r^3}\right\rangle \\ &\cdot \int u^*_{n,j,m_j,l,s}(\boldsymbol{l}\cdot\boldsymbol{s})_{\text{op}}\, u_{n,j,m_j,l,s}\,\mathrm{d}V \,. \end{aligned} \tag{7.52}$$

Bei der Berechnung des Integrals bedenken wir, dass

$$\boldsymbol{j}^2 = (\boldsymbol{l}+\boldsymbol{s})^2 = \boldsymbol{l}^2 + \boldsymbol{s}^2 + 2(\boldsymbol{l}\cdot\boldsymbol{s}) \,,$$
$$\boldsymbol{l}\cdot\boldsymbol{s} = \frac{1}{2}(\boldsymbol{j}^2 - \boldsymbol{l}^2 - \boldsymbol{s}^2)$$

ist, und dass die u_q in (7.52) Eigenfunktionen von $(\boldsymbol{j}^2)_{\text{op}}$, $(\boldsymbol{l}^2)_{\text{op}}$ und $(\boldsymbol{s}^2)_{\text{op}}$ sind. Es ist also nach (6.25), (5.34) und (6.18)

$$\langle(\boldsymbol{l}\cdot\boldsymbol{s})_{\text{op}}\rangle = \frac{\hbar^2}{2}\left(j(j+1) - l(l+1) - \frac{3}{4}\right) . \tag{7.53}$$

Mit der Radialfunktion $R_{nl}(r)$ erhält man

$$\left\langle\frac{1}{r^3}\right\rangle = \frac{1}{a_0^3}\frac{2}{n^3\, l(l+1)(2l+1)} \,. \tag{7.54}$$

Alle Faktoren zusammengefasst, ergibt (7.52) zusammen mit (7.12) und (7.41) für $l \neq 0$:

$$(\Delta E)_{ls} = \frac{m_e c^2}{2}\frac{\alpha^4}{n^3}\frac{j(j+1) - l(l+1) - \frac{3}{4}}{l(l+1)(2l+1)} \,. \tag{7.55}$$

Addiert man die Beiträge $(\Delta E)_{\text{kin}} + (\Delta E)_{ls}$, erhält man Übereinstimmung mit dem Resultat (7.45) der Dirac-Gleichung. Die Herleitung versagt aber für $l = 0$. Es fehlt also noch etwas.[8]

Der Darwin-Term. Die Ursache des Problems ist, dass die Lösungen der Dirac-Gleichung anders strukturiert sind und sich im Grenzfall $r \to 0$ anders verhalten als die um die Spin-Wellenfunktion ergänzten Lösungen der Schrödinger-Gleichung. Das hängt mit den Antiteilchen zusammen, von denen die Schrödinger-Gleichung nichts weiß. Wie Darwin zeigte, kann man dies kompensieren, indem man in der Störungsrechnung noch einen dritten Term berücksichtigt:

$$\mathrm{H}'_{\text{Darwin}} = \frac{\pi\hbar^2}{2\, m_e^2 c^2}\,\delta(\boldsymbol{r}) \,, \tag{7.56}$$

wobei $\delta(\boldsymbol{r})$ die Diracsche Deltafunktion (IV/8.57) ist. $\mathrm{H}'_{\text{Darwin}}$ ist für $r \neq 0$ Null, wirkt also nur auf die s-Zustände. Man erhält mit (7.26)

$$(\Delta E)_{\text{Darwin}} = \frac{m_e c^2}{2}\frac{\alpha^4}{n^3} \quad \text{für} \quad l = 0 \,. \tag{7.57}$$

Die Summe der drei Korrekturterme ergibt nun die Feinstruktur

$$(\Delta E)_{\text{FS}} = -\frac{m_e c^2}{2}\frac{\alpha^4}{n^4}\left(\frac{n}{j+\frac{1}{2}} - \frac{3}{4}\right) , \tag{7.58}$$

was bis auf die Terme höherer Ordnung in α^2 mit (7.43) übereinstimmt. Abb. 7.12 zeigt die Feinstruktur der Terme $n = 1 - 3$ sowie die drei Beiträge zur Feinstruktur bei $n = 2$. Alle drei sind von gleicher Größenordnung.

Die Lamb-Verschiebung

Zur Überprüfung von (7.58) eignet sich am besten die im sichtbaren Spektralbereich liegende Balmer-H_α-Linie. Nach der Auswahlregel (6.48), $\Delta l = \pm 1$ sind die in Abb. 7.13 gezeigten Übergänge möglich. Die Übergänge

[8] Man findet in Lehrbüchern zuweilen die Aussage, dass $(\Delta E)_{\text{kin}} + (\Delta E)_{ls} = (\Delta E)_{\text{FS}}$ ist. Das beruht vermutlich auf folgender, höchst illegaler Ableitung: Man setzt in (7.55) $j = l + \frac{1}{2}$. Dann erhält man

$$(\Delta E)_{ls} = \frac{m_e c^2}{2}\frac{\alpha^4}{n^3}\frac{1}{(l+1)(2l+1)} \,.$$

Nun wird $l = 0$ gesetzt und man erhält, o Wunder, das Äquivalent des Darwin-Terms (7.57). Es ist aber für $l = 0$ in (7.53) $\langle(\boldsymbol{l}\cdot\boldsymbol{s})_{\text{op}}\rangle = 0$ und nach (7.54) $\langle 1/r^3\rangle = \infty$. Hier hilft auch kein Differenzieren, da l eine diskrete Variable ist.

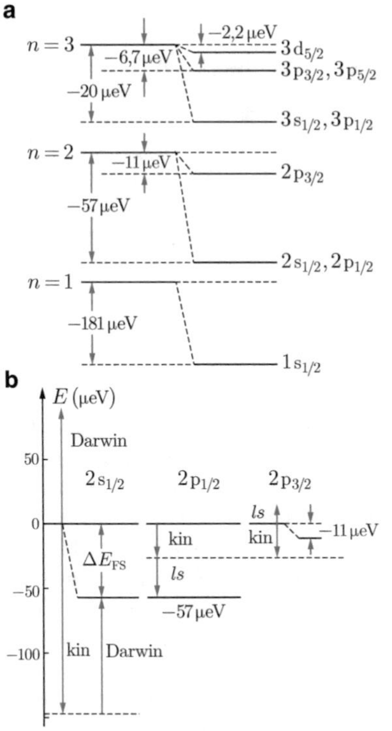

Abbildung 7.12 **a** Feinstruktur der Terme $n = 1 - 3$ im H-Atom. **b** Die Beiträge $(\Delta E)_{\text{kin}}$, $(\Delta E)_{ls}$ und $(\Delta E)_{\text{Darwin}}$ zur Feinstruktur des Terms $n = 2$. Man beachte die unterschiedlichen Energiemaßstäbe in **a**

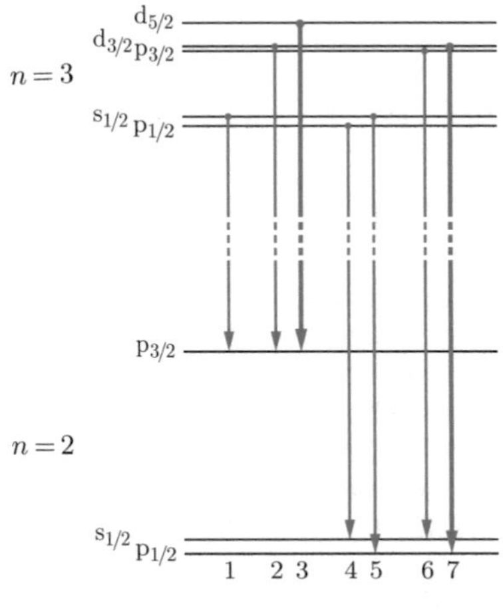

Abbildung 7.13 Aufspaltung der Feinstruktur-Terme $n = 2$ und $n = 3$ im H-Atom durch die Lamb-Verschiebung. Die erlaubten Übergänge $n = 3 \to n = 2$ sind eingezeichnet

mit der größten Wahrscheinlichkeit sind durch eine größere Strichbreite hervorgehoben. Bei der Spektrometrie der H_α-Feinstruktur ist nicht das erreichbare Auflösungsvermögen das Problem, sondern die Dopplerverbreiterung der Spektrallinien. Selbst wenn man als Quelle eine auf $T \approx 100\,\text{K}$ gekühlte Gasentladung verwendet, kann

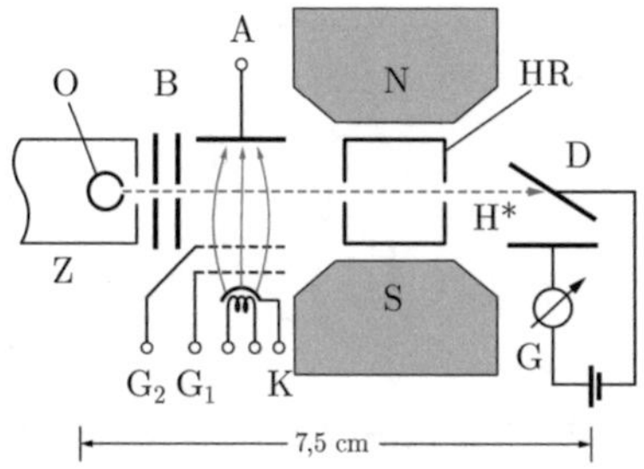

Abbildung 7.14 Zur Messung der Lamb-Verschiebung. *O*: Ofen, ein Wolframröhrchen (0,1 mm Wandstärke, 1,6 mm Durchmesser), 2500 K. *Z*: Wassergekühlte Zuleitung von Strom (80 A) und H_2-Gas (vor und hinter der Zeichenebene liegend). *B*: Hitzeschild und Blenden. *K*: Kathode, G_1: Steuergitter, G_2: Beschleunigungsgitter, *A*: Anode. *HR*: Hohlraumresonator, *N*, *S*: Elektromagnet. *D*: Detektor, H^*: metastabile H-Atome

man bei der H_α-Linie nur die beiden Hauptkomponenten (3) und (7) auflösen; mit dem schweren Wasserstoff-Isotop Deuterium schafft man bei der D_α-Linie ansatzweise noch die Auflösung des Übergangs (5) (siehe Abb. 7.15a). Die genaue Ermittlung der Termenergien ist dann angesichts des komplizierten Spektrums schwierig. Während mehrere Arbeiten die Diracsche Theorie bestätigten, fanden Houston (1937) und Williams (1938) deutliche Abweichungen. S. Pasternak zeigte, dass diese Resultate erklärt werden können, wenn man annimmt, dass abweichend von der Diracschen Theorie das $2s_{1/2}$- Niveau um $\Delta E \approx 4\,\mu\text{eV}$ über dem $2p_{1/2}$-Niveau liegt.[9] Die Frage blieb umstritten. Sie wurde erst 1947 durch Lamb und Retherford geklärt, die einwandfrei nachwiesen, dass zwischen dem $2s_{1/2}$- und dem $2p_{1/2}$-Niveau die von Pasternak vermutete Energiedifferenz besteht.

Mit der während des Krieges für das Radar entwickelten Hochfrequenztechnik war es möglich geworden, die Übergangsfrequenzen $2s_{1/2} \to 2p_{3/2}$ und $2s_{1/2} \to 2p_{1/2}$ direkt zu messen. In Abb. 7.14 ist ist das Prinzip dieses extrem schwierigen Experiments gezeigt. H_2-Moleküle werden in einem auf $T = 2500\,\text{K}$ geheizten Ofen thermisch dissoziiert. Ein Strahl von H-Atomen läuft durch einen Elektronenstrahl, wobei ein kleiner Bruchteil ($\approx 10^{-8}$) der H-Atome zum $n = 2$-Zustand angeregt wird. Der Strahl läuft weiter durch einen Hohlraumresonator auf eine Wolframelektrode. Die angeregten H-Atome lösen dort Elektronen aus, die nachgewiesen werden können, während H-Atome im Grundzustand kein Signal erzeugen. Die bloße Tatsache, dass ein Elektronenstrom gemessen wurde, beweist dass die die $2s_{1/2}$- und $2p_{1/2}$-Zustände nicht entartet sind, denn die 2p-Zustände gehen mit einer Lebensdauer von $1{,}6 \cdot 10^{-9}\,\text{s}$ unter Emission der Lyman α-Linie in den Grundzustand über. Bei einer mittleren Strahlgeschwindigkeit von $8 \cdot 10^{-5}\,\text{m/s}$ haben sie keine

[9] W. V. Houston, Phys. Rev. **51**, 446 (1937); R. C. Williams, Phys. Rev. **54**, 558 (1937); S. Pasternak, Phys. Rev. **54**, 1113 (1937).

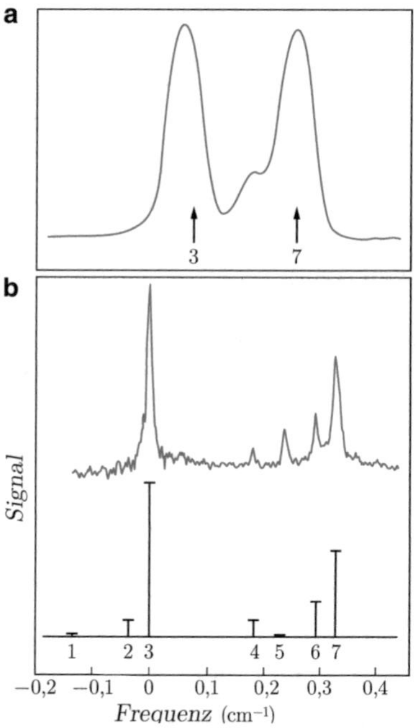

Abbildung 7.15 Spektroskopie der Balmer α-Linie. a) D_α, mit Fabry–Pérot-Interferometer, R. C. Williams (1938), b) H_α, mit Doppler-freier Laserspektroskopie, T. Hänsch et al., (1972). Die *Balken* geben die Positionen und erwarteten Oszillatorenstärken der Spektrallinien in Abb. 7.13 an

Chance, den Detektor zu erreichen. Der $2s_{1/2}$-Zustand ist dagegen metastabil: Der Grundzustand ist nur mit M1-Strahlung zu erreichen, und auch für einen E1-Übergang in den $2p_{1/2}$-Zustand ist die Wahrscheinlichkeit wegen der geringen Energiedifferenz sehr klein. Um solche Übergänge zu erzwingen, wird wird der Hohlraumresonator mit einer fest eingestellten Frequenz im Bereich von 2,4–2,8 GHz angeregt. Durch das Magnetfeld kann mit dem Zeeman-Effekt der Energieabstand $2p_{1/2} - 2s_{1/2}$ kontinuierlich und berechenbar vergrößert werden. Wenn die Übergangsfrequenz $\nu = \Delta E/h$ mit der Resonatorfrequenz zusammenfällt, werden Atome im $2s_{1/2}$-Zustand durch erzwungene Emission in den $2p_{1/2}$-Zustand befördert, und der Elektronenstrom im Detektor nimmt ab. Nach Messung bei mehreren Frequenzen im genannten Bereich findet man, zurückgerechnet auf $\boldsymbol{B} = 0$, die Übergangsfrequenz $2s_{1/2} - 2p_{1/2}$. In seiner genauesten Messung erhielt Lamb mit Triebwasser und Dayhoff 1953 den Wert $\nu = (1057{,}77 \pm 0{,}1)\,\text{MHz}$.[10] Dem entspricht eine Energiedifferenz

$$\begin{aligned}\Delta E &= E(2s_{1/2}) - E(2p_{1/2})\\ &= (4{,}3746 \pm 0{,}0004)\,\mu\text{eV}\,.\end{aligned}$$

[10] W. E. Lamb u. R. C. Retherford, Phys. Rev. **72** (1947) 241 und Phys. Rev. **79** (1950) 649; S. Triebwasser, E. S. Dayhoff u. W. E. Lamb, Phys. Rev. **89** (1953).

Tabelle 7.4 Lamb-Verschiebung der mit der Dirac-Gleichung berechneten Niveaus im H-Atom

Zustand	$\Delta E\,(\mu\text{eV})$
$1s_{1/2}$	+35,5
$2s_{1/2}$	+4,31
$2p_{1/2}$	−0,06
$2p_{3/2}$	+0,046
$3s_{1/2}$	+1,30

Seitdem wurde die Messgenauigkeit nochmals um einen Faktor 10 verbessert.

Die Lamb-Verschiebung, durch die die j-Entartung aufgehoben wird, ist ein Effekt der Quantenelektrodynamik (QED). Als Lamb die Messungen veröffentlichte, war die QED allerdings noch nicht so weit. Die Herausforderung, die Lamb-Verschiebung zu berechnen, hat die Entwicklung der QED tiefgreifend beeinflusst. Sie erklärt sie durch die gleichen Effekte, die beim Elektron die Abweichung des g−Faktors von $g = 2$ verursachen, und die im Anschluss an (6.23) beschrieben wurden. In Tab. 7.4 sind die berechneten Lamb-Verschiebungen für $n = 1$, 2 und 3 gezeigt. Heute kann die Lamb-Verschiebung im Gegensatz zu früheren Zeiten dank der Doppler-freien Laserspektroskopie auch im optischen Spektrum nachgewiesen werden, wie der Vergleich der Abb. 7.15 und 7.13 zeigt.

Hyperfeinstruktur

Da der Atomkern des Wasserstoffs, das Proton, ein magnetisches Moment hat, ist die Energie des Atoms etwas unterschiedlich, je nachdem, ob sich das magnetische Moment des Kerns parallel oder antiparallel zu dem Magnetfeld stellt, das die Atomhülle am Ort des Atomkerns erzeugt. Die energetischen Unterschiede sind klein, aber nachweisbar. Alle Terme des H-Atoms spalten in zwei dicht beieinanderliegende Terme auf. Man nennt das die **Hyperfeinstruktur (HFS)** der Terme.

Am größten ist die Aufspaltung des Grundzustands, weil sich in diesem Zustand Elektron und Proton am nächsten kommen (vgl. Abb. 7.5). Nach (6.35) können Elektronenspin und Kernspin hier zum Gesamtdrehimpuls $F = 1$ oder zu $F = 0$ koppeln. Die Aufspaltung erfolgt in der Weise, dass die mittlere Termenergie unverändert bleibt. Der Term mit $F = 1$ ist dreifach entartet: $m_F = 0, \pm 1$. Er hat daher dreifaches Gewicht (Abb. 7.16). Für die Energiedifferenz zwischen diesen beiden Zuständen ergibt die quantenmechanische Rechnung

$$\Delta E_{\text{HFS}} = 5{,}87\,\mu\text{eV}\,. \tag{7.59}$$

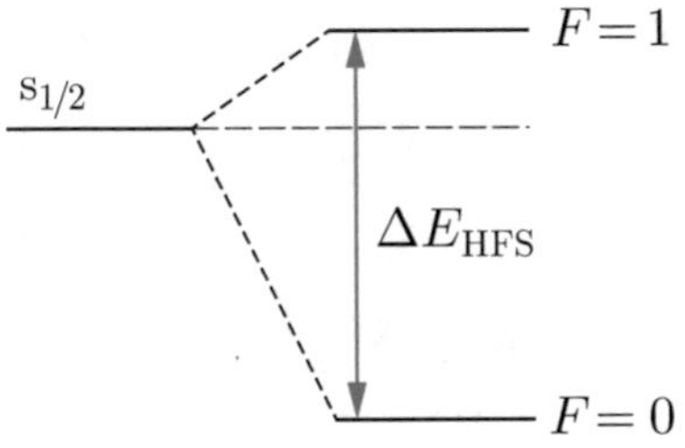

Abbildung 7.16 Hyperfeinstruktur des Grundzustands im H-Atom

Zu einem ähnlichen Ergebnis kommt man, wenn man mit den Formeln der klassischen Physik die Wechselwirkung zwischen den beiden Dipolmomenten abschätzt.

Streng genommen ist also der am tiefsten liegende Anregungszustand des H-Atoms nicht der Zustand $n = 2$, sondern der Zustand $n = 1$, $F = 1$. Der Übergang in den Grundzustand $n = 1$, $F = 0$ ist ein magnetischer Dipolübergang im Hochfrequenzbereich:

$$\nu_{HFS} = \frac{\Delta E_{HFS}}{h} = 1420\,\text{MHz}\,, \quad \lambda = 21{,}1\,\text{cm}\,. \tag{7.60}$$

Die berechnete mittlere Lebensdauer ist $\tau = 1{,}16 \cdot 10^6$ Jahre, wahrhaft eine lange Zeit, verglichen mit der Lebensdauer $\tau = 1{,}6 \cdot 10^{-9}$ s des $n = 2$-Zustands! Man sollte meinen, dass diese Strahlung nicht beobachtet werden kann. Dennoch wurde sie in der Radioastronomie nachgewiesen, sie spielt in der Astronomie sogar eine wichtige Rolle. Einmal kann man von der Intensität der 21 cm-Linie auf die Konzentration des atomaren Wasserstoffs im interstellaren Raum schließen; vor allem aber kann man mit dem Doppler-Effekt der 21 cm-Linie die Geschwindigkeit bestimmen, mit der sich das interstellare Gas bewegt. Solche Messungen haben zu den in Abb. I/3.23 gezeigten Kurven geführt und zu der Erkenntnis, dass es offenbar im Umfeld der Galaxien große Mengen von dunkler Materie unbekannter Art gibt.

Feinstruktur und Hyperfeinstruktur im Magnetfeld

Wenn sich das H-Atom in einem äußeren Magnetfeld $\boldsymbol{B}_0$ befindet, treten die magnetischen Kopplungen innerhalb des Atoms in Konkurrenz zur Zeeman-Energie $\boldsymbol{\mu} \cdot \boldsymbol{B}_0$. Wir betrachten zuerst die Wirkung des Magnetfelds auf die Feinstruktur.

Im „schwachen Feld", d. h. solange $\mu_B B_0 \ll (\Delta E)_{ls}$ ist, zeigt die Lyman α-Linie des H-Atoms den gleichen „anomalen" Zeeman-Effekt, den wir bei den Natrium-D-Linien gefunden hatten (Abb. 6.10), denn die Drehimpuls- und Spin-Quantenzahlen sind in beiden Fällen die gleichen. Im „starken Feld", wenn $\mu_B B_0 \gg (\Delta E)_{ls}$ ist, spielt

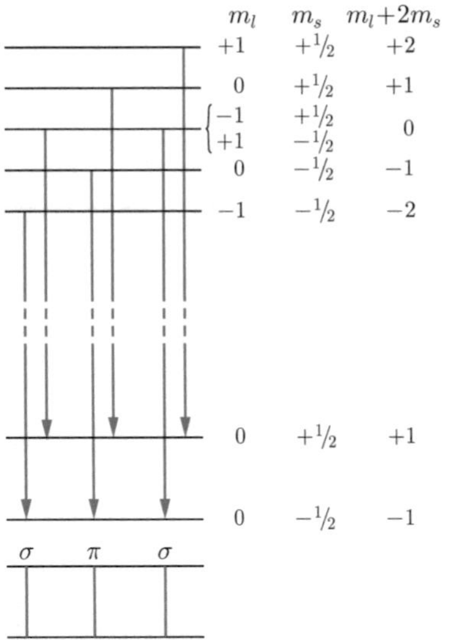

Abbildung 7.17 Aufspaltung der Wasserstoff-Energieniveaus $n = 1$ und $n = 2$ im starken Magnetfeld (Paschen-Back-Effekt)

die Spin-Bahnkopplung keine Rolle mehr, d. h. sie wird aufgebrochen. Bahndrehimpuls und Spin stellen sich unabhängig von einander im äußeren Magnetfeld ein. Die Termenergien sind dann nach (6.10) und (6.22) mit $g_l = 1$ und $g_s = 2$

$$\left(g_l\, m_l\, \mu_B + g_s\, m_s\, \mu_B\right) B_0 = \left(m_l + 2m_s\right) \mu_B\, B_0\,. \tag{7.61}$$

In Abb. 7.17 sind die Terme des H-Atoms für $n = 1$, $l = 0$ und für $n = 2$, $l = 1$ gezeigt. Die Übergänge erfolgen nach wie vor durch elektrische Dipolstrahlung mit den Auswahlregeln $\Delta m_l = \pm 1, 0$ und $\Delta m_s = 0$. Aufgrund der Termlage zeigt die Lyman α-Linie im starken Magnetfeld eine Aufspaltung in nur drei Komponenten, also den „normalen" Zeeman-Effekt. Dieses Phänomen, das man auch bei anderen Atomen beobachtet, nennt man den **Paschen–Back-Effekt**. Zwischen der Aufspaltung der Terme im schwachen und im starken Feld gibt es einen kontinuierlichen Übergang, wie Abb. 7.18 zeigt. Er findet bei einem $\boldsymbol{B}$-Feld $B_0 \approx (\Delta E)_{ls}/\mu_B$ statt. Mit Abb. 7.12b erhält man $(\Delta E)_{ls} \approx 20\,\mu\text{eV}$, also ist $B_0 \approx 20\,\mu\text{eV}/58\,\mu\text{eV}\,\text{T}^{-1} = 0{,}35\,\text{T}$. Man braucht also für den Paschen-Back-Effekt recht starke Magnetfelder.

Ähnliche Phänomene beobachtet man bei der Hyperfeinstruktur. Im Grundzustand wird die Kopplung zwischen Kernspin und Elektronenspin schon bei einem zehnmal schwächeren Magnetfeld aufgebrochen, wie der Vergleich von (7.39) mit (7.59) zeigt. Die magnetische Energie des Atoms wird dann fast ausschließlich durch die Spineinstellung des Elektrons bestimmt, denn dessen magnetisches Moment ist viel größer als das des Kerns. Als Funktion des Magnetfelds erhält man die in Abb. 7.19 gezeigten Kurven. Sie wurden 1931 von den amerikanischen Physikern G. Breit und I. Rabi berechnet. Man nennt

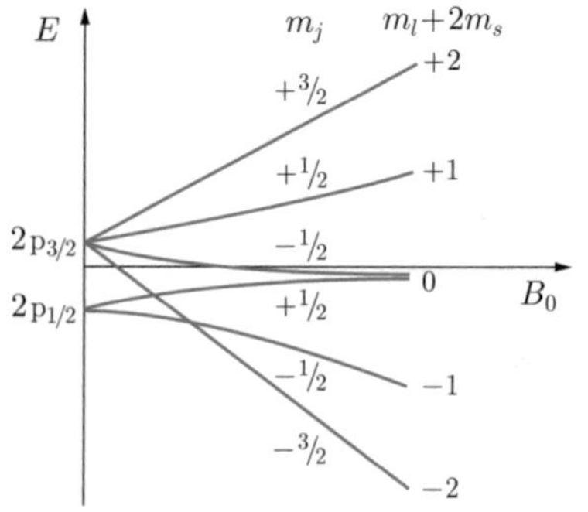

Abbildung 7.18 Aufspaltung der $2p_{3/2}$- und $2p_{1/2}$-Zustände im H-Atom als Funktion des äußeren Magnetfelds B_0

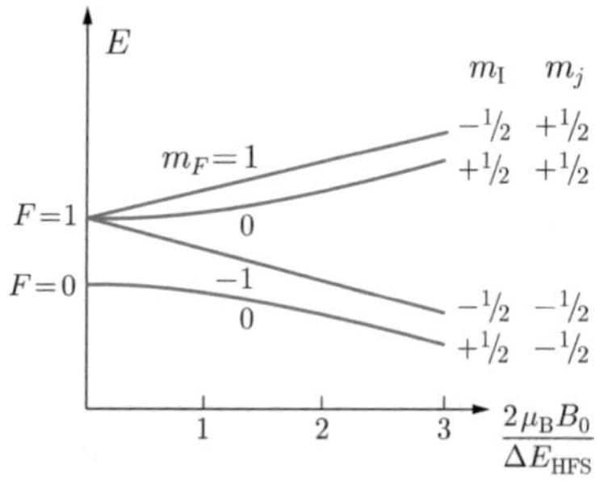

Abbildung 7.19 Hyperfeinstruktur des Grundzustands im H-Atom als Funktion des Magnetfelds B_0

Abb. 7.19 deshalb auch ein Breit–Rabi-Diagramm. Der Zeeman-Effekt der Hyperfeinstrukturterme im schwachen Feld geht im starken Feld die in die Hyperfeinstruktur der Zeeman-Terme über.

Der Wasserstoff-Maser

Ein Maser ist dasselbe wie ein Laser, nur dass nicht Licht, sondern Mikrowellen durch stimulierte Emission verstärkt werden. Wenn man Abb. 7.19 verstanden hat, ist es ein Leichtes, zu verstehen, wie der Wasserstoff-Maser funktioniert.

Abb. 7.20 zeigt das Prinzip. Im Dissoziator werden H_2-Moleküle durch eine Gasentladung dissoziiert. Ein H-Atomstrahl läuft durch einen Sextupolmagneten in Richtung Maser-Zelle. Das Sextupolfeld hat die Eigenschaft, dass der Betrag von $\boldsymbol{B}$ im Abstand r von der Achse konstant und proportional zu r^2 ist. Daher ist der Feldgradient $\partial B/\partial r \propto r$.[11] Dieses Feld wirkt nun als „starkes Feld" auf die H-Atome ein. Wenn man bedenkt, dass

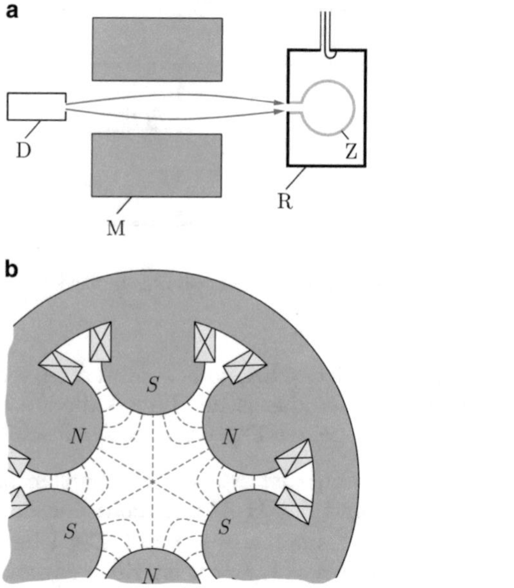

Abbildung 7.20 **a** Prinzip des Wasserstoff-Masers. *D*: Dissoziator, *M*: Sextupolmagnet, *Z*: Maserzelle, *R*: Resonator. **b** Querschnitt durch den Sextupolmagneten

das magnetische Moment des Elektrons entgegengesetzt zur Spinrichtung steht, kann kann man sich anhand des Feldlinienbildes klar machen, dass H-Atome mit $m_s = +\frac{1}{2}$ auf die Eintrittsöffnung der Maserzelle fokussiert werden (vgl. Abb. III/13.10 c). H-Atome mit $m_s = -\frac{1}{2}$ werden defokussiert.

Beim Verlassen des Sextupolmagneten kehren die fokussierten H-Atome entlang den beiden oberen Linien in Abb. 7.19 in die Zustände $F = 1$, $m_F = 0$ und $F = 1$, $m_F = 1$ zurück. Die Maserzelle besteht aus einer auf der Innenseite mit Teflon beschichteten Kugel aus Quarzglas. Darin sammelt sich also atomarer Wasserstoff in einem Zustand hochgradiger Inversion. Nun befindet sich die Maserzelle in einem Hohlraum-Resonator für Mikrowellen, der auf 1420 MHz, die Frequenz des Hyperfeinübergangs $F = 1 \to F = 0$, abgestimmt ist. Sind genügend H-Atome im Zustand $F = 1$ vorhanden ($\gtrsim 10^{12}$ Atome), reicht die Verstärkung durch stimulierte Emission dazu aus, dass das elektromagnetische Feld im Resonator mit hoher Amplitude zu schwingen beginnt. Ein Teil der Leistung kann mit einem Hohlleiter ausgekoppelt werden.

Beim Laser ist die Frequenzschärfe gewöhnlich durch die Güte des Laserresonators gegeben; das aktive Medium verstärkt ziemlich breitbandig (Abb. IV/7.37). Beim Maser ist dagegen die Bandbreite des Resonators ziemlich groß, und für die Frequenzschärfe ist die Breite $\Delta\nu$ des Überganges $F = 1 \to F = 0$ maßgeblich. Die spontane Emission spielt keine Rolle, wie wir gesehen haben. Die Lebensdauer τ der H-Atome mit $F = 1$ ist durch Wand-

[11] In der Nähe der Achse ist im Sextupolfeld $B_x = K(x^2 - y^2)$, $B_y = -2Kxy$ und $B_z = 0$, mit $K = \text{const}$. Daraus folgt $B = \sqrt{B_x^2 + B_y^2 + B_z^2} = Kr^2$.

stöße, durch Stöße mit dem Restgas und durch Entweichen des Gases durch die Eintrittsöffnung der Maserzelle begrenzt. Man erreicht $\Delta\nu = 1/2\pi\tau \approx 0{,}3\,\text{Hz}$. Die Bandbreite der vom Wasserstoff-Maser erzeugten Mikrowellen ist nochmals wesentlich kleiner. Das liegt an dem Mechanismus der Verstärkung durch stimulierte Emission.

Man hat mit einem Wasserstoff-Maser die Übergangsfrequenz ν_{HFS} mit sehr großer Genauigkeit bestimmt:

$$\nu_{\text{HFS}} = (1\,400\,405\,751{,}7667 \pm 0{,}0009)\,\text{Hz}\,. \tag{7.62}$$

Die hohe Genauigkeit von $\Delta\nu_{\text{HFS}}/\nu_{\text{HFS}} \approx 10^{-13}$ legte es nahe, den Wasserstoff-Maser als Uhr oder sogar Zeitstandard zu benutzen. Die gemessene Frequenz weicht jedoch aus physikalischen und aus apparativ bedingten Gründen etwas von (7.62) ab. Es gibt z. B. den „quadratischen Dopplereffekt": Aufgrund der relativistischen Zeitdehnung wird $\nu' = \nu_{\text{HFS}}/\sqrt{1 - v^2/c^2}$ gemessen, wenn v die Geschwindigkeit der H-Atome ist. Auch zeigt sich, dass die gemessene Frequenz durch Stöße der H-Atome an die Wand der Maserzelle geringfügig beeinflusst wird. Zur Bestimmung von ν_{HFS} wurden die erforderlichen Korrekturen berechnet oder experimentell bestimmt. Für einen Zeitstandard genügt es aber nicht, wenn nur Uhren ***gleicher Bauart*** mit der gleichen Frequenz laufen. Ohnehin stehen heute für hochpräzise Zeitmessungen die von T. Hänsch und seiner Arbeitsgruppe entwickelten Methoden zur Messung optischer Frequenzen ($\nu \approx 10^{15}\,\text{Hz}$) im Vordergrund.[12]

---

[12] siehe z. B. T. Udem, R. Holzwarth u. T. W. Hänsch, „Uhrenvergleich auf der Femtosekundenskala", Physik Journal **1**, Heft 2, S. 39, (2003).

Übungsaufgaben

7.1. Elektronengeschwindigkeit in Atomen. a) Berechnen Sie den Erwartungswert der potentiellen Energie eines Elektrons, das sich im 1s-Zustand bei einem Kern der Ladungszahl Z befindet. Wie groß ist der Erwartungswert der kinetischen Energie?

b) Wie groß ist die Elektronengeschwindigkeit, die dieser kinetischen Energie entspricht? Bei welchen Werten von Z erreicht sie 2 % bzw. 10 % der Lichtgeschwindigkeit?

7.2. Zur Wellenfunktion im Wasserstoff-Atom. Als Ansatz für die radiale Wellenfunktion des Wasserstoff-Atoms wählt man $R(r) = \zeta(r)/r$ mit $\zeta(r) = P(r)\mathrm{e}^{-\kappa r}$. Mit einer ziemlich mühseligen Rechnung lässt sich zeigen, dass die Funktion $R(r)$ im Grenzfall $r \to \infty$ nur dann verschwindet, wenn die Funktion $P(r)$ ein Polynom ist. Dies werde im Folgenden vorausgesetzt.

a) Was folgt aus der radialen Schrödinger-Gleichung (7.21) im Grenzfall großer r? Drücken Sie κ mit (7.29) durch den Bohrschen Radius aus.

b) Zeigen Sie, dass der spezielle Ansatz $P(r) = r^{l+1}$ (Spezialfall von (7.32)) die radiale Schrödinger-Gleichung löst. Wie groß ist n_r und wie groß ist die Bindungsenergie?

7.3. Maximale Elektronendichte. Berechnen Sie für die Zustände mit $n = l + 1$, bei welchem Radius r_n die Wahrscheinlichkeitsverteilung $r^2|R(r)|^2$ des Elektronen-Abstands vom Atomkern ein Maximum hat.

7.4. Elektronendichte-Verteilung. Abb. 7.21 zeigt die Dichteverteilungen zweier Elektronenzustände im Wasserstoff-Atom. Wie groß sind die Quantenzahlen n_r, l, n und m?

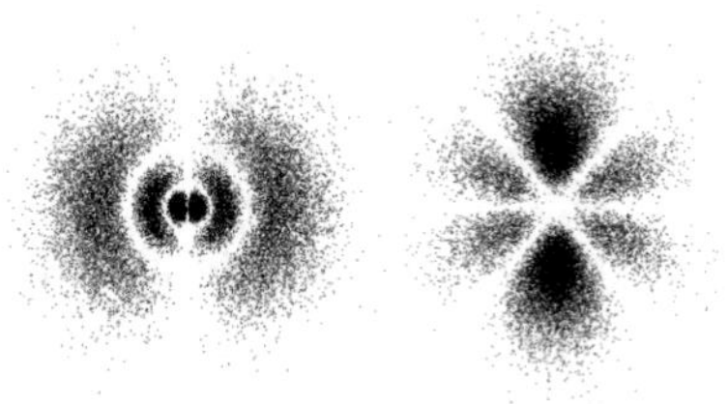

Abbildung 7.21 Aufenthaltswahrscheinlichkeit eines Elektrons als Funktion von r und ϑ, dargestellt als Punktdichte wie in Abb. 7.7

7.5. Hyperfeinaufspaltung im Deuterium. Das Wasserstoff-Atom besitzt im Grundzustand eine Hyperfeinaufspaltung $\Delta\nu_{\mathrm{HFS}} = 1420\,\mathrm{MHz}$. Anders als das Proton, dessen Spin 1/2 ist und dessen magnetisches Moment $\mu_\mathrm{p} = 2{,}79\,\mu_\mathrm{K}$ beträgt, besitzt das Deuteron den Kernspin 1 und ein magnetisches Moment $\mu_\mathrm{d} = 0{,}857\,\mu_\mathrm{K}$. In den Grundzuständen des Wasserstoff- und des Deuteriumatoms ist die Hyperfeinaufspaltung proportional zum Skalarprodukt aus Elektronen- und Kernspin. Wie groß ist die Hyperfeinaufspaltung im Grundzustand des Deuteriumatoms?

7.6. Rydberg-Atom. Ein Wasserstoff- oder Alkali-Atom, das in einen Zustand mit großer Hauptquantenzahl n angeregt ist, nennt man ein Rydberg-Atom. Für ein derartiges Wasserstoff-Atom sei z. B. $n = 30$ und $l = n - 1$. Man gebe den Radius bei maximaler Elektronendichte an und schätze die Lebensdauer des Zustands ab. (Hinweise: Gehen Sie von einer Lebensdauer $\tau \approx 1\,\mathrm{ns}$ für den 2p-Zustand aus. Wie hängt die Übergangsenergie von n ab? Wie wird das Dipolmatrixelement (6.54) von n abhängen (vgl. Aufg. 7.3)?

Atome mit mehreren Elektronen

8

J. Heintze / P. Bock (Hrsg.), *Lehrbuch zur Experimentalphysik Band 5: Quantenphysik*, https://doi.org/10.1007/978-3-662-58626-6_8

Wir wollen nun versuchen, mit den am Wasserstoff-Atom gewonnenen Erkenntnissen etwas über die Elektronenhüllen von Atomen mit mehreren Elektronen auszusagen. Das gelingt nur mit einer Zusatzannahme, dem **Pauli-Verbot**: In der Atomhülle kann sich in einem bestimmten Quantenzustand immer nur ***ein*** Elektron aufhalten. Die Spektren der Alkali-Atome und das Zustandekommen des Periodensystems der Elemente kann man damit relativ leicht verstehen.

Kann man das Pauli-Verbot physikalisch begründen? Wie kommen die Spektren von Atomen zustande, deren Hüllen komplizierter aufgebaut sind als die Ein-Elektron-Systeme der Alkalimetalle? Diese Fragen werden im vierten Abschnitt behandelt.

Die Wellenfunktion eines Atoms verändert sich sehr stark, wenn eine chemische Bindung mit einem oder mehreren anderen Atomen entsteht. Dieses Problem wird am Ende des Kapitels anhand der Elemente Stickstoff, Sauerstoff und Kohlenstoff diskutiert.

8.1 Das Pauli-Prinzip

Die Schrödinger-Gleichung und das Konzept der Wellenfunktion lassen sich in der Weise erweitern, dass auch Systeme beschrieben werden können, die aus mehreren gleichartigen Teilchen bestehen. Wir diskutieren im Folgenden nur die ***zeitunabhängige*** Schrödinger-Gleichung, deren Lösungen wir mit

$$\psi = \psi(\boldsymbol{r}_1, \boldsymbol{r}_2, \ldots \boldsymbol{r}_N) \tag{8.1}$$

bezeichnen. Die Wellenfunktion hängt von den Koordinaten aller N Elektronen eines Atoms ab, und die Wahrscheinlichkeit dafür, die Elektronen an den Orten $\boldsymbol{r}_1, \boldsymbol{r}_2, \ldots \boldsymbol{r}_N$ innerhalb der Volumenelemente $\mathrm{d}V_1, \mathrm{d}V_2 \ldots \mathrm{d}V_N$ anzutreffen ist gegeben durch

$$W = \left|\psi(\boldsymbol{r}_1, \boldsymbol{r}_2, \ldots \boldsymbol{r}_N)\right|^2 \mathrm{d}V_1, \mathrm{d}V_2 \ldots \mathrm{d}V_N\,. \tag{8.2}$$

Die Wellenfunktion (8.1) soll die Lösung einer Schrödinger-Gleichung sein, für die in Analogie zu (4.23) folgender Ansatz gemacht wird:

$$\begin{gathered} -\frac{\hbar^2}{2m}\left(\sum_{i=1}^{N} \Delta_i \psi\right) + V\psi = E\psi \\ \text{mit } V = \left(\sum_{i=1}^{N} \frac{-Ze^2}{4\pi\epsilon_0 r_i} + \sum_{i<k} \frac{e^2}{4\pi\epsilon_0 r_{ik}}\right)\,. \end{gathered} \tag{8.3}$$

r_{ik} ist der Abstand zwischen den Elektronen i und k. Es wird angenommen, dass sich der Atomkern bei $r = 0$ befindet und dass seine Masse sehr groß gegen die Masse der Elektronen ist. Der Ausdruck $\Delta_i\psi$ bedeutet

$$\Delta_i \psi(\boldsymbol{r}_1, \boldsymbol{r}_2, \ldots \boldsymbol{r}_N) = \frac{\partial^2\psi}{\partial x_i^2} + \frac{\partial^2\psi}{\partial y_i^2} + \frac{\partial^2\psi}{\partial z_i^2}\,.$$

Die Summation $\sum_{i<k}$ ist zu erstrecken über alle Paare i, k $(i < k)$. Sie beschreibt die Coulombsche Wechselwirkung der Elektronen untereinander. Außerdem müsste noch die magnetische Wechselwirkung der Spin- und Bahnmomente berücksichtigt werden; auch ohne diese Komplikation ist aber selbst für den einfachsten Fall $N = 2$, d. h. für die Gleichung:

$$\begin{gathered} -\frac{\hbar^2}{2m}(\Delta_1\psi + \Delta_2\psi) \\ + \left(\frac{-Ze^2}{4\pi\epsilon_0 r_1} + \frac{-Ze^2}{4\pi\epsilon_0 r_2} + \frac{e^2}{4\pi\epsilon_0 r_{12}}\right)\psi = E\psi \end{gathered} \tag{8.4}$$

keine analytische Lösung bekannt. Man muss also zu Näherungsverfahren greifen.

Eine radikale (aber sehr erfolgreiche) Näherung ist die folgende: Es wird angenommen, dass die Wechselwirkung eines beliebig herausgegriffenen Elektrons mit den anderen Elektronen nicht von deren momentanen Lagen abhängt und durch ein gemitteltes zeitunabhängiges Zusatzpotential $V'(r)$ beschrieben werden kann. Dann wird die Wellenfunktion $\phi(\boldsymbol{r}_i)$ des i-ten Elektrons am Ort $\boldsymbol{r}_i$ nicht von den Positionen $\boldsymbol{r}_k$ der anderen Elektronen beeinflusst, und sie ist eine Lösung der Schrödinger-Gleichung

$$\begin{gathered} -\frac{\hbar^2}{2m_\mathrm{e}}\Delta_i\phi(\boldsymbol{r}_i) \\ + \left(\frac{-Ze^2}{4\pi\epsilon_0 r_i} + V'(r_i)\right)\phi(\boldsymbol{r}_i) = E_i\,\phi(\boldsymbol{r}_i)\,, \end{gathered} \tag{8.5}$$

die die Bewegung eines ***einzelnen*** Teilchens in einem Zentralpotential

$$V(r) = -\frac{Ze^2}{4\pi\epsilon_0 r} + V'(r) \tag{8.6}$$

beschreibt. Diese Näherung nennt man das **Modell der unabhängigen Teilchen.** Wie wir bereits wissen, existieren Lösungen von (8.5) für gewisse Werte der Energie E_i, und sie sind gekennzeichnet durch bestimmte Werte der Quantenzahlen

$$n_r,\ l,\ m\,. \tag{8.7}$$

Gewöhnlich schreibt man statt n_r die in (7.30) definierte Hauptquantenzahl $n = n_r + l + 1$. n, l und m können natürlich viele verschiedene Werte annehmen. Wir bezeichnen die verschiedenen Sätze von Quantenzahlen $\{n, l, m\}$

mit $a, b, \dots$ und die zugehörigen Wellenfunktionen mit

$$\phi_a(\boldsymbol{r}_i)\ ,\quad \phi_b(\boldsymbol{r}_i)\ ,\ \dots \tag{8.8}$$

Die Energie der gesamten Elektronenhülle E in (8.3) kann mit (8.5) dargestellt werden als Summe der Energien der einzelnen Elektronen:

$$E = \sum_{i=1}^{n} E_i\ . \tag{8.9}$$

Um den Spin des Elektrons zu berücksichtigen, gibt man noch die Spinquantenzahl m_s an und multipliziert $\phi(\boldsymbol{r}_i)$ mit der in (6.77) eingeführten Spin-Wellenfunktion $\chi^{(i)}$ des i-ten Elektrons. Damit erhält man

$$\begin{aligned} \psi^{(i)}_{n,l,m,m_s} &= \phi_{n,l,m}(\boldsymbol{r}_i)\,\chi^{(i)}\ ,\\ \chi^{(i)} &= \chi^{(i)}_{\uparrow} \quad \text{für } m_s = \frac{1}{2}\ ,\\ \chi^{(i)} &= \chi^{(i)}_{\downarrow} \quad \text{für } m_s = -\frac{1}{2}\ . \end{aligned} \tag{8.10}$$

Den Satz von Quantenzahlen $\{n, l, m, m_s\}$ bezeichnen wir mit $\alpha, \beta, \gamma, \dots$ Das Argument i der Funktionen $\psi_\alpha(i)$, $\psi_\beta(i), \dots$ ist eine Zusammenfassung des Ortsvektors $\boldsymbol{r}_i$ mit der Spinstellung des i-ten Elektrons.

Wir können also (in der genannten Näherung) die Wellenfunktionen von Atomen mit mehreren Elektronen aufbauen aus „Einteilchen-Wellenfunktionen", wie wir sie in Kap. 7 kennengelernt haben. Den Elektronen lassen sich dann die üblichen Quantenzahlen (n, l, m, m_s) zuweisen. Dabei ist jedoch noch ein weiterer wesentlicher Gesichtspunkt zu berücksichtigen:

Satz 8.1

In jedem, durch bestimmte Werte von n_r, l, m, m_s (oder auch n, l, j, m_j) bezeichneten Zustand kann sich jeweils höchstens ein Elektron befinden; eine mehrfache Besetzung eines solchen Zustands innerhalb eines Atoms ist verboten.

Diese als **Pauli-Verbot** oder **Pauli-Prinzip** bezeichnete Regel gilt generell für Systeme von ***gleichartigen*** Teilchen mit ***halbzahligem*** Spin.[1] In der hier gegebenen Formulierung ist Satz 8.1 offensichtlich nur in der Näherung (8.5) anwendbar; nur dann kann man die Quantenzahlen der einzelnen Elektronen spezifizieren. Das Pauliverbot gilt ***nicht*** für Teilchen mit ganzzahligem Spin, also nicht für Photonen (vgl. Abschn. 6.4), auch nicht für α-Teilchen oder neutrale ^{4}He-Atome. Daher konnten wir bei der erzwungenen Emission von Licht (Abschn. 2.4) und in Abschn. 3.6 von „kohärenten Photonen" reden, d. h. von Photonen im gleichen Quantenzustand, und deshalb gibt es z. B. das superfluide Helium (Abb. II/12.9).

Das Pauli-Verbot muss auf die Eigenschaften der allgemeinen Wellenfunktion (8.1) zurückzuführen sein. Das ist in der Tat der Fall. Ein System von identischen „Fermionen" (Spin 1/2-Teilchen) muss beschrieben werden durch eine Wellenfunktion, die bei Vertauschung zweier Teilchen ***antisymmetrisch*** ist, d. h. das Vorzeichen wechselt. Systeme von identischen „Bosonen" (Teilchen mit ganzzahligem Spin) werden durch eine ***symmetrische*** Wellenfunktion beschrieben, die bei Vertauschung zweier Teilchen unverändert bleibt. Wir wollen diese Aussagen vorerst nicht weiter vertiefen, da für das Folgende das Pauli-Prinzip in der Formulierung von Satz 8.1 genügt. Auf den allgemeinen Fall werden wir in Abschn. 8.4 zurückkommen.

8.2 Energiestufen in der Elektronenhülle

Die Abschirmung des Coulomb-Potentials

Um mit (8.5) den Verlauf der Wellenfunktionen und die Energien der einzelnen Elektronen in der Atomhülle abschätzen zu können, müssen wir eine plausible Annahme für das Potential $V(r)$ in (8.6) machen: Für $r \to 0$ muss zweifellos das Potential des Atomkerns dominieren

$$V(r) \to -\frac{Ze^2}{4\pi\epsilon_0\, r} \quad \text{für} \quad r \to 0\ . \tag{8.11}$$

Für große r muss $V(r)$ übergehen in das Potential eines Z-fach geladenen Kerns, der von $Z-1$ Elektronen umgeben ist, die die Ladung des Atomkerns fast vollständig abschirmen:

$$V(r) \to -\frac{e^2}{4\pi\epsilon_0\, r} \quad \text{für} \quad r \to \infty\ . \tag{8.12}$$

Es ist also qualitativ der in Abb. 8.1 dargestellte Potentialverlauf zu erwarten. Die Radialanteile der Wellenfunktionen müssen im Prinzip ähnlich verlaufen wie die Wasserstoff-Wellenfunktionen (Abb. 7.7). Die Winkelanteile sind ohnehin die gleichen wie beim H-Atom, da wir ein Zentralpotential $V(r)$ angenommen haben. Die Energien der einzelnen Zustände müssen sich aber nach oben

[1] Wolfgang Pauli (1900–1958) ist ein wesentlicher Mitbegründer der modernen Quantenphysik. Geborener Österreicher, arbeitete er nach einer Tätigkeit in Hamburg an der ETH Zürich, unterbrochen durch Aufenthalte in Princeton. Neben dem nach ihm benannten Prinzip ist seine bekannteste Leistung das Postulat des Neutrinos, dessen Nachweis erst 1956 gelang. Neben der österreichischen (und zwangsweise deutschen) Staatsbürgerschaft besaß er die amerikanische. Schweizer Staatsbürger wurde er erst, nachdem ihm 1945 der Nobelpreis zuerkannt wurde. Gefürchtet waren seine kritischen und bissigen Bemerkungen zu Mitarbeitern und Kollegen und angeblich der sogenannte Pauli-Effekt: Keine Apparatur funktioniert, solange sich Pauli in ihrer Nähe aufhält.

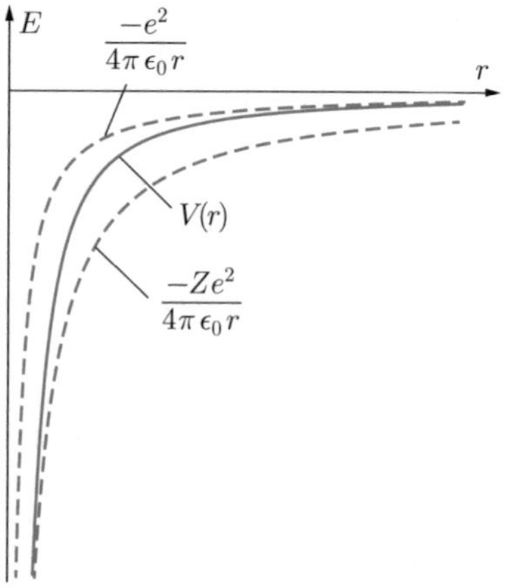

Abbildung 8.1 Abgeschirmtes Coulomb-Potential

verschieben, je mehr sich die Wellenfunktion nach außen verlagert, weil dann die Kernladung stärker abgeschirmt ist. Das bedeutet, dass bei gleicher Hauptquantenzahl n Zustände mit hohem Drehimpuls schwächer gebunden sind als solche mit niedrigem: Die Drehimpuls-Entartung wird aufgehoben. Man erwartet qualitativ das in Abb. 8.2 gezeigte Niveauschema. Obgleich die „Hauptquantenzahl" $n = n_r + l + 1$ (von der kleinen FS abgesehen) nicht mehr allein die Energie der Zustände bestimmt, ist eine gewisse Ordnung der Niveaus nach n noch zu erkennen, besonders bei kleinen Werten von n. Man spricht daher in Anlehnung an die Bohrsche Bahnvorstellung von **Elektronenschalen**, die mit großen Buchstaben K, L, M... bezeichnet werden. Die **Unterschalen**, die durch die verschiedenen Werte von l und j gegeben sind, werden mit römischen Zahlen bezeichnet, wie in Abb. 8.2 angegeben. Der relativ große energetische Abstand zwischen

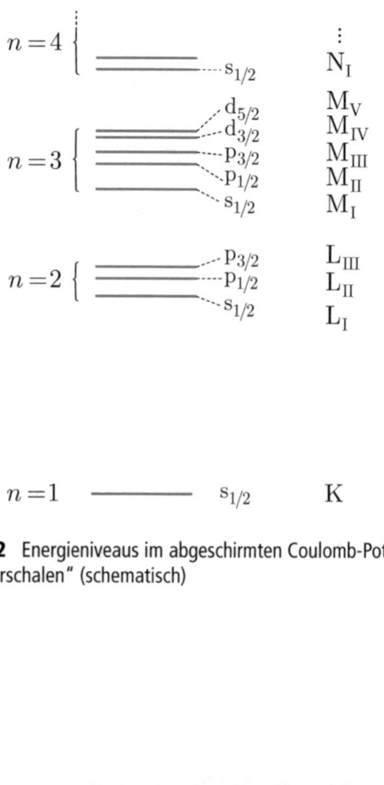

Abbildung 8.2 Energieniveaus im abgeschirmten Coulomb-Potential, „Schalen" und „Unterschalen" (schematisch)

den L_I- und L_{II}-Schalen kommt durch die Abschirmung des Kernpotentials durch die inneren Elektronen zustande, die kleinere Energiedifferenz zwischen den L_{II}- und L_{III}-Schalen durch die Feinstruktur-Wechselwirkung, die nach (7.45) rasch mit der Kernladungszahl Z zunimmt. Entsprechendes gilt für die höheren Schalen.

Bei einem chemischen Element mit der Kernladungszahl Z besetzen Z Elektronen unter Beachtung des Pauli-Verbots die Niveaus in Abb. 8.2 in der Weise, dass die Energie (8.9) ein Minimum wird. Wie das im Einzelnen geschieht, werden wir in den nächsten Abschnitten diskutieren. Über den besetzten Niveaus befinden sich noch unbesetzte Zustände, die für die Anregung der Elektronenhülle zur Verfügung stehen. Dieser Teil des Termschemas ist nicht so einfach zu diskutieren.

Alkali-Atome

Eine einfache Struktur besitzen lediglich die Termschemata der Alkalimetalle. In einem Alkali-Atom „kreist" ein einzelnes „Leuchtelektron" um einen Atomrumpf, bestehend aus dem Kern und $Z - 1$ Elektronen, die in gefüllten Schalen sitzen. Abb. 8.3 zeigt als Beispiel das Termschema des Natriums. Die K-Schale und die L-Schale sind vollständig mit Elektronen gefüllt, das Leuchtelektron befindet sich in der M-Schale in einem 3s-Zustand. Aufgrund der stärkeren Abschirmung der Kernladung bei $l \neq 0$ ist die Drehimpuls-Entartung aufgehoben: Der 3p-Zustand ist gegenüber dem 3s-Zustand um 2,1 eV, der 3d-Zustand um 3,6 eV nach oben verschoben. Ansonsten erkennt man deutlich die Ähnlichkeit des Termschemas mit dem des H-Atoms (Abb. 7.8).

Der erste Anregungszustand ist der 3p-Zustand. Er ist durch die Feinstruktur-Wechselwirkung in zwei Zustän-

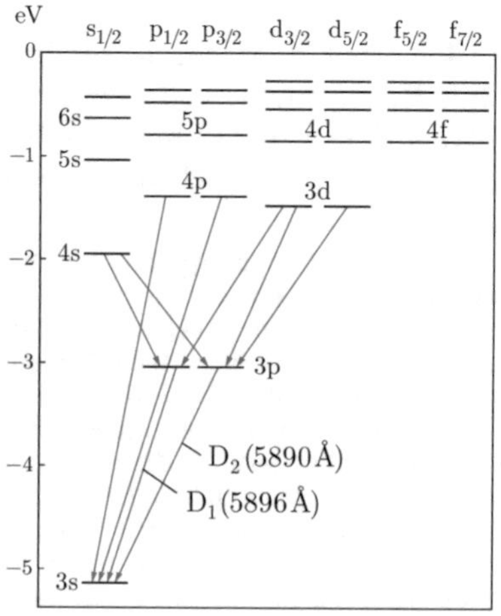

Abbildung 8.3 Termschema des Natriums

de, $3p_{3/2}$ und $3p_{1/2}$, aufgespalten. Die auffälligste Erscheinung im Spektrum des Na-Atoms sind die gelben „Natrium-D-Linien", zwei nahe beieinander liegende Spektrallinien mit den Wellenlängen

$$\lambda_{D_1} = 588{,}995\,\text{nm}\,, \quad \lambda_{D_2} = 589{,}592\,\text{nm}\,.$$

Sie werden im Termschema den Übergängen von den 3p-Niveaus in den Grundzustand $3s_{1/2}$ zugeordnet. Aus dem Wellenlängenabstand der D-Linien kann man die Feinstruktur-Aufspaltung des 3p-Niveaus berechnen:

$$\Delta E(3p_{3/2} - 3p_{1/2}) \approx 2 \cdot 10^{-3}\,\text{eV}\,. \tag{8.13}$$

Sie ist etwa 40 mal größer als die des 2p-Niveaus im H-Atom.

Die Verwandtschaft der Termschemata der Alkali-Atome mit dem des Wasserstoff-Atoms legt es nahe, (7.5) und (7.14) so zu modifizieren, dass sie die Energie-Niveaus der Alkali-Atome beschreiben. Bei großen Hauptquantenzahlen n werden sich die Bindungsenergien wenig von denen des H-Atoms unterscheiden. Man macht daher den Ansatz

$$E = \frac{-E_R}{(n - \delta_{nl})^2}\,,$$

wobei $-E_R$ die Bindungsenergie (7.6) des Wasserstoff-Atoms ist. Die Korrekturen δ_{nl} werden „Quantendefekte" genannt. Gewonnen ist mit ihrer Einführung natürlich zunächst noch gar nichts.[2] Es stellt sich aber empirisch heraus, dass ihre Abhängigkeit von n nur schwach ist, sodass

$$E \approx \frac{-E_R}{(n - \delta_l)^2} \tag{8.14}$$

gilt. Für das Natrium-Atom findet man beispielsweise $\delta_0 = 1{,}37$, $\delta_1 = 0{,}88$ und $\delta_2 = 0{,}01$.

8.3 Das Periodensystem der Elemente

Das sukzessive Auffüllen der Niveaus in Abb. 8.2 mit Elektronen führt zu einer periodischen Wiederholung der chemischen Eigenschaften, da diese durch die außen liegenden **Valenzelektronen** gegeben sind. Es erklärt das Periodensystem der Elemente. Wir wollen diesen Auffüllungsprozess verfolgen und die dabei auftretenden Besonderheiten vom physikalischen Standpunkt aus diskutieren.

Tab. 8.1 zeigt die Elektronenkonfiguration der ersten 36 Elemente. Zunächst werden die K- und die L-Schale aufgefüllt. Das Pauliverbot bewirkt, dass in jeder Schale bei

Tabelle 8.1 Elektronenkonfiguration und Ionisierungsenergie der Elemente bis $Z = 36$

Z	Element		Konfiguration	E_{ion} (eV)
1	H	Wasserstoff	$1s^1$	13,6
2	He	Helium	$1s^2$	24,6
3	Li	Lithium	$[He]2s^1$	5,4
4	Be	Beryllium	$[He]2s^2$	9,3
5	B	Bor	$[He]2s^22p^1$	8,3
6	C	Kohlenstoff	$[He]2s^22p^2$	11,3
7	N	Stickstoff	$[He]2s^22p^3$	14,5
8	O	Sauerstoff	$[He]2s^22p^4$	13,6
9	F	Fluor	$[He]2s^22p^5$	17,4
10	Ne	Neon	$[He]2s^22p^6$	21,6
11	Na	Natrium	$[Ne]3s^1$	5,1
12	Mg	Magnesium	$[Ne]3s^2$	7,6
13	Al	Aluminium	$[Ne]3s^23p^1$	6,0
14	Si	Silizium	$[Ne]3s^23p^2$	8,1
15	P	Phosphor	$[Ne]3s^23p^3$	10,5
16	S	Schwefel	$[Ne]3s^23p^4$	10,4
17	Cl	Chlor	$[Ne]3s^23p^5$	13,0
18	Ar	Argon	$[Ne]3s^23p^6$	15,8
19	K	Kalium	$[Ar]4s^1$	4,3
20	Ca	Calcium	$[Ar]4s^2$	6,1
Erste Nebengruppe				
21	Sc	Scandium	$[Ar]3d^14s^2$	6,5
22	Ti	Titan	$[Ar]3d^24s^2$	6,8
23	V	Vanadium	$[Ar]3d^34s^2$	6,7
24	Cr	Chrom	$[Ar]3d^54s^1$	6,8
25	Mn	Mangan	$[Ar]3d^54s^2$	7,4
26	Fe	Eisen	$[Ar]3d^64s^2$	7,9
27	Co	Kobalt	$[Ar]3d^74s^2$	7,9
28	Ni	Nickel	$[Ar]3d^84s^2$	7,6
29	Cu	Kupfer	$[Ar]3d^{10}4s^1$	7,7
30	Zn	Zink	$[Ar]3d^{10}4s^2$	9,4
Ende der Nebengruppe				
31	Ga	Gallium	$[Ar]3d^{10}4s^24p^1$	6,0
32	Ge	Germanium	$[Ar]3d^{10}4s^24p^2$	7,9
33	As	Arsen	$[Ar]3d^{10}4s^24p^3$	9,8
34	Se	Selen	$[Ar]3d^{10}4s^24p^4$	9,8
35	Br	Brom	$[Ar]3d^{10}4s^24p^5$	11,8
36	Kr	Krypton	$[Ar]3d^{10}4s^24p^6$	14,0

[2] J. W. von Goethe, „Faust I", Mephistopheles zum Schüler: „Denn eben wo Begriffe fehlen, da stellt ein Wort zur rechten Zeit sich ein."

Tabelle 8.2 Namen der Elemente für $Z = 37$ bis 54 und $Z = 55$ bis 118

Z		Element	Z		Element
37	Rb	Rubidium	46	Pd	Palladium
38	Sr	Strontium	47	Ag	Silber
Zweite Nebengruppe			48	Cd	Cadmium
39	Y	Yttrium	*Ende der Nebengruppe*		
40	Zr	Zirkon	49	In	Indium
41	Nb	Niob	50	Sn	Zinn
42	Mo	Molybdän	51	Sb	Antimon
43	Tc	Technetium	52	Te	Tellur
44	Ru	Ruthenium	53	J	Jod
45	Rh	Rhodium	54	Xe	Xenon

Z		Element	Z		Element
55	Cs	Cäsium	87	Fr	Franzium
56	Ba	Barium	88	Ra	Radium
57	La	Lanthan	89	Ac	Actinium
Lanthaniten			*Aktiniden*		
58	Ce	Cer	90	Th	Thorium
59	Pr	Praseodym	91	Pa	Proaktinium
60	Nd	Neodym	92	U	Uran
61	Pr	Prometheum	93	Np	Neptunium
62	Sm	Samarium	94	Pu	Plutonium
63	Eu	Europium	95	Am	Americium
64	Gd	Gadolinium	96	Cm	Curium
65	Tb	Terbium	97	Bk	Berkelium
66	Dy	Dysprosium	98	Cf	Californium
67	Ho	Holmium	99	Es	Einsteinium
68	Er	Erbium	100	Fm	Fermium
69	Tm	Thulium	101	Md	Mendelevium
70	Yb	Ytterbium	101	No	Nobelium
71	Br	Luthetium	103	Lr	Lawrencium
Ende Lanthaniten			*Ende Aktiniden*		
72	Hf	Hafnium	104	Rf	Rutherfordium
73	Ta	Tantal	105	Db	Dubnium
74	W	Wolfram	106	Sg	Seaborgium
75	Re	Rhenium	107	Bh	Bohrium
76	Os	Osmium	108	Hs	Hassium
77	Ir	Iridium	109	Mt	Meitnerium
78	Pt	Platin	110	Ds	Darmstadtium
89	Au	Gold	111	Rg	Röntgenium
80	Hg	Quecksilber	112	Cn	Copernicium
81	Tl	Thallium	113	Nh	Nihonium
82	Pb	Blei	114	Fl	Flevorium
83	Bi	Wismut	115	Mc	Moscovium
84	Po	Polonium	116	Lv	Livermorium
85	At	Astat	117	Ts	Tenness
86	Rn	Radon	118	Og	Oganesson

$_{1}$H 1s																		$_{2}$He 1s^{2}
$_{3}$Li 2s	$_{4}$Be 2s^{2}												$_{5}$B 2s^{2} 2p	$_{6}$C 2s^{2} 2p^{2}	$_{7}$N 2s^{2} 2p^{3}	$_{8}$O 2s^{2} 2p^{4}	$_{9}$F 2s^{2} 2p^{5}	$_{10}$Ne 2s^{2} 2p^{6}
$_{11}$Na 3s	$_{12}$Mg 3s^{2}												$_{13}$Al 3s^{2} 3p	$_{14}$Si 3s^{2} 3p^{2}	$_{15}$P 3s^{2} 3p^{3}	$_{16}$S 3s^{2} 3p^{4}	$_{17}$Cl 3s^{2} 3p^{5}	$_{18}$Ar 3s^{2} 3p^{6}
$_{19}$K 4s	$_{20}$Ca 4s^{2}	$_{21}$Sc 3d 4s^{2}		$_{22}$Ti 3d^{2} 4s^{2}	$_{23}$V 3d^{3} 4s^{2}	$_{24}$Cr 3d^{5} 4s	$_{25}$Mn 3d^{5} 4s^{2}	$_{26}$Fe 3d^{6} 4s^{2}	$_{27}$Co 3d^{7} 4s^{2}	$_{28}$Ni 3d^{8} 4s^{2}	$_{29}$Cu 3d^{10} 4s	$_{30}$Zn 3d^{10} 4s^{2}	$_{31}$Ga 4s^{2} 4p	$_{32}$Ge 4s^{2} 4p^{2}	$_{33}$As 4s^{2} 4p^{3}	$_{34}$Se 4s^{2} 4p^{4}	$_{35}$Br 4s^{2} 4p^{5}	$_{36}$Kr 4s^{2} 4p^{6}
$_{37}$Rb 5s	$_{38}$Sr 5s^{2}	$_{39}$Y 4d 5s^{2}		$_{40}$Zr 4d^{2} 5s^{2}	$_{41}$Nb 4d^{4} 5s	$_{42}$Mo 4d^{5} 5s	$_{43}$Tc 4d^{6} 5s	$_{44}$Ru 4d^{7} 5s	$_{45}$Rh 4d^{8} 5s	$_{46}$Pd 4d^{10} –	$_{47}$Ag 4d^{10} 5s	$_{48}$Cd 4d^{10} 5s^{2}	$_{49}$In 5s^{2} 5p	$_{50}$Sn 5s^{2} 5p^{2}	$_{51}$Sb 5s^{2} 5p^{3}	$_{52}$Te 5s^{2} 5p^{4}	$_{53}$I 5s^{2} 5p^{5}	$_{54}$Xe 5s^{2} 5p^{6}
$_{55}$Cs 6s	$_{56}$Ba 6s^{2}	$_{57}$La 5d 6s^{2}	L	$_{72}$Hf 4f^{14} 5d^{2} 6s^{2}	$_{73}$Ta 5d^{3} 6s^{2}	$_{74}$W 5d^{4} 6s^{2}	$_{75}$Re 5d^{5} 6s^{2}	$_{76}$Os 5d^{6} 6s^{2}	$_{77}$Ir 5d^{7} 6s^{2}	$_{78}$Pt 5d^{9} 6s	$_{79}$Au 5d^{10} 6s	$_{80}$Hg 5d^{10} 6s^{2}	$_{81}$Tl 6s^{2} 6p	$_{82}$Pb 6s^{2} 6p^{2}	$_{82}$Bi 6s^{2} 6p^{3}	$_{84}$Po 6s^{2} 6p^{4}	$_{85}$At 6s^{2} 6p^{5}	$_{86}$Rn 6s^{2} 6p^{6}
$_{87}$Fr 7s	$_{88}$Ra 7s^{2}	$_{89}$Ac 6d 7s^{2}	A	$_{104}$Rf 5f^{14} 6d^{2} 7s^{2}	$_{105}$Db 6d^{3} 7s^{2}	$_{106}$Sg 6d^{4} 7s^{2}	$_{107}$Bh 6d^{5} 7s^{2}	$_{108}$Hs 6d^{6} 7s^{2}	$_{109}$Mt 6d^{7} 7s^{2}	$_{110}$Ds 6d^{8} 7s^{2}	$_{111}$Rg 6d^{10} 7s	$_{112}$Cn 6d^{10} 7s^{2}	$_{113}$Nh 6d^{10} 7s^{2} 7p	$_{114}$Fl 6d^{10} 7s^{2} 7p^{2}	$_{115}$Mc 6d^{10} 7s^{2} 7p^{3}	$_{116}$Lv 6d^{10} 7s^{2} 7p^{4}	$_{117}$Ts 6d^{10} 7s^{2} 7p^{5}	$_{118}$Og 6d^{10} 7s^{2} 7p^{6}

L	$_{58}$Ce 4f^{2} 6s^{2}	$_{59}$Pr 4f^{3} 6s^{2}	$_{60}$Nd 4f^{4} 6s^{2}	$_{61}$Pm 4f^{5} 6s^{2}	$_{62}$Sm 4f^{6} 6s^{2}	$_{63}$Eu 4f^{7} 6s^{2}	$_{64}$Gd 4f^{7} 5d 6s^{2}	$_{65}$Tb 4f^{8} 5d 6s^{2}	$_{66}$Dy 4f^{10} 6s^{2}	$_{67}$Ho 4f^{11} 6s^{2}	$_{68}$Er 4f^{12} 6s^{2}	$_{69}$Tm 4f^{13} 6s^{2}	$_{70}$Yb 4f^{14} 6s^{2}	$_{71}$Lu 4f^{14} 5d 6s^{2}
A	$_{90}$Th 6d^{2} 7s^{2}	$_{91}$Pa 5f^{2} 6d 7s^{2}	$_{92}$U 5f^{3} 6d 7s^{2}	$_{93}$Np 5f^{4} 6d 7s^{2}	$_{94}$Pu 5f^{6} 7s^{2}	$_{95}$Am 5f^{7} 7s^{2}	$_{96}$Cm 5f^{7} 6d 7s^{2}	$_{97}$Bk 5f^{9} 7s^{2}	$_{98}$Cf 5f^{10} 7s^{2}	$_{99}$Es 5f^{11} 7s^{2}	$_{100}$Fm 5f^{12} 7s^{2}	$_{101}$Md 5f^{13} 7s^{2}	$_{102}$No 5f^{14} 7s^{2}	$_{103}$Lr 5f^{14} 7s^{2} 7p

Abbildung 8.4 Periodensystem und Elektronenkonfiguration aller chemischen Elemente. Das Auffüllen der Elektronenschalen erfolgt von links nach rechts und von oben nach unten. An den mit *„L"* und *„A"* markierten Stellen sind die Lanthaniden und Aktiniden (*unten*) einzusetzen. Namen der Elemente: siehe Tab. 8.2. Im Falle des Lr (*unten rechts*) besitzen die Konfigurationen $7s^2 7p$ und $6d7s^2$ fast gleiche Bindungsenergien. *Weiße Felder*: Elemente mit stabilen Isotopen. *Getönte Felder*: Elemente ohne stabile Isotope (*blau*: künstlich hergestellt, *grau*: primordial erzeugt und daraus entstehende radioaktive Sekundärprodukte)

einem bestimmten l-Wert höchstens

$$2(2l + 1) \text{ Elektronen}$$

eingebaut werden können, entsprechend den $2l + 1$ möglichen m-Werten (5.35) und den beiden Einstellungen des Elektronenspins (6.19). In der K-Schale sind das 2 Elektronen, in der L-Schale $2 + 6 = 8$. Entsprechend der Zahl der Elektronen in der L-Schale verändern sich die chemischen Eigenschaften vom Alkalimetall Lithium bis zum Edelgas Neon. Dann beginnt der gleiche Zyklus in der M-Schale mit Natrium ($Z = 11$); er führt aber nur bis zum Ar ($Z = 18$). Dieses Element hat alle Eigenschaften eines Edelgases, obgleich die M-Schale keineswegs gefüllt ist. Auf das Argon folgt bei $Z = 19$ das Alkalimetall Kalium. Der Einbau eines 3d Elektrons in die Elektronenhülle des Elements $Z = 19$ ist offenbar energetisch ungünstiger als der Einbau eines 4s-Elektrons. Das liegt daran, dass die Wellenfunktion des 4s-Elektrons ein Maximum am Kernort hat, während die 3d-Wellenfunktion ($l = 2$, $n_r = 0$) weit nach außen verlagert ist, die Kernladung ist also stärker abgeschirmt. Andererseits reicht die 4s-Wellenfunktion auch weit nach außen ($n_r = 3$), so dass Kalium ein typisches Alkalimetall ist. Erst nachdem der 4s-Zustand vollständig besetzt ist, beginnt die Auffüllung der 3d-Zustände mit dem Element Scandium ($Z = 21$). Wie nahe die 3d- und die 4s-Schale energetisch beieinander liegen, erkennt man an den Irregularitäten bei $Z = 24$ (Cr) und bei $Z = 29$ (Cu). Bei $Z = 31$ beginnt dann das Auffüllen der 4p-Zustände, das mit dem Edelgas Krypton ($Z = 36$) beendet ist. Nach der vollständigen Auffüllung der M-Schale bei $Z = 30$ (Zink) wurde also keineswegs eine Edelgaskonfiguration erreicht, es waren ja noch die beiden 4s-Elektronen vorhanden. Die Elemente Sc bis Zn bilden die 1. Nebengruppe im Periodensystem. In ähnlicher Weise wird die Auffüllung der Energieniveaus fortgesetzt. Abb. 8.4 zeigt das Periodensystem der chemischen Elemente; es ist jeweils auch die Elektronenkonfiguration angegeben, wie sie sich im Modell der unabhängigen Teilchen ergibt.[3] Die jeweilige Besetzung der Niveaus wird als hochgestellte Zahl angegeben. So wäre z. B. die Elektronenkonfiguration des

[3] Wir werden im übernächsten Abschnitt am Beispiel des C-Atoms sehen, wie chemische Bindungen die Elektronenkonfiguration verändern können.

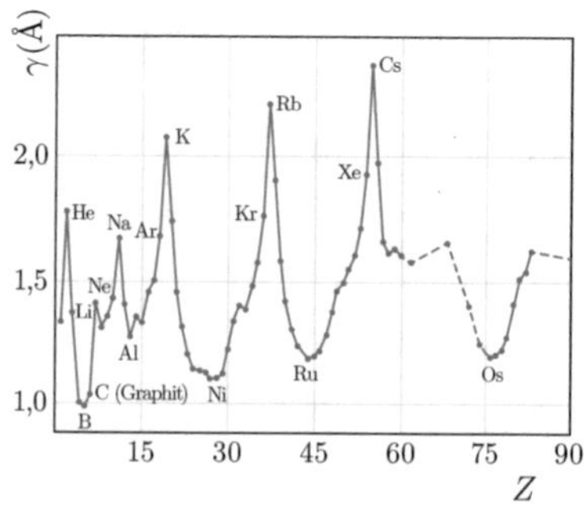

Abbildung 8.5 Atomradien, bestimmt aus Atommasse und Dichte im kondensierten Zustand

Wolframs ($Z = 74$) vollständig spezifiziert mit

$$1s^2, 2s^2p^6, 3s^2p^6d^{10}, 4s^2p^6d^{10}f^{14}, 5s^2p^6d^4, 6s^2 \,.$$

Meistens lässt man jedoch die Angaben über die bereits gefüllten Schalen weg, soweit sie selbstverständlich sind. Beim Wolfram genügt also die Angabe $5d^4 6s^2$.

Interessant ist, dass der 4f-Zustand erst aufgefüllt wird, nachdem bereits Elektronen in den 6s-Zustand eingelagert wurden. Der 5f-Zustand kommt erst dran, nachdem Elektronen im 7s-Zustand sitzen. Dies führt zu den bekannten Gruppierungen von chemisch sehr ähnlichen Elementen, zu den „seltenen Erden", auch „Lanthaniden" genannt, sowie zu den „Aktiniden".

Die Konfiguration der Außenelektronen ist nicht nur für die Chemie wichtig, sondern auch für viele physikalische Eigenschaften. Sie entscheidet z. B. darüber, ob ein Element Metall, Halbleiter oder Isolator ist, wie man in Abb. 8.4 studieren kann. Weiterhin hängen Atomradius und Ionisierungsenergie in systematischer Weise von der Elektronenkonfiguration ab (Abb. 8.5 und Abb. 8.6).

Der Begriff „Atomradius" ist nicht eindeutig definiert. Man kann in der Wellenfunktion des äußersten gefüllten Elektronenzustands die Stelle suchen, an der die Größe

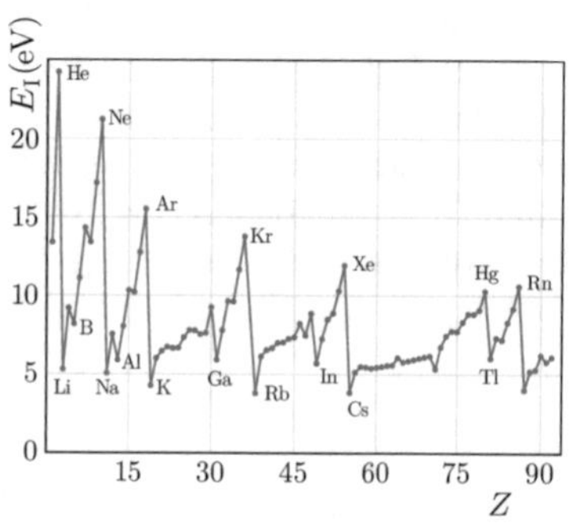

Abbildung 8.6 Ionisierungsenergien der chemischen Elemente

$r^2|R(r)|^2$ das Maximum hat. Das führt beim Wasserstoff-Atom auf den Bohrschen Radius. Aus zweiatomigen Molekülen lässt sich ein Bindungsradius ermitteln.[4] Von den Atomradien weichen die Ionenradien ab, insbesondere, wenn sich durch Zufügen oder Wegnehmen von Elektronen die Schale ändert, in der sich das äußerste Elektron befindet. Ferner gibt es Atomradien, die man aus der Packungsdichte in Flüssigkeiten oder Kristallen ermittelt. Letztere werden davon beeinflusst, ob metallische oder kovalente Bindung vorliegt. Abb. 8.5 basiert auf dieser Variante. Es ist bemerkenswert, wie wenig die Atomradien bei zunehmender Zahl der Elektronen wachsen; sie sind selbst bei den schwersten Elementen nur wenig größer als bei den leichtesten. Das hängt damit zusammen, dass die Radien der Bohrschen Bahnen umgekehrt proportional zu Z sind (7.18). Die Radien der Alkali-Atome sind besonders groß, die kleinsten Radien findet man jeweils bei etwa halbgefüllter Außenschale.

Noch aufschlussreicher ist das Studium der Ionisierungsenergien. Sie sind bei den Edelgasen maximal, bei den Alkalien besonders klein, was sich sehr einfach mit dem Aufbau der Außenschalen erklären lässt. Zwischen Alkali und Edelgas steigen die Ionisierungsenergien gewöhnlich monoton an. Die Ausnahmen Bor, Aluminium, Gallium, Indium und Thallium lassen sich darauf zurückführen, dass bei diesen Elementen gerade mit dem Auffüllen der p-Zustände begonnen wird. Nicht so leicht zu erklären ist die Abnahme der Ionisierungsenergie, die regelmäßig beim Einbau des vierten p-Elektrons beobachtet wird. Wir werden darauf im letzten Abschnitt zurückkommen.

8.4 Mehr über die Atomspektren

Systeme von identischen Teilchen

Teilchen, die mit ***allen*** inneren Eigenschaften (Masse, Ladung, Spin, ...) übereinstimmen, nennt man ***identische Teilchen***. Auf äußere Einflüsse reagieren solche Teilchen in genau gleicher Weise. Die Elektronenhülle eines Atoms ist ein System identischer Teilchen. Zunächst müssen wir uns daher überlegen, wie ein solches System in der Quantenmechanik zu beschreiben ist.

In der klassischen Physik kann man identische Teilchen von einander anhand der Bahnen, die sie durchlaufen, unterscheiden. In der Quantenmechanik wird die Bewegung der Teilchen mit Hilfe von Wellenpaketen beschrieben. Auch hier ist eine Unterscheidung identischer Teilchen

[4] Dies beruht darauf, dass man für ein Molekül AB einen Atom-Atom-Abstand $r_A + r_B$ definiert. Es stellt sich heraus, dass r_A kaum davon abhängt, was man als zweites Atom B nimmt, solange die Wertigkeit gleich bleibt.

möglich, wenn sich die Wellenfunktionen nicht überlappen. So kann man z. B. mit Hilfe ihrer Koordinaten zwei Elektronen in zwei weit voneinander entfernten H-Atomen voneinander unterscheiden, nicht aber in einem H_2-Molekül. Wenn sich die Wellenpakete überlappen, ist es unmöglich, die Trajektorien identischer Teilchen zu verfolgen. In diesem Fall sind identische Teilchen prinzipiell nicht unterscheidbar. Das hat bei einem System von zwei identischen Teilchen zur Folge, dass die Wahrscheinlichkeit, ein Teilchen bei $\boldsymbol{r}_1$, das andere bei $\boldsymbol{r}_2$ anzutreffen, gleich der Wahrscheinlichkeit sein muss, das zuerst genannte Teilchen bei $\boldsymbol{r}_2$, das andere bei $\boldsymbol{r}_1$ anzutreffen. Es muss also in (8.2)

$$\left|\psi(\boldsymbol{r}_1,\boldsymbol{r}_2)\right|^2 = \left|\psi(\boldsymbol{r}_2,\boldsymbol{r}_1)\right|^2 \tag{8.15}$$

sein. Was hat das für Konsequenzen?

Wir betrachten zwei nicht miteinander wechselwirkende Teilchen, deren Wellenfunktionen in den in Abb. 8.7a,b gezeigten Raumbereichen lokalisiert sind. Die Wellenfunktionen der beiden Teilchen seien Lösungen einer Schrödinger-Gleichung (4.23). Nehmen wir an, ein Teilchen befände sich in einem Zustand α, das andere in einem Zustand β. Dann ist

$$\begin{aligned}
-\frac{\hbar^2}{2m}\Delta_1\psi_\alpha(\boldsymbol{r}_1) + V(\boldsymbol{r}_1)\psi_\alpha(\boldsymbol{r}_1) &= E_\alpha\,\psi_\alpha(\boldsymbol{r}_1)\\
-\frac{\hbar^2}{2m}\Delta_2\psi_\beta(\boldsymbol{r}_2) + V(\boldsymbol{r}_2)\psi_\beta(\boldsymbol{r}_2) &= E_\beta\,\psi_\beta(\boldsymbol{r}_2)\,.
\end{aligned} \tag{8.16}$$

Bei vernachlässigbarer Wechselwirkung nimmt (8.4) hier folgende Form an:

$$-\frac{\hbar^2}{2m}\left(\Delta_1\psi + \Delta_2\psi\right) + \left(V(\boldsymbol{r}_1) + V(\boldsymbol{r}_2)\right)\psi = E\,\psi\,, \tag{8.17}$$

wobei $\psi = \psi(\boldsymbol{r}_1,\boldsymbol{r}_2)$ ist. Durch Einsetzen kann man sich mit Hilfe von (8.16) davon überzeugen, dass

$$\psi(\boldsymbol{r}_1,\boldsymbol{r}_2) = \psi_\alpha(\boldsymbol{r}_1)\cdot\psi_\beta(\boldsymbol{r}_2)\,,\quad E = E_\alpha + E_\beta \tag{8.18}$$

eine Lösung von (8.17) ist. Der Ansatz (8.18) erfüllt jedoch nicht die Bedingung (8.15): Man suche sich beispielsweise im Raum eine Stelle, an der $|\psi_\alpha(\boldsymbol{r}_2)| = |\psi_\beta(\boldsymbol{r}_1)| \neq 0$ ist (Volumenelement 1 in Abb. 8.7a). Sind die Zustände α und β verschieden, ist aber i. A. $\psi_\alpha(\boldsymbol{r}_1) \neq \psi_\beta(\boldsymbol{r}_2)$, sodass (8.15) verletzt ist (Abb. 8.7b). Die Lösung (8.18) ist also bei identischen Teilchen ***nicht*** brauchbar.

Man überzeugt sich leicht davon, dass auch $\psi(\boldsymbol{r}_2,\boldsymbol{r}_1) = \psi_\alpha(\boldsymbol{r}_2)\psi_\beta(\boldsymbol{r}_1)$ eine Lösung von (8.17) ist, sie ist allerdings ebensowenig brauchbar. Da die Schrödinger-Gleichung eine lineare Differentialgleichung ist, sind aber auch die Summe und die Differenz

$$\begin{aligned}
&\psi(\boldsymbol{r}_1,\boldsymbol{r}_2) \pm \psi(\boldsymbol{r}_2,\boldsymbol{r}_1)\\
&\quad= \psi_\alpha(\boldsymbol{r}_1)\,\psi_\beta(\boldsymbol{r}_2) \pm \psi_\alpha(\boldsymbol{r}_2)\,\psi_\beta(\boldsymbol{r}_1)
\end{aligned} \tag{8.19}$$

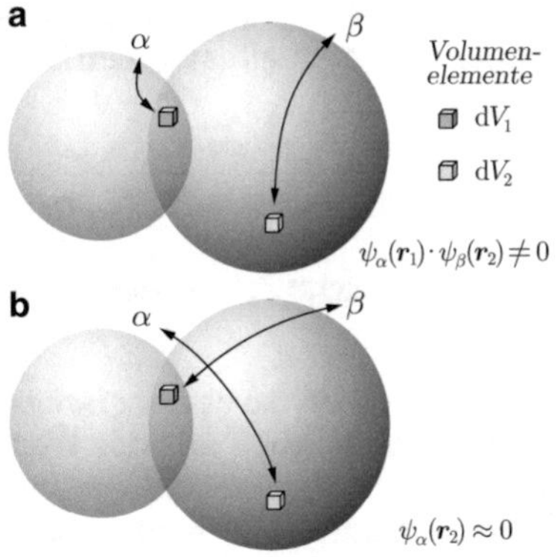

Abbildung 8.7 Zur Ununterscheidbarkeit zweier Elektronen, die sich in zwei verschiedenen Zuständen befinden. α und β: Ausdehnungen der Wellenfunktionen. *Doppelpfeile*: Zuordnung der Teilchenkoordinaten zu den Wellenfunktionen

Lösungen. Die Forderung (8.15) lässt sich nun auf zwei Weisen erfüllen:

$$\begin{aligned}
\psi_S(\boldsymbol{r}_1,\boldsymbol{r}_2) &= \frac{1}{\sqrt{2}}\left[\psi_\alpha(\boldsymbol{r}_1)\,\psi_\beta(\boldsymbol{r}_2) + \psi_\alpha(\boldsymbol{r}_2)\,\psi_\beta(\boldsymbol{r}_1)\right]\\
&= \psi_S(\boldsymbol{r}_2,\boldsymbol{r}_1)\,,
\end{aligned} \tag{8.20}$$

$$\begin{aligned}
\psi_A(\boldsymbol{r}_1,\boldsymbol{r}_2) &= \frac{1}{\sqrt{2}}\left[\psi_\alpha(\boldsymbol{r}_1)\,\psi_\beta(\boldsymbol{r}_2) - \psi_\alpha(\boldsymbol{r}_2)\,\psi_\beta(\boldsymbol{r}_1)\right]\\
&= -\psi_A(\boldsymbol{r}_2,\boldsymbol{r}_1)\,.
\end{aligned} \tag{8.21}$$

Man nennt ψ_S die **symmetrische**, ψ_A die **antisymmetrische** Lösung. Der Faktor $1/\sqrt{2}$ sorgt dafür, dass die Wellenfunktionen $\psi_S(\boldsymbol{r}_1,\boldsymbol{r}_2)$ und $\psi_A(\boldsymbol{r}_1,\boldsymbol{r}_2)$ normiert sind:[5]

$$\int \left|\psi_{S,A}(\boldsymbol{r}_1,\boldsymbol{r}_2)\right|^2 dV_1\,dV_2 = 1\,. \tag{8.22}$$

Mit der Symmetrie oder Antisymmetrie der Wellenfunktion kann man die Forderung (8.15) auch dann befriedigen, wenn die Wechselwirkung zwischen den Teilchen nicht vernachlässigt werden kann, wenn also eine Produktdarstellung nicht möglich ist.

Die Symmetrieforderung lässt sich leicht auf ein System von N Teilchen übertragen. Die Wellenfunktion der N

[5] Wenn ψ_α und ψ_β komplexe Funktionen von $\boldsymbol{r}$ sind, ist

$$\begin{aligned}
|\psi_{S,A}|^2 &= \frac{1}{2}\left|\left(\psi_\alpha(\boldsymbol{r}_1)\,\psi_\beta(\boldsymbol{r}_2) \pm \psi_\alpha(\boldsymbol{r}_2)\,\psi_\beta(\boldsymbol{r}_1)\right)\right|^2\\
&= \frac{1}{2}\left[|\psi_\alpha(\boldsymbol{r}_1)|^2\,|\psi_\beta(\boldsymbol{r}_2)|^2 + |\psi_\alpha(\boldsymbol{r}_2)|^2\,|\psi_\beta(\boldsymbol{r}_1)|^2\right.\\
&\qquad\left.\pm 2\mathrm{Re}\psi_\alpha^*(\boldsymbol{r}_1)\,\psi_\beta^*(\boldsymbol{r}_2)\,\psi_\alpha(\boldsymbol{r}_2)\,\psi_\beta(\boldsymbol{r}_1)\right]\,.
\end{aligned}$$

Die Integration über den letzten Term in der eckigen Klammer ergibt wegen der Orthogonalität der Funktionen $\psi_\alpha(\boldsymbol{r})$ und $\psi_\beta(\boldsymbol{r})$ nach (4.26) Null, und die Integration über die ersten beiden Terme ergibt wegen der Normierung der Einteilchen-Wellenfunktionen $\psi_\alpha(\boldsymbol{r})$ und $\psi_\beta(\boldsymbol{r})$ nach (4.35) $1 + 1 = 2$.

Teilchen muss dann bei Vertauschung zweier Teilchen entweder symmetrisch oder antisymmetrisch sein:

$$\psi(\boldsymbol{r}_1, \ldots, \boldsymbol{r}_i, \ldots, \boldsymbol{r}_k, \ldots, \boldsymbol{r}_N) = \pm\psi(\boldsymbol{r}_1, \ldots, \boldsymbol{r}_k, \ldots, \boldsymbol{r}_i, \ldots, \boldsymbol{r}_N)\,, \tag{8.23}$$

wobei i und k irgendwelche Zahlen aus der Reihe 1 bis N sind.

Bis hier sind unsere Ergebnisse eine ***logische Konsequenz***, die sich für identische Teilchen aus der Wellennatur der Teilchen bzw. aus der Heisenbergschen Unschärferelation ergibt. Wonach richtet es sich nun, ob man für ein bestimmtes Teilchensystem eine symmetrische oder eine antisymmetrische Wellenfunktion anzusetzen hat? Das Experiment zeigt, dass hierfür allein der Spin der Teilchen maßgeblich ist:

Satz 8.2

Ein System von identischen Teilchen hat eine symmetrische Wellenfunktion, wenn die Teilchen ganzzahligen Spin oder Spin Null haben, und eine antisymmetrische Wellenfunktion, wenn der Spin halbzahlig ist.

Auch die theoretische Physik kommt zu diesem Ergebnis: Satz 8.2 ergibt sich unter sehr allgemeinen Voraussetzungen aus der relativistischen Quantenfeldtheorie („Spin–Statistik-Theorem“).

Die Elektronenhülle eines Atoms muss man also durch eine antisymmetrische Wellenfunktion beschreiben. (8.1) muss die Eigenschaft

$$\psi((1), (2), \ldots, (i), \ldots, (k), \ldots, (N)) = -\psi((1), (2), \ldots, (k), \ldots, (i), \ldots, (N))\,, \tag{8.24}$$

haben.[6] In der Näherung der unabhängigen Teilchen muss diese Wellenfunktion durch Produkte der Wellenfunktionen (8.10) dargestellt werden, also durch Produkte

$$\psi_\alpha(1)\,\psi_\beta(2)\ldots\psi_\nu(N)\,, \tag{8.25}$$

wenn der Zustand des Systems durch die Quantenzahlen α, β, …, ν der N Elektronen gegeben ist. Bei einer symmetrischen Wellenfunktion ist das Rezept einfach: Man bilde in (8.25) alle Permutationen $(i), (k) \to (k), (i)$ und summiere die so erhaltenen Produkte. (8.20) ist genau in dieser Weise aufgebaut. Wenn man die Eigenschaften von Determinanten kennt, findet man auch rasch die antisymmetrische Lösung:

$$\psi_A = \frac{1}{\sqrt{N!}} \begin{vmatrix} \psi_\alpha(1) & \psi_\alpha(2) & \cdots & \psi_\alpha(N) \\ \psi_\beta(1) & \psi_\beta(2) & \cdots & \psi_\beta(N) \\ \vdots & \vdots & \ddots & \vdots \\ \psi_\nu(1) & \psi_\nu(2) & \cdots & \psi_\nu(N) \end{vmatrix}\,. \tag{8.26}$$

Eine Determinante wechselt nämlich das Vorzeichen, wenn man zwei Spalten miteinander vertauscht. Man stellt fest: (8.21) hat die Struktur einer Determinante:

$$\begin{vmatrix} \psi_\alpha(x_1) & \psi_\alpha(x_2) \\ \psi_\beta(x_1) & \psi_\beta(x_2) \end{vmatrix} = \psi_\alpha(x_1)\,\psi_\beta(x_2) - \psi_\alpha(x_2)\,\psi_\beta(x_1)\,.$$

Das Pauli-Verbot. Eine Determinante ist Null, wenn zwei Zeilen miteinander übereinstimmen. Jeder Index α, β, …, ν steht für einen Satz von Quantenzahlen $\{n, l, m, m_s\}$. Es ist also $\psi_A = 0$, wenn derselbe Satz von Quantenzahlen in der Elektronenhülle zweimal vorkommt! Mit (8.26) haben wir die Begründung für das Pauli-Verbot gefunden: Die Natur ist so eingerichtet, dass die Wellenfunktion der Elektronenhülle bei Vertauschung zweier Teilchen das Vorzeichen wechselt, und das führt automatisch zum Pauli-Verbot. Wie wir gleich am Beispiel des Heliums sehen werden, hat die Antisymmetrie der Wellenfunktion noch weiterreichende Folgen.

Das Helium-Atom

Im Helium-Atom bewegen sich zwei Elektronen um den zweifach geladenen Atomkern. Das aus dem gemessenen Spektrum abgeleitete Termschema ist in Abb. 8.8 gezeigt. Es besteht merkwürdigerweise aus zwei Teilsystemen, zwischen denen keine Strahlungsübergänge stattfinden. Anfänglich war man sogar der Meinung, es könnte sich um zwei verschiedene Arten von Helium handeln: Orthohelium und Parahelium. Untersucht man die Spektrallinien mit hoher Auflösung, stellt man fest, dass die Terme des Orthoheliums, mit Ausnahme der mit ^{3}S bezeichneten, dreifach aufgespalten sind, während die des Paraheliums keine Feinstruktur zeigen. Das Termschema des Heliums besteht also aus einem „Triplett“- und einem „Singulett“-System. Beide Systeme ähneln dem Termschema des Natriums, nur dass der im im Singulett-System liegende Grundzustand zusätzlich auftritt und zu ihm ein Übergang möglich ist. Der Einfluss der Hauptquantenzahlen $n = n_r + l + 1$ ist noch deutlich zu erkennen. Sie sind bei den Termen in Abb. 8.8 jeweils angegeben. Der tiefste Zustand des Triplett-Systems, 2^3S, ist metastabil. Seine Lebensdauer beträgt $0{,}8 \cdot 10^4$ s.

Eine Erklärung für dieses seltsame Termschema liefert die sogenannte *LS*-**Kopplung**, auch **Russel–Saunders-Kopplung** genannt. Die Bahndrehimpulse und Spins der

[6] Wir haben hier die Ortsvektoren $\boldsymbol{r}_i$ durch die „Spinkoordinate“ ergänzt, wie im Anschluss an (8.10) angegeben.

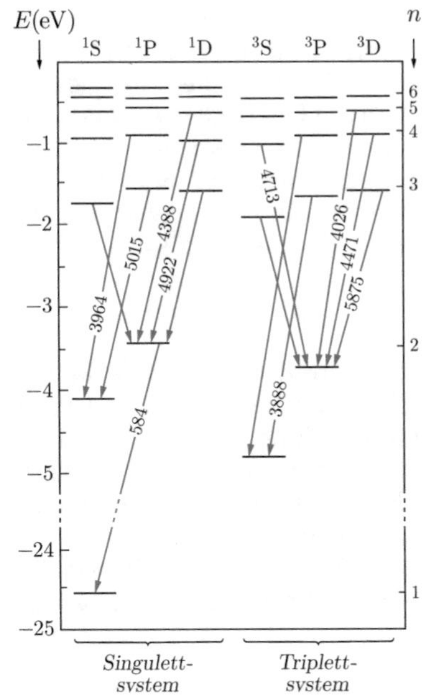

Abbildung 8.8 Termschema des Heliums. Wellenlängen in Å (vgl. Abb. 1.3)

beiden Elektronen koppeln nicht nach (6.24) zu Drehimpulsen j_1 und j_2, sondern es koppeln für sich die Bahndrehimpulse zum Gesamt-Bahndrehimpuls $\boldsymbol{L}$ und die Spins der Elektronen zum Gesamtspin $\boldsymbol{S}$:

$$\boldsymbol{l}_1 + \boldsymbol{l}_2 = \boldsymbol{L}\,, \qquad \boldsymbol{s}_1 + \boldsymbol{s}_2 = \boldsymbol{S}\,. \tag{8.27}$$

Der Gesamtdrehimpuls der Elektronenhülle ist dann

$$\boldsymbol{J} = \boldsymbol{L} + \boldsymbol{S}\,. \tag{8.28}$$

Das erklärt, warum im Singulett-System keine Aufspaltung beobachtet wird, im Triplett-System dagegen die Aufspaltung der Terme mit $L \neq 0$ in drei Feinstruktur-Niveaus:

$$\begin{array}{lll} \text{Singulett:} & S = 0\,, & J = L \\ \text{Triplett:} & S = 1\,, & J = L+1\,,\, L\,,\, L-1\,. \end{array}$$

Es ist üblich, den Bahndrehimpuls L der Terme mit den in Tab. 7.3 eingeführten Buchstaben zu bezeichnen, dabei aber große Buchstaben S, P, D, ... zu verwenden. Links oben an diese Buchstaben schreibt man die „Multiplizität" der Terme, $2S+1$, rechts unten den Gesamtdrehimpuls J. Davor kann man auch noch die Hauptquantenzahl schreiben:

$$(\text{Hauptquantenzahl})^{2S+1}(\text{Symbol für } L)_J\,. \tag{8.29}$$

Die untersten Terme des Heliums sind in dieser Bezeichnung

$$1^1\mathrm{S}_0\,,\quad 2^3\mathrm{S}_1\,,\quad 2^1\mathrm{S}_0\,,\quad 2^3\mathrm{P}_0\,,\quad 2^3\mathrm{P}_1\,,\quad 2^3\mathrm{P}_2\,,\quad 2^1\mathrm{P}_0\,.$$

Gesprochen wird das: Eins-Singulett-S-Null, Zwei-Triplett-S-Eins u. s. w.

Wir müssen nun zwei Fragen klären:

1) Wie kommt die große Energiedifferenz zwischen den Termen $2^1\mathrm{S}_0$ und $2^3\mathrm{S}_1$ zustande? Warum ist die *LS*-Kopplung energetisch so günstig?
2) Warum gibt es keine Übergänge zwischen dem Triplett- und dem Singulett-System, d. h. warum besteht dieses **Interkombinationsverbot**?

Dazu müssen wir die Wellenfunktion unter Berücksichtigung der *LS*-Kopplung hinschreiben. Wenn die Spins zweier Elektronen jeweils ***für sich*** koppeln und das Gleiche für die Bahndrehimpulse gilt, muss die antisymmetrische Wellenfunktion der Atomhülle zwei Faktoren enthalten:

$$\psi_\mathrm{A} = \{\text{Ortsfunktionen}\} \cdot \{\text{Spinfunktionen}\}\,. \tag{8.30}$$

Das bedeutet, dass man entweder eine antisymmetrische Ortsfunktion mit einer symmetrischen Spinfunktion zu kombinieren hat, oder eine symmetrische Ortsfunktion mit einer antisymmetrischen Spinfunktion.

Die Spinfunktionen müssen aufgebaut werden aus den Elementen

$$\chi_\uparrow^{(1)}\chi_\uparrow^{(2)}\,,\quad \chi_\uparrow^{(1)}\chi_\downarrow^{(2)}\,,\quad \chi_\downarrow^{(1)}\chi_\uparrow^{(2)}\,,\quad \chi_\downarrow^{(1)}\chi_\downarrow^{(2)}\,.$$

Man erhält drei symmetrische Kombinationen und eine antisymmetrische:

symmetrisch:

$$\begin{array}{lll} \chi_\uparrow^{(1)}\chi_\uparrow^{(2)} & S=1 & m_S=+1\,, \\ \frac{1}{\sqrt{2}}\left(\chi_\uparrow^{(1)}\chi_\downarrow^{(2)} + \chi_\uparrow^{(2)}\chi_\downarrow^{(1)}\right) & S=1 & m_S=0\,, \\ \chi_\downarrow^{(1)}\chi_\downarrow^{(2)} & S=1 & m_S=-1\,, \end{array} \tag{8.31}$$

antisymmetrisch:

$$\frac{1}{\sqrt{2}}\left(\chi_\uparrow^{(1)}\chi_\downarrow^{(2)} - \chi_\uparrow^{(2)}\chi_\downarrow^{(1)}\right) \quad S=0 \quad m_S=0\,. \tag{8.32}$$

In jedem Falle ist $m_S = m_{s1} + m_{s2}$. Die Zusammensetzung der Spins zum Gesamtspin ist in Abb. 8.9 als Vektormodell veranschaulicht.

Die Ortsfunktionen zweier identischer Teilchen kennen wir aus (8.20) und (8.21). Mit den Bezeichnungen von (8.8) erhalten wir für die Wellenfunktionen $\psi_{S,m_S}^{(1,2)}$ der Elektro-

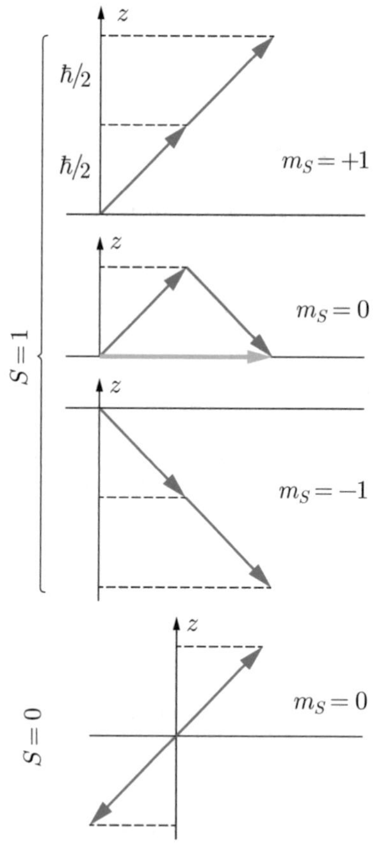

Abbildung 8.9 Zu (8.31) und (8.32). Wegen der Unbestimmtheit von S_x und S_y muss man sich eine Rotationssymmetrie des Bildes um die z-Achse vorstellen

nen im Helium-Atom im **Triplett-System**:

$$\begin{aligned}
\psi_{1,+1}^{(1,2)} &= \frac{1}{\sqrt{2}}\left[\phi_a(\boldsymbol{r}_1)\,\phi_b(\boldsymbol{r}_2) - \phi_a(\boldsymbol{r}_2)\,\phi_b(\boldsymbol{r}_1)\right] \\
&\quad\cdot\left[\chi_\uparrow^{(1)}\chi_\uparrow^{(2)}\right], \\
\psi_{1,0}^{(1,2)} &= \frac{1}{2}\left[\phi_a(\boldsymbol{r}_1)\,\phi_b(\boldsymbol{r}_2) - \phi_a(\boldsymbol{r}_2)\,\phi_b(\boldsymbol{r}_1)\right] \\
&\quad\cdot\left[\chi_\uparrow^{(1)}\chi_\downarrow^{(2)} + \chi_\uparrow^{(2)}\chi_\downarrow^{(1)}\right], \\
\psi_{1,-1}^{(1,2)} &= \frac{1}{\sqrt{2}}\left[\phi_a(\boldsymbol{r}_1)\,\phi_b(\boldsymbol{r}_2) - \phi_a(\boldsymbol{r}_2)\,\phi_b(\boldsymbol{r}_1)\right] \\
&\quad\cdot\left[\chi_\downarrow^{(1)}\chi_\downarrow^{(2)}\right].
\end{aligned} \tag{8.33}$$

Für das **Singulett-System** erhält man

$$\begin{aligned}
\psi_{0,0}^{(1,2)} &= \frac{1}{2}\left[\phi_a(\boldsymbol{r}_1)\,\phi_b(\boldsymbol{r}_2) + \phi_a(\boldsymbol{r}_2)\,\phi_b(\boldsymbol{r}_1)\right] \\
&\quad\cdot\left[\chi_\uparrow^{(1)}\chi_\downarrow^{(2)} - \chi_\uparrow^{(2)}\chi_\downarrow^{(1)}\right].
\end{aligned} \tag{8.34}$$

Im Triplett-System ist für $\boldsymbol{r}_1 = \boldsymbol{r}_2$ die Wellenfunktion Null. Das nennt man das „Pauli-Loch". Deshalb sind die Elektronen im Mittel weiter voneinander entfernt als im Singulett-System, wo eine endliche Wahrscheinlichkeit dafür besteht, beide Elektronen am gleichen Ort anzutreffen. Weil sich die Elektronen abstoßen, vermutet man, dass sie bei gleichen Quantenzahlen $\{n, l, m\}$ im Triplett-System fester gebunden sind als im Singulett-System. Genau das wird laut Abb. 8.8 beobachtet. Die Energiedifferenz beträgt bei den Termen 2^1S_0 und 2^3S_1 des Heliums

$$\Delta E = 0{,}796\,\mathrm{eV}\,,$$

ist also von ganz beträchtlicher Größe. Man sieht, was die LS-Kopplung bewirkt: Sie ist energetisch viel günstiger als die Spin-Bahn-Kopplung der einzelnen Elektronen. Das lässt sich natürlich formelmäßig nachvollziehen. Berechnet man den Erwartungswert der Coulomb-Energie zwischen den Elektronen mit (7.46) und den Wellenfunktionen (8.33) und (8.34), spielen die Spin-Wellenfunktionen keine Rolle, weil ihr Betragsquadrat eins ist, und man erhält

$$\begin{aligned}
E_\mathrm{C} &= \int \psi^*(\boldsymbol{r}_1, \boldsymbol{r}_2)\,V(r_{12})\,\psi(\boldsymbol{r}_1, \boldsymbol{r}_2)\,\mathrm{d}V_1\,\mathrm{d}V_2\,, \\
E_\mathrm{C} &= \frac{1}{2}\int \phi_a^*(\boldsymbol{r}_1)\,\phi_b^*(\boldsymbol{r}_2)\,V(r_{12})\,\phi_a(\boldsymbol{r}_1)\,\phi_b(\boldsymbol{r}_2)\,\mathrm{d}V_1\,\mathrm{d}V_2 \\
&\quad+ \frac{1}{2}\int \phi_b^*(\boldsymbol{r}_1)\,\phi_a^*(\boldsymbol{r}_2)\,V(r_{12})\,\phi_b(\boldsymbol{r}_1)\,\phi_a(\boldsymbol{r}_2)\,\mathrm{d}V_1\,\mathrm{d}V_2 \\
&\quad\mp \frac{1}{2}\int \phi_a^*(\boldsymbol{r}_2)\,\phi_b^*(\boldsymbol{r}_1)\,V(r_{12})\,\phi_a(\boldsymbol{r}_1)\,\phi_b(\boldsymbol{r}_2)\,\mathrm{d}V_1\,\mathrm{d}V_2 \\
&\quad\mp \frac{1}{2}\int \phi_a^*(\boldsymbol{r}_1)\,\phi_b^*(\boldsymbol{r}_2)\,V(r_{12})\,\phi_a(\boldsymbol{r}_2)\,\phi_b(\boldsymbol{r}_1)\,\mathrm{d}V_1\,\mathrm{d}V_2\,.
\end{aligned}$$

Die ersten beiden Summanden sind identisch und der dritte und vierte sind konjugiert komplex zueinander:

$$\begin{aligned}
E_\mathrm{C} &= \int \phi_a^*(\boldsymbol{r}_1)\,\phi_b^*(\boldsymbol{r}_2)\,V(r_{12})\,\phi_a(\boldsymbol{r}_1)\,\phi_b(\boldsymbol{r}_2)\,\mathrm{d}V_1\,\mathrm{d}V_2 \\
&\quad\mp \mathrm{Re}\int \phi_a^*(\boldsymbol{r}_1)\,\phi_b^*(\boldsymbol{r}_2)\,V(r_{12})\,\phi_a(\boldsymbol{r}_2)\,\phi_b(\boldsymbol{r}_1)\,\mathrm{d}V_1\,\mathrm{d}V_2
\end{aligned} \tag{8.35}$$

Der erste Teil des Resultats ist die Coulomb-Energie zwischen zwei Ladungswolken, die durch die Zustände a und b beschrieben werden. Hinzu gesellt sich ein zweiter Anteil, bei dem sich ***beide*** Elektronen ***sowohl*** im Zustand a ***als auch*** im Zustand b befinden. Dieser Term wird „Austauschenergie" genannt, man spricht auch von Austauschkraft. Dabei handelt es sich keineswegs um eine neue Kraft oder ein neues Potential: Die Coulomb-Energie zwischen den Elektronen wird durch das Pauli-Prinzip modifiziert. Das Minus-Vorzeichen gilt für den Triplett-Zustand.

In den angeregten Zuständen des He-Atoms sind die Wellenfunktionen ϕ_a und ϕ_b verschieden. Ersetzt man in der zweiten Zeile von (8.35) das Potential durch eine Konstante, verschwindet das Integral wegen der Orthogonalität der Wellenfunktionen. Ersetzt man es durch eine nadelförmige Struktur, wird $\boldsymbol{r}_1 \approx \boldsymbol{r}_2$ und das Integral ist positiv.

Dazwischen, wie beim Coulomb-Potential, hängt das Verhalten von den Phasen der Wellenfunktionen ϕ_a und ϕ_b ab. Im Helium-Atom ist die 1s-Wellenfunktion reell und hat überall das gleiche Vorzeichen. Ein negativer Beitrag des Coulomb-Potentials zum Integral in der zweiten Zeile von (8.35) entsteht z. B., wenn zwischen den Orten $\boldsymbol{r}_1$ und $\boldsymbol{r}_2$ eine Knotenfläche der zweiten Wellenfunktion liegt oder die Funktion $\cos((m_a - m_b)(\varphi_1 - \varphi_2))$ negativ ist. Dann wird aber in der zweiten Zeile von (8.35) das Produkt der ϕ-Funktionen klein oder bei großem Punktabstand das Potential. Im Helium-Atom überwiegen die positiven Beiträge. Deshalb sind die angeregten Triplett-Zustände stärker gebunden als die Singulett-Zustände.[7]

Auch das Interkombinationsverbot, das Übergänge zwischen dem Triplett- und dem Singulett-System verhindert, ist auf die Symmetrieeigenschaften der Wellenfunktion zurückzuführen. Bei der elektrischen Dipolstrahlung ist nur der Ortsanteil der Wellenfunktion beteiligt. Zwar wäre ein Dipolübergang $2^3\mathrm{P} \to 1^1\mathrm{S}$ nach den Auswahlregeln $|\Delta j| \leq 1$ und $|\Delta l| = 1$ durchaus erlaubt, aber bei der Emission eines Lichtquants kann sich die bei Teilchenvertauschung antisymmetrische Ortsfunktion nicht in eine symmetrische umwandeln, und erst recht nicht die symmetrische Spinfunktion in eine antisymmetrische. Das Interkombinationsverbot hat beim Helium strenge Gültigkeit.

Es fällt auf, dass die Wellenfunktionen (8.33) und (8.34) anders aufgebaut zu sein scheinen als die allgemeine Wellenfunktion (8.26). Das ist aber nur scheinbar. Man kann die Wellenfunktionen des Singulett- und des Triplett-Systems auch auf die in (8.26) angegebene Form zurückführen (Aufgabe 8.7).

LS-Kopplung

Im Allgemeinen werden in Atomen mit mehreren Elektronen die Elektronenschalen sukzessive gefüllt. Dann ist in den Grundzuständen neben abgeschlossenen Schalen und Unterschalen nur eine weitere Unterschale teilweise mit Elektronen besetzt. Man findet bei den Atomen der leichten Elemente durchweg *LS*-Kopplung. So koppeln die Spins der drei p-Elektronen im Stickstoff-Atom zu $S = 3/2$ oder zu $S = \frac{1}{2}$. Das ist auch dann der Fall, wenn eines der Elektronen in einen höheren Zustand angeregt wurde. Das Termschema enthält dementsprechend ein „Dublett-System" ($2 \cdot \frac{1}{2} + 1 = 2$) und ein „Quartett-System" ($2 \cdot 3/2 + 1 = 4$). Beim Kohlenstoff-Atom gibt es wegen der zwei 2p-Elektronen ein Singulett- und ein Triplett-System. Bereits hier existieren wegen des von null verschiedenen Bahndrehimpulses der Valenzelektronen mehr angeregte Zustände als im Helium-Atom.

Die Hundschen Regeln. Welche Werte die Quantenzahlen L, S, und J annehmen können, wird vom *LS*-Kopplungsschema vorhergesagt. Das ist natürlich nicht relevant für Alkali- und Halogen-Atome: Bei ersteren gibt es nur ein Valenzelektron mit $S = 1/2$ und $L = 1$. Den Halogen-Atomen fehlt ein Elektron an einer gefüllten Schale und S und L sind genau so groß. Für Atome mit mindestens zwei Valenz-Elektronen machen die **Hundschen Regeln** eine Aussage über die Quantenzahlen L, S und J des Grundzustands:

1. Der Zustand niedrigster Energie besitzt den größtmöglichen Gesamtspin S. Ist eine Unterschale zu mehr als der Hälfte mit Elektronen gefüllt, ergibt sich S aus der Zahl der „Löcher", d. h. der Zahl der unbesetzten Zustände. Der Spin-Zustand mit maximalem S besitzt die größtmögliche Symmetrie bei der Vertauschung zweier Elektronen. Die Bahn-Wellenfunktion besitzt dann die größtmögliche Antisymmetrie bezüglich Elektronenvertauschung und man erwartet wegen der „Pauli-Löcher" nach (8.35) die maximale Absenkung der Coulomb-Abstoßung der Elektronen.
2. Von allen Werten von L, die für dieses S mit dem Pauli-Prinzip verträglich sind, ist im Grundzustand der größtmögliche realisiert. Die Regel ist nicht einfach zu begründen. Die Abstoßung der Elektronen hängt davon ab, welche magnetischen Unterzustände bei der L-Kopplung kombiniert werden und wie dies geschieht.
3. Die dritte Regel macht eine Aussage über die energetische Reihenfolge der Feinstruktur-Niveaus mit den Gesamtdrehimpulsen $J = |L + S| \ldots |L - S|$: Ist eine Unterschale zu weniger als der Hälfte mit Elektronen gefüllt, besitzt der Grundzustand den kleinstmöglichen Wert von J und die Energie steigt mit J. Ist eine Unterschale zu mehr als der Hälfte mit Elektronen gefüllt, besitzt der Grundzustand das größtmögliche J und die Energie steigt mit fallendem J. Der erste Teil der Regel folgt daraus, dass die Spin-Bahn-Wechselwirkung positiv ist. Der zweite Teil der Regel folgt dann daraus, dass der voll besetzten Unterschale mit $J = 0$ und der Spin-Bahn-Energie null die positive Spin-Bahn-Energie der Löcher fehlt.

Das lässt sich am Beispiel der zwei p-Elektronen des Kohlenstoff-Atoms diskutieren. Nach den Kopplungsregeln für Drehimpulse sind $S = 0,1$ und $L = 0,1,2$ erlaubt. Das führt auf J-Werte von 0 bis 3, die teilweise mehrfach auftreten, teilweise aber zu Zuständen gehören, die dem Pauli-Prinzip widersprechen. Insgesamt gibt es für eine p-Schale $2 \cdot 3 = 6$ magnetische Unterzustände und insgesamt $6 \cdot 5/2 = 15$ Möglichkeiten, zwei Elektronen ohne Doppelbesetzung auf diese Zustände zu verteilen. Die magnetischen Bahndrehimpuls-

[7] Dies gilt durchaus nicht allgemein für zwei Valenzelektronen in ***beliebigen*** Zuständen $a \neq b$, wofür unten ein Beispiel gegeben wird.

Quantenzahlen $m_{l1} = -1, 0, +1$ und $m_{l2} = -1, 0, +1$ führen auf 9 mögliche Bahn-Zustände mit verschiedenen Werten von L und $m_L = m_{l1} + m_{l2}$. Aus den Produkt-Wellenfunktionen $Y_{lm_1}(\vartheta_1, \varphi_1)Y_{lm_2}(\vartheta_2, \varphi_2)$ lassen sich drei lineare Superpositionen bilden, die antisymmetrisch bezüglich Elektronenvertauschung sind. Sie besitzen die Quantenzahl-Kombinationen ($m_{l1} = +1$, $m_{l2} = 0$), ($m_{l1} = +1$, $m_{l2} = -1$) und ($m_{l1} = 0$, $m_{l2} = -1$), und es ist $m_L = +1, 0, -1$. Sie sind daher magnetische Unterzustände eines P-Zustands mit $L = 1$. Übrig bleiben 6 Zustände mit symmetrischen Bahn-Wellenfunktionen, die zu den Gesamt-Bahndrehimpulsen $L = 0$ und 2, also einem S- und einem D-Zustand gehören müssen. Nach dem Pauli-Prinzip müssen die symmetrischen Bahn-Wellenfunktionen mit der antisymmetrischen Spin-Wellenfunktion kombiniert werden und die antisymmetrischen Bahn-Wellenfunktionen mit der symmetrischen Spin-Wellenfunktion. Demnach besitzen zwei p-Elektronen in der gleichen Schale die Drehimpulszustände

$$\begin{aligned} &L = 0,\ S = 0 \quad J = 0 \to {}^1\mathrm{S}_0 \\ &L = 2,\ S = 0 \quad J = 2 \to {}^1\mathrm{D}_2 \\ &L = 1,\ S = 1 \quad J = 0, 1, 2 \to {}^3\mathrm{P}_0, {}^3\mathrm{P}_1, {}^3\mathrm{P}_2\,. \end{aligned} \tag{8.36}$$

Die Zahl der magnetischen Unterzustände beträgt, wie es sein muss, $1 + 5 + (1 + 3 + 5) = 15$. Nach den Hundschen Regeln ist die energetische Reihenfolge, von unten nach oben: $^3\mathrm{P}_0$ (Grundzustand), $^3\mathrm{P}_1$, $^3\mathrm{P}_2$ (dreifache Feinstruktur-Aufspaltung), $^1\mathrm{D}_2$ und $^1\mathrm{S}_0$ (keine Feinstruktur-Aufspaltung).

Zur Verdeutlichung zeigt Tab. 8.3 die möglichen Zuordnungen der Elektronen zu den magnetischen Bahn- und Spin-Quantenzahlen m_{l1}, m_{l2}, m_{s1} und m_{s2}. Weil immer $m_J \leq 2$ ist, ist $J \leq 2$. In der ersten Zeile ist $m_J = 2$, also $J = 2$ und es ist $m_S = 1$, also $S = 1$. Ein Zustand mit $m_S = 1$ und $m_L = L = 2$ widerspräche dem Pauli-Prinzip, also ist $m_L \leq 1$, $L = 1$. Es handelt sich um den $^3P_2$-Zustand. In der zweiten Zeile ist ebenfalls $J = 2$, wegen $m_L = 2$ ist $L = 2$. Ein Zustand mit $m_S = S = 1$ widerspräche dem Pauli-Prinzip, sodass $S = 0$ ist. Die zweite Zeile entspricht also dem $^1\mathrm{D}_2$-Zustand. Beide Zustände besitzen Schwester-Zustände mit $m_J = 1$, die in den Zeilen 3 bis 5 der Tabelle enthalten sein müssen. Der für $m_J = 1$ auftretende dritte Zustand muss automatisch $J = 1$ haben. Aus den Besetzungen der Zeilen 3 bis 5 kann man nur einen Spin-Singulett-Zustand, aber zwei Triplett-Zustände bilden. Der neue Zustand hat daher $S = 1$ und muss wegen des Pauli-Prinzips ein P-Zustand sein: $^3\mathrm{P}_1$. Für $m_J = 0$ gibt es 5 Zustände. Hier zusätzlich auftauchende Zustände können nur noch $J = 0$ haben. Nach den Kopplungsregeln gibt es die Möglichkeiten $^1\mathrm{S}_0$ und $^3\mathrm{P}_0$. Damit ist der Vorrat an Zuständen für $m_J \geq 0$ erschöpft. Für $m_J < 0$ sind lediglich alle Vorzeichen der magnetischen Quantenzahlen umzudrehen. Der Vollständigkeit halber muss man hinzufügen, dass die Zeilen in Tab. 8.3 keineswegs den J-Zuständen (8.36) eindeutig zugeordnet werden können. Sie bestehen aus Mischungen derselben, was in der letzten Spalte der Tab. 8.3 angegeben ist.

Tabelle 8.3 Mögliche Besetzungen eines p-Niveaus mit zwei Elektronen für $m_J = 2$ bis $m_J = 0$. Die *Pfeile* kennzeichnen m_s

m_J	$m_l = -1$	$m_l = 0$	$m_l = +1$	enthalten in
2		↑	↑	$^3\mathrm{P}_2$
			↑↓	$^1\mathrm{D}_2$
1	↑		↑	$^3\mathrm{P}_1, {}^3\mathrm{P}_2$
		↑	↓	$^3\mathrm{P}_1, {}^3\mathrm{P}_2, {}^1\mathrm{D}_2$
		↓	↑	$^3\mathrm{P}_1, {}^3\mathrm{P}_2, {}^1\mathrm{D}_2$
0		↓	↓	$^3\mathrm{P}_1, {}^3\mathrm{P}_2$
	↑	↑		$^3\mathrm{P}_1, {}^3\mathrm{P}_2$
	↓		↑	$^3\mathrm{P}_0, {}^3\mathrm{P}_1, {}^3\mathrm{P}_2, {}^1\mathrm{D}_2, {}^1\mathrm{S}_0$
	↑		↓	$^3\mathrm{P}_0, {}^3\mathrm{P}_1, {}^3\mathrm{P}_2, {}^1\mathrm{D}_2, {}^1\mathrm{S}_0$
		↑↓		$^1\mathrm{D}_2, {}^1\mathrm{S}_0$

Tabelle 8.4 Unterste Zustände des Kohlenstoff- und des Sauerstoff-Atoms

Term	Kohlenstoff $2s^2 2p^2$ E/hc (cm^{-1})	Term	Sauerstoff $2s^2 2p^4$ E/hc (cm^{-1})
$^3\mathrm{P}_0$	0	$^3\mathrm{P}_2$	0
$^3\mathrm{P}_1$	16,4	$^3\mathrm{P}_1$	158
$^3\mathrm{P}_2$	43,4	$^3\mathrm{P}_0$	227
$^1\mathrm{D}_2$	10.193	$^1\mathrm{D}_2$	15.868
$^1\mathrm{S}_0$	21.648	$^1\mathrm{S}_0$	33.793

Die beschriebene Folge von fünf Zuständen entspricht der Beobachtung, wie Tab. 8.4 zeigt. Die gleiche Niveau-Reihenfolge findet man bei den Elementen Silizium, Germanium und Zinn, die ebenfalls zwei p-Elektronen außerhalb abgeschlossener Schalen besitzen. Fünf Zustände mit den gleichen Quantenzahlen gibt es auch im Sauerstoff-Atom, weil ihm zwei Elektronen zur Füllung der 2p-Schale fehlen. Nur ist hier wegen der dritten Hundschen Regel die Reihenfolge der drei ^{3}P-Zustände invertiert (Tab. 8.4).

Über die Niveaufolge hinaus gibt es einige experimentelle Indikatoren, mit denen man das Vorliegen der *LS*-Kopplung quantitativ überprüfen kann.

Das Interkombinationsverbot. Zum Einen gilt auch bei Atomen mit $Z > 2$ das Interkombinationsverbot zwischen Termschemata mit verschiedenen S, wie z. B. zwischen dem Dublett- und dem Quartett-System des Stickstoffs. Der Übergang eines Elektrons in einen anderen Zustand durch elektrische Dipolstrahlung kann m_s, also auch m_S und S, nicht ändern. Ist das Interkombinationsverbot, aus welchen Gründen auch immer, nicht streng gültig, ist die

Lebensdauer eines Zustands immer noch vergleichsweise groß. Beispielsweise unterscheiden sich die Lebensdauern des angeregten $^3P_1$-Zustands und des $^1P_1$-Zustands des Quecksilbers, die beide in den $^1S_0$-Grundzustand übergehen, immer noch um einen Faktor 100.

Die Landésche Intervallregel. Die dritte Hundsche Regel sagt die energetische Reihenfolge der Feinstruktur-Niveaus als Funktion von J vorher. Darüber hinaus gibt es eine Regel für die relativen energetischen Abstände zwischen benachbarten Feinstruktur-Niveaus, die Landésche Intervallregel. Die Energieverschiebung durch die LS-Kopplung ist proportional zum Erwartungswert $\langle \boldsymbol{L} \cdot \boldsymbol{S}\rangle$. Man erhält ihn aus (7.53), indem man die Zahl $3/4$ durch $S(S+1)$ ersetzt:

$$\langle \boldsymbol{L} \cdot \boldsymbol{S}\rangle = \frac{1}{2}\left(J(J+1) - L(L+1) - S(S+1)\right)\hbar^2 .$$

Die Energiedifferenz $E(J) - E(J-1)$ zwischen zwei benachbarten Feinstruktur-Niveaus ist proportional zu $J(J+1) - (J-1)J = 2J$. Es folgt

$$R = \frac{E(J) - E(J-1)}{E(J-1) - E(J-2)} = \frac{J}{J-1} . \tag{8.37}$$

Die Übereinstimmung der gemessenen Verhältnisse $R = 1{,}7$ und $2{,}3$ aus Tab. 8.4 mit der Vorhersage $R = 2$ ist nur mäßig gut. LS-Kopplung kann auch in Atomen vorliegen, die zwei Elektronen mit verschiedenen Quantenzahlen (n, l) außerhalb geschlossener Schalen enthalten. Die Gesamtheit der Bahndrehimpulse wirkt auf die Gesamtheit der Spins ein. Der einfachste Fall ist ein Zwei-Elektronen-System mit einem Elektron in einem s-Zustand und einem weiteren in einem p-Zustand. Das kommt im angeregten ^3P-Zustand des Helium-Atoms vor und analog dazu in allen Atomen, die zwei Elektronen mehr als ein Edelgas-Atom besitzen. Die Verhältnisse (8.37) zeigt Tab. 8.5. Hier ist die Landésche Regel gut erfüllt für die Elemente Magnesium, Kalzium und Strontium. Teilweise größere Abweichungen gibt es bei leichten und schweren Elementen. Im Helium und Beryllium ist die Spin-Bahn-Wechselwirkung so klein, dass sie fast keinen Einfluss auf die Lage der Energie-Terme hat. Die schweren Elemente werden im nächsten Unterkapitel über jj-Kopplung diskutiert.

Der Landé-Faktor. Ist die LS-Kopplung realisiert, lassen sich die magnetischen Momente der Zustände als Funktion von L, S und J vorhersagen. Im Magnetfeld wird die energetische m_J-Entartung der Zustände aufgehoben. Die Energieverschiebungen $\Delta E(m_J)$ müssen proportional zu m_J sein. Sie lassen sich aus Messungen der Zeeman-Aufspaltung von Spektrallinien extrahieren. Man definiert für einen Zustand mit dem Drehimpuls J wie in (6.6) und (6.32) einen Landé-Faktor durch

Tabelle 8.5 Das Verhältnis $R = (E(2) - E(1))/(E(1) - E(0))$ für die untersten ^3P-Zustände einiger Atome

Element	Konfiguration	R
He	1s2p	0,08
Be	2s2p	3,46
Mg	3s3p	2,03
Ca	4s4p	2,03
Sr	5s5p	2,11
Ba	6s6p	2,37
Ra	7s7p	2,92

$$\Delta E(m_J) = g_J \, \mu_B \, B \, m_J . \tag{8.38}$$

Die quantenmechanische Berechnung von g_J ist nicht trivial, weil die Energieverschiebungen proportional zu $g_l m_L$ und $g_s m_S$ sind, m_L und m_S aber keine guten Quantenzahlen sind. Die Häufigkeiten für das Auftreten bestimmter Werte kann man den Clebsch-Gordon-Koeffizienten (5.46) entnehmen. Auf einfachere Weise kann man das Resultat mit Hilfe des Vektormodells zwar nicht sauber berechnen, aber immerhin erraten (siehe aber Aufgabe 8.4): Die Energieverschiebung ist proportional zum Erwartungswert $\langle J_z\rangle$. Weil $\boldsymbol{L}$ um $\boldsymbol{J}$ präzediert und $\boldsymbol{J}$ seinerseits um die zu $\boldsymbol{B}$ parallele z-Achse, vermutet man, dass man zunächst $\boldsymbol{L}$ auf die Richtung von $\boldsymbol{J}$ zu projizieren hat und den resultierenden Vektor auf die z-Achse:

$$\langle L_z\rangle = \frac{\langle J_z\rangle\langle \boldsymbol{L} \cdot \boldsymbol{J}\rangle}{\langle \boldsymbol{J}^2\rangle} . \tag{8.39}$$

Weil $\boldsymbol{J} = \boldsymbol{L} + \boldsymbol{S}$ ist, folgt $\boldsymbol{L} \cdot \boldsymbol{J} = \boldsymbol{L}^2 + \boldsymbol{L} \cdot \boldsymbol{S}$. Die Erwartungswerte der beiden rechts stehenden Größen kennen wir bereits. Setzt man sie ein und das Ergebnis in (8.39), erhält man

$$\langle \boldsymbol{L} \cdot \boldsymbol{J}\rangle = \frac{1}{2}\left(J(J+1) + L(L+1) - S(S+1)\right)\hbar^2$$

$$\langle L_z\rangle = m_J \frac{J(J+1) + L(L+1) - S(S+1)}{2J(J+1)}\hbar .$$

Den Beitrag des Spins ermittelt man analog und es ergibt sich

$$\begin{aligned} g_J = g_l &\frac{J(J+1) + L(L+1) - S(S+1)}{2J(J+1)} \\ + g_s &\frac{J(J+1) + S(S+1) - L(L+1)}{2J(J+1)} . \end{aligned} \tag{8.40}$$

Das ist auch das Ergebnis einer sauberen quantenmechanischen Rechnung. Ein experimentelles Beispiel dazu findet man in Aufgabe 8.3c.

Tabelle 8.6 Zustände des Kohlenstoff-Atoms

Konfiguration	Term	E/hc (cm^{-1})
$2s^2 2p^2$	$^3P_0$ $^3P_1$ $^3P_2$	0 16,4 43,4
	$^1D_2$	10.193
	$^1S_0$	21.648
$2s2p^3$	$^5S_2$	33.735
$2s^2 2p3s$	$^3P_0$ $^3P_1$ $^3P_2$	60.333 60.353 60.393
	$^1P_1$	61.982
$2s2p^3$	$^3D_3$ $^3D_1$ $^3D_2$	64.087 64.090 64.091
$2s^2 2p3p$	$^1P_1$	68.856
	$^3D_1$ $^3D_2$ $^3D_3$	69.689 69.711 69.744
	$^3S_1$	70.744
	$^3P_0$ $^3P_1$ $^3P_2$	71.353 71.365 71.385
	$^1D_2$	72.611
	$^1S_0$	73.976

Angeregte Zustände in Mehr-Elektronen-Atomen. Bisher wurden nur zwei Arten von angeregten Zuständen diskutiert:

1. Aus der obersten besetzten Elektronen-Schale wird ein einziges Elektron angeregt, während alle anderen in der Konfiguration des Grundzustands verbleiben (Helium, Alkali-Atome …).
2. Alle Elektronen befinden sich in der Konfiguration des Grundzustands, nur die Drehimpuls-Kopplung verändert sich (Kohlenstoff …).

Ersteres gibt es natürlich in allen Atomen, meist mit Veränderung der Drehimpuls-Kopplung. Tab. 8.6 ergänzt das Niveau-Schema des Kohlenstoff-Atoms um etliche angeregte Zustände, die energetisch oberhalb der $2s^2 2p^2$-Konfiguration liegen. Man findet zum einen angeregte Zustände, bei denen ein 2p-Elektron in den 3s-Zustand oder den 3p-Zustand angehoben wurde. Weil 3s-Elektronen stärker gebunden sind als 3p-Elektronen, liegen die 2p3s-Zustände unterhalb aller 2p3p-Zustände. Die ^3P-Zustände der 2p3s-Konfiguration liegen unterhalb des ^1P-Zustands, und für erstere ist die Landésche Regel gut erfüllt. Das sieht ganz regulär aus, auch wenn sich die beiden Elektronen in verschiedenen Schalen befinden.

Auf die angeregten 2p3p-Zustände darf man die erste Hundsche Regel aber offensichtlich nicht anwenden. Der Singulett-Zustand $^1P_1$ ist der energetisch niedrigste. Dabei ist zu bedenken: Befänden sich beide p-Elektronen in der gleichen Schale, wäre dieser Zustand durch das Pauli-Prinzip verboten, ebenso die auf ihn folgenden drei ^3D-Zustände und der $^3S_1$-Zustand. Hier spielt der im Anschluss an (8.35) erwähnte Phasenfaktor eine Rolle. Danach ist die Niveau-Folge wieder die gleiche wie bei den untersten fünf Zuständen in der Tabelle mit der Konfiguration $2s^2 2p^2$.

Daneben gibt es etwas Neues: Ein Elektron wird aus der abgeschlossenen 2s-Unterschale in den 2p-Zustand angehoben, wodurch man zur Konfiguration $2s3p^3$ gelangt. Wie man in Tab. 8.6 sieht, liegen die dadurch entstehenden Niveaus irgendwo zwischen den bereits besprochenen. Als energetisch günstigstes der neuen Niveaus wird man eines erwarten, bei dem sich die drei p-Elektronen in der Konfiguration des Stickstoff-Grundzustands befinden. Dessen spektroskopische Notation ist $^4S_{3/2}$ (Aufgabe 8.5). In der Tat wird ein Zustand mit $J = 2$ beobachtet. Er wird als $^5S_2$ mit dem größten Spin $S = 2$ und dem Bahndrehimpuls $L = 0$ interpretiert und entsteht durch die Erzeugung eines 2s-Loches im Stickstoff-Grundzustand. Des weiteren findet man ein Feinstruktur-Triplett $^3D_{3,1,2}$, das aus Stickstoff-Zuständen $^2D_{5/2,3/2}$ (Aufgabe 8.5) durch Wegnahme eines 2s-Elektrons entsteht. Hier ist die Reihenfolge der Feinstruktur-Terme irregulär. Kein Wunder: Die 2s-Unterschale und die 2p-Unterschale sind je zur Hälfte mit Elektronen besetzt, sodass die dritte Hundsche Regel nicht greift. Im Feinstruktur-Triplett $^3D_{1,2,3}$ mit der Konfiguration $2s^2 2p3p$ ist die Term-Reihenfolge hingegen normal, die Feinstruktur-Aufspaltung ist um eine Größenordnung größer und sie erfüllt die Landésche Intervall-Regel.

Das alles ist schon kompliziert genug. Noch wesentlich komplexer werden die Verhältnisse, wenn in einem Atom die Energien aufzufüllender Schalen nahe beieinander liegen, was besonders bei den Nebengruppen des Periodensystems und den Lanthaniden der Fall ist. Dann gibt es noch mehr Konfigurationen, außerdem kommt es zur Anregung mehrerer Elektronen. Damit vergrößert sich die Zahl der möglichen Anregungszustände nochmals erheblich. Man erhält sehr linienreiche Spektren, wie z. B. das Eisen-Spektrum in Abb. 1.3 zeigt.

Intermediäre Kopplung und *jj*-Kopplung

Mit zunehmender Ordnungszahl Z wird das Interkombinationsverbot aufgeweicht. Das zeigt, dass die Orts-

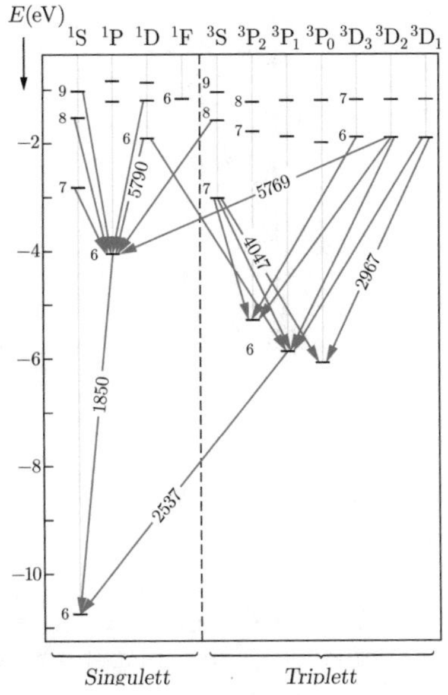

Abbildung 8.10 Termschema des Quecksilbers

und Spinfunktionen nicht mehr separat definierte Symmetrieeigenschaften besitzen, nur noch die Gesamt-Wellenfunktion der Elektronenhülle ist antisymmetrisch und nur noch der Gesamtdrehimpuls J ist eine gute Quantenzahl. Man nennt das **intermediäre Kopplung**. Dennoch behält man auch bei schweren Elementen die für die *LS*-Kopplung entwickelte Termbezeichnung (8.29) bei. Ein eklatantes Beispiel für die Verletzung des Interkombinationsverbots ist die „Interkombinationslinie" des Quecksilbers bei $\lambda = 253{,}7\,\text{nm}$, die uns schon öfters begegnet ist und die dafür sorgt, dass Leuchtstoffröhren leuchten. Wie man im Termschema (Abb. 8.10) erkennt, ist die Feinstruktur-Aufspaltung der 6^3P-Terme schon fast so groß wie die Energiedifferenz $6^1\text{P} - 6^3\text{P}$.

Bei gewissen Konfigurationen der Elektronenhülle findet man bei schweren Elementen einen anderen Kopplungstyp: Die Spin-Bahn-Kopplung der einzelnen Elektronen setzt sich gegen die *LS*-Kopplung durch und die Gesamt-Drehimpulse der einzelnen Elektronen koppeln zum Gesamt-Drehimpuls der Hülle:

$$\boldsymbol{l}_i + \boldsymbol{s}_i = \boldsymbol{j}_i\,, \quad \boldsymbol{j}_1 + \boldsymbol{j}_2 + \cdots = \boldsymbol{J}\,. \tag{8.41}$$

In Abb. 8.11 ist die Termlage der *LS*-Kopplung mit der Termlage bei *jj*-Kopplung verglichen. Man sieht, dass die 6P-Terme (Konfiguration 6s 6p) des Quecksilbers noch eher der *LS*-Kopplung entsprechen. Dagegen findet man beim Blei in der Konfiguration 6p 7s praktisch rein die in Abb. 8.11 gezeigte *jj*-Kopplung.

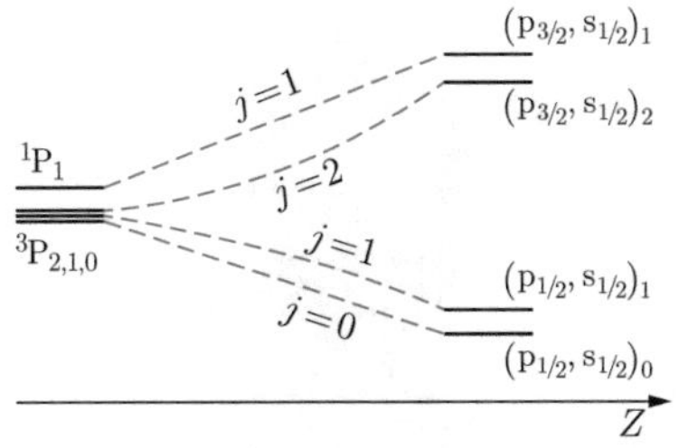

Abbildung 8.11 Termlage bei *LS*- und bei *jj*-Kopplung bei einem Zwei-Elektron-System in einer sp-Konfiguration. *Links*: *LS*-Kopplung, *rechts*: *jj*-Kopplung

8.5 Hybridisierung von Wellenfunktionen

Wenn man sich Tab. 8.1 und Abb. 8.4 genauer anschaut, stellt man fest, dass die dort angegebenen Elektronen-Konfigurationen nicht recht stimmen können, wenn ein Atom an ein oder mehrere andere gebunden ist. Ein eklatantes Beispiel ist das C-Atom. Wieso führt die Elektronenkonfiguration $2s^2 2p^2$ zu vier ganz gleichwertigen Valenzen, wie man sie z. B. im Methanmolekül CH_4 findet? Man bemerkt auch, dass das sehr auffällige Phänomen der ***gerichteten*** chemischen Bindungskräfte nicht mit den Wellenfunktionen, die wir bisher kennengelernt haben, befriedigend erklärt werden kann.

Wir haben bisher die Winkelanteile der Wellenfunktionen mit den Quantenzahlen l und m charakterisiert, wir sind also von Wellenfunktionen $Y_{l,m}$ ausgegangen. Eine solche Darstellung ist jedoch keineswegs eindeutig vorgegeben, man kann auch ***Überlagerungen*** von Wellenfunktionen $Y_{l,m}(\vartheta, \varphi)$ verwenden. Das nennt man eine **Hybridisierung** von Zuständen. Wir werden sogleich sehen, dass damit die eben angesprochenen Probleme gelöst werden können.

p_x, p_y, p_z-Wellenfunktionen

Als p-Wellenfunktionen haben wir bisher $Y_{1,-1}(\vartheta, \varphi)$, $Y_{1,+1}(\vartheta, \varphi)$ und $Y_{1,0}(\vartheta, \varphi)$ verwendet. Die räumliche Struktur $Y_{1,0}$ wird dargestellt durch zwei Keulen in Richtung der z-Achse (Abb. 7.6), sie wird deshalb auch p_z-Wellenfunktion genannt. Man kann nun auch Wellenfunktionen p_x und p_y konstruieren, die entsprechende Strukturen in x- und y-Richtung aufweisen (Abb. 8.12):

$$p_x = \frac{1}{\sqrt{2}}\left(Y_{1,-1}(\vartheta, \varphi) - Y_{1,+1}(\vartheta, \varphi)\right)\,, \tag{8.42}$$

$$p_y = \frac{1}{\sqrt{2}}\left(Y_{1,-1}(\vartheta, \varphi) + Y_{1,+1}(\vartheta, \varphi)\right)\,. \tag{8.43}$$

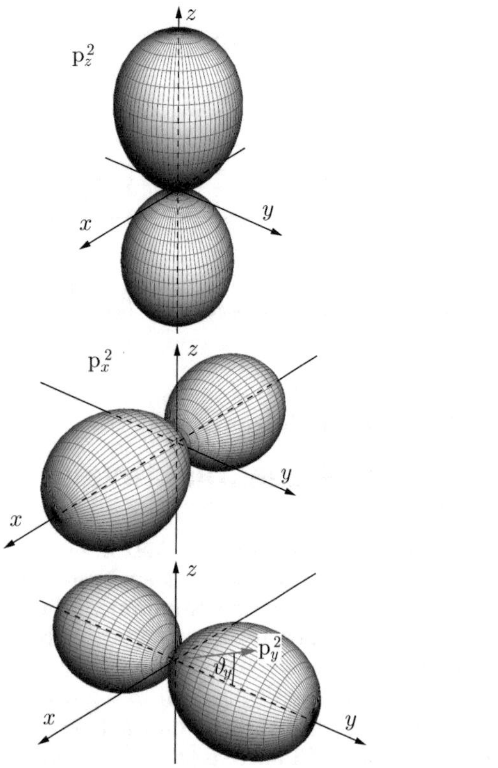

Abbildung 8.12 Räumliches Polardiagramm der Funktionen p_x^2, p_y^2 und p_z^2. Die Länge des Pfeils vom Nullpunkt zur Oberfläche des Körpers ist proportional zu p_x^2, p_y^2 bzw. p_z^2

Zum Beweis setzen wir für $Y_{1,-1}$ und $Y_{1,+1}$ die in Tab. 5.2 angegebenen Ausdrücke ein. Damit erhalten wir:

$$p_x = \sqrt{\frac{3}{16\pi}} \sin\vartheta (e^{-i\varphi} + e^{i\varphi}) = \sqrt{\frac{3}{4\pi}} \sin\vartheta \cos\varphi \,,$$

denn es ist $e^{-i\varphi} + e^{i\varphi} = 2\cos\varphi$. Mit Abb. 8.13 erhält man

$$\sin\vartheta = \frac{\rho}{r} \,, \quad \cos\varphi = \frac{x}{\rho} \,, \quad \sin\vartheta\cos\varphi = \frac{x}{r} = \cos\vartheta_x \,.$$

(8.42) nimmt also die Form an

$$p_x = \sqrt{\frac{3}{4\pi}} \cos\vartheta_x \,. \tag{8.44}$$

Entsprechend berechnet man mit (8.43):

$$p_y = \sqrt{\frac{3}{4\pi}} \cos\vartheta_y \,. \tag{8.45}$$

Das ist mit ($\vartheta = \vartheta_z$) ganz analog zu dem Ausdruck für $Y_{1,0}(\vartheta, \varphi)$:

$$p_z = \sqrt{\frac{3}{4\pi}} \cos\vartheta_z \,. \tag{8.46}$$

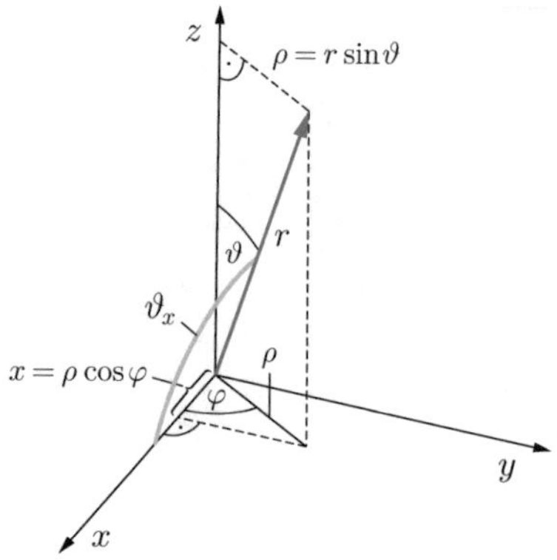

Abbildung 8.13 Zur Ableitung von (8.44)

In einem Ein-Elektronen-System, z. B. im H-Atom, sind die Wellenfunktionen p_x, p_y, p_z energetisch vollkommen gleichwertig mit den nach verschiedenen m-Werten sortierten $Y_{1,m}(\vartheta, \varphi)$: Da keine Richtung im Raum ausgezeichnet ist, haben alle diese Zustände die gleiche Energie.

Das kann u. U. auch bei einem Mehr-Elektronen-Atom noch der Fall sein: Beispielsweise besitzt das Stickstoff-Atom im Grundzustand drei 2p-Elektronen mit den magnetischen Quantenzahlen $m = 0$ und ± 1 (Aufgabe 8.5). Weil die Sätze von Zuständen p_x, p_y, p_z und $Y_{1,m}(\vartheta, \varphi)$ durch lineare Transformationen ineinander übergehen, sind beide Sätze zur Beschreibung des Stickstoff-Grundzustands völlig äquivalent. Das ändert sich, wenn sich einem Stickstoff-Atom ein Fremdatom nähert: Die chemische Bindungskraft wird durch die p-Elektronen verursacht. Es bildet sich eine Elektronenbrücke zum Nachbar-Atom, sodass die ursprüngliche Rotationssymmetrie und Spiegelungs-Symmetrie des Atoms gebrochen werden. Nun sind die p_x, p_y, p_z-Zustände als Ausgangszustände für den Aufbau eines Moleküls energetisch günstiger. Zu drei gebundenen Nachbar-Atomen sind dann die anziehenden Kräfte senkrecht zueinander

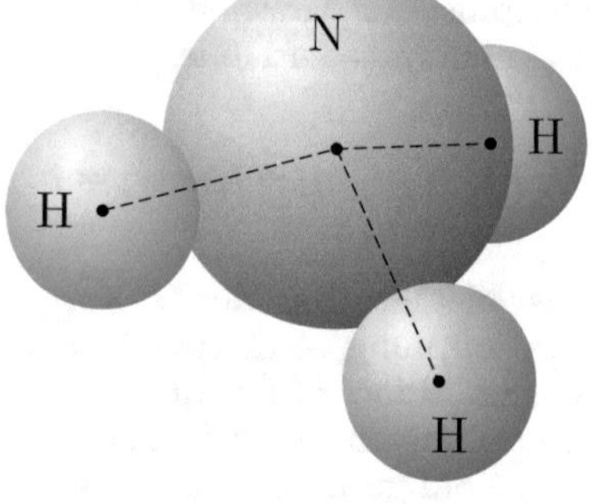

Abbildung 8.14 Geometrische Form des NH_3-Moleküls. Die eingezeichneten Kugeln sind eine Illustration der Elektronenwolken vor der Bildung des Moleküls

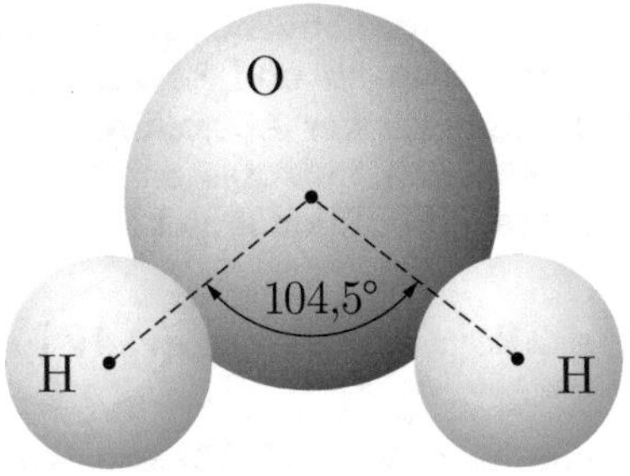

Abbildung 8.15 Geometrische Form des H_2O-Moleküls

gerichtet. Das erklärt z. B. die eigenartige Struktur des NH_3-Moleküls (Abb. 8.14).

Können die H-Atome ihre Positionen relativ zum Stickstoff-Atom verändern? Gleichzeitig alle drei: Das N-Atom kann wegen des Tunneleffekts durch die von den H-Atomen aufgespannte Ebene gelangen. Deshalb ist der molekulare Grundzustand energetisch aufgespalten. Die Energiedifferenz entspricht der Frequenz der sogenannten **Inversionsschwingung** bei 24 GHz, die im Stickstoff-Maser eine Anwendung gefunden hat.

Was geschieht, wenn beim Übergang von Stickstoff zum Sauerstoff ein viertes Elektron im 2p-Zustand untergebracht werden muss? Es muss notgedrungen in einem der bereits besetzten Zustände p_x, p_y oder p_z eingebaut werden (mit entgegengesetzter Spinrichtung), und deshalb nimmt die Ionisierungsenergie gegenüber dem Stickstoff ab. Das gleiche Phänomen wiederholt sich auch an anderen Stellen im Periodensystem, wenn ein viertes p-Elektron eingebaut werden muss (Abb. 8.6). Wir hatten darauf schon am Ende von Abschn. 8.3 aufmerksam gemacht.

Im Sauerstoff-Atom stehen jetzt für kovalente Bindungen nur noch zwei Elektronen, z. B. die mit den Wellenfunktionen p_x und p_y zur Verfügung. Damit haben wir eine Erklärung für die abgewinkelte Struktur des H_2O-Moleküls gefunden, also auch für das elektrische Dipolmoment dieses Moleküls (Abb. 8.15). Dass der Winkel etwas größer als 90° ist, liegt an der Coulombschen Abstoßung der beiden Protonen.

s-p-Hybridisierung im C-Atom

Wir wollen uns nun der Frage zuwenden, wie die Gleichwertigkeit der Außenelektronen bei vierwertigen Verbindungen des Kohlenstoff-Atoms zu erklären ist. Nach Tab. 8.1 wäre die Elektronenkonfiguration $2s^2\ 2p^2$. Es ist nicht einzusehen, wie die s-Elektronen in gleicher Weise chemische Bindungen eingehen können wie die p-Elektronen. Man kann aber aus den drei Winkelfunktionen p_x, p_y, p_z und aus $s = Y_{0,0}$ vier Wellenfunktionen

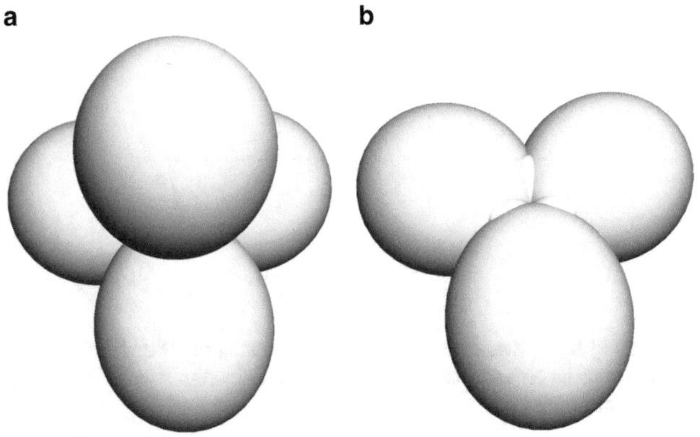

Abbildung 8.16 Dreidimensionale Darstellung der Winkelabhängigkeit der Elektronendichte für vier gleichwertige hybridisierte 2s und 2p-Zustände im C-Atom (Polardiagramm wie in Abb. 8.12). **a** Vollständiges Bild, **b** Nach Wegnahme einer Wellenfunktion

bilden, die für den Aufbau einer chemischen Verbindung energetisch günstiger sind, und man kann sogar eine Konfiguration finden, in der sie energetisch und geometrisch gleichwertig sind. Die keulenförmigen Elektronendichten aus Abb. 8.12 werden dann in Achsenrichtung asymmetrisch und die Keulenachsen zeigen vom Mittelpunkt des C-Atoms zu den Ecken eines Tetraeders. Sie bilden miteinander räumliche Winkel von 120°. Die Richtung einer der Keulen kann man willkürlich wählen, wir nehmen die z-Achse. Die zweite Keule kann man in die x, z-Ebene legen, die übrigen zwei ergeben sich durch eine Drehung der zweiten Keule um $\pm 120°$ um die z-Achse. Die entstehende tetraedrische Struktur ist in Abb. 8.16a dargestellt.

Rechnerisch lässt sich zeigen, dass die vier Zustände durch den Satz von Gleichungen

$$\begin{aligned} \psi_1 &= \frac{1}{2}\left(s + \sqrt{3}\,p_z\right) ,\\ \psi_2 &= \frac{1}{2}\left(s + 2\sqrt{\frac{2}{3}}\,p_x - \frac{1}{\sqrt{3}}\,p_z\right) ,\\ \psi_3 &= \frac{1}{2}\left(s - \sqrt{\frac{2}{3}}\,p_x + \sqrt{2}\,p_y - \frac{1}{\sqrt{3}}\,p_z\right) ,\\ \psi_4 &= \frac{1}{2}\left(s - \sqrt{\frac{2}{3}}\,p_x - \sqrt{2}\,p_y - \frac{1}{\sqrt{3}}\,p_z\right) \end{aligned} \tag{8.47}$$

beschrieben werden, und dass diese Funktionen durch räumliche Drehungen ineinander überführt werden können. Wenn ein C-Atom eine Vierfachbindung eingeht, ist seine Elektronenkonfiguration also nicht (wie in Tab. 8.1 und Abb. 8.4 angegeben) $1s^2, 2s^2, 2p^2$, sondern

$$1s^2,\ 2\psi_1^1\,\psi_2^1\,\psi_3^1\,\psi_4^1 \,. \tag{8.48}$$

Durch die Überlagerung der kugelsymmetrischen s-Wellenfunktion mit den p-Wellenfunktionen entstehen

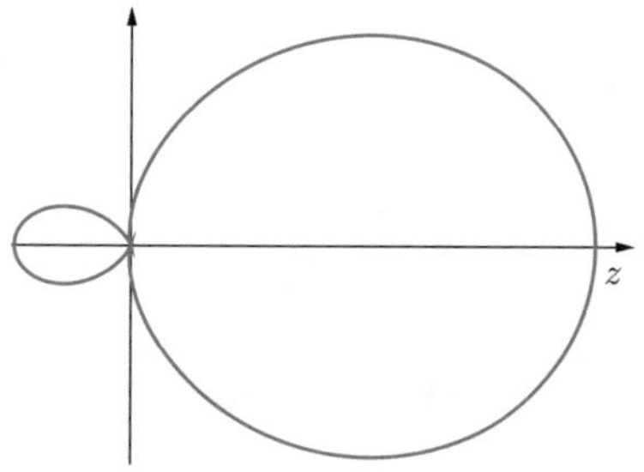

Abbildung 8.17 Zweidimensionales Polardiagramm der Dichteverteilung eines Elektrons im tetraedrisch symmetrischen hybridisierten $n = 2$-Zustand des Kohlenstoff-Atoms (siehe auch Abb. 8.16)

sehr unsymmetrisch verteilte Aufenthaltswahrscheinlichkeiten. In Abb. 8.16a sind die schwächeren „Rückwärtsteile" der Elektronenkeulen durch die großen „Vorwärtsteile" verdeckt. Man erkennt ihre Existenz, wenn man einen Zustand in der Zeichnung weg lässt, in Abb. 8.16b z. B. den Zustand ψ_1. Quantitativ liest man die Asymmetrie aus der ersten Gleichung (8.47) ab: Das Polardiagramm der Elektronendichte $|\psi_1|^2 \propto (\mathrm{s} + \sqrt{3}\,\mathrm{p}_z)^2 \propto (1 + 3\cos\vartheta)^2$ ist in Abb. 8.17 gezeigt.

Es ist vielleicht überraschend, dass es physikalisch sinnvoll ist, Wellenfunktionen verschiedenen Bahndrehimpulses zu überlagern, wie in (8.47) geschehen. Dabei ist zu bedenken, dass der Drehimpuls eines einzelnen Elektrons nicht erhalten ist und daher keine gute Quantenzahl ist. Nur der Gesamtdrehimpuls eines Atoms oder Moleküls ist erhalten.

Die hybridisierten Zustände (8.47) beschreiben ***keine*** Niveaus des ***freien*** C-Atoms, sie bilden sich erst, wenn sich dem C-Atom ein anderes Atom nähert und beide eine chemische Bindung eingehen. Die hybridisierten Kohlenstoff-Zustände hybridisieren ihrerseits mit Wellenfunktionen des Nachbaratoms, wodurch sich die Elektronenbrücken zwischen den Atomen bilden. Zu ihnen tragen das C-Atom und sein Nachbar je ein Elektron (ununterscheidbar) bei. Diese Elektronen halten sich gleichzeitig in beiden Atomen auf. Wir betrachten zunächst ein einfach geladenes Molekül-Ion, dem eines dieser Elektronen fehlt. Bildet man aus den atomaren Wellenfunktionen $\phi_A(\boldsymbol{r})$ (A = Kohlenstoff) und $\phi_B(\boldsymbol{r})$ (B = zweites Atom) als molekulare Näherungslösung eine lineare Superposition $\alpha\phi_A(\boldsymbol{r}) + \beta\phi_B(\boldsymbol{r})$, erhält man als Coulomb-Energie eines einzelnen Elektrons relativ zu zwei Atomkernen:

$$\begin{aligned}&\int \left(|\alpha|^2|\phi_A(\boldsymbol{r})|^2 + |\beta|^2|\phi_B(\boldsymbol{r})|^2\right)\left(V_A(\boldsymbol{r}) + V_B(\boldsymbol{r})\right)\mathrm{d}V \\ &+ 2\,\mathrm{Re}\int \alpha^*\phi_A^*(\boldsymbol{r})\,\beta\phi_B(\boldsymbol{r})\left(V_A(\boldsymbol{r}) + V_B(\boldsymbol{r})\right)\mathrm{d}V\,.\end{aligned} \tag{8.49}$$

Diese Energie hängt vom angenommenen Abstand zwischen den Atomkernen ab und ist zusammen mit der kinetischen Energie und der Abstoßung der Atomkerne als Atom-Atom-Potential aufzufassen. Die Normierungsbedingung der Wellenfunktion lautet

$$|\alpha|^2 + |\beta|^2 + 2\,\mathrm{Re}\Big(\alpha^*\beta \int \phi_A^*(\boldsymbol{r})\,\phi_B(\boldsymbol{r})\,\mathrm{d}V\Big) = 1\,. \tag{8.50}$$

Die zweite Zeile in (8.49) ist charakteristisch dafür, dass sich das Elektron gleichzeitig an beiden Kernen aufhält. Man kann α willkürlich als reelle positive Zahl wählen und muss α und β mit der Bedingung (8.50) so bestimmen, dass die Gesamtenergie minimal wird. Es werde angenommen, dass beide Atomkerne auf der z-Achse liegen. Die Radialfunktionen aus Tab. 7.2 und die Wellenfunktion in der obersten Zeile von (8.47) sind reell. Die Coulomb-Potentiale V_A und V_B sind negativ. Der Integrand des zweiten Summanden in (8.49) ist dann im Durchschnitt negativ, wenn die Funktionen $\alpha\phi_A$ und $\beta\phi_B$ an den Stellen, an denen beide groß sind, überwiegend das gleiche Vorzeichen haben. Das ist für die hybridisierte C-Wellenfunktion und die 1s-Wellenfunktion des H-Atoms der Fall. Die Gesamtenergie wird kleiner als die Energie, die das Elektron entweder im Atom A oder im Atom B hätte und erreicht bei einem bestimmten Kern-Kern-Abstand ein Minimum. Der Effekt vergrößert sich, wenn sich ein zweites Elektron auf der gleichen molekularen Bahn befindet. Die Coulomb-Abstoßung der Elektronen wird insgesamt überkompensiert und es entsteht ein elektrisch neutrales Molekül. Zur Wahrung des Pauli-Prinzips ist es dann nötig, dass die Spin-Wellenfunktion der beiden Elektronen antisymmetrisch bei deren Vertauschung ist. Die Spins der bindenden Elektronen sind also im Falle der C-C- oder der C-H-Bindung antiparallel zueinander gerichtet.

Mit der in Abb. 8.16 gezeigten Konfiguration ist die geometrische Struktur des CH_4-Moleküls auf natürliche Weise erklärt. Auch die chemische Bindung im Molekül C_2H_6 (Äthan) lässt sich mit diesen Wellenfunktionen beschreiben. Wie sieht aber die Elektronenkonfiguration des C-Atoms in den Molekülen C_2H_4 (Äthylen) und C_2H_2 (Azethylen) aus? In diesen Fällen (Zweifach- und Dreifach-Bindung der C-Atome) muss man zu anderen Hypbridisierungen der s- und p-Wellenfunktionen greifen; wie diese aussehen, wollen wir der Organischen Chemie überlassen.

Der in der Chemie übliche Ausdruck „Orbitale" bedeutet nichts anderes als „Wellenfunktion"; nur denkt der Physiker bei der Winkelabhängigkeit von Wellenfunktionen in erster Linie an die Funktionen $Y_{l,m}(\vartheta, \varphi)$, während der Chemiker die Bezeichnungen s-, p- und d-„Orbitale" verwendet.

Übungsaufgaben

8.1. Atom mit einem Valenzelektron. Der Grundzustand des Ca^+-Ions besitzt ***ein*** Elektron in der 4s-Schale, das mit einer Energie von 11,87 eV gebunden ist. Welche Bindungsenergien erwartet man für die Zustände, bei denen das Elektron in die 5s- bzw. 6s-Schale angeregt ist? (Hinweis: Im Grenzfall hoher Hauptquantenzahlen n sind die Zustände des Ca^+-Ions Analoga zu den Zuständen eines „Wasserstoff-Atoms" mit der Kernladungszahl $Z = 2$. Drücken Sie die Bindungsenergien durch die Ionisationsenergie $E_B = 13,6\,\text{eV}$ des normalen Wasserstoff-Atoms aus.)

8.2. Chemische Wertigkeit. Welche Oxidationsstufen kann das Mangan-Atom ($Z = 25$) in chemischen Verbindungen annehmen und wie erklärt sich das aus der Elektronenkonfiguration? Beispiele: $KMnO_4$, MnO_2 und MnO. Sind auch chemische Verbindungen mit ***negativen*** Oxidationsstufen denkbar?

8.3. *LS*-Kopplungsschema für zwei Elektronen. Das Ca-Atom besitzt im Grundzustand die Elektronenkonfiguration $(3s)^2(3p)^6(4s)^2$. Drei nahe benachbarte angeregte Zustände besitzen die Konfiguration $(3s)^2(3p)^6(4s)(3d)$. Für deren Anregungsenergien gilt $E/(hc) = 20\,335,3\,\text{cm}^{-1}$, $20\,349,2\,\text{cm}^{-1}$ und $20\,371,0\,\text{cm}^{-1}$.

a) Welches sind die Drehimpulse dieser Zustände und wie lauten die spektroskopischen Notationen?

b) Entspricht die beobachtete Feinstruktur-Aufspaltung dem *LS*-Kopplungsschema?

c) Welche magnetischen Momente in Einheiten des Bohrschen Magnetons erwartet man für diese Zustände? (Zum Vergleich: Die gemessenen Landé-Faktoren sind 0,591, 1,162 und 1,329.)

8.4. Landé-Faktor in Atomen mit *LS*-Kopplung. Falls $J = L + S$ ist, kann man die Aufspaltung des Niveaus im Magnetfeld als Funktion der magnetischen Quantenzahl m_J auf elementare Weise berechnen, weil für $m_J = \pm J$ gilt: $m_L = \pm L$ und $m_S = \pm S$. Zeigen Sie, dass das Resultat mit (8.40) übereinstimmt.

8.5. *LS*-Kopplungsschema für drei Elektronen. Das freie Stickstoff-Atom besitzt in den energetisch tiefsten Zuständen die Konfiguration $(2s)^2(2p)^3$, es gibt also drei Valenzelektronen in der p-Schale.

a) Wie viele Möglichkeiten gibt es insgesamt, die magnetischen Bahn- und Spin-Quantenzahlen m_l und m_s dieser drei Elektronen so zu wählen, dass keine Doppelbesetzung der p-Zustände stattfindet?

b) Welche magnetischen Quantenzahlen m_l müssen die drei Elektronen ***bei gleicher Spin-Quantenzahl*** m_s besitzen? Welche Symmetrie muss diese Funktion bei Vertauschung zweier Elektronen haben und wie groß ist der Gesamtbahndrehimpuls? Wie lautet die Bahndrehimpuls-Wellenfunktion? Welcher Gesamtspin S und welcher Gesamtdrehimpuls J ergeben sich?

c) Warum kann der Gesamt-Bahndrehimpuls nicht $L = 3$ sein? Welcher Gesamtspin, welche Gesamtbahndrehimpulse und welche Gesamtdrehimpulse sind für drei p-Elektronen außer b) noch mit dem Pauli-Prinzip verträglich? Wie sind die spektroskopischen Notationen dieser Zustände?

d) Was lässt sich im Rahmen des *LS*-Kopplungsschemas über die energetische Reihenfolge der Zustände aus b) und c) sagen?

8.6. Zeeman-Effekt. Im Zn-Atom gibt es drei elektromagnetische Übergänge mit den Wellenlängen 4680 Å, 4722 Å und 4810 Å, die vom ^3S-Zustand mit der Konfiguration (4s)(5s) zum Feinstruktur-Triplett ^3P mit der Konfiguration (4s)(4p) führen. Diese Linien spalten beim Zeeman-Effekt in mehrere Komponenten auf. Wie viele sind es jeweils?

8.7. Zu den Zwei-Teilchen-Wellenfunktionen. Man konstruiere Zwei-Teilchen-Wellenfunktionen als Determinanten (8.26), in die man Zustände ϕ_i, $\chi_\updownarrow$ einsetzt, die sich in den Bahn- oder Spin-Quantenzahlen (oder beiden) unterscheiden. Auf welche Weise erhält man die Zustände (8.32) und (8.31) mit $m_S = 0$?

Charakteristische Röntgenstrahlung

9

J. Heintze / P. Bock (Hrsg.), *Lehrbuch zur Experimentalphysik Band 5: Quantenphysik*, https://doi.org/10.1007/978-3-662-58626-6_9

In Abschn. 1.3 haben wir festgestellt, dass eine Röntgenröhre ein kontinuierliches Spektrum emittiert, dem einige scharfe Linien überlagert sind (Abb. 1.23). Wir haben den kontinuierlichen Teil des Spektrums, die Bremsstrahlung, bereits in Abschn. 1.3 und Abschn. 2.2 diskutiert. Nun wollen wir uns mit dem Linienspektrum, der sogenannten „charakteristischen Strahlung" befassen. Der Name kommt daher, dass die Lage der Linien charakteristisch ist für das Material, aus dem die Anode der Röntgenröhre besteht, es handelt sich also um eine Ausstrahlung der Atome des Anodenmaterials. Die hohe Quantenenergie (gewöhnlich im Bereich von einigen keV) weist darauf hin, dass die Strahlung nichts mit den Valenzelektronen zu tun hat, sondern aus dem Innern der Atomhülle stammt. Die charakteristische Röntgenstrahlung ist also für das Verständnis der Atomhülle ein wichtiger und sehr nützlicher Effekt.

Es wird gezeigt, wie man mit der charakteristischen Röntgenstrahlung die Kernladungszahl messen kann, wie man die Spektren klassifiziert, wie man die charakteristische Strahlung anregen kann und wie man sie spektroskopiert. In Konkurrenz zur Emission der charakteristischen Strahlung steht die Emission eines Elektrons aus der Atomhülle. Dieser „Auger-Effekt" wird im dritten Abschnitt behandelt. Am Schluss des Kapitels geht es um die Absorption von Röntgenstrahlung durch Atome. Dabei wird auch diskutiert, wie der Kontrast auf den Röntgenaufnahmen physikalisch zustande kommt.

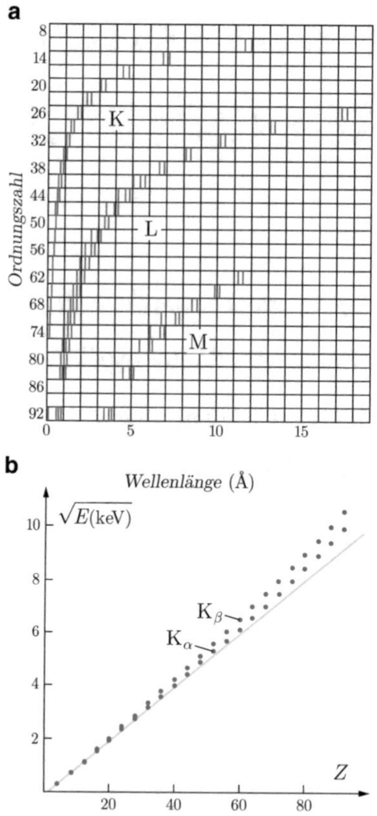

Abbildung 9.1 **a** Röntgenspektren verschiedener Elemente, nach M. Siegbahn (1925). *K*, *L*, *M*: Spektralserien. Die *eingezeichneten Balken* sind jeweils den angegebenen Ordnungszahlen zuzuordnen. **b** Zum Moseleyschen Gesetz (K-Strahlung). Aufgetragen ist hier die Wurzel aus der Quantenenergie. *Ausgezogene Linie*: berechnet mit (9.3)

9.1 Das Spektrum der charakteristischen Strahlung

Das Moseleysche Gesetz

Die erste systematische Untersuchung der charakteristischen Röntgenstrahlung wurde von dem englischen Physiker Moseley[1] durchgeführt. Moseley fand heraus, dass die Röntgenspektren aller Elemente die gleiche, relativ einfache Struktur aufweisen (ganz im Gegensatz zu den optischen Spektren), und dass sich die entsprechenden Linien verschiedener Elemente in guter Näherung durch eine einfache Formel darstellen lassen:

$$\sqrt{\nu} = K_1(Z - K_2)\,, \tag{9.1}$$

wobei K_1 und K_2 Konstanten sind und Z die Ordnungszahl des Elements ist (Abb. 9.1). Er erkannte auch sogleich die enorme theoretische und praktische Bedeutung dieser Formel: Das Moseleysche Gesetz (9.1) bietet die Möglichkeit, die Ordnungszahl Z ***experimentell*** festzustellen, wovon Moseley auch alsbald Gebrauch machte: Er brachte das Periodensystem der chemischen Elemente in Ordnung, insbesondere im Bereich der seltenen Erden. Das Moseleysche Gesetz weist darauf hin, dass die ***innere*** Struktur der Atomhüllen durch das Bohrsche Atommodell beschrieben werden kann. Wir werden dies sogleich genauer untersuchen.

[1] Henry Gwyn Moseley (1887–1915), mit 23 Jahren Assistent Rutherfords, ein hochbegabter junger Experimentalphysiker. Er fiel als britischer Soldat dem 1. Weltkrieg zum Opfer.

K-, L- und M-Strahlung

Die Röntgenspektren lassen sich in verschiedene Serien einteilen (vgl. auch Abb. 9.1): Bei jedem chemischen

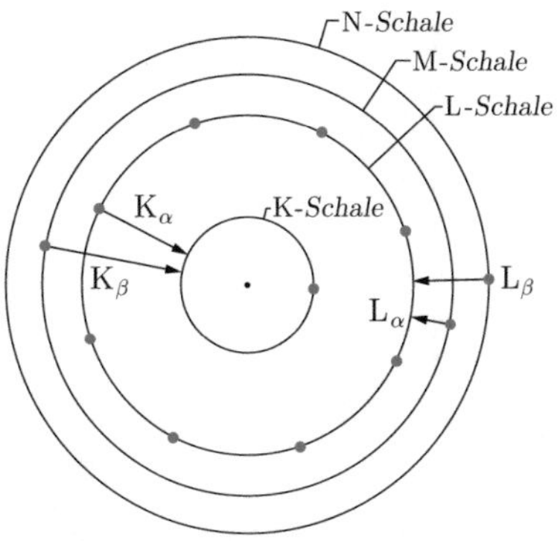

Abbildung 9.2 Entstehung der charakteristischen Röntgenstrahlung (symbolische Darstellung)

Element bildet die Liniengruppe mit der höchsten Frequenz die K-Serie, die nächste die L-Serie, dann kommt die M- und die N-Serie. Die höheren Serien treten nur bei schweren Elementen auf. Die Interpretation ist in Abb. 9.2 gegeben: Durch den Elektronenbeschuss in der Röntgenröhre wird ein Loch in einer der inneren Schalen des Atoms gebildet (ein Elektron wird herausgeschlagen). Der frei gewordene Platz wird durch ein Elektron aus einer der äußeren Schalen aufgefüllt und die freiwerdende Energie wird auf ein Photon übertragen. Für dessen Frequenz gilt genau wie bei optischen Spektren die Bohrsche Formel (2.41):

$$h\nu = E_i - E_f \,,$$

wobei E_i die Energie des Anfangszustand, E_f die des Endzustands ist. Bei der K-Serie springt das Elektron in die K-Schale, bei der L-Serie in die L-Schale und so fort. Die Bezeichnung dieser Schalen, die wir schon in Abb. 8.2 eingeführt haben, stammt übrigens de facto aus der Röntgenspektroskopie.

Man kann die Moseley-Formel (9.1) mit dem Bohrschen Atommodell reproduzieren, wenn man in der Bohrschen Formel für die Energieniveaus (7.19) Z durch eine effektive Kernladungszahl

$$Z_{\text{eff}} = Z - \sigma \tag{9.2}$$

ersetzt. σ ist eine Konstante, die die Abschirmung der Kernladung durch die Elektronenwolke berücksichtigen soll. (Wir hatten in (8.5) das gleiche etwas weniger pauschal durch Einführung des Potentials $V'(r)$ erreicht). Man kann die Abschirmkonstanten durch Anpassung an die Daten experimentell bestimmen und erhält dann für die Frequenz und die Energie der Röntgenlinien folgende Näherungsformeln:

$$\begin{aligned} \nu_{K_\alpha} &= c R_\infty (Z - 1{,}2)^2 \left(\frac{1}{1^2} - \frac{1}{2^2}\right) , \\ E_{K_\alpha} &= 0{,}75 \cdot 13{,}6\,(Z - 1{,}2)^2\,\text{eV} , \end{aligned} \tag{9.3}$$

$$\begin{aligned} \nu_{L_\alpha} &= c R_\infty (Z - 7{,}4)^2 \left(\frac{1}{2^2} - \frac{1}{3^2}\right) , \\ E_{L_\alpha} &= 0{,}14 \cdot 13{,}6\,(Z - 7{,}4)^2\,\text{eV} , \end{aligned} \tag{9.4}$$

und so fort. Innerhalb jeder Serie werden die Linien mit griechischen Buchstaben gekennzeichnet, wie aus Abb. 9.2 ersichtlich ist. Die empirischen Werte $\sigma_K \approx 1{,}2$, $\sigma_L \approx 7{,}4$ stimmen recht gut mit der naiven Erwartung überein, dass die Abschirmung im Wesentlichen gegeben ist durch die Zahl der Innenelektronen, die nach der Ionisation der betreffenden Schale noch vorhanden sind.

Anregung charakteristischer Röntgenstrahlung

Wie erzeugt man ein Loch in der K-Schale eines Atoms? Dafür gibt es eine ganze Reihe von Methoden.

Elektronenstoß: Diese Methode kennen wir bereits; durch Elektronenstoß wird die charakteristische Strahlung in der Röntgenröhre erzeugt.

α-Strahlen: Durch Stöße energiereicher Ionen, z. B. durch α-Strahlen, kann man ebenfalls Löcher in der K-Schale erzeugen. Diese Methode hat sogar einen sehr großen Vorteil: ein radioaktives Präparat ist wesentlich kleiner als eine Röntgenanlage und braucht auch keine Energieversorgung. Man kann durch Beschuss mit α-Strahlen und durch Spektroskopie der ausgelösten Röntgenstrahlung chemische Analysen durchführen. Mit diesem Verfahren wurde z. B. die Oberfläche des Mondes chemisch analysiert.

Elektroneneinfang: Ein kernphysikalischer Prozess, bei dem charakteristische Röntgenstrahlung entsteht, ist der Elektroneneinfang (I/17.32). Der Kern absorbiert dabei ein Elektron, und zwar vorzugsweise aus der K-Schale, denn die K-Elektronen haben die größte Aufenthaltswahrscheinlichkeit am Kernort (Abb. 7.5). Man benutzt entsprechende radioaktive Präparate mitunter im Labor als Quelle für Röntgenstrahlen, z. B. das Isotop ^{55}Fe:

$$^{55}\text{Fe} + \text{e}^- \to {}^{55}\text{Mn} + \nu + \text{Photon} \,, \tag{9.5}$$

wobei das Photon die Energie der Mangan-K-Strahlung (5,36 keV) hat. Solche Röntgenstrahlungsquellen sind sehr handlich, aber in der Intensität der Röntgenröhre um viele Größenordnungen unterlegen.

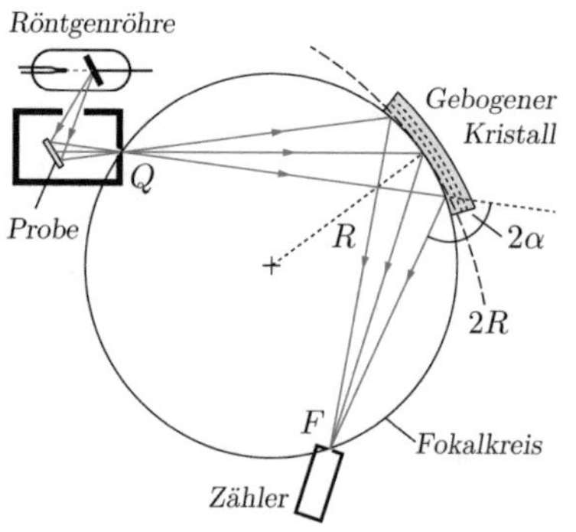

Abbildung 9.3 Röntgenspektrometer mit gebogenem Kristall

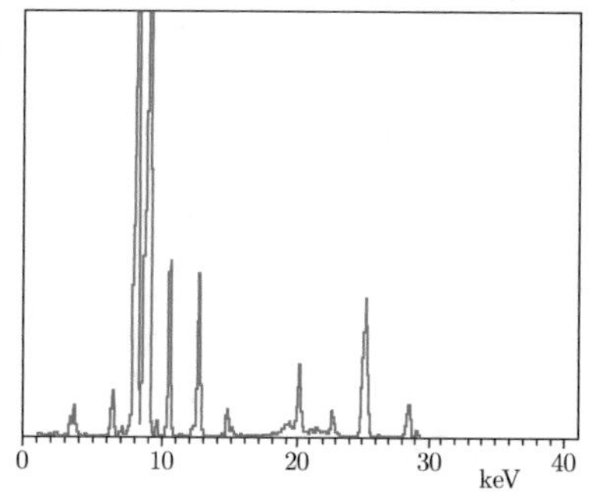

Abbildung 9.4 Röntgen-Fluoreszenz-Spektrum eines römischen Bronzekrugs. Ergebnis: Fe 1,1 %, Cu 71,3 %, Zn 5,7 %, Sn 14,4 %, Pb 7,1 %. Aus der Analyse lassen sich Rückschlüsse auf Herkunft und Fertigungstechnik ziehen. (Aufnahme J. Lutz, Forschungsstelle Archäometrie der Heidelberger Akademie der Wissenschaften am Max-Planck-Institut für Kernphysik, Heidelberg)

Photoeffekt: Die Substanz wird mit Röntgenstrahlen bestrahlt. Die primäre Strahlung wird durch Photoeffekt absorbiert. Wenn die Energie dazu ausreicht, werden vorzugsweise Elektronen aus der K-Schale ausgelöst. Die nachfolgende charakteristische Strahlung wird als **Röntgen-Fluoreszenzstrahlung** bezeichnet. Diese sehr effektive Methode wird in der Röntgenspektroskopie und in der chemischen Analytik vorzugsweise eingesetzt.

Thermische Anregung: Bei sehr hohen Temperaturen können Löcher in den inneren Schalen der Atome auch bei gaskinetischen Stößen entstehen. Man kann leicht ausrechnen, dass z. B. zur Erzeugung einer Energie von 2,5 keV eine Temperatur von $3 \cdot 10^7$ K erforderlich ist. Der Nachweis thermisch angeregter Röntgenstrahlung dient als „Thermometer" für extrem hohe Temperaturen, wie sie in der Astrophysik („Röntgen-Astronomie"), aber auch in der Plasmaphysik vorkommen.

Spektroskopie von charakteristischer Röntgenstrahlung

Das wichtigste Instrument der Röntgenspektroskopie, das Braggsche Drehkristall-Spektrometer, haben wir schon in Abschn. 1.3 kennengelernt. Die einfache Ausführung, die in Abb. 1.21 dargestellt ist, lässt sich noch wesentlich verbessern, sowohl was die Auflösung, als auch was die Lichtstärke betrifft: Im Spektrometer mit ***gebogenem*** Kristall (Abb. 9.3) befinden sich auf dem Umfang eines Kreises vom Radius R der Eintrittsspalt, der Austrittsspalt und ein Kristall, dessen Netzebenen auf dem Radius $2R$ gebogen sind und dessen Oberfläche durch Schleifen dem Radius R exakt angepasst ist. Dadurch wird erreicht, dass jeder Teilstrahl des relativ breiten Strahlenbündels unter dem gleichen Winkel an den Netzebenen reflektiert werden kann. Mit einem solchen Instrument kann man die Energie und die Feinstruktur der Röntgenlinien sehr genau vermessen.

Für die chemische Röntgen-Fluoreszenz-Analyse wird eine hohe Lichtstärke bei mäßig guter Auflösung benötigt. Diesen Anforderungen genügt in idealer Weise ein Halbleiterzähler (Bd. III/10.3), und zwar werden für die Spektroskopie im Röntgenbereich sogenannte **Si(Li)-Zähler** verwendet, bestehend aus mit Lithium dotierten Silizium-Einkristallen. Abb. 9.4 zeigt ein Beispiel für ein Röntgen-Fluoreszenz-Spektrum.

9.2 Feinstruktur der Röntgenspektren

Mit einem hochauflösenden und empfindlichen Spektrometer stellt man fest, dass die Röntgenspektren aus zahlreichen Linien bestehen, sie weisen eine **Feinstruktur** auf. Zum Beispiel bestehen die K_α- und K_β-Linien jeweils aus einem Dublett: K_{α_1}, K_{α_2} und K_{β_1}, K_{β_2}. Die Ursache ist wie in der Atomhülle die Spin-Bahn-Wechselwirkung, die einen energetischen Unterschied zwischen dem $2p_{1/2}$- und dem $2p_{3/2}$-Zustand bzw. zwischen den Zuständen $3p_{1/2}$ und $3p_{3/2}$ bewirkt.

Auch die L-Strahlung weist eine Feinstruktur auf (Abb. 9.5). Mit Hilfe dieser Spektren kann man die energetischen Verhältnisse der inneren Elektronenschalen aufklären. Man stellt fest, dass die L-Schale aus drei energetisch verschiedenen Unterschalen besteht: L_I $(2s_{1/2})$, L_{II} $(2p_{1/2})$ und L_{III} $(2p_{3/2})$. Es besteht also auch ein energetischer Unterschied zwischen den $2s_{1/2}$- und den $2p_{1/2}$-Niveaus, die beim Wasserstoff wegen der gemeinsamen Quantenzahl $j = 1/2$ entartet sind, sofern man von der winzigen Lamb-Verschiebung absieht. Die Ursache ist uns schon aus Abschn. 8.2 bekannt: Die j-Entartung besteht nur im Coulombfeld des H-Atoms. Im abgeschirmten Potential (8.6) ist der $s_{1/2}$-Zustand fester gebunden

Tabelle 9.1 Bindungsenergie der K-, L- und M-Schalen in Molybdän

Schale	E (keV)
K	19,999
...	...
L_I	2,866
L_{II}	2,625
L_{III}	2,520
...	...
M_I	0,520
M_{II}	0,410
M_{III}	0,392
M_{IV}	0,230
M_V	0,227

als der $p_{1/2}$-Zustand. Tab. 9.1 zeigt die Bindungsenergie der L- und M-Schalen am Beispiel des Molybdän. Es ist aufschlussreich, die Intensitäten der einzelnen Linien zu vergleichen. So ist z. B. die K_{α_1}-Linie doppelt so stark wie die K_{α_2}-Linie, weil in der L_{III}-Schale 4 Elektronen, in der L_{II}-Schale aber nur 2 Elektronen sitzen. Man beachte in Abb. 9.5 auch das Wirken der Auswahlregel $\Delta l = \pm 1$ (6.48).

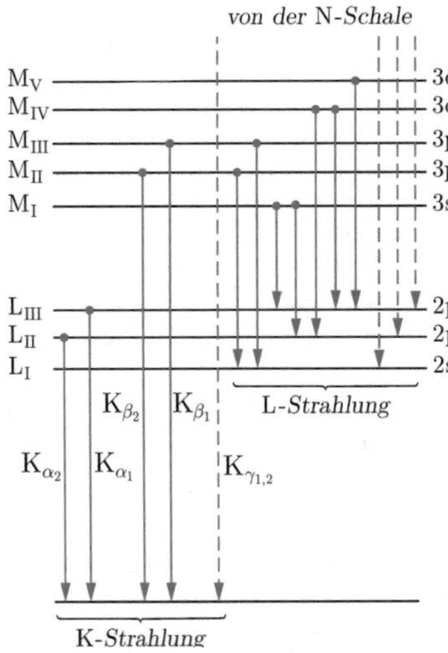

Abbildung 9.5 Feinstruktur der Röntgenspektren

9.3 Strahlungslose Übergänge

Bei Übergängen zwischen den inneren Schalen des Atoms kann die Energie nicht nur in Form eines Röntgenquants abgegeben werden, sie kann auch auf ein anderes Elektron übertragen werden, das dann den Atomverband mit einer entsprechenden Energie verlässt. Man nennt dieses Phänomen auch **Auger-Effekt**[2]. Wird z. B. beim Übergang eines Elektrons aus der L_{II}-Schale in die K-Schale die Energie auf ein Elektron in der M_I-Schale übertragen, so verlässt dieses, das sogenannte **Auger-Elektron**, das Atom mit der Energie

$$E_e = E_K - E_{L_{II}} - E_{M_I} \,. \tag{9.6}$$

In dieser Gleichung stehen auf der rechten Seite die ***Bindungsenergien***, also positive Größen, nicht die Energien der Terme, die ja negativ sind.

Bei den **strahlungslosen Übergängen** handelt es sich um eine Art inneren Photoeffekt; das ist aber nicht wörtlich zu nehmen, es tritt nicht etwa zunächst ein reelles Röntgenquant auf, das dann sogleich noch im selben Atom absorbiert wird. Man erkennt das daran, dass für strahlungslose Übergänge die Auswahlregel $\Delta l = \pm 1$ nicht gilt. Die Wahrscheinlichkeit für das Eintreten des Auger-Effekts hängt auch anders als die Wahrscheinlichkeit für die Emission eines Photons von der Ordnungszahl Z ab. Bezeichnet man diese Wahrscheinlichkeiten mit W_A und W_{Ph}, so erhält man die **Röntgenfluoreszenz-Ausbeute** f durch den Ausdruck

$$f = \frac{W_{Ph}}{W_{Ph} + W_A} \,, \tag{9.7}$$

wobei man noch zwischen den Fluoreszenzausbeuten f_K, f_L für K-Strahlung, L-Strahlung u.s.w. unterscheiden muss. In Abb. 9.6 ist f als Funktion von Z aufgetragen. Man sieht, dass die Emission eines Photons bei der K-Strahlung erst bei Elementen oberhalb des Zink ($Z = 30$) größer als 50 % wird, bei der L-Strahlung sogar erst bei den allerschwersten Elementen. Bei Edelgasen kann man die Fluoreszenzausbeute relativ leicht bestimmen, indem man das Gas als Zählrohrfüllung verwendet, und dann das Impulshöhenspektrum einer von außen eingestrahlten Röntgenlinie untersucht. Abb. 9.7 zeigt die

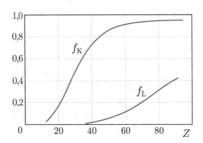

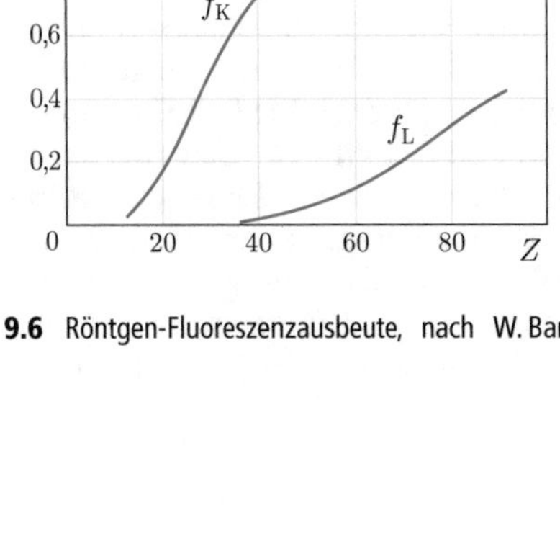

Abbildung 9.6 Röntgen-Fluoreszenzausbeute, nach W. Bambynek et al. (1972)

[2] Benannt nach dem französischen Physiker Pierre Auger, der den Effekt entdeckte. Auger entdeckte übrigens auch die in Bd. I/19.5 genannten großen Luftschauer, die durch die kosmische Strahlung in der Atmosphäre ausgelöst werden.

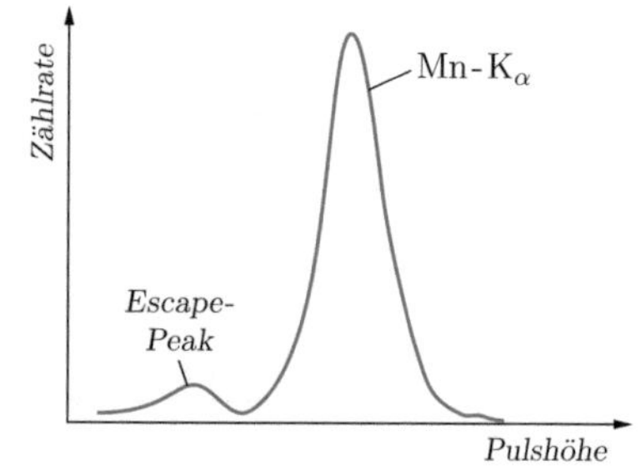

Abbildung 9.7 Impulshöhenverteilung eines mit Ar/CH_4 gefüllten Proportionalzählrohrs (Mn K_α-Strahlung)

Impulshöhenverteilung, die man in einem mit Argon gefüllten Zählrohr bei Einstrahlung der Mn-K-Strahlung registriert. Die Strahlung wird fast ausschließlich durch Photoeffekt in der K-Schale des Argon absorbiert. Emittiert das Argon-Atom außer dem Photoelektron dann ein Auger-Elektron, so wird die gesamte Energie der Mn-K-Strahlung im Zählgas absorbiert. Auf diese Weise kommt das Hauptmaximum zustande. Wenn dagegen Ar-K-Strahlung emittiert wird, entweicht diese im Allgemeinen aus dem Zählgas, und es wird nur das Photoelektron registriert. Das ergibt einen Impuls im Bereich des Nebenmaximums (meist „escape-peak" genannt). Aus dem Flächenverhältnis kann man mit kleinen Korrekturen die Fluoreszenzausbeute des Argons bestimmen.

9.4 Röntgen-Absorptionskanten

Es gibt einen eklatanten Unterschied zwischen Röntgenspektren und optischen Spektren: Röntgenlinien können nur in Emission, nicht aber in Absorption beobachtet werden. Der Grund ist klar: Die Absorption z. B. der Cu-K_α-Linie in einem Cu-Atom würde nur möglich sein, wenn das Atom ein Loch in der L-Schale hätte; den Übergang eines Elektrons aus der K-Schale in die besetzte L-Schale verhindert das Pauli-Verbot. Dennoch weist der Absorptionskoeffizient für Röntgenstrahlen als Funktion der Wellenlänge bzw. der Quantenenergie markante Strukturen auf: die **Absorptionskanten**, die übrigens schon in Abb. I/17.12 gezeigt wurden. Sie verdanken ihre Entstehung den Eigenschaften des Photoeffekts: Erstens kann der Photoeffekt nur stattfinden, wenn die Energie des Quants ausreicht, um ein Elektron aus dem gebundenen Zustand ins ***Kontinuum*** zu befördern (Abb. 9.8), zweitens ist die Wahrscheinlichkeit für Photoeffekt umso größer, je fester das Elektron an den Atomkern gebunden ist. Das liegt daran, dass ein Photon im Röntgenbereich nicht nur eine hohe Energie, sondern auch einen beträchtlichen Impuls besitzt. Die Energie wird vom Photoelektron aufgenommen, der Impuls muss auf das Atom, also letztlich auf den Atomkern übertragen werden. Der Impulsübertrag auf den Atomkern funktioniert aber umso besser, je fester das Elektron an den Kern gebunden ist. Die Folge ist, dass bei hohen Quantenenergien der Photoeffekt vorzugsweise an der K-Schale stattfindet und dass der Absorptionskoeffizient sprunghaft abnimmt, sobald die Quantenenergie kleiner ist als die Bindungsenergie eines K-Elektrons; das gleiche wiederholt sich an der L_I-, L_{II}- und L_{III}-Schale. Insgesamt ergibt sich der in Abb. 9.9 gezeigte Verlauf des Absorptionskoeffizienten in Blei.

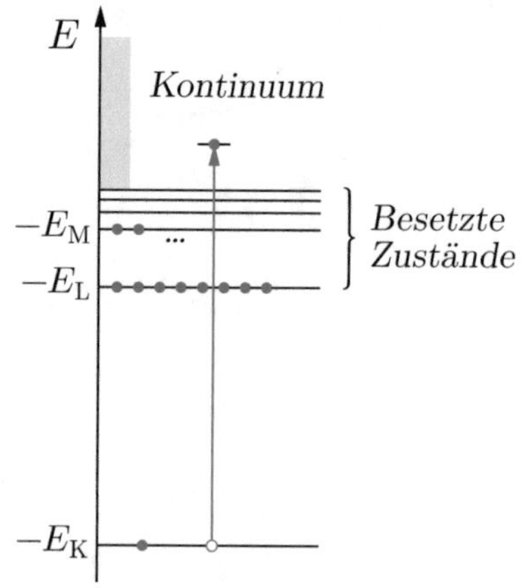

Abbildung 9.8 Übergang eines K-Elektrons ins Kontinuum (Energiezustände $E > 0$)

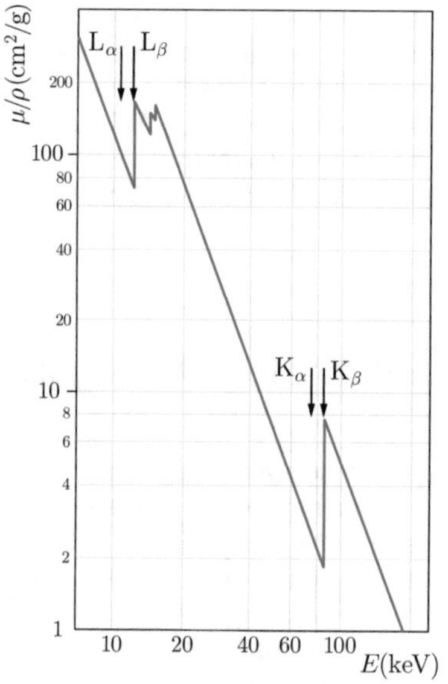

Abbildung 9.9 Absorptionskoeffizient und Röntgen-Emissionslinien des Blei

In Abb. 9.9 sind auch die Energien der jeweiligen charakteristischen Röntgenstrahlung eingetragen. Man erkennt, dass jedes Material für die eigene charakteristische Strahlung relativ durchlässig ist. Den abrupten Anstieg von μ an der Absorptionskante kann man sich zunutze machen, um durch Filterung annähernd monochromatische Röntgenstrahlung herzustellen. Lässt man z. B. die Röntgenstrahlung aus einer Röntgenröhre mit Kupfer-Antikathode durch eine 20 µm dicke Nickelfolie treten, so wird die Cu-K_β-Linie ($E = 8{,}90\,\text{keV}$) praktisch vollständig unterdrückt, ebenso der kurzwellige Teil des kontinuierlichen Spektrums, während die Cu-K_α-Linie ($E = 8{,}03\,\text{keV}$) nur wenig geschwächt wird, denn die Ni-K-Kante liegt bei 8,33 keV. Ein Merkmal des Photoeffekts im Röntgenbereich ist die sehr starke Abhängigkeit des Absorptionskoeffizienten von der Ordnungszahl und von der Quantenenergie (vgl. Abb. 9.9). Angenähert gilt:

$$\mu \propto \frac{Z^4}{\nu^3} \,. \tag{9.8}$$

Beide Abhängigkeiten lassen sich qualitativ verstehen als Folge der oben erwähnten Schwierigkeit, beim Photoeffekt Energie- ***und*** Impulssatz zu befriedigen. Die Z-Abhängigkeit ist verantwortlich für den Kontrast auf Röntgenaufnahmen: Knochen enthalten Kalzium ($Z = 20$), das Muskel- und Fettgewebe besteht aus den Elementen C, O und H.

Nicht nur die Z-Abhängigkeit, auch die Frequenzabhängigkeit des Absorptionskoeffizienten ist für das Anfertigen einer Röntgenaufnahme wichtig: Man unterscheidet „harte" (d. h. sehr durchdringungsfähige) und „weiche" Röntgenstrahlung. Die erste ist bei kurzer Wellenlänge (d. h. bei hoher Frequenz und hoher Röhrenspannung) gegeben, letztere bei langwelligerem Röntgenlicht (niedrigere Röhrenspannung).

Übungsaufgaben

9.1. Erzeugung von Röntgenstrahlung. In Abb. 1.23 sind einige Röntgenspektren dargestellt. Warum sieht man im Bild bei einer Spannung $U = 20\,\mathrm{kV}$ nur Bremsstrahlung, bei 30 und 40 kV auch charakteristische Strahlung des Molybdän? Geben Sie die Grenzwellenlängen für die Bremsspektren an. Vergleichen Sie die experimentell ermittelte Energie der K_α-Strahlung des Molybdän mit der Interpolation mittels (9.3). Wo sind die Röntgenlinien, die bei Elektronenübergängen von der M- in die L-Schale entstehen?

9.2. Auswahlregeln für Röntgenübergänge. Begründen Sie mit den Auswahlregeln für Dipolstrahlung, warum nur die in Abb. 9.5 eingezeichneten Röntgenübergänge vorkommen.

9.3. Lebensdauer von Löchern in der K-Schale. Fehlt ein Elektron in der K-Schale eines Atoms, wird dieses Loch mit einer gewissen Wahrscheinlichkeit pro Zeit W_{Ph} (siehe (9.7)) von einem Elektron einer höheren Schale unter Emission von K-Strahlung besetzt. Wie hängt W_{Ph} von der Ordnungzahl Z ab? (Hinweis: Zur Lösung betrachtet man (6.53) und (6.54) als Funktion von Z.)

Zwei-Teilchen-Systeme in der Atom-, Kern- und Teilchenphysik

10

Teil I

J. Heintze / P. Bock (Hrsg.), *Lehrbuch zur Experimentalphysik Band 5: Quantenphysik*, https://doi.org/10.1007/978-3-662-58626-6_10

Die beim Wasserstoff gewonnen Erkenntnisse sind nützlich, um auch andere Zwei-Teilchen-Systeme der Atom-, Kern- und Elementarteilchen-Physik zu verstehen. Dafür werden in diesem Kapitel drei Beispiele ausgewählt: die myonischen Atome, in denen ein Myon einen Atomkern umkreist; das Deuteron als einfachster Atomkern, der nur aus einem Proton und einem Neutron besteht; sowie Mesonen, die als charakterisierende Bestandteile ein Valenzquark und ein Valenzantiquark enthalten, die die Quantenzahlen bestimmen. Von speziellem Interesse sind die Quarkonia, Mesonen, bei denen die Valenzquarks ein schweres Quark und sein Antiteilchen sind. Es zeigt sich, dass ihr Massenspektrum die gleiche Struktur hat wie das Termschema des Positroniums.

10.1 Myonische und andere exotische Atome

Exotische Atome

Als **exotisches Atom** bezeichnet man ein Atom, in dem statt eines Elektrons ein anderes negatives Teilchen einen Atomkern umkreist oder der Atomkern durch ein anderes positives Teilchen ersetzt ist. Als Beispiele hatten wir in Abschn. 7.3 bereits das Positronium und das Myonium kennengelernt, in denen als Kern ein Positron oder ein positives Myon fungiert. Andere Beispiele sind das pionische und das kaonische Atom, in denen ein negatives π-Meson oder ein K-Meson[1] die Rolle eines Elektrons übernimmt. Beide Arten von Atomen wurden in Gestalt von mesonischem Wasserstoff und Deuterium untersucht. Dies erlaubt das Studium der Meson-Kern-Wechselwirkung bei niedrigen Energien. An die Stelle eines Elektrons können auch Baryonen treten. Beispiele hierfür sind das Protonium $\mathrm{p\overline{p}}$ und das antiprotonische Helium $\mathrm{He^{++}\overline{p}e^{-}}$, die ebenfalls studiert wurden. Es gibt Atome mit einer normalen Elektronenhülle aber mit sogenannten Hyperkernen; das sind Atomkerne, die zusätzlich zu Protonen und Neutronen ein Λ-Hyperon oder ein Σ^+-Hyperon enthalten.

Es können auch ***beide*** Partikel – Kern ***und*** Elektron – durch andere Teilchen ersetzt sein. Das ist beim Pionium der Fall, einem Atom, das aus einem negativen und einem positiven Pion besteht und das ebenfalls untersucht wurde. Es wurden sogar $\pi^+\mathrm{K}^-$- und $\pi^-\mathrm{K}^+$-Atome beobachtet.

Das Kriterium dafür, ein exotisches Atom zu sein, wird auch vom Antiwasserstoff-Atom erfüllt, das aus einem Antiproton und einem Positron besteht. Auch Antiwasserstoff wurde bereits hergestellt und man hofft, dass man mit seiner Hilfe die Frage nach dem Vorzeichen der Gravitationskraft zwischen Materie und Antimaterie experimentell zweifelsfrei klären kann.

Bis auf den Antiwasserstoff, der im vollkommenen Vakuum stabil wäre, sind alle exotischen Atome mehr oder weniger kurzlebige Gebilde, in denen die eingebauten Fremd-Teilchen entweder zerfallen oder durch Wechselwirkung innerhalb des Atoms zerstört werden.

Myonische Atome

In diesem Abschnitt befassen wir uns etwas näher mit dem myonischen Atom, in dem sich der schwere Bruder des Elektrons, das Myon, um einen Atomkern bewegt. Im Atom vorhandene Elektronen sind dabei meist nur ein Beiwerk, das kaum stört. Myonische Atome lassen sich beim Abbremsen von Myonen in Materie besonders leicht erzeugen, weil die Lebensdauer des Myons von etwa 2 µs sehr groß gegen die Abbremszeit und die Abklingzeiten angeregter Atom-Zustände ist.

Myonische Atome haben einige Bedeutung erlangt, weil es möglich ist, aus der Lage der Spektralterme Informationen über die Größe des Atomkerns zu erhalten. Das erkennt man sehr leicht an der Größe des Bohrschen Radius. Dieser ist laut (7.13) umgekehrt proportional zur reduzierten Masse des atomaren Systems, ist also für myonische Atome um einen Faktor 186 kleiner als der Bohrsche Radius des Wasserstoff-Atoms: Es ist $a \approx 2{,}5 \cdot 10^{-13}$ m. Mit wachsender Kernladungszahl Z nimmt a ab. In den allermeisten Fällen liegt der Bohrsche Radius im Kern-Inneren und die effektiv wirksame Kernladung ist kleiner als Z. Dies führt zu einer Reduktion der atomaren Bindungsenergie. Mit wachsender Hauptquantenzahl steigt die wirksame Kernladung an und die Verschiebung der Bindungsenergie fällt geringer aus.

Um myonische Atome zu erzeugen, muss man zuerst Pionen erzeugen (siehe Abschn. I/15.4 und I/19.5). Dies geschieht durch Beschuss eines Targets (z. B. Kohlenstoff) mit Protonen, die auf einige hundert MeV beschleunigt wurden. Von den erzeugten Pionen wird ein Teil in einem magnetischen Kanal eingefangen, in dem sie spiralförmige Bahnen ausführen, denn das magnetische Feld ist parallel zur mittleren Flugrichtung orientiert. Wegen ihrer begrenzten Lebensdauer von 10^{-8} s zerfallen

[1] Ein Blasenkammerbild wurde als Abb. III/13.16 in Bd. III/13.4 gezeigt. Näheres zum K-Meson und zu den Hyperonen folgt in Abschn. 10.3.

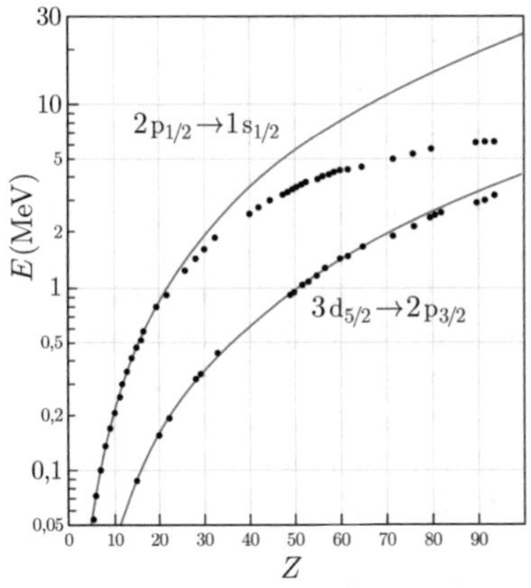

Abbildung 10.1 Energien zweier myonischer Übergänge als Funktion der Ordnungszahl. *Ausgezogene Kurve*: Erwartung für punktförmige Kerne, Punkte: gemessene Werte

die π-Mesonen entlang der Laufstrecke fast vollständig in Myonen. Letztere werden in einem Moderator abgebremst, wobei sie kaum zerfallen und auch keiner starken Wechselwirkung unterliegen. Zuletzt treten die Myonen quer in eine Scheibe des zu untersuchenden Materials ein. Nach dem Einfang in einem Atom beginnt eine Kaskade myonischer Übergänge, die zum Grundzustand führt und bei der anfangs Auger-Elektronen (Abschn. 9.2), später Photonen emittiert werden. Das Lebensende eines myonischen Atoms ist erreicht, wenn das Myon radioaktiv zerfällt oder im Atomkern absorbiert wird, wobei es ein Proton unter Neutrino-Emission in ein Neutron verwandelt.

Die Photonenenergien der myonischen Übergänge liegen wegen des Faktors 186 im Röntgen- und Gammastrahlen-Bereich. Deshalb eignen sich Halbleiter-Detektoren für den Photonennachweis. Die Befunde zeigt Abb. 10.1, in der gemessene Energien als Funktion der Ordnungszahl aufgetragen sind.

Aus den gemessenen Energieverschiebungen gegenüber den Erwartungen für einen punktförmigen Kern kann man Informationen über die Ladungsverteilung des Kerns erhalten. Ein häufig benutztes Modell besteht in einer konstanten Ladungsverteilung, die aber am Kernrand diffus ist:

$$\rho_e = \rho_0 \frac{1}{1 + e^{(r-c)/a}} .$$

Durch numerische Anpassung an die gemessenen Photonenenergien erhält man den Radius c und a. Aus den Parametern der Ladungsverteilung kann man den mittleren quadratischen Ladungsradius eines Atomkerns berechnen. Die Messergebnisse sind so genau, dass man Unterschiede der Kernradien feststellen kann, die zwischen verschiedenen Isotopen desselben Elements bestehen. Zwei Beispiele zeigt Tab. 10.1.

Tabelle 10.1 Einige mittlere quadratische Kernladungs-Radien von Isotopen. Die Fehler sind kleiner als die letzte Ziffer, enthalten aber keine systematischen Modell-Ungenauigkeiten, und der Parameter *a* wurde als konstant vorausgesetzt

Calcium (Z = 20)		Molybdän (Z = 42)	
A	*r* (fm)	*A*	*r* (fm)
40	3,478	92	4,317
42	3,508	94	4,353
43	3,495	95	4,362
44	3,518	96	4,384
46	3,498	97	4,387
48	3,479	98	4,407
		100	4,444

Mit Hilfe der Spektroskopie am myonischen Wasserstoff-Atom kann man sogar die Größe des Protons ermitteln. Dabei bedient man sich elektromagnetischer Übergänge zwischen Zuständen mit $n = 2$. Wie Abb. 10.2 zeigt, entsteht in myonischem Wasserstoff zwischen den $n = 2$-Zuständen die bei Weitem größte Energieaufspaltung durch die Lamb-Verschiebung. Die endliche Größe des Protons führt zu einer Verschiebung der Bindungsenergie des 2s-Zustands, die sich zur Lamb-Verschiebung addiert. Zu den Bindungsenergien tragen auch noch die Feinstruktur- und die Hyperfeinstruktur-Wechselwirkung bei, sodass insgesamt das in Abb. 10.2 gezeigte Aufspaltungsbild entsteht. Dabei beeinflusst die Ausdehnung des Protons auch die Hyperfeinstruktur. Hier geht allerdings ein magnetischer Radius des Protons ein. Sind die Feinstruktur-Aufspaltung sowie die Lamb-Verschiebung und die Hyperfeinaufspaltung für einen punktförmigen Kern theoretisch mit hinreichender Genauigkeit bekannt, kann man aus der Messung der Frequenzen der beiden in Abb. 10.2 eingezeichneten Übergänge die beiden Protonenradien ermitteln. Die Ladungsverteilung führt bei s-Zuständen zu einer Energieverschiebung, die sich störungstheoretisch berechnen lässt (Aufgabe 10.2):

$$\Delta E_s = \frac{2\pi\alpha}{3} r_p^2 \left|\psi(0)\right|^2 \hbar c . \qquad (10.1)$$

Dabei ist r_p der mittlere quadratische Ladungsradius des Protons und $\psi(0)$ die Wellenfunktion des Myons am Ort des Protons.

Die Wellenlängen der Übergänge zwischen den $2s_{1/2}$ und den $2p_{1/2}$-Zuständen liegen im 6 µm-Bereich. Bei der Bildung eines myonischen Wasserstoff-Atoms kommt es mit etwa 1 % Wahrscheinlichkeit vor, dass ein Atom im 2s-Zustand „hängen bleibt". Dieser kann nicht durch Emission von elektrischer Dipolstrahlung zerfallen. Wird ein

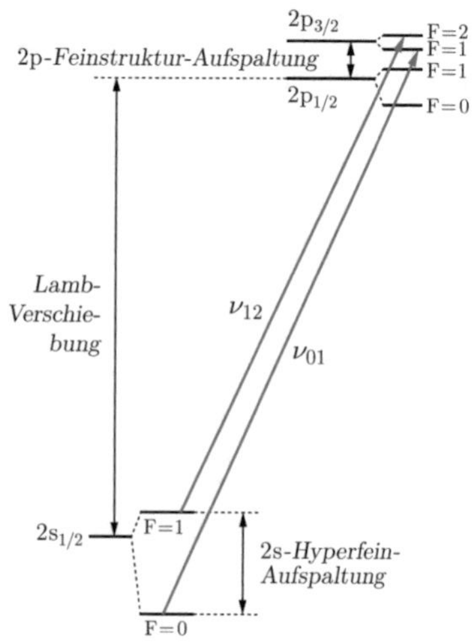

Abbildung 10.2 Hyperfeinstruktur der $n = 2$-Zustände des myonischen Wasserstoff-Atoms. *Pfeile*: Laserübergänge

Atom durch Absorption eines Photons in den p-Zustand angehoben, geht es hingegen sofort in den Grundzustand über. Die emittierten Photonen besitzen eine Energie von 2 keV und können einzeln nachgewiesen werden. Gelingt es, die in Abb. 10.2 gekennzeichneten Übergänge durch Einstrahlung von Laser-Impulsen zu stimulieren, ist es möglich, durch Variation der Laserfrequenz Resonanzkurven aufzunehmen und die Resonanzfrequenzen zu ermitteln.

Ein Laser-Impuls muss nach Ankunft eines Myons ausgelöst werden. Seine Erzeugung ist alles andere als trivial: Die Infrarotstrahlung wird durch inelastische Streuung von Laserlicht höherer Frequenz hergestellt, das seinerseits erst durch Frequenzumsetzung erzeugt wird.

Für den Ladungsradius des Protons wird ein Wert $r_\mathrm{p} = 0{,}841$ fm mit einer Genauigkeit von 0,0003 fm angegeben. Um diese zu erreichen, musste die Übergangsfrequenz mit einer Genauigkeit von 10^{-5} bestimmt werden, was einem Bruchteil von 3 % der Linienbreite von 20 GHz entspricht.

Es gibt zwei konkurrierende Verfahren zur Bestimmung des Protonenradius. Eines basiert auf der Messung des Ladungs-Formfaktors (1.20) des Protons mittels elastischer Elektronenstreuung an Wasserstoff, das zweite auf hochpräziser Laserspektroskopie an normalem Wasserstoff, mit der ebenfalls die Verschiebung (10.1) bestimmt wird. Auf diesem Gebiet ist die Forschung noch im Fluss: Das Ergebnis der Myonen-Messung weicht vom Weltmittelwert $r_\mathrm{p} = 0{,}88$ fm der beiden anderen weniger genauen Methoden ab, eine nicht große, aber statistisch signifikante Differenz, sodass man von einem „Radius-Puzzle des Protons" spricht.

10.2 Das Deuteron

Das schwere Wasserstoff-Isotop Deuterium war uns bereits in den Abschn. I/16.2 und 7.4 (Abb. 7.15) begegnet. Es besitzt die Massenzahl $A = 2$ und sein Kern, das Deuteron, ist einfach geladen. Folglich ist das Deuteron aus einem Proton und einem Neutron zusammengesetzt. Seine physikalischen Parameter sind in Tab. 10.2 zusammengestellt. Deuteronen kommen in der Natur vor: Sie entstanden als erste Atomkerne nach dem Urknall, nachdem das Universum hinreichend abgekühlt war, und sie waren erforderlich für die Synthese von Helium. Den Drehimpuls des Deuterons erschließt man aus Hyperfeinstrukturmessungen. Das magnetische Moment und das Quadrupolmoment sind aus Kernresonanzmessungen bzw. Molekülstrahl-Resonanzmessungen bekannt. Der für die Messung des Quadrupolmoments erforderliche elektrische Feldgradient ist in einem DH-Molekül automatisch vorhanden, er ist berechenbar. Die Bindungsenergie erhält man aus einer genauen Messung der Energie der Gammastrahlung, die beim Einfang thermischer Neutronen in der Reaktion $\mathrm{n} + \mathrm{p} = \mathrm{d} + \gamma$ entsteht. Das Deuteron besitzt keinen einzigen angeregten Zustand. Auch wurden weder ein Di-Proton noch ein Di-Neutron als stabile Kerne gefunden.[2] Das magnetische Moment des Deuterons unterscheidet sich nicht sehr von der Summe der magnetischen Momente des Protons und des Neutrons: $\mu_\mathrm{p} + \mu_\mathrm{n} = 0{,}880\,\mu_\mathrm{K}$. Daraus schließt man, dass sich das Proton und das Neutron relativ zueinander im Wesentlichen in einem s-Zustand befinden. Dann nimmt die Schrödinger-Gleichung (5.20) die einfache Form

$$\frac{\mathrm{d}^2\zeta}{\mathrm{d}r^2} + \frac{2m_r}{\hbar^2}\big(E - V(r)\big)\zeta(r) = 0$$

an. Diese Gleichung ist identisch mit der eindimensionalen Schrödinger-Gleichung (4.37), nur ist die Bedeutung der Funktion $\zeta(r) = rR(r)$ hier eine andere. Wählt man als einfachstes Modell für das Studium gebundener Zustände einen Potentialtopf mit der Tiefe V_0, ist die Lösung im Inneren eine Sinusfunktion mit der Wellenzahl k_2 aus (4.61). Die Bindungsenergie des Deuterons ist viel kleiner als der konstante Term in der Bethe–Weizsäcker-Formel (I/16.13). Sie sollte daher auch klein im Vergleich zur Tiefe des Potentialtopfs sein. Weil es nur einen gebundenen Zustand gibt, entspricht dann der Radius des Potentialtopfes ungefähr einer viertel Wellenlänge der Wellenfunktion (siehe Abb. 10.3a):

$$\begin{aligned} k_2\, r_0 &= \frac{r_0}{\hbar}\sqrt{2m_r(-E_B + V_0)} \approx \frac{\pi}{2}\,, \\ \frac{1}{\hbar}\sqrt{2m_r V_0\, r_0^2} &\approx \frac{\pi}{2} \quad \rightarrow \quad V_0 \approx \frac{\pi^2\hbar^2}{8m_r\, r_0^2}\,. \end{aligned} \tag{10.2}$$

[2] Di-Proton- oder Di-Neutron-Zustände mit $J = 1$, die dem Deuteron entsprechen würden, sind durch das Pauli-Prinzip verboten, aber andere Zustände wären im Prinzip möglich.

Tabelle 10.2 Eigenschaften des Deuterons

Ruheenergie mc^2	1875,61293 MeV
Bindungsenergie E_B	2,22464 MeV
Drehimpuls J	1
magnetisches Moment μ_d	0,857 438 23 μ_K
Quadrupolmoment Q/e	$2{,}86 \cdot 10^{-27}\,\text{cm}^2$

Mit einem Schätzwert $r_0 = 1{,}3\,\text{fm}$ für die Reichweite der Kraft, der nach der Bethe–Weizsäcker-Formel plausibel ist, erhält man $V_0 \approx 30\,\text{MeV}$, was in der Tat groß gegen die Bindungsenergie ist. Wie man sieht, kann man aber in (10.2) r_0 und V_0 so verändern, dass E_B konstant bleibt. Man kann die gleiche Bindungsenergie mit einem großen V_0 und einem kleinen Potential-Radius oder einem kleinen V_0 und einem großen Potential-Radius erhalten. Das bedeutet aber auch, dass das Potentialtopf-Modell keine eindeutige Wahl ist und das Potential irgendeine radiale Abhängigkeit besitzen kann.

Was schließt man aus der Nicht-Existenz angeregter Deuteron-Zustände? Insbesondere gibt es keinen gebundenen Zustand mit $J = 0$, der den Bahndrehimpuls $l = 0$ besitzt und die Spin-Singulett-Kombination $S = 0$ von Proton und Neutron enthält. Man vermutet:

Satz 10.1

Die Kraft zwischen Neutron und Proton ist Spin-abhängig. Das Potential enthält einen Beitrag

$$V_S(r_{np})\, s_p \cdot s_n \text{ (Bartlett-Kraft)} .$$

Wie wir sehen werden, gibt es weitere Spin-abhängige Kräfte zwischen Neutron und Proton, die vom Bahndrehimpuls abhängen, aber trotzdem im Deuteron wirksam sind. Eine Spin-Abhängigkeit der Kernkraft findet man jedoch auch in der s-Wellenstreuung von Neutronen an Protonen, die von endlichen Bahndrehimpulsen unberührt ist. Am Rand des Potentials in Abb. 10.3a besitzt die Wellenfunktion des Deuterons mit der Amplitude $\zeta(r_0)$ die logarithmische Steigung ((4.61) mit $\kappa = ik_1$)

$$\kappa = \frac{d\zeta/dr|_{r_0}}{\zeta(r_0)} = \frac{\sqrt{2m_r E_B}}{\hbar} \approx 0{,}232\ \text{fm}^{-1} .$$

Im Falle der s-Wellenstreuung sieht die Wellenfunktion $\zeta_T(r)$ des Streu-Zustands im Inneren des Deuterons fast genau so aus, nur ist das Maximum wegen der größeren Krümmung etwas in das Kerninnere gerückt. Die logarithmische Steigung am Kernrand ist wegen dieser Verschiebung ein wenig größer geworden. Nun definiert der Schnittpunkt der Wellenfunktion mit der Abszissenachse die Streulänge, wie in Abb. 5.21c gezeigt wurde. Das wird in Abb. 10.3a nochmals wiederholt. Außerhalb des Kerns

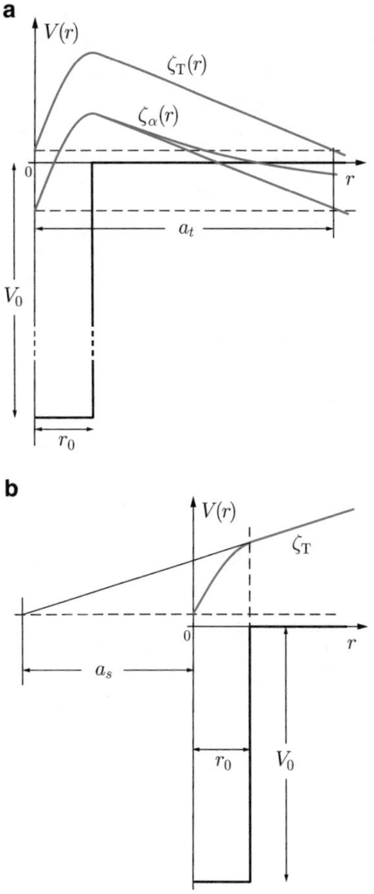

Abbildung 10.3 Energien und Wellenfunktionen eines Neutron-Proton-Systems im Topf-Potential. **a** Triplett-Zustand, **b** Singulett-Zustand

ist $\zeta_T(r)$ fast eine lineare Funktion. Mit den Deuteron-Daten erhält man für die Streulänge einen Schätzwert

$$a \approx r_0 + \frac{1}{\kappa} = (1{,}3 + 4{,}3)\,\text{fm} = 5{,}6\,\text{fm} .$$

Er ist viel größer als die Reichweite der Kraft. Der Wirkungsquerschnitt für s-Wellenstreuung ist nach (5.88) $\sigma = 4\pi a^2 \approx 3{,}9 \cdot 10^{-24}\,\text{cm}^2$. Messungen des elastischen Streuquerschnitts für thermische Neutronen an Wasserstoff waren bald nach der Entwicklung des Kernreaktors durch E. Fermi möglich. Sie ergaben den viel größeren Wert $\sigma = 20 \cdot 10^{-24}\,\text{cm}^2$. Es nützt nichts, das Potentialtopf-Modell aufzugeben. Auch in der sogenannten „formunabhängigen Näherung" der Theoretiker bleibt die Diskrepanz bestehen. Sie kann offensichtlich nur daher rühren, dass der Abschätzung des Wirkungsquerschnitts ein Spin-Zustand $S = 1$ zugrunde lag, während sich im Streu-Experiment Neutron und Proton mit 25 % Wahrscheinlichkeit in einem $S = 0$-Zustand befinden. Es gibt daher ***zwei*** Streulängen a_t und a_s, und der Wirkungsquerschnitt ist $\sigma =$

$4\pi(3a_t^2/4 + a_s^2/4)$. ***Streuamplituden*** kann man aus Messungen des Grenzwinkels für Totalreflexion von Neutronen an einer Oberfläche erhalten, wie (3.47) zeigte.[3] Mit flüssigen Kohlenwasserstoffen lässt sich die Streulänge von Wasserstoff ermitteln, weil die Streulänge von Kohlenstoff anderweitig bekannt ist. Hierbei sind die ***Amplituden*** a_t und a_s im Verhältnis 3:1 zu wichten, d. h. man erhält $3a_t/4 + a_s/4$.[4] Aus den beiden Kombinationen von a_t und a_s lassen sich a_t und a_s berechnen. Das Ergebnis ist $a_t = 5{,}4\,\text{fm}$ für $S = 1$ und $a_s = -23{,}7\,\text{fm}$ für $S = 0$. Das Verhalten der Streu-Wellenfunktion für $S = 0$ ist in Abb. 10.3b gezeigt. Die Kraft zwischen Neutron und Proton ist anziehend, reicht aber zur Bildung eines gebundenen Zustands nicht ganz aus. Deshalb ist a_s negativ.

Die kleine Abweichung des magnetischen Moments von der Summe der Momente des Protons und des Neutrons rührt daher, dass der Zustand des Deuterons kein reiner s-Zustand ist, sondern eine Komponente mit größerem Bahndrehimpuls enthält. Deshalb spielt auch der Bahnmagnetismus eine Rolle. Die Zusatz-Komponente der Wellenfunktion muss die Quantenzahl $l = 2$ haben, denn eine Beimischung mit $l = 1$ hätte die falsche Parität. Damit der Gesamtdrehimpuls stimmt, muss die $l = 2$-Bahn-Wellenfunktion mit einem Spin-1-Zustand zum Gesamtdrehimpuls 1 koppeln. Dann lässt sich das magnetische Moment des Deuterons als Funktion der Wahrscheinlichkeit P_d dafür angeben, im Deuteron den Bahndrehimpuls $l = 2$ zu finden. Das Resultat ist

$$\mu_\text{d} = \mu_\text{p} + \mu_\text{n} - \frac{3}{2}P_\text{d}\left(\mu_\text{p} + \mu_\text{n} - \frac{1}{2}\mu_\text{K}\right) .$$

Man erhält $P_\text{d} \approx 4\,\%$.

Wegen der Mischung der Bahndrehimpulse im gleichen Zustand erhält das Neutron–Proton-Potential den Bahndrehimpuls nicht. Man kann einem Argument der Störungsrechnung folgen: Ein zusätzliches Potential muss eine s-Wellenfunktion in eine d-Wellenfunktion verwandeln und deshalb von den Komponenten des Richtungsvektors $\boldsymbol{r}_\text{np}/r_\text{np}$ zwischen Neutron und Proton quadratisch abhängen. Ferner muss es gleichzeitig die Spins der Teilchen umklappen können und deshalb beide Spin-Vektoren multiplikativ enthalten. Auch darf es selbstverständlich die Rotationsinvarianz nicht verletzen. Das führt auf folgende Konstruktion:[5]

[3] siehe auch die Fußnote zu (3.47).

[4] Eine andere Methode zur Messung einer Linearkombination der Streulängen ist Neutronenstreuung an Para-Wasserstoff, einer Form des Wasserstoffs, in der die Protonenspins in einem Molekül parallel stehen.

[5] Der zweite Summand in (10.3) bewirkt, dass die Potentialfunktion bei beliebigem festen Abstand r_np zwischen Neutron und Proton im Mittel über alle Richtungen von $\boldsymbol{r}_\text{np}$ den Wert null hat.

Satz 10.2

Die Kraft zwischen Neutron und Proton ist nicht zentral gerichtet. Es existiert ein Tensor-Potential

$$V_\text{T}(r_{pn})\left(\frac{3(\boldsymbol{s}_\text{n}\cdot\boldsymbol{r}_\text{np})(\boldsymbol{s}_\text{p}\cdot\boldsymbol{r}_\text{np})}{r_\text{np}^2} - \boldsymbol{s}_\text{p}\cdot\boldsymbol{s}_\text{n}\right) . \quad (10.3)$$

Als weitere Komplikation kann das Potential zwischen Neutron und Proton in Analogie zur Atomphysik noch einen Spin-Bahn-Anteil V_LS und zusätzliche weitere drehimpulsabhängige Terme enthalten. Die Spin-Bahn-Wechselwirkung ist hier nicht eine Folge des Magnetismus, sondern eine Eigenschaft der Kernkraft. Einen Satz von Potentialen, der die Deuteronen-Eigenschaften und die Streudaten inklusive der d-Wellenstreuung auch bei höheren Energien beschreibt, zeigt Abb. 10.4. Er ist so konstruiert, dass das Zentral-Potential bei großem Abstand in das Yukawa-Potential (I/6.5) übergeht. Man erkennt durch Vergleich von Abb. 10.4a und 10.4c mit 10.4d, dass das Tensor-Potential einen nicht unwesentlichen Beitrag dazu liefert, dass das Deuteron als gebundener Zustand existiert.

Weil das Deuteron nicht sphärisch symmetrisch ist, muss es ein elektrisches Quadrupolmoment besitzen, was laut Tab. 10.2 auch der Fall ist. Die Form des Kerns ist leicht zigarrenförmig. Das Quadrupolmoment lässt sich im Prinzip mit der in Aufg. 6.3 angegebenen Formel berechnen. Dazu ist allerdings die Kenntnis des Tensor-Potentials nötig. Qualitativ ist es aufschlussreich, das Quadrupolmoment des Deuterons mit dem Quadrat $1/\kappa^2 \approx 20 \cdot 10^{-26}\text{cm}^2$ seiner Ausdehnung zu vergleichen: Es ist um fast zwei Größenordnungen kleiner als e/κ^2.

Bisher haben wir nur das Neutron–Proton-System diskutiert. Singulett-Streuung durch Kernkräfte gibt es auch zwischen zwei Protonen und zwei Neutronen. Die Bestimmung der Streulängen ist einigermaßen schwierig, weil im Proton–Proton-Fall die Coulomb-Kraft herausgerechnet werden muss und die Neutron–Neutron-Streuung z. B. aus dem Prozess $\pi^- + \text{d} \to \text{n} + \text{n} + \gamma$ extrahiert werden muss. Die Resultate liegen mit $\approx -17\,\text{fm}$ und $\approx -19\,\text{fm}$ deutlich unter obigem a_s-Wert. Dabei muss man bedenken, dass die Streulängen wegen der fast horizontalen Tangenten in Abb. 10.3 sehr empfindlich auf kleinste Änderungen des Potentials reagieren.

Neutronen und Protonen werden unter dem Begriff **Nukleonen** zusammengefasst. Es gibt also drei Paare von Nukleonen. Der Befund der kernphysikalischen Experimente lässt sich zu der Aussage zusammenfassen:

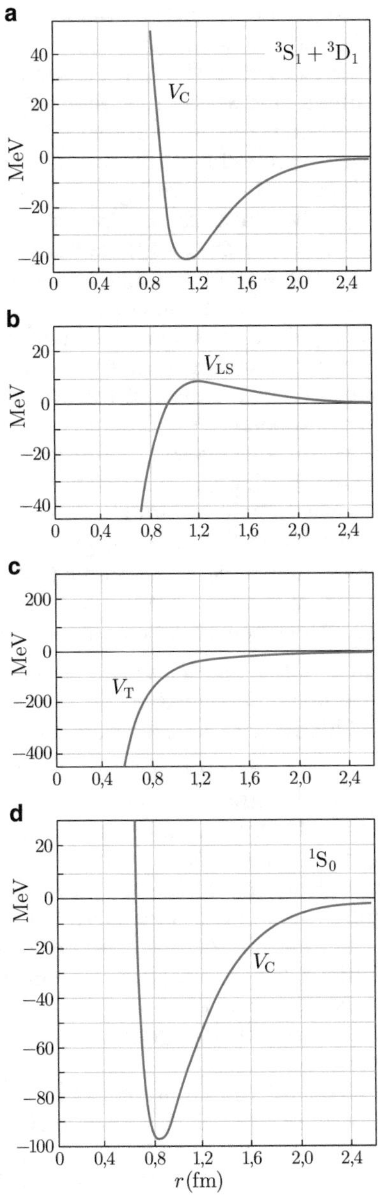

Abbildung 10.4 Ein empirisches Potential zwischen Neutron und Proton. **a** Zentralanteil im Triplett-Zustand, **b** Spin-Bahn-Anteil, **c** Tensor-Potential, **d** Potential im Singulett-Zustand

Satz 10.3

Die Kernkräfte zwischen zwei beliebigen Nukleonen sind nahezu gleich, wenn sich die Nukleonen-Paare im gleichen Bahn- und Spin-Zustand befinden („Ladungsunabhängigkeit der Kernkraft“).

Die Abweichungen von der Geichheit lassen sich klassifizieren in eine Verletzung der Ladungsunabhängigkeit (die np-Kraft unterscheidet sich von der gemeinsamen pp- und nn-Kraft) und eine Verletzung der Ladungssymmetrie (es besteht ein Unterschied zwischen der nn- und der pp-Kraft). Ein Beispiel für den ersten Effekt, der der größere ist: In das Yukawa-Potential gehen die Pionenmassen ein, die sich zwischen den geladenen und dem neutralen Pion unterscheiden. Ein Beipiel für den zweiten Effekt: Die Neutronenmasse unterscheidet sich von der Protonenmasse und das wirkt sich auf die kinetische Energie aus. Letztlich werden die Abweichungen von der Ladungsunabhängigkeit der Kernkraft auf Massendifferenzen und indirekte elektromagnetische Effekte zurückgeführt.

Als Fazit halten wir fest, dass man allein aus den Daten des Deuterons und der s-Wellenstreuung mit wenig anderer Information verblüffend viel Grundsätzliches über die Kernkraft lernen kann, quantitative Details dabei aber zum großen Teil unbestimmt bleiben.

10.3 Quarkonia

Wie bereits in Bd. I/6.1 und in Abschn. 6.3 besprochen wurde, enthalten Neutron und Proton drei Valenzquarks, und Mesonen sind Quark–Antiquark-Zustände. Quarkonia sind gebundene Zustände, die als Valenzquarks ein schweres Quark und sein Antiteilchen enthalten, sie gehören also zu den Mesonen. Um sie einzuordnen, muss man erst einmal den Begriff „schweres Quark“ klären. Deshalb wird zunächst ein Überblick über die Quarks gegeben. Das Quarkmodell brachte Ordnung in die vorher verwirrende Vielfalt der Elementarteilchen. Heute ist es viel einfacher, das Pferd „von hinten aufzuzäumen“: Im zweiten Unterabschnitt diskutieren wir die Gruppierung der Elementarteilchen in Multipletts, die sich aus dem Quarkmodell ergibt. Danach folgt das Hauptthema dieses Abschnitts: Quarkonia kann man als die „Wasserstoff-Atome der Elementarteilchen-Physik“ ansehen.

Quarks

Insgesamt sind 6 Quarks und deren Antiquarks bekannt, die in drei Generationen eingeordnet werden (Tab. 10.3). Die Suche nach weiteren Generationen war erfolglos. Zu jeder Generation gehört ein Quark mit der Ladung 2/3 und eines mit der Ladung −1/3, die Antiquarks haben Ladungen mit den umgekehrten Vorzeichen. Es wurde auch schon in Abschn. I/6.3 darauf hingewiesen, dass alle Quarks als Quantenzahl eine Farbe (rot/grün/blau) tragen, sodass sich ihre Anzahl aus Tab. 10.3 nochmals verdreifacht. Antiquarks besitzen die entsprechenden Antifarben.

Tabelle 10.3 Die Quarks und ihre Quantenzahlen

Quark	Q/e	I	I_3	$\tilde{S}$	$\tilde{C}$	$\tilde{B}$	Masse (GeV/c^2)
d	$-1/3$	$1/2$	$-1/2$	0	0	0	0,0047
u	$+2/3$	$1/2$	$+1/2$	0	0	0	0,0022
s	$-1/3$	0	0	-1	0	0	0,095
c	$+2/3$	0	0	0	$+1$	0	1,275
b	$-1/3$	0	0	0	0	-1	4,18
t	$+2/3$	0	0	0	0	0	173

In der Natur kommen Quarks nie als freie Teilchen vor, sie sind immer in Mesonen oder Baryonen gebunden. Als Teilchen werden nur ***farbneutrale*** Zustände aus Farbe und Antifarbe, drei Farben oder drei Antifarben beobachtet.

Der Begriff „Baryon“ ist eine Verallgemeinerung von Proton und Neutron: An Stelle von u- oder d-Quarks können drei beliebige der fünf Quarks u, d, s, c und b als Valenzquarks in Teilchen vorkommen. Nur top-Quarks zerfallen wegen ihrer hohen Masse sofort durch schwache Wechselwirkung, sodass sie keine halbwegs stabilen Teilchen mehr bilden. Den so zusammengesetzten Teilchen wird eine Baryonenzahl $B = +1$ als Quantenzahl zugeordnet, den zugehörigen Antibaryonen die Baryonenzahl -1. Die Baryonenzahl ist eine additive Größe. Deshalb besitzen alle Quarks die Baryonenzahl $1/3$, die Antiquarks $-1/3$. Alle Mesonen besitzen folglich die Baryonenzahl null. Das Gleiche gilt für alle heute bekannten Elementarbausteine der Materie, die keine Quarks sind: Gluonen, Photonen und Leptonen (Elektronen, Myonen, „τ-Leptonen“, Neutrinos). Bei Reaktionen und Zerfällen ist die Gesamtbaryonenzahl eines Systems konstant.[6] Einem Atomkern mit der Massenzahl A muss man deshalb die Baryonenzahl A geben.

Ein gebundenes System besteht nicht einfach aus einer festen Zahl von Quarks oder Antiquarks. Daneben existieren Gluonen-Felder, die den Strahlungsteilchen der Farbwechselwirkung entsprechen, und es gibt viele zusätzliche Quark–Antiquark-Paare, **Seequarks** genannt. Wenn die Zusammensetzung eines Teilchens aus Quarks angegeben wird, sind damit stets die **Valenzquarks** gemeint; sie bestimmen die Quantenzahlen des Teilchens.

Die Angabe einer Quarkmasse ist sehr problematisch. Zur Masse eines Teilchens tragen die Gluonen und Seequarks wesentlich bei, im Falle des Protons oder Neutrons zu fast 100 %. Die Diskussion des magnetischen Moments in Abschn. 6.3 basierte darauf, dass diese Anteile mit den Valenzquark-Massen zu **Konstituentenmassen** zusammengefasst wurden.

[6] Dass das Weltall viel mehr Materie als Antimaterie enthält, die nach einem Urknall entstanden ist, widerspricht offensichtlich dieser Aussage. Das ist ein noch ungelöstes Problem.

Die Quarkmassen ändern sich dynamisch: Im Grenzfall hoher Energien benehmen sich die in Teilchen enthaltenen Quarks bei Zusammenstößen fast wie freie Teilchen, sodass man ihnen eine Masse zuordnen kann. Das nennt man „asymptotische Freiheit“. Bei der Definition der Masse gibt es ein theoretisches Problem: Im Rahmen einer quantenfeldtheoretischen Störungsrechnung kann man die durch virtuelle Zusatzfelder entstehenden Massenkorrekturen berechnen, und dabei kommt in der Quantenchronodynamik wie in der Quantenelektrodynamik unendlich heraus. Das Problem wird in der theoretischen Physik dadurch gelöst, dass dem „nackten“ Teilchen eine unendlich große Masse zugeordnet wird und die Massenterme so geschickt kombiniert werden, dass sich die Divergenzen wegheben. Das Ergebnis wird dann der gemessenen Masse gleichgesetzt. Nun ist dieses Renormierungsschema in der Quantenchromodynamik nicht eindeutig und Messergebnisse für freie Quarks gibt es keine. Deshalb liegt den in Tab. 10.3 angegebenen Massen ein ganz bestimmtes Renormierungsschema („$\overline{\mathrm{MS}}$“) mit einer Referenzenergie zu Grunde. Warum sich die Quarkmassen sehr stark unterscheiden, ist ein ungelöstes Rätsel.

Die Quarks in Tab. 10.3 werden voneinander durch spezielle Quantenzahlen unterschieden, die, mit einer Ausnahme, in einem Quark- oder Teilchensystem additiv sind:[7]

1. u-Quark und d-Quark werden, in formeller Analogie zum Spin, als Unterzustände eines Quarks mit dem **Isospin** $I = 1/2$ betrachtet. Alle anderen Quarks haben $I = 0$. u-Quark und d-Quark werden durch die Quantenzahl $I_3 = \pm 1/2$ unterschieden, „dritte Komponente des Isospins“ genannt. In einem System von Quarks oder Teilchen bis hin zu Atomkernen gelten für den Isospin I die gleichen Kopplungsregeln wie für den Spin. Das ist die eben erwähnte Ausnahme von der einfachen Additivität. Die Quantenzahlen I_3 sind hingegen zu addieren.
2. Dem s-Quark wird eine **Strangeness** $\tilde{S} = -1$ zugeordnet, dem $\bar{s}$-Quark $\tilde{S} = +1$. Alle anderen Quarks haben $\tilde{S} = 0$.
3. Das c-Quark erhält die **Charm**-Quantenzahl $\tilde{C} = +1$, sein Antiteilchen $\tilde{C} = -1$. Alle anderen Quarks haben $\tilde{C} = 0$.
4. Das b-Quark erhält die **Beauty**-Quantenzahl $\tilde{B} = -1$, sein Antiteilchen $\tilde{B} = +1$. Alle anderen Quarks haben $\tilde{B} = 0$.
5. Für die Leptonen gilt: $I = I_3 = \tilde{S} = \tilde{C} = \tilde{B} = 0$.

Die genannten Quantenzahlen gehorchen Erhaltungssätzen. Gluonen tragen Farbe. Ein Gluon, das an ein Quark

[7] Unglücklicherweise gibt es Doppelbezeichnungen: B für die Baryonenzahl und Beauty, S für den Gesamtspin und die Strangeness und C für die Ladungskonjugation und Charm. Um Verwechslungen auszuschließen, sind einige Quantenzahlen hier mit dem Tilde-Zeichen versehen, obwohl dies sonst nicht üblich ist. Der Isospin wird in der Kernphysik T, seine dritte Komponente T_3 genannt, weil der Buchstabe I dort bereits für den Kernspin verbraucht ist.

koppelt, kann dessen Farbe verändern, wenn es dessen Antifarbe und irgend eine andere Farbe besitzt. Es ist elektrisch neutral, besitzt keine der soeben eingeführten Quantenzahlen und ändert diese Quantenzahlen bei der Kopplung an Quarks nicht. Auch ist die Kopplungsstärke eines Gluons bei gegebener Farbkombination für alle Quarks dieselbe. Das bedeutet:

Satz 10.4

Die Quantenzahlen $B, \tilde{S}, \tilde{C}, \tilde{B}, I$ und I_3 eines Teilchensystems sind bei allen Reaktionen oder Zerfallsprozessen erhalten, die von der starken Wechselwirkung ausgelöst werden.

Das Photon ist farblos und vermittelt nur die elektromagnetische Wechselwirkung. Was obige Quantenzahlen anbetrifft, gilt das Gleiche wie für das Gluon bis auf einen Unterschied: Das Photon koppelt an die elektrische Ladung der Quarks und die Kopplungsstärke hängt daher von I_3 ab. Die Quark-Ladung selbst wird natürlich vom Photon nicht verändert. Dann ist Satz 10.4 zu modifizieren:

Satz 10.5

Ein Photon kann bei einer Wechselwirkung mit einem Quark die Quantenzahlen $B, \tilde{S}, \tilde{C}, \tilde{B}$ und I_3 nicht verändern. Diese Quantenzahlen bleiben in einem System bei allen Reaktionen oder Zerfallsprozessen erhalten, die von der elektromagnetischen Wechselwirkung ausgelöst werden.

Die Situation ist eine andere im Falle des Isospins I. Weil die Wechselwirkung eines Photons mit individuellen u- oder d-Quarks verschieden ist, kann sich bei der Photonenemission oder Absorption durch ein ***System*** von Quarks die Wellenfunktion so verändern, dass zwar die Gesamtsumme I_3 konstant bleibt, sich aber der Isospin I ändert.

Satz 10.6

Für alle elektromagnetischen Multipolstrahlungen gilt die Auswahlregel $\Delta I = 0$ oder ± 1.

Diese Regel gilt auch in der Kernphysik.

Beim Betazerfall des Neutrons wandelt sich ein d-Quark in ein u-Quark um und I_3 ändert sich um $\Delta I_3 = +1$. Die Konsequenz aus diesem und noch vielen anderen beobachteten Betazerfällen, bei denen sich die Quantenzahlen $\tilde{S}, \tilde{C}$ oder $\tilde{B}$ ändern, ist:[8]

Satz 10.7

Für die schwache Wechselwirkung gilt, abgesehen von der Erhaltung der Baryonenzahl, keiner der hier aufgeführten Erhaltungssätze.

Hierzu gibt es eine Unmenge von Beispielen. Um einige herauszugreifen, müssen wir uns mit dem „Teilchenzoo" beschäftigen.

Der Teilchenzoo

Die einfachsten Mesonen enthalten s-Zustände eines Valenzquarks und seines Antiteilchens. Die drei Farben und Antifarben sind zu gleichen Teilen beteiligt. Die Spins können zum Drehimpuls $J = 0$ oder zu $J = 1$ koppeln. Die aus den „leichten" Quarks u, d und s entstehenden Mesonen sind in Abb. 10.5a und b und in den Tab. 10.4 und 10.5 aufgelistet. Sie bilden wegen der 3×3 möglichen Quark-Kombinationen ein **skalares Mesonen-Nonett** und ein **Vektormesonen-Nonett**. Wir beginnen mit den skalaren Mesonen, und hier mit den Pionen (u- und d-Quarks). Sie wurden bereits in Bd. I/15.4 und I/19.5 erwähnt. Es gibt drei Pionen, der Isospin ist eins. Die geladenen Pionen sind die leichtesten geladenen Teilchen mit starker Wechselwirkung. Wegen der Ladungserhaltung muss beim Zerfall ein geladenes Lepton im Endzustand auftreten. Der Zerfall geschieht immer durch schwache Wechselwirkung, mit 99,99 % Wahrscheinlichkeit $\pi^- \to \mu^- \overline{\nu}_\mu$. Dabei verschwindet das Quark-Antiquark-Paar und der Isospin ändert sich von eins auf null. Das neutrale Pion zerfällt dagegen elektromagnetisch: $\pi^0 \to \gamma\gamma$ ($\Delta I = 1$).

Die K-Mesonen auf der oberen und der unteren Linie in Abb. 10.5a besitzen den Isospin $I = 1/2$. Sie können nur unter Vernichtung eines s- oder $\overline{\text{s}}$- Quarks zerfallen, die Zerfälle erfolgen also immer durch schwache Wechselwirkung. Das gilt auch für die beobachteten 2π und 3π-Endzustände. Eine Besonderheit gibt es bei den K^0-Mesonen. Die schwache Wechselwirkung schert sich nicht darum, was ein K^0 oder ein $\overline{\text{K}^0}$-Meson ist. Die Kaonen, die gemäß dem radioaktiven Zerfallsgesetz zerfallen, werden K^0_S und K^0_L genannt. Die erzeugten K^0 oder $\overline{\text{K}^0}$ sind zu jeweils 50 % K^0_S-Mesonen und K^0_L-Mesonen, und erstere zerfallen zu fast 100 % in 2π-Endzustände. Dies erklärt die merkwürdigen Einträge in Tab. 10.4.

[8] Elektronen, Myonen, τ-Leptonen und deren Neutrinos besitzen jeweils Leptonenzahlen, deren Summen erhalten sind.

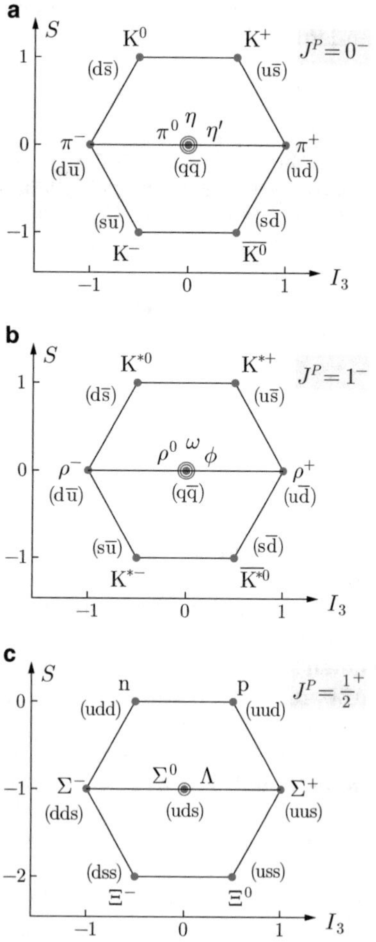

Abbildung 10.5 Der Teilchenzoo: Mesonen und Baryonen

Tabelle 10.4 Das skalare Mesonen-Nonett ($J^P = 0^-$)

Teilchen	Ruheenergie (MeV)	häufigste Zerfälle	gemessene Lebensdauer (s)
K^+	493,7	$\mu^+\nu_\mu$, $\pi^+\pi^0$	$1{,}24 \cdot 10^{-8}$
K^0	497,6	$\pi^+\pi^-$, $\pi^0\pi^0$ (K^0_S)	$0{,}90 \cdot 10^{-10}$
		$\pi e\nu_e$, $\pi\mu\nu_\mu$, 3π (K^0_L)	$5{,}1 \cdot 10^{-8}$
π^+	139,6	$\mu^+\nu_\mu$	$2{,}6 \cdot 10^{-8}$
π^0	135,0	$\gamma\gamma$	$0{,}9 \cdot 10^{-16}$
π^-	139,6	$\mu^-\overline{\nu}_\mu$	$2{,}6 \cdot 10^{-8}$
η	547,9	$\gamma\gamma$, $3\pi^0$, $\pi^+\pi^-\pi^0$	($\Gamma = 1{,}3$ keV)
η'	957,8	$\pi^+\pi^-\eta$, $\pi^0\pi^0\eta$, $\rho^0\gamma$	($\Gamma = 0{,}2$ MeV)
$\overline{K^0}$	497,6	$\pi^+\pi^-$, $\pi^0\pi^0$ (K^0_S)	$0{,}90 \cdot 10^{-10}$
		$\pi e\nu_e$, $\pi\mu\nu_\mu$, 3π (K^0_L)	$5{,}1 \cdot 10^{-8}$
K^-	493,7	$\mu^-\overline{\nu}_\mu$, $\pi^-\pi^0$	$1{,}24 \cdot 10^{-8}$

Ist ein Teilchen gleich seinem Antiteilchen, lässt sich eine weitere Quantenzahl definieren: die C-Parität als Quantenzahl, die bei Ladungsumkehr aller Konstituenten des Teilchens als multiplikativer Faktor C in der Wellenfunktion auftritt. Diese Ladungsumkehr, **Ladungskonjugation** genannt, verwandelt jedes Teilchen in sein Antiteilchen, also manche neutrale Mesonen wie das π^0 in sich selbst.

Tabelle 10.5 Das Vektor-Mesonen-Nonett ($J^P = 1^-$)

Teilchen	Ruheenergie (MeV)	häufigste Zerfälle
K^{*0}	896	$K^0\pi^+$, $K^+\pi^-$
K^{*+}	892	$K^+\pi^0$, $K^0\pi^+$,
ρ^-	775	$\pi^-\pi^0$
ρ^0	775	$\pi^+\pi^-$
ρ^+	775	$\pi^+\pi^0$
ω	783	$\pi^+\pi^-\pi^0$
ϕ	1019	K^+K^-, $K^0_L K^0_S$
K^{*-}	892	$K^-\pi^0$, $\overline{K^0}\pi^-$
$\overline{K^{*0}}$	896	$\overline{K^0}\pi^0$, $K^-\pi^+$

Die C-Quantenzahl ist nicht definiert für K^0-Mesonen, weil sie nicht mit $\overline{K^0}$-Mesonen identisch sind und erst recht nicht für ***einzelne*** Baryonen. Sie ist aber auch nicht definiert für geladene Pionen. Das ist ein Schönheitsfehler, der sich dadurch mildern lässt, dass man zusätzlich zur Ladungskonjugation noch eine Drehung um 180° in einem abstrakten Isospin-Raum ausführt, also einen Vorzeichenwechsel von I_3 erzeugt. Diese kombinierte Transformation führt ein geladenes Pion in sich selbst zurück. Die entsprechende Quantenzahl, die nach der Transformation als Faktor der Wellenfunktion auftritt, wird die **G-Parität** genannt. Für die Quantenzahlen C und G gelten folgende Erhaltungssätze:

Satz 10.8

Bei allen Prozessen der starken Wechselwirkung bleiben die C-Parität und die G-Parität, sofern definiert, erhalten. Bei allen Prozessen der elektromagnetischen Wechselwirkung bleibt die C-Parität, sofern definiert, erhalten.

Hierzu einige Beispiele:
Aus einer Analyse der Dirac-Gleichung ergibt sich, dass bei der Ladungskonjugation eines Spin 1/2-Teilchen–Antiteilchen-Paares wie e^-e^+ oder $u\overline{u}$ die Produkt-Wellenfunktion intrinsisch das Vorzeichen wechselt. Das Para-Positronium befindet sich in einem antisymmetrischen Zustand mit $S = 0$, $l = 0$. Bei einer Teilchen-Vertauschung wechselt die Orts–Spin-Wellenfunktion das Vorzeichen. Die Ladungskonjugation tauscht die Teilchen zurück. Dabei tritt der intrinsische Faktor -1 hinzu: Parapositronium besitzt die Quantenzahl $C = +1$.

Für ein Photon gilt: $C = -1$. Das rührt daher, dass elektrische oder magnetische Felder, die von Ladungen oder

Strömen erzeugt werden, das Vorzeichen wechseln, wenn man die Vorzeichen der Ladungen und Ströme umkehrt. Dabei wird die Gültigkeit der Maxwellschen Gleichungen vorausgesetzt. In ihnen ist die C-Invarianz der elektromagnetischen Wechselwirkung versteckt. Hiermit lassen sich die Zerfallseigenschaften des Positroniums deuten: Zwei Photonen besitzen die C-Parität $(-1)\cdot(-1) = +1$, denn im Orts- und Spin-Raum kann bei ihrer Vertauschung kein Vorzeichenwechsel des Zustands eintreten, weil sie Bosonen sind. Folglich zerfällt das Parapositronium in zwei Photonen. Das Ortopositronium mit einer symmetrischen Wellenfunktion besitzt dagegen die Quantenzahl $C = -1$ und zerfällt in drei Photonen, denn diese besitzen ebenfalls die Quantenzahl $C = -1$. Was die C-Quantenzahl betrifft, verhält sich das neutrale Pion π^0 wie das Parapositronium: Es ist $C = +1$, das π^0 zerfällt in zwei Photonen.

Die Pionen π^+, π^0, π^- bilden im abstrakten Isospin-Raum ein Zustandstriplett. Bei Drehungen verhalten sie sich wie Vektoren. Eine Drehung um 180° bedeutet einen Vorzeichenwechsel des Zustands. Die G-Quantenzahl hat demnach das umgekehrte Vorzeichen wie die C-Quantenzahl des π^0: Für ***alle*** Pionen ist $G = -1$.

Dagegen sind η und η' Isospin-Singuletts und somit Skalare im Isospin-Raum: Beide haben $C = G = +1$. Der Zerfall des η-Mesons ist durch die elektromagnetische Wechselwirkung bedingt, worauf die kleine Zerfallsbreite von 1,3 keV hinweist. Der Zerfall durch starke Wechselwirkung in drei Pionen erfüllt nicht den Erhaltungssatz für die G-Parität, und ein Zerfall in zwei Pionen würde eine Paritätsverletzung bedeuten. Im Gegensatz dazu zerfällt das η'-Meson durch starke Wechselwirkung in das η, bemerkenswerterweise aber auch elektromagnetisch mit $\Delta I = 1$.

Das Vektormesonen-Nonett besteht aus sehr kurzlebigen Resonanzen, die in Streuprozessen auftreten. Sie besitzen Zerfallsbreiten im 10 bis 100 MeV-Bereich und zerfallen durch starke Wechselwirkung in Teilchen aus dem skalaren Nonett. Eine Ausnahme stellt die Zerfallsbreite des ϕ von nur 0,4 MeV dar, die durch die niedrige Zerfallsenergie zustande kommt. Daraus, dass die Zerfallsprodukte meist Kaonen sind, schließt man, dass es sich beim ϕ um einen fast reinen $s\bar{s}$-Zustand handelt, denn andernfalls müssten andere Endzustände wesentlich häufiger auftreten.

Die ρ-Resonanz besitzt wegen der geraden Spin-Symmetrie der Valenzquarks die umgekehrte G-Parität wie das Pion, also $G = +1$. Sie zerfällt deshalb in zwei Pionen, nicht in drei. Den Zerfall $\rho^0 \to \pi^0\pi^0$ gibt es allerdings nicht. Der Endzustand müsste wegen der Drehimpuls-Erhaltung $l = 1$ haben und das widerspricht dem Pauli-Prinzip für identische Bosonen.

Die Anzahl der Baryonen, die man im s-Zustand aus u, d, und s-Quarks bilden kann, ist durch das Pauli-Prinzip (Kap. 8) und die Farbneutralität begrenzt. Es gibt ein **Baryonen-Oktett** mit dem Drehimpuls $J = 1/2$, das in Abb. 10.5c und Tab. 10.6 aufgeführt ist, und ein Dekuplett aus 10 Baryonen mit dem Drehimpuls $J = 3/2$. Das Baryonen-Oktett enthält neben dem Proton und dem Neutron drei Σ-Hyperonen mit dem Isospin 1 sowie das uns aus Abb. 3.23 bekannte Λ-Hyperon mit dem Isospin 0, alle mit der Strangeness -1. Daneben gibt es zwei Ξ-Hyperonen mit dem Isospin $1/2$ und der Strangeness -2. Das Σ^0-Hyperon kann bei Erhaltung der Strangeness mit Änderung des Isospins durch Photonenemission in das Λ übergehen, also elektromagnetisch zerfallen. Bei allen anderen Hyperonen muss sich die Strangeness beim Zerfall ändern. Für deren Zerfälle ist also die schwache Wechselwirkung verantwortlich.

Tabelle 10.6 Das Spin 1/2-Baryonen-Oktett ($J^P = 1/2^+$)

Teilchen	Ruheenergie (MeV)	häufigste Zerfälle	Lebensdauer (s)
Neutron	939,6	$p\,e^-\bar{\nu}_e$	880
Proton	938,3		
Σ^-	1197,4	$n\pi^-$	$1{,}5\cdot10^{-10}$
Σ^0	1192,6	$\Lambda\gamma$	$7{,}4\cdot10^{-20}$
Σ^+	1189,4	$p\pi^0$, $n\pi^+$	$0{,}8\cdot10^{-10}$
Λ	1115,7	$p\pi^-$, $n\pi^0$	$2{,}6\cdot10^{-10}$
Ξ^-	1321,7	$\Lambda\pi^-$	$1{,}6\cdot10^{-10}$
Ξ^0	1314,9	$\Lambda\pi^0$	$2{,}9\cdot10^{-10}$

Die Produktion von Hyperonen in Streuexperimenten basiert auf der starken Wechselwirkung. Wegen der Erhaltung der Strangeness muss dann gleichzeitig mit einem Λ- oder Σ-Hyperon immer ein K-Meson erzeugt werden, wenn die Strangeness des Anfangszustands null war. Diese **assoziierte Produktion** zweier Teilchen hat bei ihrer Entdeckung zu der Namensgebung „seltsame Teilchen" („strange particles") geführt. Mögliche Prozesse sind z. B.

$$\pi^- p \to \Lambda K^0 , \quad \pi^+ p \to \Sigma^+ K^+ ,$$

natürlich sind auch Protonen als Projektile geeignet. Das Ξ-Teilchen wurde zuerst in der Höhenstrahlung gefunden. In der Frühzeit der Hyperonenphysik haben Blasenkammeraufnahmen wesentlich zur Aufklärung der Sachverhalte beigetragen. Später wurden Detektoren mit elektronischer Auslese entwickelt, die höhere Datenraten verarbeiten konnten. Die Fortschritte der Beschleuniger-Technologie erlaubten es, durch Beschuss von Targets (z. B. BeO) mit hochenergetischen Protonen (z. B. 200 GeV) Sekundärstrahlen mit einem Gehalt an positiven oder negativen Hyperonen zu erzeugen. Hierdurch wurde auch das Studium schwacher leptonischer Zerfallskanäle möglich.

Das Zustandekommen der Baryonen-Multipletts ist im Rahmen des statischen Quarkmodells am einfachsten für das Dekuplett zu erklären. Betrachtet man die Farbe als Zustandsvariable eines Quarks, ist das Pauli-Prinzip (Satz 8.2) wie folgt zu modifizieren:

Satz 10.9

Die Wellenfunktion eines Systems von Quarks muss antisymmetrisch bei Vertauschung der Ortskoordinaten, der Spins und der Farbe zweier Quarks sein.

Weil die Orts- und die Spin-Wellenfunktion eines Dekuplett-Baryons symmetrisch sind, muss die Farbwellenfunktion antisymmetrisch sein. Jedes Quark eines 3-Quark-Systems kann alle drei Farbwerte annehmen, und die Farbwellenfunktion ist durch eine Determinante vom Typ (8.26) gegeben. Die ist eindeutig und farbneutral. Dann ergeben sich die Baryonen als die kombinatorischen Möglichkeiten, aus drei Valenzquarks vom Typ u, d, s ein Teilchen aufzubauen (Aufgabe 10.3):

1. uuu, uud, udd, ddd (Δ-Resonanzen, $\langle mc^2 \rangle = 1210\,\text{MeV}$),
2. uus, uds, dds (Σ^*-Resonanzen, $\langle mc^2 \rangle = 1384\,\text{MeV}$),
3. uss, dss (Ξ^*-Resonanzen, $\langle mc^2 \rangle = 1533\,\text{MeV}$),
4. sss (Ω^-, $mc^2 = 1672\,\text{MeV}$).

Während alle Teilchen in den ersten drei Zeilen durch Pionen-Emission in Baryonen des Oktetts übergehen können, kann das Ω-Teilchen als einziges nur durch schwache Wechselwirkung zerfallen. Seine Entdeckung war eine glänzende Bestätigung des Quarkmodells.

Viel komplizierter ist die Diskussion des Baryonen-Oktetts. Es gibt 6 Quark-Kombinationen mit zwei identischen Valenzquarks: uud, udd, uus, dds, uss, dss. Obige Farbwellenfunktion ist die einzige farbneutrale. Dann muss die Spin-Wellenfunktion wie beim Dekuplett symmetrisch sein. Zwischen zwei identischen Quarks, z. B. u-Quarks, gibt es die symmetrischen Spin-Wellenfunktionen

$$|1,0\rangle = \frac{1}{\sqrt{2}}(u_\uparrow u_\downarrow + u_\downarrow u_\uparrow)\,,$$
$$|1,1\rangle = u_\uparrow u_\uparrow\,.$$

Dabei geben die Zahlen links den Spin und seine z-Komponente an und die Symbole rechts repräsentieren die Quarks und ihre Spinstellungen. Aus diesen Zuständen kann man mit dem dritten Quark einen Zustand $|1/2,+1/2\rangle$ bilden. Mit einer Tabelle der Clebsch-Gordon-Koeffizienten findet man

$$\left|\frac{1}{2},\frac{1}{2}\right\rangle = \sqrt{\frac{2}{3}}\,|1,+1\rangle\left|\frac{1}{2},-\frac{1}{2}\right\rangle - \sqrt{\frac{1}{3}}\,|1,0\rangle\left|\frac{1}{2},+\frac{1}{2}\right\rangle,$$

obiges eingesetzt:

$$\left|\frac{1}{2},\frac{1}{2}\right\rangle = \sqrt{\frac{2}{3}}\,u_\uparrow u_\uparrow d_\downarrow - \sqrt{\frac{1}{6}}\,(u_\uparrow u_\downarrow d_\uparrow + u_\downarrow u_\uparrow d_\uparrow)\,. \tag{10.4}$$

Diese Konstruktion ist zwar symmetrisch bei Vertauschung der beiden ersten Quarks, aber nicht bei der Vertauschung des ersten mit dem dritten oder des zweiten mit dem dritten. Man kann gleichartige Zustände bilden, indem man die Quarks samt ihrer Spinrichtungen zyklisch vertauscht. Dann erhält man

$$\left|\frac{1}{2},\frac{1}{2}\right\rangle = \sqrt{\frac{2}{3}}\,d_\downarrow u_\uparrow u_\uparrow - \sqrt{\frac{1}{6}}\,(d_\uparrow u_\uparrow u_\downarrow + d_\uparrow u_\downarrow u_\uparrow)\,, \tag{10.5}$$

$$\left|\frac{1}{2},\frac{1}{2}\right\rangle = \sqrt{\frac{2}{3}}\,u_\uparrow d_\downarrow u_\uparrow - \sqrt{\frac{1}{6}}\,(u_\uparrow d_\uparrow u_\downarrow + u_\downarrow d_\uparrow u_\uparrow)\,. \tag{10.6}$$

Eine etwas mühselige, wenn auch nicht schwierige Inspektion dieser Formeln zeigt, dass die Summe der Ausdrücke (10.4), (10.5) und (10.6) symmetrisch bei Vertauschung zweier beliebiger Quarks ist, womit 6 Teilchen konstruiert wären. Die Summe verschwindet, wenn alle Quarks identisch sind. Was noch fehlt, ist der Fall, in dem alle Quarks verschieden sind: uds. Auch hier funktioniert die Konstruktion, allerdings kann man in der Kombination die Reihenfolge zweier Quarks vertauschen und gelangt dann zu einer anderen Lösung. Im uds-Fall gibt es also zwei Teilchen, das Λ als antisymmetrische Kombination der beiden Lösungen und das Σ^0 als symmetrische. Das ergibt dann zusammen 8 Baryonen, das Oktett.

Die Massenaufspaltungen in allen Multipletts, gleichgültig ob Mesonen oder Baryonen, entstehen durch die unterschiedlichen Quarkmassen und elektromagnetische Effekte. Sie sind als Funktion von I_3 innerhalb eines Isospin-Multipletts mit nur wenigen MeV viel kleiner als zwischen Teilchen mit unterschiedlicher Strangeness, wo sie mehr als 100 MeV betragen. Für Letzteres ist natürlich die s-Quark-Masse verantwortlich.

Charmonium und Bottomium

Neben den diskutierten Mesonen-Nonetts muss es Mesonen-Resonanzen aus u, d und s-Quarks mit höherer Masse geben, in denen zwischen dem Quark–Antiquark-Paar ein Bahndrehimpuls besteht oder eine radiale Anregung vorhanden ist. In der Tat wurden solche Zustände beobachtet. Es ist aber nicht möglich, ein Potentialmodell analog zum Wasserstoff-Atom für die Berechnung der Anregungsenergien heranzuziehen: Die Konstituentenmassen haben die gleiche Größenordnung wie die Anregungsenergien.

Die Situation ist eine andere, wenn die Quarkmasse einigermaßen groß gegenüber der Anregungsenergie ist, was bei den c- und den b-Quarks der Fall ist. Im Jahre 1974 wurde fast gleichzeitig von zwei Gruppen eine schmale Resonanz gefunden, die den Namen J/ψ erhielt.[9] Sie wurde in einem Fall als Elektron–Positron-Resonanz aus Sekundärteilchen bei der Protonenstreuung an Beryllium rekonstruiert, im anderen Fall als Erhöhung des e^-e^+-Wirkungsquerschnitts an einem e^-e^+-Speicherring beim Durchfahren der Strahlenergie beobachtet. Es stellte sich bald heraus, dass es sich um ein Teilchen mit „verborgenem Charm", also um ein Meson mit der Quark-Kombination $c\bar{c}$ handeln muss.[10]

Seitdem wurde eine riesige Zahl von Studien an Speicherringen durchgeführt, um die Anregungszustände des J/ψ und seine Zerfallsmoden zu studieren. Die Apparaturen sind fast immer als „Universaldetektoren" konzipiert. Sie gliedern sich im Wesentlichen in drei Teile, die das Strahlrohr schalenförmig umschließen: (1) Geladene Teilchen werden mit Hilfe von Spurdetektoren registriert. Diese müssen eine geringe Masse haben, damit sie unempfindlich auf Photonen sind und Elektronen keine elektromagnetischen Schauer auslösen. Die Impulse werden aus der Bahnkrümmung in einem Magnetfeld bestimmt. (2) Zur Identifikation von Elektronen und Photonen benötigt man ein segmentiertes „Kalorimeter", z. B. aus Szintillationszählern oder Čerenkov-Zählern bestehend. Dieses soll die Energie von Photonen und Elektronen fast vollständig absorbieren. (3) Myonen genügend hoher Energie durchlaufen diese Detektoren und werden mit separaten Spurkammern identifiziert. Daneben gibt es noch weitere Detektoren, z. B. als Hilfe zur Triggerung (Auslösung der Aufzeichnung eines Ereignisses) und zur Messung der Luminosität (wirksame Strahlintensität). Abb. 10.6 zeigt das Schema der Apparatur, mit der das J/ψ gefunden wurde. Als Spurdetektoren wurden hier noch Draht-Funkenkammern verwendet.

Abb. 10.7 zeigt den niederenergetischen Teil des Massenspektrums der $c\bar{c}$-Mesonen, wie es sich im Laufe der Zeit herauskristallisiert hat. In horizontaler Richtung sind die Zustände, links beginnend, nach dem Gesamtspin

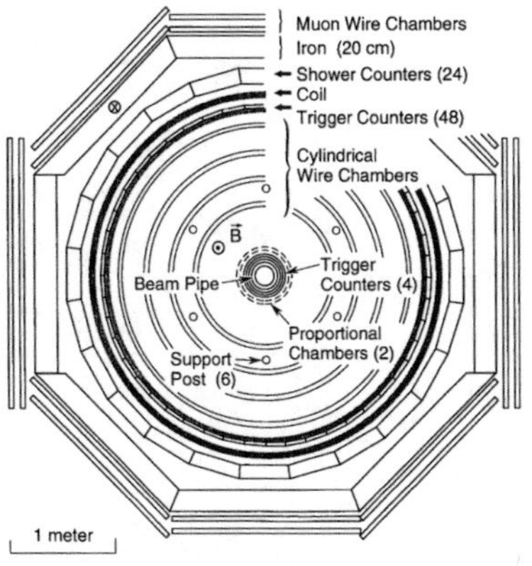

Abbildung 10.6 Prinzip einer Apparatur zur Untersuchung der Reaktionsprodukte bei e^-e^+-Kollisionen

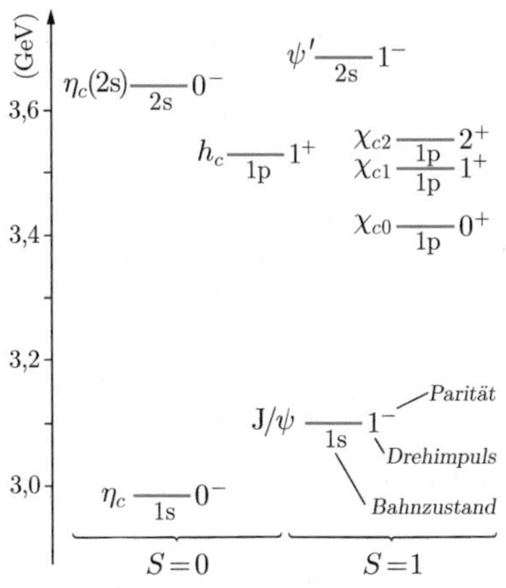

Abbildung 10.7 Charmonium-Zustände unterhalb der Schwelle für den Zerfall in zwei D-Mesonen

des Quark–Antiquark-Paares und dessen Bahndrehimpuls geordnet.

Das J/ψ und das ψ' besitzen den Gesamtspin eins, den Gesamtdrehimpuls eins und negative Parität. Das ψ' entspricht einer radialen $c\bar{c}$-Anregung. Es gibt weitere $c\bar{c}$-Zustände mit höherer Anregungsenergie, die in sogenannte D-Mesonen ($c\bar{u}$ oder $c\bar{d}$ und deren Antiteilchen) zerfallen können und in Abb. 10.7 nicht eingezeichnet sind. Die Massen des J/ψ und des ψ' reichen für D-Zerfälle nicht aus. Die 1^--Mesonen können in e^-e^+-Stößen erzeugt werden. Dabei annihiliert das e^-e^+-Paar in ein virtuelles Photon, aus dem das $c\bar{c}$-Paar hervorgeht. Bemerkenswert ist, dass die Zerfallsbreiten des J/ψ und des ψ' mit 93 keV und 294 keV recht klein sind. Beide Teilchen können aber durch starke Wechselwirkung zerfallen, denn alle relevanten Auswahlregeln werden von vielen Endzuständen erfüllt. Die Zerfälle durch starke Wechselwirkung sind also behindert. Das erkennt man auch daran, dass der Anteil der elektro-

[9] J. J. Aubert et al., „Experimental Observation of a Heavy Particle J", Phys. Rev. Lett. **33** (1974) 1404,
J. E. Augustin et al., „Discovery of a Narrow Resonance in e^+e^- Annihilation", Phys. Rev. Let. **33** (1974) 1406.
Bereits im Jahre 1976 erhielten S. Ting und B. Richter für diese Entdeckung den Nobelpreis für Physik.

[10] Die Existenz des c-Quarks war damals zwar postuliert worden, aber noch nicht experimentell belegt.

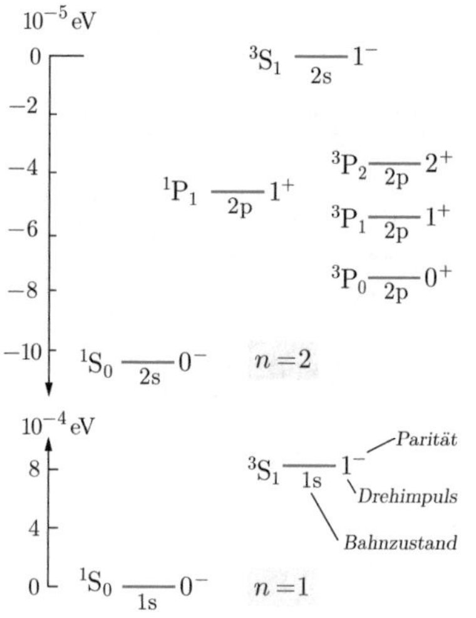

Abbildung 10.8 Hyperfeinstruktur und Feinstruktur der Positronium-Niveaus mit den Hauptquantenzahlen $n = 1$ und 2

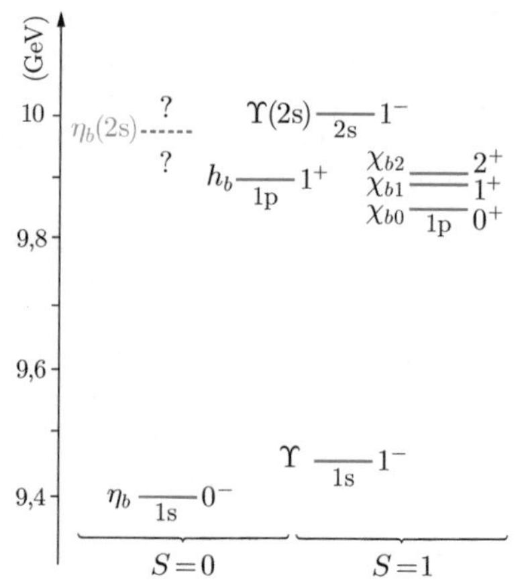

Abbildung 10.9 Einige Bottonium-Zustände. Der $\eta_b(2s)$-Zustand wurde noch nicht sauber identifiziert

magnetischen J/ψ-Zerfälle in e^-e^+- und $\mu^-\mu^+$-Paare mit jeweils 6 % ungewöhnlich hoch ist. Das J/ψ ist der hochenergetische Verwandte des Orthopositronium-Atoms, das in drei Photonen zerfällt. Analog dazu zerfällt das J/ψ in drei Gluonen, die anschließend in mehrere stark wechselwirkende Teilchen fragmentieren. Die Notwendigkeit des Drei-Gluonen-Zwischenzustands, die auch bei allen ψ'-Zerfällen besteht, behindert den starken Zerfall.

Die Verwandtschaft des $c\bar{c}$-Systems mit dem Positronium dokumentiert Abb. 10.8, in der alle Positronium-Zustände mit den Hauptquantenzahlen 1 und 2 enthalten sind. In Abb. 10.8 fällt auf, dass für $n = 2$ die „Hyperfeinaufspaltung" zwischen dem $S = 0$ und dem $S = 1$-Zustand größer als die Feinstrukturaufspaltung der p-Zustände ist. Beide sind hier dem Bohrschen Magneton proportional. Die Bezeichnung der Zustände entspricht nicht derjenigen des Wasserstoff-Atoms, sondern derjenigen des Helium-Atoms. Die absoluten Energieskalen der Abb. 10.8 und 10.7 unterscheiden sich um einen Faktor 10^8. Zwischen den Abb. 10.7 und 10.8 gibt es einen Unterschied in der Nomenklatur: Anders als in der Atomphysik wird in der Kern- und Hochenergiephysik der p-Zustand mit der niedrigsten Energie als 1p-Zustand bezeichnet und nicht als 2p wie beim Wasserstoff-Atom. Von relativen Verschiebungen abgesehen, sind die Aufspaltungsbilder in den Abb. 10.8 und 10.7 völlig identisch, sodass man das $c\bar{c}$-System mit Recht als Wasserstoff-Atom der Hochenergiephysik bezeichnen kann. Die Analogie reicht weiter: Das η_c-Meson ist das Analogon zum Parapositronium, das in zwei Photonen zerfällt und eine wesentlich kleinere Lebensdauer als das Orthopositronium hat. Entsprechend zerfällt das η_c in nur zwei Gluonen und seine Zerfallsbreite ist viel größer als die des J/ψ: $\Gamma = 32\,\text{MeV}$.

Es bleibt nachzutragen, wie die Niveaus in Abb. 10.7 im Experiment gefunden werden. Ausgangspunkt ist das ψ', dessen Zerfallsschema sehr komplex ist. Es gibt direkte starke Zerfälle und Übergänge in das J/ψ, oft unter Zwei-Pionen-Emission. Daneben können aber auch die Zustände $\chi_0, \chi_1, \chi_2, \eta_c$ und $\eta_c(2s)$ über elektromagnetische Übergänge erreicht werden, die letzten beiden allerdings nur mit geringer Wahrscheinlichkeit im 1 Promille-Bereich. Ein Übergang zum h_c ist durch π^0-Emission möglich. Der Nachweis dieser Prozesse mit den genannten Universaldetektoren erlaubt dann gleichzeitig das Studium der Tochter-Zustände. Die am besten erforschten χ-Zustände zerfallen entweder direkt durch starke Wechselwirkung oder sie erreichen über einen elektromagnetischen Übergang das J/ψ.

Drei Jahre nach der ersten Beobachtung des J/ψ begann eine weitere Entdeckungsgeschichte mit dem Auffinden der Y-Resonanz, dem Analogon zum J/ψ im $b\bar{b}$-Teilchensystem. Die untersten dieser Bottonium-Zustände sind in Abb. 10.9 eingetragen.

Die Form des zentralen spinunabhängigen Anteils des Potentials zwischen Quark und Antiquark wurde bereits in Bd. I/6.3 angegeben:

$$V(r) = -\frac{k_1}{r} + k_2\,r\,. \qquad (10.7)$$

Der zu $1/r$ proportionale Teil entsteht durch Gluon-Austausch und entspricht dem Coulomb-Potential $e^2/(4\pi\epsilon_0 r)$ zwischen zwei Teilchen mit der Elementarladung e. Mit der Feinstruktur-Konstanten (7.41) erhält das Coulomb-Potential die Form

$$V(r) = -\frac{\alpha\hbar c}{r}\,.$$

Führt man eine dimensionslose Kopplungskonstante α_s für die starke Wechselwirkung ein, kann man (10.7) in der Form

$$V(r) = -\frac{\alpha_s \hbar c}{r} + k_2 r$$

schreiben. Die **String-Konstante** wird mit $k_2 \approx 1\,\mathrm{GeV/fm}$ angegeben, und bei den hier vorliegenden Energien ist $\alpha_s \approx 0{,}5$. Durch Vergleich der Abb. 10.7 und 10.9 stellt man fest, dass die Massendifferenzen zwischen ψ' und J/ψ sowie Υ(2s) und Υ fast gleich groß sind. Zwar ist α_s beim Bottonium etwas kleiner als beim Charmonium, man kann aber nicht beide Massendifferenzen gleichzeitig mit einem $1/r$-Potential beschreiben. Man kommt bei Verwendung des Potentialmodells nicht ohne den zweiten Summanden in (10.7) aus (Aufgabe 10.5).

Übungsaufgaben

10.1. Zu den Kernradien. Die Ergebnisse für Kernradien in Tab. 10.1 sind um etliches kleiner als die Vorhersage der „Standard-Formel“ $r_S = r_0 A^{1/3}$ mit $r_0 = 1{,}3\,\mathrm{fm}$. Wie groß ist der mittlere quadratische Radius einer homogen geladenen Kugel mit dem Radius r_S? Man vergleiche mit Tab. 10.1.

10.2. Ausdehnung des Protons und myonischer Wasserstoff. Das elektrische Potential $\mathrm{d}\phi(R)$ einer geladenen Kugelschale der Dicke $\mathrm{d}r$ mit dem Radius r ergibt sich aus (III/2.4) und (III/2.5):

$$\mathrm{d}\phi(R) = 4\pi r^2 \rho(r)\,\mathrm{d}r \frac{e}{4\pi\epsilon_0 R} \quad \text{für } R > r\,,$$

$$\mathrm{d}\phi(R) = 4\pi r^2 \rho(r)\,\mathrm{d}r \frac{e}{4\pi\epsilon_0 r} \quad \text{für } R < r\,,$$

wobei $e\rho(r)$ die Ladungsdichte in der Kugelschale ist, die man mit der Ladungsdichte im Proton identifiziert. Es sei $|\psi(0)|^2$ das Quadrat der Myon-Wellenfunktion am Proton im myonischen Wasserstoff-Atom. Berechnen Sie, um wie viel die Coulomb-Energie zwischen Myon und Proton vom Wert für einen punktförmigen Kern abweicht, d. h. beweisen Sie (10.1).

10.3. Quantenzahlen des Baryonen-Dekupletts. Geben Sie für die Baryonen des Dekupletts die Quantenzahlen I, I_3 und S sowie die elektrischen Ladungen an.

10.4. Erhaltungssätze in Reaktionen und Zerfällen. Welche der folgenden Prozesse sind möglich, welche verboten? Falls der Prozess erlaubt ist: Welche Wechselwirkung ist für ihn maßgeblich? Gibt es konkurrierende Prozesse?

(1)	$\mathrm{ep} \to \mathrm{ep}\gamma$	(6)	$\mathrm{pn} \to \mathrm{pn}\pi^0$
(2)	$\mathrm{K^+p} \to \Sigma^+\mathrm{p}$	(7)	$\mathrm{J}/\psi \to \eta_c\gamma$
(3)	$\mathrm{K^-p} \to \pi^0\Lambda$	(8)	$\mathrm{J}/\psi \to \eta_c\pi^0$
(4)	$\mathrm{pp} \to \mathrm{n}\pi^+\pi^+$	(9)	$\mathrm{J}/\psi \to \gamma\gamma$
(5)	$\mathrm{pp} \to \mathrm{pp\,K^+K^-}$	(10)	$\mathrm{J}/\psi \to \pi^0\pi^0\pi^0\,.$

10.5. Kopplungskonstante für starke Wechselwirkung. a) Drücken Sie die Energiedifferenz zwischen dem 1s- und dem 2s-Niveau des Wasserstoffs durch die reduzierte Atommasse und die Feinstrukturkonstante α aus und übertragen Sie diese Formel auf die Massendifferenz Δm_Υ zwischen dem Υ(2s) und dem Υ-Meson sowie die Massendifferenz Δm_ψ zwischen ψ' und dem J/ψ. Verifizieren Sie, dass der $1/r$-Anteil des Quark-Antiquark-Potentials allein diese Massendifferenzen nicht erklären kann.

b) Zeigen Sie in Analogie zu (3.30) mit Hilfe der Unbestimmtheitsrelation, dass die Anregungsenergien in einem Potential $V(r) = k_2 r$ von der reduzierten Masse m_r in der Form $E \propto m_r^{-1/3}$ abhängen, also bei kleinen Massen wichtiger sind. Die Potentialsumme (10.7) kann daher für zwei Teilchen unterschiedlicher Masse die gleiche Massenaufspaltung zwischen gleichartigen Zuständen ergeben.

Teil II
Anhang

Lösungen der Übungsaufgaben

11

Teil II

J. Heintze / P. Bock (Hrsg.), *Lehrbuch zur Experimentalphysik Band 5: Quantenphysik*, https://doi.org/10.1007/978-3-662-58626-6_11

1.1 Rayleigh-Streuung.

Der Extinktionskoeffizient der Luft hängt exponentiell von der Höhe z über dem Erdboden ab:

$$\mu(z) = N\sigma_R e^{-z/z_0} .$$

Das Produkt aus dem Wirkungsquerschnitt σ_R und der Molekülzahldichte N ist gegeben durch (1.17):

$$N\sigma_R = \frac{32\pi^3(n-1)^2}{3N\lambda^4} .$$

Für die Wellenlängen 650, 520 und 410 nm erhält man die Werte $N\sigma_R = 5{,}32 \cdot 10^{-6}, 1{,}30 \cdot 10^{-5}$ und $3{,}36 \cdot 10^{-5}\,\text{m}^{-1}$, aus denen mit $L = 1/(N\sigma_R)$ die Extinktionslängen in Tab. 1.1 folgen. Bei senkrechtem Lichteinfall wird die Intensität um einen Faktor

$$T = e^{-\int_0^\infty \mu(z)\,dz} = e^{-N\sigma_R z_0}$$

abgeschwächt. Die numerischen Ergebnisse entsprechen ebenfalls den Angaben in Tab. 1.1.

Bei horizontalem Lichteinfall ist der Lichtweg s bis zur Erdoberfläche mit der Höhe z über der Erdoberfläche und dem Erdradius R_E über die Beziehung $(R_E + z)^2 = s^2 + R_E^2$ verknüpft. Weil die Atmosphäre nur eine dünne Schicht ist ($z \ll R_E$), gilt $2R_E z \approx s^2$,

$$z \approx \frac{s^2}{2R_E} ,$$
$$T = e^{-\int_0^\infty \mu(z)\,ds} \quad \text{mit} \quad \mu(z) = N\sigma_R e^{-s^2/(2R_E z_0)} ,$$
$$T \approx e^{-\sqrt{\pi R_E z_0/2}\,N\sigma_R} .$$

Die Resultate sind 0,22 (650 nm), 0,025 (520 nm) und $7{,}3 \cdot 10^{-5}$ (410 nm), wobei der letzte Wert besonders empfindlich auf Näherungen in der Rechnung ist, weil $N\sigma_R$ am größten ist.

1.2 Natürliche Linienbreite und Dopplerbreite.

Nach (1.4) ist $\Gamma = 1/\tau_E = 6{,}25 \cdot 10^7\,\text{Hz}$. Die volle Halbwertsbreite der Frequenzverteilung ist $\Delta\nu_{FWHM} = \Gamma/(2\pi) = 10^7\,\text{Hz}$. Die Geschwindigkeitskomponenten der Atome gehorchen nach Maxwell einer Gauß-Verteilung:

$$W(v_x) = \sqrt{\frac{m}{2\pi k_B T}} e^{-mv_x^2/2k_B T} .$$

Die Doppler-Formel $v_x/c = \Delta\nu/\nu$ führt auf die Linienform

$$W(\Delta\nu) = \frac{dv_x}{d\Delta\nu} W(v_x) = \frac{c}{\nu} W(v_x) ,$$
$$W(\Delta\nu) = \frac{1}{\nu}\sqrt{\frac{mc^2}{2\pi k_B T}} e^{-\Delta\nu^2 mc^2/(2\nu^2 k_B T)} .$$

Aus der Bedingung $W(\Delta\nu_{FWHM}/2) = W(0)/2$ folgt

$$\Delta\nu_{FWHM} = \sqrt{\frac{8k_B T \ln 2}{mc^2}}\,\nu .$$

Mit $m = m_u A$ und $\nu = c/\lambda = 5{,}1 \cdot 10^{14}\,\text{Hz}$ erhält man $\Delta\nu_{FWHM} = 4{,}7 \cdot 10^{-6}\nu = 2{,}4 \cdot 10^9\,\text{Hz}$. Bei $T \approx 0{,}1\,\text{K}$ wäre die Dopplerbreite um zwei Größenordnungen kleiner, aber immer noch größer als die natürliche Linienbreite.

1.3 Amplitude und Polarisation von Streulicht.

a) Führt man sphärische Polarkoordinaten um die x-Achse ein, lässt sich ein beliebiger Einheitsvektor darstellen als $\hat{\boldsymbol{n}} = (\cos\vartheta_x, \sin\vartheta_x\cos\varphi_x, \sin\vartheta_x\sin\varphi_x)$ mit φ_x als Drehwinkel um die x-Achse und ϑ_x als Polarwinkel. Es werden zwei unkorrelierte Teilwellen mit den $\boldsymbol{E}$-Vektoren parallel zur y-Achse und zur z-Achse gestreut. Die gestreuten Intensitäten sind jeweils proportional zu den Sinus-Quadraten der Emissionswinkel ϑ_i relativ zu den Feldstärken: $\sin^2\vartheta_i = 1 - \cos^2\vartheta_i$. Die Cosinusse sind die Skalarprodukte der Einheitsvektoren $\boldsymbol{e}_y$ und $\boldsymbol{e}_z$ mit $\hat{\boldsymbol{n}}$. Die inkohärente Summe der Intensitäten ist also proportional zu

$$\begin{aligned} I &\propto \left(1 - (\boldsymbol{e}_y \cdot \boldsymbol{n})^2\right) + \left(1 - (\boldsymbol{e}_z \cdot \boldsymbol{n})^2\right) \\ &= \left(1 - \sin^2\vartheta_x\cos^2\varphi_x\right) + \left(1 - \sin^2\vartheta_x\sin^2\varphi_x\right) \\ &\propto 2 - \sin^2\vartheta_x = 1 + \cos^2\vartheta_x , \end{aligned}$$

d. h. die Intensität hängt von φ_x nicht ab und ist rotationssymmetrisch.

b) In der (x,z)-Ebene in Abb. 1.13 ist die Polarisation einer der gestreuten Teilwellen parallel zu dieser Ebene gerichtet (ankommende Feldstärke parallel zur z-Achse), die Polarisation der zweiten Teilwelle ist senkrecht dazu (ankommende Feldstärke parallel zur y-Achse). Der Polarisationsgrad der gestreuten Strahlung ist die Differenz der gestreuten Intensitäten, dividiert durch die Summe (siehe Bd. IV/9.1). In der (x,z)-Ebene setzen wir $\varphi_x = 0$. Dann erhält man

$$P = \frac{1 - 1 + \sin^2\vartheta_x}{1 + \cos^2\vartheta_x} = \frac{\sin^2\vartheta_x}{1 + \cos^2\vartheta_x} . \tag{11.1}$$

Bei Vorwärtsstreuung in die x-Richtung verschwindet die Polarisation, bei Streuung um 90° ist sie 100 %. Beim Streuwinkel 45° ist $P = 1/3$. Es mag irritieren, dass mit einem anderen φ_x-Winkel etwas anderes herauszukommen scheint, wenn man $\varphi = 45°$ wählt, sogar null! Das ist keineswegs ein Widerspruch. Wie in Bd. IV/9.1 besprochen wurde, benötigt man zur vollständigen Beschreibung einer linearen Polarisation zwei Stokessche Parameter ξ_3 und ξ_1, die bezüglich zweier um 45° gegeneinander gedrehter Koordinatensysteme definiert sind. Die gesamte Linearpolarisation ist dann $P = \sqrt{\xi_3^2 + \xi_1^2}$. Berechnet man

ξ_3 und ξ_1 als Funktion von φ_x und setzt dies ein, kommt immer (11.1) heraus! Die (x, z)-Ebene ist dadurch ausgezeichnet, dass automatisch $\xi_1 = 0$ und $P = \xi_3$ ist.

1.4 Formfaktor.

a) Führt man sphärische Polarkoordinaten mit der z-Achse parallel zu $\boldsymbol{K}$ ein, ist $\boldsymbol{K} \cdot \boldsymbol{r} = Kr\cos\vartheta$ und bei einer sphärisch symmetrischen Ladungsverteilung setzt man $\mathrm{d}V = 2\pi r^2 \sin\vartheta\,\mathrm{d}\vartheta\,\mathrm{d}r$. Aus (1.20) liest man ab:

$$F_{\mathrm{At}} = \int_0^{R_{\mathrm{At}}}\int_0^{\pi} 2\pi r^2 \rho_q(r) \mathrm{e}^{-\mathrm{i}Kr\cos\vartheta} \sin\vartheta\,\mathrm{d}\vartheta\,\mathrm{d}r\,.$$

Mit $\zeta = \cos\vartheta$ und $\mathrm{d}\zeta = -\sin\vartheta\mathrm{d}\vartheta$ erhält man

$$\begin{aligned} F_{\mathrm{At}} &= \int_0^{R_{\mathrm{At}}} 2\pi r^2 \rho_q(r) \left.\frac{\mathrm{e}^{-\mathrm{i}Kr\zeta}}{-\mathrm{i}Kr}\right|_1^{-1} \mathrm{d}r \\ &= \int_0^{R_{\mathrm{At}}} 2\pi r^2 \rho_q(r) \frac{\mathrm{e}^{\mathrm{i}Kr} - \mathrm{e}^{-\mathrm{i}Kr}}{\mathrm{i}Kr}\mathrm{d}r \\ &= 4\pi \int_0^{R_{\mathrm{At}}} r^2 \rho_q(r) \frac{\sin Kr}{Kr}\mathrm{d}r\,. \end{aligned}$$

b) Die Sinus-Funktion besitzt die Taylor-Reihe $\sin Kr = Kr - (1/6)K^3r^3 \pm \cdots$. Deshalb ist $\sin Kr/(Kr) = 1 - (1/6)K^2r^2 \pm \cdots$ eine Entwicklung nach K^2. Das Gleiche gilt für den Formfaktor und den Wirkungsquerschnitt. Bei vorgegebener Wellenlänge konvergiert die Reihe am schlechtesten beim Streuwinkel 180°, weil dann $|\boldsymbol{K}|$ laut Definition in (1.20) am größten ist. Voraussetzung für gute Konvergenz ist $2\pi R_{\mathrm{At}}/\lambda \ll 1$. Das ist im Falle der Daten in Tab. 1.2 nicht gegeben. Würde man den Messwert für Aluminium bei $\lambda = 1\,\mathrm{nm}$ unter Annahme einer K^2-Abhängigkeit zur Wellenlänge $\lambda = 0{,}3\,\mathrm{nm}$ extrapolieren, ergäbe sich der unsinnige Wert $\sigma = (10 + 1{,}2/1^2 - 1{,}2/0{,}3^2) \cdot 10^{-23}\ \mathrm{cm}^2 = -2 \cdot 10^{-23}\,\mathrm{cm}^2$ und für Blei erhielte man $\sigma = 147 \cdot 10^{-23}\,\mathrm{cm}^2$, d. h. die Terme höherer Ordnung sind von gleicher Größenordnung wie der Wirkungsquerschnitt selbst. Der Grund: Die Wellenlängen in Tab. 1.2 liegen deutlich unterhalb der Atomradien.

1.5 Lorentzkurve.

Die Funktion hat die Form $1/(1 + x^2)$, wobei x proportional zur Abweichung der Frequenz von der Resonanzstelle ist.

a) Die Varianz der Frequenzverteilung ist proportional zu

$$\int_{-\infty}^{+\infty} \frac{x^2}{1 + x^2}\mathrm{d}x\,.$$

Der Integrand ist konstant für $|x| \to \infty$; das Integral divergiert.

b) Die Wahrscheinlichkeit dafür, dass ein Messwert innerhalb der Halbwertsbreite um den Mittelwert einer Lorentzverteilung liegt, erhält man aus Integralen über die Verteilungsfunktion:

$$W = \frac{\int_{-1}^{+1} \frac{1}{1+x^2}\mathrm{d}x}{\int_{-\infty}^{+\infty} \frac{1}{1+x^2}\mathrm{d}x} = \frac{\arctan x\,\big|_{-1}^{+1}}{\arctan x\,\big|_{-\infty}^{+\infty}} = \frac{\pi/2}{\pi} = \frac{1}{2}\,.$$

2.1 Debye-Modell der spezifischen Wärme von Festkörpern.

a) Wenn $T \gg \Theta_{\mathrm{D}}$ ist, ist der Integrand y in (2.17) klein gegen eins und es ist $\mathrm{e}^y - 1 \approx y$. Dann ergibt sich nach (2.17) die molare spezifische Wärme

$$\begin{aligned} C_V &= 9k_{\mathrm{B}}N_{\mathrm{A}} \left(\frac{T}{\Theta_{\mathrm{D}}}\right)^3 \int_0^{\Theta_{\mathrm{D}}/T} \frac{y^4}{y^2}\mathrm{d}y \\ &= 9k_{\mathrm{B}}N_{\mathrm{A}} \left(\frac{T}{\Theta_{\mathrm{D}}}\right)^3 \frac{1}{3}\left(\frac{\Theta_{\mathrm{D}}}{T}\right)^3, \\ C_V &= 3k_{\mathrm{B}}N_{\mathrm{A}} = 3RT\,. \end{aligned}$$

b) Im Fall $T \ll \Theta_{\mathrm{D}}$ geht die obere Integrationsgrenze in (2.17) gegen ∞ und das Integral nimmt einen konstanten Wert an:

$$C_V \propto 9k_{\mathrm{B}}N_{\mathrm{A}} \left(\frac{T}{\Theta_{\mathrm{D}}}\right)^3 \propto T^3\,.$$

Den genauen Proportionalitätsfaktor kann man durch numerische Berechnung des Integrals in (2.17) mit der Obergrenze ∞ ermitteln. Die ***analytische*** Berechnung ist nicht trivial und führt auf das zitierte Resultat $C_V = (12R\pi^4/5)(T/\Theta_{\mathrm{D}})^3$.

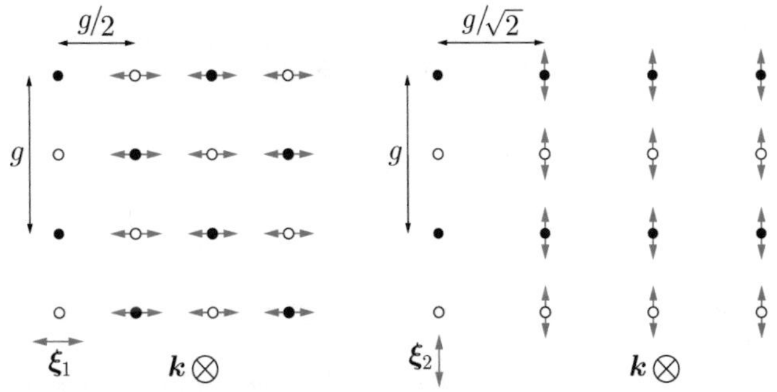

Abbildung 11.1 Aufsicht auf eine (1,0,0)-Gitterebene (*links*) und eine (1,1,0)-Gitterebene (*rechts*) eines kubisch flächenzentrierten Kristalls. $\boldsymbol{k}$: Phononen-Wellenzahlvektor (senkrecht zur Zeichenebene), ξ_1 und ξ_2: zwei sowohl im linken als auch im rechten Bild mögliche Schwingungsrichtungen der Atome

Teil II

2.2 Dispersionsrelation von Phononen.

a) Abb. 11.1 zeigt einige Atompositionen auf den (1,0,0) und (1,1,0)-Gitterebenen eines kubisch flächenzentrierten Kristalls, die Wellenzahl-Vektoren sowie zwei Schwingungsrichtungen der Atome für transversale Phononen. Blickt man senkrecht zur (1,0,0)-Ebene, beobachtet man die gleiche Atomanordnung, wenn man die ξ_1-Richtung mit der ξ_2-Richtung vertauscht. Deshalb haben Phononen mit diesen Atom-Schwingungsrichtungen die gleichen Energien: Die transversalen Phononen-Zweige T_1 und T_2 besitzen die gleiche Dispersionrelation. Blickt man senkrecht zur (1,1,0)-Richtung, besteht eine solche Symmetrie bei Vertauschung der ξ_1-Richtung und der ξ_2-Richtung nicht, die Atomabstände senkrecht zur Blickrichtung sind verschieden. Deshalb unterscheiden sich die Dispersionsrelationen der Zweige T_1 und T_2.

b) Dreht man einen kubischen Kristall um die (1,1,1)-Achse, besitzt er eine dreifache Symmetrie. Wir charakterisieren die Richtungen der Atomschwingungen senkrecht zu dieser Achse durch einen Drehwinkel φ um diese Achse. Die Phonon-Frequenz bei konstanter Wellenzahl ist im Prinzip eine Funktion dieses Drehwinkels. Sie ist wegen der Kristallsymmetrie bei 2 mal 3 = 6 Winkelstellungen gleich groß. Da man Phononen einer beliebigen Schwingungsrichtung senkrecht zur einer vorgegebenen $\boldsymbol{k}$-Richtung als Superposition zweier Phononen darstellen kann, folgt, dass ***alle*** transversalen Phononen die gleiche Schwingungsfrequenz haben müssen. Die Dispersionsrelationen für den T_1- und den T_2-Zweig sind gleich.

2.3 Phononen-Spektrum in der Debyeschen Theorie.

Als Debye-Temperatur liest man aus Tab. 2.1 den über den gesamten Temperaturbereich passenden Kompromisswert $\Theta_D = 400\,\mathrm{K}$ ab. Dann erhält man aus (2.18) die Debye-Frequenz $\nu_D = k_B\Theta_D/h = 8{,}3 \cdot 10^{12}\,\mathrm{Hz}$, die man auch in Abb. 2.5 findet. Die Phononen-Zustandsdichte ist im Integranden von (2.16) enthalten und man erhält sie durch Weglassen der Phononenenergie $h\nu$. Pro mol ist

$$\frac{\mathrm{d}N_{Ph}}{\mathrm{d}\nu} = \frac{9N_A}{\nu_D^3} \frac{\nu^2}{\mathrm{e}^{(h\nu_D/k_BT)\cdot(\nu/\nu_D)} - 1} . \tag{11.2}$$

Hier führt man zweckmäßigerweise $y = \nu/\nu_D$ als Integrationsvariable ein. Dann ist die Zahl der Phononen

$$N_{Ph}(T) = 9N_A \int_0^1 \frac{y^2}{\mathrm{e}^{(h\nu_D/k_BT)\cdot y} - 1}\,\mathrm{d}y . \tag{11.3}$$

Tabelle 11.1 Zahl der Phononen pro Atom und Maxima der Phononenspektren

T (K)	Θ_D/T	ν_{max}/ν_D	N_{Ph}/N_A
1000	0,4	1,0	9,8
100	4	0,40	0,27
0,001	$4 \cdot 10^5$	$4 \cdot 10^{-6}$	$3{,}4 \cdot 10^{-16}$

Sie hängt, ebenso wie die Lage der Maxima im Phononenspektrum, nur vom Verhältnis $h\nu_D/(k_BT) = \Theta_D/T$ ab. Die numerische Auswertung von (11.3) liefert die Resultate in Tab. 11.1. In einem Kubikzentimeter Aluminium befindet sich 1/10 mol, was $N = 6 \cdot 10^{22}$ Atomen entspricht. Bei der tiefen Temperatur sind noch $2 \cdot 10^7$ Phononen in diesem Volumen enthalten.

2.4 Experimenteller Nachweis der Compton-Streuung.

a) Nach (2.30) ändert sich die Wellenlänge der Compton-Streustrahlung, wenn man den Streuwinkel um einen Winkel $\Delta\vartheta$ variiert, um

$$\Delta\lambda = \pm\lambda_C \sin\vartheta\,\Delta\vartheta .$$

b) Nach (1.33) ändert sich der Glanzwinkel α am beugenden Kristall um

$$\Delta\alpha = \pm\frac{\Delta\lambda}{2d\cos\alpha} .$$

Die Gitterkonstante d entnimmt man dem Glanzwinkel α_0 des elastisch gestreuten Strahls, sodass sich

$$\Delta\alpha = \pm\frac{\Delta\lambda \sin\alpha_0}{\lambda\cos\alpha} = \pm\lambda_C\frac{\sin\vartheta\sin\alpha_0}{\lambda\cos\alpha}\Delta\vartheta \tag{11.4}$$

ergibt. Weil das Verhältnis $\lambda_C/\lambda \approx 2{,}4/71 \approx 0{,}03$ ist und außerdem α und α_0 relativ klein sind, bedeutet das: $\Delta\alpha \lesssim 0{,}003\,\Delta\vartheta$. Vor dem Kristall benötigt man also eine gute Kollimierung.

Damit man hinter dem Kristall die am Streuer S elastisch gestreute Strahlung von der inelastisch gestreuten unterscheiden kann, muss $\Delta\alpha$ deutlich kleiner als die Differenz der Winkelablenkungen $\alpha - \alpha_0$ der elastisch und der inelastisch gestreuten Strahlung sein. Letztere erhält man aus (2.30), (2.31) und dem linken Teil von (11.4):

$$\alpha - \alpha_0 \approx \lambda_C\frac{(1-\cos\vartheta)\sin\alpha_0}{\lambda\cos\alpha_0} . \tag{11.5}$$

Aus $\Delta\alpha \ll \alpha - \alpha_0$ folgt mit dem rechten Teil von (11.4) $\Delta\vartheta \ll (1-\cos\vartheta)/\sin\vartheta$, was bei größeren Streuwinkeln nur eine mäßige Einschränkung für $\Delta\vartheta$, also den Öffnungswinkel des Strahls von der Quelle bis zum Streuer, bedeutet.

d) In Abb. 2.13 erkennt man, dass die inelastisch gestreute Strahlung eine deutlich breitere Winkelverteilung besitzt als die elastisch gestreute. Bei $\vartheta = 135°$ liest man $\Delta\alpha \approx \pm 2{,}5' \approx \pm 0{,}04° = \pm 7{,}3 \cdot 10^{-4}\,\mathrm{rad}$ ab. Mit $\alpha = 7{,}1°$ und $\alpha_0 = 6{,}7°$ erhält man aus (11.4): $\Delta\alpha = 0{,}003\,\Delta\vartheta$, was $\Delta\vartheta \approx \pm 13°$ ergibt. Außerdem kann man die Vorhersage für die Winkeldifferenz $\alpha - \alpha_0$ überprüfen: Für $\vartheta = 135°$ erhält man $\Delta\lambda = \lambda_C(1-\cos\vartheta) = 4{,}1 \cdot 10^{-12}\,\mathrm{m}$. In (11.5) eingesetzt, ergibt dies $\alpha - \alpha_0 = 0{,}39°$, was mit Abb. 2.13 übereinstimmt: $(7{,}1 - 6{,}7)°$.

3.1 Neutronen-Refraktometer.

Die Neutronenlaufzeit bis zum Flüssigkeitsspiegel ist L/v und die Fallhöhe ist $h_0 = (L/v)^2 g/2$. Mit der vertikalen Geschwindigkeitskomponente $v_\perp = (L/v)g$ an der Flüssigkeitsoberfläche erhält man den Auftreffwinkel:

$$\alpha_T = \frac{v_\perp}{v} = \frac{gL}{v^2} ,$$

und wenn man v durch h_0 und L ersetzt, ergibt sich

$$\alpha_T = 2\frac{h_0}{L} .$$

Weil α_T naturgemäß klein ist, muss L um rund 3 Größenordnungen größer als h_0 sein. Nach (3.48) ist

$$\alpha_T = \lambda\sqrt{\frac{Nb_c}{\pi}} = \frac{2\pi\hbar}{mv}\sqrt{\frac{Nb_c}{\pi}} = 2\frac{h_0}{L} .$$

Hierin kann man wiederum v durch h_0 und L ersetzen und gelangt zum Endergebnis:

$$b_c = \frac{m^2 h_0 g}{2\pi\hbar^2 N} ,$$

$$b_c = \frac{940^2 \cdot 10^{12} \cdot 0{,}3 \cdot 9{,}81\,\mathrm{m}}{2\pi \cdot (6{,}58 \cdot 10^{-16})^2 \cdot (3 \cdot 10^8)^4 \cdot 3 \cdot 10^{28}} = 3{,}9 \cdot 10^{-15}\,\mathrm{m}.$$

3.2 Feldstärke eines Photons.

Es sei u_0 die Energiedichte in der Resonatormitte. Das Integral der Energiedichte über den Resonatorquerschnitt und die Resonatordicke d ist

$$E_\gamma = 2\pi d \int_0^\infty u_0 r \mathrm{e}^{-r^2/\sigma_r^2}\,\mathrm{d}r = \pi u_0 d\sigma_r^2 \mathrm{e}^{-r^2/\sigma_r^2}\Big|_0^\infty ,$$

$$E_\gamma = \pi\sigma_r^2 d u_0 .$$

Bei $r = \sigma_r$ ist u auf $1/\mathrm{e}$ abgefallen. Für die Energiedichte in der Resonatormitte gilt $u_0 = \epsilon_0 E_0^2/2$, wenn E_0 die Maximalfeldstärke ist. Ein zusätzlicher Faktor $1/2$, der durch die zeitliche Mittelung entsteht, wird durch den Energiebeitrag des magnetischen Feldes wieder wettgemacht. Weil die Gesamtenergie des Photons $E_\gamma = \hbar\omega$ ist, folgt

$$E_0 = \sqrt{\frac{2u_0}{\epsilon_0}} = \sqrt{\frac{2\hbar\omega}{\epsilon_0 d\pi}}\frac{1}{\sigma_r} .$$

Die Frequenz $\nu = 51\,\mathrm{GHz}$ entspricht der Energie $\hbar\omega = 2{,}1 \cdot 10^{-4}\,\mathrm{eV}$, und mit $d \approx 30\,\mathrm{mm}$ und $\sigma_r \approx 5\,\mathrm{mm}$ erhält man $E_0 \approx 0{,}0018\,\mathrm{V/m}$.

3.3 Relativistisches Wellenpaket.

Aus der relativistischen Beziehung zwischen Energie und Impuls erhält man

$$E_{\mathrm{tot}} = \sqrt{m^2c^4 + (p_x^2 + p_y^2 + p_z^2)c^2}$$

$$= \sqrt{(m^2c^4 + p_x^2c^2)\left(1 + \frac{p_y^2c^2 + p_z^2c^2}{m^2c^4 + p_x^2c^2}\right)} ,$$

$$\gamma mc^2 \approx \sqrt{m^2c^4 + p_x^2c^2} ,$$

$$E_{\mathrm{tot}} \approx \gamma mc^2\sqrt{\left(1 + \frac{p_y^2c^2 + p_z^2c^2}{\gamma^2 m^2c^4}\right)} ,$$

$$\omega \approx \frac{1}{\hbar}\gamma mc^2 + \frac{p_y^2}{2\hbar\gamma m} + \frac{p_z^2}{2\hbar\gamma m} ,$$

$$\omega \approx \frac{1}{\hbar}\gamma mc^2 + \frac{\hbar k_y^2}{2\gamma m} + \frac{\hbar k_z^2}{2\gamma m} .$$

Die Näherung gilt unabhängig von der Größe von p_x. Die beiden zu k_y^2 und k_z^2 proportionalen Terme sind im Vergleich zur nichtrelativistischen Formel $\omega = \hbar(k_x^2 + k_y^2 + k_z^2)/2m$ mit einem Faktor $1/\gamma$ multipliziert. Für (3.61) bedeutet das, dass man in den Integralen über k_y und k_z die Zeit t durch t/γ zu ersetzen hat. Das pflanzt sich bis in das Resultat (3.56) fort:

$$\sigma_y(t) = \sigma_y(0)\sqrt{1 + \left(\frac{\hbar t}{2m\gamma\sigma_y^2(0)}\right)^2} .$$

Den Faktor γ kann mit der Masse m zur relativistischen Masse zusammenfassen.

3.4 Ortsunschärfe eines Teilchens nach einem Stoßprozess.

Die Lokalisation hat eine transversale Impulsunschärfe zur Folge, die nach einer Laufstrecke $s = vt$ zu einer zusätzlichen Ortsunschärfe führt:

$$\sigma_y'(t) = \frac{\hbar}{2m\gamma\sigma_y(0)}t = \frac{\hbar s c}{(2m\gamma c^2)(v/c)\sigma_y(0)} . \quad (11.6)$$

Wenn dies gleich $\sigma_y(0)$ sein soll, folgt

$$s = \frac{(2\gamma mc^2)v\sigma_y(0)^2}{c^2\hbar} .$$

Für das Beispiel des Protons mit $v = c/2$ erhält man $\gamma = 1{,}15$ und $s \approx 0{,}06\,\mathrm{mm}$. Schon nach kurzer Strecke dominiert der Fehler durch den Ablenkwinkel. An (3.56) fällt auf, dass der Gesamtfehler $\sigma_y(t)$ die Wurzel aus $\sigma_y(0)^2$ und $\sigma_y'(0)^2$ ist, die beiden Fehler addieren sich also wie

Teil II

unabhängige statistische Fehler. Das seitliche Zerfließen des Wellenpakets kommt durch die transversale Impulsunschärfe zustande.

3.5 Lokalisation einer Teilchenspur.

a) Entlang der Spur findet pro Laufstrecke s eine gewisse Zahl N von Stößen statt, die man aus der Teilchenzahldichte und dem Wirkungsquerschnitt erhält:

$$N = \frac{N_A}{V_{\mathrm{mol}}} s\pi\sigma_y(0)^2 \approx 8 \cdot 10^5 .$$

Der gesamte seitliche Spurversatz durch Lokalisationen ist $\sqrt{N}\sigma_y(0)$, was nach Aufg. 3.4 zu vernachlässigen ist. Die seitlichen Versätze durch die Winkelablenkungen sind entlang der Spur quadratisch zu addieren. Jeder Stoßprozess erzeugt einen Beitrag $\sigma_\vartheta(0)(s-s_i)$, wobei s_i den Reaktionsort bezeichnet und $\sigma_\vartheta(0)$ die Varianz der am Ort s_i entstehenden Winkelablenkung ist. Die quadratische Summation über alle Stöße ergibt

$$\begin{aligned}\sigma_y^2(s) &= \sum_i \sigma_\vartheta(0)^2(s-s_i)^2\\ \to \sigma_y^2(s) &= \sigma_\vartheta(0)^2 N\frac{1}{s}\int (s-\xi)^2\mathrm{d}\xi\\ &= \sigma_\vartheta(0)^2 N\frac{s^2}{3} = \sigma_\vartheta^2(s)\frac{s^2}{3} .\end{aligned}$$

Dabei wurde $\sigma_\vartheta(s) = \sqrt{N}\sigma_\vartheta(0)$ eingesetzt. Aus (11.6) liest man ab:

$$\sigma_\vartheta(0) = \frac{\sigma_y'(t)}{s} = \frac{\hbar c}{(2m\gamma c^2)(v/c)\sigma_y(0)} .$$

Die Resultate sind $\sigma_\vartheta(0) = 1{,}8 \cdot 10^{-6}$ und $\sigma_y(s) = 1\,\mathrm{mm}$.

b) Für die Stöße mit den Atomkernen ist ***in einer Ebene*** σ_ϑ gegeben durch

$$\sigma_\vartheta(s) \approx \frac{13{,}6\,\mathrm{MeV}}{\gamma\beta^2 mc^2}\sqrt{\frac{s}{x_0}} .$$

Die Strecke x_0 ergibt sich aus X_0 und der Dichte $\rho = A/V_{\mathrm{mol}} = (40/22400)\,\mathrm{g/cm^3}$ zu $x_0 = X_0/\rho = 110\,\mathrm{m}$. Damit wird $\sigma_\vartheta(s) = 0{,}005$, und die seitliche Ortsunsicherheit ergibt sich zu $\sigma_y(s) = \sqrt{1/3}\,\sigma_\vartheta(s)s = 3\,\mathrm{mm}$. Wegen der Proportionalität zu $1/\beta^2 \propto 1/v^2$ beeinträchtigt dieser Effekt die Vermessung von Spuren mit niedrigem Impuls.

c) Es ist $\sigma_y(s) \propto s^{3/2}$. Für zwei Laufwege s und s_0 gilt $\sigma_y(s) = \sigma_y(s_0)(s/s_0)^{3/2}$, nach s aufgelöst:

$$s = s_0\left(\frac{\sigma_y(s)}{\sigma_y(s_0)}\right)^{2/3} .$$

Aus dem Resultat von b) folgt $s \approx 10\,\mathrm{cm}$.

4.1 Tunneleffekt.

Am Rand des Metalls besteht für den Austritt eines Elektrons die Potentialbarriere V_0. Das Potential verringert sich mit dem Abstand x von der Oberfläche um eE_ex, bis bei $x = U_0/E_e$ die Barrierenhöhe null erreicht ist. Der gesuchte Transmissionsfaktor ist nach (4.73)

$$\begin{aligned}T_{\mathrm{red}} &= \mathrm{e}^{-(2/\hbar)\sqrt{2me}\int_0^{U_0/E_e}\sqrt{U_0-E_ex}\,\mathrm{d}x}\\ &= \mathrm{e}^{-(4U_0/3\hbar E_e)\sqrt{2meU_0}} .\end{aligned}$$

Bei vorgegebenem T_{red} kann man die Feldstärke E_e ermitteln:

$$E_e = -\frac{4U_0\sqrt{2meU_0}}{3\hbar\ln T_{\mathrm{red}}} = -\frac{4U_0\sqrt{2mc^2eU_0}}{3\hbar c\ln T_{\mathrm{red}}} . \qquad (11.7)$$

Die Dicke der klassisch verbotenen Zone ist $x_2 - x_1 = U_0/E_e$. In (11.7) kann man eU_0 und die Elektronenruheenergie mc^2 in eV einsetzen, die Konstante $\hbar$ in eV s und erhält für die Zahlenbeispiele

(1) $T_{\mathrm{red}} = 10^{-6} \to E_e = 2{,}6 \cdot 10^9\,\mathrm{V/m}$, $x_2 - x_1 = 1{,}2 \cdot 10^{-9}\,\mathrm{m}$,

(2) $T_{\mathrm{red}} = 10^{-12} \to E_e = 1{,}3 \cdot 10^9\,\mathrm{V/m}$, $x_2 - x_1 = 2{,}3 \cdot 10^{-9}\,\mathrm{m}$.

Solche Feldstärken kann man nur mit einer Spitze erzielen, die einen Krümmungsradius $R \sim U/E_e$ haben muss, wenn U die angelegte Spannung ist. Für Spannungen im Volt-Bereich hat R atomare Abmessungen. Dann ist die hier angenommene ebene Näherung nicht mehr korrekt.

4.2 Gebundene Zustände im Potentialtopf.

a) Innerhalb des Potentialtopfes hat die Wellenfunktion die Form

$$u_i(x) = c_i\cos k_ix \quad \text{oder} \quad u_i = c_i\sin k_ix ,$$

wobei sich die Konstante k_i aus der Schrödinger-Gleichung ergibt:

$$+\frac{\hbar^2}{2m}k_i^2 - V_0 = E_n \quad\to\quad k_i = \frac{\sqrt{2m}}{\hbar}\sqrt{(V_0+E_n)} .$$

Die Konstante V_0 wurde als positiv definiert, die Energie E_n ist negativ für gebundene Zustände. Außerhalb des Potentialtopfes muss die Wellenfunktion exponentiell abfallen:

$$u_a(x) = c_a\mathrm{e}^{-k_ax} \quad \text{für} \quad x > \frac{a}{2} .$$

Hier entfällt das Potential V_0, und aus der Schrödinger-Gleichung folgt

$$k_a = \frac{\sqrt{2m}}{\hbar}\sqrt{|E_n|} .$$

b) Am Rand des Topfes ($x = a/2$) sollen diese Lösungen stetig und mit stetiger Ableitung ineinander übergehen. Für die cos-Funktion bedeutet das:

$$c_i \cos\left(\frac{k_i a}{2}\right) = c_a e^{-k_a a/2} ,$$

$$-k_i c_i \sin\left(\frac{k_i a}{2}\right) = -k_a c_a e^{-k_a a/2} .$$

Aus der Division der Gleichungen folgt

$$\tan\left(\frac{a\sqrt{2m}}{2\hbar}\sqrt{V_0 + E_n}\right) = \sqrt{\frac{|E_n|}{V_0 + E_n}} . \qquad (11.8)$$

Hier führt man zweckmäßigerweise Abkürzungen ein:

$$K = \frac{a\sqrt{2mV_0}}{2\hbar} , \quad \xi = \sqrt{1 + \frac{E_n}{V_0}} . \qquad (11.9)$$

Die Energie-Eigenwerte sind

$$E_n = -V_0(1 - \xi^2) ,$$

und (11.8) lässt sich umschreiben in eine Gleichung für ξ:

$$\tan K\xi = \frac{\sqrt{1-\xi^2}}{\xi} . \qquad (11.10)$$

Der zweite Ansatz für die Wellenfunktion führt in analoger Weise auf die Gleichung

$$-\cot K\xi = \frac{\sqrt{1-\xi^2}}{\xi} ,$$

was sich durch eine Variablenverschiebung in der Cotangens-Funktion in

$$\tan(K\xi - \pi/2) = \frac{\sqrt{1-\xi^2}}{\xi} , \qquad (11.11)$$

umwandeln lässt.

c) Setzt man das Potential V_0 aus dem Aufgabentext in (11.9) ein, erhält man $K = \sqrt{3}\pi$. Die Funktion $F(\xi)$ auf den rechten Seiten von (11.10) und (11.11) ist im Intervall $0 \le \xi \le 1$ definiert. Die Tangens-Funktionen auf den linken Seiten von (11.10) und (11.11) wiederholen sich periodisch. Jeder ihrer positiven Äste besitzt genau einen Schnittpunkt mit $F(\xi)$, solange $\xi \le 1$ bleibt. Die Zahl der Schnittpunkte ist gleich der Zahl der gebundenen Zustände. Die Lösungen liegen in den Intervallen $(0 \ldots \pi/2K)$, $(\pi/2K \ldots \pi/K)$, $(\pi/K \ldots 3\pi/2K)$, ... Wenn $K = \sqrt{3}\pi$ ist, ist der ξ-Wert $3\pi/2K$ noch etwas kleiner als eins. Mit Sicherheit besitzen (11.10) und (11.11) dann 3 Lösungen, also gibt es mindestens 3 gebundene Zustände. Es könnte aber auch noch einen vierten gebundenen Zustand geben, was einer Untersuchung bedarf. Numerisch stellt sich heraus, dass es vier Lösungen gibt bei den ξ-Werten $\xi_0 = 0{,}243$, $\xi_1 = 0{,}484$, $\xi_2 = 0{,}719$ und $\xi_3 = 0{,}933$. Die Energie-Eigenwerte sind $E_0 = -0{,}941\, V_0$, $E_1 = -0{,}766\, V_0$, $E_2 = -0{,}483\, V_0$ und $E_3 = -0{,}130\, V_0$. Sie sind als ausgezogene Linien in Abb. 4.32 eingetragen.

d) Soll ein fünfter Zustand gerade gebunden sein, muss er am unteren Rand des fünften Lösungsintervalls liegen, und an dieser Stelle muss $\xi = 1$ sein: $\xi = 2\pi/K = 1$. Es folgt $V_0 = 4\hbar^2 K^2/(2ma^2) = 16\pi^2\hbar^2/(2ma^2)$.

4.3 Erwartungswerte im Oszillator-Potential.

Für die mittlere Koordinate gilt $\langle x\rangle = 0$, weil die Quadrate der Eigenfunktionen u_n immer gerade Funktionen um den Nullpunkt sind, aber der Funktionswert x ungerade ist: $\int u_n^\star(x)\, x\, u_n(x) \mathrm{d}x = 0$. Auch der Impulserwartungswert $\langle p_x\rangle$ ist null, weil der Impulsoperator $\propto \partial/\partial x$ aus einer geraden Wellenfunktion eine ungerade macht und umgekehrt: $\int u_n^\star(x)\, (\partial u_n(x)/\partial x)\, \mathrm{d}x = 0$.

Dagegen sind $\langle x^2\rangle$ und $\langle E_{\text{pot}}\rangle = D\langle x^2\rangle/2$ von null verschieden. Dann kennt man auch die kinetische Energie, weil $\langle E_{\text{pot}}\rangle + \langle E_{\text{kin}}\rangle = E_n$ ist. Mit den Funktionen 4.1 und der Tab. 4.2 erhält man

$$n = 0: \quad \langle x^2\rangle = \frac{\alpha}{\sqrt{\pi}} I_2 = \frac{\alpha}{\sqrt{\pi}} \frac{\sqrt{\pi}}{2\alpha^3} = \frac{1}{2\alpha^2} ,$$

$$n = 1: \quad \langle x^2\rangle = \frac{4\alpha}{2\sqrt{\pi}} I_4 = \frac{4\alpha}{2\sqrt{\pi}} \frac{3\sqrt{\pi}}{4\alpha^5} = \frac{3}{2\alpha^2} ,$$

$$\begin{aligned} n = 2: \quad \langle x^2\rangle &= \frac{\alpha}{8\sqrt{\pi}}(4I_2 - 16\alpha^2 I_4 + 16\alpha^4 I_6) \\ &= \frac{\alpha}{8\sqrt{\pi}}\left(4\frac{\sqrt{\pi}}{2\alpha^3} - 16\frac{3\sqrt{\pi}}{4\alpha^3} + 16\frac{15\sqrt{\pi}}{8\alpha^3}\right) \\ &= \frac{5}{2\alpha^2} . \end{aligned}$$

Das ist zu verallgemeinern auf

$$\langle x^2\rangle = \frac{2n+1}{2\alpha^2} .$$

Nach (4.119) ist $1/\alpha^2 = \hbar\omega_c/D$. Daher ist

$$\langle E_{\text{pot}}\rangle = \frac{D}{2}\langle x^2\rangle = \frac{1}{4}(2n+1)\hbar\omega_c = \frac{1}{2}E_n .$$

Dann ist auch $\langle E_{\text{kin}}\rangle = E_n/2$.

4.4 Bewegung im Oszillator-Potential.

a) Als Gesamtenergien treten mit jeweils 50 % Wahrscheinlichkeit die Werte $\hbar\omega_c/2$ und $3\hbar\omega_c/2$ auf. Bei der Messung kollabiert die Wellenfunktion und der entstehende neue Zustand ist konsistent mit der Energiemessung. Zu einer späteren Zeit findet man wieder die gleiche Gesamtenergie.

b) Im Gegensatz zur vorigen Aufgabe ist der Erwartungswert $\langle x \rangle$ von null verschieden, weil ein Interferenzterm zwischen u_0 und u_1 auftritt:

$$\begin{aligned}\langle x(t)\rangle &= \int_{-\infty}^{\infty} x|\psi(x)|^2\,\mathrm{d}x \\ &= \frac{1}{2}\int_{-\infty}^{\infty} x|u_0(x)|^2\mathrm{d}x + \frac{1}{2}\int_{-\infty}^{\infty} x|u_1(x)|^2\,\mathrm{d}x \\ &+ \frac{1}{2}\int_{-\infty}^{\infty} xu_0(x)u_1(x) \\ &\cdot \left(\mathrm{e}^{\mathrm{i}(E_0-E_1)t/\hbar} + \mathrm{e}^{\mathrm{i}(E_1-E_0)t/\hbar}\right)\mathrm{d}x \\ &= 0 + 0 + \cos\left(\frac{(E_1-E_0)t}{\hbar}\right)\int xu_0(x)u_1(x)\,\mathrm{d}x\,.\end{aligned}$$

Einsetzen von u_0 und u_1 führt zusammen mit Zeile 2 aus Tab. 4.2 auf

$$\begin{aligned}\langle x(t)\rangle &= \sqrt{\frac{2}{\pi}}\alpha^2\cos\left(\frac{(E_1-E_0)t}{\hbar}\right)\int_{-\infty}^{\infty} x^2\mathrm{e}^{-\alpha^2x^2}\mathrm{d}x \\ &= \sqrt{\frac{2}{\pi}}\alpha^2\frac{\sqrt{\pi}}{2\alpha^3}\cos\left(\frac{(E_1-E_0)t}{\hbar}\right) \\ &= \frac{1}{\sqrt{2}\alpha}\cos\omega_c t\,.\end{aligned}$$

Das ist eine Oszillation $x_{\mathrm{osz}}(t)$ mit der Amplitude $1/(\sqrt{2}\alpha)$ und der Kreisfrequenz ω_c.

c) Berechnet man den Erwartungswert $\langle x^2 \rangle$, hebt sich der Interferenzterm zwischen u_0 und u_1 weg, weil er auf einen ungeraden Integranden führt. Man erhält deshalb den ***zeitunabhängigen*** Mittelwert der Zustände $n = 0$ und 1 (vorige Aufgabe):

$$\langle x^2\rangle = \frac{1}{2}\left(\frac{1}{2\alpha^2} + \frac{3}{2\alpha^2}\right) = \frac{1}{\alpha^2}\,.$$

Die quantenmechanische Unbestimmtheit des Koordinatenquadrats ***relativ zur Oszillationsamplitude*** erhält man wie folgt:

$$\begin{aligned}\langle (x - x_{\mathrm{osz}}(t))^2\rangle &= \langle x^2\rangle + x_{\mathrm{osz}}^2(t) - 2\langle x(t)\rangle x_{\mathrm{osz}}(t) \\ &= \langle x^2\rangle - x_{\mathrm{osz}}^2(t) \\ &= \frac{1}{\alpha^2}\left(1 - \frac{1}{2}\cos^2(\omega_c t)\right) \\ &= \frac{1}{2\alpha^2}\left(1 + \sin^2(\omega_c t)\right)\,.\end{aligned}$$

Sie variiert periodisch, verschwindet aber nie.

d) Kombinierter Zustand aus $n = 0$ und $n = 2$: Für die mittlere Ortskoordinate des Teilchens gilt zu allen Zeiten $\langle x(t)\rangle = 0$, weil die Wellenfunktion gerade ist. Es gibt daher keine Schwingung. Um den Erwartungswert des Abstandsquadrats vom Ursprung zu erhalten, muss man die Einzelbeiträge $\langle x^2 \rangle$ der beiden Zustände addieren und noch den Interferenzterm hinzuzufügen. Mit den Funktionen u_i aus Tab. 4.1 und den Integralen aus Tab. 4.2 ergibt sich

$$\begin{aligned}\langle x^2(t)\rangle &= \frac{1}{2}\frac{1}{2\alpha^2} + \frac{1}{2}\frac{5}{2\alpha^2} \\ &+ \frac{1}{2}\left(\mathrm{e}^{\mathrm{i}(E_0-E_2)t/\hbar} + \mathrm{e}^{\mathrm{i}(E_2-E_0)t/\hbar}\right) \\ &\cdot \sqrt{\frac{1}{8\pi}}\alpha(4\alpha^2 I_4 - 2I_2) \\ &= \frac{3}{2\alpha^2} + \cos(2\omega_c t)\sqrt{\frac{1}{8\pi}}\alpha\left(4\alpha^2\frac{3\sqrt{\pi}}{4\alpha^5} - 2\frac{\sqrt{\pi}}{2\alpha^3}\right)\,, \\ \langle x^2(t)\rangle &= \frac{3}{2\alpha^2} + \frac{1}{\sqrt{2}\alpha^2}\cos(2\omega_c t)\,.\end{aligned}$$

Zwar gibt es keine Schwingung, aber das mittlere Abstandsquadrat des Teilchens vom Ursprung pulsiert mit der doppelten Oszillatorfrequenz!

e) Das Produkt $u_n(x)u_k(x)$ zweier Wellenfunktionen ist eine gerade Funktion von x, wenn $k - n$ ein Vielfaches von 2 ist, also beide Funktionen die gleiche Parität besitzen. Dann ist xu_nu_k eine ungerade Funktion und das Integral $\int xu_nu_k\mathrm{d}x$ verschwindet. Eine zeitlich variierende mittlere Ortskoordinate kann es deshalb nur geben, wenn ***ungerade Differenzen*** $k - n$ vorkommen. Daher ist zur Beschreibung einer Schwingung die Superposition von ***Wellenfunktionen verschiedener Parität*** erforderlich.

5.1 Coulomb- und Drehimpulsbarriere.

Ein Proton, das ohne Drehimpuls auf den Rand eines Kerns trifft, muss die Coulombbarriere $E_{\mathrm{pot}}^{\mathrm{Q}}$ durchtunneln:

$$\frac{E_{\mathrm{pot}}^{\mathrm{Q}}}{e} = \frac{Ze}{4\pi\epsilon_0 R_K}$$

durchtunneln. Die Gleichung wurde in einer solchen Form geschrieben, dass sie das Ergebnis in eV liefert.

Tabelle 11.2 Größe der Coulombbarriere

Z	A	R_K (m)	Barriere (MeV)
6	12	$2{,}98 \cdot 10^{-15}$	2,9
30	65	$5{,}23 \cdot 10^{-15}$	8,3
80	200	$7{,}60 \cdot 10^{-15}$	15,2

Tabelle 11.3 Größe der Drehimpulsbarriere

A	R_K (m)	Barriere $l = 1$ (MeV)	Barriere $l = 2$ (MeV)
12	$2{,}98 \cdot 10^{-15}$	5,0	15,0
65	$5{,}23 \cdot 10^{-15}$	1,5	4,6
200	$7{,}60 \cdot 10^{-15}$	0,72	2,2

Der Bahndrehimpuls l führt zu der Drehimpulsbarriere

$$E^Z_{\text{pot}} = \frac{l(l+1)\hbar^2}{2m_p R_K^2} = \frac{l(l+1)\hbar^2 c^2}{2(m_p c^2)R_K^2} .$$

Setzt man hier $\hbar$ und $m_p c^2$ in den Einheiten eV s bzw. eV ein, erhält man die Barriere in eV. Eigentlich steht in der angegebenen Formel im Nenner die ***reduzierte Masse*** aus Proton und Kern. Das macht im Wesentlichen nur beim Kohlenstoffkern etwas aus, eine Aufwärtskorrektur von 8 % wurde angebracht.

5.2 Drehimpulsoperator.

Die doppelte Anwendung des Operators $(L_x)_{\text{op}}$ ((5.27)) ergibt

$$\begin{aligned}-\frac{1}{\hbar^2}(L_x)_{\text{op}}(L_x)_{\text{op}} &= \sin^2\varphi\frac{\partial^2}{\partial\vartheta^2} \\ &+ \sin\varphi\frac{\partial}{\partial\vartheta}\cot\vartheta\cos\varphi\frac{\partial}{\partial\varphi} \\ &+ \cot\vartheta\cos\varphi\frac{\partial}{\partial\varphi}\sin\varphi\frac{\partial}{\partial\vartheta} \\ &+ \cot\vartheta\cos\varphi\frac{\partial}{\partial\varphi}\cot\vartheta\cos\varphi\frac{\partial}{\partial\varphi} .\end{aligned}$$

Hierauf wendet man die Produktregel der Differentiation an, in Operator-Schreibweise:

$$\begin{aligned}-\frac{1}{\hbar^2}(L_x)_{\text{op}}(L_x)_{\text{op}} &= \sin^2\varphi\frac{\partial^2}{\partial\vartheta^2} - \frac{\sin\varphi\cos\varphi}{\sin^2\vartheta}\frac{\partial}{\partial\varphi} \\ &+ \sin\varphi\cos\varphi\cot\vartheta\frac{\partial^2}{\partial\vartheta\,\partial\varphi} \\ &+ \cot\vartheta\cos^2\varphi\frac{\partial}{\partial\vartheta} + \cot\vartheta\sin\varphi\cos\varphi\frac{\partial^2}{\partial\vartheta\,\partial\varphi} \\ &- \cot^2\vartheta\sin\varphi\cos\varphi\frac{\partial}{\partial\varphi} + \cot^2\vartheta\cos^2\varphi\frac{\partial^2}{\partial\varphi^2} .\end{aligned} \tag{11.12}$$

Die gleiche Prozedur führt man mit dem Operator $(L_y)_{\text{op}}$ (5.28) durch. Im Resultat (11.12) ist $\cos\varphi$ durch $-\sin\varphi$ und $\sin\varphi$ durch $\cos\varphi$ zu ersetzen:

$$\begin{aligned}-\frac{1}{\hbar^2}(L_x)_{\text{op}}(L_x)_{\text{op}} &= \cos^2\varphi\frac{\partial^2}{\partial\vartheta^2} + \frac{\sin\varphi\cos\varphi}{\sin^2\vartheta}\frac{\partial}{\partial\varphi} \\ &- \sin\varphi\cos\varphi\cot\vartheta\frac{\partial^2}{\partial\vartheta\,\partial\varphi} \\ &\cot\vartheta\sin^2\varphi\frac{\partial}{\partial\vartheta} - \cot\vartheta\sin\varphi\cos\varphi\frac{\partial^2}{\partial\vartheta\,\partial\varphi} \\ &+ \cot^2\vartheta\sin\varphi\cos\varphi\frac{\partial}{\partial\varphi} + \cot^2\vartheta\sin^2\varphi\frac{\partial^2}{\partial\varphi^2} .\end{aligned}$$

Wie man sieht, fallen in der Summe die zu $\partial^2/(\partial\vartheta\,\partial\varphi)$ und die zu $\partial/\partial\varphi$ proportionalen Terme weg. Die zu $\partial/\partial\vartheta$ proportionalen Terme ergeben wegen $\sin^2\varphi + \cos^2\varphi = 1$ zusammen $(\cot\vartheta)\,\partial/\partial\vartheta$. Auf die gleiche Weise entsteht ein Summand $\partial^2/\partial\vartheta^2$. Die zweite Ableitung nach φ liefert einen Beitrag $(\cot^2\vartheta)\,\partial^2/\partial\varphi^2$. Hierzu ist noch $-(L_z)^2_{\text{op}}/\hbar^2 = \partial^2/\partial\varphi^2$ zu addieren, wobei als Summe $(1/\sin^2\vartheta)\,\partial^2/\partial\varphi^2$ entsteht. Die drei von null verschiedenen Anteile ergeben zusammen (5.30).

5.3 Gleichzeitige Messbarkeit physikalischer Größen.

Weil sich der Operator der z-Komponente des Drehimpulses sehr einfach durch sphärische Polarkoordinaten ausdrücken lässt, führt man zweckmäßigerweise diese Koordinaten ein:

$$x = r\cos\vartheta\cos\varphi , \quad y = r\cos\vartheta\sin\varphi , \quad z = r\sin\vartheta ,$$
$$x^2 + y^2 = r^2\cos^2\vartheta .$$

Mit $(L_z)_{\text{op}} = \hbar/\mathrm{i}\;\partial/\partial\varphi$ erhält man die Kommutatoren

$$\begin{aligned}(L_z)_{\text{op}}x - x(L_z)_{\text{op}} &= -\frac{\hbar}{\mathrm{i}}r\cos\vartheta\sin\varphi \neq 0 , \\ (L_z)_{\text{op}}(x^2+y^2) - (x^2+y^2)(L_z)_{\text{op}} &= 0 , \\ (x^2+y^2)x - x(x^2+y^2) &= 0 .\end{aligned}$$

Somit sind die x-Koordinate und L_z nicht gleichzeitig messbar, aus Symmetriegründen gilt dies auch für y und L_z. Dagegen können L_z und $x^2 + y^2$ gleichzeitig beliebig genau gemessen werden. Auch x und $x^2 + y^2$ (und auch y) sind gleichzeitig beliebig genau messbar.

5.4 Ortsunschärfe in einem Molekül.

„Schwingungsamplituden" liegen in Form von Ortsunschärfen vor, zu beschreiben durch ein mittleres Schwankungsquadrat $\overline{\Delta x^2}$ des Atomabstands um den mittleren Abstand d_0. Die Anregungsenergien relativ zum Minimum des Oszillatorpotentials sind $E_0 = \hbar\omega_c/2$ und $E_1 = 3\hbar\omega_c/2$ für $v = 0$ und $v = 1$. Im Durchschnitt entfällt die Hälfte davon auf die kinetische, die andere Hälfte auf die potentielle Energie, beide Energien sind quantenmechanisch unscharf. Dann gilt für die mittlere potentielle Energie

$$\frac{D}{2}\overline{\Delta x^2} = \frac{1}{4}\hbar\omega_c \quad \text{bzw.} \quad \frac{3}{4}\hbar\omega_c \; .$$

Als Oszillatorkonstante erhält man aus (4.117) $D = \mu\omega_c^2$. Also ist für $v = 0$

$$\overline{\Delta x^2} = \frac{\hbar\omega_c}{2D} = \frac{\hbar}{2\mu\omega_c} = \frac{\hbar^2 c^2}{2(\hbar\omega_c)(\mu c^2)} \; .$$

Diese Gleichung wurde so formuliert, dass sich $\hbar$ in eV s und μc^2 sowie $\hbar\omega_c$ in eV einsetzen lassen. Die reduzierte Masse des Moleküls ist mit $0{,}97\, m_H \approx 910\,\mathrm{MeV}/c^2$ nur unwesentlich kleiner als die H-Masse. Aus Tab. 5.4 entnimmt man $\hbar\omega_c = 0{,}371\,\mathrm{eV}$. Die Resultate sind

$$\sqrt{\overline{\Delta x^2}} = 0{,}76 \cdot 10^{-11}\,\mathrm{m} \text{ für } v = 0 \quad \text{und}$$
$$1{,}3 \cdot 10^{-11}\,\mathrm{m} \text{ für } v = 1 \; .$$

Das liegt um eine Größenordnung unter dem mittleren Atomabstand $d_0 = 1{,}28 \cdot 10^{-10}\,\mathrm{m}$, was sich in Abb. 5.10 nachvollziehen lässt.

5.5 Drehimpuls und Atomabstand im zweiatomigen Molekül.

Die Federkraft hält der Zentrifugalkraft das Gleichgewicht. Bei konstantem Abstand zwischen den Massen gilt

$$D(r - d_0) = \mu r\omega^2 \, , \quad L = \mu r^2\omega \, ,$$
$$D(r - d_0) = \frac{L^2}{\mu r^3} \, ,$$
$$r - d_0 \approx \frac{L^2}{\mu D d_0^3} = \frac{L^2}{\mu^2 d_0^3 \omega_c^2} \; .$$

Hier wurde auf der rechten Seite die Näherung $r \approx d_0$ benutzt und die Schwingungsfrequenz $\omega_c = \sqrt{D/\mu}$ als Parameter eingeführt. Ein Drehimpuls wird als „klein" eingestuft, wenn $L \ll \mu d_0^2 \omega_c$ ist. Für kleine L vergrößert sich das Trägheitsmoment $\Theta_0 = \mu d_0^2$ auf

$$\Theta = \Theta_0 + \frac{\mathrm{d}\Theta_0}{\mathrm{d}d_0}(r - d_0) = \Theta_0 + 2\mu d_0 \frac{L^2}{\mu^2 d_0^3 \omega_c^2} \, ,$$
$$\Theta = \Theta_0 + \frac{2L^2}{\mu d_0^2 \omega_c^2} = \Theta_0 \left(1 + \frac{2L^2}{\mu^2 d_0^4 \omega_c^2}\right) \; .$$

Die Rotationsenergie verringert sich wegen der Federdehnung:

$$E_{\mathrm{rot}} = \frac{L^2}{2\Theta} \approx \frac{L^2}{2\Theta_0}\left(1 - \frac{2L^2}{\mu^2 d_0^4 \omega_c^2}\right) \; .$$

Gleichzeitig wird die potentielle Federenergie

$$\Delta E_{\mathrm{pot}} = \frac{1}{2}\mu\omega_c^2 (r - d_0)^2 \approx \frac{L^4}{2\mu^3 \omega_c^2 d_0^6} \, ,$$
$$\Delta E_{\mathrm{pot}} \approx \frac{L^2}{2\mu d_0^2} \frac{L^2}{\mu^2 d_0^4 \omega_c^2}$$

aufgebaut. Sie ist halb so groß wie die Abnahme der Rotationsenergie. Diese klassische Abschätzung ergibt eine relative Verschiebung

$$\frac{\Delta E_{\mathrm{rot}} + \Delta E_{\mathrm{pot}}}{E_{\mathrm{rot}}} = -\frac{l(l+1)\hbar^2}{\mu^2 d_0^4 \omega_c^2}$$

der Energie auf Grund der Federdehnung. Mit den Daten für das HCl-Molekül aus Tab. 5.4 erhält man $\omega_c = 5{,}6 \cdot 10^{14}\,\mathrm{Hz}$ und die relative Korrektur ist $5 \cdot 10^{-5} l(l+1)$.

5.6 Fortrat-Diagramm.

a) Wir gehen davon aus, dass sich die Energie eines Zustands ***additiv*** aus der Schwingungs- und der Rotationsenergie zusammensetzt und von den Quantenzahlen v und l abhängt: $E(v,l)$. Dann besitzen die Absorptionslinien die Frequenzen $\nu(l) \approx (E(1,l+1) - E(0,l))/h$ (R-Zweig) und $\nu(l) = (E(1,l-1) - E(0,l))/h$ (P-Zweig, $l > 0$). Für einen idealen harmonischen Oszillator ergeben sich mit (5.50) die Übergangsfrequenzen

$$h\nu(l) = \hbar\omega_c + \frac{(l+1)\hbar^2}{\mu d_0^2} \qquad (\text{R-Zweig}\, , \quad l \geq 0)$$
$$h\nu(l) = \hbar\omega_c - \frac{l\hbar^2}{\mu d_0^2} \qquad (\text{P-Zweig}\, , \quad l > 0) \; .$$

Benachbarte Linien innerhalb eines Zweiges besitzen einen Frequenzabstand

$$\Delta\nu = \frac{\hbar}{2\pi\mu d_0^2} \; .$$

Die Übergangsfrequenzen hängen linear von l ab mit verschiedenen Vorzeichen der Steigung für den R- und den P-Zweig. Das sind die gestrichelten Geraden in Abb. 5.13. Das Produkt μd_0^2 ist das Trägheitsmoment Θ in Tab. 5.6. Es ergibt sich $\Delta\nu/c = 21\,\mathrm{cm}^{-1}$.

b) Verwendet man das Morse-Potential für die Abschätzung, erhält man im Zustand $v = 1$ einen größeren Atomabstand als im Zustand $v = 0$, was das Trägheitsmoment vergrößert und die Rotationsenergie verkleinert. Nach (5.60) ist

$$\frac{1}{\Theta(v=0)} = \frac{1}{\mu d_0^2}\left(1 - \frac{1}{2}\kappa\right) \, ,$$
$$\frac{1}{\Theta(v=1)} = \frac{1}{\mu d_0^2}\left(1 - \frac{3}{2}\kappa\right) \; .$$

Die Rotationsenergien sind nun

$$E(0,l) \approx \frac{l(l+1)\hbar^2}{2\mu d_0^2}\left(1-\frac{1}{2}\kappa\right),$$

$$E(1,l) \approx \frac{l(l+1)\hbar^2}{2\mu d_0^2}\left(1-\frac{3}{2}\kappa\right).$$

Für den R-Zweig ist der Rotationsbeitrag zur Übergangsenergie

$$\begin{aligned}
&E(1,l+1)-E(0,l)\\
&\approx \frac{(l+1)(l+2)\hbar^2}{2\mu d_0^2}\left(1-\frac{3}{2}\kappa\right)-\frac{l(l+1)\hbar^2}{2\mu d_0^2}\left(1-\frac{1}{2}\kappa\right)\\
&=\frac{(l+1)\hbar^2}{\mu d_0^2}-\frac{\hbar^2}{\mu d_0^2}\frac{\kappa}{4}(2l^2+8l+6)\,.
\end{aligned}$$

Das Resultat für den P-Zweig ist

$$\begin{aligned}
&E(1,l-1)-E(0,l)\\
&\approx \frac{l(l-1)\hbar^2}{2\mu d_0^2}\left(1-\frac{3}{2}\kappa\right)-\frac{l(l+1)\hbar^2}{2\mu d_0^2}\left(1-\frac{1}{2}\kappa\right)\\
&=-\frac{l\hbar^2}{\mu d_0^2}-\frac{\hbar^2}{\mu d_0^2}\frac{\kappa}{4}(2l^2-4l)\,.
\end{aligned}$$

Die Funktionen $\nu(l)$ sind für beide Zweige parabolisch nach unten gekrümmt. Daneben gibt es zu κl proportionale Korrekturen, die für die beiden Zweige unterschiedliche Größe und unterschiedliches Vorzeichen haben. Die Gesamtkorrektur ist für den P-Zweig kleiner und im Falle $l = 2$ ändert sich überhaupt nichts. Diese Befunde sind im Einklang mit Abb. 5.13. Aus der Abbildung schätzt man für $l = 5$ und den R-Zweig ab, dass die Frequenz gegenüber der gestrichelten Linie um $\approx 0{,}7\Delta\nu$ verschoben ist. Nach obiger Formel ist dies gleich $\kappa/4 \cdot (50+40+6)\,\Delta\nu = 24\kappa\Delta\nu$, woraus sich $\kappa \approx 0{,}03$ ergibt.

5.7 Wirkungsquerschnitt und Partialwellen.

a) Aus (5.75) folgt

$$\begin{aligned}
\sigma_{\text{Str}} = \frac{1}{4k^2}\sum_l\sum_{l'}\int(2l+1)(2l'+1)\\
\cdot(1-\eta_l)(1-\eta_{l'}^*)\cdot P_l(\cos\vartheta)P_{l'}(\cos\vartheta)\mathrm{d}\Omega\,.
\end{aligned}$$

Laut (5.12) sind die Legendre-Polynome die Lösungen des Winkelanteils (5.6) der Schrödinger-Gleichung für $m = 0$. Die Integrale $\int P_l(\cos\vartheta)P_{l'}(\cos\vartheta)\mathrm{d}\Omega$ sind wegen (4.26) null, wenn $l' \neq l$ ist. Nach (5.14) ist

$$Y_{l0}(\vartheta,\varphi) = \sqrt{\frac{2l+1}{4\pi}}P_l(\cos\vartheta)$$

mit der Normierung (5.15): $\int |Y_{l0}(\vartheta,\varphi)|^2 = 1$. Es folgt

$$\begin{aligned}
\int |P_l(\cos\vartheta)|^2\mathrm{d}\Omega &= \frac{4\pi}{2l+1}\,,\\
\sigma_{\text{Str}} &= \frac{1}{4k^2}\sum_l\frac{4\pi(2l+1)^2}{2l+1}|1-\eta_l|^2\,,\\
\sigma_{\text{Str}} &= \frac{\pi}{k^2}\sum_l(2l+1)|1-\eta_l|^2\,.
\end{aligned}$$

b) Wenn nur η_0 von eins verschieden ist und den Betrag eins hat, wird der Wirkungsquerschnitt maximal für $\eta_0 = -1$:

$$\sigma_{\text{Str}} = \frac{4\pi}{k^2}\,.$$

Der Wert $\eta_0 = -1$ bedeutet nach (5.78) $\delta_0 = \pi/2$, die Streuphase ist 90°.

c) Als Beispiel wählen wir den Breit–Wigner-Wirkungsquerschnitt für elastische Neutronenstreuung:

$$\sigma_{\text{nn}} = \frac{\pi}{k^2}\frac{\Gamma_n^2}{(E-E_0)^2+\Gamma^2/4}\,.$$

Er hat genau dann den Wert $4\pi/k^2$, wenn $\Gamma_n = \Gamma$ ist, also kein weiterer Prozess stattfindet und $E = E_0$ ist, d. h. die Teilchenenergie mit der Resonanzenergie übereinstimmt.

6.1 Polarisation der Zeeman-Linien.

a) Man wählt die Richtung des Magnetfeldes als Quantisierungsachse. Dann besitzen die σ-Photonen eine Drehimpulskomponente $\pm\hbar$ in Feldrichtung und bei Beobachtung in dieser Richtung ist die σ-Strahlung zirkular polarisiert. Die Intensität der π-Linien ist proportional zum $\sin^2$ des Emissionswinkels, also null in Feldrichtung. Senkrecht zum Feld werden σ- ***und*** π-Linien beobachtet. Die Polarisationen sind linear, denn es ist kein Drehsinn ausgezeichnet. Die Polarisation der π-Komponenten ist parallel/antiparallel zum magnetischen Feld gerichtet, denn diese Komponenten entsprechen der Strahlung eines Hertzschen Dipols. Die Polarisation der σ-Komponenten ist senkrecht dazu orientiert, also in Äquatorrichtung.

b) Denkt man sich die σ-Strahlung aus zwei linear polarisierten Wellen zusammengesetzt, müssen beide Teilwellen die halbe Gesamtintensität haben, weil sich wegen der 90° Phasenverschiebung die Intensitäten addieren. Bei Beobachtung senkrecht zum $\boldsymbol{B}$-Feld wird nur eine der beiden linear polarisierten Wellen beobachtet, weil die Emissionsrichtung der anderen parallel zu deren Dipolachse wäre. Es folgt, dass die Intensität der σ-Komponente bei Beobachtung senkrecht zum $\boldsymbol{B}$-Feld halb so groß ist wie bei Beobachtung in Feldrichtung.

6.2 Stern–Gerlach-Experiment.

Jeder der drei Teil-Atomstrahlen, der aus dem ersten Stern–Gerlach-Apparat herauskommt, kann hinter dem

Tabelle 11.4 Magnetische Quantenzahlen m im ersten und m' im zweiten Stern–Gerlach-Apparat und Intensitäten hinter dem zweiten Apparat

m	m'	Intensität
	+1	$(1+\cos\beta)^2/4$
+1	0	$(\sin^2\beta)/2$
	−1	$(1-\cos\beta)^2/4$
	+1	$(\sin^2\beta)/2$
0	0	$\cos^2\beta$
	−1	$(\sin^2\beta)/2$
	+1	$(1-\cos\beta)^2/4$
−1	0	$(\sin\beta)^2/2$
	−1	$(1+\cos\beta)^2/4$

zweiten Apparat dreifach aufspalten. Erfolgen die Übergänge aus dem ersten Magneten heraus und in den zweiten hinein abrupt, entsteht aus einem magnetischen Zustand hinter dem ersten Magneten eine Superposition der Zustände im zweiten Magneten. Deren Intensitäten ergeben sich aus den Amplitudenquadraten in Tab. 5.3. Sie sind in Tab. 11.4 zusammengestellt.

Zwei Spezialfälle sind sehr leicht zu verstehen:

Ist $\beta = 180°$, also $\cos\beta = -1$, vertauschen die Strahlen mit $m = \pm 1$ ihre Rollen: Aus $m = 1$ wird $m' = -1$, aus $m = -1$ wird $m' = +1$.

Ist $\beta = 90°$ und $m = 0$, teilt sich der Strahl hinter dem zweiten Magneten zu 50 % auf die Quantenzahlen $m' = \pm 1$ auf.

Was auch leicht nachzuprüfen ist: Für jeden Wert von m kommt als Intensitätssumme über die drei Werte von m' eins heraus.

6.3 Sphärische Multipolmomente.

Die Kugelflächenfunktionen für $l = 1$ sind laut Tab. 5.2

$$Y_{l0} = \sqrt{\frac{3}{4\pi}}\cos\vartheta\,, \quad Y_{1\pm 1} = \mp\sqrt{\frac{3}{8\pi}}\sin\vartheta\,\mathrm{e}^{\pm\mathrm{i}\varphi}\,.$$

Nach der Definition im Aufgabentext ist

$$q_{1\pm 1} = \mp\sqrt{\frac{3}{8\pi}}\int r\rho_\mathrm{e}(\boldsymbol{r})\mathrm{e}^{\mp\mathrm{i}\varphi}\sin\vartheta\,\mathrm{d}V\,.$$

Das Produkt $r\sin\vartheta\,\mathrm{e}^{\pm\mathrm{i}\varphi}$ ist identisch mit $x \pm \mathrm{i}y$. Daher ist

$$\begin{aligned} q_{11} &= -\sqrt{\frac{3}{8\pi}}\int \rho_\mathrm{e}(\boldsymbol{r})(x-\mathrm{i}y)\,\mathrm{d}V \\ &= -\sqrt{\frac{3}{8\pi}}(\langle -p_\mathrm{ex}\rangle + \mathrm{i}\langle p_\mathrm{ey}\rangle)\,, \\ q_{1-1} &= +\sqrt{\frac{3}{8\pi}}\int \rho_\mathrm{e}(\boldsymbol{r})(x+\mathrm{i}y)\,\mathrm{d}V \\ &= \sqrt{\frac{3}{8\pi}}(\langle p_\mathrm{ex}\rangle + \mathrm{i}\langle p_\mathrm{ey}\rangle)\,. \end{aligned}$$

In den Integralen werden die Koordinaten mit der Ladungsverteilung gewichtet, weshalb rechts die Erwartungswerte des Dipolmoments auftreten. Auf die gleiche Weise ergibt sich

$$q_{10} = +\sqrt{\frac{3}{4\pi}}\int \rho_\mathrm{e}(\boldsymbol{r})r\cos\vartheta\mathrm{d}V = \sqrt{\frac{3}{4\pi}}\langle p_\mathrm{ez}\rangle\,.$$

6.4 Multipolarität elektromagnetischer Übergänge.

a) Die Beträge der Kerndrehimpulse müssen die Bedingung $|I_\mathrm{f} - I_\mathrm{i}| \le 1$ erfüllen, denn ein größerer Wert ist mit einer Dipolstrahlung unvereinbar. Der Fall $I_\mathrm{i} = I_\mathrm{f} = 0$ ist natürlich ausgeschlossen. Zusätzlich muss $|I_\mathrm{i} + I_\mathrm{f}| > 1$ sein, weil sonst eine Quadrupolstrahlung ausgeschlossen wäre. Die zweite Bedingung ist nicht erfüllt bei Übergängen zwischen den Kernspins 1/2 und 1/2 sowie 0 und 1. Ferner müssen nach der Paritätsauswahlregel die Paritäten der beiden Kernzustände gleich sein.

b) In (6.44) hat man a_0 durch den Kernradius und μ_B durch das Kernmagneton zu ersetzen. Das Intensitätsverhältnis $w_M(1)/w_E(2)$ lässt sich mit (6.45) und (6.44) abschätzen zu

$$\begin{aligned} \frac{w_M(1)}{w_E(2)} &= \frac{w_M(1)}{w_E(1)}\frac{w_E(1)}{w_E(2)} \\ &= \left(\frac{2\mu_\mathrm{K}}{ceR}\right)^2 \cdot 5\left(\frac{\lambda}{2\pi R}\right)^2\,. \end{aligned}$$

Die Wellenlänge der γ-Strahlung ist $\lambda = 2\pi c/\omega = 2\pi c\hbar/E_\gamma \approx 1{,}2 \cdot 10^{-12}\,\mathrm{m}$. Mit einem Kernradius $R = 6 \cdot 10^{-15}\,\mathrm{m}$ wird $\lambda/2\pi R \approx 33$. Ferner ist $2\mu_\mathrm{K}/(ceR) \approx 0{,}035$, und das obige Verhältnis $w_M(1)/w_E(2)$ ergibt sich zu etwa 7. Das ist nur eine Abschätzung der möglichen Größenordnung, die aber zeigt, dass gleichzeitige Emission von magnetischer Dipol- und elektrischer Quadrupolstrahlung in mittleren bis schweren Atomkernen stattfinden sollte.

6.5 Kernresonanz im Gradientenfeld.

Außerhalb der Spulen kann man die Magnetfelder (6.69) als Gradienten einer Potentialfunktion darstellen: $\boldsymbol{B} = \boldsymbol{\nabla}\Phi_m$. Die Feldkomponente $\boldsymbol{B}^{(z)}$ ergibt sich aus $\Phi_m \propto 2z^2 - x^2 - y^2$. Das ist identisch mit der Beziehung (III/1.56) und entspricht einem Quadrupolfeld. Die Spulenanordnung zu seiner Erzeugung muss rotationssymmetrisch um die z-Achse sein und wird realisiert durch ein Paar von Anti-Helmholtz-Spulen. Sie erzeugen am Zentrum der Anordnung kein Magnetfeld, aber nach (III/13.59) einen Feldgradienten. Das Feldlinienbild sieht man in Abb. III/13.27.

Für das Feld $\boldsymbol{B}^{(x)}$ ist $\Phi_m \propto xz$, in einem um 45° gedrehten Koordinatensystem $\Phi_m = \xi^2 - \zeta^2$. Das entspricht nach (III/1.55) und (III/2.39) ebenfalls einem Quadrupolfeld.

Ein Beispiel findet man in Abb. III/13.18. Vier Spulen, die in y-Richtung ausgedehnt sind, sind so angeordnet, dass sich zwei N-Pole unter 45° relativ zur z-Achse gegenüberstehen. Das Gleiche gilt, um 90° gedreht, für zwei S-Pole. Eine analoge Konstruktion gibt es für das Feld $\boldsymbol{B}^{(y)}$.

6.6 Zeeman-Bremsung.

a) Der Rückstoßimpuls ist $\Delta p = h\nu/c$. Aus der entstehenden Geschwindigkeitsänderung Δv resultiert eine zusätzliche Dopplerverschiebung:

$$\Delta\nu = \frac{\Delta v}{c}\nu = \frac{\Delta p}{m_{\text{At}}c}\nu = \frac{h\nu}{m_{\text{At}}c^2}\nu\,.$$

Mit $h\nu \approx 2\,\text{eV}$ und $m_{\text{At}} \approx 20\,\text{GeV}$ ist $\Delta\nu/\nu \approx 10^{-10}$, während das Verhältnis $1/(\tau\nu)$ zwischen Linienbreite und Frequenz in der Größenordnung von 10^{-6} liegt.

b) Wenn sich die Dopplerverschiebung und die Zeeman-Aufspaltung synchron ändern sollen, muss $\Delta\nu \propto v(z)/c \propto B(z)$ sein. Wenn die Bremsbeschleunigung a_0 konstant ist, folgt aus dem Energie-Erhaltungssatz $v(z)^2/2 = v_0^2/2 - a_0 z$. Man erhält mit einer Proportionalitätskonstanten B_0

$$B(z) \propto v(z) \to B(z) = B_0\sqrt{1-\frac{2a_0}{v_0^2}z}\,.$$

c) Die Übergangsfrequenz ν in Abb. 6.32 hat eine Unschärfe, die der Linienbreite des oberen Niveaus entspricht. Innerhalb dieses Bereichs muss die Laserfrequenz liegen. Dann sollte die Dopplerbreite durch die Bewegung der Atome nicht größer als die natürliche Linienbreite sein. Das wird durch die Zeeman-Bremsung gerade erreicht.

7.1 Elektronengeschwindigkeit in Atomen.

a) Der Erwartungswert der potentiellen Energie ergibt sich mit der Wellenfunktion (7.26), in der der Bohrsche Radius a_0 durch a_0/Z zu ersetzen ist:

$$\begin{aligned}\langle E_{\text{pot}}\rangle &= -\int |\psi(\boldsymbol{r})|^2\frac{Ze^2}{4\pi\epsilon_0 r}\mathrm{d}V\\ &= -\int \frac{Z^3}{\pi a_0^3}\mathrm{e}^{-2Zr/a_0}\frac{Ze^2}{4\pi\epsilon_0 r}4\pi r^2\mathrm{d}r\\ &= -\frac{Z^4e^2}{\pi a_0^3\epsilon_0}\int r\mathrm{e}^{-2rZ/a_0}\mathrm{d}r = -\frac{Z^4e^2}{\pi a_0^3\epsilon_0}\frac{a_0^2}{4Z^2}\\ &= -\frac{Z^2e^2}{4\pi\epsilon_0 a_0}\,.\end{aligned}$$

Dies ist doppelt so groß wie die Bindungsenergie, die man aus (7.25) nach Anbringen eines Faktors Z^2 für die Kernladung erhält; dieser Faktor rührt zum Einen vom Potential und zum Anderen von der Reduktion des Bohrschen Radius her. Der Erwartungswert der kinetischen Energie ist deshalb gleich dem Betrag der Bindungsenergie: $\langle E_{\text{kin}}\rangle = |E_1|Z^2$.

b) Es gilt

$$\frac{1}{2}m_{\text{e}}\overline{v^2} = |E_1|Z^2 \quad\to\quad \frac{\overline{v^2}}{c^2} = \frac{2Z^2|E_1|}{m_{\text{e}}c^2}\,,$$

$$Z = \sqrt{\frac{\overline{v^2}}{c^2}\frac{m_{\text{e}}c^2}{2|E_1|}}\,.$$

Man erhält die Resultate $Z = 3$ für $\sqrt{\overline{v^2}}/c = 0{,}02$ und $Z = 14$ für $\sqrt{\overline{v^2}}/c = 0{,}1$.

7.2 Zur Wellenfunktion im Wasserstoffatom.

a) Der Ansatz $R(r) = \zeta(r)/r$ für die radiale Wellenfunktion führte auf die Differentialgleichung (7.21)

$$\frac{\mathrm{d}^2\zeta}{\mathrm{d}r^2} + \frac{2m_{\text{e}}}{\hbar^2}\left[E + \frac{e^2}{4\pi\epsilon_0 r} - \frac{l(l+1)\hbar^2}{2m_{\text{e}}r^2}\right]\zeta = 0\,. \tag{11.13}$$

Aus dem Ansatz $\zeta(r) = P(r)\mathrm{e}^{-\kappa r}$ folgt

$$\frac{\mathrm{d}^2\zeta}{\mathrm{d}r^2} = \kappa^2P(r)\mathrm{e}^{-\kappa r} - 2\kappa\frac{\mathrm{d}P(r)}{\mathrm{d}r}\mathrm{e}^{-\kappa r} + \frac{\mathrm{d}^2P(r)}{\mathrm{d}r^2}\mathrm{e}^{-\kappa r}\,.$$

Im Grenzfall $r \to \infty$ spielt in (11.13) nur die höchste r-Potenz eine Rolle. Die e-Funktion und die Funktion $P(r)$ kürzen sich heraus und man erhält

$$\kappa^2 + \frac{2m_{\text{e}}}{\hbar^2}E = 0\,,\quad \kappa = \sqrt{-\frac{2m_{\text{e}}E}{\hbar^2}}\,. \tag{11.14}$$

Die Bindungsenergie bestimmt darüber, wie schnell die Wellenfunktion nach außen abfällt. Konkret ergibt sich mit (7.14) und (7.12)

$$\kappa = \sqrt{\frac{2m_{\text{e}}m_{\text{e}}e^4}{32\pi^2\epsilon_0^2\hbar^4n^2}} = \sqrt{\frac{1}{a_0^2n^2}} = \frac{1}{na_0}\,.$$

b) Besteht die Funktion $P(r)$ nur aus einem Term r^{l+1}, enthält die Gleichung (11.13) drei r-Potenzen, deren Vorfaktoren alle verschwinden müssen. Die höchste r-Potenz wurde gerade abgehandelt. Die niedrigste führt auf $l(l+1)/r^2 - l(l+1)/r^2 = 0$, was der Herleitung von (7.22) entspricht. Es verbleibt die Aussage der mittleren r-Potenz:

$$\begin{aligned}-2\kappa(l+1) + \frac{2m_{\text{e}}}{\hbar^2}\frac{e^2}{4\pi\epsilon_0} &= 0\,,\\ -4(l+1)^2\frac{2m_{\text{e}}E}{\hbar^2} &= \frac{4m_{\text{e}}^2e^4}{16\pi^2\epsilon_0^2\hbar^4}\,,\\ E &= -\frac{m_{\text{e}}e^4}{32\pi^2\epsilon_0^2\hbar^2(l+1)^2}\,.\end{aligned}$$

Das ist der Spezialfall $n = l+1$ der allgemeinen Energieformel (7.14).

Teil II

7.3 Maximale Elektronendichte.

Die Radialquantenzahl n_r ist null. Für die Wellenfunktion gilt nach (7.32)

$$R(r) \propto r^l e^{-r/na_0} \to r^2 R^2(r) \propto r^{2l+2} e^{-2r/na_0} .$$

Beim gesuchten Radius verschwindet die Ableitung:

$$\left((2l+2)r^{2l+1} - \frac{2}{na_0} r^{2l+2}\right) e^{-2r/na_0} = 0 ,$$
$$r = (l+1)na_0 = n^2 a_0 .$$

7.4 Elektronendichte-Verteilung.

a) Die Punktdichte hat eine Nullstelle in Polrichtung und ist maximal am Äquator. Es ist $l = 1$ ($m = \pm 1$). Die Quantenzahlen $l = |m| = 2, 3 \ldots$, deren Bilder ähnlich aussehen, sind auszuschließen, weil die Dunkelzone in Polrichtung „schmal" ist. Es gibt zwei radiale Knotenflächen, also ist $n_r = 2$ und $n = n_r + l + 1 = 4$ (4p-Zustand).

b) Die Punktdichte ist maximal in Polrichtung und verschwindet am Äquator, dazwischen gibt es Nullstellen in Form zweier Kegel: Es ist $l = 3$ ($m = 0$). In radialer Richtung gibt es ***keine*** Knotenfläche, also ist $n_r = 0$ und $n = 4$ (4f-Zustand).

7.5 Hyperfeinaufspaltung im Deuterium.

Im Grundzustand des Wasserstoffatoms ist die Hyperfeinwechselwirkung den magnetischen Momenten des Elektrons und des Kerns proportional sowie dem Skalarprodukt des Kernspins und des Elektronenspins: $\boldsymbol{I} \cdot \boldsymbol{s}$. Dieses Produkt hängt davon ab, zu welchem Gesamtdrehimpuls F die beiden Spins koppeln. Analog zu (7.53) gilt

$$\langle (\boldsymbol{I} \cdot \boldsymbol{s})_{\mathrm{op}} \rangle = \frac{\hbar^2}{2} \left(F(F+1) - I(I+1) - \frac{3}{4} \right) .$$

Im normalen Wasserstoff ist $I = 1/2$ und $F = 0$ oder 1, im Deuterium $I = 1$, $F = 1/2$ oder $3/2$. Der Ausdruck in der großen Klammer ist

$$-\frac{3}{2} \quad \text{oder} \quad +\frac{1}{2} \quad \text{(Wasserstoff)} ,$$
$$-2 \quad \text{oder} \quad +1 \quad \text{(Deuterium)} .$$

Die Linienaufspaltungen sind proportional zu 2 (Wasserstoff) bzw. 3 (Deuterium). In die mit (6.30) berechnete magnetische Energie geht der g-Faktor ein, der nach (6.29) umgekehrt proportional zu $\boldsymbol{I}$ ist. Deshalb muss man die Resultate noch durch die Kernspins dividieren. Dann ergibt sich

$$\Delta\nu_{\mathrm{HFS}}(D) = \Delta\nu_{\mathrm{HFS}}(H) \frac{3}{2} \frac{1/2}{1} \frac{\mu_{\mathrm{d}}}{\mu_{\mathrm{p}}} = 327\,\mathrm{MHz} .$$

7.6 Rydberg-Atom.

Die Übergangswahrscheinlichkeit pro Zeit, also die reziproke Lebensdauer, ist laut (6.46) proportional zu ω^3. Wenn $l = n - 1$ ist, erfolgt der Zerfall immer zum Zustand $(n-1)$, $(l-1)$. Die Zerfallsenergie ist

$$E_{l \to l-1} = E_1 \left(-\frac{1}{n^2} + \frac{1}{(n-1)^2} \right) \approx \frac{2E_1}{n^3} .$$

Die Photonenenergie des Übergangs $n = 2 \to n = 1$ ist $3/4\,E_1$. Der Atomradius nimmt proportional zu n^2 zu, das Gleiche erwartet man für das Matrixelement (6.54). Somit schätzt man mit (6.53) grob ab:

$$\frac{1}{\tau} \approx \frac{1}{\tau_1} \left(\frac{4}{3E_1} \right)^3 \cdot \left(\frac{2E_1}{n^3} \right)^3 \cdot n^4 , \quad \tau \approx \frac{27}{512} n^5 \tau_1 .$$

Für das Zahlenbeispiel $n = 30$, $l = 29$ ist $\tau \approx 1{,}3\,\mathrm{ms}$, und der Atomradius ist $900\,a_0$.

8.1 Atom mit einem Valenzelektron.

Das einfach geladene Ca-Ion ist ein alkaliartiges System. Verfolgt man das Konzept der effektiven Hauptquantenzahl mit einer abgeschirmten Kernladung, macht man für die Bindungsenergie den Ansatz

$$E(n) = \frac{E_H Z^2}{n^{*2}} .$$

Dann erhält man mit $Z = 2$ und $E_H = 13{,}6\,\mathrm{eV}$ aus der Bindungsenergie den Wert $n^* = 2{,}14$. Im Grundzustand ist $n = 4$. Für die l = 0-Zustände mit $n = 5$ und $n = 6$ ist näherungsweise n^* um eins bzw. zwei größer zu wählen und man erhält $E(5) = 5{,}52\,\mathrm{eV}$ und $E(6) = 3{,}17\,\mathrm{eV}$. Die experimentellen Werte sind 5,40 eV und 3,11 eV.

8.2 Chemische Wertigkeit.

Mangan ist ein Übergangsmetall und besitzt die Grundzustandskonfiguration

$$1s^2\ 2s^2 2p^6\ 3s^2 3p^6\ 4s^2 3d^5 .$$

Die Bindungsenergien der Elektronen in den Schalen 4s und 3d unterscheiden sich nicht sehr stark. Diese sieben Elektronen können unter Energiegewinn Bindungen mit Nachbaratomen eingehen and halten sich dann überwiegend bei den Nachbaratomen auf, wodurch positive Oxidationsstufen entstehen. Da Sauerstoff elektronegativ ist und Kalium ein Alkalimetall ist, liegt im Kaliumpermanganat $KMnO_4$ die maximale Oxidationsstufe +7 vor. Im MnO_2-Molekül ist die Oxidationsstufe +4 und im MnO ist sie +2. Wird die 3d-Schale des Mn-Atoms voll mit 10 Elektronen aufgefüllt, indem dazu die 4s-Elektronen unter Energieaufwand „umgesetzt" werden und weitere drei Elektronen „von außen" kommen, die zu einer

Energieabnahme führen, ist sogar die Oxidationsstufe −3 möglich.

8.3 *LS*-Kopplungsschema für zwei Elektronen.

a) Das angegebene Zustands-Triplett, gebildet von einem 3d-Elektron und einem 4s-Elektron, muss den Gesamtspin $S = 1$ haben. Weil $L = 2$ ist, kann kann es die Gesamtdrehimpulse $J = 3$, 2 oder 1 geben. Der $J = 1$-Zustand $^3D_1$ ist der energetisch tiefste, darüber liegen das $^3D_2$ und das $^3D_3$-Niveau. Sie sind energetisch durch die Spin-Bahnwechselwirkung getrennt.

b) Im *LS*-Kopplungsschema verhalten sich die Frequenzen der Feinstruktur-Linien zueinander wie die größeren Gesamtdrehimpulse der beteiligten Zustände, also hier wie $3/2 = 1{,}5$. Experimentell findet man (20337,0 − 20349,2) / (20349,2 − 20335,3) = 1,57.

c) Die *LS*-Kopplung sagt nach (8.40) den Landé-Faktor

$$g_J = \frac{3J(J+1) + S(S+1) - L(L+1)}{2J(J+1)}$$

vorher. Einsetzen ergibt $g_J = 4/3$ für den $j = 3$-Zustand, $g_J = 7/6 \approx 1{,}17$ für den $j = 2$-Zustand und $g_J = 1/2$ für den $j = 1$-Zustand, in recht guter Übereinstimmung mit dem Experiment.

8.4 Landé-Faktor in Atomen mit *LS*-Kopplung.

Für die Quantenzahlen $m_J = \pm J$ ist die magnetische Energie

$$\Delta E(\pm J) = \pm g_l \mu_B BL \pm g_s \mu_B BS\,.$$

Es gibt $(2J + 1)$ Zustände, also $2J$ Energie-Intervalle. Die Energiedifferenz $\Delta E(J) - \Delta E(-J)$ ist durch $2J$ zu dividieren, woraus sich der Landé-Faktor

$$g_J = \frac{L}{J} g_l + \frac{S}{J} g_s$$

ergibt. In die allgemeine Formel (8.40) ist $J = L + S$ einzusetzen. Aus dem zu g_l proportionalen Term entsteht

$$\frac{L(L+1) + J(J+1) - S(S+1)}{2J(J+1)} g_l$$
$$= \frac{L^2 + L + (L+S)^2 + L + S - S^2 - S)}{2J(L+S+1)} g_l$$
$$= \frac{2L^2 + 2LS + 2L}{2J(L+S+1)} g_l = \frac{L}{J} g_l\,.$$

Auf die gleiche Weise ergibt sich der spinabhängige Teil zu $(S/J)g_s$.

8.5 *LS*-Kopplungsschema für drei Elektronen.

a) Unter Berücksichtigung des Spins enthält die p-Schale $2 \cdot 3 = 6$ magnetische Unterzustände. Bei sukzessiver Besetzung dreier Zustände mit Elektronen gibt es $6 \cdot 5 \cdot 4 = 120$ Möglichkeiten, die aber wegen der Ununterscheidbarkeit der Elektronen $1 \cdot 2 \cdot 3 = 6$-fach gezählt sind. Es verbleiben $120/6 = 20$ Möglichkeiten.

b) Wird für drei Elektronen die gleiche magnetische Spinquantenzahl gewählt, muss der Gesamtspin des Zustands $3/2$ sein und die Spinwellenfunktion ist bei Elektronenvertauschung symmetrisch. Die drei magnetischen Bahnquantenzahlen m_l ***müssen*** dann verschieden sein. Die Bahn-Wellenfunktion muss antisymmetrisch sein, sodass sie durch eine dreidimensionale Determinante vom Typ (8.26) gegeben ist, in der die Bahn-Wellenfunktionen stehen. Diese Funktion ist eindeutig, jede Änderung einer magnetischen Quantenzahl m führt zum Verschwinden der Determinante. Daher ist der Gesamtbahndrehimpuls $L = 0$. Als Gesamtdrehimpuls ergibt sich $J = 3/2$, das sind 4 magnetische Unterzustände. Die spektroskopische Notation ist $^4S_{3/2}$.

c) Wäre der Gesamtbahndrehimpuls $L = 3$, wäre die Bahnwellenfunktion symmetrisch. Weil eine antisymmetrische Spin-Wellenfunktion für drei identische Teilchen nicht existiert, ist dies ausgeschlossen. Der Bahndrehimpuls $L = 0$ wurde bereits abgehandelt. Übrig bleiben die Bahndrehimpulse $L = 1$ oder 2, die mit $S = 1/2$ zu Zuständen ($J = 1/2$ und $3/2$) sowie ($J = 3/2$ und $5/2$) koppeln können. Die spektroskopischen Bezeichnungen sind ($^2P_{1/2}$, $^2P_{3/2}$) und ($^2D_{3/2}$, $^2D_{5/2}$). Ein solcher Satz von Zuständen enthält $2 + 4 + 4 + 6 = 16$ magnetische Unter-Zustände. Das sind gerade so viele, wie gebraucht werden, denn mit dem Pauli-Prinzip verträglich sind nach Teil a) und b) $20 - 4 = 16$ Zustände. Bei der Kopplung der drei Bahndrehimpulse $l = 1$ treten die Werte $L = 1$ oder 2 allerdings mehrfach auf. Die entstehenden überschüssigen Zustände widersprechen dem Pauli-Prinzip.

d) Im Grundzustand des Stickstoffatoms ist der Gesamtspin maximal, es ist der $^4S_{3/2}$-Zustand. Es folgen die Zustände mit dem größeren Bahndrehimpuls: $^2D_{3/2}$ und $^2D_{5/2}$. Von den $2p^3$-Zuständen liegen der $^2P_{1/2}$- und der $^2P_{3/2}$-Zustand am höchsten. Dummerweise ist die p-Schale halb mit Elektronen gefüllt, sodass man über die energetische Reihenfolge der beiden D-Zustände und der beiden P-Zustände nach der Hundschen Regel nichts aussagen kann. Selbst diese Nicht-Aussage korrespondiert mit dem Experiment, denn die Feinstrukturaufspaltung ist in diesen Fällen kleiner als üblich: Z. B. entnimmt man aus Tabellen die Anregungsenergien $E/hc = 19\,224\,\mathrm{cm}^{-1}$ für den Zustand $^2D_{5/2}$ und $E/hc = 19\,233\,\mathrm{cm}^{-1}$ für den Zustand $^2D_{3/2}$. Es gibt im Stickstoff ein weiteres Dublett $^2D_{3/2}$ und $^2D_{5/2}$, das der Konfiguration $2s^2 2p^2 3p$ entspricht. Hier sind die Anregungsenergien $E/hc = 96\,788\,\mathrm{cm}^{-1}$ und $E/hc = 96\,864\,\mathrm{cm}^{-1}$, die Feinstrukturaufspaltung ist also um rund einen Faktor 10 größer.

8.6 Zeeman-Effekt.

Der Gesamtdrehimpuls des Triplett-Zustands ^{3}S ist wegen $L = 0$ eins, die Gesamtdrehimpulse der ^{3}P-Zustände sind $J = 0, 1$ oder 2.

Beim Übergang $^3S_1 \rightarrow ^3P_0$ ändert sich die magnetische Quantenzahl m um $\Delta m = 0$ oder ± 1, die entsprechende Spektrallinie spaltet in drei Komponenten auf.

Beim Übergang $^3S_1 \rightarrow ^3P_1$ gibt es für die Änderungen der magnetischen Quantenzahl folgende Möglichkeiten: $m_i = +1 \rightarrow m_f = +1, 0$, $m_i = 0 \rightarrow m_f = 0, \pm 1$ und $m_i = -1 \rightarrow m_f = -1, 0$. Das sind sieben Möglichkeiten. Was man bei dieser reinen Zählung übersieht, ist die Vorhersage der Quantenmechanik, dass das Matrixelement für den Übergang $m_i \rightarrow m_f = 0$ verschwindet. Deshalb gibt es nur 6 Komponenten.

Für den Übergang $^3S_1 \rightarrow ^3P_2$ gilt: Die Anfangszustände mit $m_i = \pm 2$ haben nur ***eine*** Möglichkeit, um zu zerfallen, die Anfangszustände mit $m_i = \pm 1$ deren zwei und dem Zustand mit $m_i = 0$ stehen drei Endzustände offen. Das sind zusammen $2 + 2 \cdot 2 + 3 = 9$ Möglichkeiten. Die sind realisiert. Eine energetische Entartung zwischen Spektrallinien gibt es nicht, weil die magnetischen Aufspaltungen der Niveaus im Anfangs- und Endzustand verschieden groß sind.

8.7 Zu den Zwei-Teilchen-Wellenfunktionen.

Soll die z-Komponente des Gesamtspins null sein, müssen in den Wellenfunktionen die Spin-Funktionen $\chi_\downarrow$ und $\chi_\uparrow$ auftreten. Sind die Ortswellenfunktionen ϕ_a und ϕ_b, gibt es zwei unabhängige Determinanten (8.26):

$$\psi_A = \frac{1}{\sqrt{2}} \begin{vmatrix} \phi_a(\boldsymbol{r}_1)\chi_\uparrow^{(1)} & \phi_a(\boldsymbol{r}_2)\chi_\uparrow^{(2)} \\ \phi_b(\boldsymbol{r}_1)\chi_\downarrow^{(1)} & \phi_b(\boldsymbol{r}_2)\chi_\downarrow^{(2)} \end{vmatrix} ,$$

ausgeschrieben:

$$\phi_a(\boldsymbol{r}_1)\phi_b(\boldsymbol{r}_2)\chi_\uparrow^{(1)}\chi_\downarrow^{(2)} - \phi_b(\boldsymbol{r}_1)\phi_a(\boldsymbol{r}_2)\chi_\downarrow^{(1)}\chi_\uparrow^{(2)} .$$

Im zweiten Fall sind gegenüber dem ersten bei Erhaltung der Bahnwellenfunktionen die Spins „umzudrehen“:

$$\phi_a(\boldsymbol{r}_1)\phi_b(\boldsymbol{r}_2)\chi_\downarrow^{(1)}\chi_\uparrow^{(2)} - \phi_b(\boldsymbol{r}_1)\phi_a(\boldsymbol{r}_2)\chi_\uparrow^{(1)}\chi_\downarrow^{(2)} .$$

Die Summe der beiden Ausdrücke ist

$$(\phi_a(\boldsymbol{r}_1)\phi_b(\boldsymbol{r}_2) - \phi_b(\boldsymbol{r}_1)\phi_a(\boldsymbol{r}_2))(\chi_\uparrow^{(1)}\chi_\downarrow^{(2)} + \chi_\downarrow^{(1)}\chi_\uparrow^{(2)}) ,$$

was der mittleren Gleichung (8.33) entspricht. Die Differenz der Ausdrücke ist

$$(\phi_a(\boldsymbol{r}_1)\phi_b(\boldsymbol{r}_2) + \phi_b(\boldsymbol{r}_1)\phi_a(\boldsymbol{r}_2))(\chi_\uparrow^{(1)}\chi_\downarrow^{(2)} - \chi_\downarrow^{(1)}\chi_\uparrow^{(2)}) ,$$

was bis auf die Normierung mit (8.34) identisch ist. Die Determinanten (8.26) ergeben also keine Singulett- oder Triplett-Zustände, sondern Linearkombinationen davon, die keiner Gesamtspin-Quantenzahl S entsprechen, aber eine wohldefinierte z-Komponente des Gesamtspins haben.

Setzt man in die Determinante zwei gleiche Spinzustände ein, also entweder zweimal $\chi_\uparrow$ oder zweimal $\chi_\downarrow$, erhält man unmittelbar die erste und die letzte Zeile von (8.33). Weil die magnetische Quantenzahl $S_z = \pm 1$ ist, bedeutet das wegen $S \leq 1$ automatisch $S = 1$.

9.1 Erzeugung von Röntgenstrahlung.

a) Die Grenzwellenlänge der Röntgen-Bremsspektren erhält man aus der Beziehung $eU = h\nu$:

$$\lambda = \frac{c}{\nu} = \frac{hc}{eU} .$$

Für die Spannungen $U = 20$, 30 und 40 kV ergeben sich die Werte $\lambda = 0{,}62$ Å, 0,41 Å und 0,31 Å.

b) Bei einer Beschleunigungsspannung $U = 20$ kV kann ein Elektron laut Tab. 9.1 die K-Schale des Molybdäns noch nicht ionisieren.

c) Aus der Tabelle entnimmt man die Energie der K_α-Strahlung: $E_\gamma = 17{,}4$ keV. Mit (9.3) und $Z = 42$ schätzt man hierfür ab:

$$E_\gamma = \frac{3}{4} \cdot 13{,}6\,\text{eV} \cdot (Z - 1{,}2)^2 = 17{,}0\,\text{kV} ,$$

was ca. 2 % Genauigkeit entspricht.

d) Die L_α-Wellenlänge erhält man mit (9.4):

$$\lambda = \frac{hc}{E_\gamma} = \frac{hc}{0{,}14 \cdot 13{,}6 \cdot (Z - 7{,}4)^2\,\text{eV}} = 5{,}4\,\text{Å} .$$

Die L_α-Linie kann erzeugt werden, sie liegt außerhalb des in Abb. 1.23 gezeigten Bereichs.

9.2 Auswahlregeln für Röntgenübergänge.

Die Auswahlregeln sind $\Delta j = 0$ oder ± 1 für den Drehimpuls und $\Delta \Pi = -$ für die Parität.

Ein Elektron in den d-Zuständen der M-Schale ($n = 2$) kann wegen des Paritätswechsels nur in Löcher der L-Schale mit dem Bahndrehimpuls $l = 1$ springen. Wegen der Drehimpulserhaltung gibt es drei Möglichkeiten: $3d_{3/2} \rightarrow 2p_{3/2}$, $3d_{3/2} \rightarrow 2p_{1/2}$ und $3d_{5/2} \rightarrow 2p_{3/2}$. Die p-Elektronen der M-Schale können entweder direkt in Löcher der K-Schale übergehen ($2p_{1/2,3/2} \rightarrow 1s_{1/2}$) oder in entsprechende Löcher der L-schale. Dem 3s-Zustand der M-Schale stehen nur Löcher in der L-Schale mit $l = 1$ offen.

Elektronen der L-Schale können nur dann in die K-Schale springen, wenn sie sich in p-Zuständen mit $l = 1$ (L_{II} oder L_{III}) befinden.

9.3 Lebensdauer von Löchern in der K-Schale.

Zur Lösung kann man (6.53) heranziehen: Die Frequenz jeder Spektrallinie ist nach dem Moseleyschen Gesetz proportional zu Z^2. Die Übergangswahrscheinlichkeit w_{Ph} ist proportional zur dritten Potenz der Quantenenergie, also Z^6. Der Bohrsche Radius des $n = 1$-Zustandes ist ungefähr das $1/Z$-fache des normalen Bohrschen Radius a_0. Eine ähnliche Proportionalität erwartet man für d_{if}, sodass d_{if}^2 mit $1/Z^2$ zu multiplizieren ist. Das gilt im Prinzip für alle Übergänge in die K-Schale, sodass man insgesamt ungefähr eine Z^4-Abhängigkeit von W_{Ph} erhält.

10.1 Zu den Kernradien.

Das mittlere Quadrat des Radius einer homogen geladenen Kugel ist

$$\langle r^2 \rangle = \frac{\int_0^{r_S} 4\pi r^4 \mathrm{d}r}{\int_0^{r_S} 4\pi r^2 \mathrm{d}r} = \frac{r_S^5}{5}\frac{3}{r_S^3} = \frac{3}{5} r_S^2 \,.$$

Mit $r_S = 1{,}3\,\mathrm{fm} \cdot A^{1/3}$ erhält man für $A = 40$ und $A = 92$

$$\sqrt{\langle r^2 \rangle} = 3{,}44\,\mathrm{fm} \quad \text{und} \quad \sqrt{\langle r^2 \rangle} = 4{,}54\,\mathrm{fm}\,,$$

in ziemlich guter Übereinstimmung mit den Messdaten.

10.2 Ausdehnung des Protons und myonischer Wasserstoff.

Die Differenz der Potentiale einer Kugelschale und einer Punktladung gleicher Größe in derem Zentrum ist außerhalb der Kugelschale null. Innerhalb $(0 \le R \le r)$ ist

$$\begin{aligned} \mathrm{d}\Phi(R) &= 4\pi r^2 \rho(r)\,\mathrm{d}r \left(\frac{1}{r} - \frac{1}{R}\right)\frac{e}{4\pi\epsilon_0} \\ &= \frac{e}{\epsilon_0}\rho(r)\left(r - \frac{r^2}{R}\right)\mathrm{d}r\,. \end{aligned}$$

Die Myonenladungsdichte innerhalb der Kugelschale ist $-e|\psi(0)|^2$, und die elektrostatische Energiedifferenz, integriert von $R = 0$ bis $R = r$, ist

$$\begin{aligned} \mathrm{d}V_C(r) &= -\frac{e^2}{\epsilon_0}|\psi(0)|^2 \int_0^r 4\pi R^2 \rho(r)\left(r - \frac{r^2}{R}\right)\mathrm{d}R\,\mathrm{d}r \\ &= \frac{e^2}{\epsilon_0}|\psi(0)|^2 \cdot 4\pi \frac{r^4}{6}\rho(r)\,\mathrm{d}r\,. \end{aligned}$$

Dies ist über alle Kugelschalen aufzusummieren und man erhält

$$V_C = \frac{e^2}{\epsilon_0}|\psi(0)|^2 \cdot \frac{1}{6}\int_0^\infty 4\pi r^4 \rho(r)\,\mathrm{d}r\,.$$

Weil die Funktion $\rho(r)$ auf eins normiert ist, ist das Integral in dieser Gleichung gerade das mittlere Quadrat des Protonen-Radius (Aufgabe 10.1):

$$r_p^2 = \int_0^\infty 4\pi r^4 \rho(r)\,\mathrm{d}r\,,$$

und deshalb ist

$$V_C = \frac{e^2}{\epsilon_0}|\psi(0)|^2 \cdot \frac{1}{6} r_p^2\,.$$

Aus der Definition der Feinstrukturkonstanten (7.41) folgt (10.1):

$$\begin{aligned} \frac{e^2}{\epsilon_0} &= 4\pi\alpha\hbar c\,, \\ V_C &= \frac{2\pi}{3}\alpha\hbar c\, r_p^2\,|\psi(0)|^2\,. \end{aligned}$$

Teil II

10.3 Quantenzahlen des Baryonen-Dekupletts.

Teilchen		Q/e	I	I_3	S
Δ^{++}	(uuu)	+2	$\frac{3}{2}$	$+\frac{3}{2}$	0
Δ^{+}	(uud)	+1	$\frac{3}{2}$	$+\frac{1}{2}$	0
Δ^{0}	(udd)	0	$\frac{3}{2}$	$-\frac{1}{2}$	0
Δ^{-}	(ddd)	−1	$\frac{3}{2}$	$-\frac{3}{2}$	0
Σ^{*+}	(uus)	+1	1	+1	−1
Σ^{*0}	(uds)	0	1	0	−1
Σ^{*-}	(dds)	−1	1	−1	−1
Ξ^{*0}	(uss)	0	$\frac{1}{2}$	$\frac{1}{2}$	−2
Ξ^{*-}	(dss)	−1	$\frac{1}{2}$	$-\frac{1}{2}$	−2
Ω^{-}	(sss)	−1	0	0	−3

10.4 Erhaltungssätze in Reaktionen und Zerfällen.

1. Es handelt sich um Bremsstrahlungsproduktion in der Elektron-Proton-Streuung, also um eine elektromagnetische Strahlungskorrektur zu dieser Streuung, die selbst elektromagnetischer Natur ist.
2. Die Strangeness ist im Anfangszustand $S = +1$, im Endzustand -1, der Prozess ist verboten.
3. Hier stimmt die Strangeness-Bilanz (am Anfang und am Ende $S = -1$). Der Isospin ist im Endzustand $I = 1$. Weil beide Teilchen im Anfangszustand $I = 1/2$ haben, ist eine Kopplung zu $I = 1$ möglich und der Prozess kann durch starke Wechselwirkung stattfinden. Das Λ ist das leichteste Hyperon. Es können, je nach Energie im Anfangszustand, im Endzustand auch andere Hyperonen und geladene Pionen auftreten ($\mathrm{K^-p} \to \pi^-\Sigma^+$, $\pi^0\Sigma^0$, $\pi^+\Sigma^-$). Es ist auch Ladungsaustausch möglich ($\mathrm{K^-p} \to \mathrm{K^0n}$).

4. Der Prozess ist verboten: Die Baryonenzahl ist nicht erhalten.
5. Der Prozess ist erlaubt und findet durch starke Wechselwirkung statt. Im Schwerpunktsystem der Protonen des Anfangszustands muss mindestens die doppelte K-Masse als kinetische Energie vorhanden sein. Parallel dazu gibt es natürlich auch Pionen-Produktion mit wesentlich niedrigerer Schwelle und elastische Proton-Proton-Streuung.
6. Dies ist die normale Produktion neutraler Pionen durch starke Wechselwirkung in einer endothermen Reaktion. Dass das Pion negative Parität hat, während die Eigenparität der Nukleonen positiv ist, kann durch einen Bahndrehimpuls ausgeglichen werden. Der Prozess kann über die intermediäre Bildung einer Δ-Resonanz ablaufen, die in ein Nukleon und ein Pion zerfällt. Konkurrierende Prozesse führen zu den Endzuständen $\mathrm{nn}\pi^+$, $\mathrm{pp}\pi^-$.
7. Der Prozess muss elektromagnetischer Natur sein. J/ψ und η_c besitzen verschiedene C-Paritäten. Die Paritäten beider Zustände sind gleich, die Drehimpulse unterscheiden sich um eins, sodass ein magnetischer Dipolübergang möglich ist. Dessen Rate ist klein, weil es sehr viele andere Zerfallskanäle gibt.
8. Weil π^0 und η_c beide die C-Parität $+1$ besitzen, aber für das J/ψ $C = -1$ ist, kann der Zerfall weder durch starke noch durch elektromagnetische Wechselwirkung stattfinden.
9. Dieser Zerfall würde der Erhaltung der C-Parität widersprechen, die im Endzustand $+1$ ist, im Anfangszustand -1.
10. Es gilt das gleiche wie im Fall (9), der Zerfall ist verboten.

10.5 Kopplungskonstante für starke Wechselwirkung.

a) Die Bindungsenergie eines Zwei-Teilchen-Systems mit einem $1/r$-Potential ist im Grundzustand

$$E_B = \frac{1}{2}\alpha^2 mc^2 ,$$

die Energiedifferenz zwischen dem 1s- und dem 2s-Zustand ist der $3/4$-te Teil davon. Bezeichnen wir diese Energiedifferenzen im Wasserstoffatom und im Bottonium mit ΔE_H und ΔE_b, erhält man als Verhältnis

$$\frac{\Delta E_b}{\Delta E_\mathrm{H}} = \frac{m_b}{2m_e}\frac{\alpha_\mathrm{S}^2}{\alpha^2} \quad\rightarrow\quad \frac{\alpha_\mathrm{S}^2}{\alpha^2} = \frac{2m_\mathrm{e}}{m_b}\frac{\Delta E_b}{\Delta E_\mathrm{H}} .$$

Der Faktor 2 berücksichtigt, dass die reduzierten Massen zu verwenden sind. Nimmt man als Schätzwert für die Konstituentenmasse $m_b \approx 5\,\mathrm{GeV}$ an, würde man erhalten:

$$\alpha_\mathrm{S} = \frac{1}{137}\sqrt{\frac{1{,}01 \cdot 550 \cdot 10^6}{5000 \cdot 0{,}75 \cdot 13{,}6}} \approx 0{,}76 ,$$

was bereits viel zu groß ist. Mit der Energieaufspaltung zwischen dem 1s- und dem 2s-Zustand des Charmoniums erhielte man mit $m_c \approx 1{,}5\,\mathrm{GeV}$ für α_S einen unsinnigen Wert von über 2. Zwar hängt α_S von der Energieskala ab, aber nur logarithmisch. Wenn α_S in Wirklichkeit kleiner ist, muss die anziehende Kraft zwischen Quark und Antiquark noch eine andere Ursache haben.

b) Wir bezeichnen mit r_0 den klassischen Umkehrpunkt eines Teilchens im Potential $k_2 r$. In einem gebundenen Zustand wird die Wellenzahl k die Bedingung $kr_0 = n\pi/2$ erfüllen, wobei n ein vom Anregungszustand abhängiger Zahlenfaktor ist. Es folgt für den Impuls $p = n\hbar\pi/2r_0$, was der Unbestimmtheitsrelation entspricht. Dann ist die Gesamtenergie

$$E = \frac{p^2}{2m_r} + k_2 r_0 = \frac{n^2\hbar^2\pi^2}{8m_r r_0^2} + k_2 r_0 .$$

Sie wird im gebundenen Zustand ein Minimum annehmen. Das bedeutet

$$\frac{\mathrm{d}E}{\mathrm{d}r_0} = -\frac{n^2\hbar^2\pi^2}{4m_r r_0^3} + k_2 = 0 .$$

Hieraus folgt $r_0^3 \propto n^2/(k_2 m_r)$. Setzt man dies in die Gleichung für die Energie ein, ergibt sich $E \propto 1/m_r^{1/3}$.

Abbildungsnachweise

Abb. 1.1
a) und b) aus: G. Kirchhoff, „Untersuchungen über das Sonnenspectrum und die Spectren der chemischen Elemente.2.“, in: Abhandlungen der Königlichen Akademie der Wissenschaften zu Berlin, 1862, S. 227–240

c) nach: M. G. J. Minnaert, G. F. W. Mulders, J. Houtgast, „Photometric Atlas of the Solar Spectrum from 3612 to 8771Å, with an appendix from 3332 to 3637Å“, Sterrewacht „Sonnenborgh“ Utrecht, D. Schnabel, Kampert & Helm, Amsterdam 1940

Abb. 1.2
aus: G. Kirchhoff, „Untersuchungen über das Sonnenspectrum und die Spectren der chemischen Elemente.1.“, in: Abhandlungen der Königlichen Akademie der Wissenschaften zu Berlin, 1861, S. 63–95

Abb. 1.3
aus: Müller-Pouillet's Lehrbuch der Physik und Meteorologie, Zweiter Band: „Lehre von der strahlenden Energie (Optik)“, 11. Auflage (1929), Tafel VIIa und Tafel XI zu S. 1400

Abb. 1.5
nach: J. Brossel und F. Bitter, „A New Double Resonance Method for Investigating Atomic Energy Levels. Application to Hg $^3P_1$“, Phys. Rev. **86** (1952) 308–316, DOI: https://doi.org/10.1103/PhysRev.86.308

Abb. 1.19
Freundlicherweise zur Verfügung gestellt vom Röntgenmuseum Remscheid

Abb. 1.28
aus: Chr. Weißmantel und C. Hamann, „Grundlagen der Festkörperphysik“, Dt. Verlag der Wissenschaften, Berlin, 1979

Abb. 2.3
aus: Chr. Weißmantel und C. Hamann, „Grundlagen der Festkörperphysik“, Dt. Verlag der Wissenschaften, Berlin, 1979

Abb. 2.4
aus: G. A. Alers und J. R. Neighbours, „Comparison of the Debye Temperature Determined from Elastic Constants and Calorimetry“, Rev. Mod. Phys. **31** (1959) 675–680, DOI: https://doi.org/10.1103/RevModPhys.31.675

Abb. 2.5
nach: R. Stedman, L. Almquist, G. Nilsson, „Phonon-Frequency Distributions and Heat Capacitites of Aluminum and Lead“, Phys. Rev. **162** (1967) 549–557, DOI: https://doi.org/10.1103/PhysRev.162.549

Abb. 2.6
aus: Chr. Weißmantel und C. Hamann, „Grundlagen der Festkörperphysik“, Dt. Verlag der Wissenschaften, Berlin, 1979

Abb. 2.10
aus: F. Reinert et al., „Observation of a BCS Spectral Function in a Conventional Superconductor by Photoelectron Spectroscopy“, Phys. Rev. Lett. **85** (2000) 3930–3933, DOI: https://doi.org/10.1103/PhysRevLett.85.3930

Abb. 2.12
aus: A. H. Compton, „The Spectrum of Scattered X-Rays“, Phys. Rev. **22** (1923) 409, DOI: https://doi.org/10.1103/PhysRev.22.409

Abb. 2.13
aus: A. H. Compton, „X-Rays and Electrons: An Outline of Recent X-Ray Theory“, Mc Millan & Co. Ltd., London, 1927

Abb. 2.15
nach: E. C. Svensson, B. N. Brockhouse and J. M. Rowe, „Crystal Dynamics of Copper“, Phys. Rev. **155** (1967) 619–632), DOI: https://doi.org/10.1103/PhysRev.155.619

nach: G. Dolling et al., „Lattice Dynamics of Lithium Fluoride“, Phys. Rev. **168** (1968) 970–979, DOI: https://doi.org/10.1103/PhysRev.168.970

nach: P. Giannozzi et al., „Ab Initio Calculation of Phonon Dispersion in Semiconductors“, Phys. Rev. **B43** (1991) 7231, DOI: https://doi.org/10.1103/PhysRevB.43.7231

Abb. 2.18
aus: J. Franck und G. Hertz, „Über die Stöße zwischen Elektronen und Molekülen des Quecksilberdampfes und die Ionisationsspannung desselben“, Verhandlungen der DPG **16**, 457–467 (1914)

Abb. 2.28
nach: S. Kasap, P. Capper: Springer Handbook of Electronic and Photonic Materials, Springer, New York (2006)

J. Heintze / P. Bock (Hrsg.), *Lehrbuch zur Experimentalphysik Band 5: Quantenphysik*, https://doi.org/10.1007/978-3-662-58626-6

Abb. 3.2
aus: H. Mark und R. Wierl, „Die experimentellen und theoretischen Grundlagen der Elektronenbeugung", in der Reihe „Fortschritte der Chemie, Physik und Physikalischen Chemie", Band 21, Heft 4, Hrsg. A.,Eucken, Verlag Gebrüder Bornträger, Berlin 1931. Mit freundlicher Genehmigung des Verlags. www.schweizerbart.de

Abb. 3.8
Nach: W. Krätschmer, „Fullerene und Fullerite: Neue Formen des Kohlenstoffs", Physikalische Blätter **48** (1992) 553–556, DOI: https://doi.org/10.1002/phbl.19920480720

Abb. 3.9
aus: M. Arndt et al., „Wave Particle Duality of C^{60}-Molecules", Nature **401** (1999) 680, DOI: https://doi.org/10.1038/44348

Abb. 3.10
a) und b) aus: M. Arndt et al., „Wave Particle Duality of C^{60}-Molecules", Nature **401** (1999) 680, DOI: https://doi.org/10.1038/44348

c) und d) aus: O. Nairz et al., „Quantum Interference Experiments with Large Molecules", American Journal of Physics **71** (2003) 319 und 1084, mit freundlicher Genehmigung der American Association of Teachers, DOI: https://doi.org/10.1119/1.1531580 und https://doi.org/10.1119/1.1603277

Abb. 3.11
aus: L. Hackermüller et al., „Decoherence of Matter Waves by Thermal Emission of Radiation", Nature **427** (2004) 711, DOI: https://doi.org/10.1038/nature02276

Abb. 3.15
a) aus: H. Rauch, W. Treimer, „Test of a Single Crystal Neutron Interferometer", Phys. Lett. **A47** (1974) 369, DOI: https://doi.org/10.1016/0375-9601(74)90132-7

b) aus: H. Rauch, S. A. Werner, „Neutron Interferometry", Oxford University Press, New York, 2000. Ergebnisse von M. Arif und D. L. Jacobson, NIST, 1997

Abb. 3.20
Aufnahme: H. Haese, S-DH Sputter-Dünnschichttechnik GmbH Heidelberg

Abb. 3.23
aufgenommen in einem Experiment von H. Courant et al. (Phys. Rev. Lett. **10**, 409 (1963)) mit der 81 cm Blasenkammer aus SACLAY am K^--Strahl des CERN, Genf im Jahre 1962

Abb. 3.27
nach: S. Gleyzes et al., „Quantum jumps recording the birth and death of a photon in a cavity", Nature **446** (2007) 207, DOI: https://doi.org/10.1038/nature05589

Abb. 3.28
aus: S. Gleyzes et al., „Quantum Jumps of Light Recording the Birth and death of a photon in a cavity", Nature **446** (2007) 207, DOI: https://doi.org/10.1038/nature05589

Abb. 3.29
aus: C. Guerlin et al., „Progressive Field-State Collapse and Quantum non-demolition Photon Counting", Nature **448** (2007) 889–893, DOI: https://doi.org/10.1038/nature06057

Abb. 3.32
aus: P. Grangier, A. Aspect and J. Vigue, „Quantum Interference Effects for Two Atoms Radiating a Single Photon", Phys. Rev. Lett. **54** (1985) 418, DOI: https://doi.org/10.1103/PhysRevLett.54.418

Abb. 3.36
aus: A. Aspect, P. Grangier, R. Roger, „Experimental Realization of Einstein-Podolski-Rosen-Bohm Gedankenexperiment: A New Violation of Bell's Inequalities", Phys. Rev. Lett. **49** (1982) 91, DOI: https://doi.org/10.1103/PhysRevLett.49.91

Abb. 3.37
aus: A. Aspect, P. Grangier, R. Roger, „Experimental Realization of Einstein-Podolski-Rosen-Bohm Gedankenexperiment: A New Violation of Bell's Inequalities", Phys. Rev. Lett. **49** (1982) 91, DOI: https://doi.org/10.1103/PhysRevLett.49.91

Abb. 4.12
aus: G. Binning und H. Rohrer, „Scanning Tunneling Microscopy", Physica **B+C127** (1984) 37, DOI: https://doi.org/10.1016/50378-4363(84)80008-X

Abb. 4.14
nach: F. Salvan, „La Microscopie par effet tunnel", La Recherche **XVII** (1986) 203

Abb. 4.13
a) aus: G. Binning et al., „7×7 Reconstruction of Si(111) Resolved in Real Space", Phys. Rev. Lett. **50** (1983) 120, DOI: https://doi.org/10.1103/PhysRevLett.50.120

b) aus: R. Wiesendanger et al., „Scanning Tunneling Microscopy Study of Si(111) 7×7 in the Presence of Multiple-Step Edges", Euro Phys. Lett. **12** (1990) 57

Abb. 4.16
nach: R. C. Jaklevic, „Macroscopic Quantum Interference in Superconductors", Phys. Rev. **140** (1965) A1628–A1637, DOI: https://doi.org/10.1103/PhysRev.140.A1628

Abb. 4.19
a) aus: R. C. Jaklevic, „Macroscopic Quantum Interference in Superconductors", Phys. Rev. **140** (1965) A1628–A1637, DOI: https://doi.org/10.1103/PhysRev.140.A1628

b) nach: C. Grimes und S. Shapiro, „Millimeter wave mixing with Josephson junctions", Phys. Rev. **169** (1968) 397, DOI: https://doi.org/10.1103/Phys.Rev.169.397

Abb. 4.21
nach: W. Buckel und R. Kleiner, „Supraleitung", Wiley VCH, 6. Auflage 2004, Abb. 6.9

Abb. 4.22
a) und b) nach: W. Buckel und R. Kleiner, „Supraleitung", Wiley VCH, 6. Auflage 2004, Abb. 6.11

c) nach: C. A. Hamilton, „Josephson Voltage Standards", Rev. Sci. Instr. **71** (2000) 3611–3623, DOI: https://doi.org/10.1063/1.1289507

d) nach: C. Grimes and S. Shapiro, „Millimeter Wave Mixing with Josephson Junctions", Phys. Rev. **169** (1968) 397, DOI: https://doi.org/10.1103/Phys.Rev.169.397

Abb. 4.23
nach: C. A. Hamilton, „Josephson Voltage Standards", Rev. Sci. Instr. **71** (2000) 3611–3623, DOI: https://doi.org/10.1063/1.1289507

Abb. 4.25
aus: R. C. Jaklevic et al., „Macroscopic Quantum Interference in Superconductors", Phys. Rev. **140** (1965) A1628–A1637, DOI: https://doi.org/10.1103/PhysRev.140.A1628

Abb. 5.9
aus: B. H. Bransden and C. J. Joachain, „Physics of Atoms and Molecules", Pearson Education Ltd., Harlow, 2003. Wiedergegeben mit Genemigung von Pearsson Business

Abb. 5.12
aus: B. H. Bransden and C. J. Joachain, „Physics of Atoms and Molecules", Pearson Education Ltd., Harlow, 2003. Wiedergegeben mit Genemigung von Pearsson Business

Abb. 5.14
aus: W. W. Watson and P. G. Koontz, „Nitrogen Molecular Spetra in the Vacuum Ultraviolet" Phys. Rev. **46** (1934) 32, DOI: https://doi.org/10.1103/PhysRev.46.32

Abb. 5.22
nach: H. Feshbach, D. C. Peaslee and V. Weisskopf, „On the Scattering and Absorption of Particles by Atomic Nuclei", Phys. Rev. **71** (1947) 145–158, DOI: https://doi.org/10.1103/PhysRev.71.145

Abb. 5.23
a) aus: J. M. Blatt and V. F. Weisskopf, „Theoretical Nuclear Physics", Springer, New York, 1979

b) nach: R. K. Adair, C. K. Bockelmann and R. E. Peterson, „Experimental Corroboration of the Theory of Neutron Resonance Scattering", Phys. Rev. **76** (1949) 308, DOI: https://doi.org/10.1103/PhysRev.76.308

und R. E. Peterson, H. H. Barschall und C. K. Bockelmann, „Investigation of Nuclear Energy Levels in Sulfur", Phys. Rev. **79** (1950) 593, DOI: https://doi.org/10.1103/PhysRev.79.593

Abb. 5.24
nach: H. H. Goldsmith, H. W. Ibser and B. T. Field, „Neutron Cross Sections of the Elements. A Compilation", Rev. Mod. Phys. **19** (1947) 259–297, DOI: https://doi.org/10.1103/RevModPhys.19.259

Abb. 5.28
aus: S. Innouye et al., „Observation of Feshbach Resonances in a Bose-Einstein Condensate", Nature **392** (1998) 151, DOI: https://doi.org/10.1038/32354

Abb. 5.29
a) und b) nach: D. J. R. Mimnagh, R. P. McEachran, A. D. Stauffer, „Elastic Electron Scattering from the Noble Gases including Dynamic Distortions", Journal of Physics **B26** (1993) 1727

Abb. 6.7
c) und d) aus: W. Gerlach und O. Stern, „Der experimentelle Nachweis der Richtungsquantelung im Magnetfeld", Z. f. Physik **9** (1922) 349–352

Abb. 6.13
aus: R. A. Beth, „Mechanical Detection and Measurement of the Angular Momentum of Light", Phys. Rev. **50** (1936) 115, DOI: https://doi.org/10.1103/PhysRev.50.115

Abb. 6.24
aus: A. Abragam, „The Principles of Nuclear Magnetism", Oxford 1962

Abb. 6.25
Aufnahme: G. Schilling, Organ. Chem. Inst. der Universität Heidelberg

Abb. 6.27
Aufnahme: Dr. Runkehl, Schwetzingen, 1997

Abb. 6.30 und 6.33
nach: W. D. Phillips, „Laser cooling and trapping of neutral atoms", Rev. Mod. Phys. **70** (1998) 721–741, DOI: https://doi.org/10.1103/RevModPhys.70.721

Abb. 7.2
aus: G. Herzberg, „Über die Spektren des Wasserstoff", Ann. der Physik **389** (1927) 565–604, DOI: https://doi.org/10.10002/andp.19273892103

Abb. 7.11
nach: C. S. Wu und I. Shaknov, „The angular correlation of scattered annihilation radiation", Phys. Rev. **77**, 136 (1950), Phys. Rev. **77** (1950) 136, DOI: https://doi.org/10.1103/PhysRev.77.136

Abb. 7.14
nach: W. E. Lamb and R. C. Retherford, „Fine Structure of the Hydrogen Atom, part I", Phys. Rev. **79** (1950) 549, DOI: https://doi.org/10.1103/PhysRev.79.549

Abb. 7.15
a) nach: R. C. Williams, „The Fine Structures of H_α and D_α Under Varying Discharge Conditions“, Phys. Rev. **54** (1938) 558–567, DOI: https://doi.org/10.1103/PhysRev.54,558

b) aus: T. W. Hänsch, I. S. Shahin und A. L. Schawlow, „Optical Resolution of the Lamb Shift in Atomic Hydrogen by Laser Saturation Spectroscopy“, Nature Physical Science **235** (1972) 63, DOI: https://doi.org/10.1038/physci235063a0

Abb. 9.1
a) aus: M. Siegbahn, „Spektroskopie der Röntgenstrahlen“, Springer, Berlin, 1924

Abb. 9.6
nach: W. Bambynek et al., „X-Ray Fluorescence Yields, Auger and Coster-Kronig Transition Probabilities“, Rev. Mod. Phys. **44** (1972) 716, DOI: https://doi.org/10.1103/RevModPhys.44.716

Abb. 10.1
nach: D. F. Measday, „The Nuclear Physics of Muon Capture“, Phys. Rep. **354** (2001) 243 (2001), DOI: https://doi.org/10.1016/S0370-1573(01)00012-6

Abb. 10.2
nach: A. Antognini et al., „Proton Structure from the Measurement of 2S-2P Transition Frequencies of Muonic Hydrogen“, Science **339** (2013) 417, DOI: https://doi.org/10.1126/science.1230016

Daten aus R. Pohl et al., „Muonic Hydrogen and the Proton Radius Puzzle“, Ann. Rev. Nucl. Part. Sci. 2013.63:175-204, DOI: https://doi.org/10.1146/annurev-nucl-102212-170627

Abb. 10.4
nach: R. V. Reid, „Local Phenomenological Nucleon-Nucleon Potentials“, Annals of Phys. **50** (1968) 411, DOI: https://doi.org/10.1016/0003-4916(68)90126-7

Abb. 10.6
aus: J. E. Augustin et al., „Measurement of $e^+e^- \to e^+e^-$ and $e^+e^- \to \mu^+\mu^-$“, Phys. Rev. Lett. **34** (1975) 233, DOI: https://doi.org/10.1103/PhysRevLett.34.233

Personen- und Sachverzeichnis